PROPYLÄEN TECHNIKGESCHICHTE

HERAUSGEGEBEN VON WOLFGANG KÖNIG

Erster Band
Landbau und Handwerk
750 v. Chr.–1000 n. Chr.

Zweiter Band
Metalle und Macht
1000–1600

Dritter Band
Mechanisierung und Maschinisierung
1600–1840

Vierter Band
Netzwerke, Stahl und Strom
1840–1914

Fünfter Band
Energiewirtschaft · Automatisierung · Information
Seit 1914

PROPYLÄEN

HANS-JOACHIM BRAUN

WALTER KAISER

ENERGIEWIRTSCHAFT AUTOMATISIERUNG INFORMATION

Seit 1914

PROPYLÄEN

Unveränderte Neuausgabe der 1990 bis 1992 im
Propyläen Verlag erschienenen Originalausgabe

Redaktion: Wolfram Mitte
Landkarten und Graphiken: Erika Baßler

Typographische Einrichtung: Dieter Speck
Umschlag und Kassette: Theodor Bayer-Eynck
Herstellung: Karin Greinert
Satz: Utesch Satztechnik GmbH, Hamburg
Offsetreproduktionen: Haußmann Reprotechnik KG, Darmstadt
Druck und buchbinderische Verarbeitung: Spiegel Buch GmbH, Ulm

Printed in Germany 1997
ISBN 3 549 05636 2

Inhalt

Hans-Joachim Braun
Konstruktion, Destruktion und der Ausbau technischer Systeme zwischen 1914 und 1945

WALTER KAISER
TECHNISIERUNG DES LEBENS
SEIT 1945

Hans-Joachim Braun

Konstruktion, Destruktion und der Ausbau technischer Systeme zwischen 1914 und 1945

Kontinuitäten und Zäsuren

Den Zeitraum von 1914 bis 1945 markieren zwei zerstörerische Kriege. Es läge nahe, daß sie die technische Entwicklung – nicht nur die der Militärtechnik – weitgehend bestimmt und ihr deutliche Zäsuren aufgedrängt hätten. Das läßt sich für den Zweiten Weltkrieg und die Nachkriegszeit nicht bezweifeln. Für den Ersten Weltkrieg und das darauffolgende Jahrzehnt bis zur Weltwirtschaftskrise überwiegt hingegen der Eindruck der Kontinuität. Obwohl im Zusammenhang mit der Kriegswirtschaft, der Organisation und Durchführung der Waffen- und Munitionsproduktion Neuerungen eingeführt wurden, die ihren Niederschlag in der zivilen Technik der Nachkriegszeit fanden, und neuartige Kriegsmittel wie Panzer, U-Boote und Flugzeuge den Charakter des Krieges veränderten, dominierte aufs Ganze gesehen in den zwanziger Jahren der Ausbau solcher Technologien, die bereits im 19. Jahrhundert, vor allem seit den siebziger Jahren, als »neue Industrien« eine Rolle gespielt hatten. Hier handelte es sich um die chemische und pharmazeutische Industrie, die Elektroindustrie, um verschiedene Gebiete des Maschinenbaus, die Kraftfahrzeugindustrie sowie um Feinmechanik und Optik. Manche dieser Industrien und Technologien zeichneten sich durch netzwerkartige, interdependente Systeme aus, bei denen eine bestimmte Technologie wie die Elektrotechnik oder die Kraftfahrzeugtechnik im Mittelpunkt stand. Ganz deutlich wurde dies bei solchen großtechnischen Systemen wie der elektrischen Energieversorgung oder der Kommunikationstechnik. Auch die im Ersten Weltkrieg eingesetzten neuen Kampfmittel entwickelten sich immer stärker in Richtung auf »Waffensysteme« hin.

Dabei ist die Verwendung von Begriffen wie »technische« oder »großtechnische Systeme« gar nicht unproblematisch, weil sie zu suggerieren vermag, daß sich Technik hier verselbständigt hätte und – in deterministischer Weise – ihrer Umwelt die Gesetze des Handelns diktierte. Manche zeitgenössischen Beobachter, nicht zuletzt Künstler und Schriftsteller, vertraten diese Auffassung. Bei genauem Hinsehen wird aber deutlich, daß solche technischen Systeme menschliches Handeln nicht bestimmt, ihm aber Grenzen gesetzt haben. Nach wie vor oblag die Gestaltung von Technik den Ingenieuren, Unternehmern, Managern oder Politikern. Sie steuerten und koordinierten die Systeme, wobei sich etliche Interessengegensätze ergaben. Große integrierte und diversifizierte Konzerne gewannen immer stärker an Boden. Damit ging der Auf- und Ausbau größerer technischer Einheiten einher. Eine derartige »Großtechnik«, wie sie in den USA schon zu Ende des 19. Jahrhunderts vorzufinden war, sollte auch in Europa eine höhere ökonomisch-technische Effizienz garantieren. Integrierte Produktionssysteme wie in Henry Fords Automobilfabrik »Highland Park« oder die Elektrizitätsversorgung amerikanischer Städte erschienen vielen Europäern nachahmenswert. Kritiker dieser »Politik der großen Einheiten« wiesen hingegen darauf hin, daß dadurch keineswegs immer eine höhere ökonomische Effizienz zu erzielen sei. Großsysteme litten nämlich unter einem Mangel an Flexibilität, der eine Anpassung an die Marktverhältnisse erschwerte. Das wurde insbesondere während der ökonomisch instabilen zwanziger Jahre deutlich.

Viele europäische Firmen bemühten sich, rationelle amerikanische Fertigungsverfahren zu übernehmen. Besonders in Deutschland orientierte sich die Rationalisierungsbewegung der zwanziger Jahre an amerikanischen Vorbildern. Gleiches galt für die Mechanisierungsbemühungen der Landwirtschaft in der Zwischenkriegszeit. Es zeigte sich aber, daß nur eine modifizierte Übernahme der in den USA gebräuchlichen Arbeitsorganisation und Technologien Erfolg versprach. Zu andersartig war, trotz aller Gemeinsamkeiten, die Ausstattung mit den Produktionsfaktoren Arbeit, Boden und Kapital sowie, nicht zuletzt, mit Energieträgern und technischem Know-how. Auch die unterschiedliche Kaufkraft der Bevölkerung spielte dabei eine Rolle. Den vor allem in Deutschland sich häufenden Klagen über einen hier vorherrschenden »Amerikanismus« trug ein Großteil der Manager und Unternehmer durch Abwandlungen des amerikanischen Modells Rechnung. Zudem hatten manche der Technologien, welche das industrielle Geschehen Europas in der Zwischenkriegszeit prägten, ihren Ursprung mindestens ebenso sehr in der »Alten« wie in der »Neuen« Welt. In der chemischen und pharmazeutischen Industrie nahm Deutschland bis in die zwanziger Jahre hinein eine deutliche Führungsposition ein, und die europäische Kraftfahrzeugindustrie befand sich mindestens auf gleichem Niveau wie die amerikanische, obwohl deren rationelle Fertigungsverfahren für Europa eine große Herausforderung darstellten. Auch in Branchen wie der Elektroindustrie oder der Flugzeugtechnik kann man für diese Zeit kaum von einem amerikanischen Vorsprung sprechen.

Wie Kriege allgemein, so war auch der Erste Weltkrieg in seinen technisch-ökonomischen Wirkungen ambivalent. Er brachte in Europa Zerstörungen, wirtschaftliche Stagnation und Schrumpfungen vieler Branchen mit sich, Produktionsmittel und Teile der Infrastruktur wurden zerstört. Aufgrund knapper Ressourcen an Menschen und Materialien betrieb man zum Beispiel im Bergbau an der Ruhr während des Krieges einen regelrechten Raubbau, der die Entwicklung in der Nachkriegszeit behinderte. Außerdem ergaben sich durch die forcierte Rüstungswirtschaft Verzerrungen in der Produktionsstruktur. Kapazitäten in rüstungsrelevanten Branchen wie der Schwerindustrie oder der chemischen Industrie wurden auf Kosten des Konsumgütersektors beschleunigt ausgebaut. Dies führte in der

Nr. 15 · Berlin, 8. April 1928

10 Pfennig

Der Welt Spiegel

Sondernummer: Das westdeutsche Wirtschaftsgebiet

IM REICHE DER GIGANTEN

Schmieden eines 100-t-Blocks unter der hydraulischen 5000-t-Presse im Schmiedepresswerk der Kruppschen Gussstahlfabrik in Essen

1. »Im Reiche der Giganten«: Schmieden eines 100-Tonnen-Blocks unter der hydraulischen 5.000-Tonnen-Presse im Stahlwerk der Firma Friedrich Krupp in Essen. Titelphoto auf der Sondernummer des Blattes vom 8. April 1928. Marbach am Neckar, Schiller-Nationalmuseum und Deutsches Literaturarchiv, Sammlung Bernhard Marlinger

Nachkriegszeit zu Überkapazitäten, die sich angesichts der ohnehin gestörten internationalen Wirtschaftsbeziehungen negativ auswirkten und diese nicht unbeträchtlich verstärkten.

Auf der anderen Seite wirkte der Krieg als Schrittmacher für manche zivil genutzten technischen Neuerungen. Dies galt für die Ammoniaksynthese ebenso wie für die Flugzeugproduktion. Zudem erlangten Produktionsverfahren der Serien- und Großserienfertigung mit der Anwendung von Normierung und Standardisierung für den zivilen Sektor Bedeutung. Obwohl die Firmen in dieser Zeit zumeist längerfristige Forschungs- und Entwicklungsprojekte vernachlässigten, hatte die Organisation von Rüstungsforschung und Rüstungswirtschaft während des Ersten Weltkrieges eine Vorbildfunktion für manche zivile großtechnische Projekte der Zwischenkriegszeit, so für das Elektrifizierungsprogramm der amerikanischen Regierung im Rahmen des »Tennessee Valley Authority«-Projektes nach 1933.

Index der Industrieproduktion in Deutschland; 1928 = 100, jeweiliger Gebietsstand (nach Petzina, Abelshauser und Faust)

Stärker als die Zeit des Ersten Weltkrieges und der zwanziger Jahre ist die zwischen den frühen dreißiger Jahren und dem Ende des Zweiten Weltkrieges von bahnbrechenden Innovationen gekennzeichnet, die Technik und Wirtschaft bis in die Gegenwart wesentlich geprägt haben. Der Ursprung dieser technischen Neuerungen mit Radar, Strahltriebwerken, Raketen, Computern oder Atombomben liegt im Zweiten Weltkrieg oder in der Zeit unmittelbar davor. Staatliche Finanzierungsmittel spielten in der Regel bei Forschung und Entwicklung eine große Rolle. Zwar hatten Wissenschaftler in verschiedenen Ländern schon in den zwanziger Jahren Versuche mit Raketen in nichtmilitärischer Absicht durchgeführt, aber Entwicklung und Bau der V 1 und V 2 in Deutschland vollzogen sich im Kontext von Rüstung und Krieg. Bei zwei wichtigen technischen Neuerungen der Zwischenkriegszeit, bei Rundfunk und Fernsehen, waren die Beziehungen zur Rüstung weniger eng, lagen jedoch auch dort vor. Angesichts der immens gewordenen Bedeutung von Radar, Stahltriebwerken, Raketentechnik, Computertechnik und Kernenergie wird man durchaus von einer Zäsur in der technischen Entwicklung sprechen können, bei der sich – ob zum Guten oder zum Bösen – eine neue Qualität von Technik entfaltet hat. Frühere technische Grenzen wurden innerhalb eines relativ kurzen Zeitraumes mit

Auswirkungen überwunden, die heute noch nicht annähernd abzuschätzen sind. Die Tatsache, daß die später auch zivil genutzten Technologien im Rüstungskontext entstanden sind, kann nicht bedeuten, daß der »Umweg« über die Militärforschung unerläßlich sei, um zu wichtigen, zivil anwendbaren Innovationen zu gelangen. Dennoch zeigen die Beispiele, daß solche technischen Neuerungen durch eine entsprechende Bündelung personeller und finanzieller Mittel in Spannungs- und Kriegszeiten rasch realisiert worden sind.

In jenen Phasen spielten auch Autarkiebestrebungen eine wichtige Rolle. Es kam darauf an, den Import von Gütern, die für die Rüstung, aber auch für die Grundversorgung der Bevölkerung gebraucht wurden, durch einheimische Produkte zu ersetzen. Zunächst hatten derartige »Ersatzprodukte« den Anstrich des Minderwertigen und standen qualitativ deutlich hinter dem Original zurück. Bei der Erzeugung des synthetischen Ammoniaks in Deutschland kurz vor dem Ersten Weltkrieg und während des Krieges konnte aber davon keine Rede mehr sein. Ähnliches galt für die Produktion synthetischer Treibstoffe, synthetischen Kautschuks oder der Zellwolle in der Zeit der nationalsozialistischen Regierung. Dabei wiesen die »künstlich« hergestellten Produkte in mancher Hinsicht günstigere Eigenschaften auf als die Stoffe, die sie ersetzen sollten. Auch hier wurden also im Kontext von Rüstung, Kriegsvorbereitung und Krieg technische Neuerungen mit staatlicher Unterstützung realisiert. Die Frage, ob derartige staatliche Investitionen auch aus ökonomischer Sicht sinnvoll gewesen sind, ist freilich negativ zu beantworten. Zwar hat die mit großem Aufwand betriebene synthetische Herstellung von Treibstoffen und Kautschuk umfangs- und qualitätsmäßig zu Ergebnissen geführt, die für die nationalsozialistische Führung annehmbar waren, obwohl im Zweiten Weltkrieg verschiedentlich Engpässe auftraten. Doch der Nutzen dieser Verfahren für die Zeit nach dem Krieg erwies sich als begrenzt. Zudem haben Investitionen zu Autarkie- und Rüstungszwecken immer alternative Möglichkeiten verdrängt, über die aber nur spekuliert werden kann.

Stärker als für andere Phasen der neueren Geschichte können die Begriffe »Konstruktion« und »Destruktion« als Mittel zur technikgeschichtlichen Erschließung des Zeitraumes von 1914 bis 1945 dienen. Das Konstruieren, also das Entwerfen und Bauen technischer Artefakte auf eine möglichst effiziente Weise, stellte in Technikwissenschaft und betrieblicher Praxis, namentlich im Maschinenbau, von jeher eine Schlüsselaktivität dar. Dabei ging der Mensch als »Homo faber« über die Tätigkeit des Erkennens der Naturgesetze hinaus und schuf, unter Beachtung dieser Naturgesetze, Neues, in dieser Form noch nicht Dagewesenes. Ingenieure vertraten häufig die Meinung, ein guter Konstrukteur müsse auch über künstlerisches Talent verfügen. Diese Ansicht griffen die sowjetischen »Konstruktivisten« in der Zwischenkriegszeit insofern auf, als sie sich als bildende Künstler mit den vielfältigen Erscheinungsformen der Technik auseinandersetzten. Die amerikanischen »Technokraten« wiederum, Ingenieure der frühen dreißiger Jahre, versuchten, Politik und Gesellschaft nach den Regeln technischer Rationalität zu konstruieren.

Waren also Konstruieren und Konstruktion zwischen 1914 und 1945 in solch unterschiedlichen Bereichen wie Technik, Kunst und Politik von hohem Belang, so galt Ähnliches für die Destruktion. Hiermit sind nicht nur die unter Einsatz technischer Mittel hervorgerufenen Zerstörungen während der beiden Weltkriege gemeint, sondern auch, in Analogie, Zerstörungen der Umwelt durch den Einsatz von Technik, die gerade unter dem Vorzeichen der wirtschaftlichen Krisen und des Rationalisierungsdrucks der Zwischenkriegszeit erhebliche Ausmaße erreicht haben. Insofern wird in Aufbau und Zerstörung eine Doppelgesichtigkeit bei der Anwendung technischer Mittel deutlich. Letztlich war es immer der Mensch, der über die Art des Einsatzes von Technik entschieden hat, und nicht die Technik selbst.

Autarkie und Technik: Landwirtschaft, Grundstoffe und Verfahren

Mechanisierung und Elektrifizierung im Agrarsektor

Zu Beginn des Ersten Weltkrieges waren in den USA selbstbindende Getreidemäher, sogenannte Mähbinder, und Mähdrescher weit verbreitet, während die unterschiedliche Struktur der Landwirtschaft in Europa mit kleineren Anbauflächen und vorherrschender Kapitalknappheit der Verbreitung dieser Erntemaschinen entgegenstand. In den USA setzte sich auch der Traktor gegenüber dem Dampflokomobil durch. Hier konstruierte Benjamin Holt seinen mit einem Benzinmotor ausgerüsteten »Caterpillar«, einen Gleiskettenschlepper, dessen auf dem Boden anliegende Kette für eine verbesserte Zugkraft und Geländegängigkeit sorgte. Der britische General E. D. Swinton ließ sich von dieser »Raupe« zur Konstruktion des Tanks, einer Frühform des Panzers, anregen. Der Erste Weltkrieg brachte in der Landwirtschaft einen Mangel an Menschen, Zugtieren, Material und Kapital mit sich. Ansätze zur Elektrifizierung kamen zum Erliegen. Auf der anderen Seite erforderte die Mangelsituation, in Großbritannien vor allem durch die deutschen U-Boot-Angriffe verursacht, eine landwirtschaftliche Intensivierung und Motorisierung. Dazu gehörte der Einsatz des »Fordson«, eines von der amerikanischen Firma Ford gebauten Traktors. 1916 hatte Ford den Auftrag übernommen, für Großbritannien 5.000 Fordson-Traktoren zu bauen, die einfach, billig und wartungsarm waren. Bis 1920 setzte die britische Landwirtschaft bereits mehr als 100.000 dieser Traktoren ein. Erhielt mit dem »Caterpillar« die Rüstungstechnik durch die Landtechnik Anregungen, so trifft das Umgekehrte auf die Zeit des Ersten Weltkrieges zu: Die Landtechnik allgemein profitierte von den Normierungsbemühungen der Rüstungswirtschaft, die Schlepperfertigung von den Erfahrungen mit Artilleriezugmaschinen und den Leichtbaumethoden des Flugzeugbaus.

Setzte sich der Fordson-Schlepper in Großbritannien rasch durch, so spielte in Deutschland, aber auch in verschiedenen anderen europäischen Ländern ab 1926 der »Lanz-Bulldog« eine größere Rolle, der speziell auf deutsche Verhältnisse zugeschnitten war. Dieser mit einem Glühkopfmotor ausgerüstete Schlepper war robust, einfach in der Bedienung und begnügte sich mit billigem Rohöl – ein angesichts hoher Treibstoffpreise in Deutschland nicht zu unterschätzender Vorteil. Mit 28 PS übertraf er die Leistung des Fordson, der nur 12 PS aufwies, beträchtlich. Die Stahlräder beeinträchtigten jedoch zunächst den Einsatz der Schlepper vor allem bei Feldarbeiten. Hier schaffte seit Anfang der dreißiger Jahre der Niederdruckreifen Abhilfe. Die seit 1920 angebaute Riemenscheibe ermöglichte es zudem, den Traktor

2. Erster Lanz-Bulldog. Photographie, Anfang der zwanziger Jahre

als stationäre Antriebsmaschine einzusetzen. In den USA bestimmten der Mangel an Arbeitskräften und die großen Anbauflächen das Tempo der landwirtschaftlichen Maschinisierung. Um 1930 befanden sich hier bereits über eine Million Mähbinder im Einsatz, während in Europa die Halme noch zumeist von Hand aufgebunden wurden. Nachdem der Brite Harry G. Ferguson (1884–1960) schon 1920 sein »Dreipunktgestänge« entwickelt hatte, mit dem er Schlepper und Arbeitsgerät zu einer Einheit verband, markierte der Einsatz seines hydraulischen Krafthebers ab 1935 den entscheidenden Schritt zum »Ein-Mann-Mähdrescher«. Nunmehr konnten die Fahrer ohne weitere Hilfe die am Schlepper befestigten Arbeitsgeräte bedienen. Die von dem amerikanischen Landmaschinenproduzenten International Harvester entwickelte Zapfwelle ermöglichte weiterhin die Übertragung der Kurbelwellendrehung des Traktors auf den angehängten Bindemäher. Diese Neuerungen bestimmten das Bild der mechanisierten Landwirtschaft in den USA. In Europa mit seiner günstigeren Ausstattung mit landwirtschaftlichen Arbeitskräften und kleineren Anbauflächen erwiesen sich diese Großgeräte zumeist als zu teuer. In Deutschland brachte die Firma Claas erst 1937 einen von einem Traktor gezogenen und über eine Zapfwelle angetriebenen Mähdrescher heraus. Trotz aufwendiger Werbekampagnen setzte sich der Mähdrescher hier nur langsam durch. Für die Klein- und

Mittelbetriebe lohnte sich die Anschaffung dieser teuren Maschinen zumeist nicht, und die größeren Betriebe litten häufig unter Kapitalmangel.

Verglichen mit dem Tempo der landwirtschaftlichen Mechanisierung in Nordamerika verlief die ländliche Elektrifizierung auf beiden Kontinenten gegenläufig. Verfügten zu Anfang der dreißiger Jahre erst 12 Prozent der Farmer in den USA über einen elektrischen Anschluß, so lag der Prozentsatz in Deutschland bei 85, in Frankreich bei 65 und in Schweden bei 50. In den weiten, nur schwach besiedelten ländlichen Gebieten Nordamerikas stieß die Verteilung elektrischer Energie auf erhebliche finanzielle Probleme, zumal Verbrennungsmotoren weit verbreitet waren. Zwar hatten auch in Deutschland die Energieversorgungsunternehmen die ländlichen Regionen zunächst vernachlässigt, belieferten aber bald im Rahmen der Verbundwirtschaft städtische und ländliche Gebiete. Sie förderten zudem den Stromabsatz auf dem Lande durch günstige Tarife, so daß sich die Elektrifizierung auch in der Landwirtschaft ausbreitete. Dabei lagen die Vorzüge der vielseitigen Elektromotoren, etwa als Antrieb für Heuaufzüge, Gebläse oder Transportbänder, auf der Hand: lange Lebensdauer, minimales Gewicht, einfache Bedienung, Sauberkeit und – nach Überwindung von Anfangsschwierigkeiten – geringe Störanfälligkeit. Sägen, Pressen, Melkanlagen und Haushaltsgeräte wurden elektrisch betrieben, Silos mit elektrischem Strom beheizt. Um die ländliche Elektrifizierung weiter auszudehnen, richteten Energieversorgungsunternehmen ab 1934 in Schlesien,

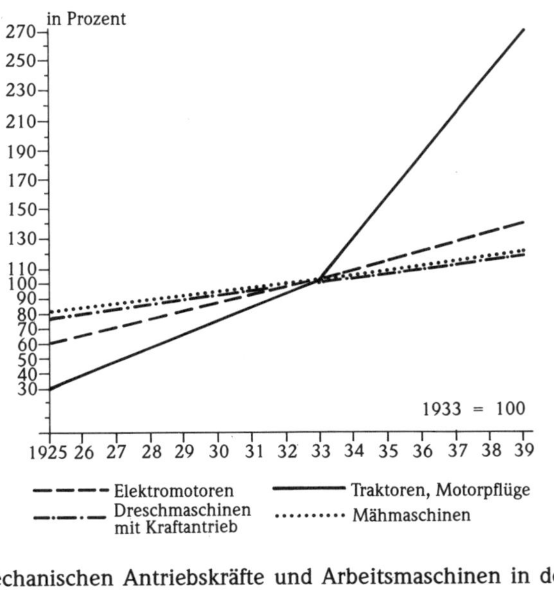

Entwicklung der mechanischen Antriebskräfte und Arbeitsmaschinen in der deutschen Landwirtschaft (nach Berthold und Klemm)

Württemberg und Bayern »Elektrobeispieldörfer« ein, in denen sie Interessenten elektrische Energie für die Dauer eines Probejahres zur Verfügung stellten. Einmal an die Vorteile dieser Geräte gewöhnt, wollten sie die meisten Benutzer danach nicht mehr missen.

Die landwirtschaftliche Arbeit war äußerst beschwerlich, so daß die Einführung von Landwirtschaftsmaschinen wie Kartoffelerntemaschinen, Aufzügen, Gebläsen oder Melkmaschinen in der Regel als Hilfe angesehen wurde. Häufig äußerten sich auch zeitgenössische Beobachter, die im allgemeinen von der günstigen Wirkung der Mechanisierung auf die Arbeitskräfte nicht überzeugt waren, zustimmend zum Einsatz landwirtschaftlicher Maschinen. Vor allem übte hier der Maschineneinsatz nicht, wie häufig in der Industrie, eine abstumpfende Wirkung auf die Arbeitskräfte aus. Im Gegenteil: Die Anwendung technischer Hilfsmittel, das Mensch-Maschine-System, schien eher eine umgekehrte Wirkung zu haben. Allerdings stellten viele Maschinen, etwa Mähmaschinen, besonders in der ersten Benutzungsphase die Ursache zahlreicher Unfälle dar. Dies galt auch für Stroh- oder Futterschneider, die von Elektromotoren angetrieben wurden. Zu Beginn des 20. Jahrhunderts hatte die landwirtschaftliche Tätigkeit in Deutschland häufig noch den Charakter einer Arbeit in der Gemeinschaft gehabt, an der sich, neben der Familie des Bauern, Knechte, Mägde, Tagelöhner und sonstige Helfer beteiligten. Mit fortschreitender Mechanisierung hin zum Ein-Mann-Maschinenbetrieb wurde die Tätigkeit fremder Arbeitskräfte und vieler mithelfender Familienangehöriger zunehmend überflüssig.

Wie schon der Erste, so stellte auch der Zweite Weltkrieg die Landwirtschaft in Europa vor erhebliche Produktionsprobleme. Angesichts der Arbeitskräfteknappheit betrieben amerikanische Firmen die weitere Mechanisierung der Landwirtschaft in den Ländern ihrer Alliierten. So brachte der Zeitraum 1939 bis 1941 in Großbritannien mit dem Einsatz von 100.000 Schleppern und 25.000 Mähdreschern einen gewaltigen Modernisierungsschub. Wegen des Treibstoffmangels sorgten in Deutschland Holzgasschlepper dafür, daß weiter produziert werden konnte. Die Einführung des Elektrozauns zur Einzäunung von Rinderherden offenbart einen Technologietransfer vom militärischen in den zivilen Bereich. Obwohl hierauf bereits seit 1910 ein amerikanisches Patent bestand, wurden nämlich elektrisch geladene Zäune zunächst in Gefangenenlagern eingesetzt, um Stacheldraht zu sparen, bevor sie Verwendung in der Landwirtschaft fanden.

Der umfangreiche Einsatz landwirtschaftlicher Maschinen in den USA verursachte bei der Getreideernte insofern Schwierigkeiten, als diese Getreidehalme von etwa gleicher Länge voraussetzten oder das Getreide schlecht enthülsten. Amerikanische Farmer begegneten diesen Problemen damit, daß sie Hybridgetreide züchteten, das maschinenfreundlich, »maschinenkompatibel« war. Hier hatte sich die Maschine nicht an das zu bearbeitende Material anzupassen, sondern das Material an die Maschine. Nach langwierigen Vorarbeiten an der landwirtschaftlichen Ver-

3. Einsatz eines amerikanischen Raupenschleppers mit Mähdrescher. Photographie, zwanziger Jahre

suchsstation von Connecticut in den Jahren unmittelbar vor dem Ersten Weltkrieg züchteten amerikanische Farmer Getreide mit starken Halmen und gleichmäßigem Wuchs, das leicht zu enthülsen war und sich gegen Getreidekrankheiten widerstandsfähig zeigte. Während der ersten Jahrhunderthälfte stiegen die Hektarerträge von 26 Scheffel im Jahr 1900 auf beinahe 40 Scheffel im Jahr 1950. Doch der großflächige und effizient scheinende amerikanische Getreideanbau hatte auch seine Schattenseiten: Durch das Fehlen von Feldbegrenzungen, beispielsweise von Hecken, wurde die wichtige Bodenkrume weggeblasen; eine ständige Überforderung des Bodens zerstörte die Bodenstruktur. Gegenmaßnahmen der amerikanischen Regierung zeigten nur eine begrenzte Wirkung.

Eine Parallele zur Züchtung von Hybridgetreide findet sich in der Viehwirtschaft. Bis in die zwanziger Jahre dieses Jahrhunderts standen reinrassige Arten im Vordergrund, bis amerikanische Wissenschaftler und Farmer herausfanden, daß Kreuzungen widerstandsfähigere Arten hervorbrachten. Im gleichen Zeitraum wurde in der Sowjetunion die künstliche Befruchtung von Vieh eingeführt und bis Ende der dreißiger Jahre in den USA und in europäischen Ländern, etwa Dänemark, übernommen. Aufgrund pharmazeutischer Forschungen gelang es, allmählich der schlimmsten Tierkrankheiten, der Maul- und Klauenseuche und der Tuberkulose, Herr zu werden. Pflanzenschutzmittel, wie die Entdeckung des DDT durch den

Schweizer Naturwissenschaftler Paul Hermann Müller (1899–1965) oder des Unkrautvertilgungsmittels Auxin 2,4-D, das in den späten zwanziger Jahren auf den Markt kam, steigerten die Erträge. Auxin 2,4-D hatte seinen Ursprung in den Entwicklungsarbeiten für Substanzen zur chemischen Kriegführung.

Rationalisierung im Bergbau und Mineralölverarbeitung

Im Kohlenbergbau ist der Zeitraum von 1914 bis 1945 durch vielfältige Mechanisierungs- und Rationalisierungsbemühungen gekennzeichnet. Im Bergbau des Ruhrgebiets wurden Mechanisierungsanstrengungen im Ersten Weltkrieg unterbrochen. Dies lag an unzureichenden Ersatzstoffen; aus Mangel an Arbeitskräften, Material und Investitionsmitteln blieb auch die Vorrichtung neuer Lagerstätten hinter dem Abbau zurück. Unmittelbar nach dem Ersten Weltkrieg erfolgte ein hoher Aufwand für den Aus- und Vorrichtungsbau – eine wichtige Voraussetzung für die Verdoppelung der Produktivität in der Zwischenkriegszeit. Neben der Mechanisierung stellten Konzentration und Konsolidierung des Grubenbesitzes mit einer Verringerung der Betriebspunkte wesentliche Ursachen für die Steigerung der Förderleistung dar. Zudem wurden einige Schachtanlagen mit ungünstigen Abbaubedingungen und veraltetem Maschinenpark geschlossen. Abbauhämmer setzten sich immer stärker durch und verdrängten die Keilhaue. Die Standardisierung von Stempeln, Kappen und Stahlprofilen für den Grubenausbau sparte ebenso Kosten wie die Übernahme von Neuerungen zur Verbesserung des thermischen Wirkungsgrades aus den USA. In den Jahren von 1924 bis 1932 verdoppelte sich die Mann-Schicht-Leistung im Bergbau an der Ruhr, nachdem sie sich seit den achtziger Jahren des 19. Jahrhunderts ständig vermindert hatte.

Die Elektrifizierung setzte sich dort allerdings nur langsam durch, erwies es sich doch als schwierig, den Elektromotor an die Bedingungen des Bergbaus anzupassen.

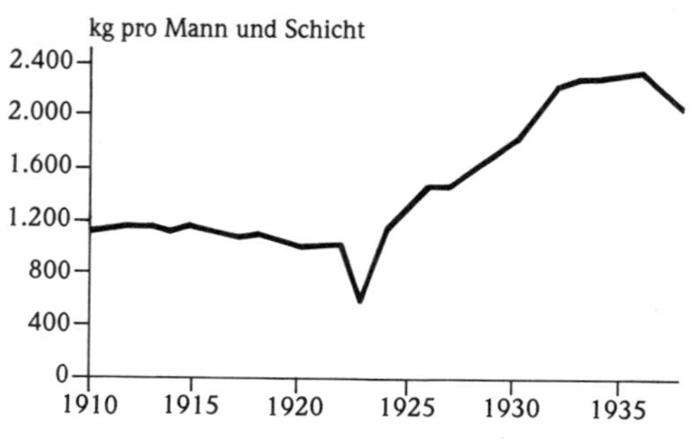

Mann-Schicht-Leistung der Untertagebelegschaft im Ruhr-Bergbau, auf eine Schichtdauer von 8,5 Stunden normiert (nach Burghardt)

4. Prospekt für die Kettenschrämmaschine. Firmenwerbung, 1931. Bochum, Deutsches Bergbau-Museum, Bergbau-Archiv

Dies gelang im Laufe der zwanziger Jahre, besonders durch die Verwendung von Ölkapselungen. Aber beim Abbau herrschte wegen der hohen Sicherheitsanforderungen im Bergbau und aufgrund der Tatsache, daß sich stoßende und schlagende Bohrwerkzeuge besser dafür eigneten, der Druckluftbetrieb vor. Zudem existierte bereits ein aufwendiges Rohrleitungsnetz für die Druckluft unter Tage. Die Vertrautheit der Bergleute mit diesem Medium führte im Ruhr-Kohlenbergbau zu einem »Druckluftdenken«. Die für den elektrischen Antrieb geeigneten Förderbänder konnten sich erst seit der Mitte der zwanziger Jahre durchsetzen, da vorher kein geeignetes Bandmaterial zur Verfügung stand. Verglichen mit Großbritannien und seinen ganz anderen Abbaubedingungen waren Langfrontschrämmaschinen in den zwanziger Jahren im deutschen Bergbau weniger verbreitet. Hartmetallegierungen, mit denen 1926 erstmals die Spitzen der Schrämmeißel besetzt wurden, ermöglichten höhere Schrämleistungen. Allerdings hatten Schrämmaschinen einen relativ großen Platzbedarf vor dem Kohlenstoß, und ihr Einsatz setzte günstige Lagerungsverhältnisse voraus. Insofern revolutionierte nicht die Schrämmaschine, sondern der wesentlich anpassungsfähigere und universell verwendbare Abbauhammer in den zwanziger und dreißiger Jahren die Gewinnungsarbeit an der Ruhr. Im Jahrzehnt nach Ausbruch des Ersten Weltkrieges stieg hier die Zahl der eingesetzten Schrämmaschinen von 280 auf 1.163, die der Abbauhämmer von 217 auf 23.077. Der Einsatz von Abbauhämmern und Schrämmaschinen, Schüttelrutschen und anderen Transporteinrichtungen, zum Beispiel von Förderbändern, veränderte nicht nur die Gewinnungsarbeiten vor Ort, sondern löste auch die herkömmliche Arbeitsorganisation auf, ohne die Arbeit des Bergmanns zu erleichtern; der Betriebsablauf selbst geriet in die Abhängigkeit der Fördermaschine.

Gelangten Schrämmaschinen schon vor dem Ersten Weltkrieg zum Einsatz, so taten Bergwerksgesellschaften in der Zwischenkriegszeit mit der Verwendung von

5. Einsatz eines Mitte der vierziger Jahre entwickelten Kohlenhobels auf einer Zeche in Oberhausen an der Ruhr. Photographie, 1951

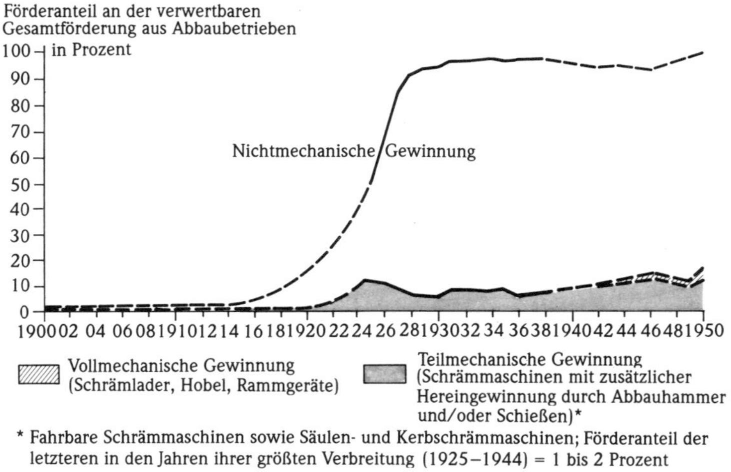

Entwicklung der maschinellen Steinkohlegewinnung im Ruhr-Revier (nach Kundel)

Schrämladern einen weiteren Schritt in Richtung auf eine vollmechanisierte Kohlegewinnung. Schrämlader, die das Lösen und Laden der Kohle in einem Maschinengang möglich machten, bestanden aus einer Schrämmaschine, die mit zusätzlichen Schrämarmen und einer Ladevorrichtung ausgerüstet war. In Deutschland brachte die Maschinenfabrik Knapp in Eickel 1925 eine Kohlegewinnungs- und -lademaschine auf den Markt, die jedoch im deutschen Steinkohlenbergbau kein Interesse fand, während sie die Entwicklung der Kohlegewinnungsmaschinen in der Sowjetunion erheblich beeinflußte. In Großbritannien benutzte man 1934 den ersten Meco-Moore-Schrämlader, der allerdings wegen technischer Mängel nur langsam verbreitet wurde. Für Deutschland, vor allem für das Ruhrgebiet mit seinen verhältnismäßig weichen Kohlenflözen, erwies sich das Unterschneiden der Flöze mittels Schrämmaschinen und Sprengen als aufwendig. Hier bot sich seit den frühen vierziger Jahren die Lösung an, Kohlen mit einem Kohlenhobel längsseits abzuschälen. Man verwendete ein hobelartiges Gerät, das maschinell an der Flözwand entlang gezogen wurde und dabei das gelöste Gut durch Raupen oder Pflugscharen auf ein Transportband lud. Nachdem bereits in den zwanziger Jahren in den USA und in Frankreich Versuche mit Kohlenhobeln stattgefunden hatten, wurde der eigentliche Steinkohlenhobel 1937 von Ingenieuren des Kohlenbergwerks Ibbenbühren in Westfalen entwickelt. 1941 bauten Arbeiter dieses Bergwerks den ersten Steinkohlenhobel, den man später mit Räumschaufeln und Vorräumern versah.

Hatte in der Zeit vor dem Ersten Weltkrieg im Ruhrgebiet der Vollversatz vorgeherrscht, bei dem die ausgekohlten unterirdischen Hohlräume mit Bergeversatz ausgefüllt wurden – Berge sind Gesteinsstücke, die im Bergbau anfallen –, so stellte sich hier in den zwanziger Jahren im Zuge der Rationalisierung die Kostenfrage. Berechnungen ergaben, daß von den bei der Kohlegewinnung eingesetzten Bergleuten etwa ein Drittel im Bergeversatz tätig waren. Bis zur Mitte der dreißiger Jahre setzte sich daher der Teilversatzbau durch, bei dem im Abstand von 20 bis 30 Metern Rippen mitgeführt wurden; danach ging man in größerem Umfang zum Bruchbau ohne Rippenversatz über. Diese Entwicklung hielt auch in der Zeit des Zweiten Weltkrieges an. Bald machten sich jedoch gewaltige Nachteile und Umweltprobleme bemerkbar, von denen neben Aufhaldungen des Bergeversatzes vor allem gefährliche Senkungsschäden zu nennen sind.

Während des Ersten Weltkrieges stiegen Arbeitszeit und Arbeitsintensität im Kohlenbergbau an der Ruhr rasch an. Individuelle Leistungsentlohnung, Stoppuhrkontrollen und die Aufhebung grundlegender Sicherheitsvorschriften führten seit den zwanziger Jahren zu einem hohen Arbeitstempo und zu steigender Unfallhäufigkeit, die im Zweiten Weltkrieg nicht zuletzt ausländische Zwangsarbeiter traf. Schüttelrutschen, Abbauhämmer und Bohrmaschinen verursachten einen solchen Lärm, daß Bewegungen der Deckgebirge, die den Bergmann vor einem drohenden Einsturz hätten warnen können, kaum mehr wahrgenommen wurden. Wegen des steigenden Kohlebedarfs im Zuge der nationalsozialistischen Aufrüstung mußten auch ungelernte und weniger gesunde Arbeitskräfte eingestellt werden, so daß die Krankenziffer bei Tuberkulose sowie Magen- und Atembeschwerden stark anstieg.

Dominierten im Steinkohlenbergbau der Zwischenkriegszeit weltweit die Abbaumethoden mit Abbauhämmern und Schrämmaschinen, so befürwortete man in der Sowjetunion seit dem Ende der dreißiger Jahre auch die hydromechanische Gewinnung von Kohle. Bei diesem Verfahren wurden sowohl die Förderung als auch die Gewinnung der Kohle dem Wasser übertragen. Bereits 1914 entwickelten russische Ingenieure eine Druckwassertechnik zum Abbau von Torf. 1936 setzten sowjetische Ingenieure ein ähnliches Verfahren im Steinkohlenbergbau ein. Kohle wurde durch hohen Wasserdruck nicht nur gelockert, sondern auch durch ein hydraulisches System aus dem Schacht gebracht. Diese Vorgehensweise erwies sich als äußerst arbeitskräftesparend. Neben der hydromechanischen Gewinnung spielte hier die Untertagevergasung von Kohle eine wichtige Rolle. Nachdem 1933 im Donez-Becken in der Ukraine erste umfangreiche Versuche stattgefunden hatten, wurde 1942 in der Nähe von Moskau das erste Kraftwerk errichtet, welches man mit aus Untertagevergasung gewonnenem Gas betrieb. Ähnlich erfolgreiche Versuche gab es in den frühen vierziger Jahren in den USA und in England.

Der Braunkohlentagebau der Zeit nach dem Ersten Weltkrieg ist durch die Einführung der Großraumförderung charakterisiert. Zur Freilegung der Kohlenflöze benutzten die Bergleute seit Mitte der zwanziger Jahre im großen Ausmaß Eimerketten-Schwenkbagger auf einem Raupenfahrwerk. Zum Eimerkettenbagger trat als Ergänzung der Förderbrückenbetrieb. 1924 wurde wahrscheinlich die erste Ab-

6. Abraumförderbrücke in der Braunkohlengrube Golpa bei Gräfenhainichen im Bezirk Halle. Photographie, um 1930

raumförderbrücke zum Transport des Abraums in der Braunkohlengrube Plessa in der Niederlausitz eingesetzt. Bagger und Förderbrücke bildeten einen geschlossenen Maschinenkomplex, der sämtliche Arbeitsgänge der Abraumbewegung ausführte. Mit der Einführung des Schaufelradbaggers im Jahr 1933 begann die Entwicklung einer weiteren Gruppe kontinuierlich arbeitender Gewinnungsmaschinen im Braunkohlentagebau.

Neben der Kohle gewann das Erdöl als fossiler Energieträger zunehmend an Bedeutung. Auch hier boten technische Neuerungen in der ersten Hälfte des 20. Jahrhunderts eine wesentliche Voraussetzung dafür, daß das »flüssige Gold« in neu entdeckten Lagerstätten in noch größerem Ausmaß zu Tage gefördert werden konnte als bisher. Seit Anfang des Jahrhunderts wurden Geologen immer häufiger herangezogen, um neue Erdöllagerstätten ausfindig zu machen. Dabei verwendeten sie verschiedene Erkundungsmethoden, etwa die gravimetrische Vermessungsmethode, die seismographische Untersuchung sowie systematische magnetische Messungen. Bei der Gravimetrie wurde mit Hilfe einer Torsions- oder Drehwaage die Anziehungskraft der Erdoberfläche gemessen. Die unterschiedlichen Gesteinsformationen unterscheiden sich in ihrer Gravitationskraft, die bei undurchlässigen

7. Beaumont-Ölfeld in Kalifornien. Photographie, 1981

Gesteinsschichten stärker ist als bei lockerem Sedimentgestein. Das Aufspüren der reichen Erdölvorkommen an der Golfküste von Texas ist vor allem dem Einsatz der Drehwaage zu verdanken. Die seismographische Untersuchung wurde in den zwanziger Jahren bei der Ölsuche im Golf von Mexiko angewandt. In einem 30 bis 100 Meter tiefen Bohrloch brachten Wissenschaftler eine Sprengladung zur Explosion, deren Erschütterungswellen sie dann maßen. Seismographen zeichneten Stärke und Richtung der reflektierten Wellen auf, wodurch wichtige Aufschlüsse über Art und Tiefe der unterirdischen Schichten gewonnen wurden. Ein Ursprung der Seismographie lag in den Untersuchungen des deutschen Geophysikers Ludger Mintrop (1880–1956), der die Schallmeßtechnik während des Ersten Weltkrieges benutzte, um feindliche Geschützstellungen durch ihre beim Abschuß hervorgerufenen seismischen Wellen zu orten. Weitere Möglichkeiten ergaben sich durch Messungen der magnetischen Anziehungskraft des explorierten Gebietes, die sich je nach Beschaffenheit der Schichten an und nahe der Oberfläche änderte.

Zwar lieferten die geophysikalischen Verfahren wie Gravimetrie, Seismik oder Magnetik wichtige Anhaltspunkte für die Lokalisierung von Erdöllagerstätten, aber den Nachweis, ob tatsächlich Öl vorhanden war, erbrachte nur die Bohrung. Durch Bohrlochmessungen mit Hilfe von Bohrsonden konnten Eigenschaften und Schichtgrenzen von Gesteinen ermittelt werden. Hier traten besonders die Elsässer Brüder

Conrad (1878–1936) und Marcel Schlumberger (1884–1953) hervor, die 1927 die erste kontinuierliche, elektrische Bohrlochsondierung mit Messungen der elektrischen Leitfähigkeit durchführten. Fiel nämlich an einer bestimmten Stelle im Bohrloch der elektrische Widerstand stark ab, so ließ dies auf die Nähe von Salzwasser schließen, in dessen Nachbarschaft sich häufig Erdöl befindet. Seit dem Beginn des 20. Jahrhunderts war bei der Erdölgewinnung das Rotary-Bohrverfahren, ein Drehbohrverfahren, gebräuchlich. Dabei bohrte man rotierende Rohre mit Bohrkronen aus Hartmetall, die mit Diamantsplittern durchsetzt waren, in die Erde. Durch Rohr und Bohrkrone wurde dann der Bohrschlamm, eine Tonemulsion, hinuntergepumpt, die später, zusammen mit dem Bohrklein, wieder an die Oberfläche kam. Durch Aufsetzen von Teilstücken ließen sich die Rohre beliebig verlängern, so daß schon in den frühen dreißiger Jahren Tiefen von über 3.000 Metern und Mitte der vierziger Jahre fast 6.000 Meter erreicht werden konnten. Die Erdölgesellschaften ersetzten die Holzbohrtürme durch solche aus Stahl und verwendeten statt Dampfmaschinen zum Antrieb des Bohr- und Pumpgeräts Gasmaschinen und später Dieselmotoren.

Besonderes Aufsehen erregte der Turbinenbohrer, dessen Entwicklung Anfang der zwanziger Jahre vor allem der sowjetische Ingenieur Matwei A. Kapeljuschnikow (1886–1959) betrieb. Dabei wurde direkt über dem Bohrmeißel eine bis zu hundertstufige Turbine von etwa 25 Zentimetern Außendurchmesser angebracht. Die Spülung, die durch das hohle Bohrgestänge unter hohem Druck nach unten gepreßt wurde, trieb den Bohrmeißel an. Zwar ermöglichte der Turbinenbohrer im Vergleich zum Rotary-Bohrer höhere Drehzahlen bei weniger Lärm, doch die Bohrmeißel unterlagen einem raschen Verschleiß und mußten oft unter schwierigen Bedingungen ausgewechselt werden. Daher fand dieses Bohrsystem nur vereinzelt Anwendung.

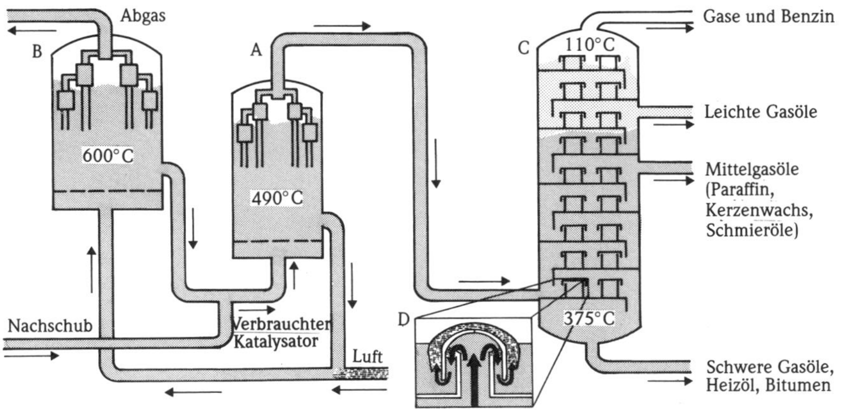

Schema des Krackverfahrens (nach Beer)

Rohöl ist vor allem dann von wirtschaftlicher Bedeutung, wenn die darin reichlich enthaltenen Kohlenwasserstoffverbindungen durch Raffination voneinander getrennt werden. Beim Destillationsprozeß kommen mit zunehmender Temperatur fraktionierte Destillationsprodukte mit immer höheren Siedepunkten aus dem Kondensationsgefäß, wobei man die Fraktionen – Naphta, Benzol, Benzin, Kerosin – in eigene Behälter separiert. Ursprünglich war der Raffinationsprozeß des Erdöls ein bloßes Trennverfahren, bei dem aus dem Erdöl bestimmte Mengen von Naphta, Benzol, Benzin, Kerosin und anderen Produkten destilliert wurden. Mit steigender Nachfrage nach Benzin im Zuge der Motorisierung versuchten nun einige Chemiker, dieses Produkt aus den geringer nachgefragten Ölanteilen zu gewinnen. Hierzu diente der Krackprozeß, bei dem unter hohen Temperaturen und Drücken lange Ketten von Kohlenwasserstoffen aus schweren Destillaten in Benzinwasserstoffe »gekrackt«, das heißt gespalten wurden.

William M. Burton (1865–1954), Chemiker bei der Standard Oil Company, erhielt 1913 ein Patent auf das »thermische Kracken«, das aber nur gering klopffestes Benzin von etwa 70 Oktan lieferte. Es reichte für leistungsfähige Flugmotoren und manche Automobilmotoren mit hohem Verdichtungsgrad nicht aus und verursachte vorzeitige Explosionen in den Zylindern sowie Zündaussetzer. Solche Nachteile überwand der amerikanische Chemiker und Ingenieur Thomas Midgley (1889–1944) im Jahr 1921 mit dem Nachweis der Antiklopfeigenschaften des Bleitetraetyls. Ein »sanfteres« Krackverfahren als das thermische Kracken Burtons entwickelte der französische Ingenieur Eugène Jules Houdry (1892–1962) mit dem nach ihm genannten Prozeß des katalytischen Krackens. Houdry wandte in Kenntnis der Arbeiten zur Treibstoffsynthese in Deutschland, bei der Katalysatoren eine entscheidende Rolle spielten, diese beim Krackprozeß an. 1927 erzielte er mit einem Silicium-Aluminium-Katalysator ermutigende Ergebnisse. Zwar gelang es Houdry, ein sehr hochwertiges Benzin von bis zu 95 Oktan herzustellen, aber ein Nachteil lag in den hohen Kosten dieses Verfahrens. 1934 ließ er sich ein verbessertes Verfahren patentieren, bei dem Aluminosilikate und hohe Drücke Verwendung fanden und ein Benzin von 100 Oktan produziert wurde.

Chemische Hochdrucksynthesen

Die chemische Industrie stand zwischen 1914 und 1945 im Zeichen der vielfältigen Anwendung von Hochdrucksyntheseverfahren zur Erzeugung von Produkten, die natürliche Rohstoffe ersetzen sollten. Dabei ergab sich oft, daß die synthetisch hergestellten Materialien die Naturprodukte in der Qualität übertrafen. Das Haber-Bosch-Verfahren, bei dem Stickstoff mit Wasserstoff zum synthetischen Ammoniak verbunden wird, wurde schon kurz vor dem Ersten Weltkrieg entwickelt, kam aber

8. Schwefelsäurefabrik der BASF. Holzstich nach einer Vorlage von Otto Bollhagen, 1914. Ludwigshafen, Unternehmensarchiv BASF

erst während des Krieges zu einer breiteren Anwendung. Weil Deutschland infolge der englischen Blockade vom Import des Chile-Salpeter abgeschnitten war, der vor allem zur Herstellung von Sprengstoffen und von Stickstoffdünger gebraucht wurde, benötigte man die Ammoniaksynthese dringend. Auch in den USA gelang es, ein solches Verfahren zu entwickeln, aber nicht nach der Methode von Haber-Bosch, sondern als Kalkstickstoffverfahren. Nach dem Krieg setzten amerikanische Chemiker hier allerdings das Hochdrucksyntheseverfahren aufgrund von Kenntnissen ein, die sie durch Ausspähung in Deutschland erlangt hatten; auch Firmen in Großbritannien und in Frankreich bedienten sich in der Zwischenkriegszeit dieses Verfahrens.

Die bei der Ammoniaksynthese gewonnenen Erfahrungen fanden ab 1923 bei der BASF in Ludwigshafen-Oppau ihren Niederschlag in der Großproduktion des synthetischen Methanols. Wurde bei der Ammoniaksynthese im wesentlichen Wasserstoff mit Stickstoff verbunden, so umfaßte die Methanolsynthese die Hydrierung von Kohlenmonoxidgas. Beide Prozesse fanden unter ähnlichen Druck- und Temperaturbedingungen statt. Benötigte man für die Ammoniaksynthese einen Metallkatalysator, so verwendete man zur Methanolherstellung ein Oxid. Das vor allem als Lösungs- und Extrahiermittel wichtige Methanol besaß zahlreiche Anwendungsformen in der organischen Chemietechnik; es war auch Ausgangspunkt für weitere

Produkte und diente als Treibstoffzusatz. Durch katalytische Oxidation wurde aus Methanol Formaldehyd erzeugt, das vor allem bei der Kunststoffproduktion Verwendung fand. Am Ende der dreißiger Jahre kam noch die synthetische Kautschukherstellung hinzu, deren Ausgangsstoff Butadien dadurch gewonnen wurde, daß man Formaldehyd mit Acetylen zu Butandiol umsetzte. Im Zweiten Weltkrieg gewann die Isobutylsynthese, die aus einer Variation der Methanolsynthese entwickelt wurde, erhebliche Bedeutung, ließ sich doch aus Isobutylöl durch Hydrierung der hochklopffeste Treibstoff Isooktan für Hochleistungsmotoren in Flugzeugen gewinnen. Wo Isooktan eingesetzt wurde, mußte man auch hochviskose Schmierstoffe anwenden, wie das von der I.G. Farben entwickelte Oppanol.

Neben den erfolgreichen Arbeiten zur Methanolsynthese gab es weitere Gründe für die Fortsetzung der Entwicklungsarbeiten auf dem Gebiet der katalytischen Hochdrucksynthese. Schon bei der Methanolsynthese hatte sich gezeigt, daß bei Modifikation von Druck, Temperatur oder Katalysator statt des einfachen Alkohols Methanole, höhere Alkohole und komplexe Kohlenwasserstoffverbindungen zu erhalten waren. Insofern lag der Versuch nahe, durch Druckhydrierung von Kohlenstoff auch höherwertige Kohlenwasserstoffe zu gewinnen. 1924 beschloß die BASF, ein Verfahren zur Methanolsynthese zu entwickeln. Zum einen verfügte sie auf dem Gebiet der Hochdrucksynthese über ein spezialisiertes Forscherteam, zum anderen spielten wirtschaftliche Gründe, nämlich die zunehmende Motorisierung sowie Voraussagen über die baldige Erschöpfung der bekannten Erdöllagerstätten, eine nicht unwichtige Rolle. Bei geringer Erdölförderung verfügte Deutschland über große Kohlevorräte und stand im Bergbau hinter den USA an zweiter Stelle. Für die Kohlehydrierung bot sich die Nutzung der bestehenden Anlage zur Ammoniaksynthese in Leuna an. Zudem existierten Vorarbeiten des Naturwissenschaftlers Friedrich Bergius (1884–1949), der bei Fritz Haber (1868–1934) in Berlin die entscheidenden Anstöße zur Beschäftigung mit der Hochdruckreaktionstechnik erhalten hatte und in Zusammenarbeit mit der Theodor Goldschmidt AG in Essen in deren Werk Mannheim-Rheinau die Entwicklung des Kohlehydrierverfahrens einleitete. Erdöl enthält Verbindungen, die lediglich aus Kohlenstoff und Wasserstoff bestehen, so daß eine Anlagerung von Wasserstoff an Kohlenstoff zu flüssigen Treibstoffen wie Benzin oder Dieselöl führen mußte.

Zwar hatte Bergius die grundsätzliche Möglichkeit der Hochdruckhydrierung von Kohle zu Kohlenwasserstoff nachgewiesen, doch für die großtechnische Anwendung fehlten ihm die Mittel. Diese besaß nun die I.G. Farben mit ihrem auf dem Gebiet der Ammoniakhochdrucksynthese erfahrenen Vorstandsvorsitzenden Carl Bosch (1874–1940), die 1925 die Patente von Bergius übernahm. Bei der I.G. Farben hatte sich schon Matthias Pier (1882–1965) seit längerer Zeit mit Hochdruckverfahren beschäftigt, vor allem mit der Ammoniak-Methanol-Synthese. Pier galt auch als Experte auf dem Gebiet der Katalysatortechnik. Die größten technischen

Probleme bei der Kohlehydrierung lagen nämlich darin, einen gegenüber dem Schwefelgehalt der Kohle unempfindlichen Katalysator zu finden; das war Friedrich Bergius nicht gelungen. Die erste Versuchsanlage war schon 1924 in Oppau in Betrieb genommen worden, 1927 gefolgt von einer Großanlage in Leuna auf der Basis mitteldeutscher Braunkohle. Seit 1927 wurde Leuna-Benzin in den Handel gebracht. – Beim Hydrierprozeß ist eine »Sumpfphase« und eine »Gasphase« zu unterscheiden. Nachdem die Braunkohle zerkleinert, mit dem Katalysator gemischt und getrocknet wurde, rieb man diese Masse mit einem Schmieröl an und preßte sie danach zusammen mit Wasserstoffgas in den Hochdruckreaktor. Hier entstanden unter hohem Druck und bei hohen Temperaturen unterschiedliche Kohlenwasserstofffraktionen, die herausgezogen wurden. Während man das über 325 Grad Celsius siedende Schweröl herauszog, das durch Destillation in verschiedene Fraktionen zerlegt wurde, wurden die bis 325 Grad Celsius siedenden Mittelöle weiter hydriert. Die Gashydrierung ergab relativ gleichförmige Treibstoffe, die nach der Befreiung von Schwefelwasserstoff als Motorentreibstoff verwendet werden konnten. Zusätze von Bleitetraethyl verliehen ihm eine hohe Klopffestigkeit.

Nicht nur in Deutschland, sondern auch in den USA stieß die Mineralölsynthese auf lebhaftes Interesse. Amerikanische Industrielle sahen trotz großer Erdölvorkommen im Inland in diesem Verfahren eine erhebliche Konkurrenz und engagierten sich deshalb dafür, die katalytische Druckhydrierung bei der Aufarbeitung von Schwerölrückständen, die bei der Mineralölraffination anfielen, einzusetzen. Schon Ende der zwanziger Jahre wurde in den USA eine entsprechende Versuchsanlage gebaut. In einem 1929 geschlossenen Vertrag überließ die I.G. Farben der Firma Standard Oil of New Jersey das Hydrierverfahren für das außerdeutsche Gebiet. Auch in Großbritannien interessierte man sich sehr für die Mineralölsynthese, und zwar aus wirtschaftlichen, technischen und wehrwirtschaftlichen Gründen, da man von Mineralölimporten unabhängig werden wollte. Bereits 1927 führte die Firma ICI Versuche zur Steinkohlenteerhydrierung in ihrem Werk Billingham in Nordostengland durch. 1933 lief hier die erste großtechnische Hydrieranlage der Welt auf Steinkohlenbasis, und zu Anfang des Jahres 1936 wurde das erste Benzin aus Kohle gewonnen.

Außer dem Verfahren zur synthetischen Treibstofferzeugung nach Bergius existierte die Fischer-Tropsch-Synthese. 1925/26 entdeckte Franz Fischer (1877 bis 1947) zusammen mit seinem Mitarbeiter Hans Tropsch (1889–1935) im Institut für Kohlenforschung der Kaiser-Wilhelm-Gesellschaft in Mülheim an der Ruhr, daß sich Kohlenmonoxid von aus Steinkohlengas gewonnenem Synthesegas bei 100 Atmosphären Druck und 400 Grad Celsius in Gegenwart eines Eisen-Alkali-Katalysators zu treibstoffähnlichen Kohlenwasserstoffverbindungen hydrieren läßt. Die Fischer-Tropsch-Synthese ging bei erheblich niedrigerem Druck und niedrigeren Temperaturen als das Bergius-Verfahren vonstatten. Allerdings konnten erst zu Anfang der dreißiger Jahre geeignete Katalysatoren und Verfahrensbedingungen entwickelt werden, die diese Methode auch als wirtschaftlich aussichtsreich erscheinen ließen. Die erste großtechnische Anlage wurde 1935 in Castrop-Rauxel errichtet.

Bald nach der »Machtergreifung« im Januar 1933 verfolgten die Nationalsozialisten eine Politik der Autarkie, der Unabhängigkeit von Rohstoffimporten. Dies galt auch für das Mineralöl. Nachdem das Deutsche Reich in einem Vertrag vom Dezember 1933 Preis- und Absatzgarantien für synthetisch erzeugte Treibstoffe übernommen hatte, gingen Staat und Großindustrie zur Realisierung der entsprechenden Pläne über. 1934 gründete der Wirtschaftsminister Hjalmar Schacht (1877–1970) die Braunkohle-Benzin AG (Brabag), eine Pflichtgemeinschaft der deutschen Braunkohlenindustrie. Im folgenden plante und baute die Brabag vier große Treibstoffwerke, von denen die Unternehmen Böhlen, Magdeburg und Zeitz nach dem erweiterten Bergius-Verfahren der I.G. Farben arbeiteten, das Werk Schwarzheide in der Oberlausitz hingegen nach der Fischer-Tropsch-Synthese, die dem Hydrierverfahren technisch unterlegen war. 1936 erreichte der Anteil von Hydrier- und Synthesebenzin bereits 42 Prozent der deutschen Benzinerzeugung. Mit dem nationalsozialistischen Vierjahresplan von 1936 wurde das synthetische Treibstoffprogramm in das Rüstungsprogramm integriert; im Zeitraum 1937 bis 1941 entfiel fast die Hälfte der Investitionsmittel des Planes auf die synthetische Treibstofferzeugung. Allerdings gelang es dem Deutschen Reich entgegen der offiziellen Propaganda nie, Deutschland bei Treibstoffen autark zu machen. Anfang der vierziger Jahre konnte der Plan nur zu etwa 45 Prozent erfüllt werden; in der zweiten Kriegshälfte vergrößerten die auf die Zentren der deutschen Energieversorgung zielenden alliierten Luftangriffe die Treibstoffknappheit beträchtlich.

Jahr	Produktion (1.000 Tonnen)	Anteile (in Prozent)	
		Hydrierverfahren	Fischer-Tropsch
1933	108	100	–
1934	153	100	–
1935	241	100	–
1936	460	99	1
1937	818	89	11
1938	1.017	82	18
1939	1.321	74	26
1940	1.914	79	21
1941	2.522	84	16
1942	3.039	87	13
1943	3.709	91	9

Deutsche Synthesetreibstoffproduktion 1933–1943 (nach Plumpe)

Neben Deutschland, Großbritannien und den USA gab es seit Mitte der dreißiger Jahre auch in Ländern wie Italien, Frankreich, der Tschechoslowakei, Ungarn, Japan und der UdSSR Pläne und Versuchsanlagen zur synthetischen Treibstofferzeugung. Italienische Firmen bauten zur Verarbeitung des schweren schwefelhaltigen albanischen Rohöls zwei Raffinerien, die nach dem Hochtemperaturverfahren auf Rohölbasis betrieben werden sollten. Japan beschäftigte sich nach den Eroberungen in der Mandschurei zu Beginn der dreißiger Jahre intensiv mit der Kohlehydrierung und dem Fischer-Tropsch-Verfahren. Der Krieg verhinderte Pläne der Sowjetunion, mit deutscher Hilfe in Sibirien eine Kohleverflüssigungsanlage zu bauen; erst nach dem Krieg errichteten deutsche Ingenieure die Anlage Krasnoi am Baikalsee mit demontierten Teilen des Hydrierwerkes Blechhammer. In den USA entwickelte die Standard Oil Company of New Jersey unter Anwendung der Hochdruckhydrierung ein kostengünstiges Verfahren zur Herstellung des Flugbenzins Isooktan aus Krackgasen. Nach dem Zweiten Weltkrieg wurden in den USA auf der Grundlage deutscher Beuteakten Kohlehydrierwerke errichtet.

Von ähnlichem Interesse wie die Erzeugung synthetischen Treibstoffs war in den dreißiger Jahren und während des Zweiten Weltkrieges die synthetische Herstellung von Kautschuk. Naturkautschuk, der aus langen Ketten besteht, in denen Hunderte von Isopren-Molekülen miteinander verbunden sind, läßt sich durch Erhitzen mit Schwefel in eine elastische Masse überführen. Bei der Vulkanisation vernetzt man die Makromoleküle des Naturkautschuks durch die Bildung von Schwefelbrücken zwischen freien Kohlenstoffatomen; hierauf beruhen die charakteristischen Eigenschaften des elastischen Kautschuks. – Mit der expandierenden Automobilindustrie in den zwanziger Jahren stieg die Nachfrage nach Kautschukprodukten rasch an. Zu Beginn des 20. Jahrhunderts kam Naturkautschuk überwiegend aus Brasilien, später als Plantagenkautschuk auch aus Südostasien. Versuche, Methylbutadien, den Grundbaustein des Kautschuks, zu synthetisieren und zu polymerisieren, verliefen 1909 im pharmazeutischen Laboratorium der Firma Bayer in Elberfeld erfolgreich; dort wurden durch Wärmepolymerisation von Isopren kautschukähnliche Massen gewonnen. Allerdings fehlten noch Verfahren zur wirtschaftlichen Herstellung des Isoprens und zur Polymerisation. Für diesen Zweck bot sich Dimethylbutadien – »Methylisopren« – mit dem Polymerisat Methylkautschuk an. 1910 stellte die Firma Bayer in Zusammenarbeit mit der Reifenindustrie Autoreifen aus Methylkautschuk her, die aber verschiedene Mängel, wie kurze Lagerfähigkeit und raschen Abbau an der Luft, aufwiesen. Da zudem durch gesteigerte Erträge auf den Kautschukplantagen Südostasiens die Kautschukpreise verfielen, erschien die Produktion des Methylkautschuks als nicht lohnend.

Der Erste Weltkrieg steigerte jedoch die Nachfrage wieder. Die Blockade des deutschen Außenhandels durch die britische Marine machte die Abhängigkeit vom Naturkautschuk deutlich. Da die Verwendung von Methylkautschuk für militärische

9 a bis d. Phasen der Herstellung von synthetischem Kautschuk bei Bayer in Leverkusen: Erzeugung der Vorprodukte, Polymerisation, Lagerung der Rohprodukte, der Reifen als Endprodukt. Photographien für eine Firmenwerbung

Zwecke, etwa für Akkumulatorenkästen der Unterseeboote, unerläßlich war, vergab das Reichsmarineamt Aufträge zur synthetischen Herstellung. Gleichwohl stellte Methylkautschuk nur ein Ersatzprodukt dar und konnte mit dem natürlichen Kautschuk nicht konkurrieren. Nach dem Ende des Krieges wurde die Produktion zunächst aus wirtschaftlichen und technischen Gründen nicht fortgeführt. Doch im Mai 1926 nahm die I.G. Farben die Forschungs- und Entwicklungsarbeiten zum Synthesekautschuk wieder auf, weil nun ein neues Verfahren zur Butadiengewinnung zur Verfügung stand und die Motorisierung, vor allem in den USA, eine wachsende Nachfrage nach Kautschuk hervorrief. Für die Polymerisation griff man auf ein englisches Patent aus dem Jahr 1910 zurück, bei dem Natrium-Metall als Katalysator wirkte. Zwar konnte die I.G. Farben nun Butadien mit Natrium zu einer

kautschukartigen Masse – Buna – polymerisieren, aber die Qualität dieses Produktes ließ noch zu wünschen übrig. Versuche mit Acrylnitril als Polymerisationskomponente verliefen jedoch erfolgreich und führten zum Nitrilkautschuk, der 1930 patentiert wurde. Nitrilkautschuk – Butadien-Acrylnitril-Kautschuk, Buna N – erwies sich als besonders öl- und benzinbeständig.

In der industriellen Produktion von Synthesekautschuk war allerdings die Sowjetunion der I.G. Farben in den frühen dreißiger Jahren überlegen. Im Zuge der Autarkiepolitik Stalins wurden hier zwischen 1932 und 1936 vier Synthesekautschukanlagen errichtet; zwei weitere kamen bei Kriegsausbruch hinzu. In den USA, wo infolge der Motorisierung ein besonders hoher Kautschukbedarf bestand, beschäftigten sich Chemiker der Firma Du Pont seit 1925 mit der Kautschuksynthese und entdeckten, daß durch katalytische Addition von Salzsäure an MVA Chlorbutadien entsteht, das Kautschukmonomeren ähnelt; die Flüssigkeit ließ sich zu einer kautschukähnlichen Substanz polymerisieren. Das Produkt mit dem Markennamen »Duprene«, später »Neoprene« genannt, war gegen Öl und Lichteinwirkung widerstandsfähiger als Naturkautschuk. Mit der Aufrüstung nach 1933 wollte Deutschland auch die Unabhängigkeit von Kautschukimporten erreichen. Die I.G. Farben entwickelte daher das Buna-N-Verfahren weiter, zumal die Reichswehr Interesse an dessen Verwendung als Reifenwerkstoff und als Werkstoff für elektrische Apparaturen signalisierte. 1935 zeigten Forschungs- und Entwicklungsergebnisse, daß sich das Styrol-Butadien-Copolymerisat Buna S von allen Synthesekautschukarten am besten als Reifenwerkstoff eignete und in der Abriebfestigkeit sogar dem Naturkautschuk überlegen war. Aufgrund der schon vorhandenen Verfahrenskenntnisse und des erwarteten Bedarfs sah der Vierjahresplan von 1936 den Bau von vier großen Kautschukfabriken vor. Die geplante Gesamtkapazität von 170.000 Jahrestonnen erwies sich jedoch als zu hoch gegriffen. 1943 wurden knapp 119.000 Tonnen produziert. Obwohl also das Planziel nicht erreicht wurde, konnte die deutsche Kautschukversorgung im Krieg, wenn auch nach Engpässen 1939/40, weitgehend sichergestellt werden.

Wurde in Deutschland die Kautschuksynthese als Ersatzprodukt und unter Autarkiegesichtspunkten entwickelt, so verfolgte die Firma Du Pont in den USA mit ihren Arbeiten zur Chlorkautschuksynthese andere Absichten, besaß Neoprene doch nicht dieselben Eigenschaften wie der Naturkautschuk. Mit dem militärischen Zusammenbruch Frankreichs im Frühjahr 1940 wurde die Frage einer ausreichenden Kautschukversorgung auch in den USA akut. Als die Alliierten im weiteren Verlauf dieses Jahres durch den Krieg im Pazifik von den Naturkautschukimporten abgeschnitten waren, konnten die USA trotz gravierender Planungs- und Koordinationsprobleme die noch offenen Fragen der Kautschuksynthese lösen, wobei sich die dortigen Chemiker an das in Deutschland erprobte Verfahren der Copolymerisation von Butadien und Styrol zu Buna S anlehnten. Anders als in Deutschland waren an der Lösung dieser Aufgabe hier mehrere große Unternehmen beteiligt, denen es gelang, die Monomere Butadien und Styrol in großen Mengen und wirtschaftlich günstig zu gewinnen. 1945 erreichte die Produktion von Buna S 820.000 Tonnen, etwa siebenmal soviel wie in Deutschland.

Schon vor dem Ersten Weltkrieg existierten verschiedene Arten von Kunstseide, für die sich international die Bezeichnung »Acetat« durchsetzte. In dieser Zeit

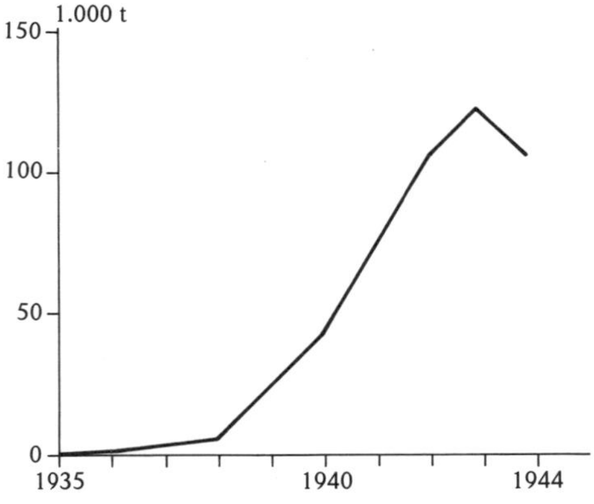

Bunaproduktion der I.G. Farben (nach Plumpe)

10. Prüfung von Rayon-Garn bei Du Pont. Photographie, um 1940

waren Frankreich, Großbritannien und Deutschland die größten Produzenten. Ende der zwanziger Jahre übernahmen die USA die Führung, und im Laufe der dreißiger Jahre stieg Japan zum wichtigsten Kunstseidenproduzenten auf. Seit Beginn der dreißiger Jahre gewannen solche Chemiefasern immer stärker an Boden, die aus synthetischen, monomeren Ausgangsprodukten gewonnen wurden. Diese Entwicklung begann mit der Gewinnung der Polyvinylchloridfaser durch die I.G. Farben und setzte sich mit der Polyamidfaserproduktion der amerikanischen Firma Du Pont durch.

Grundlegend für die Synthesefaserherstellung war die Entwicklung der Polymerchemie, wobei Polymere aus sehr großen Molekülen bestehen, welche wiederum aus Zehntausenden kleinerer Moleküle – Monomere – zusammengesetzt sind. Die entscheidenden Forschungsarbeiten auf diesem Gebiet führten Hermann Staudinger (1881–1965) und seine Schule in Freiburg im Breisgau durch. Staudinger wies nach, daß Festigkeit, Elastizität und Fäden- oder Filmbildung von Naturstoffen wie Kautschuk oder Seide in der Zusammensetzung einfacher, ungesättigter Verbindungen zu Riesenmolekülen begründet lagen, und wandte diese Erkenntnis auf die Herstellung von Kunstfasern und Kunststoffen an. Synthesefasern, etwa für Textilien, mußten einen hohen Schmelzpunkt haben, damit sie gewaschen und gebügelt werden konnten. Dies traf auf die Polyvinylchloridfaser der I.G. Farben nicht zu, obwohl sie andere Vorteile hatte. 1931 gelang es der I.G., das aus vinyliertem

11. Zuführung von Nylon-Garn zur Webmaschine in einer Textilfabrik in New Bedford, Massachusetts. Photographie, um 1944

Acetylen gewonnene Polyvinylchlorid zu Fäden zu verspinnen. Diese Faser war nicht entflammbar, zeigte sich als unempfindlich gegen Säuren und wies eine hohe Reißfestigkeit auf, alles Eigenschaften, die sie für die Verarbeitung in der Textilindustrie prädestiniert hätten. Doch eine solche Verwendung gelang wegen ihrer geringen Hitzebeständigkeit nicht; aber aufgrund ihrer anderen guten Eigenschaften wurde sie als technische Faser dort eingesetzt, wo es auf chemische Widerstandsfähigkeit ankam, zum Beispiel als Filterfaser in der chemischen Industrie.

Der Durchbruch bei der Herstellung synthetischer Textilfasern gelang der amerikanischen Firma Du Pont. Seit Ende der zwanziger Jahre forschte hier der Chemiker Wallace H. Carothers (1896–1937) auf dem Gebiet der Polymerchemie. Er fand 1934 das Superpolyamid 66, das hervorragende Eigenschaften besaß; es war fester als Baumwolle und so fein wie Seide. Diese Substanz ließ sich in geschmolzenem Zustand zu Fäden formen, die das bisher bei synthetischen Stoffen unbekannte Phänomen der »Verstreckbarkeit« aufwiesen und sich auf das Drei- bis Vierfache der ursprünglichen Länge auseinanderziehen ließen. Ab 1939 wurde das Polyamid 66 in den USA unter dem Markennamen »Nylon« vermarktet, zunächst in kleinem Umfang für Zahnbürsten, dann für Nylonstrümpfe. Innerhalb eines Jahres nach Markteinführung konnten in den USA 64 Millionen Nylonstrümpfe verkauft werden; in Europa setzte sich der Nylonstrumpf erst in den fünfziger Jahren durch. Polyamid 66 eignete sich aber noch für andere Zwecke. Wegen seiner Abrieb- und

Schlagfestigkeit ersetzte es in besonderen Fällen, in denen es auf Leichtgängigkeit und Verzicht auf Schmiermittel ankam, Zahnräder, Nocken oder Zapfenlager. Auch in Deutschland, wo die Entwicklung der chemischen Industrie infolge der Ausrichtung auf industrielle Grundstoffe anders verlief als in den USA, wurde das Polyamid-66-Verfahren von Du Pont übernommen. Hier hatte die I.G. Farben Anfang 1938 ein Polyamid auf der Basis von Caprolactam entwickelt, das ähnliche technische Eigenschaften wie das Nylon und eine außerordentliche Reißfestigkeit aufwies. Aus diesem »Igamid B«, als Faserprodukt auch »Perlon« genannt, wurde im Zweiten Weltkrieg Fallschirmseide gewonnen, die der Naturseide überlegen war. Erst in den fünfziger Jahren spielte Perlon auch im Konsumgüterbereich eine Rolle. Neben der Polyvinylchloridfaser sowie Nylon und Perlon gab es noch weitere Synthesefasern, die Anfang der vierziger Jahre gefunden wurden, so das von der ICI in England entwickelte Polyester und die Polyacrylnitrilfaser – PAN-Faser – der I.G. Farben, die später in der Bundesrepublik Deutschland als »Dralon« auf den Markt kam.

Amerikanische, deutsche und britische Firmen hatten auch auf dem Gebiet der Kunststoffe – synthetisch gewonnener Werkstoffe – eine Führungsposition inne. Zwar war schon seit dem Ende des 19. Jahrhunderts Zelluloid in Gebrauch, aber dabei wurden in der Natur vorkommende Polymerverbindungen mit chemischen Verfahren zu Kunststoffen verarbeitet. Seit den dreißiger Jahren bildeten hingegen synthetische Produkte den Ausgangspunkt. In den zwanziger Jahren gelang in Deutschland die Herstellung des »Plexiglases«, eines Glaskunststoffs aus Polyacrylsäureester; ein ähnliches Produkt wurde in den frühen dreißiger Jahren in England unter dem Namen »Perspex« entwickelt. Bei beiden handelte es sich um synthetisches Glas, welches zuerst für Eßbestecke und Badezimmerarmaturen, im Zweiten Weltkrieg dann als bruchsicheres Glas für Flugzeuge verwendet wurde. Eßbestecke und Haushaltsgeschirr bildeten auch ein beliebtes Anwendungsfeld von Plastik, einem Kunstharz. Das dafür benutzte Harnstoff-Formaldehyd war jedoch für diesen Zweck nur bedingt geeignet, da es Wasser absorbierte. Das war bei dem 1938 eingeführten Kunstharz aus Melamin-Formaldehyd nicht der Fall. Allerdings fand Harnstoff-Formaldehyd Verwendung als hervorragender Klebstoff für Sperrholz; der De Havilland »Mosquito«-Jäger war ganz aus diesem Material hergestellt.

Bis zur Verbreitung der petrochemischen Rohstoffe bildete die Acetylenchemie die Grundlage für die moderne Kunststofftechnik. Sie wurde im Ersten Weltkrieg erschlossen, da die unterbrochene Versorgung mit Aceton zur Pulverherstellung die synthetische Produktion mit Acetylen nötig machte. Als entscheidend für die Gewinnung von Olefinen aus Acetylen erwiesen sich die Arbeiten des I.G.-Farben-Chemikers Walter Reppe (1892–1969), der mit seiner »Reppe-Chemie« ganz neue Reaktionen von Acetylen entdeckte. So bot sich die Acetylenchemie neben der Kautschuksynthese auch zur Herstellung von Lackrohstoffen an, die als Trägermaterial für Farbstoffe dienten und im Zusammenhang mit der expandierenden Automobilindustrie steigende Bedeutung erlangten. Bei den Polymerwerkstoffen besaß das PVC der I.G. Farben, das ab 1935 zu plastischen Massen verarbeitet werden konnte, besonders vielfältige Verwendungsmöglichkeiten, und zwar als gummiartiger Werkstoff, Folien- und Fasergrundstoff. 1933 gelang es den Chemikern der ICI in Großbritannien, das sich bis dahin der Polymerisation widersetzende Ethylen unter hohem Druck und bei hohen Temperaturen zu polymerisieren. Polyethylen wurde zunächst vor allem in der Elektroindustrie als Mantel für elektrische Kabel und für sonstige Isolierzwecke eingesetzt, und für die Entwicklung des Radars erwies es sich als unerläßlich.

Die in den dreißiger Jahren entwickelten Kunstfasern und Kunststoffe waren in der Regel der Forschung in den Industrielaboratorien zu verdanken; für sie mußte ein Markt erst geschaffen werden. Insofern handelte es sich hier nicht um Ersatzprodukte, auch wenn sie in vielen Bereichen knappe Rohstoffe ersetzten. Die Entwicklung der chemischen Industrie zeigt auch, daß zumindest auf dem Gebiet der organischen Chemietechnik amerikanische und britische Firmen etwaige wissenschaftlich-technische Vorsprünge Deutschlands – und hier besonders der I.G. Farben – bis zum Beginn der dreißiger Jahre aufgeholt hatten.

Produktionsfluss: amerikanische Fertigungsmethoden in Europa

Neue Legierungen in der Metallurgie

Durch den Fortgang der Industrialisierung in verschiedenen Ländern, aber auch bedingt durch die Kriege der ersten Hälfte des 20. Jahrhunderts weitete sich die Eisen- und Stahlerzeugung ganz erheblich aus. Die Produktion von Roheisen stieg weltweit von etwa 40 Millionen auf 130 Millionen Tonnen; die USA bauten ihre Führungsposition in der Stahlproduktion von einem Weltmarktanteil von 37 Prozent um 1900 auf über 50 Prozent am Ende des Zweiten Weltkrieges aus. Erzeugte Rußland zu Beginn des Jahrhunderts etwa 2 Millionen Tonnen Stahl, so belief sich dieser Wert 1941 auf das Achtfache. Japan, das am Anfang des Jahrhunderts kaum Stahl produziert hatte, stellte 1944 fast 6 Millionen Tonnen her, wobei die Kriegsproduktion eine wichtige Rolle spielte.

Wie in anderen Branchen, etwa in der chemischen Industrie, entstanden auch in der Stahlindustrie der Zwischenkriegszeit große Konzerne, und schon bestehende breiteten sich aus. Dabei wurden die Produktionsprozesse integriert, und die Produktpalette wurde diversifiziert. Die Motivation für die Integration der Stahlindustrie ergab sich hauptsächlich aus Rationalisierungs-, aber auch Expansionsbestrebungen, wobei sich die Stahlkonzerne Kohlenzechen, Kokereien und Walzwerke angliederten. Möglichst alle Arbeitsgänge von der Gewinnung und Verarbeitung des Rohstoffs bis zur Fertigung von Maschinen oder sogar Fahrzeugen sollten sich nun im Zuge der vertikalen Integration in einer Hand befinden. Dieser wirtschaftlich-technische Konzentrationsprozeß führte bei den großen Betrieben zu wachsender Marktmacht und häufig auch zu einem steigenden politischen Einfluß.

Die verbesserte Konstruktion von Hochöfen erhöhte deren Wirkungsgrad erheblich. Dabei spielte in den deutschen Hüttenwerken der zwanziger und dreißiger Jahre die »Wärmewirtschaft«, die Nutzung der Hochofen- und Kokereigase mit einem möglichst effizienten Energiefluß zwischen Hochofen und Stahlwerk, eine entscheidende Rolle. Zu Anfang des 20. Jahrhunderts wies der größte Hochofen in den USA eine Höhe von knapp 30 Metern und einen Durchmesser von 5 Metern auf und produzierte 500 Tonnen Roheisen täglich. Bis zur Jahrhundertmitte stieg die Höhe des Hochofens nur unwesentlich, sein Durchmesser dagegen verdoppelte sich, und der Ausstoß betrug nun 1.400 Tonnen pro Tag. Mechanische Transportvorrichtungen und die automatische Beschickung mit Koks, Erzen und Zuschlägen führten zu einer Einsparung von Arbeitskräften. Auch der Wirkungsgrad wurde beträchtlich gesteigert: Benötigte man um 1900 noch rund 22 Zentner Koks für jede

12a und b. Elektroofen und Walzstraße der Vereinigten Stahlwerke AG in einem Thyssen-Betrieb. Photographien, um 1937 und um 1930

Tonne erschmolzenen Roheisens, so verminderte sich die benötigte Koksmenge bis zur Jahrhundertmitte auf 13 Zentner.

Um 1900 waren bei der Stahlherstellung neben dem Thomas-Verfahren vor allem das Bessemer-Verfahren und das Siemens-Martin-Verfahren in Gebrauch, wobei sich aber in Deutschland der Anteil des Bessemer-Verfahrens an der Stahlerzeugung verminderte. Dem Siemens-Martin-Verfahren, das die Verwertung von Alteisen und Schrottanteilen beim Schmelzvorgang ermöglichte, kam die Tatsache zugute, daß der Verschleiß der Anlagen nach dem Ersten Weltkrieg erhebliche Ausmaße annahm. Diese standen nun oft als Schrott zur Verfügung; hinzu kam der Abfall aus der spangebenden Bearbeitung in der metallverarbeitenden Industrie. Zwar machten die kurzen Schmelzzeiten der herkömmlichen Verfahren die Erzeugung großer Mengen von Stahl möglich, doch eine genaue Regulierung des Schmelzprozesses gelang nicht, und ein hoher Stickstoffanteil wirkte sich zudem nachteilig auf die Qualität aus.

Um die Verfügbarkeit von Eisen und Stahl zu sichern, setzten sich manche Politiker und Militärs im »Dritten Reich« für die Ausbeutung auch solcher inländischen Erzlagerstätten ein, deren Erze nur geringe Qualität aufwiesen. Dies galt für

das Gebiet um Salzgitter, in dem Erzlagerstätten mit eisenarmem, »saurem« Erz zur Verfügung standen. Mit dem Paschke-Peetz-Verfahren, benannt nach zwei Wissenschaftlern der Bergakademie Clausthal, gelang es jedoch, in den 1937 gegründeten »Reichswerken Hermann Göring« Stahlblöcke zu walzen, die in bezug auf Qualität und Oberflächenbeschaffenheit den an der Ruhr erzeugten nicht nachstanden. Daneben spielte zunehmend das Elektroschmelzverfahren eine Rolle, das zuerst 1886 zur Erschmelzung von Nichteisenmetallen angewendet wurde. Quantitativ blieb seine Bedeutung bis zur Mitte des 20. Jahrhunderts gering, betrug doch die Produktion in den USA nur eine halbe Million Tonnen, wenngleich sie bald auf 6 Millionen Tonnen anstieg. Qualitativ war die Bedeutung hingegen groß, weil sich ein Einschmelzen von Stahllegierungen besonders hoher Güte ohne Elektroschmelzverfahren nicht bewerkstelligen ließ. Viele Legierungsmetalle wie Chrom, Vanadium oder Wolfram oxidieren nämlich in Gegenwart von Luft rasch, so daß sich das Elektroschmelzverfahren im Lichtbogen- oder Induktionsofen anbot, das unter Luftabschluß abläuft. Die so produzierten, legierten Stähle mit hohem Reinheitsgrad wurden vorwiegend im Fahrzeug- und Flugzeugbau sowie in der Rüstungsindustrie gebraucht. Dabei zeichnete sich die Elektrostahlerzeugung durch eine einfache Regelbarkeit und genaue Schmelzführung aus.

Eine Anreicherung des Gebläsewindes mit Sauerstoff ermöglichte eine Verbesserung der Qualität des in Konvertern erzeugten Stahls. Vor allem im Anschluß an die

Arbeiten von Carl von Linde (1842–1934) und M. Frankl begannen hierfür 1930 systematische Versuche zur Herstellung flüssigen Sauerstoffs aus der Luft. Dieses Verfahren wurde jedoch erst nach dem Zweiten Weltkrieg in die Praxis übernommen. Auch bei der Gußeisenherstellung führten neue Prozesse zu Gußeisensorten mit hoher Zugfestigkeit und Härte, so daß Grauguß oft anstelle von Stahl im Maschinenbau Verwendung fand. In Europa, zumal in Deutschland, griff man die Verlängerung der Walzstraßen nach amerikanischem Vorbild auf, so daß nun Stahlbleche von über 30 Metern Länge gewalzt werden konnten. Der Walzprozeß wurde darüber hinaus so weit mechanisiert, daß unter Zuhilfenahme hydraulischer Pressen ein ganzes Autodach in einem Arbeitsgang geformt werden konnte.

Stahllegierungen kamen dort zum Einsatz, wo die herkömmlichen Stähle ihren Dienst versagten. 1912 wurde zeitgleich mit der Haber-Bosch-Hochdrucksynthese von Ammoniak bei der Firma Krupp der austhenitische Chrom-Nickel-Stahl (V2A-Stahl) entwickelt. Diese beiden Innovationsschübe verhalfen sich gegenseitig zum großtechnischen Durchbruch. In den zwanziger Jahren traten andere Hochdruckverfahren wie die Methanolsynthese hinzu, die ohne den Einsatz nichtrostender Stähle unmöglich gewesen wäre. Im Anschluß an den V2A-Stahl wurden weitere korrosions- und hitzebeständige sowie warmfeste Sonderlegierungen für verschiedene Einsatzbereiche entwickelt, so 1928 der tantalhaltige Chrom-Nickel-Stahl. Hier diente der Tantalzusatz zur Verbesserung der Hitzebeständigkeit und zum Widerstand gegen interkristalline Korrosion. Um die für die Aufrüstung benötigten knappen Nichteisenmetalle zu ersetzen, griff man nach 1933 in Deutschland statt auf hochlegierte Nickel- und Chrom-Nickel-Stähle häufig auf leichter zu beschaffende Metalle zurück. So wurde Nickel oft durch Molybdän oder eine Molybdän-Vanadium-Legierung ersetzt. Nach dem Beginn des Zweiten Weltkrieges nahm aber die Verfügbarkeit des Molybdäns rasch ab.

Die Nichteisenmetallurgie beruhte vorwiegend auf der Anwendung elektrischer Energie. Fahrzeug- und Flugzeugbau erforderten Buntmetalle in möglichst reinem Zustand, da deren chemische und physikalische Eigenschaften von einem hohen Reinheitsgrad abhingen. Nur wenige Zehntel Prozent an Beimischungen beeinflußten diese Eigenschaften negativ. Im Flugzeugbau fanden vor allem Aluminium, Kupfer, Magnesium, Mangan, Vanadium und Molybdän Verwendung. Das von Alfred Wilm (1869–1937) 1907 entwickelte Duraluminium, bei welchem dem Aluminium noch 3,5 Prozent Kupfer und 0,5 Prozent Magnesium beigemischt werden, wies eine hohe Festigkeit auf und spielte im Flugzeugbau eine große Rolle. Nicht zuletzt deshalb stieg die Weltproduktion von Aluminium von 7.000 Tonnen im Jahr 1900 über 500.000 Tonnen im Jahr 1938 auf 2 Millionen Tonnen während des Zweiten Weltkrieges. Auch Magnesium – Magnesiumchlorid ist im Seewasser enthalten und findet sich als Dolomit in den Alpen – wurde auf elektrochemischem Weg gewonnen.

13. Anlage für die Gewinnung von Magnesium aus Seewasser in Großbritannien. Photographie, dreißiger Jahre

Die Nachfrage nach hochschmelzenden Metallen insbesondere seitens der Elektroindustrie und des Maschinenbaus bildete zu Anfang des 20. Jahrhunderts den Ansatz für einen neuen Zweig der Metallurgie, nämlich für die Pulvermetallurgie oder Metallkeramik. Ihr Ursprung liegt in der Herstellung hochschmelzender Drähte für die Glühlampenproduktion. Ausgangspunkt der Pulvermetallurgie waren Metallpulver, die durch Pressen in die gewünschte Werkstückform gebracht und in elektrisch beheizten Sinteröfen unter Ausschluß von Sauerstoff gesintert wurden. Hierbei ersetzte das Sintern den Schmelzvorgang und erzeugte Produkte in Anlehnung an keramische Verfahrensschritte. 1923 entwickelten Mitarbeiter des Osram-Laboratoriums durch Verarbeitung von Wolframkarbid- und Kobaltpulver einen

Werkstoff, der sich auch für Schneidplättchen von Zerspanungswerkzeugen eignete. Die Firma Krupp brachte 1927 das auf der Grundlage von Wolframkarbid mit Kobaltzusatz versehene »Widia« – »wie Diamant« – heraus. Weitere Karbide, die eine für die Bearbeitung von Stahl erforderliche Warmhärte aufwiesen, folgten.

Die Herstellung von Turbinen für Strahltriebwerke, die während des Zweiten Weltkrieges vornehmlich in Deutschland erfolgte, erforderte den Einsatz schwer zu bearbeitender und hierzulande äußerst knapper Stahllegierungen. Im Auftrag des Reichsluftfahrtministeriums versuchten daher deutsche Firmen, keramische Werkstoffe – zumeist Aluminiumoxid – einzusetzen. Die Versuche verliefen allerdings aufgrund der Sprödigkeit dieses Materials und anderer Mängel wenig erfolgreich.

Universalmaschinen oder Spezialmaschinen?

Werkzeugmaschinen spielen in der Produktionstechnik eine entscheidende Rolle. Auf diesem Gebiet nahmen um 1914 noch die USA eine Führungsposition ein, obwohl andere Industrieländer, beispielsweise Deutschland, den amerikanischen Vorsprung fast eingeholt hatten. Hauptsächlich wegen des Mangels an qualifizierten Arbeitskräften bei großer Nachfrage der Fahrzeugindustrie setzten sich in den USA bis zur Jahrhundertwende automatische Spezialwerkzeugmaschinen weitgehend durch. In anderen Industriestaaten herrschten dagegen noch Universalwerkzeugmaschinen vor. Wie in so manchem technischen Sektor übte der Erste Weltkrieg auch im Bau und Einsatz neuentwickelter Werkzeugmaschinen eine Schubfunktion aus. Große Mengen gleichförmiger Rüstungsprodukte und fehlende gelernte Arbeitskräfte waren hierfür ausschlaggebend. In dieser Situation hieß es nun auch in Europa, eine Entscheidung zugunsten der Einzweckmaschinen anstelle der Universalwerkzeugmaschinen zu treffen. Dabei wurden oft unterschiedliche Bauteile, die aber eine gewisse Ähnlichkeit aufwiesen, in solcher Weise umkonstruiert, daß sie sich auf einfachen Einzweckmaschinen in Serie fertigen ließen. Die Gründung des »Normenausschusses der Deutschen Industrie« im Jahr 1917 trug dazu bei, Passungen und Gewinde von einer Werkzeugmaschine auf die andere zu übertragen. Doch wegen bürokratischer Friktionen, des Widerstandes von Firmen sowie des Mangels an geeignetem Material hielten sich die Rationalisierungserfolge in Grenzen.

Gelang dem »Taylor-White-Schnellstahl« schon seit Beginn des 20. Jahrhunderts der Durchbruch, so bot die Einführung hartmetallischer Schneidstoffe aus Elektrokorund, Siliciumkarbid und Aluminiumoxid die Grundlage dafür, daß beim Schleifen bedeutend höhere Schnittgeschwindigkeiten als vorher erreicht werden konnten. Diese wiederum forderten leistungsfähige Antriebe, vor allem den Elektromotor. Erreichte eine mittlere Drehbank mit Schnellarbeitsstählen um die Mitte der zwanziger Jahre etwa 300 Umdrehungen pro Minute, so konnte dieser Wert zehn Jahre später mit dem Einsatz von Hartmetall bei Werkzeugmaschinen auf 3.000, Ende der dreißiger Jahre bei bestimmten Einzelmaschinen sogar auf 8.000 bis 12.000 Umdrehungen pro Minute gesteigert werden. Beim Schleifen lösten die Anforderungen der Luftfahrzeugtechnik den entscheidenden Durchbruch aus, da es galt, Millionen gehärteter Wellen, Zahnräder und Kugellager schnell und präzise zu schleifen. Statisch kräftigere und schwingungssteifere Maschinen vermieden die schädlichen Schwingungen beim Schleifprozeß.

Erhöhte Stückzahlen in gleichbleibender Güte legten eine automatische Steuerung und Regelung des Fertigungsprozesses nahe, die durch regelbare mehrmotorige Elektroantriebe zustande kamen. In den USA statteten Konstrukteure manche Drehmaschinen, etwa Mehrspindel-Stangenautomaten, mit einer Steuerung aus, die auch die Geschwindigkeit regulierte. In Deutschland war die Automatisierung bei den Spezial- und Einzweckmaschinen für den Kraftfahrzeugbau am weitesten fortgeschritten. So erlaubten Ende der dreißiger Jahre halbautomatische Bohrstra-

14. Kopierdrehmaschine vom Typ »SDM-1« in der Montagehalle der Georg Fischer AG zu Schaffhausen. Photographie, 1938

15. Von einer Drehmaschine unterschiedlich bearbeitete Werkstücke. Photographie, 1938

ßen für die Großserienfertigung das gleichzeitige Bohren, Senken, Reiben und Gewindeschneiden sämtlicher Schraubenlöcher eines Getriebeblocks, und eine automatische Transportanlage führte die Arbeitsstücke den einzelnen Aggregaten zu. Auch hier schufen elektrisch betriebene Geräte zur Geschwindigkeitsregelung und -steuerung die Voraussetzung zur Entwicklung automatischer Werkzeugmaschinen. Meß- und Kontrollgeräte in der Fertigung wurden schrittweise automatisiert. Zählwerke mit Anzeigevorrichtung steuerten bald die Zu- und Abführung von Werkstücken, zählten und sortierten das Fertigprodukt.

Dabei spielten seit den zwanziger Jahren auch Kopiereinrichtungen zur selbsttätigen Bearbeitung von Werkstücken eine Rolle. Ihre Vorläufer hatten im 17. und 18. Jahrhundert in Europa zum Kopieren von Meisterstücken und im 19. Jahrhundert in den USA zur Massenfabrikation von Gewehrkolben verholfen. 1923 kamen in den Vereinigten Staaten fühlergesteuerte Kopiermaschinen auf den Markt, bei denen das zu kopierende Modell abgetastet wurde und eine Hydraulik die Maße so auf Support und Drehstahl übertrug, daß das produzierte Werkstück zu einem genauen Abbild des Originals wurde. Bei der Kopierdrehmaschine nahm also das Modell die Vermittlerrolle zwischen Konstruktionszeichnung und Maschine ein. Später ersetzten flexiblere und kostengünstigere Materialien wie Blechschablone und Lochstreifen diese Modelle. Im Auftrag der amerikanischen Luftwaffe entwikkelten Technikwissenschaftler des Massachusetts Institute of Technology während des Zweiten Weltkrieges lochstreifengesteuerte Werkzeugmaschinen. Da in Europa vielerorts nur kleinere Serien absetzbar waren, wurde der Siegeszug der automatischen Werkzeugmaschinen verlangsamt. Immerhin paßte man Werkzeugmaschinen neuen Anforderungen an, etwa durch Vorrichtungen für Einzelantrieb statt für Gruppenantrieb.

Der Einsatz automatischer Werkzeugmaschinen und die Zunahme der Arbeitsgeschwindigkeit bewirkten eine Erhöhung der Arbeitsintensität. Sie, wie auch die Mehrmaschinenbedienung, erhöhte die Unfallgefahr. Im Zuge der Aufrüstung wurde in Deutschland nach 1933 ein Mangel an qualifizierten Arbeitskräften sichtbar, der, wollte man die Aufrüstungsziele erreichen, den Einsatz ungelernter Arbeitskräfte und deshalb eine vereinfachte Maschinenbedienung notwendig machte. Dies wiederum führte zur Verwendung von Universalmaschinen, die mit zahlreichen Zusatzeinrichtungen versehen waren, aber auch von Sondermaschinen – etwa Spezialdrehbänken zur Produktion von Geschoßrohlingen –, die speziell für die Waffen- und Munitionsherstellung entwickelt wurden. Neben den Bemühungen

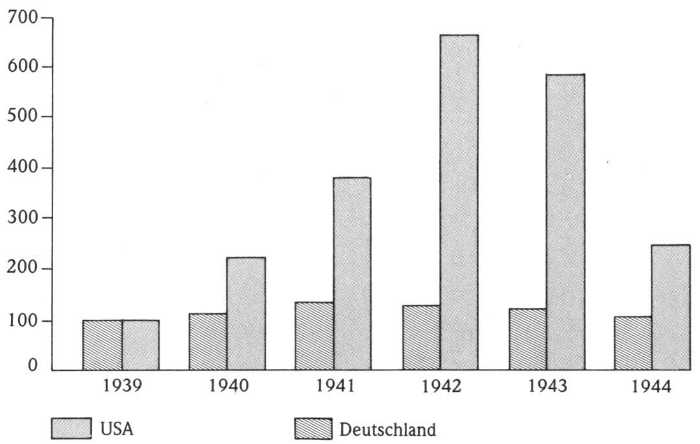

Produktionsindizes für Werkzeugmaschinen in den USA und in Deutschland; 1939 = 100 (nach Milward)

zur Vereinheitlichung – während des Krieges wurde die Typenzahl von Werkzeugmaschinen um etwa 40 Prozent gesenkt – zeigte sich jetzt eine Tendenz zur Automatisierung mit elektrischer Steuerung. Hierbei blieb dennoch der Einsatz von Universalwerkzeugmaschinen weitgehend bestehen, wobei es mit der Ausdehnung der Rüstungsproduktion zu Lieferengpässen kam. Viele Fabrikanten von Werkzeugmaschinen orientierten sich am Ziel der Elastizität und Flexibilität bei schwankender Nachfrage und stellten sich eher auf die zu erwartenden Absatzbedingungen nach Kriegsende als auf die aktuelle Kriegssituation ein. Im Vergleich zu den USA, wo die Werkzeugmaschinenproduktion in den ersten Kriegsjahren steil anstieg, erhöhte sich die deutsche Produktion nur leicht. Außerdem beschleunigte der Krieg die Innovationsrate in der deutschen Werkzeugmaschinenindustrie kaum, so daß sich die Produktionsmethoden nicht grundlegend änderten.

»Wissenschaftliche Betriebsführung«, Fordismus und Rationalisierung in der Alten Welt

Im Verlauf des Ersten Weltkrieges setzten in den USA und in Europa verstärkte Bemühungen ein, die industrielle Produktivität zu erhöhen, um den zunehmenden Rüstungsbedarf zu befriedigen. Dabei spielten auch Versuche eine Rolle, die »Wissenschaftliche Betriebsführung« des Amerikaners Frederick Winslow Taylor (1856–1915) für die industrielle Praxis zu nutzen. Die in seinem 1911 veröffentlichten Hauptwerk »Principles of scientific management« dargelegten Grundsätze fanden allerdings nur eine selektive praktische Anwendung. So wurde zur Optimierung der Arbeitsleistung vor allem versucht, Arbeits- und Zeitstudien, die Auslese von Arbeitskräften, kontrolliertes Anlernen und Leistungssteigerung durch Akkordlohnsysteme im Betrieb einzusetzen. Widerstände gab es außer bei Gewerkschaften auch von seiten verschiedener Unternehmensleitungen, die ihren unternehmerischen Spielraum durch die »wissenschaftlichen« Vorgaben der Taylorismusexperten eingeschränkt sahen.

In Deutschland, wo Taylors Hauptwerk 1913 in deutscher Übersetzung erschien, versuchte die Firma Bosch noch vor dem Ersten Weltkrieg, einige der Prinzipien Taylors in der betrieblichen Praxis anzuwenden, stieß dabei aber auf heftigen Widerstand der Arbeitnehmer. Während des Krieges und unmittelbar danach beurteilten jedoch viele Gewerkschaftsvertreter die Möglichkeiten des Taylor-Systems differenzierter. Obwohl sie die tayloristische »Arbeitshetze« nach wie vor kritisierten, erblickten sie die Chance, auf der Grundlage der Ideen Taylors eine Wirtschaftsdemokratie einzuführen, bei der das kaufmännisch-privatwirtschaftliche System durch ein technisch-gemeinwirtschaftliches abgelöst würde. Viele Ingenieure unterstützten diese Forderungen, da sie darin eine Gelegenheit erkannten, als techni-

16. Arbeiterinnen bei der Fertigung von Patronenhülsen im Ersten Weltkrieg. Photographie, um 1915

sche Experten ihre berufliche und soziale Stellung zu verbessern. Derartigen Vorstellungen gegenüber verhielten sich die meisten Unternehmer hingegen wiederum ablehnend.

Arbeitswissenschaftler und Psychologen erhoben gegen das Taylor-System den Vorwurf, es vernachlässige arbeitspsychologische Aspekte. Namentlich der deutsch-amerikanische Betriebspsychologe Hugo Münsterberg (1863–1916) und der Berliner Maschinenbauprofessor Georg Schlesinger (1874–1949) griffen in die Diskussion ein. Schlesinger gründete 1918 an der Technischen Hochschule Berlin-Charlottenburg ein Institut für Psychotechnik, das sich der Entwicklung von Eignungstests und den Forschungen über Ermüdungserscheinungen widmete. Der 1924 auf Anregung der Berliner Metall- und Elektroindustrie gegründete »Reichsausschuß für Arbeitszeitermittlung« (REFA) bemühte sich um die Weiterentwicklung des Taylor-Systems und um eine Anpassung an die deutschen Verhältnisse. Anknüpfend an die Untersuchungen der amerikanischen Arbeitswissenschaftler Frank (1868–1924) und Lilian Gilbreth (1878–1972), gingen die REFA-Wissenschaftler über bloße Stoppuhrmethoden hinaus und konstruierten Apparate, welche die einzelnen Bewegungen des Arbeitsvorganges aufzeichneten. In der zweiten Hälfte der zwanziger Jahre wandten sich Arbeitswissenschaftler in Deutschland stärker der Erarbeitung von Methoden psycho-sozialer Arbeitsgestaltung zu. Hierzu wurde 1925 das »Institut für technische Arbeitsschulung« (Dinta) gegründet, das den »Kampf um die Seele des deutschen Arbeiters« auf seine Fahnen schrieb.

Ähnlich wie in Deutschland zeigten sich in den USA Vertreter der neu entstehenden Disziplin »Arbeitswissenschaft« unbefriedigt darüber, daß in dem System Taylors, aber auch in dem Henry Fords (1863–1947) psychologische Aspekte keine ausreichende Berücksichtigung fanden. Der Industriesoziologe Elton Mayo (1880–1949) von der Harvard Universität fand heraus, daß die Arbeitsproduktivität in einer Gruppe anstieg, nachdem deren Mitglieder über eine gewisse Zeit zusammengearbeitet hatten. Er kam zu dem Schluß, daß hierfür gruppendynamische Effekte ausschlaggebend seien und somit individuelle Leistungsanreize nicht genügten. Mayos Untersuchungsergebnisse flossen in die Human-Relations-Bewegung ein, die sich das Ziel setzte, die sozialen Beziehungen innerhalb des Industriebetriebes zu verbessern. Dabei zeigte sich, daß eine weitgehende Arbeitsteilung negative Folgen für das Ergebnis des Produktionsprozesses haben konnte. Als Reaktion darauf führten verschiedene Betriebe Maßnahmen wie »Job Rotation« und »Job Enrichment« ein, bei denen die Tätigkeitsfelder der Arbeitskräfte wechselten oder die Arbeiter einen erweiterten Tätigkeitsbereich zugewiesen bekamen.

In Frankreich, wo Taylors Hauptwerk schon 1911 übersetzt vorlag, war die Anwendung von Methoden der »Wissenschaftlichen Betriebsführung« von allen europäischen Ländern am weitesten entwickelt. Die Automobilfirma Renault wandte bereits 1910 die Ergebnisse von Zeitstudien an, um die Höhe des Stücklohnes zu bestimmen. Wie in Deutschland gab es aber auch hier Proteste: Die Gewerkschaften riefen zum Streik auf, und zumal die qualifizierten Arbeitskräfte lehnten die »Wissenschaftliche Betriebsführung« entschlossen ab. Wie in den USA und in Deutschland brachte die erhöhte Nachfrage nach Rüstungsgütern bei den französischen Arbeitnehmern einen Stimmungsumschwung zugunsten einer stärker differenzierten Bewertung tayloristischer Vorgaben. Entscheidend war hier, daß Rüstungsbetriebe die Einführung verschiedener Elemente des Taylorismus mit wohlfahrtsstaatlichen Maßnahmen wie der Einrichtung von Betriebskindergärten und Kantinen für die Arbeiterschaft verbanden. Nach dem Ende des Krieges setzten die französischen Gewerkschaften der Ausbreitung des Taylorismus jedoch erneuten Widerstand entgegen, da viele Unternehmen ihre Produktivitätsgewinne nicht an die Arbeitnehmer weitergaben.

Im Gegensatz zur ursprünglichen amerikanischen Form des Taylorismus, die ihren Ausgang von einzelnen, empirisch bestimmbaren Merkmalen des Produktionsprozesses nahm, legten französische Managementexperten ihrer Spielart der

»Wissenschaftlichen Betriebsführung« ein relativ abstraktes System von Regeln zugrunde, die sie häufig in mathematische Formeln kleideten. In solcher Art entwickelte der französische Bergingenieur Henri Fayol (1841–1925), der einen metallurgischen Betrieb leitete, seine Lehre der wissenschaftlichen Organisation von Unternehmensführung und Unternehmensverwaltung. Taylors Anliegen bestand vornehmlich in der Entwicklung von Maßnahmen zur Erhöhung des Wirkungsgrades des einzelnen Arbeiters, das Henry Fords in der Anwendung des optimalen Zusammenspiels von Mensch und Maschine im Produktionsfluß. Fayol hingegen rationalisierte die Arbeit des Topmanagements. Sein Ziel war die effiziente Gestaltung der Verwaltung im Betrieb, das er mit seiner »Brückenmethode«, die der Verbesserung der Kommunikation zwischen den einzelnen Abteilungen diente, zu erreichen suchte. Der französische Ingenieur Charles Bedaux (1887–1944) dagegen strebte eine weitere Intensivierung des Taylor-Systems an. Zu diesem Zweck entwickelte er die Arbeits- und Zeitstudien in einer Form weiter, die in Fachkreisen als »primitive Variante« des Taylorismus bezeichnet wurde und auf eine bloße Beschleunigung des Arbeitspensums hinauslief. Diese Spielart des Taylorismus erfreute sich bei vielen französischen Unternehmern großer Beliebtheit, erlaubte sie doch einen kostengünstigeren Einsatz von Arbeitskräften ohne technische Veränderungen im Betrieb.

Verschiedene Unternehmer in den Industriestaaten Europas praktizierten in den zwanziger Jahren ein System der Produktionsorganisation, das Maßnahmen des Taylorismus mit denen Henry Fords zu kombinieren suchte. War der Taylorismus mit seinen negativ belegten Symbolen wie Stoppuhr sowie Zeit- und Bewegungsstudien vielen Arbeitnehmern ein Dorn im Auge, so machte Henry Fords Verbindung von Fließarbeit, Massenproduktion und höheren Löhnen allgemein Eindruck. Gleichwohl stieß seine Einführung in Europa aufgrund des im Vergleich zu den USA geringeren Produktionsumfanges rasch an Grenzen. So konnten Taylorismus und Fordismus in Klein- und Mittelbetrieben kaum Einzug halten.

In Deutschland stießen die Ideen Fords bei Unternehmern, aber häufig auch bei den Gewerkschaften auf ein positives Echo. Für viele deutsche Unternehmer verkörperte Ford als »weißer Sozialist« mit Tugenden wie Gemeinschaftssinn, Zuverlässigkeit, Fleiß und Autorität die Vorzüge des alten Preußen, gepaart mit amerikanischem Geschäftssinn. Diese Tugenden sollten es ermöglichen, den »roten Sozialismus« in die Schranken zu verweisen. Dabei setzten die Unternehmer Ford mit einem idealisierten Bild der Vereinigten Staaten gleich. Er selbst schien jene »unbegrenzten Möglichkeiten« zu symbolisieren, die deutsche Unternehmer und Ingenieure nur zu gern auch im eigenen Land verwirklicht hätten. In den frühen zwanziger Jahren brachen sie zu regelrechten Pilgerfahrten in die Vereinigten Staaten auf, bei denen sie unter anderem die neue Automobilfabrik Fords in Dearborn, Michigan, die Werksanlagen von General Electric sowie die spektakulären

17. Fließproduktion im Zählerwerk von Siemens zu Nürnberg. Photographie, 1925

Wasserkraftanlagen an den Niagara-Fällen besichtigten und sich von diesen Musterbeispielen an Größe und Effizienz gefangennehmen ließen. Entsprechend enthusiastisch fielen denn auch ihre Berichte aus, die wiederum in Deutschland eine interessierte Leserschaft fanden. Dabei vertraten die verschiedensten politischen Gruppierungen in dieser Frage ähnliche Ansichten. Konservative, Liberale, aber auch Sozialisten erblickten im Ford-System die Möglichkeit, den Produktionsprozeß zu effektivieren und die hierdurch gewonnenen materiellen Vorteile allen Beteiligten zukommen zu lassen. Rationalisierung der Produktionsorganisation, vertikale Integration des Produktionsprozesses, Standardisierung, Produktionsfluß und Massenproduktion stellten Schlagworte dar, die sowohl Arbeitgeber als auch Arbeitnehmer ansprachen. Die durch die verhältnismäßig hohen Löhne ermöglichte Kaufkraft sollte einen Nachfrageschub auslösen, der wiederum Investitionen stimulierte.

Im Überschwang der Gefühle übersah man dabei freilich einige Unstimmigkeiten. Dies galt vor allem für die im Vergleich zu den USA unterschiedlichen wirtschaftlichen, sozialen, aber auch technologischen Bedingungen in Europa, insbesondere in Deutschland. Daher stand dem Fordismus und Amerikanismus eine intellektuelle und politische Strömung gegenüber, die vehement gegen eine Ausbreitung dieser Ideen in Deutschland opponierte. Arbeitnehmervertreter wiesen darauf hin, daß das Konzept der Interessenidentität von Kapital und Arbeit immer wieder durch geringe Entlohnung sowie durch Verteilungskämpfe ad absurdum geführt werde. Gegen Ende der zwanziger Jahre führten sie die rasch ansteigende Arbeitslosigkeit auf die Fordschen Rationalisierungskonzepte zurück. Zudem erwies sich der Markt in Deutschland meist als zu klein, um in Massenproduktion hergestellte Erzeugnisse in ausreichendem Umfang absetzen zu können. Störungen in den internationalen Wirtschaftsbeziehungen verhinderten zudem umfangreiche Exporte. Deshalb war Produktionsflexibilität, nicht Massenproduktion gefragt. Fachkräfte befürchteten die Entwertung qualifizierter Arbeit, die sie der angeblich minderwertigen Massenfertigung gegenüberstellten.

Aber nicht nur Vertreter der Arbeiterschaft, sondern auch Angehörige des Bildungsbürgertums wandten sich gegen Fordismus und Amerikanismus, in denen sie die Manifestation eines an bloßen materiellen Anreizen orientierten Wertesystems erblickten. Ohnehin auf dem Rückzug vor der seit dem Ende des 19. Jahrhunderts übermächtig erscheinenden Industrie, stellten sie nun die europäische und insbesondere die deutsche Kultur einer angeblich materiellen Werten verhafteten amerikanischen Zivilisation gegenüber. Immerhin meldeten sich in dieser Diskussion auch Pragmatiker zu Wort, die dem Industrieland Deutschland keinen Verzicht auf die moderne Technik zumuten wollten. »Kultur und Zivilisation« hieß deren Devise auf dem Weg zu einer Werteordnung, welche die materiellen Vorteile des entwickelten Industrialismus dankbar entgegennahm, diese aber mit den Segnungen abendländischer Kultur verband.

Taylorismus und Fordismus standen im engen Zusammenhang mit der Rationalisierungsbewegung, die in den zwanziger Jahren namentlich in Deutschland eine große propagandistische Bedeutung erlangte, obwohl ihre praktische Umsetzung dagegen abfiel. Rationalisierung bezweckte eine Effektivierung von Arbeitsorganisation und Produktion und zielte auf die Anwendung technischer und organisatorischer Methoden ab, die den Kraft- und Stoffverlust minimierten. Fast immer ging es um eine Vereinfachung von Verfahren und eine Verbesserung der Transport- und Absatzmethoden. Eine wichtige Rolle bei der Umsetzung in die Praxis spielten die Vereinheitlichung der Konstruktion durch Typung, der Bauteile durch Normung und der Fertigung durch Fließarbeit. Die Ursachen der Rationalisierungsbewegung lagen in wirtschaftlichen Stagnationstendenzen, die sich in Europa schon kurz vor dem Ersten Weltkrieg mit schrumpfenden Unternehmergewinnen und sinkendem Handelsvolumen andeuteten. In Deutschland erfolgte als Reaktion auf die Absatzschwierigkeiten eine Konzentrationsbewegung, die 1925 zur Gründung der I.G. Farben führte, auf die 1926 die Gründung der Vereinigten Stahlwerke folgte. Stand die Anfangsphase der Rationalisierungsperiode im Zeichen einer »negativen Rationalisierung« mit Zusammenschlüssen und Sanierungen, so waren die Jahre 1926 und 1927 von der Erneuerung vieler Anlagen, aber auch von der Umstellung der Produktionsorganisation geprägt, worauf der Aufschwung der »goldenen zwanziger Jahre« beruhte.

Nachdem schon während des Ersten Weltkrieges, 1917, der »Normenausschuß der Deutschen Industrie« gegründet worden war, geriet die allgemeine Durchsetzung der Normierung jedoch bald ins Stocken. Da die Umstellung von Firmennormen auf allgemein verbindliche Normen hohe Kosten verursachte, wollten sich die meisten Großbetriebe nicht auf derartige Normen festlegen lassen, es sei denn, ihre eigenen wurden als allgemeinverbindlich erklärt. Erst 1936, im ersten Jahr des nationalsozialistischen Vierjahresplans, erhielten Normen einen staatlich verordneten, verpflichtenden Charakter. Eine größere Wirksamkeit als der »Normenausschuß der Deutschen Industrie« entfalteten in den zwanziger Jahren das 1921 gegründete »Reichskuratorium für Wirtschaftlichkeit in Industrie und Handwerk«, das sich 1925 in »Reichskuratorium für Wirtschaftlichkeit« (RKW) umbenannte, sowie der 1924 gegründete »Reichsausschuß für Arbeitszeitermittlung« (REFA). Allerdings hielt sich auch ihre praktische Wirksamkeit in Grenzen.

In den zwanziger Jahren wurde in verschiedenen Betrieben die Gruppenfertigung von der Fließproduktion, einer, wie es in einer zeitgenössischen Definition heißt, »örtlich fortschreitenden, zeitlich bestimmten, lückenlosen Folge von Arbeitsvorgängen«, abgelöst. Dabei stellte die Fließbandproduktion einen Spezialfall der Fließproduktion dar. Bei der Fließarbeit handelte es sich um taktgebundene Tätigkeiten, bei denen die am Anfang des Fließprozesses arbeitenden den nachfolgenden Arbeitskräften den Produktionsrhythmus vorgaben. Die Bandarbeit vollzog sich in Europa im allgemeinen mit langen Arbeitstakten. In Deutschland kam Bandarbeit in den zwanziger Jahren relativ selten vor; auch die weniger strenge, taktgebundene Fließarbeit war nur in wenigen Großbetrieben vorzufinden, zum Beispiel in der Elektroindustrie. In vielen anderen Branchen standen fehlende Normierung, Typisierung und eine zu geringe oder stark schwankende Nachfrage einer solchen Arbeitsorganisation, die eine Massenproduktion ermöglicht hätte, entgegen.

Der Elektrokonzern Siemens wandte im Rahmen seiner Rationalisierungsbemühungen schon früh Elemente des Taylorismus und Fordismus an. 1919 richtete das Berliner Werk ein Arbeitsbüro ein, in dem bis 1922 Zeit- und Bewegungsstudien eingeführt wurden und Eignungsprüfungen stattfanden. Von 1925 bis 1928 erfolgte eine begrenzte Akzeptanz der standardisierten Massenproduktion mit Schwerpunkt auf einem möglichst ungehinderten Produktionsfluß. 1925 lief hier das erste Fließband. Im Zuge der Rationalisierung erhöhte sich die Arbeitsgeschwindigkeit der Werkzeugmaschinen bis auf 100 Prozent. Wegen der gestiegenen Produktion durch direkte und indirekte Rüstungsaufträge vollzog sich in den Jahren 1935 bis 1937 eine Erweiterung der standardisierten Massenfertigung auf einem höheren Mecha-

18. Freizeitvergnügen im Rahmen der Aktion »Schönheit der Arbeit« bei einem deutschen Hüttenwerk. Photographie, Ende der dreißiger Jahre

nisierungsniveau. Ein wesentlicher Grund lag auch in der Tatsache, daß ab Mitte der dreißiger Jahre qualifizierte Arbeitskräfte einen Engpaß in der deutschen Industrieproduktion bildeten. Deswegen ersetzten viele Firmen die knappen und somit teuren Fachkräfte durch billigere, unqualifizierte Arbeitskräfte, die an integrierten Werkzeugmaschinen arbeiteten, welche mit Sondervorrichtungen zur vereinfachten Bedienung ausgestattet waren.

Die Rationalisierung mit ihren betrieblichen Kontrollen brachte eine beträchtliche Steigerung der Arbeitsintensität mit sich. Die auf wenige Handgriffe reduzierte, monotone Fließbandarbeit rief eine erhöhte psychische Anspannung hervor. Doch die größere Arbeitsintensität führte auch zu sehr viel mehr Unfällen. Zwar hätte die Unfallhäufigkeit durch neue übersichtliche Werkhallen und Maschinen, bei denen die gefährlichen Transmissionen durch elektrische Einzelantriebe ersetzt worden waren, eigentlich sinken müssen. Das erhöhte Arbeitstempo machte diese Sicherheitsgewinne jedoch schnell zunichte. Von 1933 bis 1936 stieg die veröffentlichte Unfallrate in Deutschland um 55 Prozent an und erhöhte sich mit dem Beginn der verstärkten Rüstungsanstrengungen nach 1936 und aufgrund neu eingestellter Arbeitskräfte und überlanger Arbeitszeiten weiter.

Der dequalifizierende Effekt der Rationalisierung war jedoch geringer, als von manchen zeitgenössischen Beobachtern behauptet wurde. Zwar verschwanden bestimmte Berufe wie der des Feilhauers oder Metalldrückers, und Dreher oder Schlosser verloren ihre privilegierte Position in der Arbeiterhierarchie. Zudem waren Facharbeiter in der Einzelstück- und Kleinserienproduktion stärker gefragt als in der Fließ- und Fließbandproduktion. Gleichwohl fanden neben den Dequalifizierungsprozessen auch solche der Requalifizierung statt. So ergab sich eine zusätzliche Nachfrage nach Fachkräften in der Arbeitsvorbereitung sowie für die Wartung und Kontrolle der Maschinen. Einrichter und Einsteller von Werkzeugmaschinen spielten nun eine wichtige Rolle im Fertigungsprozeß. Die oft als »Arbeitshetze« gescholtene Akkordarbeit eröffnete den Arbeitskräften die oft bereitwillig ergriffene Gelegenheit, bei gleicher Arbeitszeit erheblich mehr zu verdienen.

In der Weltwirtschaftskrise der späten zwanziger und frühen dreißiger Jahre gaben viele deutsche Gewerkschafter, Wissenschaftler und Politiker der Rationalisierung die Schuld an der weitverbreiteten Arbeitslosigkeit. In der Tat trug der Rationalisierungsprozeß etwa in der Schwer- und Textilindustrie zur Schaffung von Überkapazitäten bei, die dann in der Weltwirtschaftskrise mit der Folge von Arbeitsentlassungen abgebaut wurden. Auf der anderen Seite ermöglichte die Rationalisierung eine wirtschaftliche Produktion mit gestiegener internationaler Konkurrenzfähigkeit, die aber durch die gestörten internationalen Handelsbeziehungen nur beschränkt Wirkungen zeitigte. Die Ursache der Rationalisierung, die zur Entlassung zahlreicher Arbeitnehmer führte, lag in der wirtschaftlichen Stagnation der zwanziger Jahre.

Funktionalität und Nüchternheit stellten ein Leitbild der Architektur des frühen 20. Jahrhunderts dar. Architekten in den USA, Deutschland und Österreich wandten sich gegen die Verwendung des Ornaments, gegen den nicht an Nützlichkeitserwägungen gebundenen Verbrauch von Material. Dagegen hatten Vertreter des Jugendstils gegen die Verdrängung der handwerklichen und kunstgewerblichen Arbeit durch maschinell hergestellte Produkte protestiert. In dieser Auseinandersetzung ergriff vor allem der in Wien lebende Architekt Adolf Loos (1870–1933) entschieden Partei. Er erhielt zu Ende des 19. Jahrhunderts Anregungen in den USA, besonders bei dem Architekten Louis Henry Sullivan (1856–1924), und setzte sich für den Bau nüchterner, funktionaler Gebäude ein, wobei er die Verwendung des Ornaments in der Architektur für ein Verbrechen hielt. Diese Aussage hatte nicht nur künstlerische, sondern auch ökonomische Implikationen, verkürzte doch ein Verzicht auf jeglichen Zierat die Bauzeit von Gebäuden erheblich. Dies konnte in Zeiten des Wohnungsmangels, etwa in Deutschland unmittelbar nach dem Ersten Weltkrieg, die Zahl der hergestellten Wohnungen beträchtlich erhöhen. Loos fühlte sich den Vertretern des »Internationalen Stils« verpflichtet, die in der Architektur die weitgehende Verwendung von Beton, Glas und standardisierten Bauteilen forderten. Sie betonten ferner die Funktionalität von Gebäuden und betrachteten sich als Reformatoren der Gesellschaft, indem sie im Zuge einer »Demokratisierung des Bauens« ansprechenden Wohnraum auch für den weniger zahlungskräftigen Teil der Bevölkerung bereitstellen wollten.

Andere Absichten verfolgten die Architekten und Bauingenieure des italienischen Futurismus. Ihnen kam es nicht auf die »Demokratisierung des Bauens« und eine entsprechende Sozialreform an, sondern auf den Entwurf der futuristischen, dynamischen Stadt, die einer Riesenmaschine gleichen sollte. Die Futuristen übten einen starken Einfluß auf die Bautätigkeit im faschistischen Italien aus. Dynamische Formen, wenn auch unter ganz anderen Voraussetzungen als bei den Futuristen, bildeten das Zentrum der Architektur von Erich Mendelsohn (1887–1953), dessen Wirken als Architekt vor dem Ersten Weltkrieg unter dem Eindruck der Art Nouveau ihren Ausgang nahm. Mendelsohns Formen stehen unter einer extremen Spannung, wie sie das 1920/21 gebaute Einstein-Observatorium bei Potsdam verdeutlicht: eine frei geformte Plastik, deren eingeschnittene Öffnungen die Dynamik des Baukörpers betonen. Auch bei dem Entwurf des 1928 bis 1930 gebauten Kaufhauses Schocken in Chemnitz ging es ihm um den Eindruck einer dynamischen Gesamtfigur mit einfacher, aber lebendiger Form.

Hatten Architekten bisher große Spannweiten mit Stahlkonstruktionen zu überdachen versucht, so gingen sie diese Aufgabe nun immer häufiger mit Stahlbeton an. Der Architekt Max Berg (1870–1947) überbaute bei der 1911/12 entstandenen

19. Monolithische Stahlbetonrippenkuppel der 1911 bis 1913 nach Plänen des Architekten Max Berg errichteten Jahrhunderthalle zu Breslau

Jahrhunderthalle in Breslau den Zentralraum mit einer 65 Meter weit gespannten Kuppel, deren Rippen ein freiliegendes Netz bildeten. Der Franzose Eugène Freyssinet (1879–1962) überdeckte die 1916 bis 1924 errichteten zwei Luftschiffhallen in Orly bei Paris mit einer Parabeltonne von 60 Metern, deren Faltung im Querschnitt die notwendige Versteifung ergab. In den zwanziger Jahren untersuchten Bauingenieure in Deutschland und Frankreich die flächenhafte Tragwirkung des Stahlbetons mit Falt- und Schalentragwerken. Die Konstruktion von Stahlbetonschalen erhielt wesentliche Impulse durch den Bau der zwischen 1922 und 1924 geschaffenen Rotationsschale des Zeiss-Planetariums in Jena. Forschungsarbeiten zur Theorie der Flächentragwerke bildeten die Voraussetzung für die Ausbreitung von Schalenkonstruktionen, welche die Tragqualität des Stahlbetons möglichst optimal ausnutzten. Das 1935 in New York City gebaute Hayden-Planetarium orientierte sich an dem Vorbild des Zeiss-Planetariums in Jena. Vornehmlich in Frankreich entwickelte der aus der Schweiz stammende Architekt Charles Edouard Jeanneret (1887–1965), der sich Le Corbusier nannte, die architektonisch-konstruktiven Möglichkeiten des Stahlbetons weiter. 1914 stellte er mit den von ihm entworfenen Dom-Ino-Häusern, deren Konstruktion auf einem variationsfähigen Stahlbetonskelett beruhte, die theoretischen Voraussetzungen des freien Grundrisses auf. Die Zeichnung des Dom-Ino-Stahlbetonskeletts von 1914 zeigt sechs Eisenbetonpfeiler und drei durch eine Treppe miteinander verbundene horizontale Platten. Le Corbusier bezeichnete sich als Architekt und Industriellen und unternahm es, mit den von ihm entworfenen Häuserkonstruktionen die Probleme der Wohnungsnot nach dem Ersten Weltkrieg zu lösen. Dabei gelangte er auch zu Entwürfen wenig attraktiver »Wohnmaschinen«, die aber innerhalb kurzer Zeit fertiggestellt werden konnten. An die Stelle natürlicher Baustoffe sollte vor allem Stahlbeton treten, dessen Einsatz rationelleres Bauen ermöglichte.

Eine Weiterentwicklung des Stahlbetons stellte der Spannbeton dar, mit dessen Verwendung bereits im 19. Jahrhundert erste Versuche unternommen wurden. Hier setzte man den Beton durch gespannte Stahleinlagen so unter Druck, daß er später unter Belastung keine Zugspannungen erhielt. Die hohe Druckfestigkeit, auch auf der zugbeanspruchten Seite des tragenden Querschnitts, glich einen gravierenden Nachteil, nämlich seine geringe Zugfestigkeit, durch die Vorspannung

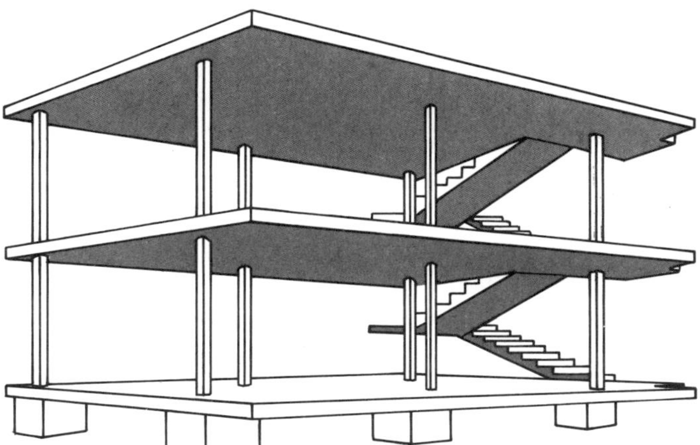

Dom-Ino-Stahlbetonskelett von Le Corbusier (nach Mislin)

aus. Die Weiterführung dieses Verfahrens, vor allem durch die bahnbrechenden Arbeiten von Eugène Freyssinet, ermöglichte eine Verdreifachung der Spannweite von Betontragwerken bei Senkung von Gewicht und Kosten. Diese Neuerung schlug sich nicht nur im Brückenbau, sondern auch bei der Herstellung von Dachtragwerken nieder. Bauingenieure wie Ulrich Finsterwalder (1897–1988) erarbeiteten die theoretischen Grundlagen der Anwendung des Spannbetons bei Eisenbahnbrücken, die dann in den fünfziger Jahren gebaut wurden. Hier konnte man ganze Täler überbrücken und die Trassierung vollständig von den Bindungen der Topographie lösen.

Als ein Zentrum der Ideen des »Internationalen Stils« spielte vor allem das Bauhaus eine gewichtige Rolle. Die Bauhaus-Schule entstand 1919 unter Leitung des Architekten Walter Gropius (1883–1969); der Name sollte an die Gemeinschaft von Künstlern und Handwerkern in den Dombauhütten des Mittelalters erinnern. Unmittelbar nach dem Ersten Weltkrieg vertrat Gropius die Ansicht, daß in dieser Phase geistiger Desorientierung in der Architektur nur noch das Handwerk eine solide Grundlage zu bieten habe. Er knüpfte damit an die Vorstellungen des Werkbundes an, denen zufolge das Handwerk in moderner Formgestaltung zur Kunst zu erheben sei. An die Stelle von Ateliers traten im Bauhaus Werkstätten; der Subjektivismus wurde durch den Kollektivismus abgelöst. Das Bauhaus stellte ein Experimentierfeld dar, das nicht dem bürgerlichen Geniekult, sondern dem sozialistischen Ideal verpflichtet war; die zu gestaltenden Objekte wurden im Sinne von Einfachheit und Überschaubarkeit auf ihre elementaren Grundformen – Kreis, Quadrat, Rechteck, Kubus – reduziert. Allerdings trat die Devise »Zurück zum Handwerk«, unter der das Bauhaus angetreten war, rasch in den Hintergrund. Um den drückenden Wohnungsmangel zu beheben, gewann die Akzeptanz technisch-industrieller Fertigungsverfahren bald an Boden. Ab 1923 setzte sich Gropius für industriell hergestellte Häuser im Sinne von »Wohn-Fords« ein, die in Anlehnung an die Massenproduktion von Henry Fords »Modell T« gefertigt waren. Bei solchen Häusern sollten jedoch austauschbare Fertigteile mit verschiedenen Kombinationsmöglichkeiten eine größere Flexibilität als beim »Modell T« ermöglichen. Im Zuge der Anpassung an die Bedürfnisse der Industrie wurden auf diese Weise aus den handwerklichen Modellwerkstätten allmählich industrielle Designer-Laboratorien. Der Bauhaus-Stil zeichnete sich nun durch einen konsequenten Funktionalismus mit Merkmalen wie Flachdächern und durch die Verwendung von Beton, Stahl und Glas als Baumaterialien aus. Das Bauhaus selbst, 1926 in Dessau gebaut, war bewußt schmucklos und einfach gehalten. Gropius versuchte hier, eine neue Raumauffassung zu realisieren, die sich durch Transparenz und eine schwebende Leichtigkeit des Baukörpers ausdrückte. Seit den zwanziger Jahren ermöglichten mit Verbrennungs- und Elektromotoren ausgestattete Baumaschinen einen wirtschaftlicheren Maschineneinsatz.

20. Die im Bau befindliche Stuttgarter »Weißenhofsiedlung«, das Ausstellungsprojekt »Bau und Wohnung« mit Beteiligung der europäischen Avantgarde unter Leitung von Mies van der Rohe. Photographie, vor 1927

Schon vor dem Ersten Weltkrieg, ab 1909, war in der Nähe von Dresden die Gartenstadt Hellerau – mit dem Gelände angepaßten Straßenzügen, lockerer Anordnung der Häuser und Typisierung der Bauelemente – entstanden. Mit diesem Siedlungskomplex, an dessen Planung die Gartenstadtbewegung zusammen mit dem Deutschen Werkbund beteiligt war, sollte dem Elend der Mietskasernen begegnet werden. Im Auftrag der Stadt Dessau bauten Mitarbeiter des Bauhauses 1926 bis 1928 in Dessau-Törten 316 Einfamilienhäuser, wobei sie sich einer industriellen Produktionsweise bedienten, indem sie hauptsächlich am Bauplatz hergestellte Fertigteile benutzten und den Bauvorgang nach Prinzipien der Fließfertigung gestalteten. In Berlin-Britz entstand 1925/26 eine von dem Architekten Bruno Taut (1880–1938) konzipierte Siedlung, die sich durch eine großzügige Hufeisenform auszeichnete. Bei der Stuttgarter Weißenhof-Siedlung stellten 1927 wichtige Vertreter des »Neuen Bauens«, wie Bruno Taut, Le Corbusier und Ludwig Mies van der

Rohe (1886–1969), »ihr« Reihenhaus und »ihren« Wohnblock vor. Alle beteiligten Architekten bemühten sich um Typisierung und Rationalisierung. Im Unterschied zur Entwicklung in den USA beschränkte sich der industrielle Montagebau in Deutschland, bei dem die Beton- beziehungsweise Stahlbetonbauweise zum Einsatz kam, im wesentlichen auf den Rohbau. Zudem konzentrierten sich hier die Rationalisierungsbemühungen auf relativ wenige Objekte; die Bauvorhaben und Standorte erwiesen sich in der Regel als zu klein, um eine langfristige, zentralisierte Serienfertigung durchzuführen. Die Ende der zwanziger Jahre von dem Architekten Ernst May (1886–1970) konzipierten Siedlungen in Frankfurt am Main, vor allem die Römerstadt-Siedlung, bekamen langgestreckte, drei- bis fünfgeschossige Blocks. Die Herstellung der unbewehrten Bimsbeton-Wandelemente und der bewehrten Deckenbalken erfolgte in einer stationären Vorfertigungsanlage; die eingesparte Zeit für den Rohbau belief sich gegenüber dem Ziegelbau auf fast 50 Prozent. Die Römerstadt galt als Musterbeispiel des sozialen Wohnungsbaus mit günstigem Wohnraumangebot für die Arbeiterschaft. Allerdings führten steigende Materialkosten gegen Ende der zwanziger Jahre bald zu baulichen Qualitätsverlusten, und es zeigte sich, daß das Wohnungsangebot in diesen Siedlungen bei der Arbeiterschaft keineswegs immer die gewünschte Resonanz fand. In Wien wurden nach dem Ersten Weltkrieg riesige Wohnblocks, Höfe genannt, mit eigenen kollektiven Einrichtungen wie Büros, Büchereien und Wäschereien errichtet. Der Ende der zwanziger Jahre gebaute »Karl-Marx-Hof« mit 1.382 Wohneinheiten galt als »rote Hochburg«. Auch in den Niederlanden, vor allem in Amsterdam, schuf man Wohnanlagen in Blockrandbebauung, die große innere Höfe mit Gartenanlagen umschlossen.

Zwar bemühte sich ein Architekt wie Ludwig Mies von der Rohe – er war bis 1933 letzter Direktor des Bauhauses und emigrierte 1938 in die USA – um die Lösung von Problemen des sozialen Wohnungsbaus, aber seine größte Bedeutung liegt in der Konzeption von Hochhäusern in einer Weise, wie sie sich nach dem Zweiten Weltkrieg insbesondere in den USA durchsetzte. Durch den ausschließlichen Gebrauch von Industriematerialien strebte er eine Absolutheit der Formen an. Vor allem seinen Anregungen folgend, wurde Glas zu einem Hauptkennzeichen der Wolkenkratzer der fünfziger und sechziger Jahre. Hier handelte es sich um Stahlskelette, die mit einer durchsichtigen Hülle verkleidet waren und keine tragenden Wände mehr besaßen. Zwischen dem Ende des Ersten Weltkrieges und den frühen dreißiger Jahren schossen in den USA, zumal in New York City und Chicago, Wolkenkratzer in beachtlicher Anzahl aus dem Boden. Nach den schlichten Fassaden eines Louis Henry Sullivan am Ende des 19. Jahrhunderts dominierten nun Gebäude mit neugotischen Merkmalen und Anklängen an klassische Mausoleen. Besonders aufsehenerregend war das Ende der zwanziger Jahre gebaute Chrysler Building in New York City, das, 320 Meter hoch, an seiner Spitze mit einem Helm aus Edelstahl versehen war. Die Eingangszone dieser »Kathedrale des Kapitalismus«

21. Entwurf für einen »Wolkenkratzer« von 250 Meter Höhe. Lithographie des Architekten Fritz Höger, 1937. Berlin, Staatliche Museen Preußischer Kulturbesitz, Kunstbibliothek

erinnerte an eine Filmkulisse aus Hollywood. Wenig später entstand mit dem Empire State Building das mit 381 Metern auf Jahre hinaus höchste Gebäude der Welt. Dieses Bauwerk hatte 86 Stockwerke; etwa 20.000 Menschen waren in seinen Büros beschäftigt. Als 1945 ein B-25-Bomber mit dem 79. Stockwerk kollidierte, ohne daß es zu Schäden am Stahlskelett gekommen wäre, zeigte sich dessen Widerstandsfähigkeit. Bei dem in den dreißiger Jahren in New York City gebauten Rockefeller Center wurde versucht, die Bereiche um die Basis des Wolkenkratzers mit in die architektonische Gestaltung einzubeziehen. Zwar war der Bau von Hochhäusern in der Zwischenkriegszeit nicht durch wesentliche bautechnische Innovationen gekennzeichnet, da man sich bereits zu Ende des 19. Jahrhunderts bekannter Bautechniken bediente und damit zu immer spektakuläreren Konstruktionen gelangte. Aber die Einführung des Elektroschweißverfahrens zu Anfang der dreißiger Jahre ermöglichte einen schnelleren Baufortschritt. Elektrische Antriebe ersetzten seit dem Ende der zwanziger Jahre auch in Wohnhäusern die Aufzüge mit Hydraulikantrieb.

Neben den Wolkenkratzern erregte vor allem der Brückenbau großes Aufsehen. Auch hier löste das Schweißen oft das Nieten ab, obwohl häufig auftretende gefährliche Risse – verursacht durch mangelhafte Schweißarbeiten – diesen Prozeß behinderten. Besonders in den USA dominierten große Hängebrücken, die, obschon bereits im 19. Jahrhundert bekannt, nun erheblich größere Ausmaße erreichten. Das galt vor allem für die Brückenbauten der dreißiger Jahre, etwa für die George Washington Bridge über den Hudson bei New York City (1931), die Oakland Bridge in San Francisco (1936) und die ihr nahegelegene, bekannte Golden Gate Bridge (1937). Erwies sich die Technologie des Hochhäuserbaus als relativ sicher, so traf dies auf den Bau von Hängebrücken nur bedingt zu. Am 1. Juli 1940 nämlich, vier Monate nach ihrer Eröffnung, stürzte die Tacoma Narrows Bridge in der Nähe von New York City, damals die drittlängste Hängebrücke der Welt, ein, nachdem eine Windgeschwindigkeit von ungefähr 65 Stundenkilometern sie zunächst in Vertikal-, dann in Drehschwingungen versetzt hatte. Die Brückenkonstrukteure hatten bis dahin die dynamische Wirkung von Windkräften kaum berücksichtigt, so daß die außerordentlich geringe Steifigkeit mancher Hängebrücken unter Windbelastung erhebliche Schwingungen hervorrief. Der Einsturz der Tacoma Narrows Bridge gab den Anstoß zu zahlreichen Forschungsarbeiten über aerodynamische Probleme bei Hängebrücken.

»Internationaler Stil«, Bauhaus-Bewegung und amerikanische Wolkenkratzer erregten das Mißfallen von Architekten im nationalsozialistischen Deutschland, die eine »beseelte Architektur« forderten und die nüchterne Architektur der »Maschinenästhetik« als »bolschewistisch« ablehnten. In der Sowjetunion wiederum galt die moderne Architektur als Erfindung des Westens und als letztes Fragment einer verfallenden europäischen Kultur. Die Architekten im nationalsozialistischen Deutschland vertraten allerdings keine homogene Architekturkonzeption, sondern machten Anleihen bei der Neoromantik, Neoklassik, bei ländlichen, »volkstümlichen« Bauformen, aber auch beim »modernen«, sonst heftig geschmähten Stil. Die repräsentativen Bauwerke waren Ausdruck der nationalsozialistischen Weltanschauung; die erdrückende Monumentalität sollte die Macht des Staates verkörpern und den Eindruck von Dauerhaftigkeit, Unzerstörbarkeit und Festigkeit hervorrufen. Diese Architektur, wie sie sich in Partei- und Regierungsbauten vor allem in Berlin sowie in zahlreichen Bauplänen manifestierte, verlangte Einordnung und Unterordnung. Bemerkenswert bleibt immerhin die Tatsache, daß für die dreißiger Jahre auch in fast allen europäischen Ländern und sogar in den USA zahlreiche

22. Konzept zur Neugestaltung Berlins durch Albert Speer: Nord-Süd-Achse, Blick vom Südbahnhof über das Triumphtor zum gigantischen Kuppelbau der Volkshalle. Gesamtmodell, 1940

Beispiele eines wiederauflebenden Interesses an monumentalen Stilen mit klassizistischen Formen zu finden sind.

Nach 1933 lösten viele Architekten in Deutschland das Spannungsverhältnis zwischen ideologischen Vorgaben und ökonomisch-technischen Erfordernissen durch eine rationelle Bauweise, so bei dem 1935/36 errichteten Bau des Reichsluftfahrtministeriums in Berlin. Hier handelte es sich um ein in moderner Technik erstelltes Stahlbetonkorsett, das jedoch außen mit einer vorgeblendeten Fassade aus Muschelkalksandstein versehen war und den Eindruck unverrückbarer Festigkeit und Dauerhaftigkeit hervorrufen sollte. In der Siedlungsarchitektur erlangte der »Heimatschutzstil« der Gartenstadtbewegung vom Anfang des Jahrhunderts neue Anerkennung. Das isolierte Einzelhaus mit Walm- und Satteldach, das manchen städtischen Siedlungen einen rustikalen Charakter verlieh, galt als dem deutschen Wesen gemäß. Im Industriebau führten Sachzwänge wie die Vorgaben des Vierjahresplans und knappe materielle und personelle Ressourcen zu einer partiellen Rehabilitierung rationeller Bauweisen des Funktionalismus. Angesichts ihrer günstigen Eigenschaften bei Detonationen und Brandeinwirkungen traten ästhetische Bedenken gegenüber Flachdächern rasch zurück.

Ausbau der Systeme: Energiewirtschaft

Gigantismus der Motoren

Neben Kohlekraftwerken standen um die Jahrhundertwende vor allem Wasserkraftwerke zur Erzeugung elektrischer Energie zur Verfügung. Bei großen Fallhöhen und verhältnismäßig geringen Wassermengen wurde zumeist die Ende des 19. Jahrhunderts von dem Amerikaner Lester A. Pelton (1829–1908) entwickelte Pelton-Turbine eingesetzt. Hier sind die Schaufeln des Laufrades als Schneide ausgebildet; der auftreffende Wasserstrahl wird zur Hälfte nach beiden Seiten umgelenkt. Bei mittleren und kleineren Fallhöhen fand in der Regel die von dem amerikanischen Konstrukteur James B. Francis (1815–1892) entwickelte Francis-Turbine Anwendung, die allerdings bei Fallhöhen unter 30 Metern wenig effektiv war. Zudem konnten wegen der festsitzenden Turbinenschaufeln hohe Leistungen nur unter günstigen Bedingungen erzeugt werden; bei Schwankungen im Wasserdargebot sank die Leistung rapide.

Die Lösung dieser beiden Probleme, nämlich eine Turbine für geringe Fallhöhen und für ein schwankendes Wasserdargebot zu entwickeln, stand im Mittelpunkt der Forschungen des Brünner Maschinenbauprofessors Viktor Kaplan (1870–1934). Er versuchte, insbesondere auch die Niederdruckwasserkräfte der süddeutschen Flüsse zur Elektrizitätsgewinnung zu nutzen. Seine 1913 in Österreich patentierte Turbine mit drehbaren Leit- und Laufschaufeln, 1918 gebaut, erfüllte diese Ansprüche. Ausmaße und Wirkungsgrad dieser Turbine konnten rasch gesteigert werden. Erreichte die erste Kaplan-Turbine mit einem Laufraddurchmesser von 60 Zentimetern 26 Kilowatt Leistung, so konnten 1922 bei einem Laufraddurchmesser von 6 Metern schon 10.000 Kilowatt erzeugt werden. Dabei wurde die mechanische Schaufelverstellung durch eine hydraulische abgelöst. Die 1931 im Kraftwerk Ryburg-Schwörstadt oberhalb Rheinfelden am Hochrhein eingesetzten vier Kaplan-Turbinen wiesen bei einem Laufraddurchmesser von 7 Metern eine Leistung von je 30.000 Kilowatt auf und trieben vier Drehstrom-Generatoren von 32.500 Kilovoltampère an, welche einen Wirkungsgrad von 98 Prozent erreichten. Durch die Verstellmöglichkeit ließen sich die Schaufeln jeweils in eine optimale Lage zur Strömungsrichtung bringen. Außerdem konnten die in verschiedenen Wasserkraftwerken eingesetzten Kaplan-Turbinen optimal auf unterschiedliche Wassergeschwindigkeiten eingestellt werden. Die doppelte Regulierung von Laufrad und Leitrad hielt zudem den Abfall des Wirkungsgrades bei Teillast relativ gering. Die Kavitation, die Bildung und plötzliche Kondensation von Dampfblasen, die durch

23. Kaplan-Turbine für das Kraftwerk Ryburg-Schwörstadt am Oberrhein beim Einbau. Photographie, 1931

Geschwindigkeitsänderungen hervorgerufen werden, stellte allerdings ein Problem dar, das vorher schon bei Schiffsschrauben aufgetaucht war. Kondensierten die Dampfblasen an den Laufschaufeln, so korrodierte die Schaufeloberfläche. Mit Hilfe von hochlegierten Chromstählen konnte dieses Problem bald gemindert, wenn auch nicht ganz ausgeschaltet werden.

Zu Anfang der dreißiger Jahre, als die Kaplan-Turbinen immer gewaltigere Ausmaße annahmen, wurden auch Diesel-Motoren zur Stromerzeugung eingesetzt. Hier kam es besonders auf die zusätzliche Stromerzeugung bei Belastungsspitzen sowie auf die Lieferung von Notstrom an. Obwohl die Anlage mit Diesel-Motoren statt Dampfmotoren teurer war, erwies sich ihr Betrieb infolge des geringeren

Brennstoffverbrauches in der Regel als wirtschaftlicher. Sie waren zudem schneller einsatzbereit, da Dampfkraftanlagen relativ viel Zeit zum Anheizen benötigen. 1931/32 wurde bei St. Gallen die damals größte Diesel-Zentrale Europas mit drei doppeltwirkenden Motoren und einer Leistung von 16.000 Kilowatt errichtet. Weitaus größere Bedeutung als zur Elektrizitätserzeugung erreichte der Diesel-Motor jedoch als Schiffs- und Fahrzeugmotor. Stationäre Motoren hatten bereits dann ihre Aufgabe erfüllt, wenn sie ihre geforderte Leistung zuverlässig und bei ungefähr konstanter Drehzahl und moderatem Brennstoffverbrauch abgaben. Bei Schiffsmotoren kam noch die Notwendigkeit einer Veränderung der Drehzahl und Umsteuerung der Drehrichtung für Rückwärtsfahrt und Bremsen hinzu. Die ersten Diesel-Motoren wurden ab 1903 in Schiffen und U-Booten eingesetzt. Im Ersten Weltkrieg fanden neben Dampfturbinen auch doppeltwirkende Diesel-Zweitaktmotoren Verwendung in großen Kriegsschiffen. In dieser Zeit diskutierten die Konstrukteure von Schiffs-Diesel-Motoren die Frage, ob ein Zwei- oder ein Viertaktmotor größere Vorteile böte. Im Bereich sehr hoher Leistungen bei niedrigen Motor-

24. Im Bau befindlicher Drehstrom-Generator für das Kraftwerk Ryburg-Schwörstadt am Oberrhein. Photographie, 1930

drehzahlen erwies sich der Zweitaktmotor als vorteilhaft. Er war im Aufbau unkompliziert und hatte einen niedrigen Kraftstoffverbrauch sowie eine lange Lebensdauer. Die komplizierteren, doppeltwirkenden Viertaktmotoren hingegen waren den hohen mechanischen und thermischen Ansprüchen nicht gewachsen. Sie eigneten sich daher eher für Leistungen bis etwa 5.000 PS, während der darüber hinaus gehende Leistungsbereich vorwiegend den Zweitaktmotoren vorbehalten blieb.

Den Antrieb von Fahrzeugen mit Diesel-Motoren ermöglichte erst die Entwicklung kompressorloser Maschinen. Bei kleinen Diesel-Motoren vermischten sich die Kraftstoffteilchen im Zylinder zumeist nur unvollständig mit der gewünschten Luftmenge. Um hier Abhilfe zu schaffen, entwickelte der deutsche Motorenkonstrukteur Prosper L'Orange (1876–1939) über dem Verbrennungsraum angeordnete Vorkammern, in denen der eingespritzte Kraftstoff zündete. Der steile Druckanstieg beförderte das brennende Gemisch und den noch unverbrauchten Kraftstoff in den Hauptbrennraum, in dem er zerstäubt wurde. Der kompressorlose Betrieb vereinfachte und verbilligte den Diesel-Motor erheblich, so daß 1924 die ersten schnellaufenden Diesel-Motoren für Lastkraftwagen auf den Markt kamen. Als 1927 Einspritzdüsen und Einspritzpumpen für die Diesel-Kraftstoffe zur Verfügung standen, wurden Motoren mit Luftspeichern, mit Wirbelkammern, aber auch direkt einspritzende Motoren mit muldenförmig ausgebildeten Kolbenböden gebaut. 1936 kamen die ersten mit Diesel-Motoren ausgestatteten Personenwagen in den Handel.

Schon 1905 hatte der Schweizer Diesel-Motorenkonstrukteur Alfred J. Büchi (1879–1959) auf die Möglichkeit hingewiesen, die Leistung eines Verbrennungsmotors durch Füllung des Zylinders mit vorverdichteter Luft zu steigern. Je mehr Luft sich nämlich im Zylinder befindet, um so mehr Kraftstoff kann verbraucht werden und um so höher ist die Motorleistung. Durch die Verbrennung größerer Kraftstoffmengen ergeben sich höhere Drücke und Temperaturen im Zylinder und somit ein besserer thermischer Wirkungsgrad. Büchi erfand ein Verfahren, die Ladeluft durch ein von Motorabgasen angetriebenes Turbogebläse zu erzeugen. Bei seinen 1909 durchgeführten Versuchen zur Aufladung von Zwei- und Viertakt-Diesel-Motoren stellte er fest, daß die Spülung der Zylinder mit kühler Ladeluft auch die Wärmebelastung von hochbeanspruchten Teilen des Motors – etwa Kolben oder Ventile – vermindert. Insofern brachte die Aufladung neben der Leistungssteigerung auch einen höheren Wirkungsgrad. Während des Ersten Weltkrieges wurden aufgeladene Flugmotoren mit mechanisch angetriebenem Gebläse erprobt. Mit den ab 1923 produzierten Turboladern konnten mit Holzvergasern ausgerüstete Fahrzeuge auf die gleiche Leistung gebracht werden, wie sie die mit Benzin betriebenen Motoren erreichten. In den dreißiger Jahren fand die Turboaufladung außer beim Schiffs-Diesel-Motor noch bei Lastwagen, Flugzeugen und Lokomotiven Verwendung.

25. Schiffs-Diesel-Motor der MAN, ein doppeltwirkender Zweitakt-Sechszylinder mit einer Leistung von 7.000 PS. Photographie, 1928

Auch Gasturbinen kamen als Flugzeug- und Lokomotivantrieb zum Einsatz; ihr frühestes Anwendungsfeld lag aber im stationären Betrieb. 1791 erhielt der Engländer John Barber ein Patent auf das Gleichdruckverfahren, das er jedoch nicht in die Praxis umsetzen konnte. Bei diesem Verfahren, das im Prinzip heute noch üblich ist, wird Gas in eine Brennkammer geleitet und von einem Kompressor verdichtet; das gleiche geschieht in einem zweiten Kolbenkompressor mit Luft. Das Gas-Luftgemisch strömt in eine Düse und wird dort entzündet, so daß ein kontinuierlicher Feuerstrom an der Düse austritt, welcher ein Turbinenrad beaufschlagt. Die Vorteile dieses Verfahrens liegen – wie auch bei der später entwickelten Dampfturbine – darin, daß die Verbrennung kontinuierlich abläuft und die Qualität des verwendeten

26. Erste Gasturbinen-Anlage der BBC in Neuchâtel in der Schweiz. Photographie, 1939

Brennstoffs nur eine geringe Bedeutung hat. Die für einen effizienten Betrieb ungenügenden Verdichterwirkungsgrade sowie der Mangel an hochwarmfesten Werkstoffen stellten jedoch schwer zu lösende Probleme dar. Bei den frühen Gasturbinen wurden zwei Drittel der zugeführten Energie zum Antrieb des Verdichters benutzt.

Zu Ende des 19. Jahrhunderts führten Konstrukteure in Berlin, Paris und Ithaca, New York, weitere Versuche durch, die aber wegen der geringen Wirkungsgrade wenig ermutigend verliefen. Der Berliner Konstrukteur Franz Stolze (1836–1910) erfand 1872 eine Gleichdruckgasturbine – Aktionsturbine – mit Luftvorwärmer und vielstufigem Axialgebläse. Schwierigkeiten wegen zu hoher Umlaufgeschwindigkeit, geringer Betriebssicherheit und geeigneten Werkstoffen verhinderten eine in der Praxis anwendbare Konstruktion. Experimente, die zu Anfang des 20. Jahrhunderts in Paris mit Überdruckgasturbinen – Reaktionsturbinen – stattfanden, erbrachten nur einen Wirkungsgrad von 3 Prozent. Der deutsche Konstrukteur Hans Holzwarth (1877–1953) versuchte, das Problem der geringen Verdichterwirkungsgrade dadurch zu umgehen, daß er eine Gleichraum- oder Explosionsgasturbine entwarf, die keinen Verdichter benötigte. Hier fand die Verbrennung explosionsartig in einer geschlossenen Kammer statt. Die so erzeugten Verbrennungsgase gelangten durch Öffnung von Ventilen in die Turbine; als Brennstoff wurden Leuchtgas, Benzin, Petroleum, Teeröl, aber auch Kohlenstaub benutzt. Allerdings hielt sich die Effektivität der Holzwarth-Gasturbine ebenfalls in engen Grenzen; seine 1913 erprobte Turbine erreichte einen Wirkungsgrad von 13 Prozent.

Da sich der Wirkungsgrad dieser Gleichraumgasturbine wegen hoher Drossel-, Spül- und vor allem Totraumverluste nicht mehr wesentlich steigern ließ, setzten in den dreißiger Jahren verstärkte Bemühungen ein, die Gleichdruckturbine weiterzuentwickeln. Dazu bedurfte es aber eines geeigneten Verdichters, der bei gutem Wirkungsgrad sowohl hohe Drücke erzeugen als auch große Luftmengen durchsetzen konnte. Hier entwickelte die Schweizer Firma Brown, Boveri & Cie zu Anfang der dreißiger Jahre einen vielstufigen Axialverdichter, der seine erste Anwendung an einem Dampfkessel fand. Die Verbrennung flüssiger und gasförmiger Brennstoffe im eigentlichen Kesselraum diente vornehmlich der Dampferzeugung und erfolgte unter Überdruck, den der Axialverdichter herstellte. Dieser wurde wiederum von einer Gasturbine angetrieben, die ihre Energie aus den heißen Kesselabgasen bezog. Der verbesserte Verdichter- und Turbinenwirkungsgrad ermöglichte es nun, neben der Verdichterleistung auch noch Nutzleistung an der Turbine abzunehmen. 1935 lieferte die Firma BBC die erste industriell genutzte Gleichdruckgasturbine an die Sun-Oil Company in Philadelphia, wo zu dieser Zeit der Houdry-Krack-Prozeß zur Mineralölverarbeitung entwickelt wurde. Da die chemische Reaktion bei diesem Prozeß unter hohem Druck abläuft, wurde ein wirksamer Verdichter notwendig. Die den Krack-Prozeß verlassenden Abgase wiesen einen nahezu gleich hohen Druck auf, so daß sie, um den Prozeß wirtschaftlich zu gestalten, in einer Gasturbine entspannt werden mußten. In den nächsten Jahren wurden 36 Anlagen dieser Art gebaut. 1939 lieferte BBC auch eine Maschinengruppe an das britische Luftfahrtministerium, das sich für die Entwicklung von Strahltriebwerken interessierte.

Die Gleichdruckturbine eignete sich zum Antrieb von Generatoren für die Stromerzeugung. Wie beim Diesel-Motor kam hier vorwiegend ein Einsatz zur Überbrükkung von Stromspitzen und als Notstromaggregat in Betracht. Für diesen Zweck lieferte BBC 1940 eine Turbine mit einer Leistung von 4 Megawatt an das Elektrizitätswerk Neuchâtel in der Schweiz. Die günstigen Erfahrungen mit der Gasturbine als Antrieb eines Generators zur Stromerzeugung veranlaßten die Schweizer Bundesbahn, 1941 den Bau einer Gasturbinen-Lokomotive in Auftrag zu geben. Die Turbine trieb einen Generator an, welcher vier Achsmotoren der Lokomotive speiste; die Höchstleistung der Gasturbine betrug 6.600 Kilowatt. Da der Verdichter davon aber mehr als zwei Drittel aufzehrte, verblieben als Nutzleistung nur gut 1.600 Kilowatt, ein Wert, der das Interesse an dieser Art von Traktion stark reduzierte.

Auf dem Weg zum Energieverbund

War das erste Jahrzehnt des 20. Jahrhunderts in Deutschland durch die Gründung von Stadt- und Überlandkraftwerken zur Versorgung der Landkreise mit Elektrizität gekennzeichnet, so erfolgte nach dem Ersten Weltkrieg der Aufbau eines großzügigen Verbundsystems. Zur Verteilung der Elektrizität entstand dabei ein dichtes Netz von Hochspannungsleitungen. In der Phase rascher Umstellung auf Elektrizität verdoppelte sich zwischen 1900 und 1914 in Deutschland der Elektrizitätsverbrauch aus öffentlichen Netzen fast alle vier Jahre und nach dem Ersten Weltkrieg fast alle neun Jahre. Der Bau von Großkraftwerken während des Ersten Weltkrieges stand in engem Zusammenhang mit den Anforderungen der Kriegswirtschaft. Die elektrolytische Herstellung von Aluminium, das im Flugzeugbau und als Ersatzstoff für Kupfer Verwendung fand, sowie die Stickstoffsynthese als Grundlage zur Düngemittel- und Sprengstoffproduktion erforderten große Mengen an elektrischem Strom. Deshalb wuchsen nun auch die Blockgrößen der mit Reichsmitteln errichteten Kraftwerke im rheinischen Braunkohlenrevier sowie in Mitteldeutschland rasch an. Aufgrund des geringen Heizwertes der Braunkohle erwies sich ihr Transport zwar als unökonomisch, die Verstromung vor Ort lohnte sich jedoch. Zu Anfang des Ersten Weltkrieges plante Oskar von Miller (1855–1934) die Errichtung des Bayernwerks, eines einheitlich konzipierten Verbundkraftwerks, das aber erst nach Kriegsende zur Ausführung kam. Ähnliche Pläne des deutschen Elektrotechnikers und AEG-Vorstandsmitgliedes Georg Klingenberg (1870–1925) für ein staatlich-preußisches Verbundsystem scheiterten vorwiegend am Widerstand der gemischtwirtschaftlichen Rheinisch-Westfälischen Elektrizitätswerk AG (RWE), bei der sich die Besitzanteile sowohl in öffentlicher als auch in privater Hand befanden, sowie der kommunalen Energieversorgungsunternehmen, die um ihren Einfluß und unternehmerischen Spielraum fürchteten.

Technisch und wirtschaftlich erwies sich das zentralistische Konzept einer »elektrischen Großraumwirtschaft«, das von wenigen Riesenkraftwerken getragen wurde, keineswegs als optimal. Kommunale und regionale Kraftwerkbetreiber unterboten nämlich mit neuen Anlagen in Stadtnähe den von hohen Fixkosten belasteten Fernstrompreis und verbanden teilweise die Elektrizitätsversorgung sogar mit der Abdampflieferung für Industrieabnehmer oder für die Stadtheizung. Dem Leitbild einer elektrischen Großraumverbundwirtschaft stand somit die örtlichen Bedingungen angepaßte Energiezentrale gegenüber. Hier handelte es sich um ein Mehrzweckkraftwerk, das mit Kraft-Wärme-Kopplung, der Nutzung von Mehrstoffprozessen und anderen Energiespartechniken einen thermodynamischen Gesamtnutzungsgrad bis zu 80 Prozent erreichte. Nach dem Ende der Kohleknappheit setzte sich in den frühen zwanziger Jahren allerdings das durch Regeneratoren, Luftvorwärmung und teilweise Zwischenüberhitzung wärmetechnisch deutlich ver-

27. Sieben Turbo-Generatoren mit einer Leistung von 120.000 kW in der Maschinenhalle des Gemeinschaftswerks Hattingen in Nordrhein-Westfalen. Photographie, 1930

besserte zentrale Großkraftwerk als vorherrschendes Energieversorgungssystem durch.

Auch in den USA, wo sich privatwirtschaftliche Energieversorgungsunternehmen die lukrativen, vorwiegend städtischen Absatzgebiete aufteilten, kamen im Ersten Weltkrieg Pläne für Staatseingriffe in die Energieversorgung auf. 1916 – noch vor dem Eintritt der USA in den Ersten Weltkrieg – gaben amerikanische Behörden das Muscle-Shoals-Projekt in Auftrag, bei dem der Tennessee-Fluß in Alabama gestaut und Wasserkraftwerke Energie zur Herstellung von Sprengstoffen und Düngemitteln bereitstellen sollten. – Verstaatlichungsideen vor dem Ersten Weltkrieg und während des Krieges folgend, wurde Ende 1919 in Deutschland ein Gesetz zur Sozialisierung der Elektrizitätswirtschaft erlassen. Dabei wiesen die Befürworter auf die Unwirtschaftlichkeit der rund 4.100 in Deutschland existierenden Elektrizitätswerke hin und drangen auf Vereinigung und Vereinheitlichung. Vereinheitlichungsbestrebungen fanden nicht zuletzt deshalb Widerhall, weil Strombezieher wie in Hamburg vor und unmittelbar nach dem Ersten Weltkrieg etwa viermal so viel für den Verbrauch elektrischer Energie bezahlen mußten wie diejenigen in Barmen. Aufgrund heftiger Widerstände seitens der bereits bestehenden Elektrizitätsversorgungsunternehmen sowie der Industrie mit ihren Eigenanlagen gelangte das Sozialisierungsgesetz allerdings nie zur Ausführung und wurde 1935 auch formell aufgehoben.

Was die elektrische Energieversorgung anlangt, so gehören zu den Merkmalen der zwanziger Jahre nicht nur in Deutschland die Leistungssteigerung der Kraftwerke, die immer größere Übertragungsentfernung sowie der Trend zum Verbundsystem. Eine Voraussetzung hierzu bot die Entwicklung von Dampfkesseln, welche die im Dampf enthaltene Energie effizienter nutzten. Dampfturbinen hatten in diesem Zeitraum weitgehend die Kolbendampfmaschinen beim Antrieb der stromerzeugenden Generatoren abgelöst und stellten erhöhte Anforderungen sowohl an die Kesselkonstruktion als auch an das verwendete Material. Bildete die Dampferzeugung noch mehrere Jahre lang den Engpaß für eine wirtschaftliche Stromversorgung, so wurde hier mit einer Verdoppelung des Wirkungsgrades der Dampfkraftwerke in der Zeit von 1913 bis zum Ende der zwanziger Jahre weitgehend Abhilfe geschaffen. Die Erhöhung des Kesseldrucks und der Temperatur des Wasserdampfes, verbunden mit einer Verminderung des Dampfverbrauchs, ermöglichten diese Effizienzsteigerung. Vor allem der Übergang vom Flammrohr- zum Wasserrohrkessel und die Einführung der Kohlenstaubfeuerung garantierten eine wirtschaftlichere Stromerzeugung. Bei der Verwendung des elektrischen Stroms ging der für Beleuchtungszwecke genutzte Anteil, der zu Anfang der Elektrifizierung noch klar dominiert hatte, nun drastisch zugunsten des elektrischen Kraftstroms zurück. In den USA dienten zu Ende des Zweiten Weltkrieges nur noch knapp 8 Prozent des erzeugten elektrischen Stroms der Beleuchtung. Auf den Betrieb von Elektromotoren entfielen hingegen rund 63 Prozent und auf den von Elektroschmelzöfen sowie auf elektrolytische Verfahren etwa 26 Prozent.

Die vielfältigen Versuche zur Steigerung des thermodynamischen Wirkungsgrades führten aber auch zu schweren Unfällen. 1917 ereignete sich im Kohlekraftwerk Reisholz bei Düsseldorf die Explosion eines mit einem Betriebsdruck von 10 Atmosphären arbeitenden Kessels, bei der 28 Menschen ums Leben kamen. Die sich an den Unfall anschließende Großrevision der Dampfkessel kam zu alarmierenden Ergebnissen. Gleichwohl ermöglichten der Einsatz hochleistungsfähiger Werkstoffe für Kessel, Rohre und Dampfturbinen sowie verbesserte Konstruktionen bis 1928 einen Betriebsdruck bis zu 100 Atmosphären. Dabei sank der Wärmeverbrauch pro Kilowattstunde in den Jahren von 1900 bis 1930 auf etwa ein Viertel.

Verbundnetze, die dadurch entstanden, daß verschiedene Kraftwerke – oft auf der Basis ganz unterschiedlicher Energieträger wie Braunkohle, Steinkohle und Wasserkraft – ihre Hochspannungsleitungen miteinander verbanden, hatten etliche

Vorteile. Vor allem konnten regional und zeitlich unterschiedliche Belastungen, aber auch Leistungsausfälle einzelner Kraftwerke weitgehend ausgeglichen werden. Zudem verlieh die Kontrolle über diese Systeme den beteiligten Managern wirtschaftliche und oft sogar politische Macht. In der Sowjetunion forderte Lenin unter der Devise »Kommunismus gleich Sowjetmacht und Elektrifizierung des ganzen Landes« ein einheitliches, zentral gesteuertes Elektrizitätsversorgungssystem. Es sollte auf der Nutzung der verschiedenen, dort verfügbaren Energieträger wie Wasserkraft, Steinkohle, Braunkohle, Torf und Mineralöl beruhen. Die GOELRO, die staatliche Elektrifizierungskommission, begann 1920 mit ihrer Arbeit; das System wurde in den zwanziger Jahren errichtet. In den USA herrschten regionale, private Elektrizitätsgesellschaften vor, obwohl die Regierung im Rahmen des »New Deal« der dreißiger Jahre die Elektrifizierung ländlicher Gegenden – besonders des Gebiets bei Muscle Shoals in Alabama, das schon im Ersten Weltkrieg ansatzweise elektrifiziert worden war – sicherstellen wollte. Trotz des Widerstandes privater Energieversorgungsunternehmen wurde hier eine staatlich initiierte und genossenschaftlich organisierte regionale Stromversorgung mit subventionierten Strompreisen ins Leben gerufen.

28. 110-kV-Umspannwerk Brauweiler in Nordrhein-Westfalen. Photographie, Ende der zwanziger Jahre

In Deutschland entstanden in den zwanziger Jahren wichtige Verbundsysteme. Nach dem geglückten Versuch eines Elektrizitätsverbundes durch das Bayernwerk nach dem Ende des Ersten Weltkrieges wurde Mitte der zwanziger Jahre der mitteldeutsche und rheinische Elektrizitätsverbund geschaffen. Der Betrieb erfolgte teilweise über 110-Kilovolt-Fernleitungen; 1926 wurde die erste deutsche 220-Kilovolt-Leitung in Betrieb genommen. Nach einer Phase der Stagnation der deutschen Stromerzeugung unmittelbar nach dem Ersten Weltkrieg sowie einem Rückgang während der Wirtschaftskrise der späten zwanziger und frühen dreißiger Jahre verdoppelte sich die Stromerzeugung in Deutschland von 1934 bis 1939. Dies lag an der Rüstungspolitik, aber auch an Anreizen – Senkung des Licht- und Kraftstrompreises – zum Einsatz elektrischer Energie im privaten Bereich.

In Großbritannien bot die Situation der Stromversorgung in den zwanziger Jahren ein unübersichtliches Bild. 1916 existierten hier 230 Elektrizitätsunternehmen in Privatbesitz sowie 327 im Besitz der öffentlichen Hand. 1925 belief sich die Gesamtzahl noch auf 438. Eine Vielzahl unterschiedlicher Stromspannungen von Stadt zu Stadt, ja teilweise von Wohnblock zu Wohnblock, erschwerte weiterhin die von der Regierung befürwortete Rationalisierung. Allein in Groß-London mit seinen 70 privaten und kommunalen Elektrizitätsunternehmen gab es 24 voneinander abweichende Stromspannungen. Mitte der zwanziger Jahre leitete die Regierung dann jedoch die Errichtung eines nationalen Einheitshochspannungsnetzes (Grid) in die Wege, das 1937 im wesentlichen fertiggestellt war und in Betrieb genommen werden konnte. – Die in Deutschland weit verbreitete Vorstellung, der Staat oder

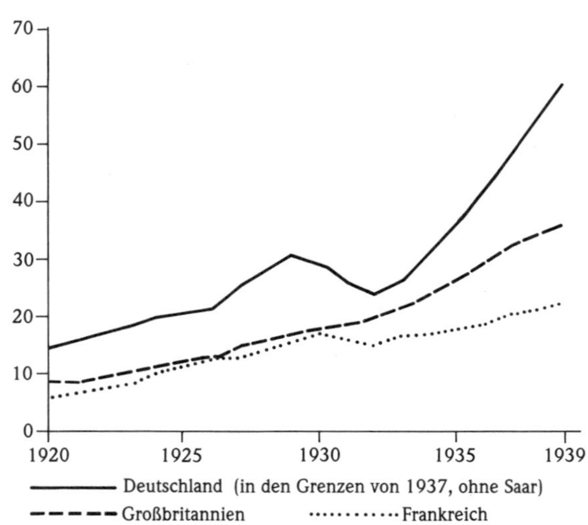

Erzeugung elektrischer Energie in Deutschland, Großbritannien und Frankreich, in Milliarden Kilowattstunden (nach Landes)

eine staatlich beeinflußte Körperschaft solle Träger der Elektrizitätswirtschaft sein, wurde in Frankreich bis in die frühen vierziger Jahre hinein nicht geteilt. Hier intervenierte allerdings der Staat durch strenge Auflagen bei den Konzessionsverträgen mit privaten Energieversorgungsunternehmen. Zudem subventionierte er den kostspieligen Ausbau der Flußwasserkräfte im Süden Frankreichs. Südlich der Linie von Straßburg im Osten bis La Rochelle im Südwesten befinden sich nämlich zahlreiche für die Elektrizitätserzeugung in Wasserkraftwerken nutzbare Flüsse; andererseits lagern im Norden reichhaltige Kohlevorkommen, ergänzt durch günstige Importkohlehäfen. Eine Verbindungsleitung vom Norden zum wasserkraftreichen Süden bot sich also an. Doch einflußreiche Vertreter der nordfranzösischen Kohlekraftwerke versuchten, Ausbau und Nutzung der Wasserkraftwerke des Südens sowie den Stromverbund mit dem Norden zu hintertreiben. Lieferten nämlich die mit hohen Investitionskosten errichteten Wasserkraftwerke erst einmal Strom, so war dieser zu günstigeren Bedingungen erhältlich als aus den Kohlekraftwerken. Dies hätte wiederum Tarifsenkungen ermöglicht, an denen den Kohlekraftwerkbetreibern nicht gelegen sein konnte. Kostspielige Investitionen in Wasserkraftwerke und teure Fernleitungen führten zu einem Konzentrationsprozeß in der französischen Energieversorgung, der 1946 in die Verstaatlichung der bis dahin privatwirtschaftlichen Energieversorgung mündete.

Die Unterschiede zwischen den einzelnen elektrifizierten Ländern und Regionen hinsichtlich ihrer geographischen Bedingungen, ihrer Wirtschafts- und Verwaltungssysteme, ihrer Gesetzgebung und Eigentumsverhältnisse bedingten auch eine unterschiedliche Handhabung bei der Erzeugung und Verteilung elektrischer Energie. So nahm im rheinisch-westfälischen Industriegebiet das 1898 gegründete »Rheinisch-Westfälische Elektrizitätswerk« (RWE) eine beherrschende Stellung ein, dessen Stromerzeugung zunächst auf Stein- und Braunkohle sowie auf den Eigenanlagen der Industrie beruhte. Bei diesen handelte es sich um Kraftwerke der Schwerindustrie, die dem RWE ihre Überschußgase zur Verfügung stellten. Hinzu kam die Nutzung der Wasserkraft. In Pumpspeicherwerken wurde das Wasser in Zeiten einer geringen Belastung des Netzes in ein höher gelegenes Becken gepumpt und in Spitzenbedarfszeiten oder bei Störungen der Stromversorgung zum Antrieb der Wasserturbinen benutzt. Diese trieben einen Generator an, der den Strom erzeugte. Beim Hinaufpumpen des Wassers diente der Generator wiederum als Elektromotor. Ab 1929 verband eine 220-Kilovolt-Leitung das Ruhrgebiet mit den Wasserkraftwerken der Alpen. – An der amerikanischen Pazifikküste unterschieden sich die für die Elektrizitätsversorgung relevanten Verhältnisse deutlich von denen in Rheinland-Westfalen. Im Gegensatz zu dem gemischtwirtschaftlichen RWE handelte es sich bei der nordkalifornischen »Pacific Gas and Electric Company« (PG & E) um eine privatwirtschaftliche Gesellschaft, die sich für ihre Stromzufuhr im wesentlichen der Wasserkraft aus der Sierra Nevada bediente. Hochspannungsleitungen

29. Das Köppchen-Speicherkraftwerk von Herdecke an der Ruhr. Photographie, Anfang der dreißiger Jahre

von 110 und 220 Kilovolt transportierten den erzeugten Strom in das dichtbesiedelte Gebiet von San Francisco und Oakland. – Wieder anders lagen die Verhältnisse im Nordosten Englands. Die »Newcastle-Upon-Tyne Electric Supply Company« (NESCO) bildete in den zwanziger Jahren in dem von Kritikern häufig als unübersichtlich und ineffizient gescholtenen System der britischen Stromversorgung eine Ausnahme. Sie speiste ihr relativ großes, zusammenhängendes Netz mit elektrischer Energie, die aus Steinkohle sowie aus der Abwärme von Hoch- und Koksöfen gewonnen wurde. Die verwendeten Dampfturbinen und Dampfkessel waren die modernsten ihrer Zeit.

Seit der Mitte der zwanziger Jahre weitete sich vor allem in Deutschland die Zahl der Großkraftwerke im Rahmen eines Energieverbundes aus. Hier lag der Anteil der aus festen Brennstoffen – Braunkohle, Steinkohle – gewonnenen elektrischen Energie bei etwa 75 Prozent, der aus Wasserkraft gewonnenen bei 14 Prozent und der aus Gas erzeugten bei 10 Prozent. Erdöl trug zu knapp einem Prozent zur elektrischen Energieerzeugung bei. Diese Anteile veränderten sich im Laufe der dreißiger Jahre nur geringfügig. Allerdings setzte sich der im Ersten Weltkrieg begonnene Trend fort, Braunkohle verstärkt zur Verstromung heranzuziehen. 1929 entfielen etwa 80 Prozent der in Kraftwerken mit über 100 Megawatt installierter Leistung erzeugten elektrischen Energie auf Braunkohlekraftwerke. Aufgrund der unterschiedlichen geographischen Bedingungen herrschte in Süddeutschland die Ausnutzung der Wasserkraft vor. Diese profitierte besonders von der Verbundwirtschaft, welche den Transport elektrischer Energie von den standortgebundenen Wasserkraftwerken zu den städtischen Ballungsgebieten ermöglichte. Die im Ersten Weltkrieg entstandenen Pläne einer ganz Deutschland umfassenden elektrischen Verbundwirtschaft wurde nach dem Krieg vorangetrieben. Ende der zwanziger Jahre arbeitete Oskar von Miller, auf den schon der Energieverbund des Bayernwerks zurückgeht, einen Plan zu einer einheitlichen Elektrizitätsversorgung des Deutschen Reiches aus, die über 220/380-Kilovolt-Sammelleitungen erfolgen sollte. Hier waren insbesondere kapitalkräftige gemischtwirtschaftliche Unternehmen gefragt, die seit der Mitte der zwanziger Jahre durch Zusammenschluß entstanden. Eine Voraussetzung für den Verbund regionaler Netze bildeten dabei Fort-

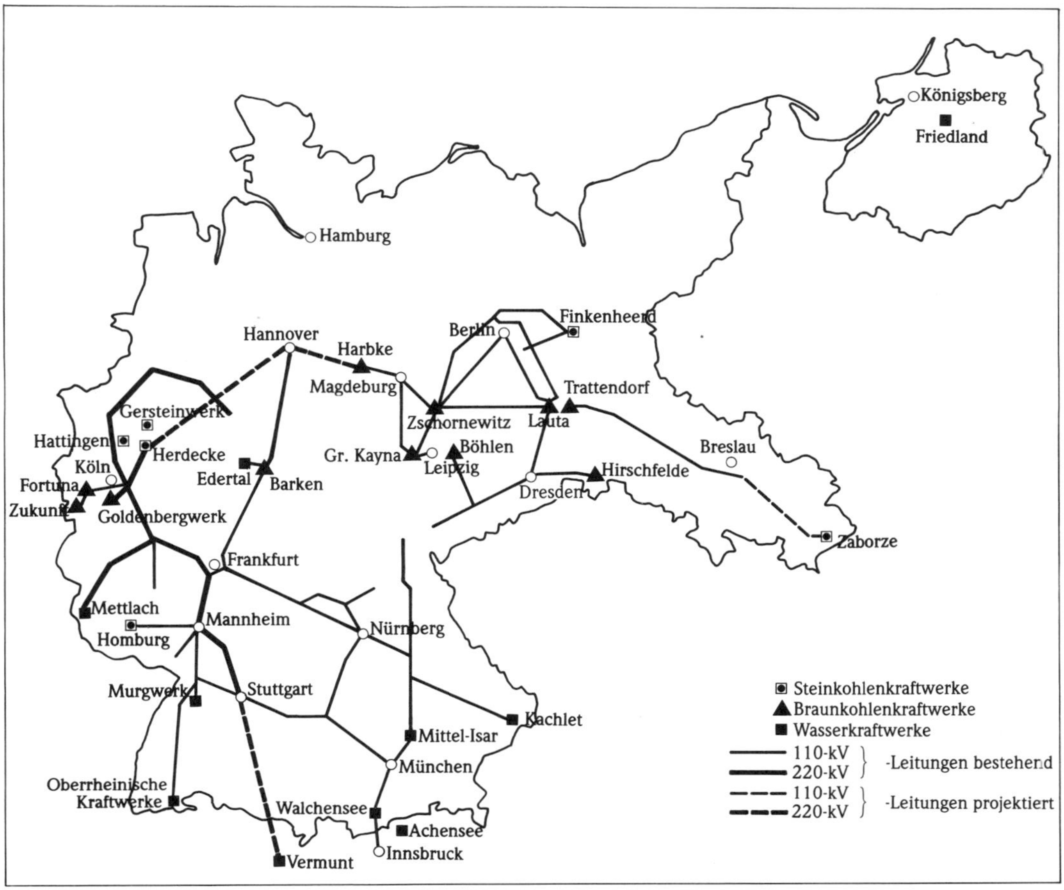

Verbundnetz im Jahr 1930 (nach Boll)

schritte in der Hochspannungstechnik, die 1929 einen Zusammenschluß des RWE, der Preußischen Elektrizitäts-AG sowie des Bayernwerks ermöglichten. Dies geschah durch den Betrieb der vom RWE installierten ersten deutschen 220/380-Kilovolt-Leitung in Nord-Süd-Richtung.

Die Übertragung hoher Spannungen über große Entfernungen hinweg verlief allerdings nicht immer problemlos. Obwohl die Weiterentwicklung der Umspanneinrichtungen gelang, führten Erwärmung und Bruch der Leitungen sowie der Schaltlichtbögen häufig zu Bränden und zu beträchtlichen Störungen des Versorgungssystems. Auch Schwingungsbrüche der Leichtmetalleitungen und Risse an Isolatoren bereiteten Probleme. Da die Elektrotechniker der Zeit hohe Energieverluste bei der Hochspannung befürchteten, verwendeten sie Porzellanisolatoren mit Ölrinne unter dem Mantel, in die jedoch schädliches Schwitzwasser eindringen konnte.

Die Lösung derartiger Probleme wurde auch zum Gegenstand von Verhandlungen auf der Weltkraftkonferenz, die 1924 zum ersten Mal in London, dann 1930 in Berlin und 1936 in Washington stattfand. Anlaß zur Gründung der Konferenz, die 1968 ihren Namen in »Weltenergiekonferenz« änderte, bot die von Ingenieurorganisationen, Staat und Industrie gestellte Frage, wie national und international verfügbare Energiequellen am effizientesten genutzt werden könnten. Eine internationale Kooperation sollte die Möglichkeiten der Verbundwirtschaft auf dem Energiesektor ausschöpfen. Nachdem die erste Weltkraftkonferenz weiterführende Anstöße vor allem auf dem Gebiet der Normung gebracht hatte, ging die Weltkraftkonferenz in Berlin 1930 darüber hinaus. Anknüpfend an die Verbundpläne Oskar von Millers und deren zwischenzeitliche Realisierung skizzierte Oskar Oliven, Vorstandsmitglied der Ludwig Loewe AG Berlin, ein Projekt, um die Wirtschaftlichkeit der Elektrizität im »Wirtschaftskörper Europa« zu erhöhen. Elektrischer Strom sollte von den Überschußgebieten in die Bedarfsländer fließen, wobei er insbesondere eine Integration der auf der Basis von Kohle mit der auf der Basis von Wasserkraft erzeugten elektrischen Energie anstrebte. In einem europäischen Hochspannungsnetz sollten die Wasserkräfte von Skandinavien bis zum Balkan und von Spanien bis zur Wolga-Mündung zur Umwandlung in elektrischen Strom genutzt und durch die Verstromung der in diesem Großraum lagernden Kohlevorkommen ergänzt werden. Die Pläne Olivens, die von den meisten Teilnehmern der Weltkraftkonferenz lebhaft begrüßt wurden, hatten jedoch angesichts der nationalen Autarkiebestrebungen, vor allem in Deutschland nach 1933, nur geringe Realisierungschancen.

Theorie und Praxis einer zentralisierten Verbundwirtschaft im Energiesektor riefen bei den nationalsozialistischen Energiepolitikern ein zwiespältiges Echo hervor. Auf der einen Seite schienen die Effizienzvorteile einer zentralisierten Versorgung vor allem in Hinblick auf den großen Energiebedarf der Aufrüstung offensichtlich zu sein. Auf der anderen Seite bot eine dezentrale Energieversorgung mit der Errichtung kleinerer Kraftwerke strategische Vorteile für den Kriegsfall. Ein zentralisiertes System mußte hier verwundbarer sein. Hinzu kam die lautstark propagierte Umweltverträglichkeit dezentraler Systeme, bei denen auch die Nutzung von Großwindkraftwerken eine Rolle spielte. Das »Gesetz zur Förderung der Energiewirtschaft« – Energiewirtschaftsgesetz – vom Dezember 1935 regelte die Frage zentral versus dezentral im Sinne einer zentralisierten Lösung. Dieses Gesetz unterstellte die deutsche Energiewirtschaft der Aufsicht des Staates. Die Position der Großkraftwerke, die man für wichtige Rüstungsvorhaben wie die erweiterte Aluminiumproduktion und Hochdrucksynthese der Chemie benötigte, wurde gestärkt. Kleinere Versorgungsbetriebe und Gemeindeunternehmen mußten den großen Kraftwerken aus Rationalisierungsgründen weichen. Das Energiewirtschaftsgesetz diente vor allem der Wehrhaftmachung der deutschen Energiewirtschaft. Nicht dem Reich selbst, sondern den Trägern der Wirtschaft sollte es obliegen, die notwendigen Sicherungen für die Anforderungen der Kriegswirtschaft vorzunehmen.

Während des Zweiten Weltkrieges wurde die deutsche Energiewirtschaft immer stärker unter staatlichen Einfluß gestellt. Gleichwohl blieben die von der Privatindustrie, aber auch von den Kommunen und anderen Unternehmen der öffentlichen Hand befürchteten Eingriffe in die Besitzstrukturen aus. Ab 1942 verschlechterte sich die Stromversorgung im Privatbereich zugunsten der Rüstungsproduktion zusehends. Da das Verbundnetz völlig überlastet war, mußte der zivile Stromverbrauch gegen Kriegsende drastisch eingeschränkt werden. Immerhin erwies sich der staatlich verordnete Verbund zwischen Elektrizitätswirtschaft und industrieeigenen Anlagen als effizient, so daß auch die Zerstörungen von Kohlekraftwerken und Talsperren durch alliierte Luftangriffe in den Jahren 1943 und 1944 durch rasche Kapazitätsverlagerungen im Verbundnetz teilweise ausgeglichen werden konnten. Die Fortsetzung des Luftkrieges mit der Schädigung der Infrastruktur machte freilich die weiteren Bemühungen um eine ausreichende Stromversorgung weitgehend obsolet.

Technisierung des Haushalts

Die schon zu Ende des 19. Jahrhunderts begonnene Elektrifizierung des Haushalts setzte sich im frühen 20. Jahrhundert vor allem in den USA fort. Bügeleisen, Waschmaschine und Staubsauger hielten hier Einzug in die Haushalte. Neue Textilfasern erforderten nach dem Ersten Weltkrieg eine selbsttätige Wärmeschaltung, welche sowohl die Überhitzung als auch die Unterkühlung des Bügeleisens verhinderte. Nach Erreichen der höchstzulässigen Temperatur unterbrach ein Regler die Stromzufuhr; bei zu starkem Temperaturabfall schaltete er sie an. Die ersten deutschen automatischen Bügeleisen, welche 1926 auf den Markt kamen, wiesen durch erhöhte Stromaufnahme auch eine höhere Leistung auf. »Super-Automatic-Bügeleisen« ermöglichten es sogar, verschiedene Gebrauchstemperaturen einzustellen.

Erste Versuche, die bisher handbetriebene Rührflügel-Waschmaschine mit einem Elektromotor auszustatten, wurden 1914 unternommen. Rührflügel- und Saugglokken-Waschmaschine erwiesen sich in ihrer Verbreitung jedoch als wenig erfolg-

30. Elektrifizierung der Haushalte. Firmenwerbung der AEG, 1912. Frankfurt am Main, AEG-Firmenarchiv

reich. Bei letzterer bewegte eine Saug- und Druckvorrichtung die Wäsche in einem Laugenbehälter auf und ab; die Reinigung erfolgte durch Aneinanderreiben der Wäschestücke. Demgegenüber konnte sich die in den zwanziger Jahren entwickelte Trommel-Waschmaschine besser durchsetzen. Diese bestand aus einem feststehenden Laugenbehälter sowie einer Trommel, welche die Wäschefüllung enthielt. Wie bei den vorhergenannten Waschmaschinentypen bewirkte die Reibung der Stücke aneinander die Reinigung, während sich die Trommel drehte. Die Wäschestücke lagen in einer Wäschelauge; die Änderung der Trommeldrehrichtung, das »Reversieren«, verhinderte ein Zusammenballen und Verwickeln. Wegen der offensichtlichen Vorteile war die Nachfrage nach der Trommel-Waschmaschine in den USA bald sehr groß. Hier stieg der Absatz von 900.000 Stück im Jahr 1926 auf 1,4 Millionen im Jahr 1935, wobei sich der durchschnittliche Einzelverkaufspreis von 150 Dollar auf 60 Dollar ermäßigte. 1936 senkte ein großes Versandhaus den Preis sogar auf unter 30 Dollar. In Deutschland, wo weniger Kaufkraft zur Verfügung stand, waren die handbetriebenen Waschmaschinen in den zwanziger und dreißiger Jahren noch in der Überzahl. Ein kräftiger Anstieg des Absatzes elektrischer Waschmaschinen erfolgte hier erst nach dem Zweiten Weltkrieg.

Staubsauger, die sich in den USA ebenso wie Bügeleisen und Waschmaschinen verhältnismäßig schnell durchsetzten, sahen um die Jahrhundertwende wie wahre Ungetüme aus. Blasebalg-Staubsauger, bis etwa 1910 gebaut, erhielten ihren Antrieb durch menschliche Tretbewegungen. Preßluftgetriebene Teppichklopfmaschinen, von Firmen als wesentliche Neuerung angepriesen, saugten den Staub nicht auf, sondern verteilten ihn nur gleichmäßiger auf dem Teppich. Als funktionell besser erwies sich der Vakuum-Staubsauger, auf den der Engländer H. C. Booth 1901 ein Patent erhielt. Dieser Staubsauger arbeitete mit einem mechanisch erzeugten Vakuum, das den Staub durch Saugwirkung in einen mit Filtern versehenen Behälter hineinzog. Reinigungsgesellschaften fuhren mit diesen Geräten von Haus zu Haus und boten ihre Dienste an. Daneben verfügten manche Hotels, kommunale Einrichtungen sowie wohlhabende Haushalte über eine Staubsaugeranlage. Hier befand sich eine Vakuumpumpe im Keller des Hauses und war über Röhren mit den verschiedenen Wohnräumen verbunden. Auch die Entwicklung des Staubsaugers ist von einem Trend zur Verkleinerung und Vereinfachung gekennzeichnet, so daß die Hausfrauen die entsprechenden Arbeiten nun selbst durchführen konnten. 1908 entwickelte der Amerikaner James Murray Spengler einen tragbaren Staubsauger, der von dem Lederwarenfabrikanten H. W. Hoover in Serie gebaut wurde und in den USA bald eine große Verbreitung fand. Spengler ermöglichte eine preisgünstige Konstruktion, weil er statt der Vakuumpumpe nun einen Ventilator einsetzte, der weit weniger Platz beanspruchte und das Gewicht auf 6 Kilogramm reduzierte. Neben dem Stiel- oder Handstaubsauger wurden nun auch kleine Bodengeräte konstruiert. Um den Absatz zu erhöhen, versuchten amerikanische Staubsaugervertreter, ihre Produkte mit aggressiven Verkaufsmethoden zu vermarkten. Hausverkäufe und Abzahlungsgeschäfte sowie Bestellungen bei Versandhäusern blieben keine Seltenheit mehr. Die Firmen statteten die Staubsauger häufig mit verschiedenen Zusatzgeräten, etwa zum Bohnern oder zur Reinigung der Möbel, aus. Auch die zunehmende Verwendung von Teppichböden, die ein Teppichklopfen unmöglich machten, erforderte die Benutzung eines Staubsaugers.

Neben Bügeleisen, Waschmaschine und Staubsauger, aber auch Elektroherden und Geschirrspülmaschinen spielte der Kühlschrank bei der Elektrifizierung des

Arbeitswissenschaftlich empfohlene Körperhaltung beim Fensterputzen (nach Orland)

Haushalts eine bedeutende Rolle. An der Elektrifizierung zeigten sich außer der Elektroindustrie die Elektrizitätswerke selbst interessiert, konnten sie doch auf diesem Weg ihre Stromkapazitäten besser auslasten. Ähnlich wie beim Staubsauger förderte die Verkleinerung der ursprünglich gewerblich genutzten Kühlanlagen ihre Verbreitung im Haushalt; die Verwendung von Thermostaten erleichterte den Gebrauch. Der erste elektrische Haushaltskühlschrank mit Ammoniak als Gefriermittel kam 1913 in Chicago auf den Markt; die bekannten Marken »Kelvinator« und besonders »Frigidaire« folgten 1916 und 1917. Auch in europäischen Ländern wie Frankreich fand der elektrische Kühlschrank zu Ende des Ersten Weltkrieges Eingang in die Haushalte. Die Preispolitik der Elektroindustrie und die dadurch ermöglichte steigende Nachfrage der Haushalte sicherten dem elektrischen Kühlschrank aber zunächst nur in den USA eine rasche Verbreitung. Der durchschnittliche Verkaufspreis sank hier von etwa 900 Dollar zu Ende des Ersten Weltkrieges auf 400 Dollar im Jahr 1926 und 170 Dollar im Jahr 1935. Entsprechend vergrößerte sich der Absatz: Gab es 1923 in den USA noch etwa 20.000 Kühlschränke, so stieg diese Zahl rasch auf 200.000 im Jahr 1926, 850.000 im Jahr 1933 und 2 Millionen im Jahr 1936 an. 1941 befanden sich in den amerikanischen Haushalten etwa 3,5 Millionen Kühlschränke. Auch der Gefrierschrank erwies sich hier als populär. 1925 nahm der Amerikaner Clarence Birdseye (1886–1956) ein Patent auf das Tiefgefrieren von Lebensmitteln zwischen zwei Metallplatten, nachdem er bei einem Winteraufenthalt in Labrador beobachtet hatte, daß Fisch und Rentierfleisch in der arktischen Luft innerhalb kürzester Zeit gefroren. 1928 begann er, in den USA mit solchem Erfolg gefrorene Lebensmittel zu vermarkten, daß 1934 bereits 39 Millionen und 1944 sogar 600 Millionen Pfundpakete verkauft wurden. Hatte schon die Einführung des Kühlschranks die Häufigkeit der Lebensmitteleinkäufe reduziert, so verstärkte der Einsatz von Gefrierschränken diesen Trend merklich.

Bemühungen um eine Elektrifizierung des Haushalts gingen mit Versuchen einher, die Hausarbeit zu rationalisieren. Die in vielen Industriebetrieben propagierten Methoden des Taylorismus sollten nun auch im Haushalt praktiziert werden können. Der amerikanischen Rationalisierungsexpertin Lilian Gilbreth und ihren gleichgesinnten Kolleginnen gelang es, die Haushaltsökonomie als akademisches Fach zu etablieren, und auch in Deutschland bildete sich die neue Disziplin »Haushaltswissenschaft« heraus. Das von den deutschen Hausfrauenvereinen überschwenglich gelobte Buch von Erna Meyer, »Der neue Haushalt, Ein Wegweiser zur wissenschaftlichen Hausführung« (1926) wurde rasch zu einem regelrechten Verkaufsschlager und erlebte innerhalb eines Jahres 30 Auflagen. Angesichts des verlorenen Krieges und der Inflation erschien Sparsamkeit sowohl in deutschen Industriebetrieben als auch in den Haushalten geboten. Wie in der Industrie sollte deshalb im Haushalt der Wirkungsgrad der Arbeit durch Anwendung technischer Neuerungen und organisatorischer Änderungen gesteigert werden. Vorschläge zu einer allgemeinen Einrichtung von Hauswirtschaftsgenossenschaften, die eine größere Effizienz hauswirtschaftlicher Arbeit versprachen, wurden jedoch bald verworfen. Die wenig verheißungsvolle Aussicht auf »Massenabfütterung« in großen Eßsälen und die drohende Gefahr einer Auflösung familiärer Bande standen dieser Idee entgegen. Insofern war der Weg frei für die Nutzung der »Frankfurter Küche«, einer

31 a und b. Manueller Geschirrspüler sowie Absorber-Kühlschrank von AEG. Werbephotos, 1929 und 1927

in den zwanziger Jahren entwickelten und mit Einbaumöbeln ausgestatteten kleinen Arbeitsküche. In ihr wurde der nach dem Ergebnis tayloristischer Zeit- und Bewegungsstudien optimierte hauswirtschaftliche Arbeitsplatz Realität. Die so eingesparte Zeit sollte es der Hausfrau ermöglichen, die in den zwanziger Jahren häufig beschworene Krise der Familie dadurch zu überwinden, daß ihr mehr Zeit für die Familie zur Verfügung stand.

Elektrokonzerne, Elektrizitätsversorgungsunternehmen, Hausfrauenvereine und Rationalisierungsexperten betrieben die Idee einer möglichst weitgehenden Elektrifizierung des Haushalts mit großem propagandistischem Aufwand. Neben der Entlastung von hauswirtschaftlichen Tätigkeiten sollte die Hausfrau nun auch von den Hausangestellten unabhängig werden, die – häufig nach einer Beschäftigung in der Kriegswirtschaft – gern höhere Lohnforderungen stellten als zuvor. Zudem schien die Elektrifizierung des Haushalts den Status der hauswirtschaftlichen Tätigkeit zu erhöhen, da der bürgerlichen Hausfrau nunmehr die Rolle einer »Haushaltsmanagerin« zufiel, die den mit vielerlei apparativen Hilfsmitteln ausgestatteten »Betrieb Haushalt« leitete. Gleichzeitig gelang es amerikanischen Werbestrategen durch aggressive und suggestive Werbefeldzüge, allen denjenigen Frauen Schuldgefühle zu vermitteln, die sich nicht an den von der Werbung propagierten Sauberkeitsstandard hielten. Solchen Botschaften zufolge konnte die Nachlässigkeit in Sachen Sauberkeit schlimmste Krankheiten nach sich ziehen; immer neue Krankheitserreger wurden entdeckt.

Bald stellte sich jedoch heraus, daß viele wohlklingende Versprechungen der Werbung einer realen Grundlage entbehrten. Zwar erleichterte die Elektrifizierung des Haushalts die Hausarbeit, aber eine Zeitersparnis ließ sich dabei in der Regel nicht feststellen. Da die Ansprüche an die Sauberkeit stiegen, wurden die Hausfrauen veranlaßt, sich diesem Standard anzupassen. Insofern blieb der Zeitaufwand, den sie zur Erledigung ihrer hauswirtschaftlichen Tätigkeiten benötigten, in etwa unverändert. Außerdem wurden mit Hilfe der neuen elektrischen Geräte nun auch Tätigkeiten erledigt, die vorher nicht angefallen waren. Wider die Werbeversprechen wurde die Hausfrau weniger zur Managerin des Haushalts, die statt über Haushaltspersonal über ein ganzes Arsenal elektrischer Geräte gebot, als eher zur Herrin und Dienerin in einer Person.

Vor allem aufgrund der in den USA vorhandenen Kaufkraft verbreiteten sich die elektrischen Haushaltsgeräte dort rasch. Bei den klimatischen Bedingungen namentlich im Süden kamen die Vorteile von Kühl- und Gefrierschränken stark zum Tragen. Die erheblichen Entfernungen, besonders in den ländlichen Gegenden, taten ein übriges, um die Vorteile der Kühlung zu verdeutlichen. Im Gegensatz hierzu wurde in Europa, wo die Werbekampagnen für die Elektrifizierung der Haushalte ähnlich intensiv verliefen, eine tiefe Kluft zwischen Propaganda und Realität augenfällig. Wenngleich bald auch in Großbritannien Bügeleisen und Staub-

32. Elektrischer Koch- und Backherd. Photographie, um 1930

sauger eine ähnliche Popularität wie in den USA erlangten, setzten sich Waschmaschinen und Kühlschränke erheblich langsamer durch. Dies lag an der geringeren Kaufkraft in Großbritannien sowie an der weniger stark entwickelten Elektroindustrie. Zudem spielte hier die Gasversorgung eine größere Rolle, obwohl davon in erster Linie die großen Städte profitierten: Zu Ende des Zweiten Weltkrieges besaßen mehr als 80 Prozent der Londoner Haushalte einen Gasanschluß.

Auch in Frankreich stießen die Ideen von Rationalisierung, Taylorisierung und Elektrifizierung des Haushalts auf lebhaftes Interesse. Rationalisierungsexperten wie Henri Fayol erarbeiteten hierzu genaue Organisations- und Zeittabellen. Frauen des französischen Mittelstandes strebten häufig eine Teilzeitbeschäftigung an, sahen sich angesichts knapper und teurer Haushaltsgehilfinnen aber genötigt, die anfallende Hausarbeit selbst zu erledigen. Ihnen erschien daher die Möglichkeit, Arbeitszeit im Haushalt einzusparen, als attraktiv. Gleichwohl verlief die Elektrifizierung des Haushalts hier nur schleppend. Wie in Großbritannien befand sich in Frankreich die Elektroindustrie, verglichen mit den USA, auf einem niedrigen Entwicklungsstand, und die Kaufkraft der Bevölkerung hielt sich gleichfalls in engen Grenzen. Französische Feinschmecker behaupteten zudem, Kühlen oder Gefrieren verderbe den Geschmack von Speisen. Insofern hielt man den täglichen Einkauf von Nahrungsmitteln nach wie vor für unerläßlich. Angesichts des hohen Preises für Elektrogeräte verfügten in Frankreich nur wenige Haushalte über Waschmaschinen, Staubsauger oder Kühlschränke; diese fand man zumeist in öffentlichen Einrichtungen wie Krankenhäusern und Schulen, aber auch in Hotels. Manche finanziell schlecht gestellte französische Familie erwartete von Staat und Arbeitgebern die Einrichtung von Kantinen mit den entsprechenden elektrischen Geräten und war dann sogar bereit, Qualitätseinbußen beim Mittagessen hinzunehmen. Stärker noch wurde diese Haltung in Schweden vertreten, wo sozialdemokratische Politiker die Kollektivierung von Waschanlagen und Küchen propagierten. In den USA und in Deutschland stießen derartige Argumente allerdings auf wenig Gegenliebe, da hier das Ideal des individuellen Haushalts vorherrschte.

	Vereinigte Staaten	Schweiz	Frankreich
Bügeleisen	1.580	1.750	850
Kaffeemaschinen	490	520	200
Kessel, Heizöfen	280	340	85
Herde	180	460	8
Warmwasserbereiter	–	360	7
Staubsauger	740	–	120

Zahl der Elektrogeräte in ausgewählten Ländern um 1932, auf 10.000 Personen (nach Landes, einige der Zahlen beruhen auf Schätzungen)

Die verhältnismäßig reichhaltige Ausstattung der Schweiz mit elektrischen Haushaltsgeräten hatte ihre Ursachen in der weitentwickelten Elektroindustrie dieses Landes sowie der vergleichsweise starken Kaufkraft der Bevölkerung. Dagegen verlief die Elektrifizierung des Haushalts in Deutschland trotz aller Werbung der Elektroindustrie schleppend, wobei allerdings – wie in Großbritannien – die Gasversorgung der Haushalte eine maßgebende Rolle spielte. 1942 befanden sich Gaskochgeräte in 11 Millionen der insgesamt rund 20 Millionen deutschen Haushalte. Bei den Elektrogeräten war jedoch mit Ausnahme des elektrischen Bügeleisens und – mit Einschränkungen – des Staubsaugers und des Elektroherdes mit

Bratofen der Verbreitungsgrad gering. Wurden 1928 im Deutschen Reich erst 20.000 Elektroherde gezählt, so stieg deren Zahl bis 1931 auf 75.000 und bis 1936 sogar auf über 500.000 an. Insgesamt fehlte aber für eine weitergehende Elektrifizierung des Haushalts sowohl die entsprechende Kaufkraft als auch die notwendige Infrastruktur. Dies änderte sich erst in der Zeit des »Wirtschaftswunders« der fünfziger Jahre.

Außerhalb des Haushalts fanden Frauen nach der Jahrhundertwende verstärkt in der öffentlichen und industriellen Verwaltung Beschäftigung. Mit der Einführung von Schreibmaschinen seit dem Ende des 19. Jahrhunderts, verbunden mit Addier- und Rechenmaschinen, Buchungsmaschinen, Hollerith-Maschinen, Adressier- und Frankiermaschinen, wurden nun neue Arbeitsfelder geschaffen, die besonders für Frauen geeignet erschienen. Mitte der zwanziger Jahre stellten Frauen in Deutschland etwa ein Drittel der Erwerbspersonen, wobei ihre Löhne aber nur etwa die Hälfte der ihrer männlichen Kollegen betrugen. Dabei führten Frauen oft Tätigkeiten aus, die von Männern abgelehnt wurden. In Kriegszeiten stieg die Beschäftigung von Frauen in der Industrie im allgemeinen an. Schon 1914, zu Beginn des Ersten Weltkrieges, fehlten in der deutschen Rüstungsindustrie zahlreiche Arbeitskräfte. Frauen waren besonders in den Arbeitsgängen zu finden, in denen es auf Schnellig-

33. Weibliche Mechaniker der »Women's Royal Air Force« bei der Arbeit am Rumpf eines Avro-Doppeldeckers. Photographie, um 1916

keit und Geschicklichkeit ankam, so bei der Herstellung von Zündern, beim Granatendrehen und Gewindeschneiden und vor allem bei feinmechanischen Arbeiten in der elektrotechnischen Industrie. In der Zünder- und Geschoßfertigung belief sich das Verhältnis von Männern zu Frauen gegen Ende des Krieges auf etwa 1 zu 4. Außerdem leisteten Frauen ungelernte Schwerstarbeit in Hütten, Stahlwerken und im Schiffbau sowie Facharbeit nach systematischer Anlernung als Schlosserinnen, Formerinnen, Setzerinnen oder Laborantinnen.

Überwindung der Distanz: Beschleunigung und Intensivierung des Verkehrs

Konkurrierende Lokomotivantriebe

Zu Beginn des 20. Jahrhunderts waren die Eisenbahnnetze in verschiedenen europäischen Staaten und in den USA gut ausgebaut. Die Dampflokomotiven wiesen im wesentlichen ihre auch in den folgenden Jahrzehnten vorherrschende Form mit liegendem Dampfkessel, hinten liegender Feuerbüchse und am Heck angeordnetem Führerstand auf. Vorne liegende Zylinder trieben die Treibachsen über Schub- und Kuppelstangen an.

Während im 19. Jahrhundert die entscheidenden Impulse im Dampflokomotivenbau von England ausgegangen waren, verlagerte sich um die Jahrhundertwende das Zentrum der Weiterentwicklung nach Deutschland, Frankreich und den USA. Durch die Anwendung des Heißdampfprinzips und der Verbundwirkung versuchten Konstrukteure wie Wilhelm Schmidt (1858–1924) und Robert Garbe (1847–1932), einem wesentlichen Nachteil der Dampflokomotive, nämlich ihrem geringen Wirkungsgrad, entgegenzuwirken. Bei der Dampfüberhitzung wurde der Wasserdampf, nachdem er vom Wasser getrennt worden war, noch einmal durch die Siederohre geleitet und erfuhr dort eine weitere Aufheizung. Die dadurch ermöglichte geringere Kondensation des Dampfes in den Arbeitszylindern hatte, bei gleicher Leistung, Einsparungen an Heizmaterial und Wasser zur Folge. Bei der Verbundbauweise arbeitete der Dampf zunächst in Hochdruckzylindern und wurde danach noch einmal in einem Niederdruckzylinder genutzt, wodurch die Heizkosten reduziert werden konnten.

Im Ersten Weltkrieg spielte die Eisenbahn in der Mobilmachungsstrategie, die auf ein dichtes Eisenbahnnetz hin ausgerichtet war, eine wichtige Rolle. Mit dem Beginn des Stellungskrieges schwand jedoch ihre Bedeutung als Mittel der operativen Beweglichkeit, obwohl sie für den Nachschub nach wie vor eine große Bedeutung hatte. Nach dem Krieg und der Gründung der »Deutschen Reichsbahn« im Jahr 1920 setzte in Deutschland ein Standardisierungsprozeß mit der Entwicklung von »Einheitslokomotiven« ein, um die Vielzahl der Lokomotivtypen, die aus den einzelnen Länderbahnen resultierte, zu reduzieren. Unter dem Druck der Konkurrenz des Automobils sowie von Elektro- und Diesel-Lokomotiven wurden im folgenden die Dampflokomotiven weiter verbessert. 1935 konstruierte die Maschinenfabrik Borsig in Berlin zwei Schnellfahrdampflokomotiven der Baureihe 05, die über eine Stromlinienverkleidung verfügten und bei Versuchsfahrten zwischen Hamburg und Berlin eine Geschwindigkeit von über 200 Stundenkilometern erreichten.

Lokomotiven mit Stromlinien-Vollverkleidung erzielten im folgenden einen Leistungsgewinn von mehr als 25 Prozent und reduzierten gleichzeitig den durchschnittlichen Brennstoffverbrauch gegenüber herkömmlichen Lokomotiven um 15 Prozent. Schwierigkeiten ergaben sich jedoch bei der Wartung, so daß die Verbreitung dieser Lokomotiven begrenzt blieb.

In den USA bemühten sich schon zu Beginn des 20. Jahrhunderts Lokomotivkonstrukteure darum, Dampflokomotiven schneller und stärker zu machen. Sie erhöhten die Anzahl der angetriebenen Achsen, bewahrten dabei aber die Kurvenlauffähigkeit durch die »Mallet-Bauweise«, die auf den Franzosen Anatole Mallet (1837–1919) zurückgeht, der 1876 erstmals eine solche Lokomotive vorstellte. Dabei wurden aus einem Kessel zwei Zylindersätze gespeist, von denen der hintere Hochdrucksatz fest mit dem Rahmen der Maschine verbunden war und der vordere Niederdrucksatz in einem eigenen Drehgestell arbeitete. Diese nach dem Verbundsystem wirkende Lokomotive erreichte eine bessere Achslastverteilung auf mehrere angetriebene Achsen, so daß die Traktion gegenüber konventionellen Lokomotiven um etwa 50 Prozent gesteigert wurde.

Dampflokomotiven, obwohl ständig in ihrer Leistung verbessert, besaßen, verglichen mit anderen Traktionen, einige systemimmanente Nachteile, die nicht auszuschalten waren, vor allem einen geringen Wirkungsgrad von nur 5 Prozent, der allerdings in den dreißiger Jahren bis auf 8 Prozent gesteigert werden konnte. Hier bot sich nun der Einsatz von Lokomotiven mit elektrischem Antrieb an, die verschiedene Vorteile hatten: Ihr Wirkungsgrad lag bedeutend höher – nach Überwindung von Anfangsproblemen bei 24 Prozent; sie waren zudem wartungs- und schadstoffarm. Besonders auf steigungs- und kurvenreichen Strecken wurden ihre Vorzüge deutlich; denn Elektrolokomotiven haben ihr größtes Drehmoment beim Anlassen. Weil eine hohe Anfahrleistung benötigt wird, um den Zug ins Rollen zu bringen, aber eine wesentlich geringere Leistung, um ihn in Fahrt zu halten, lagen die Vorteile gegenüber der Dampflokomotive auf der Hand. Außerdem besitzt der Elektroantrieb eine gleichmäßigere Zugkraft gegenüber der Dampflokomotive, bei der diese je nach Stellung der Kolben schwankt. Elektrolokomotiven lassen sich problemlos vorwärts- und rückwärtsfahren, im unterirdischen Verkehr fortbewegen und für kurze Zeit relativ hoch überlasten.

Vor allem in der Schweiz, wo aufgrund der geographischen Gegebenheiten elektrischer Strom vergleichsweise billig zu erzeugen war und gebirgige Strecken vorherrschen, kümmerten sich Konstrukteure um den Einsatz von Elektrolokomotiven. Schweizer Elektrolokomotiven, die zu Beginn der zwanziger Jahre gebaut wurden, verfügten über den aus den USA stammenden Einzelachs-Feuertopfantrieb von George Westinghouse (1846–1914), auch »Tatzlagerantrieb« genannt. Dieser ruhte ohne Zwischenschaltung von federnden Elementen mit angegossenen Tatzen direkt auf den Treibsätzen, so daß sich die Massen ungefähr zur Hälfte auf

34. Schnellzugdampflokomotive vom Typ 05001 mit Stromlinienverkleidung. Photographie, 1935/36

Rahmen und Treibachsen verteilten. Dadurch wurden die erheblichen hin- und hergehenden Schwungmassen der Treibstangen vermieden, was Schienen und Oberbau schonte und eine Voraussetzung für den problemlosen Zugbetrieb bei hohen Geschwindigkeiten darstellte. Der Einzelachsantrieb in Verbindung mit schnellaufenden Elektromotoren ermöglichte zudem die Zusammenfassung kleinerer Treibräder in Drehgestellen, so daß Traktion und Kurvengängigkeit der Elektrolokomotiven das Laufverhalten der relativ inflexiblen Dampflokomotiven übertrafen. Bereits 1926 verfügten elektrische Lokomotiven über Leistungen von mehr als 4.000 PS, gut 1.000 PS mehr, als die Dampflokomotiven dieser Zeit schafften.

Trotz all dieser Vorteile setzten sich elektrische Lokomotiven nur langsam durch und erhielten früh Konkurrenz von der Diesel-Lokomotive. Der Hauptnachteil der Elektrolokomotiven lag in den enormen Kosten für den Bau und Betrieb elektrifizierter Strecken. In Ländern wie Schweden und der Schweiz schlugen die Betriebskosten angesichts des kostengünstigen Stroms durch Nutzung der Wasserkräfte allerdings nicht so stark zu Buch wie etwa in Deutschland mit seinen großen Kohlevorkommen. Diese ließen Dampftraktion lange Zeit als wirtschaftlicher erscheinen. Auch Diesel-Lokomotiven konnten auf elektrische Leitungen verzichten. Versuche mit der Diesel-Traktion, die kurz vor dem Ersten Weltkrieg in Deutschland und der

35. Schienen-Zeppelin von Kruckenberg mit einem Verbrennungsmotor-Antrieb. Photographie, 1931

Schweiz durchgeführt wurden, ergaben, daß Verbrennungsmotoren nicht unter Last anlaufen konnten und es ihnen erst ab einer gewissen Drehzahl möglich war, Leistung abzugeben. Zudem stellte sich die Leistung des Diesel-Motors im Verhältnis zu seinem Gewicht als gering heraus. Derartige Nachteile des Diesel-Motors im Eisenbahnbetrieb konnten in den zwanziger Jahren nur teilweise beseitigt werden. In der Sowjetunion war Lenin an der Entwicklung von Diesel-Lokomotiven besonders interessiert und ließ in Deutschland Versuchsfahrzeuge bauen, bei denen die Kraftübertragung elektrisch erfolgte. Ein Sechs-Zylinder-Diesel-Motor mit einer Leistung von 1.000 PS trieb einen Generator an, der den Strom für die fünf Tatzlager-Fahrmotoren erzeugte. Mitte 1925 wurde die Lokomotive in Dienst gestellt. Der diesel-elektrische Antrieb verband die Vorteile des Diesel-Motors – seine

Wirtschaftlichkeit und Unabhängigkeit von Stromleitungen – mit den günstigen Eigenschaften der Elektromotoren. Mechanische Getriebe und Kupplungen waren dabei nicht notwendig, so daß das diesel-elektrische Prinzip trotz seines – verglichen mit mechanischen und hydraulischen Systemen – etwas schlechteren Wirkungsgrades immer mehr an Boden gewann.

Vornehmlich in den USA schaffte die Diesel-Elektrik ihren Durchbruch, wozu die Marktstrategie einiger amerikanischer Produzenten von Diesel-Lokomotiven beitrug, alte Dampflokomotiven zu überhöhten Preisen in Zahlung zu nehmen. Entscheidend war jedoch, daß aufgrund der weiten Entfernungen in den Vereinigten Staaten eine Elektrifizierung unrentabel erschien und somit elektrische Lokomotiven keine Konkurrenz darzustellen vermochten. Zwar waren Diesel-Lokomotiven in der Herstellung teurer als Dampflokomotiven, doch der wegen der großen Erdölvorkommen in den USA relativ billige Treibstoff erlaubte die Entscheidung zugunsten der Diesel-Lokomotiven. In Deutschland hingegen beherrschte die Dampflokomotive noch in der Mitte des 20. Jahrhunderts das Eisenbahnnetz, weil hier Erdölvorkommen kaum vorhanden waren. Obwohl die nationalsozialistische Führung die Entwicklung der Diesel-Technik aus strategischen Gründen unterstützt hatte, da Diesel-Lokomotiven nicht so große Wassermengen benötigen wie Dampflokomotiven und keine verräterischen Dampfwolken erzeugen, mußte ihr Betrieb wegen Treibstoffmangels bald reduziert oder ganz eingestellt werden.

In fast allen industriell entwickelten Ländern erforderten die offensichtlichen Nachteile der Dampftraktion sowie die Konkurrenz anderer Verkehrsträger, der Last- und Personenkraftwagen, aber auch der Flugzeuge, ein Umdenken. In Deutschland zum Beispiel hatte sich der Bestand an Kraftfahrzeugen von 119.000 im Jahr 1921 auf über 1,2 Millionen im Jahr 1929 verzehnfacht. Allerdings trat hier die Eisenbahnverwaltung nicht in einen offenen Wettbewerb mit dem Straßenverkehr, sondern verfolgte eine Politik der Koexistenz durch Ergänzung sowie Verbesserung des Angebots. So wurden für Nebenstrecken kostengünstige Benzol- und Benzintriebwagen angeschafft. Trotz des rasch zunehmenden Aufkommens an Lastkraftwagen blieb die Eisenbahn noch immer das Rückgrat des Verkehrs.

Mit dem Flugzeug entstand ein besonders ernst zu nehmender Konkurrent. 1929 beförderte die Deutsche Lufthansa auf 80 Strecken bereits etwa 100.000 Fluggäste. Lokomotivkonstrukteure, die teilweise im Flugzeugbau tätig gewesen waren, sahen sich daher veranlaßt, schnellere, leistungsfähigere Eisenbahnantriebe zu entwikkeln. Franz Kruckenberg (1882–1965), der vorher im Luftschiffbau gearbeitet hatte, konstruierte zu Beginn der dreißiger Jahre den »Schienenzeppelin«, einen stromlinienförmigen, zweiachsigen Triebwagen, der von einem 500-PS-Flugmotor angetrieben wurde, welcher auf eine Luftschraube wirkte. Bei Versuchsfahrten erreichte diese Kombination von Eisenbahnlokomotive und Flugzeug 1931 eine Geschwindigkeit von 230 Stundenkilometern. Allerdings konnte sich der Schienen-zeppelin aus verschiedenen Gründen, insbesondere aus Sicherheitsüberlegungen, nicht durchsetzen. Modifizierte Nachfolgemodelle profitierten jedoch von der Leichtbauweise, die eine relativ hohe Beschleunigung beim Anfahren zuließ, sowie von der Verringerung des Energieverbrauchs durch aerodynamische Formgebung. Dies galt nicht zuletzt für den »Fliegenden Hamburger«, einen Diesel-Triebzug, der als attraktivstes Exemplar einer Reihe von Schnelltriebwagen im Mai 1933 in Dienst gestellt wurde. Der »Fliegende Hamburger« legte die fast 290 Kilometer lange Strecke von Berlin nach Hamburg in nur 137 Minuten zurück. Zu diesem Zeitpunkt nahm die Deutsche Reichsbahn den Wettbewerb mit der Lufthansa auf, indem sie ein sternförmig von den deutschen Wirtschaftszentren nach Berlin ausgerichtetes Schnelltriebwagennetz aufbaute.

Wie beim Automobil, Flugzeug oder Schiff, so greift auch bei der Eisenbahn eine Betrachtung der Fahrzeuge allein zu kurz, weil Fahrweg, Fahrzeug, Signalwesen und die jeweils damit befaßten Menschen als System aufgefaßt werden müssen. Mit der technischen Entwicklung in der ersten Hälfte des 20. Jahrhunderts wurde das »System Eisenbahn« immer komplexer. Neuentwicklungen in den verschiedenen Bereichen nahmen daher immer stärker die Form von »Systementwicklungen« an. Die »induktive Zugsicherung«, die Indusi, stellte eine direkte Verknüpfung von Signal und Triebfahrzeug in einem Regelkreis her, wodurch höhere Geschwindigkeiten und Zugfolgen ermöglicht wurden. Automatische Kontrolleinrichtungen setzten sich, von England und den USA ausgehend, in den zwanziger Jahren auf dem Kontinent durch. Falls vom Lokomotivführer ein Haltesignal nicht beachtet wurde, erfolgte die automatische Bremsung. Höhere Geschwindigkeiten und längere sowie schwerere Züge erforderten verbessertes Schienenmaterial und wirkungsvollere Betriebsregelungen. Bald nach Ende des Ersten Weltkrieges wurden Güterwagen mit der durchgehenden, selbsttätigen Druckluftbremse ausgerüstet, was eine beträchtliche Geschwindigkeitserhöhung der Güterzüge, aber auch Personalabbau bedeutete.

Trotz erhöhter Anstrengungen im Straßenbau und einer verstärkten Automobilisierung behielt der Eisenbahnbetrieb seine Vorrangstellung im Verkehrswesen der dreißiger und frühen vierziger Jahre. Nach der nationalsozialistischen »Machtergreifung« war er in Deutschland besonders für die Beförderung der Massen auf »Kraft durch Freude«-Fahrten, zu Parteitagen oder zur Olympiade 1936 unverzichtbar. Während des Zweiten Weltkrieges zeigte sich, daß die Eisenbahn an Bedeutung verloren hatte, da die Truppenverbände nun aufgrund der rasch fortgeschrittenen Motorisierung über sehr viel mehr Beweglichkeit verfügten. Lastkraftwagen wurden in größerem Umfang eingesetzt. Zudem machten alliierte Luftangriffe, vor allem nach 1942, die Verwundbarkeit des Eisenbahnnetzes deutlich. Gleichwohl erwies sich die Eisenbahn auch in dieser Zeit für Aufmarsch, Nachschub und Rückzug, für den Transport von Verwundeten, Gefangenen und Flüchtlingen gleichsam als

Hauptnerv des Verkehrssystems – und dies im äußerst negativen Sinne beim Transport von Juden in die Vernichtungslager des nationalsozialistischen Regimes.

Anfänge der Massenmotorisierung

Bereits vor dem Ersten Weltkrieg nahm das Militär nicht nur in Deutschland Einfluß auf die Konstruktion von Lastkraftwagen, um deren Verwendbarkeit in einem eventuellen Krieg zu gewährleisten. Die Regierung in Deutschland subventionierte die Anschaffung von LKWs, falls sich die Käufer verpflichteten, die Lastkraftwagen in Kriegszeiten der Armee zur Verfügung zu stellen. Im Ersten Weltkrieg wurden jedoch nicht nur LKWs, sondern auch Personenkraftwagen eingesetzt. Pariser Taxis beförderten 1914 Truppen an die Front, um den Vormarsch deutscher Soldaten an der Marne zu unterbinden. Das unverwüstliche »Modell T« von Ford stand den Amerikanern und ihren europäischen Verbündeten gleichsam als »Mädchen für alles« zur Verfügung; bei Kriegsende fuhren die alliierten Streitkräfte etwa 125.000 der »Blechlieseln«. Zur Wüstenkriegführung ersetzte der legendäre »Lawrence von Arabien« sogar Kamele durch »Tin Lizzies«. Neben den im Krieg gebrauchten Personenkraftwagen spielten auf Schienen und Straßen einsetzbare Zugkraftwagen, sogenannte Trains, und gepanzerte PKWs eine Rolle. Die Anforderungen des Krieges mit dem erhöhten Bedarf an standardisiertem Material bedingten eine Modernisierung zahlreicher Fabriken. Ungelernte und angelernte Arbeitskräfte ersetzten teilweise die im Feld stehenden Fachkräfte. Rüstungsfabrikanten konzentrierten sich verstärkt auf automatische beziehungsweise halbautomatische Werkzeugmaschinen, um Arbeitskräfte einzusparen. Die Umsetzung der Ideen Frederick W. Taylors in die Praxis sollte den Ausstoß erhöhen und die Massennachfrage nach Rüstungsgütern befriedigen. In Frankreich schlossen sich Fabrikanten zu Industriegruppen zusammen, welche sich auf die Herstellung bestimmter Geräte spezialisierten und so die Produktivität zu steigern vermochten.

In Deutschland kam es der Obersten Heeresleitung darauf an, die schwierig gewordene Ersatzteilbeschaffung zu vereinfachen. Sie drang deshalb darauf, Normierung, Typisierung und Spezialisierung in die Kriegsproduktion einzuführen oder zu erweitern. Eine »Kraftfahrttechnische Prüfungskommission« wurde dem preußischen Kriegsministerium angegliedert, um ein brauchbares Normensystem zu entwickeln. Tatsächlich machten die Normierung von Kleinstteilen, die Typisierung der Automobil-, aber auch der Flugzeugteile sowie die Spezialisierung auf einen Produktionszweig während des Ersten Weltkrieges rasche Fortschritte. Gleichwohl darf der Grad der Durchsetzung der Normierungsbestrebungen nicht überschätzt werden. In der Produktionstechnik hatte die Einführung der Gruppenfabrikation, die das allgemein verbreitete Werkstattsystem allmählich ablöste, augenfällige Bedeutung. Hier wurden Arbeitskräfte und Werkzeugmaschinen so zusammengefaßt, daß die verschiedenen Gruppen einzelne Automobilkomponenten, etwa Getriebe, Kühler oder Vergaser, vollständig herzustellen vermochten. Die Gruppe war in sich geschlossen und von anderen Bearbeitungsabteilungen unabhängig. Ein wesentlicher Vorteil bestand darin, daß die verschiedenen Werkstücke nun nicht mehr zwischen den Werkstätten hin und her transportiert werden mußten. Dadurch wurden die Transportwege verkürzt, und der Anteil der Maschinenarbeit wurde vergrößert. Zudem erleichterte die Einführung der Gruppenfabrikation die Übersicht über den Fertigungsprozeß und die Kontrolle der Arbeitsvorgänge. Da ständig gleiche Werkstücke zu bearbeiten waren, erfolgte der Werkzeugmaschineneinsatz zumeist halbautomatisch, später teilweise auch vollautomatisch.

Schon vor dem Krieg hatten Firmen wie Daimler Spezialwerkzeugmaschinen installiert, die aber nicht der Beschleunigung des Fertigungsprozesses dienten, sondern wegen hoher Fertigungspräzision ihren Zweck erfüllten. Ein Nachteil des Einsatzes von Spezialwerkzeugmaschinen lag allerdings in dem Verlust an Flexibilität; die Gruppenfabrikation erforderte zudem, verglichen mit der Produktion nach dem Werkstattprinzip, einen größeren Maschinenpark. Auch wenn Henry Ford in seinem Betrieb »Highland Park« in Detroit als erster 1913 die Fließbandproduktion für das Modell T eingeführt und damit eine erstaunliche Arbeitsproduktivität erreicht hat, vollzog sich der Fertigungsprozeß bei zahlreichen anderen Firmen in den USA oft arbeitsintensiv, jedoch wenig rationell. Bei Packard in Detroit benötigte man noch mehr als 4.500 Arbeiter im Jahr, um knapp 3.000 Automobile zu produzieren. Henry Ford war ein geschickter Propagandist, der es hervorragend verstand, für sich Werbung zu betreiben. Dabei entstand häufig der Eindruck, als ob er es gewesen sei, der alle wichtigen Neuerungen in der Fertigungstechnik, die mit dem Ford-System verbunden sind, selbst initiiert habe. Diese waren jedoch das Ergebnis der Teamarbeit zahlreicher Ingenieure. Immerhin hatte Ford selbst auch insofern ein gutes Gespür, den richtigen Mann an den richtigen Platz zu stellen und hervorragende Fachleute für sein Unternehmen zu gewinnen. Dazu gehörten deutschstämmige Ingenieure, die in den Bereichen Entwurf, Konstruktion und Fertigung eine wichtige Rolle spielten.

Obwohl die Verkaufsstrategie des Modells T darauf hinauslief, daß dieses Automobil nicht verbesserungsbedürftig sei, erkannten Ford und seine Mitarbeiter bald, daß sich dieser Werbeslogan in der Realität nicht halten ließ. Es gab vieles zu verbessern: Bereits 1915, zwei Jahre nach Einführung der Fließbandproduktion in der Highland Park-Fabrik, ersetzte man die eckigen durch abgerundete Stoßstangen; ab 1917 sind einige Annäherungen an eine stärker stromlinienförmige Karosserie festzustellen. In den zwanziger Jahren nahm die Firma darüber hinaus verschiedene Änderungen im Design des Modells T vor und baute das Chassis niedriger. 1925 führte Ford die Ganzstahlkarosserie ein. Das Prinzip der Unveränderbarkeit des

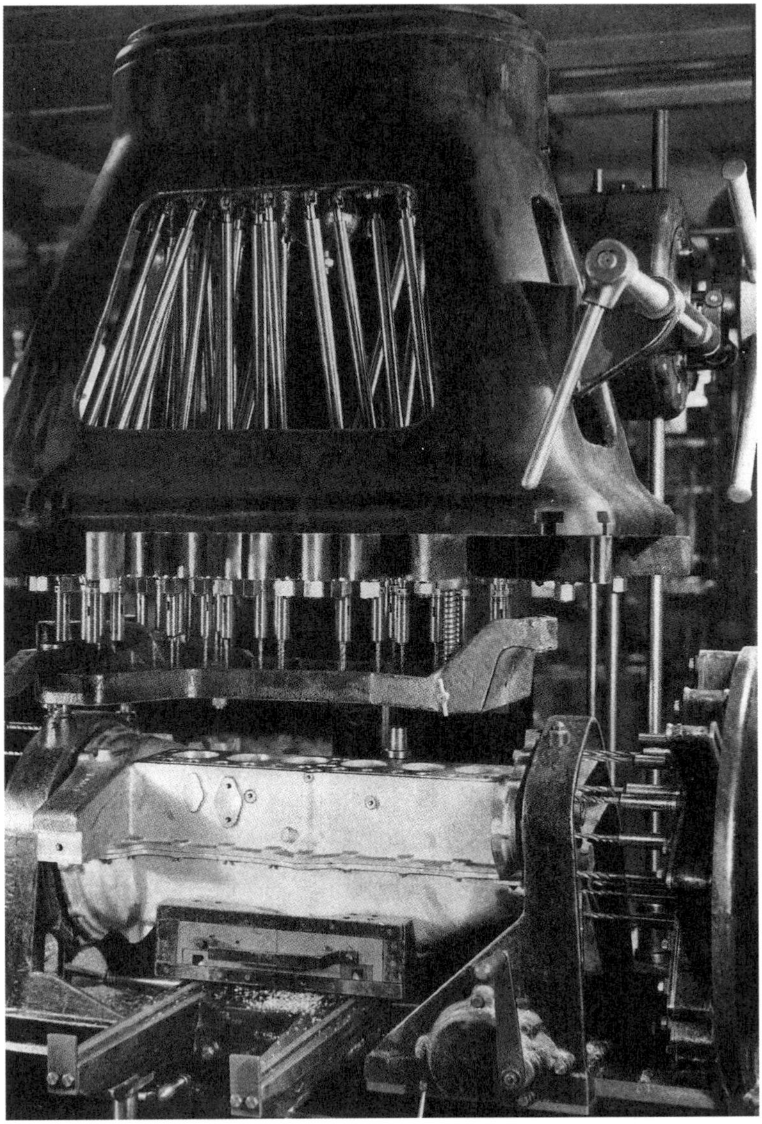

36. Dreiseiten-Spezialbohrwerk mit 92 Spindeln bei Opel. Photographie, um 1927

Modells T stand in krassem Widerspruch zur amerikanischen Wirtschaftsideologie, die auf ständigen Wechsel setzte. Ford führte als erster das System der Massenproduktion in den Automobilbau ein, das sich durch die weitgehende Verwendung von Einzweckwerkzeugmaschinen, Fließbandfertigung, relativ hohe Löhne – 5 Dollar pro Tag – und niedrige Preise auszeichnete. Im Jahr 1920 bestand etwa die Hälfte der 8 Millionen Automobile in den USA aus »Tin Lizzies«. Bis 1927, als die Produktion des Modells T auf das Modell A umgestellt wurde, waren bereits über 15 Millionen »Blechlieseln« vom Band gelaufen.

Trotz großer Nachfrage und treuer Ford-Kundschaft bestand bei amerikanischen Fahrzeugkäufern in den zwanziger Jahren eine weitverbreitete Unzufriedenheit mit dem Modell T. Angesichts des bei anderen amerikanischen Firmen bereits üblichen konstruktiven und ausstattungsmäßigen Niveaus der Kraftfahrzeuge war das Modell T hinsichtlich der Zündsysteme, Vergaserkonstruktion, Getriebe, Bremssysteme und Radaufhängung sowie des Styling und der allgemeinen Ausstattung eigentlich überholt. Andere Firmen, namentlich General Motors, zeigten sich zu Beginn der zwanziger Jahre einfallsreicher als Ford. Alfred P. Sloan jr., Absolvent des renommierten Massachusetts Institute of Technology, der bekanntesten Technischen Hochschule in den Vereinigten Staaten, und Präsident von General Motors, trat hier besonders hervor. Zusammen mit William Knudsen, einem ehemaligen Mitarbeiter Fords, erkannte Sloan die Zeichen der Zeit. Es galt, in den USA nun eine ausreichend kaufkräftige Nachfrage zu befriedigen, um auch besser ausgestattete Automobile zu verkaufen, zumal das Straßennetz ausgebaut und modernisiert war. Dementsprechend setzten Sloan und seine Mitarbeiter, im Gegensatz zu Ford, auf Flexibilität in der Produktion und stärkten auch im Management dezentrale Entscheidungsstrukturen. Sloan sah es als ein Ziel an, die Käufer ständig unzufrieden zu halten, so daß sie Neues, Besseres, zu erwerben trachteten. Er führte bei General Motors den jährlichen Modellwechsel ein, bei dem aber nur geringe Veränderungen am Automobil vorgenommen wurden. Alle drei Jahre war dann allerdings mit größeren Änderungen zu rechnen. Dabei suggerierten die Werbestrategen den Kunden, daß es für sie nicht akzeptabel sein könne, ein »veraltetes« Modell zu

37. NAG-Sportwagen mit sechs Zylindern und einem Kupplungsautomaten. Photographie, 1929

fahren, wenn der Nachbar das neueste fuhr. Neben dem jährlichen Modellwechsel bot General Motors eine Palette verschiedener Automobiltypen an, die von Chevrolet über Pontiac, Oldsmobile und Buick bis zum begehrten Cadillac reichte. Es gelang der Firma, bei den einzelnen Typen die Produktidentität von General Motors zu wahren und dennoch eine Differenzierung zwischen den Typen und Jahrgängen vorzunehmen. Die Kunden sollten möglichst jedes Jahr ein neues Auto erwerben und sich zudem vom preisgünstigen Chevrolet aufwärts allmählich »hocharbeiten«. Günstige Zahlungsbedingungen und Kauf auf Kredit erleichterten die Anschaffung. Als Ergebnis wurde der Gebrauchtwagenmarkt, auf dem sich schon viele Wagen vom Modell T und andere Fahrzeuge befanden, durch die zahlreichen Automobile von General Motors ausgeweitet.

Hatte Ford noch die Verwendung von Einzweckwerkzeugmaschinen favorisiert, so legte General Motors nun größeres Gewicht auf eine flexible Massenproduktion durch Mehrzweckmaschinen, die in der Geschwindigkeit verstellbar waren. Auf diese Weise konnten Produktänderung und Produktdifferenzierung mit dem Fordschen Prinzip der Massenproduktion verknüpft werden. Es war zudem möglich, die gleichen Automobilkomponenten in verschiedenen Kraftfahrzeugtypen zu verwenden, beispielsweise Teile des Chevrolet im teureren Pontiac. Preisvorteile durch Massenproduktion wurden so an Automobile weitergegeben, die man in kleineren Serien produzierte. Spätestens 1927 erkannte Ford, daß er sich unverzüglich aus der Sackgasse, in die er sich durch die inflexible Produktion des Modells T begeben hatte, herausmanövrieren mußte. Hohe Spezialisierung mit entsprechenden Fixkosten in Anlagen und Maschinen sowie abnehmende Innovationsfähigkeit hatten ihn konkurrenzunfähig gemacht. Zu dieser Zeit kostete ein Chevrolet etwa ein Drittel des Preises vom Modell T und stand diesem eigentlich in nichts nach. Dementsprechend belieferte Ford 1927 auch nur noch knapp ein Sechstel des amerikanischen Marktes mit seinem Modell T, während es 1921 noch die Hälfte gewesen war. Er schickte sich daher an, das Konzept der flexiblen Massenproduktion zu übernehmen, um Änderungen zu ermöglichen, ohne dabei das gesamte Produktionssystem lahmzulegen oder den Werkzeugmaschinenpark vollständig erneuern zu müssen. Ziel war die »Massenproduktion des Wandels«. Hatte Chevrolet für die Umstellung auf ein neues Modell jedoch nur drei Wochen gebraucht, so mußte Ford 1927 bei der Umstellung auf das neue Modell A seine Produktion immerhin für ein halbes Jahr unterbrechen. Das Modell A erwies sich allerdings als nur begrenzt erfolgreich, so daß Ford im Jahr 1933 dessen Produktion einstellte und durch neue Typen ersetzte.

Gleich nach Einführung des Fließbandes in die Automobilherstellung bei Ford im Jahr 1913 stieß die Fordsche Massenproduktionsweise auch bei europäischen Firmen auf großes Interesse. 1915 wurde sie in Europa im Ford-Werk Trafford Park in Manchester eingeführt, obschon in geringerem Umfang als im Fordschen Highland-Park-Werk in Detroit 1913. Dem Produktionsverfahren im Fordschen Tochterunternehmen in England folgten bald andere europäische Automobilhersteller, so André Citroën (1878–1935), Wilhelm von Opel (1871–1948), William Morris (1877–1963), Herbert Austin (1866–1941) und Giovanni Agnelli (1866–1945), die alle die USA bereist hatten. Citroën orientierte sich bei der Herstellung seines Typs A, der 1919 ausgeliefert wurde, an einem importierten Modell T. Er war ein phantasievoller Unternehmer, der wie General Motors stark auf Werbung setzte. Die Tatsache, daß Citroën zunehmend von Krediten abhängig wurde, brachte ihn in den dreißiger Jahren in größte Schwierigkeiten. Hatte Citroën bei seinem Typ A das Fordsche Modell T zum Vorbild genommen, so orientierte sich Opel mit seinem »Laubfrosch« so stark an dem 1922 von Citroën entwickelten 5 CV, daß er ihn fast vollständig kopierte. Mit diesem Fahrzeug, offiziell 4/12 PS genannt, führte Opel 1924 die Fließbandfertigung im deutschen Automobilbau ein. Ein leistungsfähiger Kundendienst und Ersatzteile zu Festpreisen sorgten wie bei Ford für den Service. Auch in Osteuropa spielte die Fließbandproduktion nach amerikanischem Vorbild eine Rolle. Nachdem sowjetische Regierungsstellen 1924 mit vier amerikanischen Automobilherstellern über den Bau einer modernen Fabrik mit einer Jahresproduktion von 100.000 Kraftfahrzeugen verhandelt hatten, fiel die Wahl auf die Firma Ford, die damit ein großes Absatzgebiet für ihr in den späten zwanziger Jahren nicht sehr erfolgreiches Modell A erhielt.

In Europa wichen die Bedingungen zum Betrieb von Automobilen stark von denen in den USA ab. So lagen die europäischen Kraftstoffpreise im allgemeinen höher, und das Steuersystem belastete große Motoren besonders stark. Deshalb wandten sich viele europäische Hersteller der Entwicklung und Produktion kleiner und mittelgroßer Automobile zu, die relativ leicht und wirtschaftlich waren. Obwohl die Europäer in den zwanziger Jahren in steigendem Maße amerikanische Produktions- und Geschäftsmethoden übernahmen, unterschieden sie sich beträchtlich von ihren amerikanischen Konkurrenten. Diese nämlich favorisierten den Bau großer, PS-starker Fahrzeuge, die sich von den zahlreichen kleinen, preisgünstigen europäischen Wagen deutlich abhoben. Die meisten europäischen Autos waren mit einem vorn angeordneten, wassergekühlten Vierzylindermotor mit einem Hubraum von einem Liter sowie Hinterradantrieb ausgerüstet. Gleichwohl setzten einzelne europäische Produzenten die Fertigung großer, aufwendig gearbeiteter Fahrzeuge fort, die für ein zahlungskräftiges Publikum bestimmt waren. Dieser Käuferkreis erwartete noch »maßgeschneiderte« Automobile, häufig mit einer Karosserie, die von einem spezialisierten »Karossenschneider« gebaut worden war. Qualifizierte Fachkräfte lehnten die Massenproduktionsverfahren, besonders das Fließband, in der Regel ab. Das galt auch für England, das in den zwanziger Jahren vor allem mit dem Austin Seven, dem erfolgreichsten europäischen Großserienauto dieser Zeit, von sich reden machte. Während einer Produktionsdauer von siebzehn

Jahren, von 1922 bis 1939, baute Austin etwa 300.000 Fahrzeuge dieses Typs. In Deutschland stellte BMW den Wagen als BMW Dixi in Lizenzfertigung her. Austin entwickelte auch als erste Firma in Europa eine Transfermaschine, die sie bereits 1923/24, zunächst allerdings erfolglos, in den Produktionsprozeß einzuführen versuchte. Allgemein legten englische Automobilfirmen großen Wert auf gute Manövrierfähigkeit und Steuerbarkeit ihrer Fahrzeuge sowie auf zügige Beschleunigung, nicht jedoch auf spektakuläre Höchstgeschwindigkeiten.

	1905	1913	1930	1938
Großbritannien	32.000	208.000	1.524.000	2.432.000
Deutschland	27.000	93.000	679.000	1.816.000
Frankreich	22.000	125.000	1.460.000	2.251.000
Italien	–	–	293.000	469.000
Europa insgesamt	–	–	5.182.000	8.381.000
USA	79.000	1.258.000	26.532.000	29.443.000

Registrierte Kraftfahrzeuge in Europa und den USA (nach Landes). Die fehlenden Angaben waren nicht zu ermitteln.

Die Tabelle zeigt, daß die Entwicklung in den USA besonders rasant verlief. Die europäischen Länder konnten hier nicht mithalten. In Deutschland vollzog sich die Motorisierung in den zwanziger Jahren, verglichen mit Großbritannien und Frankreich, schleppend, erst in den dreißiger Jahren mit rapidem Wachstum.

Die Ausgangsbedingungen für die Verbreitung von Automobilen in Deutschland unterschieden sich stark von denen in den USA. In der unmittelbaren Nachkriegszeit hatten in Deutschland noch aus dem Krieg stammende Fahrverbote für private Kraftfahrzeugbesitzer Gültigkeit, die erst im Februar 1921 gelockert wurden. Private Fahrzeuge konnten dann betrieben werden, wenn ein öffentliches Bedürfnis oder das Wirtschaftsleben dies erforderten. Wenngleich die Verordnung über die Kraftfahrzeugsteuer vom März 1923 eine weitere Erleichterung brachte, wirkten sich die Beschränkungen der ersten Jahre der Weimarer Republik negativ auf die Ausbreitung des Automobilverkehrs aus. Infolge von Inflation, Reparationslasten und einem unzureichenden Straßennetz entwickelte sich die Nachfrage nach Automobilen in Deutschland langsam; hohe Treibstoffkosten und Kraftfahrzeugsteuern sowie eine fehlende reichseinheitliche Straßenverkehrsordnung trugen zu dem begrenzten Interesse am Erwerb von Personenkraftwagen bei. Zudem verfügte Deutschland über ein gut ausgebautes Eisenbahnnetz, für dessen Nutzung sich Bergbau und Schwerindustrie einsetzten, die für den Transport ihrer Rohstoffe günstige Massentransportmittel benötigten. Was den Bestand an Krafträdern angeht, so lag Deutschland weltweit an der Spitze. Kleinkrafträder konnten steuerfrei und ohne Führerschein betrieben werden.

Zeitgenössische Beobachter kritisierten die Typenvielfalt in der deutschen Automobilindustrie, übersahen aber dabei, daß das Angebot auf dem Automobilsektor weitgehend der Struktur der Nachfrage entsprach. Ähnliches galt für die Auslandsnachfrage, besaß Deutschland doch angesichts der verbreiteten Massenproduktionsverfahren in den USA beträchtliche Marktchancen beim Export in dieses Land. Die im Vergleich zu den USA kleineren Märkte, ein gut ausgebildetes Arbeitskräftepotential, geringeres Pro-Kopf-Einkommen sowie eine ungleichere Einkommensverteilung erforderten in Deutschland eine andere Reaktion der Automobilhersteller als in Amerika. Die Arbeitslöhne in der Automobilindustrie lagen teilweise erheblich unter denen in den USA, so daß arbeitsintensive Fertigungsprozesse, die gerade bei Automobilen der höheren Preiskategorie vorherrschten, durch qualifizierte Fachkräfte relativ kostengünstig durchgeführt werden konnten.

USA	334 Dollar
Großbritannien	243 Dollar
Frankreich	185 Dollar
Deutschland	146 Dollar

Durchschnittliches Pro-Kopf-Einkommen 1914 (nach Flink)

Normierungsansätze breiteten sich in Deutschland während des Ersten Weltkrieges nur langsam aus. Anders als in den USA schien diese Notwendigkeit auch nicht zwingend zu sein, da, bis auf einige Rüstungsprodukte, kleinere Serien gefertigt wurden oder man sogar noch Einzelfertigung betrieb. Die in der Mitte der zwanziger Jahre erschienene umfangreiche Rationalisierungsliteratur darf nicht mit dem Ausmaß der tatsächlichen Umstellung des Produktionsprozesses auf Fließ-(band)-Produktion und mit der Rationalisierung in der Praxis gleichgesetzt werden. Viele Verfasser solcher Publikationen verfolgten propagandistische Zwecke und übertrieben sowohl die Vorteile der Rationalisierung als auch ihre Realisation.

In den USA trugen die Einführung und Durchsetzung der Ganzstahlkarosserie maßgeblich zur massenhaften Verbreitung des Automobils bei. Hatte dort die Verwendung von Großpressen die Karosserieherstellung grundlegend verändert, so zögerten deutsche Automobilproduzenten mit der Anschaffung solcher Pressen, die sich bei dem verhältnismäßig geringen Produktionsumfang und auch angesichts hoher Zinssätze kaum amortisiert hätten. Ungünstige wirtschaftliche und politische Rahmenbedingungen ließen die überwiegende Zahl der deutschen Automobilfabrikanten vorsichtig agieren. Doch in der Mitte der zwanziger Jahre, kurz nachdem in den USA die flexible Massenfertigung eingeführt worden war, wurde dieses Fertigungssystem auch in Deutschland propagiert. Hierdurch hätten nach Meinung der Befürworter die unterschiedlichen Kundenwünsche befriedigt sowie die Auftrags-

38. Hanomag-Modelle in der Versandabteilung des Werkes in Hannover-Linden. Photographie, um 1925

lage bei Schwankungen stabilisiert werden können. Insofern bestand also auch in Deutschland ein Grund, trotz relativ geringer Stückzahlen die fließende Fabrikation einzurichten.

In den Vereinigten Staaten ging man bei der Einführung der Wechselfließfertigung insofern hinter das Fordsche Fließbandsystem zurück, als die Mehrzweckwerkzeugmaschinen, die zum großen Teil durch Einzweckmaschinen abgelöst worden waren, nun wieder in den Produktionsprozeß eingeführt wurden. In Deutschland erübrigte sich bei der Umstellung auf Wechselfließfertigung diese Änderung weitgehend, da hier Einzweckwerkzeugmaschinen ohnehin nie eine solch große Rolle gespielt hatten. Eine amerikanische Firma wie Ford, vom Fließband und einer extremen Spezialisierung herkommend, minderte also die Spezialisierung, deutsche Hersteller hingegen, an eine breitere Produktpalette gewöhnt und weniger stark spezialisiert, näherten sich durch die Nutzung von Fließmethoden und Spezialwerkzeugmaschinen dem »amerikanischen System« an. Gleichwohl blieb der Ausstoß an Automobilen bei Firmen wie Ford, General Motors oder Chrysler weit über dem in Deutschland. Auch nach der Einführung des Fließbandes bei Opel 1924 erreichte die dortige Automobilproduktion niemals Fordsche Aus-

39. Stapeln von Autorahmen mit Hilfe eines Krans in der Halle eines Großbetriebs in Milwaukee, Wisconsin. Photographie, um 1930

maße. Produzierte nämlich Opel 1925 täglich 105 Wagen, so stellte Ford in den USA bereits 7.000 Kraftfahrzeuge pro Tag vom Typ T her.

Geringere Spezialisierung im Werkzeugmaschinensektor, aber auch die schlechtere Qualität des Rohmaterials machten sich in Deutschland arg bemerkbar. Verwendeten Ford und andere Firmen in den USA in der Regel gleichmäßiges Rohmaterial, so schwankte die Qualität der etwa von Opel verarbeiteten Rohmaterialien so stark, daß die Werkzeugmaschinen häufig auf unterschiedliche Festigkeiten umgestellt werden mußten. Die zumeist aus den USA stammenden Maschinen waren für die dort verwendeten, relativ weichen Metallsorten konzipiert worden und nutzten sich wegen der im allgemeinen härteren Werkstoffe in Deutschland stärker ab. All dies erhöhte die Kosten und verminderte die Durchlaufgeschwindigkeit. Hatte sich bei Ford die Fließbandproduktion vollständig durchgesetzt, so herrschte bei Opel in Rüsselsheim bis 1929 noch ein System vor, bei dem Fließarbeit mit Fließbandarbeit gekoppelt wurde. Der allmähliche Übergang auf Massenproduktion in der deutschen Automobilindustrie ging jedoch nicht zwangsläufig mit einem Dequalifizierungsprozeß einher. Mitte der zwanziger Jahre lag nämlich der Facharbeiteranteil bei Daimler deutlich unter dem von Opel, einer Firma, die in der Mechanisierung weiter fortgeschritten war. Der Anteil der Facharbeiter an der gesamten Belegschaft hing somit nicht nur vom Grad der Mechanisierung ab, sondern auch vom Konzentrationsgrad der Fertigung in den Firmen. Die Weltwirtschaftskrise beeinträchtigte die Automobilproduktion spürbar. Firmenzusammenbrüche und -zusammenschlüsse zur Kostensenkung waren an der Tagesordnung. Amerikanische Automobilfirmen galten vielen europäischen Fabrikanten als Vorbild; amerikanische Firmen kauften manches europäische Unternehmen auf, wie General Motors die Firma Opel im Jahr 1929. Im Jahr 1932 fusionierten Audi, DKW, Wanderer und Horch zur Auto Union. Die vier Ringe der Auto Union symbolisieren die vier Firmen.

Dennoch setzten sich mehr und mehr europäische Firmen von der amerikanischen Konkurrenz ab. Die Produktion der für den Massenkonsum bestimmten Fahrzeuge mit niedriger PS-Zahl wurde verstärkt. Personenkraftwagen mit Diesel-Motor versprachen zudem, den Absatzmarkt für Kraftfahrzeuge zu vergrößern. Britische Produzenten wie Morris und andere europäische Hersteller versuchten, die Produktionskosten zu senken, indem sie den jährlichen Modellwechsel zugunsten von Ganzstahlkarosserien aufgaben. In Frankreich ersetzte Citroën den kleinen 5 CV durch den noch PS-schwächeren 2 CV. Ähnliches geschah in Italien, wo Fiat 1936 in Mirafiori, einem Turiner Vorort, eine große, mit modernsten Produktionsanlagen ausgestattete Automobilfabrik eröffnete. Auch osteuropäische Länder wie

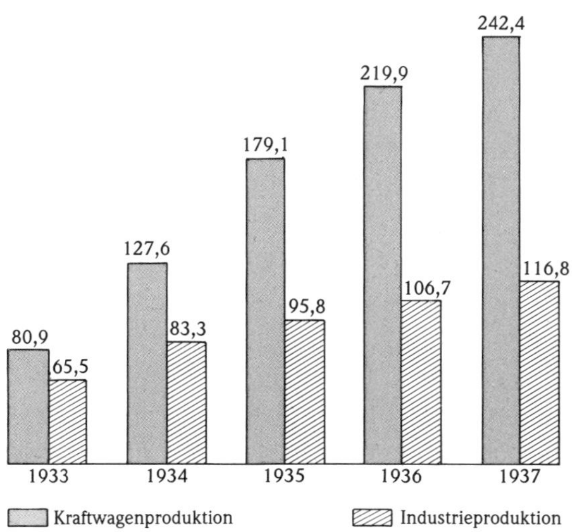

Index der Automobilproduktion und der gesamten Industrieproduktion in Deutschland; 1928 = 100 (nach Edelmann)

die Tschechoslowakei erregten durch preisgünstige und leistungsfähige Fahrzeuge Aufsehen. Die Firma Tatra brachte bereits in den zwanziger Jahren einen »Volkswagen« heraus, der für den Massenmarkt bestimmt war. Er ließ schon die Form des späteren deutschen Volkswagens vorausahnen. Die Firma Skoda führte die unabhängige Radaufhängung für alle vier Räder ein.

Die nationalsozialistische Motorisierungspolitik verstärkte die bereits vorhandenen wirtschaftlichen Aufschwungtendenzen nach der Weltwirtschaftskrise. Sie umfaßte Maßnahmen wie steuerliche Vergünstigungen ab Frühjahr 1933, Verbesserung der Infrastruktur durch Straßenbauprogramme, die auch den Anforderungen einer Mobilmachung gerecht werden sollte, sowie die Förderung automobilsportlicher Veranstaltungen. Besonders die letzteren hatten den gewünschten Erfolg, denn Rennsiege erhöhten das nationale Prestige des Deutschen Reiches. Dadurch stiegen wiederum die Exportchancen der deutschen Automobilindustrie, wodurch dringend benötigte Devisen erwirtschaftet werden konnten. Das Ford-Unternehmen in Deutschland nutzte einen Teil der aus dem Verkauf erlösten Devisen zur Beschaffung von Gummi auf dem Weltmarkt. Opel wurde bald zur größten Automobilfabrik auf dem europäischen Kontinent. Die Firma befand sich fertigungstechnisch auf dem neuesten Stand, da der Eigentümer, General Motors, die Gewinne nicht in die USA transferieren konnte, sondern in neue Produktionsanlagen investieren mußte. In der zweiten Hälfte der dreißiger Jahre schaltete sich das Militär in Deutschland stärker in den Kraftfahrzeugbau ein. Normierung und Typisierung sowie die Geländegängigkeit von Automobilen wurden verbessert, und ab März 1939 erfolgte eine Typenbeschränkung.

Neben dem Rennsport unterstützten die Nationalsozialisten den motorisierten Breitensport. Die Regierung organisierte über das paramilitärische »Nationalsozialistische Kraftfahrer-Korps« (NSKK) Zuverlässigkeitsfahrten, um das Material zu erproben und künftige Soldaten mit Gelände und Technik vertraut zu machen. Wesentlicher Bestandteil der Motorisierungspolitik, welche die Popularität des Regimes förderte und damit der Herrschaftssicherung diente, war der Autobahnbau. An den 1926 gegründeten HAFRABA (»Verein zur Vorbereitung der Autostraße Hansestädte–Frankfurt–Basel«) knüpften die Nationalsozialisten mit ihren Plänen an. Dabei legten die Verkehrsplaner darauf Wert, daß die Straßen in die Landschaft eingepaßt wurden und nicht die gerade Strecke, sondern die sanfte Schwingung dominierte. Die so eingeleitete Konjunktur, die aber als »Sonderkonjunktur« der Automobilindustrie anzusehen ist, trug maßgeblich zum Abbau der Arbeitslosigkeit bei. Auch andere Länder führten zur Bekämpfung der Arbeitslosigkeit Arbeitsbeschaffungsmaßnahmen durch, welche die Infrastruktur verbessern sollten. In den USA wurden im Rahmen des »New Deal« im Zeitraum 1935 bis 1941 etwa 1 Million Straßenkilometer gebaut und zugunsten der privaten Motorisierung viele öffentliche Verkehrsverbindungen stillgelegt.

40. Testfahrt Bernd Rosemeyers in einem Rennwagen von Auto Union auf der Berliner Avus. Photographie von A. Grimm, 30. Mai 1937

Obwohl der Automobilbau in Deutschland seit 1933 beträchtlich gesteigert wurde, reichte das Angebot der für möglichst alle Interessenten erschwinglichen kleineren Fahrzeuge nicht aus. 1934 forderte Hitler den »Reichsverband der Automobilindustrie« auf, Pläne für einen »Volkswagen« auszuarbeiten. Es sollte ein kostengünstiger Wagen gebaut werden, der für den Export geeignet war und im Kriegsfall drei Soldaten mit Maschinengewehr und Munition befördern konnte. Als Haupteigenschaft waren Einfachheit, Zuverlässigkeit und Sparsamkeit verlangt. Bedarf war vorhanden, kam doch 1929 in Deutschland nur ein PKW auf 111 Personen. Hier erhöhte sich der Anteil bis 1938 auf ein Automobil je 51 Einwohner; in Frankreich betrug das Verhältnis 1 zu 23 und in Großbritannien 1 zu 24. Ferdinand Porsche (1875–1951) wurde mit der Entwicklung dieses Automobils beauftragt. Er besaß in Stuttgart ein Ingenieurbüro und hatte bereits erfolgreich Rennwagen konstruiert, vor allem den P-Wagen, der 1935 eine Geschwindigkeit von fast 320 Stundenkilometern erzielte. Die Karosserie dieses Wagens ähnelte jedoch eher dem Rumpf eines Flugzeuges als einem Automobil. Am Ende von Porsches Planungen stand der KdF-Wagen, zu dessen Bau 1938 der Grundstein in der »Arbeiterstadt des Volkswagens«, dem späteren Wolfsburg, gelegt wurde. Motor und Getriebe des Volkswagens waren zu einer Einheit zusammengeschweißt, was an Hans Ledwinkas (1878–1967) Tatra Typ 11 von 1923 erinnert. Ende 1939 sollte die Serienfertigung beginnen; für 1940 waren 100.000 KdF-Wagen vorgesehen. Die enorme Nachfrage nach diesem Automobil wird dadurch deutlich, daß insgesamt 336.668 Sparer im Rahmen eines Sparvertrages 280 Millionen Mark angezahlt hatten, Geld, das der Regierung freilich zu Rüstungszwecken gedient hat. Statt des Volkswagens wurde ab 1940 der »Kübelwagen«, die militärische Version des Volkswagens, produziert. Obwohl die Nationalsozialisten seit 1933 durch verschiedene Maßnahmen die Motorisierung förderten, zeichneten sich bald nach Inkrafttreten des Vierjahresplans 1936 Zielkonflikte zwischen der privaten Nutzung von Kraftfahrzeugen auf der einen und der Aufrüstung mit dem dazu gebrauchten Material auf der anderen Seite ab. Seit dem Herbst 1937 wurde dann auch die Anschaffung eines

41. Teilstrecke der Reichsautobahn über die Oder bei Stettin. Photographie, 1938

42. Taufe des Volkswagens auf den Namen »KdF-Wagen« durch Adolf Hitler und den hinter ihm stehenden Konstrukteur Ferdinand Porsche in Wolfsburg. Photographie, 1938

Privatautos, etwa durch die Verschlechterung der bis dahin geltenden großzügigen Abschreibungsregelung, erschwert.

Im Renn- und Sportwagenbau spielte besonders das aus der Flugmotorenproduktion des Ersten Weltkrieges stammende Prinzip der Aufladung mit Hilfe von Kompressoren eine wichtige Rolle. Während des Krieges trat bei den damals gebräuchlichen Flugmotoren ein Leistungsabfall wegen der geringeren Luftdichte in größerer Höhe ein. Bei der Aufladung drückte nun ein Kompressor unter geringem Überdruck einen vorverdichteten Kraftstoff in den Zylinder. Ein Mercedes mit aufgeladenem Motor siegte zum ersten Mal auf der Targa Florio Rallye im Jahr 1922. Die meisten Automobilmotoren eigneten sich jedoch nicht für eine Aufladung. Den Motorkonstrukteuren in den zwanziger Jahren gelang es, Drehzahlen, Temperaturen und Drücke der Motoren erheblich zu steigern. Dabei vollzog sich ein Übergang von unlegierten Stählen zu Nickelstählen, niedrig legierten Chrom-Nickel-Stählen und hochlegierten Chromstählen. Der in den USA verwendete »Silcrome-Stahl« war bei gleicher Leistungsfähigkeit wegen des geringen Chromgehalts billiger, so daß auch europäische Stahlproduzenten diesen Stahl herstellten.

In den zwanziger Jahren versuchten verschiedene Firmen den Diesel-Motor, der bis dahin vor allem stationär eingesetzt worden war, für das Automobil zu verwenden. Dessen Vorteile, insbesondere ein günstiger Treibstoffverbrauch, schlugen wegen der geringeren Mineralölvorkommen vor allem in Europa zu Buch. Auf der anderen Seite mußten die Konstrukteure mit mehreren Nachteilen des Diesel-Motors fertig werden. Wegen der hier auftretenden hohen Drücke war es erforderlich, die Triebwerksteile robuster auszulegen. Das machte den Motor für Personenwagen recht schwer, so daß dadurch eventuelle Einsparungen an Treibstoff wieder verlorengehen konnten. Zudem bereitete die Einspritzung der kleinen Treibstoffmengen Probleme. Alle diese Nachteile legten es nahe, den Diesel-Motor zunächst in Lastkraftwagen einzusetzen. Nachdem Anfang der zwanziger Jahre der Ingenieur Prosper L'Orange eine brauchbare Einspritzpumpe konstruiert hatte, wurden 1924 Benz-Lastwagen mit Vierzylinder-Diesel-Motoren auf den Markt gebracht. Im selben Jahr trat MAN mit einem Diesel-LKW mit Direkteinspritzung an die Öffentlichkeit.

Um ihre Treibstoffkosten zu senken, interessierten sich Omnibusbetriebe schon früh für den Diesel-Motor. Ab 1931 setzte die Londoner »Associated Equipment Company« Busse mit solchen Motoren ein. Nachdem 1932 Daimler-Benz einen kleinen Zweitonner mit Diesel-Motor herausgebracht hatte, erschien es möglich und wirtschaftlich aussichtsreich, auch Diesel-Personenkraftwagen herzustellen. Bereits Mitte der zwanziger Jahre baute der Hannoveraner Flugzeugkonstrukteur Hermann Dorner (1882–1963) einige PKW mit Ein- und Zweizylinder-Diesel-Motor sowie Diesel-Motoren für Traktoren. In den USA entwickelte er einen Packard-Diesel-Sternmotor für Flugzeuge. Auf der Automobilausstellung in Berlin 1936 stellte Daimler-Benz dann den ersten Diesel-260-D-PKW-Serienwagen vor. Das 2,6-Liter-Automobil hatte 4 Zylinder, war allerdings recht schwer, langsam und verhältnismäßig teuer in der Anschaffung. Wegen seiner Wirtschaftlichkeit und langen Betriebsdauer erwarb es sich jedoch bald einen guten Ruf. Das veranlaßte viele Droschkenbesitzer, den 260-D als Taxi einzusetzen. Obwohl amerikanische Käufer wegen der niedrigen Benzinpreise geringeres Interesse am PKW-Diesel-Motor zeigten, produzierten Firmen wie General Motors und Cummins Diesel-Motoren für Lastkraftwagen und Traktoren. Besonders Clessie L. Cummins machte mit seinem diesel-getriebenen Rennwagen von sich reden, als er im Februar 1931 mit 162 Stundenkilometern einen weltweit bestaunten Geschwindigkeitsrekord aufstellte. Gleichwohl schlugen die Nachteile des Diesel-Motors, unter anderem eine höhere Geräusch- und Geruchsbelästigung, noch stark zu Buch, so daß der Motor für den PKW zunächst wenig gefragt war.

Schon zu Anfang des 20. Jahrhunderts stellte sich vor allem bei Autounfällen heraus, daß Holz ein für Automobile ungeeignetes Baumaterial war. Der amerikanische Karosseriebauer Edward Gowen Budd (1870–1946) ersetzte Holz durch Stahlblech und stellte ab 1924 für den Automobilfabrikanten Dodge 5.000 Ganzstahlkarosserien her. Damit wurde Fords Modell T mit seiner Holzkarosserie unmodern. In Europa führte Citroën 1925 nach Lizenzen von Budd die Ganzstahlkarosserie ein. General Motors entwickelte in den zwanziger Jahren für den geplanten kleinen Chevrolet eine selbsttragende Karosserie, deren Komponenten durch Elektroschweißung miteinander verbunden waren. Dadurch wurden die Fertigungskosten gesenkt, aber die Qualität wurde erhöht. Auch Ford arbeitete seit 1928 in seiner River-Rouge-Fabrik in Detroit mit dem Elektroschweißverfahren zur Herstellung des Modells A. Doch nicht der Chevrolet in den USA, sondern der Opel Olympia kam 1935 als erster größerer Wagen mit selbsttragender Ganzstahlkarosserie heraus. Ihre Hauptvorteile waren Gewichtsersparnis und rationelle Fertigung. Ford in Detroit, in starkem Konkurrenzkampf mit General Motors und anderen Firmen, stattete ab 1932 den Ford V 8 mit einem Motorblock aus, der als eine Einheit gegossen worden war. Dies reduzierte die Produktionskosten des Modells beträchtlich. Den Vorteilen der selbsttragenden Karosserie – geringes Gewicht, größere Festigkeit, Verkehrs- und Unfallsicherheit sowie kostengünstige Herstellung – standen aber auch verschiedene Nachteile gegenüber: Schon geringe konstruktive Änderungen erforderten einen hohen technischen Aufwand; die kostspieligen Pressen und Schweißvorrichtungen konnten sich zunächst nur wenige Automobilfirmen leisten; durch einen Unfall verzogene Fahrgestelle führten häufig zu Totalschäden; einige Karosseriebetriebe mußten schließen.

Die meisten anderen Neuerungen im Automobilbau bezogen sich im wesentli-

43. Maybach-Limousine des Typs SW38. Photographie, 1939

chen auf den Fahrkomfort. Bis in die Mitte der zwanziger Jahre hinein waren Motor und Getriebe noch starr mit dem Rahmen verschraubt, was das Autofahren bisweilen zu einer unangenehmen Erfahrung machte. Hier gelang es der Firma Chrysler, mit der »Floating Power« genannten Motoraufhängung Abhilfe zu schaffen. Diese bestand aus Gummiblöcken, welche unstarr mit den Metallhalterungen verbunden waren. Im folgenden breitete sich diese Neuerung auch in Europa aus. Ab 1931 kamen in Deutschland und Frankreich Serienfahrzeuge mit Frontantrieb und einzeln aufgehängten Rädern, sogenannten Schwingachsen, heraus, die die unkomfortablen Starrachsen ablösten. Bis zur Mitte der dreißiger Jahre waren die meisten deutschen und französischen Kraftfahrzeuge mit solchen Schwingachsen, die Fahrkomfort und Sicherheit erhöhten, ausgerüstet. Verbesserungen zwecks Sicherheit und Komfort gelangen auch bei den Reifen, der Zündung und den Bremssystemen. Reifen mit einem Cordgewebe-Unterbau stellten einen beträchtlichen Fortschritt dar. In der Zündung gingen amerikanische Hersteller kurz vor dem Ersten Weltkrieg von der Magnetzündung auf die Batteriezündung über. Malcolm Lougheed (Lockheed), ein in Kalifornien lebender schottischer Bergbauingenieur, führte die hydraulische Bremse in den Automobilbau ein, welche die bisher gebräuchliche mechanische Bremsung über Seilzug und Gestänge ablöste.

Wesentliche Neuerungen waren seit dem Ende der zwanziger Jahre außerdem im Getriebebau zu verzeichnen. 1929 versah General Motors die Wagen mit dem Synchrongetriebe anstelle des Schalt- oder Wechselgetriebes. Während hier beim Schalten der einzelnen Gänge die Zahnräder erst durch Vorschieben einzugreifen vermögen, sind bei einem Synchrongetriebe alle Zahnradpaare stets im Eingriff. Dabei werden die verschiedenen Übersetzungen durch Verschieben von Schaltmuffen zur Wirkung gebracht. Dieselbe Firma, General Motors, stattete 1940 den Oldsmobile mit einem automatischen Getriebe, »Hydramatic« genannt, aus, das den Bedienungskomfort verbesserte. Flüssigkeitskupplungen und -getriebe zur Anwendung in Schiffsmaschinen waren in Deutschland schon vor dem Ersten Weltkrieg von Hermann Föttinger (1877–1945) und einem seiner Mitarbeiter entwikkelt worden. Hierauf aufbauend setzte Föttinger seine Entwicklungsarbeiten im Automobilsektor fort und schuf ein hydraulisches Getriebe, das er an der Jahreswende 1936/37 erfolgreich erprobte.

In den Jahren unmittelbar nach dem Ersten Weltkrieg lagen sowohl Konstruktion als auch Design noch in den Händen von Ingenieuren. Es dominierten funktionsbezogene, sachlich-nüchterne Formen, die zudem den Erfordernissen der neuen Massenproduktionsprozesse entsprachen. Auch die funktionalistischen Prinzipien der Architekten und Künstler des Dessauer Bauhauses schlugen sich in der Karosseriegestaltung nieder. Die Angehörigen des Bauhauses forderten einen »Stil der Vernunft« und »Zweckformen ohne Zierat«. Seit dem Ende der zwanziger Jahre traten im Automobildesign tiefgreifende Änderungen ein. Die größeren amerikanischen Konzerne gründeten eigene Styling-Abteilungen, die das Design entwarfen. Nicht mehr Ingenieure lieferten nun funktionsabhängige Entwürfe, sondern Designer entwarfen Formen, mit deren Hilfe der Umsatz auf dem stagnierenden Automobilmarkt erhöht werden sollte. Neue, stärker stromlinienartig ausgerichtete Formen mit weichen Rundungen und Übergängen an Dach, Motorhaube und Kotflügel lösten den herkömmlichen Karosseriestil ab. Die Designer schrägten die Frontpartien ab, entwarfen Schräghecks und sahen im ganzen flachere und gestrecktere Automobile vor. Dadurch wurden höhere Geschwindigkeiten und ein größerer Fahrkomfort möglich. Die neuen Karosserieformen hatten aber auch symbolische Bedeutung, indem sie Wohlstand, Erfolg und Macht verkörpern sollten. Marktforschungs- und Werbeabteilungen der Firmen versuchten, dem Käufergeschmack auf die Spur zu kommen sowie ihn zu beeinflussen.

Bemühungen um eine aerodynamisch günstige Formgebung beim Automobil sind bereits am Ende des 19. Jahrhunderts in Frankreich festzustellen, als ein mit einer Ganzmetallkarosserie ausgerüstetes Elektromobil eine Geschwindigkeit von über 105 Stundenkilometer erzielte. Danach orientierten sich Fahrzeugkonstrukteure bisweilen an der Formgebung von Schiffen und Flugzeugen. Für aerodynamische Untersuchungen im Automobilbau der zwanziger Jahre bot die Flugzeugtechnik des Ersten Weltkrieges einen wichtigen Ausgangspunkt. Der Flugzeugkonstrukteur Edmund Rumpler (1872–1940), dem wie seinen Kollegen aufgrund des Versailler Vertrages die Luftfahrtforschung in Deutschland untersagt worden war, wandte sich

44. Erstes Tropfenauto von Rumpler aus dem Jahr 1921. Photographie, 1957. München, Deutsches Museum

nun dem Automobilbau zu. Sein »Tropfenauto«, das auf der Berliner Automobilausstellung 1921 großes Aufsehen erregte, kam auf den erstaunlichen Luftwiderstandsbeiwert von 0,28. Der italienische Konstrukteur Castagna, dem vor allem an hohen Spitzengeschwindigkeiten und geringem Kraftstoffverbrauch gelegen war, nahm sich bei der Formgebung des von ihm entwickelten Automobils einen Torpedo zum Vorbild.

Gingen die Untersuchungen von Konstrukteuren wie Rumpler und Castagna noch vorwiegend auf empirischem Weg vonstatten, so wandte der Österreicher Paul Jaray (1889–1974) in den frühen zwanziger Jahren in seinen aerodynamischen Untersuchungen wissenschaftliche Methoden an. Er erkannte, daß es aerodynamisch günstig sei, die Luftströmung möglichst lange am Fahrzeug anliegen zu lassen. Zudem mußten scharfe Schnittkanten, vor allem am Bug, vermieden werden. Jarays Arbeiten wurden in verschiedenen europäischen Ländern und in den USA fortgesetzt. Ferdinand Porsche experimentierte mit aerodynamisch günstigen Karosserien bei seinem Anfang der dreißiger Jahre entwickelten »Volksauto«, und Hans Ledwinka entwickelte 1934 in der Tschechoslowakei den äußerst strömungsgünstig gebauten Tatra 77. Im selben Jahr kamen die aufgrund langwieriger Windkanalversuche entwickelten »Airflow«-Modelle von Chrysler und de Soto auf den Markt. Hierbei baute man auf Arbeiten des Göttinger Aerodynamikers Ludwig Prandtl (1875–1953) und anderen auf, deren Forschungsergebnisse zunächst vorwiegend im Flugzeugbau Anwendung fanden. Um zu erreichen, daß die Luftströmung möglichst lange am PKW anliegt, mußte das Fahrzeug entsprechend lang gebaut sein. Das war aber kostspielig und wenig effizient. Dem Freiherrn Reinhold Koenig-Fachsenfeld (1889–1992) gelang es, Abhilfe zu schaffen. Er fand nämlich heraus, daß auch bei einem »abgeschnittenen« Heck günstige aerodynamische Werte erzielt werden können. Bei der rückwärtigen Partie des umströmten Autos durfte aber der Druck nicht zu schnell abfallen, da sonst ein starker Luftwiderstand wirksam wurde. Aufbauend auf den Arbeiten von Koenig-Fachsenfeld entwickelte Wunibald Kamm (1893–1966), Leiter des Instituts für Kraftfahrwesen und Fahrzeugmotoren an der Technischen Hochschule Stuttgart, ein Stumpfheck, das K(amm)-Heck, das den Ausgangspunkt für weitere Verbesserungen bildete. Kamm übernahm nicht nur die bei Versuchen mit Fahrzeugen gewonnenen aerodynamischen Forschungsergebnisse, sondern entwickelte eine spezielle Aerodynamik für Fahrzeuge. Diese sahen nach hinten eine mäßige Verjüngung vor, danach wurde das Heck plötzlich »abgeschnitten«. Obwohl die Forschungs- und Entwicklungsbemühungen in den dreißiger Jahren auf dem Gebiet der Aerodynamik für Kraftfahrzeuge beträchtlich waren, spielte die Serienfertigung entsprechend gebauter Automobile zunächst keine große Rolle, da deren Form nicht dem allgemeinen Publikumsgeschmack entsprach.

Die Ausbreitung des Automobils übte einen tiefgreifenden Einfluß auf Wirtschaft und Gesellschaft aus. Die Arbeitskräfte wurden mobiler, so daß Firmen ihre Angestellten und Arbeiter aus immer größeren Entfernungen rekrutieren konnten. Im Besitz von Automobilen nahmen Arbeitskräfte auch weitere Anfahrtswege zu den Betrieben in Kauf. Grundbesitzer profitierten, weil der Wert von Ländereien in der Nähe guter Autostraßen anstieg. Die erhöhte Mobilität und die damit verbundene größere Unabhängigkeit wurden weithin geschätzt, zumal in den ländlichen Gegenden, die nicht oder kaum mit Eisenbahnanschlüssen versehen waren. Das Automobil ermöglichte eine bessere ärztliche Versorgung, größere und leistungsfähigere Schulen, die mit Schulbussen erreicht wurden, tägliche Postzustellung und andere verbesserte Dienstleistungen. Die ländliche Isolierung wurde beendet – ein Vorgang, den für viele Landwirte das Automobil und seine Produzenten bewirkt hatten. 1930 schrieb ein Farmer an Henry Fords Sohn Edsel: »Gott segne Henry Ford!« Die Automobilisierung veränderte das Leben der ländlichen, aber auch der städtischen Bevölkerung. Es entstanden Einkaufszentren, Restaurants und Motels an größeren Straßen. Das Camping kam auf und wurde rasch beliebt. Der Dienstleistungsbereich wuchs rasch an, indem in den zahlreichen Werkstätten und Tankstellen immer mehr Menschen Beschäftigung fanden. Neue Berufe zur Wartung und Reparatur von Automobilen entstanden. In Deutschland besaß Opel 1928 bereits 726 Verkaufsstellen und Werkstätten.

Die von vielen Zeitgenossen als angenehm empfundenen Wirkungen der Automobilisierung hatten jedoch auch eine Kehrseite, die sich negativ auf die Lebensqualität der Bevölkerung auswirkte. In den Städten, hauptsächlich in den großen Stadtzentren, waren verstopfte Straßen an der Tagesordnung, und die Zahl der Autounfälle stieg drastisch an. Viele Bürger verhielten sich den Automobilisten gegenüber reserviert. Im Schweizer Kanton Graubünden etwa dauerte der Streit um die Zulassung des Autos ein Vierteljahrhundert. Die Bürger protestierten gegen die »gefährlichen Spielzeuge müßiger Sportsleute« und sagten den »Schmarotzern in ihren Luxus-Automobilen« den Kampf an. Erst 1925 wurde hier das Autofahren erlaubt. Überall betonte die Werbung die Möglichkeit immer höherer Geschwindigkeiten, die viele Kaufinteressenten faszinierte. Schwere Unfälle waren die häufige Folge. Schadstoffausstoß und Lärmbelästigung nahmen zu. »Autogerechte Städte«, von Stadtplanern entworfen, räumten dem Automobil Vorrang vor der Wohnqualität ein. In den USA wurde das Eisenbahnnetz verkleinert, da das Passagieraufkommen und somit die Rentabilität schrumpften. Automobilfabrikanten taten das ihrige, um diesen Prozeß zu beschleunigen, wie im Falle Detroits sichtbar wird. Schnell- und Straßenbahnen verschwanden in manchen Städten für immer. Amerikanische Automobilkonzerne kauften über Zwischenfirmen Straßenbahnlinien auf und stellten sie auf Busbetrieb um. Der Individualismus, durch das Automobil gefördert, verstärkte die Anonymität und die Isolation des Einzelnen; gewachsene Sozialbindungen lockerten sich.

45. Verkehrsstau am Pariser Platz in Berlin. Photographie, 1928

Die Verbesserung und Ausweitung des Straßennetzes stellte eine ganz entscheidende Voraussetzung für die Motorisierung dar. In den USA entstand ein System nationaler »Highways«, das bereits während des Ersten Weltkrieges konzipiert worden war. Bald nach Kriegsende, 1921, erhöhte die amerikanische Regierung die Mittel für den Bau von Fernstraßen erheblich. In Italien wurde 1924 eine Autobahn eröffnet, bei der die Benutzer eine bestimmte Mindestgeschwindigkeit einhalten mußten. Deutschland war 1913 mit dem Bau der AVUS vorangegangen. 1928 konnte die Autobahn von Köln nach Bonn eingeweiht werden, und während des »Dritten Reiches« erfolgte ein flächendeckend geplanter Ausbau der Schnellverkehrswege, so daß bei Kriegsende ein Autobahnnetz von 2.100 Kilometern geschaffen war.

Das Automobil und die dazugehörende Infrastruktur können als »System« angesehen werden. Wie im 19. Jahrhundert der Aufbau des Eisenbahnnetzes bedeutende Wachstumswirkungen auf verschiedene europäische Volkswirtschaften ausübte, so geschah es im 20. Jahrhundert in ähnlicher Form durch die Automobilindustrie, besonders in den USA. Sie entwickelte sich dort zu einem Motor des wirtschaftlichen Wachstums, indem sie den Aufschwung anderer, von der Motorisierung abhängiger Branchen nach sich zog. Die »vorgelagerten« Branchen, also diejenigen,

46. Autofriedhof in Los Angeles, Kalifornien. Photographie, 1926

die zur Produktion und zum Betrieb des Automobils beitrugen, wurden angekurbelt. Hier sind vor allem die Mineralöl-, Stahl-, Werkzeugmaschinen-, Elektro-, Glas-, Gummi- und Farbenindustrie zu nennen. Die ab 1924 verfügbaren Duco-Synthetic-Lacke von Du Pont mit einer großen Farbskala verstärkten die Kritik an dem nur in Schwarz erhältlichen Ford Modell T. So gab der Bedarf der Automobilindustrie wesentliche Anstöße zur Einführung des Walzverfahrens. Das gleiche galt für den kontinuierlichen Prozeß der Flachglasherstellung. Die Petroleumindustrie entwikkelte sich im 20. Jahrhundert von einer Branche, die vorher vornehmlich Beleuchtungsmittel hergestellt hatte, zum Produzenten ständig verbesserter Kraftstoffe. Bei dem Burton-Verfahren zum Kracken, den die Standard Oil Company of Indiana 1913 einführte, konnte die Menge des aus dem Rohöl gewonnenen Kraftstoffs von etwa 20 auf 40 Prozent verdoppelt werden. Der in den dreißiger Jahren eingeführte Houdry-Prozeß zum katalytischen Kracken verbesserte wiederum die Burton-Methode entscheidend.

Stärker noch als im Ersten fanden Kraftfahrzeuge im Zweiten Weltkrieg Verwendung. Ferdinand Porsche orientierte sich bei dem von ihm konstruierten Geländewagen am KdF-Wagen, den er selbst entwickelt hatte. Er erhöhte allerdings das Fahrwerk und sah eine offene Karosserie vor. Von diesem »Kübelwagen« wurden, inklusive der ab 1941 produzierten schwimmfähigen Variante, fast 65.000 Stück gebaut. Das in den USA gefertigte Gegenstück, der »Jeep«, kam dem »Kübelwagen« in Einsatzbereich und Leistungsvermögen gleich; die Produktionsmenge bis zum Ende des Krieges lag aber gut zehnmal höher. Der Jeep – eigentlich GP (General Purpose Vehicle, Vielzweckfahrzeug) – vereinigte die Vorzüge der geringen Abmessungen und Betriebskosten von PKW mit der Antriebstechnik und guten Geländegängigkeit von Militärlastwagen. Hier engagierte sich vor allem die Firma Willys-Overland, unterstützt von der Ford Company. Neben dem Jeep waren im Zweiten Weltkrieg im Fahrzeugsektor noch Halbkettenfahrzeuge mit luftbereiften, lenkbaren Rädern und einem Kettenlaufwerk immer wieder zu sehen. Aufgrund der in Deutschland schwierigen Versorgungslage mit Treibstoff fand der »Imbert-Fahrzeuggenerator«, auch »Holzvergaser« genannt, weite Verbreitung. Trotz schwieriger Handhabung und schlechten Wirkungsgrades bot er bei unzureichender Kraftstoffversorgung eine, wenn auch keine vollwertige Alternative.

Schiffsgiganten und internationaler Wettlauf

Die Konkurrenzsituation der Antriebe im Schiffbau ähnelt der im Lokomotivbau. Zu Beginn des 20. Jahrhunderts waren robuste und betriebssichere Mehrfachexpansionsdampfmaschinen mit rund 15 Atmosphärenüberdruck im Einsatz. Der Dampf wurde dabei schwach überhitzt, eigentlich nur getrocknet. Mehrfachexpansionsdampfmaschinen besaßen zu dieser Zeit praktisch keine Konkurrenz, da sie für den Schiffsantrieb hervorragende Eigenschaften aufwiesen. Die erreichten Drehzahlen befanden sich in einem für die Propeller günstigen Bereich. Durch Umsteuerung der Maschine konnten beim Rückwärtsfahren zudem Leistungen von mehr als 85 Prozent erreicht werden, was sich wegen des Fehlens leistungsfähiger Getriebe als Vorteil erwies. Mit einer Länge von 22 Metern hatten allerdings die 1907 in der »Kronprinzessin Cecilie« eingesetzten zwei Dampfmaschinen mit einer Leistung von je 23.000 PS die Grenze der Leistungsfähigkeit erreicht; eine Steigerung wäre nur durch eine unverhältnismäßige Vergrößerung der Maschinen möglich geworden. Angesichts der gewaltigen Größe der Dampfmaschinen, verbunden mit einem hohen Gewicht und enormem Brennstoffverbrauch, mußten sich solche Lösungen als unwirtschaftlich erweisen. Zwar hätten höhere Drücke in verbesserten Kesselanlagen eine noch höhere Leistung ermöglicht, doch die Dampfkolbentechnik stieß hier an ihre Grenzen.

Abhilfe bot die Dampfturbine, die 1897 von dem englischen Erfinder und Konstrukteur Charles A. Parsons (1854–1931) in sein Schiff »Turbinia« eingebaut wurde. Seit Beginn des 20. Jahrhunderts rüstete man zunächst in England, dann auch in anderen Ländern Handelsschiffe und Transatlantik-Dampfer mit Dampfturbinen aus. Erschütterungen durch die hin- und hergehenden Bewegungen der schweren Maschinenteile von Kolbendampfmaschinen entfielen hier; ferner wiesen die Turbinen bei größerer Leistung geringere Ausmaße auf als Dampfmaschinen, waren wartungsfreundlicher und in der Regel auch sparsamer. In der Praxis zeigten sich allerdings Probleme. Ein die Leistung der Kolbendampfmaschine übertreffender Wirkungsgrad konnte nur bei hoher Drehzahl und unter Vollast erreicht werden. Zudem war eine Umsteuerung unmöglich, so daß eine zusätzliche Rückwärtsturbine eingebaut werden mußte. Um einen möglichst hohen Wirkungsgrad zu gewährleisten, hatten die Rotoren mit den Turbinenschaufeln einen Durchmesser von mehreren Metern. Insofern konnte zunächst von einer Platzersparnis bei der Verwendung der Dampfturbine keine Rede sein. Daher hielten sich die Werften zu Anfang des 20. Jahrhunderts hinsichtlich des Dampfturbinenantriebs zurück, zumal der seit 1903 verwendete Schlicksche Schiffskreisel die unangenehmen Schlingerbewegungen als Folge der Hin- und Herbewegungen der Dampfmaschinenkolben milderte.

Doch mit der Entwicklung leistungsfähiger Untersetzungsgetriebe gewann die Dampfturbine als Schiffsantrieb immer stärker an Boden. 1910 baute Charles A. Parsons eine Rädergetriebe-Turbinenanlage, mit der die gewünschte langsame Propellergeschwindigkeit bei hoher Turbinengeschwindigkeit erreicht wurde. Probleme beim Umsteuern von Primär- auf Sekundärturbinen konnten durch das 1905 von Hermann Föttinger entwickelte hydromechanische Getriebe, seinen Turbotransformator, gemildert werden; leistungsfähigere mechanische Getriebe lösten die hydraulisch wirkenden Transformatoren Föttingers rasch ab. 1914 erhielten die Transatlantik-Liner »Transsylvania« und »Tuscania« als erste Fahrgastschiffe Getriebeturbinen. Daneben wurde, wie bei dem 1909 gebauten Dampfer »Laureatic« der White Star Line, versucht, die Kolbenmaschine mit einer Turbine zu kombinieren. Die »Laureatic« besaß zwei auf die äußeren Wellen wirkende Dreifachexpansionsmaschinen, deren Abdampf von einer die mittlere Welle treibende Abdampfturbine genutzt wurde. Auch die 1912 gesunkene »Titanic« war mit einer solchen Anlage ausgerüstet, die Brennstoff einsparte und ruhiger lief.

Neue Entwicklungen auf dem Gebiet der Verbrennungsmotoren, insbesondere des Diesel-Motors, stellten zu Beginn des 20. Jahrhunderts eine reizvolle Alternative zu den herkömmlichen Schiffsantrieben dar. Diesel-Motoren waren kleiner und, nach Überwindung von Anfangsproblemen, weniger störanfällig als Dampfmaschinen mit ihren Kesselanlagen und erreichten darüber hinaus Wirkungsgrade, die etwa dreimal höher lagen als bei den Dampfaggregaten. Allerdings verhielt sich die deutsche Marine hier zunächst abwartend, so daß die Firma MAN den für die Marine gedachten Diesel-Schiffsmotor, der später vom Reichsmarineamt übernommen wurde, vorerst auf eigene Kosten bauen mußte. Der hohe thermische Wirkungsgrad und geringe Platzbedarf verhalfen dem Diesel-Motor dennoch bald zu größerer Bedeutung. 1929 war bereits die Hälfte der Weltneubautonnage mit Diesel-Antrieb ausgerüstet. Die Konkurrenz des Diesel-Motors führte wiederum zu einer Weiterentwicklung der Dampfturbinenanlagen, deren Wirtschaftlichkeit vor

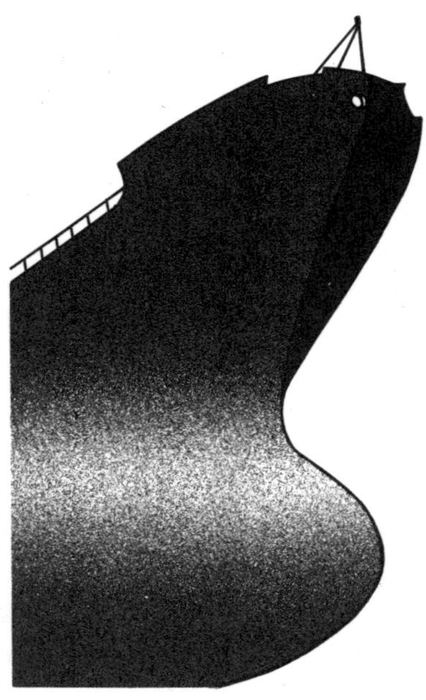

Wulstbug (nach Broelmann)

47. Propeller des 1914 vom Stapel gelaufenen Schnelldampfers »Bismarck«. Photographie, 1922

allem durch den Einsatz der Hochdruckheißdampftechnik gesteigert werden konnte. Bestanden zu Beginn des 20. Jahrhunderts bei etwa 60 Atmosphärenüberdruck im Kesselbau noch erhebliche Probleme, die häufig zu materialbedingten »Rohrreißern« führten, so gelang bis zum Beginn des Zweiten Weltkrieges der Bau von Kesselanlagen mit bis zu 120 Atmosphärenüberdruck. Gleichwohl setzten sich bei Handelsschiffen langsamlaufende Diesel-Motoren mit Leistungen bis zu 1.400 PS pro Zylinder durch, während im Kriegsschiffbau kleinere, schnellaufende Maschinen vorherrschten.

Schon seit Jahrhunderten bemühten sich Schiffbauer um die Ermittlung der optimalen Schiffsform. Der Amerikaner David W. Taylor (1864–1940) führte zu diesem Zweck ab 1889 für die amerikanische Kriegsmarine systematische Versuche durch. Als wichtigstes Ergebnis ermittelte er den »Taylor-Wulstbug«, mit dem die Konstrukteure bald viele Schiffe, auch die der europäischen Kriegsflotten, versahen. Der Wulstbug erlaubte ein schnelles Ablaufen des Wassers am Schiffsrumpf und somit eine Geschwindigkeitssteigerung bei gleicher Maschinenleistung. Auch die Schnelldampfer »Europa« und »Bremen« wurden mit einem solchen Bug ausgestattet. Das Ingenieurbüro Maierform des Schiffskonstrukteurs Fritz W. Maier (1844–1926) entwickelte eine der Taylor-Form entgegengesetzte Schiffsform, bei welcher der Reibungswiderstand durch einen möglichst gestreckten, kurzen Verlauf der Stromlinien verringert werden sollte. Die Maier-Form mit ihren stark V-förmigen Spanten verbesserte das Verhalten des Schiffes im Seegang erheblich und wurde vor allem für Handelsschiffe übernommen.

Seit dem Ende des 19. Jahrhunderts ermöglichte der Einsatz von Preßluft, Hydraulik und Elektrizität eine rasche Veränderung der Werftarbeit. Nieter mit Preßlufthämmern lösten die Handnieter ab. Hatte ein Nieterpaar mit Handniethämmern noch 300 bis 400 Nieten pro Tag geschlagen, so verarbeiteten mit Preßlufthämmern ausgerüstete Nieter bis zu 1.000 Nieten täglich. Später wurden auch hydraulische Maschinen mit einer Tagesleistung von 1.500 bis 2.500 Nieten eingesetzt. Das autogene Brennschweißen machte das beschwerliche Trennen der Bleche mit dem Meißel überflüssig, und die Einführung der witterungsempfindlichen Elektroschweißung erforderte die Verlegung der Arbeiten in geschlossene Hallen. Gegenüber dem Nietverfahren erbrachte das Schweißen bedeutende Einsparungen an Arbeitszeit und durch den Wegfall der Nieten und Überlappungen erhebliche Gewichtsreduzierungen.

Neben der Schweißtechnik wurden vor allem bei den Fertigungsmethoden Effizienzgewinne erzielt. Im Zweiten Weltkrieg verzichteten die Schiffbauer im Sektionsbau auf Gerüste aus Kiel und Spanten, die dann mit Platten für Docks und Außenhaut verkleidet wurden, und fertigten ganze Schiffsteile vor, die später auf der Helling zusammengesetzt und verschweißt wurden. In den USA stellten ab 1942 größtenteils ungelernte Arbeitskräfte Einheitsfrachter im Serienbau her, so das in 2.700 Exemplaren gebaute »Liberty«-Schiff, dessen Montagezeit weniger als fünf Tage betrug. Schweißvorgang und Sektionsbau standen dabei insofern in enger Verbindung, als die Unterteilung des Schiffes in Sektionen die problematischen Spannungen verminderte, die beim Erkalten der Schweißnaht entstehen.

Seit dem Beginn des 20. Jahrhunderts erfuhr auch die technische und navigatorische Ausrüstung von Schiffen eine bedeutende Verbesserung, zum Beispiel durch den ab 1908 eingesetzten Kreiselkompaß von Hermann Anschütz-Kaempfe (1872–1931). Bis zum Zweiten Weltkrieg traten dann noch Echolot, Funkanlagen und Radar hinzu. Schiffskreisel und Schlingerdämpfungstanks dämmten das unangenehme Schiffsschlingern ein. Vor allem zwischen Großbritannien und Deutschland entwickelte sich vor dem Ersten Weltkrieg ein Wettlauf im Kriegsschiffbau, in dem die 1906 vom Stapel gelaufene »Dreadnought«, die mit einem Turbinenantrieb versehen war, eine neue Phase einleitete. Im Krieg selbst legte die Marine größtes Gewicht auf »Gefechtswerte« wie Geschwindigkeit, Geschoßwirkung und Panzerung.

Auch im Passagierschiffbau subventionierten verschiedene nationale Regierungen den Bau von Schnelldampfern. Die Reedereien hatten ein Interesse daran, die jeweils größten und schnellsten Schiffe zu besitzen, die sich der besonderen Gunst

48. Der Nordatlantik-Schnelldampfer »Queen Mary«. Photographie, 1936

des Reisepublikums erfreuten. 1913 wurde die »Imperator«, mit über 52.000 Bruttoregistertonnen von den Briten als »teutonisches Monstrum« bezeichnet, als größtes Schiff ihrer Zeit in Dienst gestellt; ein Jahr später folgte die »Vaterland« mit über 54.000 Bruttoregistertonnen. Diese Schiffe entfalteten mit riesigen Gesellschaftsräumen und pompejanischen Säulen einen gewaltigen Prunk. In der Zwischenkriegszeit setzte sich der internationale Wettlauf um den Einsatz der schnellsten und komfortabelsten Transatlantik-Liner fort, so mit der 1929 von der A. G. Weser abgelieferten »Bremen« oder der 1930 von Blohm & Voß gebauten »Europa«, die einen stromlinienförmigen Rumpf aufwiesen. Briten, Franzosen und Italiener standen hinter diesen spektakulären schiffbautechnischen Leistungen nicht zurück. Die in Frankreich gebaute »Normandie«, die mit ihrem turbo-elektrischen Antrieb maximal 32 Knoten erreichte, erlangte 1935 das »Blaue Band«, eine ideelle Auszeichnung für die schnellste Atlantik-Überquerung. Die im selben Jahr in Schottland gebaute, über 80.000 Bruttoregistertonnen schwere »Queen Mary« war über 30 Knoten schnell und überquerte den Atlantik innerhalb von vier Tagen. Allerdings gerieten diese Passagierschiffe später in einen immer härter werdenden Konkurrenzkampf mit dem Flugzeug. Neben den Passagierschiffen spielten im zivilen Bereich noch eine Fülle von Spezialschiffen wie Kühlschiffe oder Tanker eine wichtige Rolle. Bei Ausbruch des Ersten Weltkrieges umfaßte die Welttankerflotte bereits 340 über 1.000 Bruttoregistertonnen große Schiffe und weitete sich beständig aus.

Aufstieg des Flugzeugs

Überlieferungen aus dem Altertum berichten von der Faszination des Fluges: Menschen wollten es den Vögeln gleichtun. Diesen Bemühungen standen im Mittelalter religiöse Bedenken entgegen, nach denen dem Menschen eben nicht, wie den Vögeln, Flügel gegeben seien. Er solle sich folglich mit seinen irdischen Elementen begnügen. In der Hochzeit der Renaissance hatte sich die Einstellung zum Menschenflug geändert. Wie bei so vielen anderen technischen Neuerungen bemühte sich Leonardo da Vinci (1452–1519) auch hierfür um Lösungen. Er fertigte Skizzen und Entwürfe an, meinte aber, daß Vögel durch die umgreifende Bewegung ihrer Flügelspitzen die Luft zusammendrückten und so tragfähige Luftmassen erzeugten, auf denen sie dahinschwebten.

Bei den Schwierigkeiten, den Vogelflug zu imitieren, lag es nahe, daß man sich im folgenden besonders mit Fluggeräten »leichter als Luft«, mit Ballonen, beschäftigte. Am 21. November 1789, nur wenige Tage vor dem Ausbruch der Französischen Revolution, stiegen zwei mutige »Aviatiker« mit einem von den Brüdern Montgolfier, Joseph (1740–1810) und Étienne (1745–1799), gebauten Heißluftballon in die Lüfte. Einige Tage später gelang dies auch dem Physikprofessor Jacques Alexandre Charles (1746–1823), der mit Hilfe der Brüder Robert einen Wasserstoffballon gebaut hatte. Zwar erregten Ballonkonstrukteure und -flieger zu Ende des 18. und Beginn des 19. Jahrhunderts großes Aufsehen, doch die Nachteile des Ballons – er war unter anderem nicht steuerbar – veranlaßten Fluginteressierte wie den Engländer Sir George Caley (1773–1857) zu neuen Überlegungen. Caley hielt den Flug der Vögel als Vorbild für den Menschenflug für ungeeignet, erforschte die Phänomene Auftrieb, Vortrieb und Flugstabilisierung und schuf auf diese Weise wesentliche Vorarbeiten für das Flugzeug. Wenn seine Ergebnisse auch für viele Fluginteressierte von großem Interesse waren, so verhielten sich Regierungen und militärische Stellen zunächst noch zurückhaltend, da sie den Nutzen von Flugzeugen nicht erkannten. Zudem gab es eine Fülle ungelöster konstruktiver Probleme. Seit der Mitte des 19. Jahrhunderts entstanden in mehreren Ländern Gesellschaften zur Förderung der Luftfahrt, die sich der Lösung dieser Aufgaben zuwandten.

In Deutschland, wo 1882 der »Verein zur Förderung der Luftschiffahrt« gegründet wurde, bemühte sich namentlich Otto Lilienthal (1848–1896) um den »Menschenflug«. Er hatte an der Technischen Hochschule Berlin-Charlottenburg Maschinenbau studiert, gründete eine Maschinenfabrik, in der er den Achtstundentag

49. Gleitversuch Otto Lilienthals vom Fliegerberg in Berlin-Lichterfelde-Ost. Photographie, 1895

einführte und war von der friedensstiftenden Wirkung eines grenzüberschreitenden Luftverkehrs überzeugt. Er orientierte sich vor allem am Schwingenflug der Vögel und veröffentlichte 1889 sein Buch »Der Vogelflug als Grundlage der Fliegekunst«, das großes Aufsehen erregte. Lilienthal führte zahlreiche Flugversuche mit Gleitern durch, die er durch schwingende Körperbewegungen und ständige Änderungen der Schwerpunktlage steuerte. Seine Segelflugapparate bestanden aus Weidenrohr für das Gerippe und Schirting, einem imprägnierten Baumwollstoff, für die Bespannung. Sein tödlicher Unfall am 6. August 1896, als er mit seinem Fluggerät abstürzte, war nicht durch einen Konstruktionsfehler verursacht, sondern durch ein unzulängliches Steuersystem.

Flugpioniere in Großbritannien, den USA und anderswo bauten auf Lilienthals Vorarbeiten auf. Der Schotte Percy S. Pilcher (1866–1899) experimentierte mit einem leichten Öl-Flugmotor und kam, wie Lilienthal, durch den Absturz seines Gleiters zu Tode. Der Amerikaner Octave Chanute (1832–1910) gab mit seinem Buch »Progress in flying machines« 1894 wesentliche Impulse und unterstützte auch die Brüder Wright bei ihren Flugversuchen. Sein Landsmann Samuel Pierpont Langley (1834–1906) baute durch Dampfmaschinen angetriebene Flugmodelle. Manche Autoren behaupten, daß der erste Motorflug 1901 Gustav Weißkopf

(1873–1927), einem Deutsch-Amerikaner, gelungen sein soll, der 1895 in die USA ausgewandert war und sich dort Gustave Whitehead nannte. Mit einer selbstgebauten Maschine gelang ihm nach eigenen Angaben 1901 in Fairfield, Connecticut, ein Flug von etwa 2.700 Metern. Allerdings existierten keine Augenzeugen für diesen Flug. Da er finanziell schlecht gestellt war und auch keine Unterstützung für seine Flugversuche fand, führte er seine Bemühungen nicht weiter.

Sehr viel bekannter als Weißkopf wurden die Brüder Wright, Wilbur (1867–1912) und Orville (1871–1948). Die Wrights bauten und reparierten zunächst Fahrräder und begannen 1899 mit der Konstruktion und Erprobung eines Kastendrachens mit Tragflächenverbindung. Wie Lilienthal studierte Wilbur Wright den Vogelflug intensiv, konzentrierte sich aber nicht so sehr auf Probleme des Antriebs und der Stabilität als auf solche der Steuerbarkeit. Als Versuchsgelände für ihr Fluggerät wählten die Wrights eine Küstenlandschaft mit Dünen und beständigen Winden bei Kitty Hawk, North Carolina. Ihr Gleiter, der um alle drei Achsen steuerbar war, bildete die Grundlage des »Flyer Nr. 1«, der am 17. Dezember 1903 einen spektakulären, vom Boden aus gestarteten Motorflug unternahm. Beim ersten Flugversuch blieb das Flugzeug zwölf Sekunden in der Luft, beim vierten fast eine Minute. Da geeignete Flugmotoren nicht zur Verfügung standen, stellten die Brüder Wright ihren eigenen Vierzylinder-Benzinmotor her, einen leichten, wassergekühlten Reihenmotor, der 16 PS leistete. In diesen Jahren bemühten sich auch etliche Flugpioniere in europäischen Ländern um die Entwicklung des Flugzeugs. Am erfolgreichsten waren französische Aviatiker, wie der in Paris lebende Brasilianer Alberto Santos-Dumont (1873–1932) oder Louis Blériot (1872–1936), der 1907 und 1908 einen Eindecker mit hinten liegendem Kreuzleitwerk sowie einem Zugpropeller vorn baute. Mit diesem Flugzeug überquerte Blériot im Juli 1909 den Kanal von Frankreich nach England. Henry Farman (1874–1958), ein Engländer, der aber den größten Teil seines Lebens in Frankreich verbrachte, führte anstelle der Tragflächenverwindung der Brüder Wright Querruderklappen zur Lageänderung des Flugzeugs ein.

Die Analyse der zahlreichen praktischen Versuche auf dem Gebiet der Luftfahrt verhalf der Aerodynamik zu neuen Erkenntnissen. Otto Lilienthal war mit einigen grundlegenden aerodynamischen Gesetzen vertraut, so mit der Tatsache, daß die Kraft, die auf die gewölbte, schneller umströmte Tragflächenoberseite wirkt, niedriger ist als die auf die langsamer umströmte Unterseite. Die Druckdifferenz erzeugt hierbei den Auftrieb. Auf den Ergebnissen seiner Versuche zur Ermittlung des größtmöglichen Auftriebs einer Fläche bei minimalem Luftwiderstand bauten andere Forscher auf. Hier ist der Münchener Wissenschaftler Martin Wilhelm Kutta (1867–1944) zu nennen, der in seiner 1902 erschienenen Schrift »Auftriebskräfte in strömenden Flüssigkeiten« zum ersten Mal dieses Problem experimentell erklärt hat. Kutta setzte sich außer mit Fragen des Auftriebs auch mit solchen der Stabilität und Steuerbarkeit von Flugkörpern auseinander. Unabhängig von ihm entwickelte in Moskau der Mathematiker Nikolaj Joukowskij (1847–1921) eine ähnliche Theorie. Dem Satz von Kutta und Joukowskij zufolge ist der Auftrieb eines Profils proportional der Strömung um das Profil. Zu ähnlichen Resultaten war 1897 bereits der Engländer Frederick W. Lanchester (1878–1946) in einer Arbeit über den Zusammenhang von Zirkulation und Auftrieb gekommen.

Hatte sich schon in den sechziger Jahren des 19. Jahrhunderts der preußische Kriegsminister Albrecht von Roon (1803–1879) für die Förderung der Luftfahrt eingesetzt, so kam es zu Beginn des 20. Jahrhunderts in Deutschland zu einer Kooperation zwischen Vertretern von Staat, Wissenschaft und Wirtschaft, die in der neu gegründeten »Motorluftschiff-Studiengesellschaft« eine institutionelle Plattform fand. Diese Gesellschaft setzte sich für die Etablierung einer Versuchsanstalt zur aerodynamischen Gestaltung von Flugkörpern ein. 1907 erfolgte dann auch die Gründung der später »Aerodynamische Versuchsanstalt« genannten Institution in Göttingen, der 1912 die »Deutsche Versuchsanstalt für Luftfahrt« (DVL) in Berlin-Adlershof folgte, die sich stärker auf praktische Probleme konzentrierte. Die Göttinger »Aerodynamische Versuchsanstalt« entwickelte sich rasch zu einem Zentrum der aerodynamischen Forschung in Deutschland und weltweit. Ihr Leiter war der Maschinenbauingenieur Ludwig Prandtl, der sich bei der Untersuchung der Luftreibung auf eine dünne Schicht nahe der Oberfläche konzentrierte und 1904 in Heidelberg mit seiner »Grenzschichttheorie« an die Öffentlichkeit trat. Prandtl und seinen Mitarbeitern gelangen zudem wichtige Erkenntnisse über die Wirkungen von Änderungen der Anstellwinkel auf den Strömungsverlauf. Seine Schüler, besonders Theodore von Kármán (1881–1963), förderten im Ausland die aerodynamische Forschung. In Frankreich wurde sie namentlich von Gustave Eiffel (1832–1923), dem Konstrukteur des Eiffel-Turms, betrieben, der 1909 in Paris eine Aerodynamische Forschungsanstalt gründete.

Außer an Universitäten und außeruniversitären Forschungsstätten fand aerodynamische Forschung auch in der Industrie statt. Hier engagierte sich besonders Hugo Junkers (1859–1935), der sowohl Hochschullehrer als auch Flugzeugindustrieller war und sich um Entwicklung und Bau leistungsfähiger Flugzeuge bemühte. Im Gegensatz zur herrschenden Meinung fand er heraus, daß ein im Vergleich zu den herkömmlichen Tragflächen »dicker«, freitragender Flügel, der auch Treibstoff und Motoren aufnehmen konnte, keineswegs einen größeren Luftwiderstand bot. In Windkanälen führte er Versuche mit wellblechbeplankten Tragflächen durch und arbeitete an Ganzmetall-Eindeckern mit verspannungslosen Flügeln, die aus aerodynamischer Sicht erhebliche Vorteile boten. Diese Tragflächen bestanden aus Eisenblech, später aus Duraluminium, einer Kupfer-Magnesium-Legierung des Aluminiums, die eine hohe Festigkeit und Dehnungsfähigkeit besaß und trotzdem verhältnismäßig leicht war.

In der zweiten Hälfte des 19. Jahrhunderts intensivierten verschiedene Aeronautiker ihre Bemühungen, die Nachteile der Ballone zu beheben. Es war ein Antrieb erforderlich, der aber in geeigneter Form nicht zur Verfügung stand. Zwar legte der Franzose Henri Giffard (1825–1882) mit einem von einer 3 PS starken Dampfmaschine angetriebenen Luftschiff in drei Stunden eine Strecke von 25 Kilometern zurück, doch Dampfmaschinen waren wegen ihres hohen Gewichts für Flugzwecke ungeeignet. Ähnliches galt für Gas- und Elektromotoren, mit denen Versuche durchgeführt wurden. Eine Lösung brachte hier der Benzinmotor, den auch Ferdinand Graf Zeppelin (1838–1917) einsetzte. Bisher hatten starre oder »Prallluftschiffe« im Vordergrund gestanden, denen ausschließlich die Gasfüllung ihre Form gab. Bei diesen Luftschiffen veränderte sich allerdings die Ballonform mit sinkendem Gasdruck, so daß bei starkem Druckabfall der vordere Teil abknicken konnte. Im Jahr 1895 nahm Zeppelin ein Patent auf ein starres Luftschiff, dessen Bau dadurch begünstigt wurde, daß nun ein leichterer Werkstoff – Aluminium – preisgünstig zur Verfügung stand. Durch das Elektrolyseverfahren konnte nämlich der Aluminiumpreis drastisch gesenkt werden. Obwohl Zeppelin bei der Entwicklung seines starren Luftschiffs militärische Verwendungszwecke im Auge hatte, zeigte sich die militärische Führung aufgrund der offensichtlichen Nachteile von Luftschiffen im Krieg vorerst zurückhaltend.

Sein erstes starres Luftschiff, die LZ 1, ließ Zeppelin 1899 in einer schwimmenden Halle im Bodensee bauen. Das 128 Meter lange Luftschiff wurde von zwei Daimler-Motoren angetrieben, die eine Leistung von fast 30 PS entwickelten. Das Gerüst bestand aus durch Längsträger verbundenen ringförmigen Querrippen, und Spanndrähte dienten zur Versteifung. Im Gerüst selbst befanden sich 17 Gaszellen. Das Zink-Aluminium-Gitter war mit Leinwand überzogen, die einen Zelluloselack-Anstrich aufwies. Da die LZ 1 untermotorisiert und daher sehr langsam war, richteten sich die Bemühungen der Konstrukteure darauf, das Luftschiff leistungsfähiger zu machen. Damit einher ging eine ständige Vergrößerung des Zeppelins, der während des Ersten Weltkrieges als Aufklärer, aber auch als Bomber Verwendung fand. Auch in anderen Ländern wurden starre Luftschiffe gebaut und mit Erfolg eingesetzt. Der englische R 34 überquerte noch vor dem deutschen Zeppelin als erstes Luftschiff den Atlantik. Nach dem Ersten Weltkrieg gebaute Luftschiffe erreichten gewaltige Ausmaße. Die LZ 127 »Graf Zeppelin« war 236 Meter lang und wurde von fünf 580-PS-Maybach-Motoren angetrieben. 20 Passagiere konnten, zusammen mit 12 Tonnen Post oder Fracht, komfortabel befördert werden. Die LZ 129 »Hindenburg« übertraf noch die LZ 127. Mit einer Länge von 245 Metern war sie das größte Starr-Luftschiff der Welt. Sie wurde von vier Daimler-Diesel-Motoren angetrieben, die ihr eine Höchstgeschwindigkeit von 130 Stundenkilometern verliehen. Zusammen mit der »Graf Zeppelin« sorgte sie für einen regelmäßigen Luftschiff-Passagierverkehr über den Atlantik. Der Gigant, von den Zeitgenossen

50. Gerippekonstruktion des im Bau befindlichen Luftschiffes »LZ 129« mit Namen »Hindenburg« in der Luftschiffswerft Friedrichshafen. Photographie, vor 1936

51. Der Zeppelin »Sachsen« bei einer Landung, der Zeppelin »Viktoria Luise« auf dem Flugweg. Photographie, 1913

bestaunt und als Wunder der Technik gepriesen, war freilich verwundbar: Da das ungefährliche Heliumgas in geringen Mengen in den USA, nicht aber in Deutschland zur Verfügung stand, mußte der Zeppelin mit Wasserstoff gefüllt werden. Im Mai 1937 ging das Luftschiff während des Anfluges auf den Ankermast in Lakehust, New Jersey, in Flammen auf; nur 62 der 92 an Bord befindlichen Passagiere konnten gerettet werden. Die Verwendung von Luftschiffen wurde im folgenden stark eingeschränkt.

Die Zeit des Ersten Weltkrieges stellte in Fertigungstechnik und Pilotenausbildung einen Durchbruch für die Flugzeugentwicklung dar. Wies die junge Flugzeugindustrie zu Beginn des Krieges nur wenige hundert Beschäftigte auf, so vervielfachte sich diese Zahl bis zum Kriegsende rasch; über 200.000 Flugzeuge wurden weltweit produziert. Zunächst als Aufklärer eingesetzt, erfolgte der Einsatz des Flugzeugs bald auch als Bomber und Jäger. Nach dem Krieg wurden viele Militärflugzeuge, für die nun keine Verwendung mehr bestand, für zivile Zwecke umgerüstet. Ehemalige Militärpiloten gründeten kleine Fluggesellschaften, die häufig allerdings nur kurze Zeit bestanden. In Deutschland war aufgrund der Bedingungen des Versailler Vertrages der Flugzeugbau bis auf wenige Ausnahmen verboten. Dies bedeutete, daß deutsche Flugzeugkonstrukteure im Inland nur auf dem Gleit- und Segelflugsektor arbeiten konnten. Auf diese Weise bekamen sie aber ein Gespür für besonders leichte Konstruktionen, was nach Aufhebung der Versailler Bestimmungen auch dem Motorflugzeugbau zugute kam. Das Versailler Verbot, in Deutschland Höchstleistungsmotoren zu bauen, hatte jedoch einen Vorsprung des Auslandes, zumal der USA und Großbritanniens, zur Folge, der sich bis zum Beginn des Zweiten Weltkrieges nicht einholen ließ.

Die während des Ersten Weltkrieges und kurz nach Kriegsende verwirklichten technischen Neuerungen, die vor allem mit dem Namen Hugo Junkers verknüpft sind, wurden in den zwanziger Jahren von anderen Konstrukteuren aufgegriffen und setzten sich allmählich durch. Hier handelte es sich um Metallflugzeuge aus Dural(uminium) sowie um Eindecker und Tiefdecker mit freitragenden »dicken« Flügeln. Holzflugzeuge hatten gegenüber Metallflugzeugen durchaus einige Vorteile, so daß sich letztere nur langsam zu behaupten vermochten. Neben den Neuerungen dank Junkers war für den Bau des Flugzeugrumpfes auch die Schalenbauweise mit tragender Behäutung wichtig. Schon das französische Rennflugzeug »Deperdussins« von 1912/13 war in Schalenbauweise mit fester Außenhaut gefertigt, was ein inneres Gerüst oder Skelett überflüssig machte. Während des Krieges entwickelten Claude Dornier (1884–1969) und Adolf Rohrbach, beide Mitarbeiter der Zeppelin-Werke in Friedrichshafen beziehungsweise Berlin-Staaken, die Schalenbauweise weiter.

Nach dem Ersten Weltkrieg wurden allmählich Linienflugdienste eingerichtet, obwohl es die ersten Linienflüge bereits vor dem Ersten Weltkrieg in Florida mit dem ab Anfang 1914 verkehrenden Flugboot zwischen St. Petersburg und Tampa gegeben hatte. Vor dem Ausbau des internationalen Telefonnetzes galt es, die schnelle Beförderung von Briefen für die Verwaltungen der britischen und französischen Kolonien zu garantieren. Auch zur Kartographierung, Stadtplanung, Planung von Straßen- und Eisenbahnlinien, zur Versorgung schlecht zu erreichender Gegenden, der Bergbaustätten und Forschungsstationen, zur Rohstoffexploration und zur Überwachung in der Land- und Forstwirtschaft wurden Flugzeuge eingesetzt. Aus Sicherheitsgründen nahmen die Fluggesellschaften statt der einmotorigen Flugzeuge bald zwei- oder dreimotorige Maschinen in Dienst, etwa den Ford-Trimotor oder in Deutschland die Junkers G 23/24 und die Fokker F VII/3 m.

Am 20./21. Mai 1927 überquerte Charles Lindbergh (1902–1974) mit dem einmotorigen Eindecker »The Spirit of St. Louis« den Atlantik von New York nach Paris. Dies rief einen gewaltigen Anstieg der Flugbegeisterung in den USA und weltweit hervor. In dem nun folgenden Konkurrenzkampf zwischen den amerikanischen Fluggesellschaften setzten sich »American Airways«, »Trans World Airways«, »United Airlines« und »Pan American Airways« durch, die vor allem von den Flugzeugherstellern Boeing, Douglas und Lockheed beliefert wurden. Ein Standardmodell dieser Jahre war die von John K. Northrop konstruierte Lockheed »Vega«, die in Holzbauweise mit festem Fahrwerk 1927 auf den Markt kam. Ihr Rumpf bestand aus einer oberen und einer unteren Halbschale, die in einer entsprechenden Form bei 150 Tonnen Druck gepreßt worden waren. In der »Vega« wurde das Konzept der »selbsttragenden Haut« verwirklicht. Bei gleicher Ladekapazität wies das Flugzeug einen um 35 Prozent kleineren Rumpfquerschnitt als vergleichbare Transportflugzeuge auf. Dadurch konnten Material eingespart und Eigengewicht sowie Luftwiderstand verringert werden.

Amerikanische und europäische Flugzeugkonstrukteure nahmen bis 1931, als die »Orion«, das Nachfolgemodell der »Vega«, auf den Markt kam, wesentliche Verbesserungen vor. Die »Orion« hatte einen Rumpf in Metallbauweise, ein einziehbares, den Luftwiderstand reduzierendes Fahrwerk sowie eine NACA-Haube, die nach dem 1915 gegründeten »National Advisory Committee on Aeronautics« benannt war, das 1958 in NASA umbenannt wurde. Bei dieser Haube handelte es sich um einen Ring, der den Motor umgab und so geformt war, daß sich die Luftströmung an den Motor anlegte. Die NACA-Haube beruhte zum Teil auf den aerodynamischen Versuchsergebnissen des englischen Wissenschaftlers H. C. H. Townend. Dieser hatte beobachtet, daß das Anbringen eines Ringes vor einem kugelförmigen Körper dessen Widerstand verringert und verhindert, daß sich die Strömung vorzeitig ablöst und Wirbel bildet. Ganzmetallbauweise, einziehbares Fahrwerk, NACA-Haube und eine verstellbare Luftschraube zeichneten die Douglas DC3 aus, die auch von John K. Northrop, der zu Douglas gewechselt war, konstruiert und 1935 in Dienst gestellt wurde. Die während der verschiedenen Flugphasen verstellbare

52. Wartung einer »Douglas-DC-4« der American Overseas Airlines auf dem Flugfeld. Photographie, 1947

Luftschraube wirkte sich besonders in verkürzten Start- und Landestrecken positiv aus. Das Flugzeug, später auch »Dakota« genannt, konnte bis zu 30 Passagiere befördern, war mit etwa 13.000 Exemplaren das am häufigsten hergestellte Luftfahrzeug dieser Größe und wegen seiner Zuverlässigkeit und Wirtschaftlichkeit geschätzt. Noch Mitte der sechziger Jahre waren etwa 500 DC 3 im Einsatz. Nach der DC 3 war die Ju 52 (ab 1932) das meistgebaute Transportflugzeug, das als besonders sicher galt. Boeing, schärfster Konkurrent von Douglas, baute 1938 das erste Verkehrsflugzeug mit Druckkabine, den Boeing 307 Stratoliner, der in den ruhigen Luftschichten über den Wolken fliegen konnte. Dies war infolge des verminderten Luftwiderstandes angenehmer und wegen des geringeren Treibstoffverbrauchs wirtschaftlicher. Bei Ozean-Überquerungen wurden in der Regel Flugzeuge geflogen, die auf dem Wasser starten und landen konnten, in den USA vor allem Verkehrsflugboote von Sikorskij, Martin und Boeing, in Deutschland besonders das zwölfmotorige Flugboot Do X von Dornier.

Betrachtet man die technischen Neuerungen im Flugzeugbau der zwanziger und dreißiger Jahre in ihrer Gesamtheit, so ist allgemein festzustellen, daß es weniger große, spektakuläre Neuerungen gewesen sind, die das Verkehrsflugzeug leistungsfähiger gemacht haben, als eine Fülle kleinerer, aber wichtiger Verbesserungen, die zusammen beträchtliche Effizienzsteigerungen bewirkten. Dazu gehört die Ver-

53. Flugboot »China-Clipper« über der Zuchthaus-Insel »Alcatraz« in der Bucht von San Francisco. Photographie, um 1950

wendung von Landeklappen an den Tragflächenhinterkanten, die schon 1914 bekannt waren und kürzere Landestrecken ermöglichten. Bald nach dem Ersten Weltkrieg traten Spalt-, Schlitz- oder Vorflügel als Auftriebshilfen hinzu. Hierbei gibt die Vorderkante der ausgefahrenen Klappe einen Spalt frei, durch den die Luft von der Flügelhinterseite zur Oberseite der Klappe streicht. Auch Fowler-Klappen, die hinter die Flügelhinterkante ausgefahren werden, erleichterten den Auftrieb. Ab 1944 sorgten Doppelspaltklappen für eine noch größere Auftriebsverstärkung. Hochoktanhaltige Treibstoffe erhöhten die Verdichtung und somit die Motorleistung. Ständige Bemühungen um Gewichtsreduzierung und längere Flugzeugrümpfe verbesserten die Wirtschaftlichkeit.

Hinzu traten neue Instrumente zur Flugführung, insbesondere Kreiselgeräte wie Kreiselkompaß, Wendezeiger und künstlicher Horizont, die den Piloten dabei unterstützten, das Flugzeug bei Nacht oder ungünstigen Flugverhältnissen auf Kurs zu halten. Dem gleichen Zweck diente der ab Anfang der dreißiger Jahre eingesetzte automatische Pilot. Freilich: Die Bemühungen um Effizienzsteigerung, die Konkurrenzkämpfe zwischen den Fluggesellschaften, mangelnde Ausbildung des fliegenden Personals und technische Probleme führten zu Unfällen, die um so mehr Opfer forderten , je größer die Flugzeuge wurden. Diese Tatsachen wurden in der Öffentlichkeit zwar registriert, doch die von den Fluggesellschaften, Flugzeugherstellern, aber auch, wie in Deutschland ab 1933, durch den Staat geförderte Flugbegeisterung ließ diese Unfalltoten als Opfer erscheinen, die dem technischen Fortschritt zu bringen waren.

Obwohl die ersten Flugzeugpioniere von ihren Zeitgenossen vielfach belächelt wurden, wichen anfängliche Skepsis und Belustigung rasch der Bewunderung für die mutigen Piloten. Flugtage in den Jahren kurz vor dem Ersten Weltkrieg und Flugzeugrennen, wie das Gordon-Bennet-Rennen, verstärkten diese Begeisterung. Während des Ersten Weltkrieges wurden »Fliegerasse« – Piloten mit fünf oder mehr Abschüssen – gefeiert; die Schrecken des Krieges, insbesondere die Bombardements, traten häufig dahinter zurück. Nach dem erfolgreichen Atlantik-Flug von Charles Lindbergh im Mai 1927 erreichte vornehmlich in den USA die Popularität des Fliegens einen Höhepunkt. Mit Hilfe des Flugzeugs schien alles möglich zu sein: Eine Frau aus dem Bundesstaat Mississippi fragte den Flieger, wieviel es kosten würde, wenn er sie in den Himmel brächte und dort zurückließe. Findige Geschäftsleute sahen Möglichkeiten der Verwendung des Flugzeugs als universelles Ver-

54. Modell eines »Wolkenkratzer«-Flughafens für Los Angeles mit dem Chefingenieur O.R. Angelillo. Photographie, vor 1930

kehrsmittel voraus, das nicht nur das Überseeschiff, sondern auch Eisenbahn und Automobil rasch ablösen würde. Architekten in den USA planten Start- und Landebahnen auf großen Bürohäusern. Kleinflugzeuge und Hubschrauber sollten jedermann zur Verfügung stehen. Wenn sich diese Pläne auch nicht realisieren ließen, so konnte man immerhin 1945 in einem New Yorker Kaufhaus ein zweimotoriges Flugzeug kaufen.

Die optimistische Vorstellung, der auch Lilienthal anhing, daß nämlich die Ausbreitung des Flugzeugs den ewigen Frieden brächte, wurde allerdings nicht allgemein geteilt. In England wiesen aufmerksame Beobachter schon einige Jahre vor Ausbruch des Ersten Weltkrieges auf die Gefahren einer möglichen Invasion durch feindliche Flugzeuge hin, wodurch dieses Land die so sehr geschätzten Vorzüge der Insellage verlöre. Zwar wurde etwa in Deutschland die Flugbegeisterung im Zuge der Aufrüstung nach 1933 vom Staat gefördert, und auch während des Zweiten Weltkrieges wurden die »Helden der Lüfte« hier und in anderen kriegführenden Ländern verehrt. Aber angesichts des Bombenkrieges relativierte sich diese Haltung; ein amerikanischer Senator bezeichnete 1943 die Erfindung des Flugzeugs als das größte Unglück, das die Menschheit je getroffen habe. Die unterschiedlichen Reaktionen auf den Einsatz von Flugzeugen zu verschiedenen Zwecken entsprechen der ganzen Bandbreite von deren Verwendungsmöglichkeiten. Darüber wurde bisweilen vergessen, daß es immer der Mensch war, der über den Einsatz technischer Mittel entschied und nicht die Technik selbst.

Mit der Aufrüstung im nationalsozialistischen Deutschland gewann die militärische Luftfahrt rasch an Bedeutung; dies setzte sich im Zweiten Weltkrieg fort. Bomber wurden nun im großen Umfang zu Angriffen auf die Zivilbevölkerung eingesetzt. Die Flugzeugproduktion erhielt, unter Einsatz von Verfahren der Massenfertigung, einen gewaltigen Schub. Die Infrastruktur der Luftfahrt wurde mit einem Netz von Flugplätzen, Wetterstationen, Navigations- und Kommunikationszentren sowie mit dem Einsatz von Radar erweitert. Abgesehen von der Entwicklung von Strahltriebwerken und Strahlflugzeugen konnten nun bei Einsatz von Abgasturboladern Flughöhen von 10.000 Metern erreicht werden. Verbesserte Treibstoffe mit hohen Oktanzahlen und wirksamere Motoren gestatteten eine Verdopplung der Motorleistung von etwa 1.000 PS zu Beginn auf etwa 2.000 PS zu Ende des Krieges.

Schon um die Mitte der dreißiger Jahre wurde deutlich, daß die Möglichkeiten des traditionellen Flugmotorenbaus – Kolbenmotor samt Propeller – an Grenzen gestoßen waren, die nicht durchbrochen werden konnten. Hatte 1934 der Geschwindigkeitsweltrekord bei 704 Stundenkilometern gelegen, so gelang bis 1939 eine Verbesserung auf 755 Stundenkilometer; damit schien das Äußerste erreicht worden zu sein. Dies hatte relativ einfache physikalische Ursachen: Bei derartig hohen Geschwindigkeiten gerieten die Blattspitzen der Propeller an die Grenze der

Schallgeschwindigkeit. Dabei stieg der Luftwiderstand am Propeller sprunghaft an; der Wirkungsgrad nahm entsprechend ab. Zwar hätte dies durch eine höhere Motorleistung ausgeglichen werden können, aber dadurch wären derart starke Motoren erforderlich geworden, daß deren Nachteile – hohes Gewicht, hoher Treibstoffverbrauch, starke Vibrationen – überwogen hätten. In dieser Situation beschäftigten sich verschiedene Naturwissenschaftler und Ingenieure vornehmlich in Deutschland und England mit Möglichkeiten, den Kolbenmotor durch ein wirksameres Antriebsaggregat zu ersetzen. Der deutsche Physiker Hans-Joachim Pabst von Ohain und der englische Luftwaffenoffizier Frank Whittle kamen bei Untersuchungen, die sie unabhängig voneinander durchführten, zu dem Schluß, daß ein Turboluftstrahlantrieb dem Kolbenmotor vorzuziehen sei. 1930 nahm Whittle ein entsprechendes Patent.

Die Vorteile des Turboluftstrahlantriebes lagen auf der Hand: ein stetiger Arbeitsprozeß, der sich vorteilhaft von dem intermittierenden Prozeß beim Kolbenmotor unterscheidet, bei dem eigentlich nur der dritte Takt die gewünschte Arbeit liefert. Zudem konnte bei der Gasturbine, die eine größere Leistung ohne Vibration erzeugte, der Propeller entfallen. Allerdings verhielten sich Flugzeugmotorenkonstrukteure in England und Deutschland dieser Neuerung gegenüber zunächst ablehnend. Zumal in Deutschland war man noch damit beschäftigt, den durch die erzwungene Untätigkeit nach dem Versailler Friedensvertrag hervorgerufenen Rückstand im Kolbenmotorenbau aufzuholen. Außerdem gab es technische Probleme bei der Entwicklung des Strahltriebwerkes. Seine Zuverlässigkeit war schwer abzuschätzen, da wegen der hohen Temperaturen neue, noch unerprobte Legierungen verwendet werden mußten. Ferner bestanden Schwierigkeiten, bei niedrigen Geschwindigkeiten die nötige Schubkraft zu erhalten, und der Brennstoffverbrauch lag über dem der Kolbenmaschine.

55. Junkers-Turbo-Strahltriebwerk »Juno 004 B«. München, Deutsches Museum

Im Gegensatz zu Whittle fand Pabst von Ohain in dem Flugzeugkonstrukteur und Fabrikanten Ernst Heinkel (1888–1958) einen Förderer, der ihm qualifizierte Mitarbeiter sowie Arbeitsmittel zur Verfügung stellte. Geheim, auch ohne Wissen des Reichsluftfahrtministeriums, arbeitete er so erfolgreich an einem Strahltriebwerk – Kompressor und einer Turbine in radialer Bauart –, daß der erste Strahljäger, die He 178, bereits einige Tage vor Ausbruch des Zweiten Weltkrieges zu ihrem Jungfernflug starten konnte. Frank Whittle, der nach längerem Zögern für seine Entwicklungsarbeit 1936 die Unterstützung des britischen Luftfahrtministeriums erhielt, war am 15. Mai 1941 mit dem Düsenflugzeug »Gloster E 28/39« erfolgreich. In den USA setzte General Electric Whittles Strahltriebwerkskonstruktion 1942 im »Jet Bell Airacomet XP-59 A« ein, 1944 im Strahljäger Lockheed P-80 »Shooting Star«. In Deutschland arbeitete neben Pabst von Ohain, Ernst Heinkel und anderen Konstrukteuren Herbert Wagner (1906–1982), 1930 bis 1935 Professor für Luftfahrt an der Technischen Hochschule Berlin-Charlottenburg und später bei der Firma Junkers beschäftigt, an der Konstruktion von Strahltriebwerken mit Axialkompressoren, die kleiner und leichter waren als die Radialkompressoren Pabst von Ohains und Heinkels. Technische Probleme standen einem erfolgreichen Einsatz zunächst entgegen, doch später setzten sich Strahltriebwerke mit Axialkompressoren als Flugzeugantrieb durch. Bald nach Kriegsbeginn subventionierte das Reichsluftfahrtministerium den Bau von Strahltriebwerken und Düsenflugzeugen mit beträchtlichen Summen. Die Me 262, der erste serienmäßige gebaute Strahljäger von Messerschmitt, flog zum ersten Mal im Juli 1944, angetrieben von zwei Junkers-Jumo-Strahlturbinen, nachdem zunächst BMW-003-Triebwerke eingesetzt worden waren.

Flugzeuge sind ohne eine Infrastruktur, vor allem ohne Flughäfen, nicht funktionsfähig. Die ersten Flugplätze, die über bloße Start- und Landemöglichkeiten hinausgingen, standen ab 1910 in Deutschland für Zeppeline zur Verfügung. Der Erste Weltkrieg gab den Anstoß zum Bau des Flugplatzes Croydon bei London, der 1915 als Militärflugplatz eingerichtet und 1920 auch für die zivile Luftfahrt in Betrieb genommen wurde. Croydon war mit einem weithin sichtbaren Drehfeuer und mit Hilfsmitteln für die Flugsicherung ausgestattet. Für Start und Landung standen Grasbahnen zur Verfügung; erst der 1928 eröffnete New Yorker Flughafen Newark wies eine 490 Meter lange Hartbelagpiste auf. Das rasche Wachstum der europäischen und amerikanischen Metropolen bewirkte, daß für große und schnelle Flugzeuge, die eine längere Start- und Landebahn benötigten, ein Ausbau des Flughafens nicht mehr möglich war. Dies galt für Croydon, aber auch für den Berliner Flughafen Tempelhof und den Pariser Flughafen Le Bourget. Tempelhof, 1923 eröffnet, hatte einen gewaltigen Abfertigungs- und Hangarblock samt einem bogenförmigen Gebäude. Le Bourget verfügte über geeignete Anlagen für den Nachtflug. In den USA wurden in den frühen zwanziger Jahren befeuerte Luftstra-

56. Der Flughafen Berlin-Tempelhof nach Fertigstellung des zweiten Bauabschnitts. Photographie, 1928

ßen eingeführt, deren mit Acethylengas betriebene Markierungsbalken in 5 Kilometer Abstand entlang der Luftstraße lagen. Eine ähnliche Nachtflugstrecke richtete die »Luft Hansa« 1926 von Berlin nach Königsberg ein.

Im Gegensatz zu den herkömmlichen Flugzeugen können Hubschrauber auf Flughäfen verzichten. Die Vorteile von Hubschraubern veranlaßten Erfinder und Konstrukteure im 20. Jahrhundert, verschiedene Prototypen zu entwerfen. Schon Leonardo da Vinci hatte sich Gedanken über einen Flugapparat gemacht, der mittels einer drehenden Fläche Auftrieb erhält. Die heute bekannten Hubschrauber können aus dem Stand starten, auf dem Fleck landen und in alle Richtungen zwischen Stillstand in der Luft und Maximalgeschwindigkeit fliegen. Um aufzusteigen, wird die den Hubschrauber umgebende Luftmasse von den rotierenden Hubschrauberblättern nach unten beschleunigt. Die dadurch entstehende, nach oben gerichtete Hubkraft, der Auftrieb, macht den Flug möglich. Ein Verstellen des Anstellwinkels der Hubschrauberblätter ruft zudem eine Vortriebskraft hervor. – 1907 gelang es den Brüdern Bréguet in Frankreich, einen mit einer Person besetzten Hubschrauber aufsteigen zu lassen. Der Hubschrauber, der von einem 45-PS-Motor angetrieben wurde, erreichte allerdings nur eine Höhe von 1,5 Metern. Aus Rußland kamen

57. Autogiro »C 6a« von Cierva. Photographie, 1926

Pläne zum Bau eines mit einer einzigen Hubschraube ausgestatteten Tragflüglers, dessen Blätter sich verstellen ließen, wodurch er steuerbar wurde. Das Rückdrehmoment dieser Schraube sollte durch eine kleine Steuerschraube am Heck des Rumpfes ausgeglichen werden. Die Tatsache, daß der Zeppelin des Ersten Weltkrieges zu Aufklärungszwecken eingesetzt wurde, veranlaßte die Armee der Vereinigten Staaten, nach dem Ersten Weltkrieg den Bau von Hubschraubern zu unterstützen. Auf den Erkenntnissen Jurjews aufbauend, entwickelten amerikanische Konstrukteure einen Hubschrauber, der vier Sechs-Blatt-Propeller für den Auftrieb und je zwei kleine Propeller für die Steuerung aufwies. 1923 fand damit der erste Hubschrauberflug mit zwei Personen statt.

Einen wesentlichen Schritt auf dem Weg zum heute bekannten Hubschrauber gelang dem Spanier Juan de la Cierva (1895–1936), der Ende der zwanziger Jahre das Tragschraubenprinzip entwickelte. Während beim Hubschrauber die Rotoren von einem Motor angetrieben werden, ist der Traghubschrauber mit einer normalen Luftschraube ausgestattet, die den Vortrieb erzeugt. Der Fahrtwind versetzt die Tragschraube in Eigenrotation, weshalb dieser Typ auch »Autogiro« genannt wird. Auf diesen Arbeiten aufbauend, wurden in mehreren europäischen Ländern und in den USA Helikopter mit verstellbaren Rotorblättern konstruiert. Kleine Steuerschrauben an Bug und Heck hoben das Rückdrehmoment auf; gesteuert wurde, indem man die Einstellwinkel der Rotorblätter verstellte. Beim Motorausfall sollten die Hubschrauben ausgekoppelt werden und – nach dem Prinzip Ciervas – als Tragschrauben wirken. Den ersten brauchbaren Hubschrauber dieser Art baute der deutsche Konstrukteur Henrich Focke (1890–1979), der seine F 61 im Jahr 1936 vorstellte. Der auf dieser Grundlage entwickelte Fa 223 der Firma Focke-Achgelis erzielte bei einer Höchstgeschwindigkeit von 182 Stundenkilometern und einer Reichweite von 700 Kilometern eine Leistung von 1.000 PS. Dieser, wie auch der von Igor Sikorskij (1889–1972) entwickelte VS-300, der mit einem Heckrotor zum Drehmomentausgleich versehen war, sollte vor allem militärischen Zwecken, der Aufklärung und U-Boot-Abwehr, dienen. Trotz der Vorteile von Hubschraubern blieb ihr Einsatz wegen verschiedener Mängel – relativ niedrige Fluggeschwindigkeit, starke Vibration, hohes Eigengewicht, komplizierter Antriebs- und Steuermechanismus – sowie aufgrund beträchtlicher Anschaffungs- und Betriebskosten vorerst begrenzt.

Weitere Verdichtung durch Kommunikationssysteme

Ausbreitung des Telefons

War das Telefon zu Beginn des Ersten Weltkrieges vor allem in den USA und in Westeuropa verbreitet, so wurde in den folgenden Jahrzehnten das Telefonnetz in den Industrienationen immer weiter und dichter. Eine Voraussetzung hierfür lag in der »Wellenfilter-Schaltung«, die es ermöglichte, mehr als nur ein Gespräch auf einer Leitung unterzubringen und mehrere Fernsprechkanäle nebeneinander auf verschiedenen »Frequenzbändern« zu übertragen. 1918 konnte in den USA eine solche Strecke mit vier Kanälen zwischen Baltimore und Pittsburgh in Betrieb genommen werden. Die Telekommunikation stand in der Zeit vom Beginn des Ersten Weltkrieges bis zum Ende der zwanziger Jahre im Zeichen der Einrichtung eines Funksprechverkehrs über den Atlantischen Ozean. Nachdem in den USA bereits 1915 mit Hilfe zwischengeschalteter Verstärkerröhren eine transkontinentale Sprechverbindung zwischen New York City und San Francisco zustande gekommen war, richtete die American Telephone and Telegraph Company (AT&T) im selben Jahr auch eine Funksprechverbindung zwischen Arlington, Virginia, und dem Eiffel-Turm in Paris ein. In den zwanziger Jahren wurden mehrere Langwellen-Funktelefoniesysteme in Betrieb genommen; danach herrschten Kurzwellenverbindungen vor. 1934 waren im Netz der AT&T etwa 350.000 Verstärkerröhren eingebaut. Das technische Mittel der »Gegenkopplung«, 1927 von dem AT&T-Mitarbeiter Harold S. Black (1898–1983) vorgeschlagen, verbesserte die Übertragungsqualität gerade bei Fernübertragungen erheblich. Bei diesem Verfahren wurde ein Teil der Ausgangsspannung eines Verstärkers rückgeführt und mit negativem Vorzeichen auf den Eingang geschaltet. Hier sind theoretische Grundlagen der Kybernetik angelegt.

In den USA war das Telefon zunächst auf den geschäftlichen Gebrauch zugeschnitten. Es hatte seinen Ursprung in der Telegraphie und wurde hauptsächlich zu deren Unterstützung eingesetzt. Aufgrund der zu Beginn des 20. Jahrhunderts noch stark begrenzten Kapazitäten im amerikanischen Fernmeldenetz und der Tatsache, daß vorwiegend geschäftliche Telefonate über größere Strecken für die Telefongesellschaften ein lukratives Geschäft darstellten, waren private Unterhaltungen der Fernsprechteilnehmer zunächst verpönt. Diese Gespräche gingen nämlich zumeist über kurze Entfernungen und blockierten Vermittlungen und Leitungen. Erst mit dem weiteren Ausbau des Telefonnetzes und der Automatisierung der Telefonvermittlungsanlagen entdeckten Firmen wie AT&T und Bell die privaten Kunden, deren Gespräche außerhalb der Geschäftszeiten das bestehende Telefonnetz besser auslasteten.

In Deutschland hatte das Ergebnis des Ersten Weltkrieges gezeigt, daß, zumal in Kriegszeiten, ein Fernmeldenetz benötigt wird, welches, anders als das Netz aus oberirdischen Leitungen, äußeren Einflüssen gegenüber unempfindlich ist. Hier bot sich in den zwanziger Jahren die Einrichtung eines mit Verstärkern betriebenen Kabelleitungsnetzes an, das zudem kostengünstiger als Freileitungen zu sein schien. Der rasche Aufbau eines solchen leistungsfähigen Netzes erwies sich auch deshalb als zwingend, weil die amerikanische Telefongesellschaft Western Electric Company, die Interessen in Europa hatte, zu Beginn der zwanziger Jahre mit Hilfe Frankreichs ein europäisches Fernmeldenetz mit Frankreich als Zentrum aufbauen wollte. Die deutsche Postverwaltung versuchte, dieser Absicht durch den Ausbau eines eigenen, leistungsfähigen Netzes entgegenzuwirken. Innerhalb von fünf Jah-

58. Automatische Telefonvermittlungsanlage in Großbritannien. Photographie

ren gelang es ihr, Hauptabsatzwege des Telefon- und Telegraphenverkehrs zu verkabeln, so daß sich das Deutsche Reich nach 1926 in das europäische Fernkabelnetz eingliedern und die von Frankreich vorher beanspruchte Funktion als Zentrum des innereuropäischen Systems übernehmen konnte. Bereits im Mai 1923 hatte die Automatisierung der Telefonvermittlungsanlagen in Deutschland begonnen, die das Telefonieren durch den Fortfall handvermittelter Gespräche vereinfachte. Von entscheidender Bedeutung für die Konzentration von Ferngesprächen auf Übertragungsstrecken war das Koaxialkabel, ein Hohlleiter für die Führung hochfrequenter elektromagnetischer Wellen. 1935 wurde diese Technik in Deutschland und 1936 in den USA in Betrieb genommen; sie erlaubte neben der Übertragung eines Fernsehprogramms die Abwicklung von 200 Ferngesprächen über ein einziges Kabel.

In der Phase der nationalsozialistischen Aufrüstung ab 1933 kam es zu einem Zielkonflikt zwischen Wehrmacht und Reichspost über die zukünftige Gestaltung des Fernmeldenetzes. Die Wehrmacht strebte ein bereits für Kriegszeiten konzipiertes taktisch-strategisches Kabelnetz an, um militärische Informationen besser und sicherer weiterleiten zu können. Die Reichspost hingegen favorisierte eine kostengünstigere Anlage von Fernmeldenetzen auf mehreren Vermittlungsebenen und mit Automatisierung der Fernvermittlungen. Als die Reichswehr die Investitionsmittel für die Erweiterung und Vermaschung des Fernkabelnetzes bereitstellte, löste sich der Konflikt allerdings rasch. Im Zeitraum 1937 bis 1940 erweiterten dann Breitbandkabel die Fernmeldemöglichkeiten zwischen Berlin, München und Hamburg erheblich. Die neue Technik ermöglichte Mehrfachnutzungen durch Übertragung der in Berlin produzierten Fernsehprogramme zusammen mit Telefon- und Bildtelefongesprächen, Fernschreiben und Telegrammen. Zwar hatten militärische Aspekte nicht den Anstoß zur Verlegung der Breitbandkabel gegeben, aber die Aufrüstung profitierte ebenso davon wie die nationalsozialistische Großraumpolitik. Im Zweiten Weltkrieg strebte die deutsche Führung eine Geopolitik des europäischen Nachrichtenverkehrs an, deren Ziele die betriebliche Eingliederung des Fernmeldenetzes der besiegten Länder in das eigene Netz waren. Unter solchen Gesichtspunkten wurde 1942 der »Europäische Post- und Fernmeldeverein« gegründet, dem die von Deutschland beherrschten Staaten angehörten. Bei der weiteren Vernetzung des europäischen Fernmeldesystems nach dem Krieg konnte man, unter völlig anderen Vorzeichen, an diese »Vorarbeiten« anknüpfen.

Ursprünge des Rundfunks

Die Geschichte des Rundfunks beleuchtet den Prozeß des Ursprungs, der Einführung und der Durchsetzung einer Technologie in exemplarischer Weise. Er ist gekennzeichnet durch zeitgleiche und ähnliche technologische Beiträge aus verschiedenen Ländern, die Übertragung naturwissenschaftlicher Erkenntnisse in die Praxis und ein teilweise ambivalentes Verhältnis zwischen Staat und Wirtschaft.

Die Entwicklung des Rundfunks beruhte auf verschiedenen Voraussetzungen, besonders auf der 1886 erfolgten Entdeckung der elektromagnetischen Wellen durch den deutschen Physiker Heinrich Hertz (1857–1894). 1897 übertrug der Italiener Guglielmo Marconi (1874–1937) drahtlos telegraphische Nachrichten durch elektrische Wellen über eine Distanz von 5 Kilometern. Marconi benutzte hierzu den von Heinrich Hertz konstruierten Funken-Sender und -Empfänger, die von dem Russen Aleksandr Popow (1859–1906) 1885 entdeckten Antennendrähte sowie den von dem Franzosen Edouard Branly (1844–1940) 1890 entwickelten »Fritter«. Hierbei handelte es sich um eine mit Metallpulver gefüllte Glasröhre, die Leitfähigkeitsänderungen metallischer Kontakte ermöglichte. Der von dem deutschen Physiker Ferdinand Braun (1850–1918) Ende des 19. Jahrhunderts entwikkelte Kristalldetektor ersetzte bald darauf den Fritter als Empfangsgerät elektrischer Wellen.

Die Anwendungsmöglichkeiten des Marconi-Systems waren, hauptsächlich aufgrund der geringen Reichweiten, beschränkt. 1906 entwickelte der österreichische Physiker Robert von Lieben (1878–1913) eine elektronische Verstärkerröhre, sein »Kathodenstrahlrelais«, die als Telefonverstärker diente. Ein Jahr später erfand Lee De Forest (1873–1961), ein Physiker der Western Electric Company in Chicago, sein Audion, eine Triode, die Drei-Elektroden-Röhre. Hier steuerte eine kleine, an ein Gitter zwischen Anode und Kathode gelegte Spannung den Elektronenfluß zwischen diesen. Dadurch war es möglich, ein genaues Abbild des Verlaufs von Spannungsänderungen bei wesentlich stärkeren Spannungen zu erzeugen. Das Audion diente im Empfänger als Gleichrichter und Verstärker schwacher hochfrequenter Schwingungen. De Forest erhielt seine ersten Aufträge von der amerikanischen Marine. Der Österreicher Alexander Meißner (1883–1958) schließlich verwendete 1913 die Kathodenröhre zur Herstellung und Aussendung ungedämpfter Schwingungen.

Da die mit Quecksilberdampf gefüllte Lieben-Röhre eine starke Temperaturempfindlichkeit aufwies, konzentrierte sich die Entwicklung von Elektronenröhren in Deutschland ab 1914 auf die Hochvakuumröhre, die seit 1916 in Serie gefertigt wurde. Welche Bedeutung der Erste Weltkrieg für die Massenproduktion von Elektronenröhren gehabt hat, zeigt die Entwicklung in den USA. Stellte dort die American Telephone and Telegraph Company im August 1917 nur knapp 200 Röhren im Monat her, so lag die Zahl im November 1918 bei 25.000.

Da die großen Firmen der Nachrichtenindustrie in Deutschland vorrangig ihre Telegraphen- und Telefonnetze ausweiten wollten, engagierten sich vor allem kleinere Unternehmen bei der Entwicklung der Röhrentechnik. Im Juni 1913 wurde zum ersten Mal ein drahtloser Sprechverkehr zwischen Berlin und Nauen mit einem Lieben-Röhren-Sender durchgeführt; die militärischen Interessen spielten hierbei wie auch im folgenden eine entscheidende Rolle. Während des Ersten Weltkrieges gewann nämlich die Funktelegraphie eine große strategische Bedeutung. Die amerikanische Marine allerdings verhielt sich ihr gegenüber sehr zögerlich. Weil die Funktelegraphie die Koordination der Flottenverbände auf See ermöglichte, wäre bei ihrer Anwendung eine Lücke in der militärischen Kommandostruktur geschlossen worden, und daran konnte den Schiffskommandanten nicht gelegen sein.

Damals bedeutete »Rundfunk« noch drahtlose Telegraphie. Aber zu seinem Ursprung gehörte ebenso das Telefon. In Telefonkabinen konnte man schon um die Jahrhundertwende Musikübertragungen hören. 1915 begann Lee De Forest, regelmäßig nächtliche Konzerte von Platte auszustrahlen, wobei er auch Werbung für seine Produkte machte. In den USA gab es 1916 bereits über 10.000 lizenzierte Radioamateure; wohl mehr als 100.000 weitere waren ohne Lizenz. Hier wurde kurz nach dem Ersten Weltkrieg, als das Militär noch ein Monopol im Funkverkehr beanspruchte, im Oktober 1919 die RCA als Tochtergesellschaft der General Electric Company gegründet, die, in der Tradition der amerikanischen Marconi-Gesellschaft und der Marine stehend, die Zukunft des Rundfunks zunächst im Langstrekkenfunkverkehr sah. Die Firma Westinghouse, Konkurrent von General Electric, richtete 1920 in Pittsburgh eine Radiostation mit dem Codenamen »KDKA« ein, die regelmäßig Sendungen – Musik, Unterhaltung, Sportereignisse und Werbung – ausstrahlte. Westinghouse erhoffte sich ein gutes Geschäft mit den von ihr produzierten Rundfunkempfängern. Die Zahl der in den USA betriebenen Sender erhöhte sich denn auch von sieben im Jahr 1921 auf 700 im Jahr 1937. Die Verbreitung der Empfangsgeräte verlief entsprechend, nämlich: von etwa 60.000 im Jahr 1922 – etwa 0,2 Prozent der amerikanischen Haushalte – über 1,25 Millionen 1924 – 4,7 Prozent der Haushalte –, 10,25 Millionen 1929 – 34,4 Prozent der Haushalte – auf etwa 27,5 Millionen am Ende der dreißiger Jahre; zu dieser Zeit besaßen knapp 80 Prozent der amerikanischen Haushalte ein Radiogerät. Auch in die Automobile drang das Radio ein, wurden doch bis 1932 in den USA bereits 750.000 Autoradios verkauft.

Obwohl die Rundfunkindustrie gleich anderen Branchen in den Vereinigten Staaten von der Weltwirtschaftskrise stark betroffen war, erwiesen sich die wirtschaftlichen Probleme für die Ausbreitung des Radios eher als nützlich. Während nämlich die Besucherzahlen in den Theatern schrumpften und in den Kinos verschiedener Länder stagnierten, stieg die Zahl der Rundfunkhörer beständig an. Dabei wurden auch die Möglichkeiten des Rundfunks bei der politischen Beeinflussung und kommerziellen Werbung offensichtlich. Der amerikanische Präsident Franklin D. Roosevelt (1882–1945) festigte seine politische Stellung mit seinen vom Rundfunk übertragenen »Kamingesprächen«; und auch für die kommerzielle Wer-

59. Erster von Telefunken gelieferter Rundfunksender für das ab Ende Dezember 1923 bis Juli 1924 aus dem Berliner VOX-Haus ausgestrahlte Programm. Photographie, 1924

bung hatte der Rundfunk mancherlei Vorteile gegenüber Zeitungen und Zeitschriften: Er konnte Kinder und Analphabeten erreichen; ferner war es nicht möglich, Werbung innerhalb einer Rundfunksendung einfach, wie bei einer Zeitschrift, zu »überschlagen«. Rundfunkhörer gingen häufig anderen Beschäftigungen nach, während sie dem Programm lauschten, und konnten dies auch tun, wenn sie für weitere Tätigkeiten zu müde waren. Außerdem übte die Kommunikation durch die Sprache häufig einen stärkeren, suggestiveren Einfluß aus als das geschriebene Wort.

In Deutschland bestand zu Anfang der zwanziger Jahre das Reichsfunknetz aus der 1919 von der Heeresverwaltung übernommenen Hauptfunkstelle Königs Wusterhausen bei Berlin, über welche die Post einen regelmäßigen telegraphischen Presse- und Rundspruchdienst verbreitete. Zu Beginn des Jahres 1920 begann Königs Wusterhausen mit Versuchen zur Ausstrahlung telefonischer Wirtschaftsnachrichten. Es entstanden Radioklubs und eine immer breiter werdende Bastlerbewegung, verbunden mit einer großen Zahl ungenehmigter Empfangsstellen. In dieser Situation fürchtete der Staat, der die Funkhoheit besaß, um die Staatssicherheit. Die Reichswehr erklärte sich mit der Freigabe des Empfangs unter der Bedingung einverstanden, daß die Rundfunkindustrie nur solche Mittelwellen-Empfangsgeräte auf den Markt brachte, die das Abhören des militärisch genutzten Frequenzbereiches ausschlossen. Die Reichspost, welche die Funkanlagen betrieb, eröffnete 1922 zusammen mit dem »Eildienst für amtliche und private Handelsnachrichten mbH« den »Wirtschafts-Rundspruchdienst«, der Banken und größere Firmen mit Wirtschaftsnachrichten versorgen sollte. Im selben Jahr gründete dieser Eildienst sein Tochterunternehmen »Deutsche Stunde, Gesellschaft für drahtlose Belehrung und Unterhaltung«, und ebenfalls 1922 schlossen sich einige Unternehmen der funktechnischen Industrie in der »Rundfunk-Gesellschaft mbH« mit der Absicht zusammen, den Unterhaltungsrundfunk privatwirtschaftlich zu betreiben. Die »Deutsche Stunde« sowie die kurz darauf gegründete »Drahtlose Dienst AG für Buch und Presse« erhielten vom Reichspostministerium die Konzession für einen regelmäßigen Programmdienst, wobei die »Dradag« Nachrichten und politische Sendungen, die »Deutsche Stunde« hingegen wissenschaftliche, musikalische und literarische Beiträge ausstrahlte. Am 23. Oktober 1923 begann die »Dradag« mit der ersten regelmäßigen Rundfunksendung in Deutschland. Der Vox-Konzern, der Schallplatten und Sprech- sowie andere feinmechanische Geräte herstellte, sah den Rundfunk als einen Werbeträger für seine Produkte an und erhoffte sich durch ihn einen erhöhten Absatz seiner Schallplatten. Diese Firma gründete die »Radiostunde AG«, die erste deutsche Rundfunkanstalt, die kurz darauf ihren Namen in »Funk-Stunde AG« änderte. 1925 entstand dann die »Reichs-Rundfunkgesellschaft« als Zusammenschluß von Filialgesellschaften der »Deutschen Stunde« und unter Beteiligung privater Geldgeber. Die Gesellschaft sendete vor allem Unterhaltungsmusik, Nachrichten, Vorträge und Börsenberichte.

In dieser Zeit forderten verschiedene Intellektuelle, Künstler und Politiker, die Kultur mit Hilfe des neuen Mediums »Rundfunk« breiteren Bevölkerungsschichten zugänglich zu machen. Dabei gab es jedoch unterschiedliche Interessen. Manche Intellektuelle und Künstler sahen in dem neuen Medium eine ernsthafte Konkurrenz, die ihre Existenz gefährdete. Das durch den Rundfunk realisierte Schlagwort »Kultur durch Technik« drang in die Monopolstellung von Buch, Theaterbühne, Konzertsaal und Kino ein. Zudem entstanden Kontroversen über die Inhalte der Sendungen. »Arbeiterradioklubs« wandten sich gegen einseitige politische Indoktrination durch den Rundfunk und forderten dessen paritätische Öffnung für alle politischen Parteien.

Die Übertragung spektakulärer Ereignisse sicherte dem Rundfunk in den zwanziger Jahren eine immer größere Popularität. Bei der Direktübertragung des Weltmeisterschafts-Boxkampfes zwischen Jack Dempsey und Alfred Tunney aus New York 1927 saß ein Reporter des Süddeutschen Rundfunks in New York am Boxring. Sein Bericht gelangte über Kurzwellensender nach Stuttgart, von wo aus er in das deutsche Sendenetz eingespeist wurde. Auch technische Sensationen wie eine

8 nm. (20)

Das erste deutsche Rundfunk-Programm vom 29. Oktober 1923

Sprecher: **Friedrich Georg Knöpfke**

Am Bechstein-Flügel: **Otto Urack**

1. Andantino .... Kreisler
   Otto Urack (Cello). Am Blüthner-Flügel: Kapellmeister **Fritz Goldschmidt**
2. Arie a. d. Oratorium „Paulus“ .. Mendelssohn
   Alfred Wilde (Tenor)
3. Langsamer Satz aus dem Violinkonzert .... Tschaikowsky
   Prof. Rudolf Deman (Violine)
4. Arie aus der Oper „Samson und Dalila“ .... Saint-Saëns
   Ursula Windt (Sopran)
5. „Hab' Mitleid“, Zigeunerlied ... Pawlovicz
   Prof. Rudolf Deman (Violine), **Otto Urack** (Cello), **Max Saal** (Klavier) (Schallplatte)
6. „Daß nur für dich mein Herz erbebt“, a. d. Op. „Der Troubadour“ ...... Verdi
   Kammersäng. **Alfr. Piccaver** (Schallpl.)
7. Larghetto .... Mozart
   Alfred Richter (Klarinette)
8. Der schlesische Zecher .... Reißiger
   Adolf Lieban (Schallplatte)
9. Träumerei .... Schumann
   Otto Urack (Cello)
10. Über Nacht .... Wolf
    Alfred Wilde (Tenor)
11. Menuett .... Beethoven
    Prof. Rudolf Deman (Violine)
12. Deutschland, Deutschland über alles,
    Inf.-Regt. III/9, Obermusikmstr. **Adolf Becker** (Schallplatte)

60. Bekanntmachung der ersten deutschen Radio-Musiksendung in der Presse

Ansprache Hugo Eckeners aus der Führungsgondel des Luftschiffs »Graf Zeppelin« 1927 oder der Start des ersten Raketenautos 1928 konnte man live miterleben.

Etwa zur gleichen Zeit wie in den USA und in Deutschland wurden Rundfunkstationen auch in anderen europäischen Ländern errichtet. Ein 6-Kilowatt-Sender im englischen Chelmsford, Essex, strahlte bereits 1919 täglich eine halbe Stunde Sprache und Musik aus; im Oktober 1922 wurde die BBC, die British Broadcasting Corporation, als private Gesellschaft gegründet. In Frankreich erfolgten ab 1922 regelmäßige Rundfunksendungen vom Eiffel-Turm. Seit 1923 sendeten Stationen in Belgien, Spanien und der Tschechoslowakei. In der Sowjetunion erkannte Lenin schon frühzeitig die Möglichkeiten des neuen Mediums und setzte es ähnlich wie die Presse als Instrument zur Organisation, Propaganda und Agitation ein. Im November 1924 begann die Ausstrahlung regelmäßiger Rundfunksendungen. Seit den frühen dreißiger Jahren spielten der Fernunterricht im Radio sowie »Rundfunkuniversitäten« in der Sowjetunion eine zunehmende Rolle.

Mit der nationalsozialistischen »Machtergreifung« wurden die noch bestehenden selbständigen Rundfunkgesellschaften nach Übernahme der Anteile durch die »Reichs-Rundfunkgesellschaft« aufgelöst. Das Reichspropagandaministerium beabsichtigte, mit offiziellen Sendungen möglichst viele Hörer zu erreichen. Ab 1933 begann die Produktion des »Volksempfängers«, eines einfachen Einkreisempfängers, der zur Erinnerung an den Tag der »Machtergreifung« den Namen »VE 301« – Volksempfänger 30.1. – bekam und im Preis etwa 50 Prozent unter dem herkömmlichen Rundfunkempfänger lag. Dieses Gerät erwies sich als Verkaufsschlager. Schon am Eröffnungstag der Funkausstellung im August 1933 war die erste Produktion von 100.000 Geräten verkauft. Um noch weitere Hörerschichten zu erschließen, veran-

61. Familie mit Kopfhörern beim Radio-Empfang. Photographie

laßten die Nationalsozialisten 1938 die Produktion des »Deutschen Kleinempfängers«, des DKE 1938, der nur 35 Reichsmark kostete und den der Volksmund »Goebbels Schnauze« nannte. Die Hörerzahlen in Deutschland stiegen von 4,2 Millionen im Mai 1932 über 12,5 im Mai 1939 auf 13,7 Millionen im Januar 1940. Das Gerät wurde gezielt als Propagandainstrument eingesetzt. Volksempfänger konnten nur starke Ortssender hörbar machen; der Empfang ausländischer Sender mit Hilfe von Zusatzeinrichtungen war bereits seit September 1933 verboten. Auch im Zweiten Weltkrieg war der Rundfunk für die Propaganda unerläßlich geworden. Der »Krieg im Äther« war Teil der psychologischen Kriegführung, mit der die Kriegsgegner verunsichert und getäuscht werden sollten. Freiheitssender deutscher Oppositioneller im Ausland riefen zum Kampf gegen das nationalsozialistische Regime auf; gefälschte, vorgeblich offizielle Anordnungen stifteten Verwirrung. Viele deutsche Haushalte gingen daher zur Verkabelung mit Telefondrähten über, um verläßliche Luftlagemeldungen zu erhalten.

Versuche zur Entwicklung des Fernsehens erfolgten nicht etwa als Reaktion auf die Entstehung des Rundfunks, sondern sind schon im 19. Jahrhundert nachzuweisen. Bereits 1843 hatte der schottische Uhrmacher Alexander Bain (1810–1877) vorgeschlagen, Textvorlagen in Zeilen zu zerlegen und deren Helligkeitswerte punktweise abzutasten. Die in elektrische Impulse verwandelten Helligkeitswerte könnten, so meinte er, wenn nacheinander über eine Leitung übertragen, durch ein elektrochemisches Verfahren wiedergegeben werden. Anfang der achtziger Jahre des 19. Jahrhunderts konzentrierte sich der Berliner Student der Naturwissenschaften Paul Nipkow (1860–1940) darauf, bewegte Bilder über eine Leitung zu übertragen. Er schlug vor, für die Zerlegung in Bildpunkte eine rotierende Scheibe, die spätere »Nipkow-Scheibe«, mit 24 spiralförmig angeordneten Löchern zu verwenden. Die Scheibe konnte also nacheinander 24 Zeilen abtasten. War das erste Loch am Ende der ersten Zeile angelangt, so befand sich das zweite Loch am Beginn der zweiten. Die von dem zu übertragenden Objekt reflektierten Strahlen trafen nacheinander auf eine lichtempfindliche Selenzelle; auf der Empfangsseite wurde das Bild durch eine synchron laufende Scheibe wieder zusammengesetzt. Für das Prinzip seines »elektrischen Teleskops« erhielt Nipkow ein Reichspatent. Die weitere Entwicklung des Verfahrens scheiterte aber zunächst daran, daß die Selenzelle zu schwache Ströme lieferte und die Möglichkeit der Verstärkung noch nicht

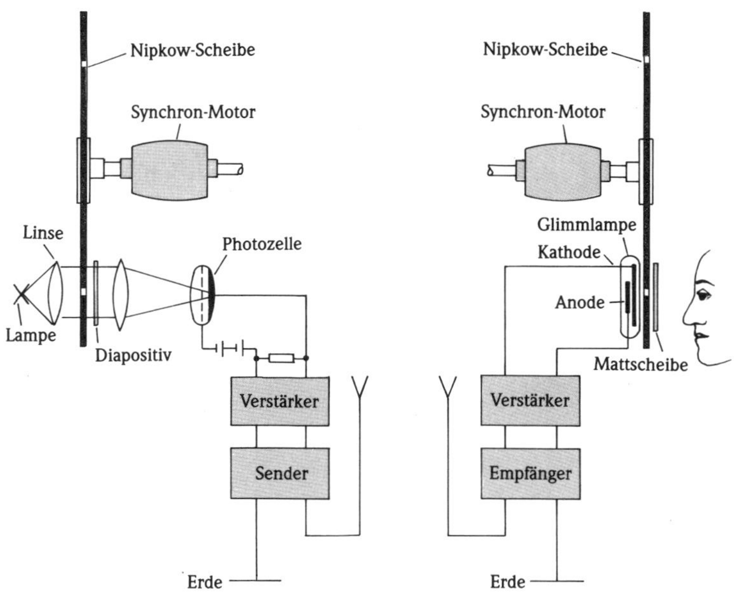

Schema einer Fernsehapparatur mit Nipkow-Scheibe

62. Dénes von Mihály am Fernkino-Sender. Links der Kinoprojektionsapparat, rechts der Bildsender. Reproduktion einer Photographie in der »Funkstunde« vom 1. März 1929

bestand. Gleichwohl hatte Nipkow in seinem Patent schon die wesentlichen Elemente des späteren Fernsehens genannt: die Zerlegung des Bildes in nacheinander zu übertragende Bildpunkte, die Übertragung der Bildpunkte in Zeilen sowie die Übertragung bewegter Vorgänge in Reihenbilder. Die Wiedergabe der Bilder erfolgte nacheinander so schnell, daß die Vorgänge im Auge verschmolzen.

In Deutschland griff in den zwanziger Jahren der Physiker August Karolus (1893–1972), Professor für angewandte Elektrizitätslehre an der Universität Leipzig, die Arbeiten Nipkows wieder auf. 1924 führte er Vertretern der Reichspost und Industriellen einen Apparat vor, bei dem zwei Spirallochscheiben von 1 Meter Durchmesser auf eine Welle montiert waren. Bei schneller Rotation der Scheiben lieferte der Fernseher mit einer Fotozelle auf der Aufnahmeseite und einem vierstufigen Verstärker auf der Empfangsseite 10 Bildwechsel pro Sekunde und übertrug einfache Schattenbilder. Zwei Jahre später führte der aus Ungarn stammende Dénes von Mihály (1894–1953), beratender Ingenieur bei der AEG, der Reichspost eine dem Nipkowschen Teleskop ähnliche Anlage vor. Von Mihály hatte bereits 1914 mit Unterstützung der Budapester Telefonfabrik und des österreichisch-ungarischen Kriegsministeriums lichtelektrische Experimente und Versuche zur Bildfernübertragung durchgeführt. Seinen »Telehor«, eine Weiterentwicklung dieses Apparates, zeigte er 1928 auf der Berliner Funkausstellung. Von Mihály benutzte eine »Kerrzelle« zur Umwandlung elektrischer Spannungen in Lichtschwankungen. Das Bild wies eine Größe von 4 mal 4 Zentimetern bei beliebig vielen Zeilen und 900 Bildpunkten auf und flimmerte stark. Dennoch war von Mihály entschlossen, sein System weiterzuentwickeln und zu vermarkten. Die frühen Überlegungen zur Nutzung richteten sich allerdings nicht so sehr auf einen öffentlichen Fernsehempfang als auf den Einsatz bei Militär und Polizei und für die Überwachung in Warenhäusern. Außerdem schwebte ihm eine auf einem Flugapparat angebrachte Bildaufnahmestation für militärische Aufklärungszwecke vor. Bereits 1929 sprach von Mihály davon, einen »Volksempfänger« entwickeln zu wollen. Er prägte damit einen Begriff, den Joseph Goebbels (1897–1945) später für das von den Nationalsozialisten propagierte Radio benutzte.

Verfolgte also von Mihály schon früh die Anwendung des Fernsehens, so waren die Vorstellungen von August Karolus zunächst noch wenig zweckgerichtet. Auf der Funkausstellung in Berlin 1928 führte er das Fernsehsystem »Telefunken-Karolus« mit einer Vierfach-Spirallochscheibe für 96 Zeilen und eine Bildgröße von 8 mal 10 Zentimetern vor. Beim Projektionsverfahren mit dem Weillerschen Spiegelrad mit 96 leicht gegeneinander versetzten Spiegelelementen konnte er die Lichtstrahlen auf eine Leinwand projizieren. Damit wurde eine Bildgröße von 75 mal 75 Zentimetern erreicht. Allerdings stieß die größere Zeilenzahl, die im Interesse einer

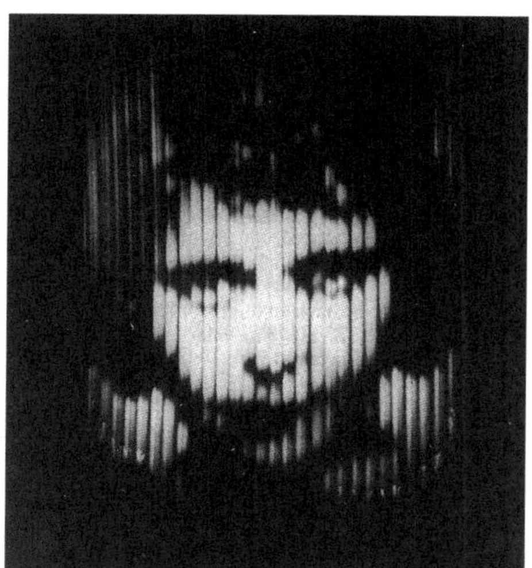

63. Fernsehbild des Spiegelrad-Empfängers für dreißig Zeilen

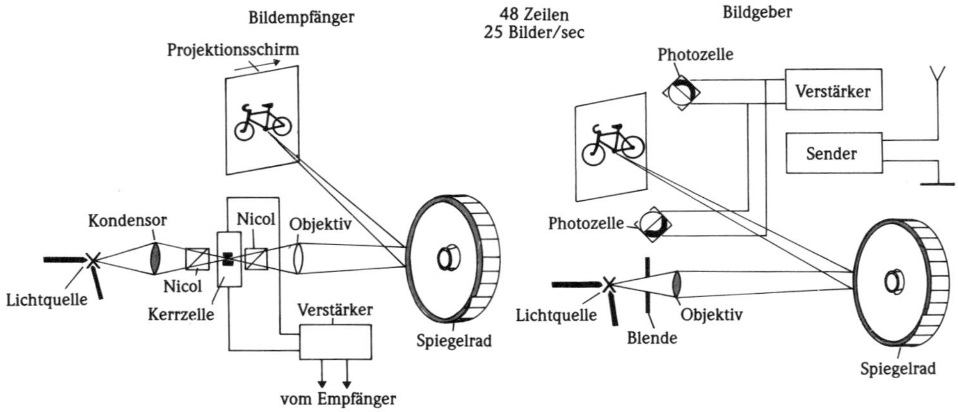

Fernsehanlage mit Spiegelrad und Kerrzelle (von Karolus-Telefunken)

besseren Bildwiedergabequalität nötig war, bei der mechanischen Lochscheibentechnologie auf wachsende Schwierigkeiten; denn mit der mechanischen Abtastung konnte keine befriedigende Bildauflösung erreicht werden.

Hier erwiesen sich die Arbeiten des russischen Erfinders Boris L. Rozing (1869–1933) auf dem Gebiet der elektronischen Bildabtastung als wegweisend, die dieser und seine Schüler im Laboratorium des Militärinstituts in St. Petersburg vornahmen. Rozings Schüler Wladimir Kosma Zworykin verließ 1919 seine Heimat und arbeitete zunächst in den USA für die Firma Westinghouse und ab 1929 für die Radio Corporation of America (RCA). 1923 nahm er ein Patent auf eine elektronische Kamera, die aber erst 1936 bei den Olympischen Spielen in Berlin im großen Stil zum Einsatz kam. Hier wurde das äußere Bild beim Abtasten auf eine Speicherplatte innerhalb der Braunschen Röhre geworfen und erzeugte darauf eine Ladungsverteilung, die der Helligkeitsverteilung entsprach. Der darüber tastende Elektronenstrahl setzte die Ladungsverteilung in eine Folge von Spannungsimpulsen um, die verstärkt und weitergesendet wurden. Zworykin gab diesem »elektronischen Auge« den Namen »Ikonoskop«. Insofern stammen also die wichtigsten technischen Grundlagen des Fernsehens in den USA und darüber hinaus aus der Sowjetunion, was auch für Großbritannien gilt, war doch der Leiter der Forschungsabteilung der wichtigen Firma Thorn EMI, Isaac Schoenberg, ein Schüler Rozings. Schoenberg leitete den Durchbruch des elektronischen Fernsehens in Großbritannien ein. Etwa zur gleichen Zeit, 1927, nahm der Erfinder Philo T. Farnsworth (1906–1971) in den USA mit seinem »Bildzerleger«, dem Image Dissector, ein Patent. Parallel zu den Arbeiten Zworykins entwickelte er zwischen 1928 und 1936 eine brauchbare Bildsondenröhre. Auch in Deutschland liefen Versuche, die Braunsche Röhre für das Fernsehen zu verwenden. Manfred von Ardenne entwickelte

1925 zusammen mit Siegmund Loewe die Mehrfachröhre 3 NF, die erste integrierte Schaltung überhaupt, die einen Dreiröhrenverstärker in sich vereinigte. Ende 1930 führte er in seinem Laboratorium in Berlin die erste vollelektronische Fernsehübertragung vor. Auf der Funkausstellung in Berlin im Jahr 1933 hatte sich die Braunsche Röhre als elektronischer Bildschreiber durchgesetzt.

Wie beim Rundfunk, so spielten die USA auch bei der Übertragung von Fernsehprogrammen eine Pionierrolle. Ende 1932 strahlten hier bereits 35 Versuchsstationen Fernsehsendungen aus. Ein regelmäßiges öffentliches Fernsehprogramm wurde dann allerdings erst 1939 im Rahmen der New Yorker Weltausstellung eröffnet. In England demonstrierte der Erfinder J. L. Baird (1888–1946) 1926 die Möglichkeit des Fernsehens mit elektromechanischer Technik. Im Herbst 1935 kündigte die BBC an, einen regelmäßigen Fernsehdienst einzurichten. Hier hatte die britische Regierung schon seit 1934 die Forschungen zur Entwicklung des Fernsehens aufmerksam verfolgt, waren doch dessen militärische Nutzungsmöglichkeiten offensichtlich. Die empfindliche Kathodenröhre konnte nämlich, wie die spätere Radarentwicklung zeigt, auch als Frühwarnsystem bei feindlichen Luftangriffen genutzt werden. Die »Deutsche Reichs-Rundfunkgesellschaft« wollte jedoch bei der Einführung eines solchen epochemachenden Verfahrens einer ausländischen Gesellschaft nicht den Vortritt lassen und unternahm größte Anstrengungen, um der BBC zuvorzukommen. Am 22. März 1935 eröffnete denn auch der »Reichssendeleiter« den ersten regelmäßigen Programmdienst der Welt.

Für das erste große Ereignis der Fernsehgeschichte, die Olympischen Spiele in Berlin, richtete die Reichspost 25 »Fernsehstuben« ein, die mehr als 150.000 Besucher hatten. Da die Fernsehkameras für Außenaufnahmen zu lichtschwach waren, benutzte man hier zumeist des »Zwischenfilmverfahren«, wobei die Szenen zunächst auf einen Film aufgenommen wurden. Unmittelbar danach erfolgte die Entwicklung und Abtastung durch ein Ikonoskop. Die Verzögerung gegenüber einer Livesendung betrug nur etwa eine Minute. Das Zwischenfilmverfahren kann als Vorläufer des Video angesehen werden. Bald darauf war es möglich, das Filmentwicklungsverfahren derart zu beschleunigen, daß die Ausstrahlung über den Fernsehsender nur einige Sekunden nach der Filmaufnahme erfolgen konnte. Das Zwischenfilmverfahren und das 1935 entwickelte Zeilensprungverfahren zur Erhöhung der Zahl der Bildwechsel brachten eine gegenüber den Versuchsapparaten der frühen dreißiger Jahre deutlich verbesserte Bildqualität.

Die nationalsozialistische Regierung verhielt sich gegenüber dem Fernsehen zurückhaltend und setzte für Propagandazwecke auf Hörfunk und Film. Hitler und Goebbels waren dem Fernsehen gegenüber skeptisch eingestellt, wirkten doch die Heroen der nationalsozialistischen Bewegung auf einem immer noch stark flimmernden Fernsehbild von 22 mal 19 Zentimetern eher lächerlich. Tonfilm und Hörfunk boten hier bessere propagandistische Effekte. Da sich aber das in Forschung

64. »Fernsehkanone« von Telefunken beim Einsatz während der Olympischen Spiele in Berlin. Photographie, 1936

und Entwicklung investierte Kapital amortisieren sollte, drängten Industrie und Reichspost auf eine baldige Serienproduktion von Fernsehempfängern. In Analogie zum »Volksempfänger« entwickelten daher das Reichspostministerium und verschiedene Firmen einen »Einheits-Fernsehempfänger«, den E 1, von dem im Juli 1939 eine Nullserie von 50 Exemplaren zu einem Preis von 650 Reichsmark herausgebracht wurde. Bis zum Kriegsausbruch am 1. September 1939 wurden etwa 500 »Volksfernseher« mit einer Bildröhre von 22,5 mal 19 Zentimetern produziert; der Kriegsausbruch setzte der weiteren Produktion freilich ein Ende. Während des Zweiten Weltkrieges konnten Sendungen nur noch per Kabel an wenige Empfangsstellen in der Reichshauptstadt übermittelt werden. Konstrukteure der V 2 beobachteten in Peenemünde die Starts der Rakete im Fernsehen. Für die Luftaufklärung wurde eine Anlage mit 1.029 Bildzeilen getestet, einer Auflösung, die dem seit Mitte der achtziger Jahre erprobten HDTV – High Definition Television – entspricht.

Schallplatte und Tonband

War die Schallaufzeichnung beim Edison-Phonographen auf eine rotierende Walze und in die Tiefe erfolgt, so wurde sie bei Emil Berliners Grammophon auf einer sich drehenden Scheibe in seitlicher Bewegung ausgeführt. Emil Berliner (1851–1929) benutzte für seine frühen Aufzeichnungsversuche eine Glasplatte mit einer Rußschicht, in die ein von der Aufnahmemembran bewegter Schreibstift die Schallrillen einkratzte. Die Herstellung der Metallplatten von dieser Vorlage erfolgte auf photogalvanoplastischem Weg. Später verwendete er mit einer Wachsschicht überzogene Zinkblechscheiben. Ein Schneidstichel ritzte die Schallinformationen in die Wachsschicht, wobei er an diesen Stellen die Zinkoberfläche freilegte. Von der Platte konnte galvanoplastisch ein Kupferabzug hergestellt werden, von dem dann die weiteren Platten gepreßt wurden. Da die Preßmatrize aus weichem Kupfer bestand, nutzte sie sich jedoch schnell ab. Für die Schallplatten selbst verwendete man ab 1897 Schellack, eine Mischung aus Baumharz, Wachsabscheidungen der Lackschildlaus, Ruß und anderen Bestandteilen. Das Problem der raschen Abnutzung der Kupferpreßmatrize wurde nach dem Ersten Weltkrieg in der Weise gelöst, daß man von diesem »Vater« in einem weiteren galvanischen Bad ein kupfernes Positiv, die »Mutter«, erhielt, die poliert und vernickelt werden konnte. Durch einen zusätzlichen galvanischen Prozeß wurde der »Sohn« gewonnen, eine Preßmatrize aus Kupfer, der die spätere Verchromung eine vorzügliche Oberflächenhärte verlieh.

Bis zum Beginn der zwanziger Jahre erfolgten Schallplattenaufnahmen auf mechanischem Weg. Bei diesem mechanischen, akustischen Aufnahmeverfahren wurden die von der Schallquelle ausgehenden Schallwellen in einem oder in mehreren Trichtern aufgefangen, durch Bündelung verstärkt und einer Membran zugeleitet, die eine modulierte Rille in das Aufnahmewachs einschnitt. Allerdings bestanden bei diesen Aufnahmeverfahren verschiedene Nachteile: Leise Passagen waren kaum zu hören, so daß die Melodiestimmen nahe an den Trichter heranrücken mußten, um genügend Lautstärke zur Aussteuerung des Schneidstichels zu erzeugen. Um hier Abhilfe zu schaffen, entwickelte ein Engländer die nach ihm benannte Stroh-Geige, die anstelle des Resonanzkörpers einen Schalltrichter hatte. Durch die Resonanzwirkung des Trichters kam es jedoch zu erheblichen Verzerrungen. Zudem lag der Frequenzumfang bei Trichteraufnahmen lediglich zwischen 160 und 2.000 Hertz, während die gebräuchlichen Orchesterinstrumente ein Frequenzspektrum von etwa 30 bis 18.000 Hertz hervorbringen. Die für die musikalischen Wirkungen so wichtigen Klangfarben, die ihre Existenz den weit über die Grenzen der mechanischen Aufnahmetechnik hinausgehenden Obertönen verdanken, wurden dadurch beseitigt oder entstellt.

Nicht zuletzt die aufkommende Konkurrenz des Radios trieb die Schallplattenindustrie, namentlich in England und in den Vereinigten Staaten, zu Verbesserungen der Klangqualität an. Erste Aufnahmen mit einem elektroakustischen Verfahren wurden 1919 in England unternommen; die Laboratorien von General Electric in den USA zogen bald nach. Beim elektro-akustischen Aufnahmeverfahren werden die Schallschwingungen nicht unmittelbar in mechanische, sondern über ein Mikrophon in elektrische Schwingungen umgesetzt. Eine Voraussetzung dafür lieferte die Erfindung der Triode durch den Amerikaner Lee De Forest. Die neue Aufnahmetechnik erlaubte die Erfassung eines Frequenzbereichs von 50 bis 5.000 Hertz und wies somit eine gegenüber der mechanischen Aufnahmetechnik deutliche Verbesserung auf. Ab Frühjahr 1925 setzte sich dieses Verfahren in der Schallplattenindustrie durch.

Ein Ärgernis, vor allem für die Anhänger klassischer Musik, bestand aber weiterhin in dem Umstand, daß die Schallplatten nach einer Spieldauer von etwa 4½ Minuten gewechselt werden mußten. Dies schmälerte den Hörgenuß erheblich. Zahlreiche Dirigenten weigerten sich, für die Schallplatte aufzunehmen. Abhilfe schien nun auf dreierlei Wegen möglich: Man konnte den Plattendurchmesser vergrößern, enger nebeneinanderliegende Rillen verwenden, oder die Umdrehungszahl herabsetzen. Die erste Möglichkeit entfiel, da hierdurch die Platten zu unhandlich geworden wären. Die Entwicklung von Schallplatten mit einem deutlich verringerten Rillenabstand, die Thomas Alva Edison (1847–1931) schon 1926 erfolgreich unternommen hatte, verhinderten zunächst finanzielle Schwierigkeiten und dann der Ausbruch des Zweiten Weltkrieges. Was die Herabsetzung der Umdrehungszahl angeht, so versuchte die Radio Corporation of America in Zusammenarbeit mit dem Dirigenten Leopold Stokowski (1882–1977), ab 1931 eine Langspielplatte zu verwirklichen, die bei 33 1/3 Umdrehungen pro Minute 14 Spielminuten ermöglichte. Durch die Wirtschaftskrise blieb der kommerzielle Erfolg jedoch zunächst aus. In den USA gelang es Peter Goldmark (1906–1977) im Jahr 1947, durch Reduzierung der Umdrehungszahl von 45 auf 33 1/3 Umdrehungen pro Minute eine Spieldauer von 45 Minuten mit wesentlich feineren Rillen zu erreichen. Hierzu benutzte er den Kunststoff Vinyl, da Schellackmaterial für diesen Zweck zu grobkörnig war.

Der deutsche Rundfunk experimentierte bereits 1929 mit stereophoner Übertragungstechnik. In England meldete Alan D. Blumlein (1869–1942), Ingenieur bei der englischen Firma EMI, 1931 ein Patent zur Unterbringung zweier unterschiedlicher Schallinformationen in einer Rille an. Er nutzte dabei die Seitenschrift wie bei der normalen Schallplatte und die Tiefenschrift wie bei Edisons Phonographenwalze. Seine Erfindung wurde jedoch aus kommerziellen Gründen zunächst nicht ausgenutzt. Zur gleichen Zeit machten die Bell Laboratories in New Jersey Testaufnahmen mit dem Philadelphia Orchestra unter Leopold Stokowski. Hier entwickelte sich eine exemplarische Zusammenarbeit zwischen einem Künstler und der Industrie, bei der das Kondensatormikrophon erprobt und verbessert wurde. 1932 schnitt Blumlein seine erste Stereoplatte. Versuche zur Verbesserung des Verfahrens, unter anderem mit zwei parallellaufenden Rillen und zwei Tonabnehmern, brachten nur geringen Erfolg; die beim Stereoklang erforderliche einwandfreie Kanaltrennung wurde dadurch noch nicht erzielt. Erst das Tonband ermöglichte dies. Die Reichs-Rundfunkgesellschaft produzierte 1944 Stereoplatten auf Zweikanal-Tonband, doch Breitenwirkung erreichte das Stereoverfahren erst seit Mitte der fünfziger Jahre.

Tonbandgeräte wurden zunächst mit »Drahtton« entwickelt, einem Tonspeicherverfahren, das mit magnetisierten Stahldrähten arbeitete. Auf der Pariser Weltausstellung 1900 führte der Däne Valdemar Poulson (1869–1942) ein Gerät vor, das Schallereignisse mit Hilfe solcher magnetisierter Stahlbänder aufzeichnete. Eine Anwendung in größerem Umfang scheiterte an dem erheblichen Grundrauschen der Tonträger, dem geringen Frequenzumfang, der Unmöglichkeit der elektrischen Lautverstärkung sowie den ständig reißenden Drähten und magnetisierten Papierbändern. Doch nach Verbesserungen der Verstärkertechnik ergaben sich für die

65. Herstellung von Schallplatten: Einlegen der heißen teigigen Masse zwischen die Preßmatrizen. Photographie, 1940

Weiterentwicklung des Magnettons neue Perspektiven. 1932 begann die I.G. Farben mit Laborversuchen zur Herstellung von Azetylzellulosebändern mit Eisenpulverbeschichtung. Auf der 12. Deutschen Funkausstellung in Berlin 1935 führte die AEG das Tonbandgerät »Magnetophon K 1« vor. Für den militärischen Einsatz wurden Spezialtonbandgeräte, etwa zur Kriegsberichterstattung, entwickelt. Außer einer längeren Laufdauer bot das Tonbandgerät gegenüber der Schallplatte weitere Vorteile. Das Band konnte montiert, geschnitten und gelöscht werden, war leicht zu vervielfältigen und hatte eine geringere Abnutzung als die Schallplatte.

Mit der Verfügbarkeit des Tonbandes veränderte sich aber auch die Aufnahmetechnik der Schallplatte. Waren bei der Aufnahme bislang die Rillen mit einem Schneidstichel in die Wachsmatrize geritzt worden, so erwies es sich nun als günstiger, den Schall zunächst auf Magnetband zu speichern und danach auf Platte zu überspielen. Zudem erlaubte das Tonband mit Hilfe von Schere und Klebstoff weitgehende Veränderungen an den Aufzeichnungen. Nach verschiedenen »Bandredaktionen« bekam der Hörer schließlich eine Darstellung zu hören, die in dieser Form niemals erklungen war. Was den privaten Gebrauch anlangt, so wurden in den USA rasch preisgünstige Heimtonbandgeräte hergestellt und Tonfilme auf Magnetband aufgenommen.

Tonfilm

Zu Beginn des Ersten Weltkrieges hatte sich der Stummfilm in den westlichen Industrieländern etabliert. Ganz stumm war der Film allerdings nicht, spielten doch zu seiner Untermalung Klaviere und Orchester, manchmal auch Phonographen und Schallplatten. Eine Synchronisation zwischen Film und Schallplatte erwies sich aber wegen der kurzen Plattenlaufzeiten von 4½ Minuten und der mangelnden elektrischen Verstärkung als schwierig. Nach der Erfindung der Langspielplatte mit einer Spieldauer von 11 Minuten pro Seite ergaben sich neue Möglichkeiten. Da eine Filmrolle etwa genauso lange lief, erschien die Synchronisation eher möglich. Die Idee des »Tonfilms« stieß jedoch bei den großen amerikanischen Filmgesellschaften auf Zurückhaltung. Zuviel hatten sie in neue Stummfilmtheater investiert; eine Umstellung auf den Tonfilm hätte gewaltige Kosten verursacht. Außerdem stand dem amerikanischen Stummfilm der Weltmarkt offen, während die internationale Vermarktung bei Filmen in englischer Sprache schwieriger war.

Zögerten also die etablierten Filmgesellschaften bei der Einführung des Tonfilms, so erkannten zwei Außenseiter, die Brüder Samuel und Harry Warner, Eigentümer der 1923 als AG gegründeten Warner Brothers Picture Corporation, die Chance, sich durch eine entschlossene Anwendung des neuen Mediums Marktvorteile beim Sing- und Sprechfilm zu sichern. Nach einer längeren Testphase stellten sie die ersten kurzen Filme mit Synchron-(Nadel)ton her. Nachdem die Firma 1926 den Film »Don Juan« als ersten Spielfilm mit Gesangseinlagen herausgebracht hatte, gelang den Warner Brothers 1927 mit dem Film »The Jazz Singer« der Durchbruch. In diesem Spielfilm mußte alle 11 Minuten, synchron zum Start einer neuen Filmrolle, eine neue Platte aufgelegt werden. Dieses Verfahren erwies sich als beschwerlich und nicht risikolos, weil bei einem Filmriß das Zurückspulen des Films erforderlich war, um Synchronität zu erreichen.

Diese und andere Nachteile des »Nadeltons« brachten verschiedene Erfinder dazu, ein neues Verfahren, den Lichtton, anzuwenden. Hierbei sollten Schallwellen durch Lichtsteuergeräte in Lichtschwankungen umgesetzt werden, die photographisch neben dem Bild auf dem Filmstreifen aufgezeichnet und entsprechend umgeformt wurden. In Deutschland beschäftigten sich vor allem der Elektrotechniker Hans Vogt, der Ingenieur Joseph Masolle (1889–1957) und der Physiker Jo Benedict Engl (1893–1942) mit diesem Verfahren, bei dem die Tonspur auf dem Filmstreifen selbst angebracht wurde. 1921 führten sie dieses »Tri-Ergon«-Verfahren zum ersten Mal vor, das aber unter wirtschaftlichen Gesichtspunkten schwer zu

66. Aufnahmekamera für die Wochenschau. Links das Mikrofon für die Tonaufnahme, rechts die Kamera mit Antriebsmotor und auswechselbaren Tele-Objektiven. Photographie, 1931

67. Schallfilm-Streifen mit eingeritzten Tonrillen. Photographie, 1937

vermarkten war. In den USA erwarb William Fox, Präsident der Filmgesellschaft 20th Century Fox, die Lizenz von der in der Schweiz gegründeten »Tri-Ergon AG« zur Anwendung dieses Systems, das sich später auch in Deutschland durchsetzte. Befanden sich 1929 unter den 183 produzierten Spielfilmen lediglich 8 Tonfilme, so waren nur 2 der 1931 hergestellten 159 Spielfilme noch keine Tonfilme. Die Umstellung verursachte der Filmindustrie erhebliche Kosten und hatte eine wirtschaftliche Konzentration zur Folge, bei der Banken zunehmend Einfluß gewannen. Nicht allein in den USA brachte der Tonfilm der Industrie einen ungeheuren Aufschwung. Die Zahl der Kinos verdoppelte sich weltweit von etwa 40.000 am Ende des Ersten Weltkrieges auf 80.000 am Ende des Zweiten Weltkrieges. In den amerikanischen Kinos verdoppelten sich von 1927 bis 1930 die Besucherzahlen.

Der Tonfilm setzte sich rasch durch und brachte zahlreiche Änderungen künstlerischer und stilistischer Art mit sich. Die Darsteller der Stummfilmzeit mußten ihre Rollen ausschließlich durch Gesten und Mimik ausdrücken. Nach der Einführung des Tonfilms waren viele der ehemaligen Stars, wie auch die Kinomusiker, nicht mehr gefragt. Durch schwere, unhandliche Tonkameras bedingt, wurden die Filmaufnahmen wieder auf die Studios beschränkt. In einem Land wie Schweden behinderte der aufkommende Tonfilm das Geschäft. Schwedische Tonfilme konnten aus Sprachgründen nicht mehr exportiert werden, und da der eigene Markt zu klein war, verkümmerte die dortige Filmindustrie. Auf der anderen Seite festigte Hollywood mit seinem gewaltigen Markt in englischsprachigen Ländern seine Stellung in der Filmbranche.

Stellte der Tonfilm einen wichtigen Schritt auf dem Weg zum realistischen Film dar, so tat die Farbfilmentwicklung ein weiteres. Farbige Filmstreifen existierten bereits um die Jahrhundertwende. Sie waren zunächst von Hand koloriert – ein sehr aufwendiges und teures Verfahren; später übernahm eine Schabloniermaschine diese Aufgabe. Mit der »Industrialisierung des Films« – längere Filme, zahlreiche Kopien – erwies sich diese Technik als unrationell. 1906 wurde die Kinemacolor-Technik erfunden, ein Zweifarbenverfahren, das auf den Farben Grün und Rot und den entsprechenden Farbmischungen beruhte. Ähnlich wie bei den Anfängen des Tonfilms verhielt sich die Filmindustrie auch diesem Verfahren gegenüber zurückhaltend. Nur große Kinos konnten sich eine aufwendige Vorführanlage für Farbfilme leisten. 1912 entwickelte Léon Gaumont das Dreifarbenverfahren. Hier handelte es sich um eine additive Methode, die bei Aufnahme und Wiedergabe Farbfilter benötigte. Das Subtraktionsverfahren wurde im Kodak-Forschungslaboratorium entwickelt und 1915 herausgebracht. Zwei Filme, einer mit einem roten, der andere mit einem grünen Farbauszug, wurden auf die beiden Seiten eines doppeltbeschichteten Films umkopiert. Die 1915 gegründete »Technicolor« benutzte zunächst das subtraktive Zweifarbenverfahren, ab 1929 ein Dreifarbenverfahren, welches zwar äußerst aufwendig war, aber eine gute Farbqualität brachte. Nach diesem Verfahren arbeiteten die in den dreißiger Jahren produzierten Filme Walt Disneys (1901–1966) sowie der Kinohit »Vom Winde verweht« von 1939. Wegen der erheblichen Kosten beschränkte man diese Methode auf vergleichsweise wenige Musik- und Abenteuerfilme. Infolge gekürzter Filmbudgets stagnierte die Farbfilmentwicklung während des Zweiten Weltkrieges.

»Krieg der Ingenieure«: das mechanisierte Schlachtfeld

Militärische und zivile Technik

Der Zeitraum von 1914 bis 1945 ist durch zwei Weltkriege geprägt, durch welche die Vernichtungskraft der Militärtechnik auf schreckliche Weise verdeutlicht wurde. Obwohl viele Zeitgenossen – mit gutem Grund – eine deutliche Trennung zwischen militärischer und ziviler Technik vornahmen, sind die Beziehungen zwischen beiden Bereichen eng. Sowohl in der ersten Hälfte des 20. Jahrhunderts als auch in früheren Zeiträumen offenbart sich die Doppelgesichtigkeit der Technik mit militärischen und zivilen Komponenten. Dabei ist nicht immer eindeutig, ob der Ursprung bestimmter militärisch genutzter technischer Geräte oder Verfahren im militärischen oder zivilen Bereich lag. In der Regel bestehen hier enge Wechselwirkungen.

Sie wurden zum Beispiel bei der Entwicklung des Zeppelins oder im Lokomotiv- und Panzerbau deutlich. Graf Zeppelin beabsichtigte zunächst eine militärische Anwendung seines Luftschiffes. Trotz der offensichtlichen Anfälligkeit beim Einsatz im Krieg besaß es in bezug auf Reichweite und Tragfähigkeit deutliche Vorteile gegenüber Flugzeugen. Nach Gründung seines Luftschiffbaukonzerns im Jahr 1908 schuf Graf Zeppelin eigene Firmen für den Bau der wichtigsten Komponenten seines Luftschiffes. Hierdurch legte er das wirtschaftliche Risiko seines Unternehmens in mehrere Hände und eröffnete diesen Spezialfirmen die Möglichkeit, auf ihren jeweiligen Gebieten weitere Entwicklungsarbeiten zu leisten. Diese kamen später sowohl dem Luftschiffbau als auch der Technik in anderen Bereichen zugute. Die Firmen des Zeppelin-Konzerns, vor allem Maybach-Motorenbau, Luftschiffbau-Zeppelin und Flugzeugbau Friedrichshafen, initiierten bahnbrechende Entwicklungen im Motorenbau, im Getriebebau und in der Leichtmetallverarbeitung. Neben Auswirkungen auf den Flugzeugbau ergaben sich solche auf den Automobilbau und sogar auf die Raumfahrttechnik. Der Luftschiffbau vermittelte auch Anstöße zum Gebrauch und zur Verarbeitung von Aluminium. Verfahren der Zieh- und Blechprägetechnik zur Erhöhung der Festigkeit und Versteifung einzelner Bauelemente, die später große Bedeutung im Flugzeugbau erlangten, hatten hier ihren Ursprung. Die Vorzüge des Luftschiffes, lange Strecken mit großen Lasten zurücklegen zu können, besaßen eine Vorbildfunktion für den späteren interkontinentalen Flugverkehr. Aber nicht nur für die zivil genutzte Technik, sondern auch für die Luftkriegführung gab der Zeppelin Anstöße. Die Deutsche Luftschiffahrts-Aktiengesellschaft (DELAG) bildete vor dem Ersten Weltkrieg die militärischen Besatzungen für die im Krieg

68. Zeppelin-Luftschiff »LZ1« über dem Floß vor seiner schwimmenden Halle auf dem Bodensee. Photographie, 2. Juli 1900

eingesetzten Luftschiffe aus. Die Verwendung des Zeppelins im Ersten Weltkrieg steht auch am Anfang des strategischen Bombenkrieges, der großräumigen Fernaufklärung über See sowie verbundener Operationen von See- und Luftstreitkräften. Auf diesen Erfahrungen aufbauend, entstanden elektronische Funknavigation und Luftfahrtmeteorologie. Sie fanden nach 1918 beim Aufbau des interkontinentalen Luftverkehrs Anwendung.

Eine ähnliche Doppelgesichtigkeit von ziviler und militärischer Technik verdeutlicht die Produktion mancher Maschinenfabriken. Diese stellten, je nach Bedarf, Lokomotiven, Kampfpanzer oder beides her, wobei ihnen die große Ähnlichkeit im Fertigungsprozeß zugute kam. Insofern bereitete es den deutschen Lokomotivfirmen nach 1933 keine Schwierigkeiten, vom Lokomotivbau auf den Panzer- und Geschützbau umzusteigen. Die Weltwirtschaftskrise und ihre unmittelbaren Folgen hatten die Nachfrage nach Eisenbahnmaterial ohnehin stark gedrosselt. In der Regel fertigten die Lokomotivfabriken neben den militärischen auch zivil verwendbare Produkte, etwa Lastkraftwagen. Im Zuge der verstärkten Aufrüstung ab 1936 dominierte aber die Rüstungsproduktion. Mit der Fertigung von »Kriegslokomotiven« ab 1942 griffen die mit der Panzerfertigung befaßten Firmen dann wieder auf ihr angestammtes Gebiet des Baus von Lokomotiven zurück. Sie wurden nun freilich unter Kriegsbedingungen genutzt.

Sicherlich läßt sich das häufig zitierte Wort Heraklits (um 550–480 v. Chr.) vom

Krieg als dem »Vater aller Dinge« für die Technik nur beschränkt verifizieren. Oft lagen die Ursprünge von militärisch genutzten Technologien eindeutig im zivilen Bereich. Die mit ihrer Entwicklung verbundenen erheblichen Kosten führten aber häufig dazu, daß der Staat diese Arbeiten finanziell unterstützte. Dies gilt vor allem für Spannungs- und Kriegszeiten. Ein Beispiel bietet die Raketenentwicklung, bei der in den zwanziger Jahren russische, amerikanische und deutsche Wissenschaftler zunächst nichtmilitärische Absichten verfolgten. Seit dem Ende der dreißiger Jahre dominierten dann militärische Zwecke.

Allerdings bemühten sich die Militärs keineswegs bei jeder neu auftretenden, militärisch nutzbaren Technik um einen schnellen Einsatz. Besonders in Kriegs-, aber auch in Krisenzeiten verhielt man sich neuen Technologien gegenüber immer dann reserviert, wenn ein rascher militärischer Einsatz nicht gewährleistet zu sein schien. Im Falle von Hiram Maxims (1840–1916) 1885 patentiertem Maschinengewehr entschloß sich die amerikanische Armee erst nach langem Zögern zu einem Einsatz. Als Begründung wurden technische Mängel und die Schwierigkeit des Munitionsnachschubs im Felde genannt. Auf ähnliche Schwierigkeiten stießen die

69. Vorführung eines schweren amerikanischen Tanks vor Absolventen der Militärakademie von West Point. Photographie, 1934

Brüder Wright bei dem Versuch, den amerikanischen Streitkräften ihr neu entwikkeltes Flugzeug anzudienen. Das Militär sah einen raschen Einsatz als nicht gesichert an. Auch für den Panzer schien zunächst kein militärisches Bedürfnis zu bestehen. Hier setzte sich ein Zivilist in der britischen Admiralität, Winston Churchill (1874–1965), für den Tank als ein »zu Land verwendbares Kriegsschiff« ein. Die Zurückhaltung des Militärs hatte mehrere Gründe: Technische Mängel schufen Mißtrauen hinsichtlich eines späteren militärischen Einsatzes. Häufig waren langwierige und daher kostspielige Entwicklungsarbeiten mit ungewissem Ausgang erforderlich. Zudem behinderten bürokratische, innovationsfeindliche Strukturen des Militärs die Einführung technischer Neuerungen. Dies hing mit der Ausbildung und dem Selbstverständnis der Offizierskorps in den einzelnen Ländern zusammen, bei denen die Technik – mit geringen nationalen Unterschieden – eine untergeordnete Rolle spielte. In den beiden Weltkriegen, aber schon in früheren Epochen, hinkten taktisches und strategisches Denken in der Regel den technischen Möglichkeiten hinterher.

Gleichwohl sind die militärischen Ursprünge später auch zivil genutzter Technologien Legion: Strahltriebwerke, Radar, Computer und die friedliche Nutzung der Kernenergie ragen heraus. Präzisionsverfahren der Fertigungstechnik fanden im 19. Jahrhundert zunächst in der Massenproduktion von Handfeuerwaffen Anwendung. Höchste Präzision sowie Beweglichkeit und Funktionszuverlässigkeit, auch unter extremen Bedingungen, stellten Anforderungen dar, die häufig über zivile Erfordernisse hinausgingen. Viele Neuerungen im Flugzeugbau nach dem Zweiten Weltkrieg hatten ihren Ursprung in der Militärtechnik, so die Antriebsaggregate, die Flugzeugzellen mit den zu ihrer Herstellung erforderlichen Werkstoffen, die Sicherheitssysteme und die Produktionsverfahren. Dies gilt nicht zuletzt für das zivile Strahlverkehrsflugzeug »Boeing 707«, das aufgrund der beim Bau des B-52-Bombers gewonnenen Erfahrungen zunächst als Transportflugzeug für die US-Luftwaffe entwickelt worden ist. Seit dem Ende der fünfziger Jahre kam es als ziviles Flugzeug zum Einsatz.

Die Komplexität des Verhältnisses von militärischer und ziviler Technik wird am Beispiel der Flugzeugentwicklung während des Ersten Weltkrieges und ihrer Bedeutung für die Zwischenkriegszeit besonders deutlich. Während des Krieges wurden weltweit rund 200.000 Flugzeuge produziert, nachdem es in der Zeit zuvor nur wenige tausend gewesen sind. Diese Tatsache veranlaßte viele zeitgenössische Beobachter zu der Annahme, die Flugzeugtechnik habe durch den Krieg einen wesentlichen Technologieschub erfahren und der Flugzeugentwicklung nach dem Krieg wichtige Impulse vermittelt. Vertreter dieser These verwiesen auf den allgemein hohen Standard von Rüstungsprodukten und auf die Möglichkeit ihrer Erprobung unter extremen Bedingungen. Niemals zuvor seien in derart kurzer Zeit technische Neuerungen in solchem Umfang in die Praxis eingeführt worden. Kritiker hoben die unterlassenen Innovationen im zivilen Bereich und die Unterbrechung des Technologietransfers hervor. In der Tat wurden während des Ersten Weltkrieges verschiedene technische Neuerungen in den Flugzeugbau eingebracht. Ihre Ursprünge liegen jedoch oft in den Jahren vor dem Krieg. Allerdings bewirkte der Krieg im Sinne eines Katalysators eine Beschleunigung des Innovationsprozesses. Auf der anderen Seite setzten sich wesentliche Neuerungen, wie das Metallflugzeug und die konsequente Umsetzung aerodynamischer Kenntnisse in die Praxis, erst in den dreißiger Jahren durch.

Nachdem Aluminium schon vor dem Ersten Weltkrieg beim Bau von Luftschiffen, Flugzeugmotoren und Kraftstoffbehältern verwendet worden ist, konstruierte Hugo Junkers 1915 das erste Metallflugzeug, die J 1, aus Stahlblech. Die deutschen Militärs mißtrauten diesem neuen, auf dem Flugzeugsektor noch unerprobten Werkstoff, bestellten aber nach längerem Zögern 6 Probeflugzeuge. Wegen des erheblichen Gewichts von Stahlblech verwendete Junkers kurz darauf Duraluminium. Trotz des Verbots deutscher Flugzeugentwicklungen durch den Versailler Vertrag führten Flugzeugkonstrukteure wie Adolf Rohrbach und Claude Dornier die während des Krieges begonnene Entwicklung von Metallflugzeugen weiter. Deren Durchsetzung vollzog sich jedoch wegen ständiger Verbesserungen am Holzflugzeug nur langsam. Zudem bereitete das Metallflugzeug verschiedene Probleme: Die verhältnismäßig schweren Tragflächen brachen aus Gründen struktureller Instabilität rasch ab, und Korrosion des Duraluminiums verursachte Flugzeugabstürze. Nach Beseitigung dieser Mängel verdrängte das Metallflugzeug in den frühen dreißiger Jahren das Holzflugzeug. Ähnliches gilt für den verstellbaren Metallpropeller, der als Start- und Landehilfe dienen und die Flugeigenschaften verbessern sollte. Militärische Stellen in Großbritannien und den Vereinigten Staaten führten gegen Ende des Ersten Weltkrieges systematische Versuche durch. Doch erst 1933 brachte die amerikanische Firma Pratt and Whitney eine reibungslos funktionierende, hydraulisch verstellbare Luftschraube für ein DC-1-Verkehrsflugzeug heraus.

Aerodynamische Forschungs- und Entwicklungsarbeiten wurden durch den Ersten Weltkrieg beträchtlich beschleunigt, nachdem sie bereits um die Jahrhundertwende in Deutschland, Großbritannien und Frankreich begonnen hatten. Die Aerodynamische Versuchsanstalt in Göttingen installierte 1916/17 einen neuartigen Windkanal, der die Untersuchungsmöglichkeiten stark verbesserte. Gleichwohl übten die aufwendigen aerodynamischen Testreihen keinen unmittelbaren Einfluß auf die Flugzeugkonstruktion im Krieg aus. Für eine intensive Zusammenarbeit zwischen den Laboratorien für Aerodynamik und den Flugzeugfirmen fehlte die Zeit. Erstere hatten ihre Untersuchungen langfristig angelegt, letztere benötigten die rasche Anwendung. Weiterführende Untersuchungen schlugen sich erst im Flugzeugbau der späten zwanziger Jahre nieder. Der Flugzeugkonstrukteur Edmund Rumpler nutzte in den frühen zwanziger Jahren seine Erfahrungen bei der Entwick-

70. Das erste Ganzmetallflugzeug: die J1 von Junkers des Baujahres 1915

lung seines aerodynamisch hervorragenden »Rumpler-Tropfenwagens«; der Luftschiffkonstrukteur Franz Kruckenberg baute in den dreißiger Jahren seinen »Schienen-Zeppelin«, einen Propeller-Triebwagen, der einen Geschwindigkeitsrekord für schienengebundene Fahrzeuge aufstellte.

Größere Reichweiten der Flugzeuge und höhere Geschwindigkeiten sowie eine verstärkte Flugabwehr erforderten größere Flughöhen. Bei Höhen über 2.000 Metern ließ die Motorleistung wegen der geringer zugeführten Sauerstoffmenge nach. Deshalb griff der französische Motoren- und Turbinenkonstrukteur Auguste Rateau (1863–1930) auf Versuche der Aufladung von Diesel-Motoren zurück, die er schon vor dem Ersten Weltkrieg durchgeführt hatte. Auf der Grundlage seiner Arbeiten begann das »Royal Aircraft Establishment« in England 1915 mit der Entwicklung von Abgasturboladern. Ein hier gebautes mehrstufiges Zentrifugalgebläse fand aber erst im Jahr 1926 praktische Anwendung. In den USA baute General Electric in Anlehnung an Rateau gegen Kriegsende einen Abgaslader. Die dabei gewonnenen Erkenntnisse wurden allerdings erst im Zweiten Weltkrieg beim Bau der B-17-Bomber – der »Fliegenden Festungen« – in größerem Umfang genutzt. Auch hier dauerten also die Forschungs- und Entwicklungsarbeiten viele Jahre. Ergaben sich bei der Aufladung von Flugzeugmotoren nach dem Ersten Weltkrieg Schwierigkeiten, so setzte sich dieses Prinzip beim Bau von Kraftfahrzeugmotoren schneller durch. Dies gilt vor allem für Rennwagenmotoren. Von der Aufladung profitierten Motoren für große und entsprechend teure Automobile, nicht jedoch kleinere in Massenproduktion hergestellte Kraftfahrzeugmotoren. Zudem lenkten die erfolgreichen Versuche mit Kompressormotoren wohl manche Automobilfirma von der Entwicklung kleinerer Motoren ohne Aufladung ab. In den USA wandten Chrysler-Ingenieure die Kenntnisse, die sie während des Ersten Weltkrieges bei der Entwick-

71. Belastungsprobe der J1 von Junkers. Photographie, Dezember 1915

lung von Flugzeugmotoren mit hoher Verdichtung erworben hatten, auf den Bau von Kraftfahrzeugmotoren an. Auch die während des Krieges begonnene Entwicklung von Zylinderkolben aus Aluminium fand später Eingang in die Produktion von Kraftfahrzeugmotoren. Ähnliches trifft auf klopffreie Motortreibstoffe zu. Aufbauend auf Entwicklungsarbeiten in Großbritannien und Frankreich während des Ersten Weltkrieges, entdeckten Ingenieure des Konzerns General Motors 1921 die Antiklopfeigenschaften des Tetraethylbleis. Dieses war bereits während des Krieges auf seine Einsatzmöglichkeiten in der chemischen Kriegführung geprüft worden.

Die Serienproduktion von Kraftfahrzeugmotoren in europäischen Ländern einschließlich Deutschlands in den zwanziger Jahren war ein direktes Ergebnis der Fertigung Tausender von Flugzeugmotoren während des Krieges. In den USA galt der Bau des »Liberty-Flugzeugmotors«, der ab 1917 erfolgte, als Vorbild für die spätere Produktion von Kraftfahrzeugmotoren. Flugzeugrümpfe wurden im Ersten Weltkrieg zwar auch in Großserie hergestellt. Doch angesichts der Tatsache, daß sie aus Holz bestanden, hatte die Großserienfertigung nur einen geringen Einfluß auf den Produktionsprozeß nach dem Krieg. Die Flugzeugmotorenherstellung hingegen wirkte in starkem Maße auf die Präzisionsfertigung und die Handhabung sehr kleiner Toleranzen ein. Allerdings erwies sich die Großserienproduktion nur weniger Flugzeugtypen auch als nachteilig für die Durchsetzung von Verbesserungsinnovationen. Die Konzentration auf wenige Flugzeugtypen brachte nämlich eine relative Vernachlässigung von Forschung und Entwicklung im Flugzeugbau mit sich. Dadurch wurde die Konstruktion leistungsfähigerer Flugzeuge verhindert oder zumindest eingeschränkt. Dies machte sich im Krieg besonders negativ bemerkbar, wenn feindliche Flugzeuge eine technische Überlegenheit hatten. Zwar eignete sich die Albatros D, das bewährte deutsche Standardflugzeug, hervorragend für die Serienproduktion. Aber andere deutsche, vor allem englische und französische Firmen stellten gegen Ende des Krieges tauglichere Flugzeuge her.

Anstöße zu technischen Neuerungen im Flugzeugbau des Ersten Weltkrieges spielten also für die Entwicklung in der Nachkriegszeit eine wichtige Rolle, auch wenn sie nicht sofort in die Praxis umgesetzt werden konnten. Zudem sind die fertigungspraktischen Lerneffekte aller an der Produktion Beteiligten nicht zu unterschätzen. Auf der anderen Seite bestand die entwicklungstechnische Tendenz, »von der Hand in den Mund zu leben« und langfristig angelegte Projekte zu vernachlässigen. Die Ursache lag in dem Druck, auf technische Neuerungen des Feindes schnell zu reagieren. Generell kam es darauf an, möglichst rasch einen Vorteil gegenüber dem Feind zu erringen, der diesen wiederum einzuholen und zu übertreffen suchte. Als Konsequenz wurden oft Flugzeuge mit unausgereiften Motoren an die Front geschickt. Tödliche Unfälle waren eine häufige Folge. Ähnliches gilt für den Zweiten Weltkrieg. In beiden Kriegen ließ die rasche Entwicklung der Luftfahrttechnologie wenig Zeit, neue Konstruktionen eingehend zu testen und technische und fertigungsmäßige Schwierigkeiten gründlich zu analysieren und dann zu beheben. Außerdem machte der Erste Weltkrieg den Erfahrungsaustausch Deutschlands mit

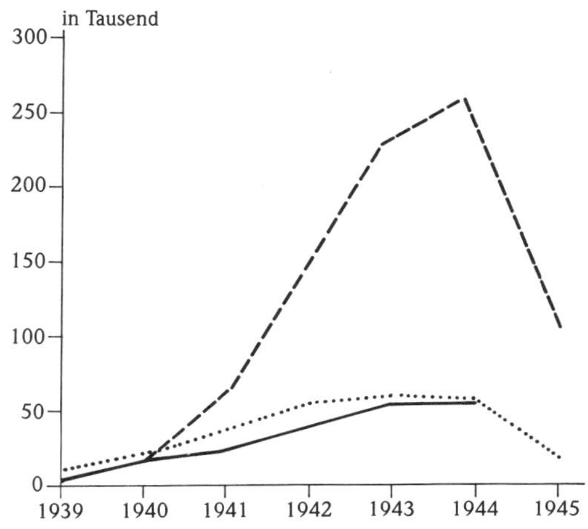

Flugzeugmotorenproduktion in Deutschland, Großbritannien und den USA. Die Angaben für die USA (1939) und Deutschland (1945) liegen nicht vor (nach Braun)

anderen Ländern, vor allem mit Frankreich, unmöglich. Gerade dieser Transfer hatte den deutschen Flugzeugkonstrukteuren vorher sehr genützt. Der Nachbau von Beuteflugzeugen stellte einen nur ungenügenden Ersatz für Technologietransfer und die Zusammenarbeit mit der französischen Luftfahrtindustrie dar. Die Knappheit an Arbeitskräften und Material zwang weiterhin zu einfachen Konstruktionen, weil sich langwierige, aufwendige Projekte mit starkem Innovationspotential nicht weiterverfolgen ließen.

Typen und Ergebnisse der Rüstungsforschung

Ausbruch und Verlauf des Ersten Weltkrieges veranlaßten die am Krieg beteiligten Staaten zur Intensivierung der Rüstungsforschung. Zumal für Deutschland machte der Ausbruch des Krieges verstärkte Anstrengungen bei der Entwicklung und Produktion von Ersatzstoffen notwendig. Hier stand das Verfahren zur Ammoniaksynthese im Vordergrund, das der Salpetererzeugung diente. Salpeter war für die Produktion von Sprengstoff und Düngemitteln unerläßlich. Derselbe Fritz Haber, Direktor des Kaiser-Wilhelm-Instituts für physikalische Chemie, der zusammen mit Carl Bosch die Ammoniaksynthese entwickelt hatte, engagierte sich ab 1915 für die Entwicklung und Produktion von Giftgas. Giftgas sollte feindliche Soldaten aus ihren Schützengräben treiben. Während des Krieges arbeiteten einige tausend Chemiker und Techniker an der Erprobung und Herstellung von Giftgas, dessen Einsatz schreckliche Wirkungen hervorrief. Zwar äußerten sich viele Militärs gegenüber dem Einsatz der Gaswaffe ablehnend, weil er ihrer Vorstellung von ritterlicher Kriegführung widersprach und bei relativ geringen militärischen Wirkungen beim Gegner eine Welle des Hasses hervorrief. Gleichwohl wurde von der Gaswaffe in großem Umfang Gebrauch gemacht. Zusammen mit der Mobilisierung der Wissenschaft erfolgten auch verstärkte Rüstungsmaßnahmen der Wirtschaft. Sie fanden ihren Ausdruck in der 1914 errichteten Kriegsrohstoffabteilung und den Maßnahmen im Rahmen des »Hindenburg-Programms« Ende 1916.

Schon vor der Verkündung des »Hindenburg-Programms« versuchte der britische Premierminister David Lloyd George (1863–1945), möglichst umfangreiche Ressourcen für die britische Kriegführung verfügbar zu machen. Nach Kriegsausbruch hatte es sich für Großbritannien wegen des U-Bootkrieges als schwierig erwiesen, ehemals aus Deutschland importierte chemische, pharmazeutische und optische Erzeugnisse im eigenen Land herzustellen. Zur Kriegführung wurden darüber hinaus neu entwickelte Waffen und Geräte hoher Qualität erforderlich. Im Sommer 1915 setzte daher das britische Parlament ein Gremium ein, das aus prominenten Naturwissenschaftlern und Industriellen bestand. Es sollte die Regierung bei der Ausarbeitung und Anwendung rüstungsnaher Forschungs- und Entwicklungspro-

72. Füllung von Granaten in einer englischen Munitionsfabrik. Photographie, 1918

gramme beraten. Solche Programme, die sich zum Beispiel auf die Untersuchung der Eigenschaften und Zusammensetzung von Legierungen und der Korrosion von Nichteisenmetallen erstreckten, wurden an bestehende naturwissenschaftlich-technische Institutionen vergeben. Das 1916 gegründete »Department of Scientific and Industrial Research« (DSIR) koordinierte die Arbeiten und veranlaßte die Errichtung weiterer Forschungs- und Entwicklungsinstitutionen.

In den USA gestalteten sich die Beziehungen zwischen Wissenschaft, Industrie und Militär während des Ersten Weltkrieges besonders eng. Blockademaßnahmen verhinderten den Import wichtiger Geräte, vorwiegend für die amerikanische Marine. Die dadurch entstehenden Probleme sowie allgemeine Mobilisierungsanstrengungen der USA fanden ihren Niederschlag im 1915 gegründeten »Naval Consulting Board«. Hier berieten zivile Naturwissenschaftler, Ingenieure und Industrielle die amerikanische Marine bei der Entwicklung und dem Einsatz neuer Waffen und Geräte. Gleiches vollzog sich auf dem Gebiet der militärischen Luftfahrt. Obwohl die Brüder Wright mit ihrem spektakulären Motorflug im Jahr 1903 weltweites Aufsehen erregt hatten, lag die amerikanische Luftfahrtforschung im Ersten Weltkrieg deutlich hinter der europäischen zurück. 1915 rief daher der amerikanische Präsident Woodrow Wilson (1856–1924) das »National Advisory Committee for Aeronautics« (NACA) ins Leben. Wissenschaftler, Industrielle und Militärs sollten hier die Luftfahrtforschung in enger Kooperation fördern und den Staat bei der Vergabe gezielter Forschungs- und Entwicklungsaufträge beraten. Erst nach dem Krieg, 1920, richtete die NACA eigene Forschungs- und Entwicklungsinstitute ein. Anders als in England, wo zumeist Einrichtungen der Ingenieurorganisationen die staatlichen Aufträge durchführten, widmeten sich in den USA Laboratorien der Industrie und der Universitäten diesen Aufgaben. Das 1916 gegründete »National Research Council« stellte die Kooperation zwischen Wissenschaft, Industrie und Militärs auf eine noch breitere Basis. Dem Beispiel europäischer und amerikanischer Institutionen folgend, wurde in Japan während des Ersten Weltkrieges ein »Institut zur Erforschung von Eisen und Stahl« gegründet, das im Auftrag der japanischen Armee insbesondere an der Entwicklung magnetischer Stähle arbeitete. Das »Institut für physikalische und chemische Forschungen« (RIKEN) widmete sich den entsprechenden anwendungsnahen Untersuchungen. Zu dieser Zeit bildete sich auch ein Phänomen aus, das später als »militärisch-industrieller Komplex« bezeichnet wurde, in dem Staat, Militär, Industrie und Wissenschaft kooperierten. In den USA fanden sich im Ersten Weltkrieg Elemente dieses Komplexes in den »Mobilization Agencies«, vor allem dem »War Industries Board« (WIB), das von dem Zivilisten Bernard M. Baruch (1870–1965) geleitet wurde. Mit den »Kriegsrohstoffgesellschaften« und dem »Kriegsausschuß der Deutschen Industrie« bestanden in Deutschland vergleichbare Institutionen zur Rüstungsplanung. Die in dieser Zeit eingeleitete Entwicklung setzte sich im Zweiten Weltkrieg in den USA mit der Einrichtung des »War Production Board« (WPB) unter Leitung von Industriellen wie William S. Knudsen, Präsident von General Motors, und E. R. Stettinius von der US Steel Corporation fort. Mit dem »Ausschuß- und Ringsystem« zur Organisation der Kriegswirtschaft verfolgte der deutsche Rüstungsminister Albert Speer (1905–1981) nach 1942 ähnliche Absichten.

In der Zwischenkriegszeit und zu Beginn des Zweiten Weltkrieges machte das Beispiel der 1915 gegründeten NACA rasch Schule. Vannevar Bush (1890–1974), Professor für Elektrotechnik am Massachusetts Institute of Technology (MIT) und erfolgreicher Wissenschaftsmanager, betrachtete die Mobilisierung der Luftfahrtforschung durch die NACA als Modell zur Gründung des »National Defense Research Committee« (NDRC), einer im Juni 1940 entstandenen gigantischen Institution zur Rüstungsforschung, aus der sich 1941 das »Office of Scientific Research and Development« (OSRD) entwickelte. Dieser Institution gelang es, politische Ziele in anwendungsorientierte Forschungsprogramme umzusetzen, mit denen sie vorrangig Industrie- und Hochschullaboratorien betraute. Obwohl es auch hier zu mancherlei bürokratischen Friktionen kam, erwiesen sich die Aktivitäten des OSRD als im ganzen erfolgreich und als Musterbeispiele von »Big Science«, anwendungsorientierter Großforschungsprojekte, bei denen Geld keine Rolle zu spielen schien. Sowohl das Atombombenprogramm als auch die Erweiterung der amerikanischen Radarforschung wurden vom OSRD initiiert. Die gewaltigen Forschungs- und Entwicklungsanstrengungen der USA im Zweiten Weltkrieg legten den Grundstein für die amerikanische Überlegenheit auf verschiedenen Gebieten der Naturwissenschaft und Technik in der Nachkriegszeit. Auch in Großbritannien knüpfte man an die Organisation der Rüstungsforschung während des Ersten Weltkrieges an und setzte diese Bemühungen – allerdings in weitaus geringerem Umfang als in den Vereinigten Staaten – in der Zwischenkriegszeit und während des Zweiten Weltkrieges fort. Im Zentrum standen dort die Mikrowellen-Radarforschung sowie die Luftfahrt- und Marineforschung der Streitkräfte.

Die hervorragende technologische Stellung der USA in der Luft- und Raumfahrt ist nicht zuletzt auf die Arbeit deutscher Raketenspezialisten nach dem Zweiten Weltkrieg zurückzuführen. De facto hatte die Luftfahrtforschung in Deutschland schon in den zwanziger Jahren Züge einer Großforschung und wurde während der nationalsozialistischen Aufrüstung nach 1933 noch intensiviert. Hinzu kamen Arbeiten zur Entwicklung chemischer Synthesen. Der Versuch des 1937 gegründeten »Reichsforschungsrates«, die Forschung auf den Gebieten der Naturwissenschaft und Technik unter die Kontrolle des Reichsministeriums für Erziehung, Wissenschaft und Volksbildung zu bringen, scheiterte allerdings. Die Wehrmacht mit ihren eigenen Forschungseinrichtungen und die Industrieforschung bestanden auf ihrer Selbständigkeit. Überhaupt verhinderte die mangelnde Organisation und Koordination der Rüstungsforschung im »Dritten Reich« eine ähnliche Effektivität wie in den Vereinigten Staaten. Darüber hinaus erwiesen sich die USA in ihren personellen und materiellen Möglichkeiten als überlegen. Die Struktur des nationalsozialistischen Herrschaftssystems mit seinen konkurrierenden Machtblöcken, von denen besonders Wehrmacht, Industrie und SS hervortraten, verhinderte eine wirksame Zusammenarbeit zur Erreichung rüstungstechnischer Ziele. Ferner offenbarte sich, vor allem nach Kriegsbeginn, ein spürbarer Mangel an Naturwissenschaftlern und Ingenieuren. Rassenpolitische Motive hatten dazu geführt, daß jüdische Wissenschaftler und Ingenieure zur Emigration gezwungen oder sogar ermordet wurden. Wenngleich die Luftwaffenplanung und die Autarkiebestrebungen der chemischen Technologie auf eine umfassende Mobilisierung der Ressourcen für einen längeren Krieg hinausliefen, hatten die Blitzkriegstaktik der ersten beiden Jahre und der Mangel an Fachleuten und Material zur Folge, daß langfristige rüstungstechnische Forschungs- und Entwicklungsarbeiten eingestellt werden mußten. Erst in der zweiten Kriegshälfte wurden längerfristige Projekte wie die Radartechnik, der Bau von Strahltriebwerken und die Schaffung der »Wunderwaffen« mit größerem Auf-

73. Erster englischer Radarempfänger des Baujahres 1935. London, Science Museum

wand weiterverfolgt. Wie in den USA, so räumte nun auch in Deutschland der Staat der Industrie einen größeren Spielraum bei der Organisation der Rüstungsproduktion ein.

Die unterschiedlichen Typen der Rüstungsforschung in Großbritannien, den Vereinigten Staaten und in Deutschland lassen sich exemplarisch an der Radarentwicklung verdeutlichen. »Radar« ist eine Kurzform von »Radio detecting and ranging«, Funk-Ermittlung und Entfernungsmessung. Sein Prinzip beruht auf dem Reflexionseffekt gerichteter elektromagnetischer Wellen, die, von einem Gegenstand zurückgeworfen, wieder empfangen werden können. Aus der Zeit- oder Frequenzdifferenz zwischen gesendetem und wieder empfangenem Signal konnte man Richtung und Entfernung des georteten Objekts ermitteln. Die Genauigkeit der Funkmessung wuchs mit kürzerer Wellenlänge. Nach Anfängen in Deutschland zu Beginn des Jahrhunderts und aufgrund von Arbeiten in den USA, Frankreich, Großbritannien und Deutschland zu Beginn der dreißiger Jahre betrieben namentlich englische Naturwissenschaftler Rückstrahlversuche mit elektromagnetischen Wellen. Die deutsche Aufrüstung nach 1933 mit dem Aufbau der Luftwaffe ließ nämlich die Vorteile der Insellage als gering erscheinen. Es galt, die Entwicklungen der Hochfrequenztechnik für die Landesverteidigung zu nutzen. Ein Ausschuß unter Vorsitz des Chemikers Henry Tizard (1885–1959) beschäftigte sich ab 1935 mit dieser Frage. Die Leitung der physikalisch-technischen Entwicklungsarbeiten lag in den Händen des Hochfrequenztechnikers Robert Watson-Watt (1892–1973). Die Regierung stellte umfangreiche Mittel zur Verfügung und koordinierte die Entwicklungsarbeiten. Nachdem die erste Radar-Bodenstation im März 1937 in Betrieb genommen werden konnte, gelang es bis zum Frühjahr 1939, 20 solcher Stationen an der englischen Ostküste zu installieren. Sie bildeten die Radarkette, welche die Briten »Home Chain« nannten. Die weiteren Forschungs- und Entwicklungsarbeiten zielten darauf ab, die Einsatzmöglichkeiten des Radars durch kürzere Wellenlängen zu erweitern. Dadurch sollten, über das Radar-Frühwarnsystem hinaus, Verfahren zur Feuerleitung für die Flak und die Schiffsartillerie sowie ein Bordradar für Flugzeuge geschaffen werden. Mit Hilfe eines 50-Zentimeter-Bordradars spürten englische Flugzeuge 1941 das Schlachtschiff »Bismarck« auf. Nachdem eine englische Delegation im August 1940 das neu entwickelte Magnetron mit Hohlraumresonator – eine Senderöhre mit hohen Leistungen im Zentimeterwellenbereich – in die USA gebracht hatte, intensivierten die amerikanischen Radarexperten ihre Anstrengungen. Am Massachusetts Institute of Technology wurde kurz darauf das »Radiation Laboratory« (RadLab) gegründet, an dem bei Kriegsende etwa 4.000 Wissenschaftler und Techniker arbeiteten. Dennoch dauerte es zwei Jahre, bis ein leistungsfähiges Bordradargerät unter der Tarnbezeichnung »H2S« herauskam. Mit diesem Gerät konnten Bomberpiloten aufgetauchte U-Boote auch bei Nacht sowie durch Wolken oder Nebel erkennen. Etwa 200 deutsche U-Boote wurden auf diese Weise aufgespürt und versenkt. Das neue Gerät ermöglichte es zudem, Küstenlinien, Flüsse und Gebäudekomplexe anzuzeigen und somit das Radar als Navigationsgerät für Bomber zu verwenden. Ende 1943 wurden solche Geräte mit einer Wellenlänge von 9 Zentimetern beim Luftangriff auf Hamburg eingesetzt. Die Vereinigten Staaten investierten ungefähr 2,5 Milliarden Dollar in die Entwicklung des Radars und verwandter Geräte, eine Summe, die sogar die finanziellen Aufwendungen zur Entwicklung der Atombombe im Rahmen des »Manhattan-Projekts« übertraf. Als Folge der Forschungen im Krieg errangen die USA in den Nachkriegsjahren eine führende Stellung in der Radarforschung. Nicht zu Unrecht vertrat der Direktor des »Radiation Laboratory« die Ansicht, die Atombombe habe den Krieg zwar beendet, das Radar aber habe ihn entschieden.

Im Gegensatz zu Großbritannien und den Vereinigten Staaten begannen in Deutschland die Arbeiten auf dem Gebiet der Radartechnik unkoordiniert. Die Marine entwickelte in den frühen dreißiger Jahren Geräte mit einer Wellenlänge von 50 Zentimetern. Wegen des Fehlens geeigneter elektronischer Röhren erfolgte ihr Einsatz aber nur im weniger leistungsfähigen Bereich von 2 Metern. Allerdings boten diese Arbeiten die Grundlage für die später in großen Serien gebauten und im

Flugmeldedienst und in der Jägerführung eingesetzten »Freya-Geräte«. Die im Zweiten Weltkrieg verwendeten »Würzburg-Geräte« dienten der Feuerleitung bei der Flakartillerie. Der staatlich verordnete Entwicklungsstop für Geräte, deren Einsatzreife bis zum Ende des Jahres 1941 nicht mehr gewährleistet zu sein schien, verhinderte weitere Entwicklungen. Zwar stand die deutsche Radarforschung in der ersten Phase des Zweiten Weltkrieges kaum hinter der britischen zurück. Aber es mangelte an Fachleuten, an einer wirksamen Koordination entsprechender Arbeiten in den Laboratorien der Industrie, der Hochschulinstitute sowie der Marine- und Luftwaffenforschungsstellen. Außerdem fehlte ein Gesamtkonzept mit einer umfassenden Einsatzplanung des Radarsystems. Große Probleme bereitete der deutschen militärischen Führung der Abwurf von Stanniolstreifen, welche die Ortung feindlicher Flugzeuge unmöglich machten. Deutsche Radarexperten hätten dies durch eine frühzeitige Entwicklung des Radars im Zentimeter-Wellenbereich verhindern können. Wegen fehlender Ingenieure wurden die entsprechenden Entwicklungsarbeiten jedoch 1942 eingestellt. Anfang 1943 fiel den deutschen Militärs ein hochleistungsfähiges Radargerät in die Hände, das auf einer Wellenlänge von 9 Zentimetern arbeitete und aus einem bei Rotterdam abgeschossenen britischen Bomber stammte. Eine aus Industrie und militärischen Behörden gebildete Arbeitsgemeinschaft versuchte nun fieberhaft, den alliierten Vorsprung in der Radarforschung aufzuholen. Hitler ließ ungefähr 1.500 Hochfrequenzexperten aus der Truppe zurückrufen. Auch im Konzentrationslager Dachau richtete die SS ein eigenes Hochfrequenz-Forschungsinstitut ein, das von dem inhaftierten ehemaligen Direktor des Zentrallabors der Firma Siemens & Halske geleitet wurde. Diese Anstrengungen vermochten dem Krieg jedoch keine Wende mehr zu geben.

Neben dem Radar wurden andere Ortungssysteme verwendet. Im Ersten Weltkrieg setzten Briten und Amerikaner Horchgeräte, sogenannte Hydrophone, ein, mit deren Hilfe sich die Richtung georteter U-Boote feststellen ließ. Die Anwendung dieser Geräte versprach aber nur bei langsamer Fahrt und günstigen Wetterbedingungen einigen Erfolg. Verbesserte Horchgeräte gelangten im Zweiten Weltkrieg zum Einsatz. Solchen »passiven« Ortungsmitteln waren die »aktiven« Verfahren mit Hilfe von Ultraschall-Wellen überlegen. Französischen Wissenschaftlern gelang es gegen Ende des Ersten Weltkrieges, das Echo eines getauchten U-Bootes mittels solcher Wellen zu empfangen. Untersuchungen amerikanischer, britischer und deutscher Wissenschaftler führten zur Entwicklung der im Zweiten Weltkrieg eingesetzten Sonar-, Adsic- und S-Verfahren. Da die Schallgeschwindigkeit unter Wasser bekannt war, konnte man aus der Zeitdifferenz zwischen Impulsaussendung und Echoempfang die Entfernung zum georteten Objekt ermitteln. Doch wegen der ungleichmäßigen Struktur des Seewassers – Unterschiede in den Wassertemperaturen und im Salzgehalt – war das aktive Ortungsverfahren oft ungenau.

Die Nutzung des Radars und anderer Ortungsmethoden bildeten den Ausgangs-

74. Parabolantenne des Radargeräts »Würzburg Riese«. Photographie, um 1941

punkt für das »Operational Research«, später »Operations Research«, ein Begriff, der zuerst 1938 von britischen Wissenschaftlern verwendet wurde. Sie entwickelten im Auftrag der englischen Streitkräfte Methoden, um die günstigsten Standorte der britischen Radarüberwachung zu ermitteln. Die später von den Radargeräten gelieferten Daten bereiteten sie so weit auf, daß diese als Grundlage militärischer Entscheidungen dienen konnten. »Operations Research« diente also zunächst der Optimierung militärischen Handelns. 1941 übernahmen die Streitkräfte der Vereinigten Staaten dieses Verfahren und benutzten es hauptsächlich zur Ermittlung der Optimalgröße von Geleitzügen über den Atlantik. In Deutschland wurde »Operations Research« während des Zweiten Weltkrieges wahrscheinlich deshalb ignoriert, weil hierdurch die beschränkte rüstungstechnische und rüstungswirtschaftliche Leistungskraft offenbar geworden wäre. Ende der vierziger Jahre fand das Optimierungsverfahren Eingang in die amerikanische Wirtschaft.

75. Rekonstruktion der ersten, 1941 betriebsfähigen programmgesteuerten Rechenanlage »Z3« von Konrad Zuse. München, Deutsches Museum

Die schnelle Verbreitung von »Operations Research« wurde durch die elektronische Datenverarbeitung ermöglicht. Bereits 1944 hatte eine Wissenschaftlergruppe am Massachusetts Institute of Technology damit begonnen, einen Analogrechner zur Steuerung von Flugsimulatoren zu entwickeln. 1945 entschieden sich die Wissenschaftler, eine digitale Anlage zur flächendeckenden Luftraumüberwachung zu bauen, deren Daten direkt an Computer übertragen werden sollten. Die frühe Computerentwicklung in den USA, die im Zweiten Weltkrieg stark vorangetrieben wurde, profitierte von der erheblichen Unterstützung durch Militär und Regierungsstellen. Auch dieses Beispiel macht den Unterschied zwischen amerikanischer und deutscher Rüstungsforschung im Zweiten Weltkrieg deutlich. Die deutsche politische und militärische Führung verhielt sich – bis auf wenige Ausnahmen – unausgereiften technischen Projekten gegenüber zurückhaltend. So wurde dem Ingenieur Konrad Zuse bei seinen Innovationen für den Digitalrechner nur geringfügige staatliche Hilfe zuteil. 1940 übernahm die deutsche Versuchsanstalt für Luftfahrt in Berlin-Adlershof immerhin die Teilfinanzierung des Computermodells »Z3«. In den USA hingegen unterstützten Regierung und Streitkräfte eine Vielzahl militärisch relevanter Projekte. Das galt ebenso für die Computerentwicklung: Der »Mark I« Howard H. Aikens (1900–1973), der Computer von George R. Stibitz und der an der University of Pennsylvania entwickelte ENIAC-Computer erfreuten sich einer mas-

76. »Automatic Sequence Controlled Computer« (ASCC), der erste, 1944 in Betrieb genommene speicherprogrammierte Rechner Amerikas von Howard H. Aiken, der »Harvard Mark I« in der Harvard University

siven Unterstützung durch das amerikanische Militär. Dies ist freilich auch Ausdruck des erheblich größeren personellen und materiellen Spielraums in den Vereinigten Staaten. Verfahren der Funkaufklärung, welche die Entzifferung deutscher Codes im Zweiten Weltkrieg ermöglichten, stellten einen weiteren Ursprung des modernen Computers dar. Hier wurden vor allem die Forschungen des englischen Mathematikers Alan Turing (1912–1954) richtungweisend.

Computer und Mikroelektronik stellten nach dem Zweiten Weltkrieg eine wesentliche Voraussetzung für den zielgenauen Einsatz von Raketen dar, deren Entwicklung durch den Krieg stark beschleunigt wurde. Beabsichtigt war aber ursprünglich keine militärische, sondern eine zivile Verwendung mit dem Wunsch, »Die Rakete zu den Planetenräumen« zu bauen, wie der Titel eines Buches lautete, das der Raketenpionier Hermann Oberth (1895–1989) im Jahr 1923 herausbrachte. In seinen wissenschaftlichen Arbeiten knüpfte er vor allem an die Forschungen des Russen K.E. Ziolkowski (1857–1935) und des Amerikaners R.H. Goddard (1882–1945) an. Goddard war es 1936 gelungen, die erste Flüssigkeitsrakete zu starten. In den USA, der Sowjetunion und nicht zuletzt in Deutschland machte sich zu Ende der zwanziger Jahre eine allgemeine Raketenbegeisterung breit, die auch zu Werbezwecken genutzt wurde. Hatte der Versailler Vertrag

Deutschland untersagt, Kanonen mit großer Reichweite zu bauen, so schien der Weg für die Entwicklung von Langstreckenraketen frei zu sein. Das Heereswaffenamt förderte denn auch die entsprechenden Forschungen in bescheidenem Umfang. Allerdings beabsichtigte das Militär zunächst nicht, die Rakete zum Transport hochexplosiver Sprengstoffe zu verwenden, sondern plante, Giftgas auf große Entfernungen zu verschießen. Ab 1937 wurden die Arbeiten auf dem Raketenversuchsgelände Peenemünde an der Ostsee unter Leitung Wernher von Brauns (1912–1977) fortgesetzt. Zwar hielt sich zunächst das Interesse von Politik und Militär in engen Grenzen, aber nach dem Beginn der systematischen Bombardierung deutscher Städte durch die britische Luftwaffe Ende März 1942 gewann der Gedanke des Einsatzes von »Vergeltungswaffen« bei der nationalsozialistischen Führung rasch an Boden. Hier handelte es sich im wesentlichen um die als »V 1« bekanntgewordene Flügelbombe »Fi 103«, die Flüssigkeitsrakete »A 4«, bekannt als »V 2«, sowie das Ferngeschütz »Hochdruckpumpe« und die Feststoffrakete »Rheinbote«. Als »Hochdruckpumpe« wurde ein Mehrkammergeschütz bezeichnet, das aus einem ungewöhnlich langen Rohr bestand, an dem zusätzliche Pulverkammern mit Treibladungen angebracht waren. »Rheinbote« war eine vierstufige Feststoffrakete, die das Heereswaffenamt neben der V 2 ohne offizielle staatliche Unterstützung entwickelte.

Anders als »Hochdruckpumpe« und »Rheinbote« spielten V 1 und V 2 gegen Ende des Krieges eine wichtige Rolle als Terrorwaffen gegen die englische Zivilbevölke-

77. Der Opel-Raketenwagen »Rak 2« auf der Avus in Berlin. Photographie, 23. Mai 1928

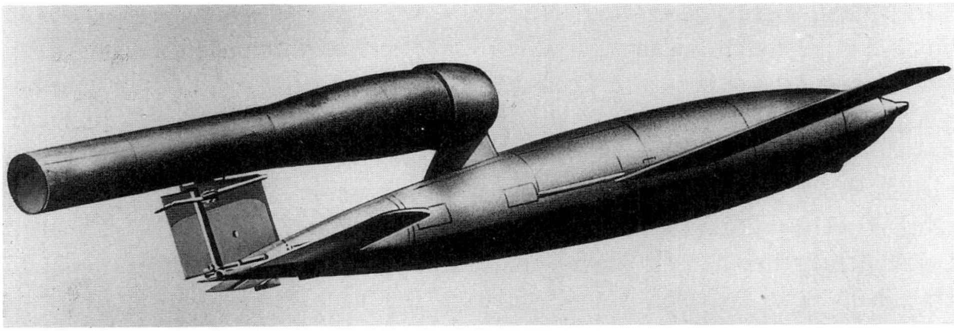

78. Modell des Fieseler »Fi 103 (V1)« des Baujahres 1944. München, Deutsches Museum

rung. Die V 1 war eine mit Tragflächen und Leitwerk ausgestattete »fliegende Bombe«, die bei einer Reichweite von 233 Kilometern eine Sprengladung von 830 Kilogramm ins Ziel bringen konnte. Ihr Raketen-Triebwerk saugte schubweise Luft an und stieß das in der Brennkammer entzündete Gas-Luft-Gemisch durch die Heckdüse aus. Da die Höchstgeschwindigkeit nur bei 650 Stundenkilometern lag, konnte die britische Abwehr etwa 40 Prozent dieser »fliegenden Bomben« abschießen. Die kreiselgesteuerte V 2 erreichte hingegen eine Geschwindigkeit von 5.500 Stundenkilometern und konnte eine Ladung von fast 1 Tonne Sprengstoff über eine Distanz von 520 Kilometern befördern. Der Antrieb erfolgte durch ein Gemisch aus flüssigem Sauerstoff, Methylalkohol mit 25 Prozent Wasserstoff und Wasserstoffsuperoxid. Wie aufwendig die Entwicklung einer derartigen Waffe gewesen ist, geht aus der Tatsache hervor, daß bis zur Einsatzreife der V 2 etwa 3.000 Versuchsraketen erprobt werden mußten. Die von der nationalsozialistischen Propaganda gepriesenen »Wunderwaffen« entfalteten aber wegen ihrer geringen Zielgenauigkeit keine militärische Wirkung. Der Schrecken, in den sie die britische Zivilbevölkerung versetzten, brachte keine strategischen Vorteile; die Opfer stärkten vielmehr den Widerstandswillen. Insofern kamen V 1 und V 2 nicht, wie manche zeitgenössische Beobachter meinten, zu spät, sondern, legt man militärische Maßstäbe zugrunde, wegen ungenügender Treffgenauigkeit eher zu früh zum Einsatz. Ihre Wirkung lag weit unter jener der britischen Bombenangriffe. Die bei Flächenbombardements auf die deutsche Zivilbevölkerung abgeworfene Sprengstoffmenge lag ungefähr siebzigmal höher als die von V 1 und V 2 nach England transportierte. Auch das Ziel der nationalsozialistischen Regierung, die Moral der deutschen Bevölkerung durch die Hoffnung auf neue, kriegsentscheidende »Wunderwaffen« zu stärken, wurde nicht erreicht. Allein die Propaganda nährte die Illusion, der Krieg könne ohne eigenes Zutun doch noch gewonnen werden.

Größere Wirkungen als von den »Wunderwaffen« versprachen sich viele deutsche Militärs und Politiker von den neuen Raketen- und Düsenflugzeugen. Der ab Juli 1944 eingesetzte Abfangjäger »Me 163«, das erste serienmäßig gebaute Raketenflugzeug, konnte aber die hochgespannten Erwartungen nicht erfüllen, wenngleich er ausgezeichnete Eigenschaften besaß. Er erreichte beinahe Schallgeschwindigkeit, eine Gipfelhöhe von 15.000 Metern und verfügte über eine enorme Steigfähigkeit. Doch das Flugzeug war technisch unausgereift und militärisch nur beschränkt verwendbar. Die hohe Explosivität des Treibstoffs führte zu zahlreichen Unfällen. Aufgrund der sehr kurzen Flugdauer von nur 8 Minuten hatte die Me 163 eine Reichweite von bloß 100 Kilometern. Der nach Brennschluß notwendige Gleitflug zurück zum Flugplatz machte sie zu einer leichten Beute feindlicher Jäger. Die Reichweite des Düsenflugzeugs »Me 262« lag, bei ähnlicher Höchstgeschwindigkeit wie die der Me 163, mit 1.000 Kilometern erheblich höher. Allerdings beschränkte die Verwendung als Jagdbomber statt als reines Jagdflugzeug ihre Möglichkeiten. Als sie seit Beginn des Jahres 1945 nur noch als Jäger gebaut und mit der neu entwickelten Luft-Luft-Rakete »R 4 M«, der »Orkan«, ausgestattet wurde, erlitten die alliierten Bombergeschwader schwere Verluste. Amerikanische Ingenieure, die im Zweiten Weltkrieg mit Unterstützung des »Office of Scientific Research and Development« ein Strahlflugzeug zu entwickeln versuchten und dabei nur geringen Erfolg hatten, bezeichneten den Stand der deutschen Düsenjägerentwicklung als der amerikanischen weit überlegen. Allerdings trugen mangelnde Koordination zwischen Industrie, Staat und Militär sowie divergierende Vorstellungen über die Verwendungsart des Flugzeugs auch in diesem Fall dazu bei, daß die Me 262 erst verhältnismäßig spät zum Einsatz kam.

Die Atombombenentwicklung in den USA und ähnliche Bestrebungen in Deutschland stellen ein Modellbeispiel für unterschiedliche Formen und Ergebnisse von Rüstungsforschung im Zweiten Weltkrieg dar. In den Vereinigten Staaten vollzog sich die Entwicklung der Atombombe im Rahmen projektgebundener Großforschung, die von der Grundlagenforschung bis zur großtechnischen Anwendung reichte. In engem Verbund zwischen Staat, Wissenschaft, Industrie und Militär unternommen, schienen die Kosten dieses sich auf 2 Milliarden Dollar belaufenden »Manhattan-Projekts« keine Rolle zu spielen. Wegen beschränkter materieller und personeller Ressourcen, Organisationsproblemen und mangelnder Erfahrung der Wissenschaftler mit der Projektforschung konnte die deutsche Atombombenentwicklung nicht annähernd den Stand der amerikanischen erreichen. Außerdem fehlte diesem langfristigen Forschungs- und Entwicklungsprojekt eine wirksame staatliche Unterstützung. Das Heereswaffenamt hielt den Bau der Atombombe in absehbarer Zeit für unmöglich.

I. Bildsatire auf die Verquickung von altem Bauerntum, Politik und moderner Technologie, auf Bibel, Kaiser und Kunstdünger. Gemälde »Industriebauern« von Georg Scholz, 1920. Wuppertal, Von der Heydt-Museum

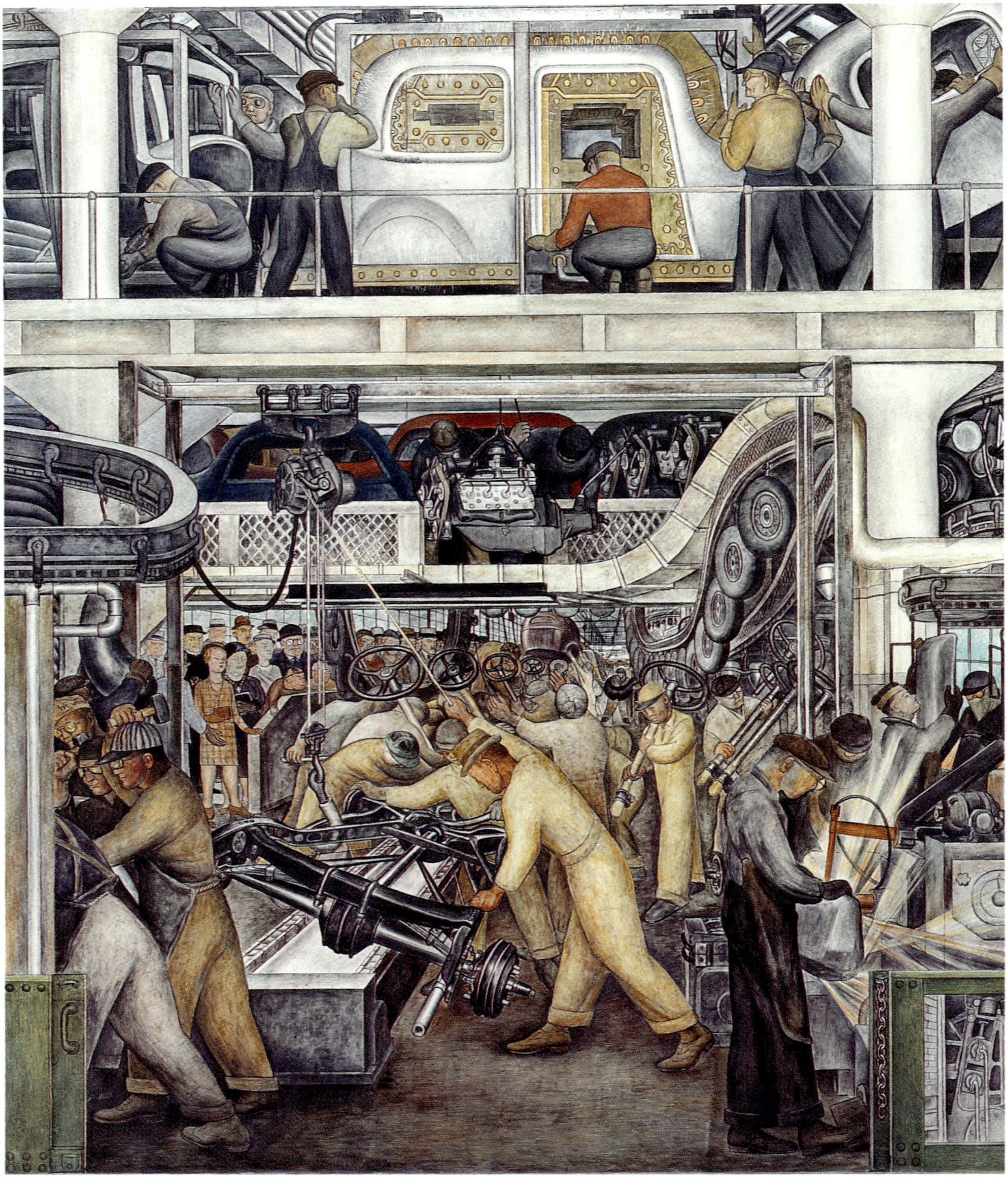

II. Automobilproduktion in Detroit nach dem Ford-System. Aus dem Fresko von Diego Rivera auf der Südwand des Detroit Institute of Arts, 1932/33

III. Der East River: Blick aus dem dreißigsten Stock des New Yorker Shelton-Hotels. Gemälde von Georgia O'Keeffe, 1926. New Britain, CT, Museum of American Art, Stephen Lawrence Fund

IV. Bau des Shell-Hochhauses am Landwehrkanal in Berlin-Tiergarten nach den Plänen des Architekten Emil Fahrenkamp. Gemälde von Richard Gessner, 1930. Berlin-Museum

V. Werbung für den AEG-Stielstaubsauger »Vampyr« des Baujahres 1924

VI. Das billige Kleinradio mit der Typenbezeichnung »VE 301« als Kürzel des Datums der nationalsozialistischen Machtergreifung. Plakat des Reichspropagandaministeriums, 1936. Koblenz, Bundesarchiv

VII. Bau eines Stahlwerkes im sibirischen Magnitka. Gemälde von Pjotr Iwanowitsch Kotoff, 1931.
Hamburg, Sammlung Dr. Ernst Schmacke

VIII. Schiffsgiganten im Dienst des Norddeutschen Lloyd. Plakat nach einem Entwurf des Themistodes von Eckenbrecher, 1910. Bremerhaven, Deutsches Schiffahrtsmuseum

IX. Zeppelin-Luftschiff über dem Bodensee. Gemälde von Michael Zeno Diemer, 1909/10.
Friedrichshafen, Zeppelin-Museum

X. »Immer schneller fliegen.« Gemälde von Franz Radziwill, 1938. Privatsammlung

XI. Elektronischer Bildzerleger: erste 1923 von Zworykin geschaffene »Ikonoskop-Röhre« mit einer Durchsichtskathode

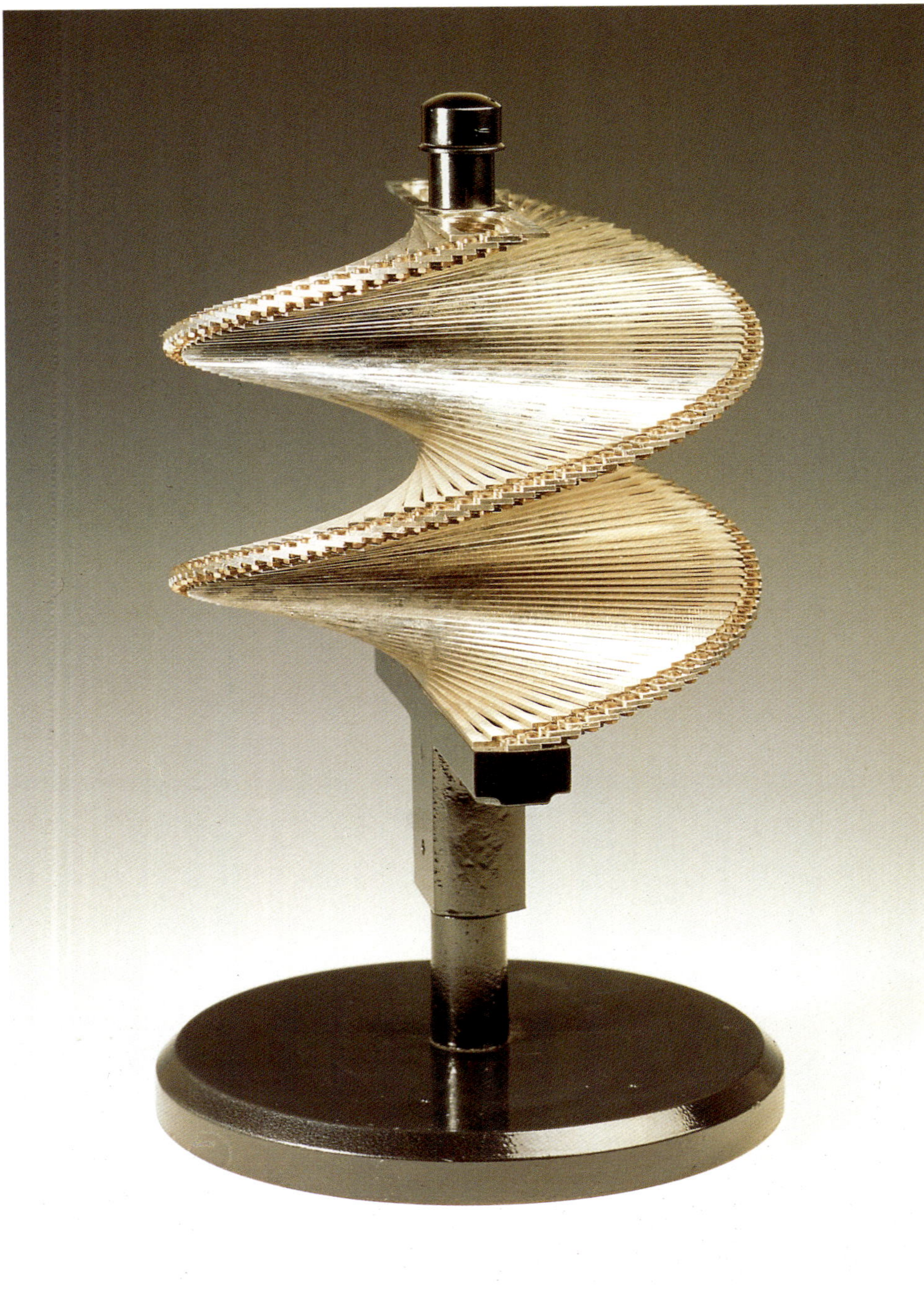

XII. Mechanischer Bildschreiber: die 1930 erstmals vorgeführte Spiegelschraube der Telehor-AG

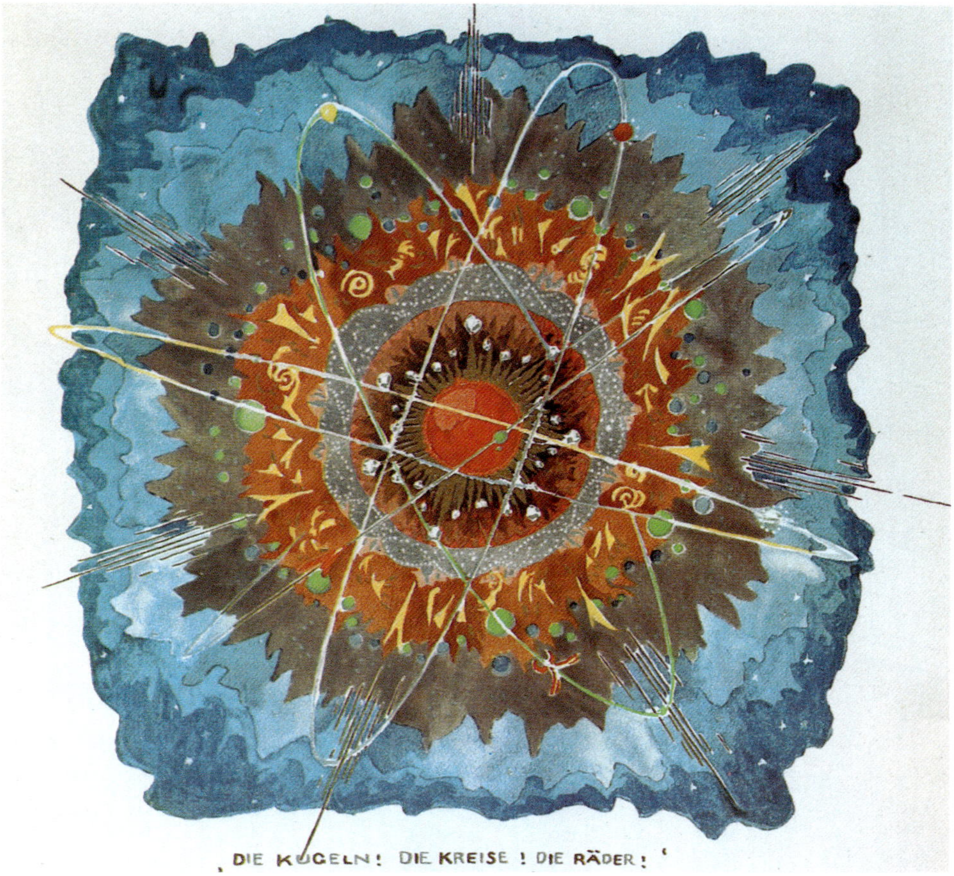

XIII. Vielfältige Kristallisationen. Ein Blatt in der 1919 in Hagen erschienenen Veröffentlichung »Alpine Architektur« von Bruno Taut. Essen, Museum Folkwang

XIV. »Wir mechanisieren das Don-Becken.« Plakat nach einem Entwurf von Aleksandr A. Deineka, 1930. Moskau, Lenin-Museum

XV. »Hommage à Blériot«. Gemälde von Robert Delaunay, 1914. Basel, Öffentliche Kunstsammlung, Kunstmuseum

XVI. »Metropolis« in analoger Vision zum gleichnamigen Film von Fritz Lang. Photomontage von Paul Citroen, 1923. Leiden, Rijksuniversiteit, Prentenkabinet

79. Start einer Versuchsrakete »V2« vom Prüfstand der Heeresversuchsanstalt in Peenemünde. Photographie, 1943

Die Verfügbarkeit neuer Waffen führte zu Veränderungen in der Kriegführung. Dies wurde schon im 19. Jahrhundert im Amerikanischen Bürgerkrieg deutlich. Hier kamen neben verbesserten Hinterladern, gepanzerten Eisenbahnwagen für Truppentransporte, Landminen, Panzerschiffen, Telegraphen zur Nachrichtenübermittlung und Freiballons zur Gefechtsaufklärung auch frühe Formen von Maschinengewehren, Panzerwagen, Torpedobooten und Unterseebooten zum Einsatz. Im Ersten Weltkrieg – mit seinen erweiterten technischen Möglichkeiten von Zeitgenossen auch als »Krieg der Ingenieure« bezeichnet – setzte sich diese Entwicklung fort. Allerdings folgten die Veränderungen in Taktik und Strategie den kriegstechnischen Innovationen keineswegs unmittelbar. Die Generale »kämpften meist noch den letzten Krieg« und stellten sich in ihrer Taktik und Strategie nur zögernd auf die neuen technischen Möglichkeiten ein. Die 39 deutschen Kavallerieregimenter, die 1914 in den Ersten Weltkrieg zogen, machten dies symbolhaft deutlich. Insofern wurden neue Waffen und Waffensysteme wie der Tank, die Vorform des Panzers, und das Flugzeug zumeist der herkömmlichen Taktik und Strategie angepaßt. Sie spielten im Ersten Weltkrieg noch keine entscheidende Rolle, bestimmten aber in weiterentwickelter Form das Geschehen im Zweiten Weltkrieg. Dann wiederum hatten die in den frühen vierziger Jahren hergestellten neuartigen Waffen wie Strahlflugzeuge und Raketen eine lediglich untergeordnete Bedeutung. Diese übten aber einen großen Einfluß auf die militärische und zivile Technik der Nachkriegszeit aus.

Trotz der Zurückhaltung vieler Militärs gegenüber neuen Waffen überwand die Mobilität von Panzern und Flugzeugen den Grabenkampf des Ersten Weltkrieges. Jene neue Art der Kriegführung erforderte zugleich ein verbessertes logistisches System, wie sich überhaupt der Ausbau der Systeme auch auf militärischem Gebiet kontinuierlich fortsetzte. Obwohl man Flugzeuge, Panzer, Panzerschiffe oder U-Boote hatte, war auch der Erste Weltkrieg im wesentlichen ein Krieg der Infanterie. Er war vom Einsatz des Hinterladers mit gezogenem Lauf sowie der schon früher bekannten Metallpatrone und des rauchschwachen Pulvers geprägt. Daneben bestimmte das Maschinengewehr, das Mitte der achtziger Jahre unter anderen von dem Amerikaner Hiram Maxim entwickelt worden war, die Gefechte der Infanterie. Der Gebrauch dieser Handfeuerwaffen bewirkte, daß sich die Feuerkraft eines Infanteriebataillons von 7.000 Schuß pro Minute zur Zeit des Deutsch-Französischen Krieges auf 22.000 Schuß zu Ende des Ersten Weltkrieges erhöhte. In dem Bemühen, die Leistungsfähigkeit der gegnerischen Waffen zu übertreffen, entwickelten deutsche Waffenkonstrukteure mit den Modellen »MG 08« und »MG 08/15« die amerikanischen und britischen Maschinengewehre weiter.

Der Einsatz leichter Maschinengewehre und Steilfeuerwaffen wie Minen- und

Granatwerfer erforderte eine Umgestaltung der Angriffsformationen größerer Infanterieverbände. In Deutschland wurden Sturmbataillone aufgestellt, die mit einer großen Anzahl leichter Maschinengewehre und schwerer Unterstützungswaffen wie Sturmkanonen und Minenwerfer ausgerüstet waren. Später kombinierte man leichte und schwere Maschinengewehre in Schützenkompanien. Sie gerieten bei einem Angriff immer häufiger in das Feuer feindlicher Maschinengewehrnester. Die Zerstörung solcher MG-Nester übernahmen wiederum Sturmkanonen, die dem Angriff der Infanterie folgten. Die Rüstungsfirmen entwickelten die automatischen Waffen in verschiedene Richtungen: zu großkalibrigen Maschinenkanonen, die in Panzerfahrzeugen, auf Schiffen oder in Flugzeugen Verwendung fanden, sowie zu leichten Flugabwehrkanonen (Flak), Maschinenpistolen und Sturmgewehren.

Besonderes Gewicht legten Militärs und Rüstungsfirmen um die Jahrhundertwende auf die Steigerung der artilleristischen Feuerkraft. Damals verfügten die Artilleriegeschütze über ein gezogenes Rohr und eine Hinterladeeinrichtung mit Rohrrücklaufbremse. Sie wurden bei größter Präzision mit maschinellen Bearbeitungsverfahren hergestellt. Wie in vielen anderen Bereichen der Kriegstechnik, so setzte auch hier ein Rüstungswettlauf mit dem Ziel ein, immer größere und leistungsfähigere Geschütze zu bauen. Dies wiederum stimulierte das Bemühen, einerseits noch festere Stahllegierungen zur Panzerung zu erhalten, andererseits die Durchschlagskraft der Granaten zu steigern. Den ins Gigantische getriebenen Charakter solcher Bestrebungen symbolisiert das zwischen 1937 und 1942 entwickelte deutsche Eisenbahn-Geschütz »Dora«. Aus dem 32 Meter langen Rohr der »Dora« konnten 7 Tonnen schwere Panzergranaten von 80 Zentimeter Kaliber bis zu 38 Kilometer weit verschossen werden. Die lange Entwicklungszeit dieses Geschützes hatte allerdings unbeabsichtigte Konsequenzen: Aufgrund geänderter taktischer Voraussetzungen bestand zum Zeitpunkt der Einsatzreife 1942 eigentlich kein Bedarf mehr an einem derart personal- und materialaufwendigen »Dinosaurier«.

Trotz mancher Vorbehalte wurde die Einführung des Panzers in das Geschehen des Ersten Weltkrieges von vielen Militärs begrüßt, weil das mit Laufketten versehene, geländegängige, gepanzerte Fahrzeug viele neue Möglichkeiten zu bieten schien. Es sollte den Angreifern ermöglichen, die feindlichen Abwehrlinien im Grabenkampf zu durchbrechen. In der zweiten Kriegshälfte gelangen den alliierten Tanks an einigen Stellen tiefe Einbrüche in die deutschen Linien. Nachdem sie die neue Waffe schon im September 1916 in der Schlacht an der Somme eingesetzt hatten, spielte der Tank in der Schlacht von Cambrai im November 1917 eine noch wirkungsvollere Rolle, obwohl mechanische Fehler, Wartung sowie die Versorgung mit Ersatzteilen und Treibstoff vielerlei Probleme aufwarfen.

In den zwanziger Jahren fand in Militärkreisen Großbritanniens und anderer Staaten eine engagierte Diskussion über die Möglichkeiten einer weiteren Verwendung des Panzers statt. Sie hatte exemplarischen Charakter für die Beurteilung

80. Englischer Tank »Mark I« im Einsatz. Photographie, September 1916

der Rolle neuartiger Waffen im Krieg. Befürworter der Panzerwaffe wie die Offiziere und Militärtheoretiker J. F. C. Fuller (1878–1966) und B. H. Liddell Hart (1895–1970) verwiesen auf die Erfolge mit dem Panzer im Ersten Weltkrieg und hielten einen massiven Einsatz verbesserter Typen in künftigen militärischen Auseinandersetzungen für kriegsentscheidend. Fuller und Liddell Hart konzipierten die Aufstellung ganzer Panzerdivisionen, die den gegnerischen Abwehrgürtel durchbrechen und ins feindliche Hinterland vordringen sollten. Vor allem jüngere Offiziere fühlten sich von solchen Überlegungen angesprochen, sahen sie doch in einem derartigen Einsatz die Chance, als Panzerkommandanten wieder eine größere Handlungsfreiheit zu erlangen. Für die Befürworter der Panzerwaffe stellte dieses Fahrzeug zugleich ein Symbol dar, das, stärker noch als das Kriegsschiff, das Gefühl der Wehrhaftigkeit mit dem der Geborgenheit verband. Außerdem vertraten sie die Ansicht, der durch die Panzer weiter mechanisierte Krieg werde ein schnelleres Ende finden und viele Menschenleben schonen. – Ihre Kontrahenten machten hingegen geltend, daß ein Panzer, der zum Angriff genutzt werden könne, auch zum Gegenangriff tauge. Das Bild künftiger Panzerschlachten zeichnete sich ab. Die Vorstellung der Unverletzlichkeit dieser gepanzerten Kettenfahrzeuge hielten die Skeptiker für Wunschdenken; denn der Gegner konnte die Kampfzonen mit zerstörerischen Minen und sonstigen Panzerabwehrwaffen präparieren. Andere Einwände betrafen Schwierigkeiten und hohe Kosten bei Wartung und Nachschub. Zudem mußte der Panzer, wollte man im internationalen Konkurrenzkampf bestehen, ständig modernisiert werden. Diese Argumente wurden durch eine grundsätzliche Überlegung ergänzt: Waffensysteme und Technik könnten, so die Meinung der Skeptiker, niemals den Menschen ersetzen. Die Waffentechniker hätten nämlich auf jede Innovation alsbald eine entsprechende Antwort bereit. Insofern könnten neue, aufwendige Waffensysteme die Dauer eines Krieges nicht abkürzen, sondern würden ihn nur verteuern und auf eine noch zerstörerische und verlustreichere Stufe heben.

Gegen viele skeptische Stimmen setzte sich die Vorstellung durch, Panzer in einem künftigen Landkrieg in großem Umfang zu nutzen. Allerdings war deren taktische und strategische Rolle noch umstritten: Stärker herkömmlichem Denken verhaftete Offiziere forderten die Beibehaltung der bekannten Taktik, nach der Panzer im wesentlichen die Infanterie und Artillerie unterstützen sollten. Andere wie der deutsche Panzergeneral Heinz Guderian (1888–1954) forderten eine selbständige, operative Rolle des Panzers. Dieser Auffassung, auf der zum guten Teil auch das Blitzkriegskonzept beruhte, schloß sich Adolf Hitler an. Derart erschien es möglich, eine zahlenmäßige Unterlegenheit Deutschlands durch Schnelligkeit und Nutzung moderner Technik wettzumachen. Auch hier paßte sich die Taktik der

81. Zerstörter »Mark I«-Tank und Kriegsgräber der Briten bei Courcelette. Photographie, September 1917

neuen Technik an. Gemeinsam mit Verbesserungen in Kommunikation und Transport führte sie zu einem Wandel der Strategie.

Stärker noch als bei der Rüstung zu Lande wird das Bild des Rüstungswettlaufs in der Entwicklung der Seestreitkräfte deutlich. Immer größere, schnellere, besser bewaffnete und stärker gepanzerte Kriegsschiffe sollten dem politischen und wirtschaftlichen Rivalen und potentiellen Kriegsgegner Respekt einflößen und ihn zur Zurückhaltung auffordern. Dabei galt zunächst, daß größere Schiffe aufgrund ihrer Feuerkraft die kleineren in Schach halten könnten. Diese Regel war jedoch schon mit dem Aufkommen des Torpedos in den sechziger Jahren des 19. Jahrhunderts durchbrochen worden. Nun waren selbst die größten britischen Kriegsschiffe verletzlich, so daß sie sich mit einer Schar von Zerstörern umgeben mußten, welche die Torpedoboote versenken sollten. Andere Staaten folgten dem Beispiel, so daß letztlich doch die Größe im Schiffbau dominierte. Die Folgen eines verzögerten Agierens im Rüstungswettlauf bekam die russische Kriegsmarine zu spüren, deren Pazifik-Flotte 1904 in der Seeschlacht von Tsushima von einem japanischen Geschwader versenkt wurde. Gemäß der Vorstellung, daß die größten Schiffe auch die führende Stellung auf den Weltmeeren garantierten, leitete die britische Royal Navy im Jahr 1906 mit der Indienstnahme der »Dreadnought« eine neue Runde im Rüstungswettlauf ein. Das gewaltige Panzerschiff mit einer Wasserverdrängung von 18.800 Tonnen hatte statt der üblichen 2 Panzertürme mit je 2 großkalibrigen Geschützen nun deren 5. In ihrer Flottenpolitik folgten die Marine Großbritanniens und die Seestreitkräfte anderer am Rüstungswettlauf beteiligter Staaten den Lehren des amerikanischen Marinehistorikers und -theoretikers Alfred Thayer Mahan (1840–1914), die er in seinem 1890 erschienenen Werk »The influence of sea power on history« verkündet hatte. Große, kampfstarke Schiffe sollten den eigenen Handelsschiffen die ungehinderte Fahrt auf den Ozeanen ermöglichen. Die Seeherrschaft werde der Nation gehören, die über die stärkste Schlachtflotte verfüge.

Die Richtigkeit der Lehre Mahans schien sich im Ersten Weltkrieg zu bestätigen. Es gelang Großbritannien, Deutschland einer wirksamen Seeblockade zu unterwerfen, der die Tirpitzsche Flotte nicht ausreichend Paroli zu bieten vermochte. Allerdings hatte Mahan das Unterseeboot nicht in seine Kalkulationen einbezogen. Erste Versuche mit Tauchbooten fanden bereits im 17. Jahrhundert statt. 1851 baute der bayerische Unteroffizier Wilhelm Bauer (1822–1875) seinen »Brandtaucher«. 1898 entwarf der Ire John Holland (1840–1914) ein Unterseeboot, das über Wasser von einem Verbrennungsmotor und unter Wasser von einem Elektromotor angetrieben wurde. U-Boote hatten einen wasserdichten, röhrenförmigen Rumpf, den Druckkörper. In Tauchtanks wurde zum Tauchen Wasser eingelassen, das man zum Auftauchen mit Druckluft ausdrückte. Ab 1906 fanden statt des feuergefährlichen Petroleum-Motors Diesel-Motoren Verwendung. Sie dienten als Antrieb für die Überwasserfahrt und luden gleichzeitig die Akkumulatorbatterien für die Elektro-

82. Serienfertigung des deutschen Panzerkampfwagens »Panther«. Photographie, 1944

motoren zur Unterwasserfahrt auf. Auch die weiterentwickelten U-Boote der folgenden Jahre, die eigentlich immer noch »Tauchboote« waren, blieben auf einen Aktionsradius von 80 Seemeilen und auf eine Tauchtiefe bis zu 170 Meter beschränkt. Diese Grenzen ergaben sich aus dem zur Verfügung stehenden Luftvorrat, der Leistung der Batterien sowie der Belastbarkeit des Druckkörpers. Mit der Entwicklung von Ortungsgeräten und dem Einsatz von Wasserbomben boten sich bald Möglichkeiten zur Bekämpfung von U-Booten. Letztere dienten zunächst dem Küstenschutz, wurden aber bald zu einem seetüchtigen Waffensystem. Indem sie im Ersten Weltkrieg die Blockade der Entente durchbrachen und alliierte Geleitzüge auf dem Atlantik bekämpften, eröffneten sie der deutschen Seekriegführung neue Möglichkeiten. Obwohl der U-Bootbau in Deutschland nach dem Krieg gemäß

Versailler Vertrag verboten war, wurden getarnte U-Bootprojekte durchgeführt. Deshalb standen zu Beginn der Aufrüstung bereits neu konstruierte U-Boottypen zur Verfügung. Entfaltete die U-Bootwaffe in den ersten Jahren des Zweiten Weltkrieges noch eine beträchtliche Wirkung, so legte, zusätzlich zur Sonar-Ortung unter Wasser, der Einsatz des Radars die deutschen U-Boote im Jahr 1943 weitgehend lahm. Deutschen Ingenieuren gelang es, Gegenmaßnahmen gegen den Radareinsatz der Alliierten zu entwickeln. Durch den Einsatz von Schnorcheln konnten deutsche U-Boote ab 1943 etwa 24 Stunden lang unter Wasser operieren, ohne aufzutauchen. Die Batterien wurden geladen, während das U-Boot auf Tauchfahrt blieb. Eine Wende im Seekrieg erfolgte hierdurch jedoch nicht.

83. Deutsches Unterseeboot »UC II« im Dock. Photographie, 1916

84. Das deutsche Schlachtschiff »Gneisenau«. Photographie, um 1936

Die Beschränkungen des deutschen Kriegsschiffbaus durch den Versailler Vertrag führten bei den deutschen Werften zu Anstrengungen, leichtere Schiffe mit gleicher und möglichst noch höherer Leistung zu bauen als die im Ersten Weltkrieg verwendeten. Das elektrische Lichtbogenschweißen ersetzte das Nieten, und die Verwendung verbesserter, hochfester Stähle für die Schiffskörper und des Aluminiums für die Wände reduzierte das Gewicht. Zum Schiffsantrieb wurden neben Turbinen nun verstärkt Diesel-Motoren installiert. Sie hatten den Vorteil, innerhalb kurzer Zeit die volle Leistung zu erreichen und im operativen Einsatz weniger Brennstoff zu verbrauchen. Der spezifische Verbrauch bei niedriger Teillast stieg hier kaum an, während er sich bei der Turbine verdoppelte. Die ab 1933 in den Kriegsschiffbau eingeführten Hochdruck-Dampf-Turbinen waren zwar leichter und benötigten weniger Raum, doch es traten häufig Schäden an Überhitzern, Rohrleitungen und Ventilen auf. Obwohl Schlachtschiffe auch im Zweiten Weltkrieg noch eine bedeutende Rolle spielten, wurden sie vom Flugzeugträger aus ihrer führenden Stellung verdrängt. Der Einsatz seegestützter Flugzeuge war im Zweiten Weltkrieg im pazifischen Raum von entscheidender Bedeutung. Bei der Schiffsartillerie setzte sich das indirekte Schießen endgültig durch. Hierbei visierte die Geschützbedienung das Ziel nicht mehr selbst an, sondern stellte lediglich die vom Artillerieoffizier befohlenen Werte ein, die dieser vorher mit Hilfe mechanischer Rechengeräte ermittelt hatte. Das bewirkte – wie bei der Landartillerie – eine weitere »Entfremdung« der Geschützbedienung vom Gegner, was teilweise Motivationsschwierigkeiten hervorrief.

Anders als die Seestreitkräfte hatten die Luftstreitkräfte keine lange Tradition im Ersten Weltkrieg. Ihre wesentliche Funktion lag in der Unterstützung des Landkrieges. Flugzeuge wurden vorwiegend zu Aufklärungszwecken eingesetzt. Um die eigene Aufklärung zu schützen, kamen wiederum Jagdflugzeuge zum Einsatz, die

Luftkämpfe gegeneinander austrugen. Die Zunahme der Reichweite, Geschwindigkeit und Bewaffnung von Flugzeugen machte es möglich, diese als eine neue Form der Artillerie zu gebrauchen. Für die Aufgaben eines Fernaufklärers und strategischen Bombers erschien vor allem das Luftschiff geeignet. Dessen Verwundbarkeit setzte seinem Einsatz jedoch enge Grenzen. Britische Jagdflugzeuge schossen die hochexplosive Gasfüllung deutscher Luftschiffe in Brand. Man sah sich gezwungen, in immer größeren Höhen zu fliegen, wodurch sich die ohnehin geringe Treffergenauigkeit beim Bombenabwurf weiter verminderte. – Piloten kämpften in der Luft mit Handfeuerwaffen, vor allem mit Pistolen und Handgranaten. Nachdem Anthony Fokker (1890–1939) der Einbau eines mit dem Motor synchronisierten, starr eingebauten Maschinengewehrs in das Flugzeug gelungen war, kam auch das MG beim Luftkampf verstärkt zum Einsatz. An die Verwendung des Zeppelins als Bombenflugzeug knüpfte die Entwicklung der Riesenflugzeuge an, deren operativer Vorteil in ihrer verhältnismäßig großen Reichweite mit einem Aktionsradius von 500 Kilometern lag.

Der Erste Weltkrieg brachte einen neuen Typ des Helden hervor: den Jagdflieger. Von den »Rittern der Lüfte«, vor allem den »Flugassen«, wurde in den verschiedenen kriegführenden Nationen voller Bewunderung gesprochen. In der Tat konnte das fliegerische Geschick beim Luftkampf Schwächen in der Konstruktion von Flugzeugen wenigstens teilweise ausgleichen. Es kam darauf an, den Gegner durch überraschende Flugfiguren auszumanövrieren. Ziel war es, an die am stärksten verwundbaren Stellen des gegnerischen Flugzeugs, die unter dem Rumpf und am Heck lagen, zu gelangen und sie zu beschießen. Doch in der Regel setzte sich bei Luftkämpfen die zahlenmäßige Überlegenheit durch. Von den etwa 3.200 deutschen Piloten, die im Ersten Weltkrieg gefallen sind, kam fast die Häfte ohne Feindeinwirkung ums Leben. Bei den Verwundeten lag der Anteil sogar über 50 Prozent. Das ließ die technische Anfälligkeit der Flugzeuge offenbar werden. Bis zum Zweiten Weltkrieg wurden zwar manche technischen Probleme behoben, aber auch dann führten unausgereifte Flugzeugtypen und mangelnde Flugerfahrung zu zahlreichen tödlichen Unfällen ohne Feindberührung.

Die Fluggeschwindigkeit der im Ersten Weltkrieg verfügbaren Maschinen stieg von 100 Stundenkilometern zu Beginn des Krieges auf 200 Stundenkilometer bei Kriegsende. Die Motorleistung wuchs von 100 auf 300 PS, die Flughöhe von 1.200 Metern auf 9.000 Meter. Auch die Flugdauer konnte von 5 Stunden auf 9 Stunden erhöht werden. Insgesamt kamen während des Ersten Weltkrieges etwa 200.000 Flugzeuge zum Einsatz. Allein die deutsche Flugzeugindustrie lieferte etwa 48.000 Flugzeuge an die Militärbehörden. Mit 68.000 beziehungsweise 50.000 Flugzeugen lagen die britische und die französische Produktion noch höher. Obwohl die Vereinigten Staaten erst 1917 in den Krieg eingriffen, wurden auch hier 11.000 Flugzeuge gebaut. Als Engpaß in der Flugzeugproduktion erwies sich, zumal in

85. Der Dreidecker-Bomber »Bristol Braemar Mark I«

Deutschland, der Flugzeugmotorenbau. Hier waren Konstruktionen gefragt, die ein möglichst geringes Gewicht mit hoher Leistung verbanden. Trotz des gewaltigen zahlenmäßigen Umfangs der militärischen Luftfahrt im Ersten Weltkrieg wurden die ausschlaggebenden Schlachten am Boden entschieden.

Wie bei der Heeres- und Marinerüstung, so führte man auch bei der Luftrüstung zur Zeit der Weimarer Republik »verdeckte« Forschungs- und Entwicklungsarbeiten durch, die 1933 in ein umfangreiches Rüstungsprogramm mündeten. Die anderen Großmächte entwickelten ebenfalls ihre Militärflugzeuge in der Zwischenkriegszeit weiter. Zu Beginn des Zweiten Weltkrieges erreichten die Flugzeugmotoren eine Leistung von über 1.000 PS und konnten über 600 Stundenkilometer schnell fliegen. Flugwettbewerbe dokumentierten Leistungsfähigkeit, und die großen Flugzeugfirmen bemühten sich, durch den Bau überlegener Maschinen vom Staat lukrative Serienaufträge zu erhalten. Das Arsenal der zur Verfügung stehenden Flugzeugtypen erweiterte sich rasch. Es bestand im wesentlichen aus leichten Flugzeugen zu Aufklärungs- und Verbindungszwecken, einmotorigen Jägern, zweimotorigen leichten und mittleren Bombern, viermotorigen schweren Bomberflugzeugen und verschiedenen Transportern. Die deutsche Luftrüstung legte besonderes Gewicht auf den Bau von Sturzkampf-Bombern, während Briten und Amerikaner schwere viermotorige Bomber favorisierten.

Hatte in der Seekriegführung Alfred Thayer Mahans Werk »The influence of sea power on history« eine bedeutende Rolle gespielt, so gilt für das 1921 erschienene Buch »Il dominio dell' aria« des italienischen Fliegeroffiziers Giulio Douhet

(1869–1930) Ähnliches hinsichtlich des späteren Luftkrieges. Die deutsche Ausgabe erschien 1935 unter dem Titel »Die Luftherrschaft«. Douhet sprach den Luftstreitkräften in einem zukünftigen Krieg die entscheidende Bedeutung zu. Dabei legte er besonderes Gewicht auf den Bombenkrieg, der eine zweifache Aufgabe habe: Er sollte zum einen die Rüstungszentren des Feindes sowie dessen Energieversorgung und Infrastruktur lähmen, zum anderen durch umfassende Angriffe auf die gegnerische Zivilbevölkerung deren Widerstandswillen brechen – beides, um die Regierung des Kriegsgegners zur Kapitulation zu veranlassen. Die Lehre Douhets stieß in den Luftfahrtkreisen Großbritanniens und der Vereinigten Staaten auf starken Widerhall. Englische Luftkriegsstrategen wie Sir Hugh Trenchard (1873–1956) und Arthur Harris (1892–1984) machten sich die zweite Variante mit dem Ergebnis verheerender Nachtangriffe auf die deutsche Zivilbevölkerung zu eigen. Dabei wurde deutlich, daß der Zweite Weltkrieg mehr war als eine Auseinandersetzung zwischen den Streitkräften kriegführender Staaten. Im Sinne eines »totalen Krieges« wurde, auch von deutscher Seite, die Zivilbevölkerung in die Kriegshandlungen einbezogen, nachdem die Rüstung schon im Ersten Weltkrieg einen umfassenden Charakter angenommen hatte. Dennoch erreichten weder die alliierten Flächenbombardements der Zivilbevölkerung noch die deutschen Terrorangriffe auf die britische Bevölkerung das gesteckte Ziel. Die amerikanische Luftkriegführung praktizierte vornehmlich die andere Variante der Strategie Douhets. Mit gezielten Bombenangriffen auf die Zentren der deutschen Rüstungsindustrie sowie auf Infrastruktur und Energieversorgung versuchte sie, den Zusammenbruch der deutschen Kriegswirtschaft herbeizuführen. Auch diese Strategie entsprach nicht den Erwartungen. 1944 erreichte die deutsche Rüstungsproduktion durch Verlagerungen, Verlegungen unter die Erde, rationellere Fertigungsverfahren und »Entfeinerungen« sogar einen Höhepunkt. Immerhin erzielten die alliierten Luftangriffe in der letzten Phase des Krieges beträchtliche Wirkungen. Sie trugen maßgeblich dazu bei, daß deutsche Nachschublinien unterbrochen wurden und die Energie- und Treibstoffversorgung, insbesondere mit Flugbenzin, nicht mehr gewährleistet war.

Anders als in Großbritannien und in den Vereinigten Staaten war die Lehre Douhets in Deutschland stark umstritten. Dennoch forderten verschiedene Luftstrategen und auch Hitler den Bau von Bombern und vertraten, wie Douhet, die Ansicht, Luftstreitkräfte seien ihrer Natur nach Angriffswaffen. Sie forderten daher den Bau strategischer Langstreckenbomber. Die Heeresführung dagegen war vornehmlich an einer direkten Unterstützung ihrer Landoperationen interessiert und legte großen Wert auf den Bau von Sturzkampf-Bombern, Aufklärern und Jagdflugzeugen. Dem entsprach die rasche Aufrüstung der Luftwaffe nach 1933. Das in den ersten beiden Kriegsjahren erfolgreiche Blitzkriegskonzept beruhte auf dem operativen Zusammenwirken von Luftwaffe und motorisierten Heeresverbänden, nament-

86. Me-110-Zerstörer von Messerschmitt über dem zerbombten Dünkirchen. Photographie, Mai 1940

lich Sturzkampf-Bombern und Panzern. Dabei spielte der Einsatz des Funks eine gravierende Rolle. Gleichzeitig wollte man jedoch, im Sinne Douhets, mit Fernbombern einen strategischen Luftkrieg führen. Aber dieses Unterfangen überforderte die wirtschaftlichen und technologischen Möglichkeiten Deutschlands. In der zweiten Kriegshälfte nahm die quantitative Überlegenheit der alliierten Luftstreitkräfte gewaltige Ausmaße an. Die von deutschen Politikern und Militärs so häufig beschworene qualitative Überlegenheit der deutschen Rüstung ließ sich nicht erzwingen. Die Gründe hierfür lagen vielfach in Problemen der Fertigungsorganisation im »Dritten Reich«, namentlich in einer mangelnden Koordination zwischen Reichsluftfahrtministerium, der Luftwaffe und den beteiligten Flugzeugfirmen. Zahlreiche Änderungswünsche der Luftwaffe zogen in der ersten Kriegshälfte häufige Unterbrechungen und Umstellungen der Produktion nach sich und erlaubten nur kleine Serienherstellungen. Mit dem allgemeinen Übergang zur Fließfertigung, mit der

87. Rumpf-Serienbau der Ju 88 von Junkers. Photographie, Beginn des Zweiten Weltkrieges

Vereinfachung des Produktionsvorgangs und dem stärkeren Einfluß der Industrie auf die Produktionslenkung erhöhte sich aber die Flugzeugproduktion nach 1942 rasch. Der aufgrund von Facharbeitermangel erfolgte verstärkte Einsatz von Fremd- und Zwangsarbeitern erforderte einfachere Produktionsverfahren, bei denen Einzweckmaschinen häufig die Universalwerkzeugmaschinen ersetzten. Machte bei der Firma Heinkel der Anteil der gelernten Arbeitskräfte zu Kriegsbeginn noch fast die Hälfte aus, so reduzierte er sich bis 1943 auf gut 10 Prozent. Die geänderte Produktionsorganisation erwies sich als derart effektiv, daß die Produktivität der deutschen Flugzeugindustrie in der zweiten Kriegshälfte um mehr als 60 Prozent anstieg. Gleichwohl war die alliierte Konkurrenz übermächtig. Bei der Produktion von Flugzeugmotoren wird der Unterschied zwischen den Möglichkeiten im Deutschen Reich und denen in den Vereinigten Staaten besonders deutlich. Weit umfangreichere Ressourcen, die konsequente Anwendung von Massenproduktionsverfahren mittels Spezialwerkzeugmaschinen und eine nicht durch feindliche Angriffe gestörte Produktion erbrachten hier Ergebnisse, welche die deutsche Industrie nicht entfernt erreichen konnte.

Technikentstehung, Technikfolgen, Technologiepolitik

Forschung und Entwicklung

Obwohl auch im Zeitraum von 1914 bis 1945 unabhängige Erfinder und Techniker in kleingewerblichen Betrieben verschiedene Erfindungen machten, die als technische Neuerungen in den Produktionsprozeß eingeführt wurden, lag der Schwerpunkt der Forschungs- und Entwicklungsaktivitäten in den Großbetrieben. Dabei war Technik immer mehr als »angewandte Naturwissenschaft«, nämlich das Schaffen von etwas Neuem, welches in dieser Form in der Natur noch nicht vorkam. Insofern nahm sowohl in den Technikwissenschaften als auch in der betrieblichen Praxis das Konstruieren eine Schlüsselrolle ein. Andererseits zeigte sich, daß gerade in den besonders forschungsintensiven Branchen wie der chemischen Industrie oder der Elektroindustrie eine Unterscheidung zwischen Naturwissenschaft und Technik kaum getroffen werden konnte. Forscher in den Laboratorien der chemischen Industrie oder der Elektroindustrie besaßen nämlich in der Regel solide theoretische Kenntnisse, entwickelten aber darüber hinaus wissenschaftliche Methoden, um spezielle technische Anwendungsprobleme zu lösen. In den USA hatten zu Ende des 19. Jahrhunderts noch Ingenieur-Erfinder wie Thomas Alva Edison eine große Rolle gespielt, die außerhalb der Industriekonzerne wirkten. Die Konzerne erwarben das für sie wichtige technische Know-how zumeist von außerhalb. Aber schon kurz vor dem Ersten Weltkrieg gingen Firmen wie die Telefon- und Telegrafengesellschaft AT&T oder Bell, deren Schwerpunkt auch in der Nachrichtentechnik lag, dazu über, eigene Laboratorien einzurichten. Hier standen zunächst Marktabsicherung und eine entsprechende Forschungs- und Patentpolitik im Vordergrund. Danach stellte sich immer stärker heraus, daß die Verteidigung und der Ausbau einer technologischen Spitzenposition mehr erforderte als den Erwerb technischen Know-hows von Erfindern und Unternehmen außerhalb des Konzerns. Daher richteten verschiedene Großbetriebe vor allem der chemischen und pharmazeutischen Industrie sowie der Elektroindustrie eigene Laboratorien mit einem Team von Industrieforschern ein, die neue Verfahren und Produkte entwickeln sollten. Voraussetzung hierfür war jedoch ein Verständnis der naturwissenschaftlich-technischen Zusammenhänge, welche der Technologie zugrunde lagen. Viele der hier tätigen Wissenschaftler hatten in Deutschland studiert und besaßen in der Regel umfassende Kenntnisse der naturwissenschaftlichen Grundlagen. Der Einsatz der Technik im Ersten Weltkrieg gab vor allem der Elektroindustrie und der chemischen Industrie Anstöße zur Forschung und Entwicklung im Rüstungssektor. Zudem

88. Lise Meitner und Otto Hahn in einem Laboratorium des Kaiser-Wilhelm-Instituts für Chemie in Berlin-Dahlem. Photographie, 1928

erforderten die während des Krieges unterbrochenen Importe von Produkten der Feinmechanik, Optik, Pharmazie und Chemie eigene Forschungs- und Entwicklungsanstrengungen. Die während des Krieges aufgebauten Forschungs- und Entwicklungskapazitäten wurden in der Zwischenkriegszeit weiter ausgebaut. Im Zeitraum vom Ende des Ersten Weltkrieges bis zum Anfang der dreißiger Jahre verdoppelten sich die Forschungs- und Entwicklungsaufwendungen der amerikanischen Firmen, während sich die der deutschen verdreifachten. Umgerechnet auf die Gesamtzahl der Industriebetriebe lagen sie in den USA aber wohl höher als in Deutschland und etwa dreimal so hoch wie in Großbritannien.

Die Forschungs- und Entwicklungsstrukturen in Deutschland, Großbritannien und den USA unterschieden sich erheblich. Das deutsche Modell zeichnete sich durch eine Mischung von stärker auf Grundlagenforschung ausgerichteten Hochschullaboratorien, außeruniversitären Forschungsstätten wie der »Physikalisch-Technischen Reichsanstalt« und der »Kaiser-Wilhelm-Gesellschaft« mit ihren verschiedenen Instituten sowie den Laboratorien der Industrieunternehmen aus. Zwischen diesen Institutionen und Instituten bestanden enge Kontakte. Für Großbritannien traf dies nur in geringerem Maße zu. Allerdings waren während des Ersten Weltkrieges auch hier Anstrengungen zur Forschungskooperation im Sinne industrieller Gemeinschaftsforschung erfolgt, doch »Forschungsgesellschaften« – Research Associations – der britischen Industrie, die in der Zwischenkriegszeit wichtige Forschungs- und Entwicklungsaufgaben übernahmen, hatten bloß einen begrenzten Erfolg. Verglichen mit Deutschland spielte in den USA zu Anfang der zwanziger Jahre die universitäre Grundlagenforschung eine geringere Rolle. Größere Bedeutung erlangten private Industrieforschungsinstitute wie das Battelle-Institut oder das Mellon-Institut. Weiterhin gab der Staat durch das »National Research Council« Anstöße, die sich vorwiegend auf die Rüstungsforschung bezogen. – Firmen wie AT&T und Du Pont legten neben der Entwicklung von Verfahren und Produkten großen Wert auf deren Vermarktung. Dabei beeinflußte die Arbeitsweise der Industrielaboratorien die Geschäftsstrategien der Unternehmen. Langfristige Planungen, wie sie größere Forschungs- und Entwicklungsprogramme erforderten, ersetzten deshalb zunehmend die kurzfristigen betrieblichen Problemlösungen. Dadurch erlangten die in Forschung und Entwicklung tätigen Ingenieure einen

89. Rayon-Spinnmaschine bei Du Pont. Photographie, 1944

stärkeren Einfluß auf die Unternehmenspolitik, was aber nicht ohne Konflikte abging. Die kaufmännischen Abteilungen der Betriebe taten sich häufig mit langfristigen Planungen schwer, und die Arbeitsatmosphäre des »schöpferischen Chaos«, wie sie in manchen Industrielaboratorien vorherrschte, kollidierte mit der straffen Unternehmensorganisation großer Konzerne. Schließlich ergaben sich Spannungen zwischen der Forschung und Entwicklung in einem zentralen Unternehmenslaboratorium und den dezentralen Laboratorien der verschiedenen Abteilungen, die in größerer Nähe zu Konstruktion, Fertigung und Absatz standen. Gleichwohl erhöhte das enge Zusammenwirken von Regierung, Universitäten, Technischen Hochschulen und Industrie im Zweiten Weltkrieg die Geschwindigkeit des Innovationsprozesses in der amerikanischen Industrie beträchtlich. Vom Staat eingerichtete Institutionen koordinierten den Einsatz der Ressourcen zur Lösung von Rüstungsproblemen. Die amerikanische Industrie beteiligte sich zumeist gern an derartigen Projekten. Da die Regierung die Forschungs- und Entwicklungsausgaben bestritt und den Absatz garantierte, entfiel für die Industrie das unternehmerische Risiko.

Schon um die Jahrhundertwende bestanden in den USA enge Beziehungen zwischen der Industrie auf der einen und den Technischen Hochschulen und Universitäten auf der anderen Seite. Um Mittel für anwendungsorientierte Forschungen zu erhalten, betrieben viele Hochschulen industrielle Auftragsforschung. Hier waren in der Regel sehr spezielle Probleme zu lösen, und die Auftraggeber legten häufig Wert darauf, daß die entsprechenden Forschungs- und Entwicklungsergebnisse nicht publiziert wurden. Außerdem wurden Studienprogramme zwischen Industrie und Universitäten sowie Technischen Hochschulen eingerichtet, beispielsweise ein Ingenieurstudium an der University of Cincinnati, das zu gleichen Teilen an der Universität und in Industriebetrieben stattfand. Im Studiengang Elektrotechnik, den das Massachusetts Institute of Technology und die Firma General Electric Anfang der zwanziger Jahre gemeinsam durchführten, fanden abends die Lehrveranstaltungen im Unternehmen statt. Bei allen Vorteilen hatte diese Praxisnähe den Nachteil, daß die Kenntnisse der Studierenden häufig zu stark anwendungsbezogen und in den Grundlagenfächern stark lückenhaft waren. Um hier Abhilfe zu schaffen, legten amerikanische Technische Hochschulen wie das California Institute of Technology seit den zwanziger Jahren stärkeres Gewicht auf Grundlagen- und Querschnittsfächer wie Mechanik, Thermodynamik oder Materialkunde. Mit breitem Grundlagenwissen ausgestattet, sollten die Studierenden nun befähigt werden, umfassende technische Probleme zu lösen, aber auch interdisziplinär zu erarbeiten. Diese von anderen Universitäten und Technischen Hochschulen übernommenen reformerischen Ansätze führten bald zu Ergebnissen, die sich in bahnbrechenden Entwicklungen auf den Gebieten Radartechnik und Mikroelektronik niederschlugen. In den dreißiger Jahren und mehr noch während des Zweiten Weltkrieges lösten staatlich finanzierte Forschungs- und Entwicklungsaufträge –

vor allem im Bereich der Militärtechnik – von der Industrie finanzierte Forschungen ab.

Wie in den USA, so fand seit dem Ende des 19. Jahrhunderts auch in Deutschland ein starker Differenzierungsprozeß in den Technikwissenschaften statt. Technische Hochschulen trugen den neuen industriellen Anwendungsgebieten dadurch Rechnung, daß sie Lehrstühle für Spezialdisziplinen wie Kraftfahrwesen, Flugzeugtechnik oder Aerodynamik einrichteten. Stärker noch als in den USA waren nun technische Querschnittsfächer wie Thermodynamik, Werkstoffkunde oder Maschinenelemente selbständig vertreten. Praktischen Belangen industrieller Fertigung entsprach die 1904 erfolgte Einrichtung des Lehrstuhls für »Werkzeugmaschinen und Fabrikbetriebe«, der an der Technischen Hochschule Berlin mit Georg Schlesinger (1874–1949) besetzt wurde. Die Verbindung von Produktionstechnik mit betriebswissenschaftlichen Fragestellungen erwies sich als beispielgebend für andere Hochschulen. An der Technischen Hochschule Berlin selbst führten diese Bestrebungen 1926 zur Einrichtung des Studienganges »Wirtschaftswissenschaften mit Grundlagen der Technik«, eines Vorläufers des heutigen Wirtschaftsingenieurstudiums. Auf diese Weise wurden die Beziehungen zwischen betrieblicher Praxis und Technikwissenschaft stärker vertieft. Beim Aufbau des technischen Schulwesens in der Sowjetunion orientierte man sich an solchen Vorbildern.

Die engen Verbindungen von Technik, Wirtschaft und Wissenschaft wurden besonders auf dem Gebiet des Konstruierens sichtbar. In der zweiten Hälfte des 19. Jahrhunderts hatte sich die Konstruktion allmählich von der Fertigung getrennt. Die Folge war, daß nun, zumal in den Maschinenfabriken, eine steigende Anzahl theoretisch ausgebildeter Ingenieure Beschäftigung fand. Die Rationalisierungsbestrebungen seit dem Ende des 19. Jahrhunderts erforderten allerdings Veränderungen in der Konstruktion. Zwar erhielt man die Trennung zwischen Fertigung und Konstruktion aufrecht, bemühte sich aber nun um fertigungsfreundlichere und werkstattgerechtere Konstruktionen. Stärker als vorher nahmen die Konstrukteure Anregungen aus der Praxis auf. Hier wirkte namentlich Georg Schlesinger mit seinem Lehrstuhl für »Werkzeugmaschinen und Fabrikbetriebe« modellbildend. Gleichsam als Brücke zwischen Konstruktion und Fertigung fungierte die Arbeitsvorbereitung mit der Aufgabe, die Fertigung technisch und organisatorisch zu rationalisieren und die Konstruktionszeichnungen in Arbeitsanweisungen umzusetzen. Der zunehmende Ökonomisierungsdruck während der Rationalisierungsphase führte zur Typisierung und zu einer gesteigerten Produktion von Normteilen. Diese Entwicklung erhielt während des »Dritten Reiches« neue Akzente. Wegen der Rohstoffknappheit der dreißiger Jahre bekamen materialsparende Konstruktionsweisen ein stärkeres Gewicht. So entwickelte der Schweizer Konstruktionswissenschaftler Fritz Kesselring (1897–1975), der vor seiner akademischen Lehrtätigkeit in der Elektroindustrie tätig gewesen war, einen neuen Ansatz zur Rationalisierung des Konstruktionsprozesses durch kostenorientierte Verfahren der Produktionsbewertung. Durch ständige Kostenkontrolle sollte mit einem Minimum an Einsatz von Menschen und Material ein Maximum an marktfähigen Produkten hervorgebracht werden. Mit seiner in den Jahren 1937 bis 1942 ausgearbeiteten Methodik des Konstruierens, der Gestaltungslehre, wollte er den bisher noch stark gefühlsmäßigen Konstruktionsablauf einer exakten Berechnung, Steuerung und Kontrolle zugänglich machen. Zur gleichen Zeit bemühte sich Kesselrings Kollege, der Österreicher Hugo Wögerbauer (1904–1976), um die Ausarbeitung einer umfassenden, feinwerktechnischen Konstruktionslehre, welche die Konstruktionselemente, die Konstruktionsprinzipien, die Technik der Werkstoffe und die Herstellungsverfahren umfaßte. Wögerbauer bezog auch psychologische und psychotechnische Ansätze in seine Arbeit ein.

Spielte ein Fach wie die Konstruktionslehre an den Technischen Hochschulen des »Dritten Reiches« eine bedeutende Rolle, so lag der Schwerpunkt der Forschungen aber auf dem Feld der Energiewirtschaft im Rahmen der Autarkiebestrebungen sowie auf der Entwicklung neuer Waffen und Waffensysteme zur Kriegsvorbereitung. Dabei wurde die Grundlagenforschung vernachlässigt. Die Nationalsozialisten vertrieben jüdische Hochschullehrer und Ingenieurstudenten; viele der in Deutschland Verbliebenen kamen in Konzentrationslagern um. Manche der emigrierten Ingenieure gingen nach Großbritannien oder in die USA, wo sie ihre Kenntnisse der Rüstungsforschung und Rüstungsproduktion zur Verfügung stellten. An der Technischen Hochschule Berlin, neben Aachen, Göttingen und Darmstadt ein Zentrum der deutschen Luftfahrtforschung, wurde 1935 eine »Wehrtechnische Fakultät« gegründet. Schwerpunkte der Forschungsarbeiten lagen auf den Gebieten Ballistik, militärische Nachrichtenübermittlung und Waffenentwicklungen. Die Technische Hochschule Aachen nahm sich nach 1933 vor allem energiewirtschaftlicher Fragen sowie der Entwicklung von Hochleistungsstählen und neuen Rohstoffen an. Wissenschaftler der Technischen Hochschule Stuttgart forschten über neue Waffensysteme und den Motorbetrieb unter Luftabschluß für U-Boote. Ein Schwerpunkt der Forschungen an der Technischen Hochschule Dresden lag in der Nutzung einheimischer, geringwertiger Rohstoffe und in der synthetischen Rohstofferzeugung, vor allem für Textilien. Hier konnte man an Bestrebungen der zwanziger Jahre anknüpfen, die wissenschaftlichen Grundlagen der Textilindustrie durch Gründung textiltechnischer Forschungsstätten zu erweitern. Mit der nationalsozialistischen Autarkiepolitik wurde dieser Trend verstärkt. Als Spinnstoff erlangte Kunstseide, welche die Naturseide fast vollständig verdrängte, mit Beginn der dreißiger Jahre große Bedeutung. Im Zusammenhang mit dem Inkrafttreten des Vierjahresplans 1936 begann die Großproduktion von Zellwolle, einer halbsynthetischen Faser, die auf Zellulosebasis hergestellt wurde. Der Anteil von Kunstseide und Zellwolle an den von der Textilindustrie verarbeiteten Rohstoffen stieg auf Kosten von Wolle und

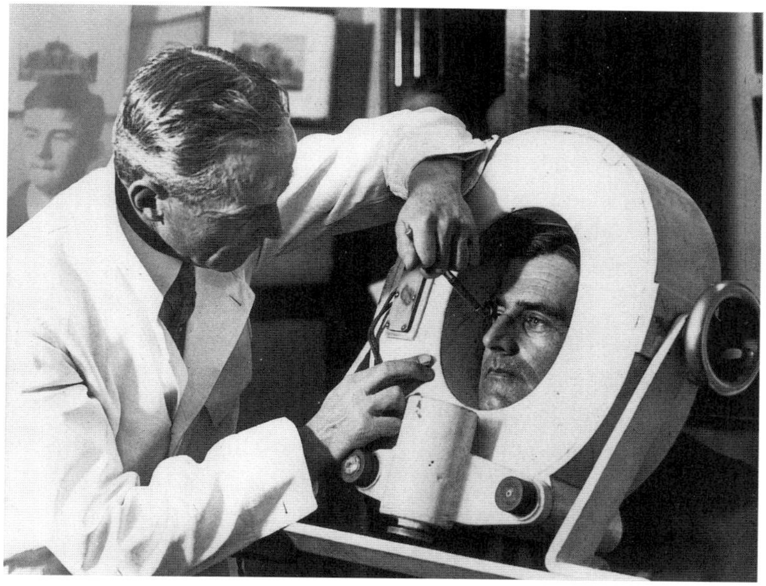

90. Entfernung von Eisensplittern aus dem Auge eines Verletzten mit Hilfe des Elektromagneten. Photographie, 1927

Baumwolle ständig an. Deutschland wurde bald zum größten Erzeuger von Zellwolle. Daneben schenkte man im Nationalsozialismus der Abfallwirtschaft, zum Beispiel bei der Reißwolle, viel Beachtung. Reißwolle setzte sich aus Altstoffen wie Lumpen, Garnen und Schnittresten zusammen. Diese Stoffe wurden durch Sortieren, Reinigen im Schwefelsäurebad, Zerlegen in einzelne Fäden, Kämmen, Verspinnen und Weben zu neuen, stofflich hochwertigen Kleidungsstücken verarbeitet.

Die Medizintechnik erhielt notgedrungen gewaltige Anstöße durch die Kriege. Allein in Deutschland gab es nach 1918 etwa eine Million Kriegsinvaliden, die teilweise wegen des Arbeitskräftemangels in der Rüstungsindustrie arbeiten mußten. Um dies zu ermöglichen, wurden leicht herstellbare, wartungsarme, standardisierte Prothesen entwickelt. Anhand von Arbeitsstudien stellte man fest, auf welchem Weg die mit solchen Ersatzgliedern versehenen Invaliden einigermaßen effizient in den Arbeitsprozeß eingegliedert werden konnten. Während des Ersten Weltkrieges entwickelte der deutsche Chirurg Ernst Ferdinand Sauerbruch (1875–1951) den »Sauerbruch-Arm«, bei dem die verbliebenen Muskeln des Amputationsstumpfes auf die Prothese einwirkten und diese bewegten. Daneben wurden in der Medizin bis 1945 auch auf diagnostischem und therapeutischem Gebiet verschiedene Fortschritte erzielt. Dem niederländischen Physiologen Willem Einthoven (1860–1927) gelang es bereits 1902/03, elektrische Herzströme graphisch aufzuzeichnen. Ihre Darstellung erfolgte durch ein Saiten-Galvanometer, wobei die Herzströme durch Elektroden von Gliedmaßen und Brustwand abgeleitet und graphisch sichtbar gemacht wurden. Über dieses Elektrokardiogramm (EKG) hinausgehend, schrieb der deutsche Psychiater Hans Berger (1873–1941) im Jahr 1929 als erster ein brauchbares Elektroenzephalogramm (EEG). Die bio-elektrischen Potentialschwankungen des Gehirns wurden dabei durch Elektroden von Kopfhaut und Schädel abgeleitet, registriert und graphisch dargestellt. Dadurch war es möglich, krankhafte Hirnveränderungen, zum Beispiel Epilepsie, zu untersuchen. Um Kontrastmittel in die Herzkammern befördern zu können, unternahm der deutsche Chirurg Werner Forssmann (1904–1979) Ende der zwanziger Jahre Versuche mit Herzkathetern und entwickelte 1929 ein Verfahren der Herzkatheterisierung, das später in Zusammenarbeit mit amerikanischen Wissenschaftlern verbessert wurde. In der antibakteriellen Therapie wurden in den dreißiger Jahren erhebliche Fortschritte erzielt. 1934/35 fand der Pharmakologe Gerhard Domagk (1895–1964) ein antibakteriell wirkendes Sulfonamid, das 1935 unter der Bezeichnung »Prontosil« auf den Markt kam. Der schottische Arzt Alexander Fleming (1881–1955) beschrieb 1924 die antibakterielle Wirkung des Schimmelpilzes (Penicillium notatum). Wissenschaftler in Oxford führten Flemings Arbeiten Ende der dreißiger Jahre fort. Nachdem die Reindarstellung gelungen war, begann die klinische Erprobung und Produktion von Penicillin in großen Mengen. Ende 1944 stand es den Alliierten bei der Invasion in der Normandie zur Verfügung.

Technik und Umwelt

Der Ausbau der technischen Systeme im Zeitraum von 1914 bis 1945 brachte für Stadt- und Landbewohner mancherlei Annehmlichkeiten mit sich, die auch von den Zeitgenossen anerkennend gewürdigt wurden. Die Ausbreitung des Verkehrs, vor allem des Automobils, führte zu einer weithin begrüßten Mobilität, von der in den USA besonders die Bewohner ländlicher Gegenden profitierten. Die zunehmende Installation von Telefonnetzen und die Einführung des Radios erhöhten die Lebensqualität. Das Flugzeug ermöglichte die Überwindung riesiger Entfernungen in einem noch kurz zuvor nicht für möglich gehaltenen Ausmaß. In Landwirtschaft und Industrie erleichterte die Nutzung elektrischer Maschinen die schwere körperliche Arbeit. Zugleich wurden aber die Schattenseiten dieser Entwicklung deutlich. Die Massenmotorisierung führte zu einer neuen Qualität von Unfällen, teilweise katastrophalen Verkehrsverhältnissen und zu einer partiellen Minderung der Lebensqualität. Die besonders in den Anfängen der Luftfahrt häufigen Flugzeugunglücke wurden zwar von manchen als Opfer betrachtet, die man dem technischen Fortschritt bringen müsse, aber kritische Stimmen gaben sich mit derartigen Argumen-

91. Luftbelastung durch Emissionen bei I.G. Farben in Bitterfeld. Photographie, 1933

ten nicht zufrieden. In der Passagierschiffahrt stellte der Untergang der »Titanic« im Jahr 1912, der 1.517 Menschenleben kostete, ein eklatantes Beispiel dafür dar, welche Folgen technischer Gigantismus hervorbringen konnte. Die verstärkte Mechanisierung in den Betrieben entlastete von harter körperlicher Arbeit, wenngleich zumeist die psychischen Anspannungen wuchsen. Zudem forderte die Ausweitung der Industrie mit ihren riesigen Konzernen entsprechend höhere Opfer bei Betriebsunfällen. Bei der Explosion eines Ammoniaksalpeterlagers in Oppau im September 1921 verloren 561 Menschen das Leben. Gegenüber solchen Unfällen, welche die Aufmerksamkeit der Öffentlichkeit erregten, traten die Berufskrankheiten im allgemeinen Bewußtsein beinahe zurück. In ihren Auswirkungen übertrafen sie jedoch die Unfälle erheblich.

Daneben sind, hervorgerufen durch Industrie und mechanisierte Landwirtschaft, vielfältige Umweltbelastungen zu verzeichnen. In dieser von Kriegen und wirtschaftlichen Krisen geprägten Zeit hatten Versuche zu deren Eindämmung oder gar Beseitigung nur geringe Realisierungschancen. Wirtschaftliche Interessen dominierten relativ unangefochten, und das in den Industrieländern ausgeprägte Selbstverständnis, demzufolge es dem Menschen aufgegeben sei, über die Natur zu

92. Luftverschmutzung durch Industrie und Hausschornsteine im Süden Londons. Photographie, 1914

herrschen, tat ein übriges. Luftverschmutzung und industrielle Wasserverunreinigung hatten gravierende Auswirkungen. Wegen des »Smogs«, einer Verbindung von Abgasen mit Nebel, erlangte London schon um die Jahrhundertwende eine traurige Berühmtheit. Die Ursache des Smogs lag, neben der speziellen Wetterlage, in der Abgabe großer Mengen von Schwefeldioxid an die Luft. Die Überlagerung von weiteren Schadstoffen wie Ruß- und Metallstäuben, Fluor- und Chlorverbindungen und Stickoxiden führte zu einer wechselseitigen Verstärkung, die zum Beispiel das Wachstum der Bäume in Großbritannien, aber auch an der Ruhr, erheblich einschränkte. Eine 1926 im Ruhrgebiet eingesetzte Kommission zur Untersuchung des Waldsterbens reagierte auf dieses Problem mit der Empfehlung, widerstandsfähigere Baumarten anzupflanzen. Noch vermochte man kaum zu registrieren, daß die steinernen Kulturdenkmäler ebenfalls zunehmend bedroht waren.

Kohlekraftwerke und Hüttenwerke standen als Luftverunreiniger an vorderster Stelle. Vor allem in England kamen noch Heizungen in Privathäusern hinzu. Durch Beimischungen von Luft und durch eine »Politik der hohen Schornsteine« versuchte man, das Problem zu lösen, verlagerte es aber nur. Die Ausbreitung der

Großkraftwerke in den zwanziger Jahren, die außerhalb der Städte errichtet wurden, verschlimmerte das Schadstoffproblem, da die Kraftwerke zumeist die stark umweltbelastende Braunkohle verfeuerten. Obwohl Elektrofilter schon vor dem Ersten Weltkrieg bekannt waren, wurden sie aus Kostengründen kaum eingesetzt. Hin und wieder hatten massive Proteste von Anwohnern und das Engagement von Politikern Erfolg. Als Reaktion hierauf wurde zum Beispiel die Zinkhütte in Hamburg-Billwerder kurz vor dem Ersten Weltkrieg mit Filtern versehen. Allerdings beschlagnahmte man die Motoren der Anlage bald nach Ausbruch des Krieges und führte sie einer anderweitigen Verwendung zu, während sie in der Inflationszeit der frühen zwanziger Jahre abgeschaltet blieben. Im Ruhrgebiet verbesserten sich die Luftwerte während der französischen Besetzung des Jahres 1923 und der Wirtschaftskrise lediglich auf Kosten einer allgemeinen Arbeitslosigkeit. Industrielle Rentabilitätsinteressen führten dazu, daß sich auch die nationalen Regierungen, und hier insbesondere die Länder und Kommunen, mit Umweltschutzauflagen stark zurückhielten. Argumente, denen zufolge die industrielle Wettbewerbsfähigkeit nicht durch die Erfüllung kostspieliger Auflagen eingeschränkt werden dürfe, verfehlten ihre Wirkung nicht. Die Aussicht auf verminderte Steuereinnahmen und Massenarbeitslosigkeit erschreckte die Politiker. Da beim Immissionsschutz bis auf wenige Ausnahmen keine Grenzwerte festgelegt worden waren, gab es kaum Möglichkeiten des staatlichen Einschreitens. Die 1901 gegründete »Königlich-Preußische Versuchsanstalt für Wasser- und Bodenhygiene«, die sich ab 1921 auch den Untersuchungen zur Lufthygiene widmete, beschränkte sich im wesentlichen auf Gutachtertätigkeiten. Immerhin orientierte sich die Gewerbeaufsicht bei Genehmigungsverfahren an solchen Gutachten.

Bei der Schadstoffbelastung des Wassers war die Situation nicht günstiger. Vor allem die erdölverarbeitende Industrie, die Kokereien und die chemische Industrie traten hier hervor. Hatten in Hamburg noch in den zwanziger Jahren verschiedene Flußbadeanstalten an der Elbe existiert und die Elb-Fischer hier gesunde Fische fangen können, so bestanden beide Möglichkeiten zu Ende der zwanziger Jahre nicht mehr oder nur in begrenztem Ausmaß. Der Hauptgrund lag in den ölhaltigen Abwässern, welche die sich rasch ausbreitenden Firmen in die Elbe leiteten. Altölverklappungen durch Schiffe im Hafengebiet taten ein übriges. Auch das Ruhrgebiet hatte unter verseuchten Flüssen zu leiden. Hier wie anderswo wurden bis in die zwanziger Jahre hinein Abwässer ungeklärt in die Flüsse geleitet. Erst danach begann man mit dem Bau von Klärwerken. Vor allem die Emscher hatte als »Kloake des Ruhrgebiets« einen schlechten Ruf. Schon vor dem Ersten Weltkrieg leiteten Kokereien ihre hochgiftigen phenolhaltigen Abwässer, die bei der Gewinnung von Nebenprodukten wie Teer, Ammoniak oder Benzol entstanden, in den Fluß ein. In der zweiten Hälfte der zwanziger Jahre baute die Emscher-Genossenschaft Kläranlagen, welche die phenolhaltigen Stoffe von den Kokereiabwässern trennten. – Als Folge giftiger Abwassereinleitungen der chemischen Industrie gab es in der Wupper bereits vor dem Ersten Weltkrieg keine Fische mehr. Die Lokalpresse bezeichnete den Fluß spöttisch als »Rio Negro«. Der Einfluß der chemischen Industrie sowie kommunale Untätigkeit führten dazu, daß ein Gesetz zur Verbesserung des Wasserzustandes der Wupper erst 1930 verabschiedet werden konnte. Dieses sah die Gründung einer Genossenschaft vor. Wie in ähnlichen Fällen wurden die Umweltschäden der chemischen Industrie dadurch aber nur vergesellschaftet. Auch das rapide Anwachsen der Kaliindustrie produzierte schädliche Abwassermengen mit Chlormagnesium enthaltenden Endlaugen. Da die Flüsse unter Landeshoheit standen, hatten gesetzgeberische Vorstöße des Reiches keine Wirkung. Zwar gab es in Preußen seit 1912 ein Wassergesetz, das bei Gefährdung des Gemeinwohls die Einleitung von Abwässern untersagte. Eine solche Bestimmung öffnete freilich den unterschiedlichsten Interpretationen Tür und Tor und trug unter den obwaltenden politischen Umständen nicht dazu bei, den Gewässerschutz voranzutreiben. Im Zuge der Aufrüstung nach 1933 und der damit verbundenen weitergehenden Vernachlässigung von Umweltproblemen verschlechterte sich die Wasserqualität vieler deutscher Flüsse zusehends. Die durch die Kriege, vor allem durch den Zweiten Weltkrieg hervorgerufenen Umweltbelastungen waren gewaltig. Nach dem Krieg versenkten die Alliierten Teile des riesigen Giftgasarsenals der Nationalsozialisten in der Ostsee.

Obwohl das Industrialisierungsmuster Japans erheblich von dem Deutschlands abwich, sind die Gemeinsamkeiten hinsichtlich der Umweltprobleme groß. Auch in Japan spielten Schwerindustrie und chemische Industrie eine bedeutende Rolle. Vor allem in Osaka hatten sich zahlreiche Industriebetriebe mit starker Umweltbelastung angesiedelt. Kurz nach dem Ersten Weltkrieg verzeichnete die Stadt mit knapp 2.000 Industrieschornsteinen einen Weltrekord und übertraf sogar London erheblich. Betriebe der chemischen Industrie, Kupferhütten und Kohlekraftwerke dominierten. Der Ausstoß von Schwefeldioxid stellte eines der gravierendsten Probleme dar, das insbesondere der Landwirtschaft zu schaffen machte. Zwar wurden 1918 nach massiven Protesten Entschwefelungsanlagen gebaut, doch die große Zahl von Petitionen zur Reduzierung der Umweltbelastung auf anderen Gebieten hatte lediglich geringen Erfolg. Stärker noch als in London führte der Smog zu Erkrankungen des Bronchialsystems, aber auch zu schweren Verkehrsproblemen sowie zu Flugzeugabstürzen. Mit Rücksicht auf die Industrie verhielt sich die Kommune bei Umweltschutzauflagen ähnlich zurückhaltend wie Kommunen in Deutschland. Auch in Japan kam es in den zwanziger Jahren zur Bildung verschiedener Expertenkommissionen mit dem Ziel, Schadstoffbelastungen zu untersuchen und Empfehlungen zu geben. Bei der 1927 gebildeten Kommission in Osaka zum Beispiel dauerte es über fünf Jahre, bis ein Bericht vorlag und entsprechende Maßnahmen zur Verringerung der Immissionen angekündigt wurden. Obschon sie noch im selben Jahr erfolgten, erwiesen sich die damit verbundenen Auflagen als wenig wirksam.

Von allen Industrieländern war die Motorisierung in den Vereinigten Staaten am weitesten fortgeschritten. Hier herrschten in den städtischen Ballungszentren schon während der dreißiger Jahre schwer erträgliche Luftverhältnisse vor, die von den industriellen Anlagen noch verstärkt wurden. Auch in den USA leitete die Industrie ihre Abwässer zumeist ungeklärt in die Flüsse. Die einzelnen Bundesstaaten, in deren Hand die entsprechende Gesetzeskompetenz lag, unternahmen wenig, um dem Einhalt zu gebieten. Die »Große Depression« der späten zwanziger und dreißiger Jahre reduzierte die industriellen Aktivitäten in den USA beträchtlich, was sich in einer geringeren Umweltbelastung niederschlug. – Schon vor dem Ersten Weltkrieg existierte in den Vereinigten Staaten eine Naturschutzbewegung, welche die Bewahrung der natürlichen Ressourcen auf ihre Fahnen schrieb. Die Einrichtung von Nationalparks war ein Ergebnis ihrer Bemühungen. Verteter dieser Bewegung äußerten ihre Vorbehalte gegenüber den Folgen der Industrialisierung und befürchteten den Verlust traditioneller Werte. Durch einen Zug »zurück aufs Land« versuchten sie, möglichst viel vom Ideal einer vorindustriellen Lebensweise zu bewahren. Damit verbunden waren Bestrebungen anderer Anhänger der »Conservation Movement«, die knapper werdenden Rohstoffe möglichst effizient zu nutzen. Daran beteiligten sich auch Vertreter der Industrie. Politiker forderten eine stärkere Steuerungsmöglichkeit für die Regierung. Diese Gedanken wurden im Rahmen des »New Deal« der frühen dreißiger Jahre wieder aufgegriffen.

In der Realität zeigte sich allerdings, daß auch der Zug »zurück aufs Land« erhebliche Umweltprobleme mit sich bringen konnte, wenn in dem Streben nach raschem Profit alle Regeln einer schonenden Bodennutzung außer acht gelassen wurden. Ab 1909 kam es in den ländlichen Gebieten der »Great Plains« im Nordwesten der USA, vor allem in den Bundesstaaten Montana, Dakota und Wyoming, zu einer starken Siedlungsbewegung. Viele Farmer nutzten die günstigen Bedingungen der öffentlichen Landvergabe und versuchten, hinsichtlich ihrer Einkommen mit den erfolgreichen Geschäftsleuten der amerikanischen Ostküste gleichzuziehen. Die großen ebenen Flächen der »Great Plains« eigneten sich hervorragend zur Anwendung mechanisierter Bebauungsmethoden. Seit dem Ende des Ersten Weltkrieges lösten leistungsfähigere Motorschlepper die bis dahin verwendeten Dampftraktoren ab. Einwege-Scheibenpflüge, die nach häufigem Einsatz eine feingekrümelte Oberfläche hinterließen, ersetzten die Streichbrettpflüge, die eine Sode praktisch unzerteilt umdrehten. Mähdrescher ergänzten das Bild der mechanisierten Landwirtschaft. Diese erheblichen Investitionen in den landwirtschaftlichen Maschinenpark mußten sich durch erhöhte Erträge amortisieren. So verdreifachten sich während der zwanziger Jahre die Erträge der Weizenernten in den »Great Plains«. Entsprechend häufig mußte das Land umgepflügt werden. Im Mai 1934 stellten sich dann auch in Montana und Wyoming verheerende Sandstürme ein, Winderosionen als Folge der großflächigen, extensiven und mechanisierten Landwirtschaft. Die feine Bodenkrume wurde aufgesogen und in Richtung Osten getragen. Große Mengen Staub gingen auf Chicago nieder. Die wirtschaftlichen Auswirkungen in den USA waren mit denen der Weltwirtschaftskrise zu vergleichen. Zwei Millionen amerikanische Farmer mußten vorübergehend von der Sozialfürsorge leben.

Wie in den Vereinigten Staaten, so gab es auch in der Sowjetunion eine Naturschutzbewegung, die sich an das amerikanische Vorbild anlehnte und die Einrichtung von Naturschutzparks propagierte. Hier wurde ebenfalls der pfleglichere Umgang mit den natürlichen Ressourcen angemahnt und beklagt, daß der Mensch das ökologische Gleichgewicht zerstöre. In der Periode der »Neuen Ökonomischen Politik« nach 1921 stießen diese Argumente auch in der sowjetischen Regierung auf eine gewisse Resonanz und führten zur Einrichtung mehrerer Naturschutzparks. Mit dem Inkrafttreten des ersten Fünfjahresplans 1928 traten dann aber die Ideale der Naturschützer rasch in den Hintergrund. Industrialisierung um jeden Preis war nun die Devise. Seit dieser Zeit geriet die sowjetische Naturschutzbewegung immer stärker in die Defensive, bis zu Anfang der fünfziger Jahre die meisten der mittlerweile 128 Naturschutzparks aufgelöst wurden.

Staat, Ingenieure, Technokratie

Wie vor 1914, so wirkte der Staat in den industrialisierten Ländern auch im Zeitraum von 1914 bis 1945 vielfältig auf die technische Entwicklung ein. Er schuf und erweiterte die entsprechenden Rahmenbedingungen und sorgte durch die Bereitstellung des technischen Bildungs- und Ausbildungswesens dafür, daß der Industrie Fachkräfte zur Verfügung standen. In Deutschland hatte im 19. Jahrhundert neben den Technischen Hochschulen schon das gewerbliche Schulwesen eine erhebliche Bedeutung erlangt. Das technische Schul- und Hochschulwesen befand sich hier in der Hand des Staates, während es in den USA auch private Trägerschaften gab. Daneben finanzierte der Staat in Deutschland Institutionen, wie die 1911 gegründete Kaiser-Wilhelm-Gesellschaft, bei deren Gründung man zwar auf Industriespenden angewiesen war, die Regierung aber Bauland und Personalstellen für die nach 1912 rasch entstandenen Kaiser-Wilhelm-Institute bereitstellte. Zudem schuf und unterhielt der Staat weitgehend die Infrastruktur, die eine Grundlage der wirtschaftlich-technischen Entwicklung bildete, nämlich Straßen, Eisenbahnen oder das Elektrizitätsversorgungssystem. In Deutschland befand sich die Elektrizitätsversorgung zu Ende der zwanziger Jahre zu mehr als der Hälfte in staatlicher Hand.

Patentämter, Materialprüfungsämter und Versuchsanstalten waren in der Regel in staatlicher Trägerschaft und bildeten weitere wichtige Voraussetzungen für die technische Entwicklung. Obwohl unter den Zeitgenossen der Nutzen des Patentschutzes umstritten war, schien er die Erfindertätigkeit zu stimulieren und Innovationen sowie wirtschaftliches Wachstum zu beschleunigen. Nach Inkrafttreten des Reichspatentgesetzes von 1877 wurden in den darauffolgenden dreißig Jahren in Deutschland fast 200.000 Patente angemeldet. In den USA belief sich die Zahl um die Jahrhundertwende auf etwa 20.000 pro Jahr. Institutionen wie die Mechanisch-Technische Versuchsanstalt, das Staatliche Materialprüfungsamt, verschiedene Institute der Physikalisch-Technischen Reichsanstalt und die Chemisch-Technische Reichsanstalt führten technische Untersuchungen durch und verbesserten die Sicherheit und Zuverlässigkeit der von ihnen untersuchten Produkte. – Daneben griff der Staat durch gezielte Maßnahmen in den Wirtschaftsprozeß ein und beeinflußte auf diese Weise technische Entwicklungen. Dies galt vor allem für die Zeit der beiden Weltkriege. Aber auch in der Zwischenkriegszeit unterstützten verschiedene nationale Regierungen technische Neuerungen durch Subventionen. Trotz unterschiedlicher Gesellschaftsordnungen spielten Technik und technischer Fortschrittsglaube in den westlichen Demokratien, der bolschewistischen Sowjetunion, dem faschistischen Italien oder dem nationalsozialistischen Deutschland eine wichtige Rolle in der Politik. Im Jahr 1932 setzte Adolf Hitler als erster Politiker das Flugzeug zu Wahlkampfzwecken ein.

Das deutlichste Beispiel für ein systematisches Engagement des Staates bei der technischen Entwicklung lieferte die Elektrifizierung der Sowjetunion, deren Bedeutung durch Lenins Parole vom Kommunismus als »Sowjetmacht plus Elektrifizierung des ganzen Landes« veranschaulicht wurde. Die Elektrifizierung nach dem GOELRO-Plan stellte das erste planwirtschaftliche Projekt von gesamtwirtschaftlichem Rang dar, mit dem nicht nur wirtschaftspolitische, sondern auch gesellschaftspolitische Ziele erreicht werden sollten. Über den industriellen Wiederaufbau nach dem Ersten Weltkrieg hinaus, der einen Ausbau der Wirtschaft einschloß, sollte die landwirtschaftliche Produktion gefördert, der Stadt-Land-Gegensatz aufgelöst und die Landflucht gestoppt werden. Die sowjetischen Politiker hofften, durch die Elektrifizierung das weitverbreitete Analphabetentum zu beseitigen, ließ sich doch bei elektrischer Beleuchtung in den Abendstunden Unterricht abhalten. Aufgrund der Zerstörungen des Krieges und instabiler politischer Verhältnisse verlief die Elektrifizierung allerdings nicht so reibungslos, wie geplant. Mit dem Fünfjahresplan von 1928, der den Konsumgütersektor radikal einschränkte, wurden dann jedoch die Planziele zur Errichtung von Kraftwerken und zur Erzeugung elektrischer Energie erreicht und sogar übererfüllt. Mit einer Leistung von 558 Megawatt war das Dnjepr-Kraftwerk im Jahr 1932 das größte Kraftwerk Europas.

Unter anderen wirtschaftlichen, sozialen und politischen Vorzeichen fanden ähnliche Bestrebungen zur Elektrifizierung ländlicher Gegenden auch in den USA statt. Als Reaktion auf die große Depression versuchte der amerikanische Präsident Franklin D. Roosevelt (1882–1945) im Rahmen des »New Deal« mit dem Projekt der im Mai 1933 gegründeten »Tennessee Valley Authority« ähnliche Ziele zu erreichen wie Lenin und Stalin in der Sowjetunion. Wichtig dabei war die Arbeitsbeschaffung. Außerdem sollten die Farmer mit billigem Strom versorgt und eine Ansiedlung gewerblicher Betriebe in ländlichen Gegenden ermöglicht werden. Damit verbunden waren Maßnahmen zur Aufforstung, Erosionsbekämpfung, zum allgemeinen Naturschutz sowie zur Erschließung der Bodenschätze. Die »Tennessee Valley Authority« entstand als unabhängige Behörde, die nur dem Kongreß und dem Präsidenten verantwortlich war.

Die Maßnahmen des »New Deal« wurden in anderen Industrieländern, die ebenso mit der Weltwirtschaftskrise zu kämpfen hatten, lebhaft diskutiert. Dies traf auch auf Japan zu. Hier spielte der Staat schon bei der Industrialisierung im 19. Jahrhundert eine bedeutende Rolle, die sich im Rahmen der Rüstungswirtschaft im Ersten Weltkrieg noch erweiterte. Nach dem Krieg wurden außenhandelspolitische Fragen, die in der Regel technologiepolitische Aspekte eingeschlossen hatten, von Komitees entschieden, welche mit Vertretern der Ministerialbürokratie und der Großindustrie besetzt waren. Dabei erwies sich die Großindustrie keineswegs immer als Förderer neuer Technologien. Große Konzerne, die »Zaibatsu«, wie Mitsui, Mitsubishi und Sumitomo, wandten sich zum Beispiel gegen die staatliche Unterstützung von japanischen Betrieben, die versuchten, eine eigene Automobilindustrie aufzubauen. Die Zaibatsu hatten nämlich gleichzeitig Handelsinteressen und verdienten gut am Import amerikanischer Kraftfahrzeuge. Unternehmen wie Nissan und Toyota bewiesen allerdings bald, daß sie auch ohne staatliche Subventionen zu wirtschaften vermochten: Als Folge intensiver Forschungs- und Entwicklungsaktivitäten gelang es ihnen, innerhalb eines Jahrzehnts eine eigene Automobilindustrie in Japan aufzubauen. In der Weltwirtschaftskrise, die Japan ebenfalls in Mitleidenschaft zog, unterstützte die japanische Regierung vor allem solche Rationalisierungsmaßnahmen, die auf eine Effektivierung der Betriebsorganisation hinausliefen. Zwar spielten in den dreißiger Jahren staatliche Forschungs- und Entwicklungsinstitute eine große Rolle, doch verschiedene große Firmen gingen nun dazu über, eigene Forschungslaboratorien einzurichten. Da Japan über ein leistungsfähiges Bildungs- und Ausbildungswesen verfügte, konnte man bei Naturwissenschaftlern und Ingenieuren zunehmend auf Studienaufenthalte im Ausland verzichten. Gegen Ende der dreißiger Jahre, besonders nach Ausbruch des Chinesisch-Japanischen Krieges im Jahr 1937, verstärkte sich der Einfluß rüstungswirtschaftlicher Interessen auf die staatliche Technologiepolitik. Diese richtete sich aus Autarkiegründen nun in erster Linie auf die Einfuhr ausländischer Technologien zur synthetischen Treibstofferzeugung, zur Produktion hochfester Stähle oder auch auf die

93. Der Norris-Staudamm im Rahmen des Tennessee-Valley-Projekts. Photographie, um 1936

Produktion von Flugzeugen. Nach Entwicklungsarbeiten in der Zeit des Zweiten Weltkrieges kamen diese Technologien allerdings erst in den Jahren nach 1945 voll zum Tragen.

In allen industrialisierten Staaten stieg die Zahl der in den Industriebetrieben beschäftigten Ingenieure in der Zwischenkriegszeit an. Stark diversifizierte und technologieintensive Unternehmen benötigten in steigendem Maße Fachkräfte, die ihre Kenntnisse vornehmlich der chemischen Industrie, der Elektroindustrie, der optischen Industrie, der Kraftfahrzeugindustrie oder dem Flugzeugbau zur Verfügung stellten. Dies hatte einen Struktur- und Funktionswandel des Ingenieurberufs zur Folge. Hatten bis in die siebziger Jahre des 19. Jahrhunderts die Ingenieure mit Hochschulabschluß noch überwiegend als beratende Ingenieure, als Ingenieur-Unternehmer oder als Ingenieure im Staatsdienst gewirkt, so nahmen die Angehörigen der technischen Intelligenz danach zumeist einen Platz in der Hierarchie des industriellen Großbetriebes ein. Hier waren sie als abhängig Beschäftigte tätig. In den USA galt dies zu Ende der zwanziger Jahre für etwa drei Viertel der qualifizierten Ingenieure, denen es vor allem darum ging, sich standesmäßig von der Arbeiterschaft abzugrenzen, ihre Arbeitsbedingungen zu verbessern und Karriere im Unternehmen zu machen. – Andere Ziele verfolgten die »Reformer«, eine Gruppe amerikanischer Ingenieure, die in den zwanziger Jahren die funktionsmäßigen Unterschiede zwischen Kaufleuten und Ingenieuren in Betrieb und Gesellschaft hervorhoben. Entsprechend forderten Ingenieure wie Morris L. Cooke und Frederick Haynes Newell ihre Kollegen dazu auf, spezielle Ingenieurinteressen deutlich zu machen. In manchen Industriebetrieben, zumal in den Industrielaboratorien, hatten die Ingenieure bereits einen beträchtlichen Gestaltungsspielraum erreicht. Viele nahmen sich nun die Experten der »wissenschaftlichen Betriebsführung«, die »Funktionsmeister«, zum Leitbild. Sie steuerten die Produktion nach technischen Sach- und Effizienzgesichtspunkten und wiesen dem herkömmlichen Management in den Betrieben eine Nebenrolle zu. Die »Ingenieur-Reformer« forderten auch, daß die Ingenieure ihre weitgehende politische Abstinenz aufgäben und eine Führungsrolle in der amerikanischen Gesellschaft und Politik übernähmen. Sie hielten die Zersplitterung des Ingenieurstandes und ihre Aktivitäten in unterschiedlichen Ingenieurvereinen für schädlich und versuchten, ihre Kollegen auf die Mitgliedschaft in nur einer Ingenieurorganisation zu verpflichten. Allerdings erwies sich die 1915 gegründete »American Society of Engineers« für diesen Zweck als ungeeignet, da sie das ausschließliche Ziel verfolgte, die materiellen Bedingungen der Ingenieure zu verbessern. – Eine dritte Gruppe, die als beratende Ingenieure oder Ingenieur-Unternehmer tätig waren und Führungspositionen in amerikanischen Ingenieurvereinen wie der »American Society of Mechanical Engineers« oder des »American Institute of Electrical Engineers« innehatten, stellte die Existenz von Interessenkonflikten zwischen Kaufleuten und Ingenieuren in Abrede und wandte sich gegen die politischen Vorstellungen der »Reformer«. Seit dem Ende der zwanziger Jahre setzte sich jedoch die Position der zahlenmäßig stärksten Gruppe durch, nämlich die der abhängig beschäftigten Ingenieure in den amerikanischen Unternehmen. Interessengegensätze zwischen Wirtschaft und Technik verschwanden danach mehr und mehr aus der öffentlichen Diskussion.

Der Struktur- und Funktionswandel im Ingenieurberuf in Deutschland ist mit dem in den USA vergleichbar. Stärker noch als dort meldeten sich nach dem Ersten Weltkrieg in Deutschland Stimmen zu Wort, die für die Ingenieure eine Führungsrolle in Staat und Wirtschaft forderten. Anders als in den USA verbanden sie dies oft mit der Vorstellung autoritärer, antidemokratischer Gesellschaftsordnungen. Der 1920 gegründete »Reichsbund Deutscher Techniker« setzte sich für solche Ziele ein. Seit den frühen dreißiger Jahren zeigte sich die nationalsozialistische Bewegung manchen Ansprüchen der Ingenieure gegenüber offen und bot ihnen eine führende Position in Staat und Wirtschaft an. Der im Spätsommer 1931 gegründete »Kampfbund Deutscher Architekten und Ingenieure« sollte der technischen Intelligenz die entsprechenden Gestaltungsmöglichkeiten in Politik, Wirtschaft und Gesellschaft verschaffen. Die politischen Ambitionen mancher Ingenieure dürfen aber nicht darüber hinwegtäuschen, daß sich der weitaus überwiegende Teil politischen Fragen gegenüber zurückhaltend verhalten und nicht beabsichtigt hat, sich selbst politisch zu betätigen. Insofern konnte der »Kampfbund« lediglich eine begrenzte Wirkung entfalten. Im Mai 1934 wurde er Teil des »Nationalsozialistischen Bundes Deutscher Technik«, dem nur Mitglieder der NSDAP angehörten. Ähnliches traf später auf den »Verein Deutscher Ingenieure«, die wichtigste deutsche Ingenieurorganisation zu.

Manche Ingenieure und Architekten, die in der Rüstungswirtschaft des »Dritten Reiches« einen hohen Posten bekleideten, wie Albert Speer, betrachteten sich selbst als apolitische Technokraten, die politische Entscheidungen nach technischen Effizienzgesichtspunkten fällten. Technokratisches Gedankengut gelangte zunächst in den USA zur institutionellen Ausprägung. Vor allem der amerikanische Sozialwissenschaftler Thorstein Veblen (1857–1929) vermittelte hier Anregungen. Veblens Kritik richtete sich gegen die mangelhafte Effizienz des kapitalistischen Systems. Er schlug daher vor, Ingenieure mit der Bereitstellung der Ressourcen, der Produktionsplanung und der Produktion selbst zu betrauen und ihnen eine Führungsrolle in der Gesellschaft zu überlassen. Seine Vorstellungen stießen namentlich in der Weltwirtschaftskrise auf große Resonanz, hatten sich Politik und Wirtschaft doch anscheinend als unfähig erwiesen, die anstehenden Probleme zu lösen. Angesichts von 12 bis 15 Millionen Arbeitslosen in den USA mußten nach Meinung vieler Ingenieure andersartige politische Maßnahmen ergriffen werden. Howard Scott, um dessen Person sich die amerikanische technokratische Bewegung rankte, vertrat, beeinflußt von Veblen und anderen »progressiven« amerikanischen Ingenieuren, die Ansicht, eine technologisch weit fortgeschrittene Gesellschaft wie die amerikanische könne einen sehr viel höheren Lebensstandard erreichen, wenn durch geschickte Koordination der Vergeudung und Erschöpfung wirtschaftlicher Ressourcen ein Ende bereitet werde. Hier seien vor allem Ingenieure gefragt. Das amerikanische Energiepotential sollte auf die Gesamtbevölkerung umgelegt und danach die Höhe des Lebensstandards bestimmt werden. 1933 gründete Scott die »Technocracy, Inc.«; andere technokratisch gesinnte Ingenieure riefen das »Continental Committee on Technocracy« ins Leben. Die »Neukonstruktion der Gesellschaft« bildete den Schlüsselbegriff der Bemühungen von »Technocracy, Inc.«. Die technokratischen »Gesellschaftsingenieure« sollten durch geeignete Maßnahmen nicht nur die technische Effizienz erhöhen, sondern auf der Grundlage allgemeinverbindlicher, technisch-wissenschaftlich fundierter Sachaussagen die Gesellschaft neu einrichten. Die Technokratiebewegung in den USA blieb jedoch, vor allem wegen ihrer antidemokratischen Stoßrichtung, eine Randerscheinung und erreichte die von ihr verfolgten Ziele nicht. Ähnliches galt für technokratische Organisationen in Frankreich und in der Sowjetunion. In der Sowjetunion wurden die apolitischtechnokratischen Ingenieure rasch durch solche abgelöst, die der bolschewistischen Weltanschauung anhingen.

Bei der zur gleichen Zeit wie in den USA aktiven deutschen technokratischen Bewegung spielten die energetischen Bezugspunkte Scotts kaum eine Rolle. Deutsche Technokraten wie Heinrich Hardensett stellten die Herrschaft der Experten in den Vordergrund, die allein nach technisch-wissenschaftlich begründeten Sachgesichtspunkten entschieden. Vornehmlich Ingenieure seien berufen, aufgrund ihrer Kenntnisse und ihrer neutralen Stellung zwischen Kapital und Arbeit die angemessenen politischen Entscheidungen zu fällen. Derartige Vorstellungen hatte während des Ersten Weltkrieges schon der Maschinenbauingenieur Wichard von Moellendorf geäußert, der eine leitende Position in der Kriegsrohstoffabteilung innehatte. Moellendorf zufolge seien dem kapitalistischen Wirtschaftssystem Reibungsverluste inhärent, die durch Planrationalität, welche die Rationalität des kapitalistischen Marktes ablösen sollte, überwunden werden könne. Dabei solle die öffentliche Hand in einem gemeinwirtschaftlichen System die Kontrolle über die Produktionsmittel übernehmen. Von Moellendorf wollte die Gesellschaft im Sinne einer gut funktionierenden Maschine einrichten, wodurch der Parlamentarismus, der bloß Reibungsverluste verursache, überflüssig werde. Die deutsche Technokratiebewegung, die sich 1932 in der »Technokratischen Union« zusammenschloß, wurde zunächst vom »Reichsbund Deutscher Techniker« gefördert, bevor es Ende 1933 zur Gründung der »Technokratischen Gesellschaft« kam. Wie in den USA, so setzte sich auch in Deutschland die technokratische Bewegung nicht durch, obwohl einzelne Versatzstücke ihrer Ideologie Eingang in das Gedankengut deutscher Ingenieure und Ingenieurorganisationen gefunden haben. In ihrem Ressentiment gegen den Kapitalismus, aber auch gegen Nationalismus und faschistische Rassenideologie gerieten die Mitglieder der »Technokratischen Gesellschaft« bald in einen Interessengegensatz zum nationalsozialistischen Staat. Dieser ließ sie zunächst noch gewähren, versuchte aber, sie auf nationalsozialistische Ziele zu verpflichten. In der Tat rückten manche Technokraten vom Antifaschismus und Internationalismus ab und wandten sich der nationalsozialistischen Bewegung zu.

Technik der Verlierer: fehlgeschlagene Innovationen

Durch die Geschichte der Technik ziehen sich Berichte über »unmögliche Maschinen«, die beim heutigen Betrachter oft ein nachsichtiges Lächeln hervorrufen und bereits den Zeitgenossen Anlaß zum Spott gaben. Immer wieder taucht zum Beispiel der Versuch auf, ein Perpetuum mobile, also eine Maschine, die ohne Energiezufuhr von außen dauernd Energie erzeugt, zu schaffen – ein Versuch, der notwendigerweise stets scheitern mußte. Um derartige Spielereien soll es jedoch im folgenden nicht gehen, sondern um solche Erfindungen und Entwicklungen, die durchaus eine Chance hatten, zu technischen Neuerungen, zu Innovationen, zu werden.

Häufig stehen in der Technikgeschichte wie auch in Berichten über aktuelle technische Neuerungen die erfolgreichen Innovationen im Vordergrund; über Mißerfolge wird gern geschwiegen. Eine solche Betrachtungsweise verzerrt jedoch das Verständnis technischen Wandels. Um hier zu einer angemessenen Beurteilung zu kommen, ist die Untersuchung technischer Fehlschläge ebenso wichtig, ja vielleicht noch wichtiger als die der erfolgreichen Neuerungen. Eine solche Analyse macht zudem deutlich, daß eine »interne« Betrachtung technischen Wandels ungenügend ist, zeigt sie doch, daß neben technischen Mängeln zumeist auch wirtschaftliche, soziale, politische und kulturelle Faktoren – oder eine Kombination von diesen – für das Scheitern verantwortlich sind. Zu beachten ist, daß hier unter Scheitern ein Fehlschlag bei oder kurz nach Aufnahme der Neuerung in den Produktionsprozeß gemeint ist. Dabei können sich solche Fehlschläge zu einem späteren Zeitpunkt durchaus als Erfolge erweisen. So wurden seinerzeit die Roboter und Raumschiffe des Science-Fiction-Autors Karel Čapek (1890–1938) als unrealistisch belächelt, während sie heute nichts Ungewöhnliches mehr sind.

Bei technischen Neuerungen wird in der Regel zwischen Erfindung – Invention –, Einführung in die Fertigung – Innovation – und Verbreitung – Diffusion – unterschieden. Zwischen Invention und Innovation liegt noch der wichtige Prozeß der Entwicklung, das heißt die Weiterbearbeitung der Erfindung bis zur Marktreife. Im Regelfall sind für das Scheitern einer technischen Neuerung im Frühstadium, also vor der Einführung in den Produktionsprozeß, vor allem technische Probleme verantwortlich; danach überwiegen wirtschaftliche Schwierigkeiten, zu denen noch eine Fülle anderer Gründe kommen kann. Allerdings ist die Reduzierung auf den wirtschaftlichen Erfolg technischer Neuerungen nicht ausreichend, stellt sich doch immer auch die Frage, für welche Individuen oder soziale Gruppen eine technische Neuerung ein Erfolg oder Mißerfolg gewesen ist. Unterschiedliche soziale Gruppen wenden verschiedene Kriterien zur Beurteilung des Erfolges an, so Ingenieure häufig die gute Funktionsfähigkeit, Unternehmer und Aktionäre den wirtschaftlichen Gewinn, Bürgerinitativen Sicherheit und Umweltverträglichkeit.

In einem relativ frühen Stadium verschwand die Idee des »rollenden Trottoirs«, das Ende des 19. Jahrhunderts das Verkehrsproblem lösen sollte, bevor später das Automobil die Straßen beherrschte. Nebeneinanderliegende Treibriemen mit einer Geschwindigkeit von 5 bis 15 Kilometern pro Stunde sollten Fußgängern eine bequemere und raschere Fortbewegung ermöglichen. Dieses System wurde 1893 auf der Weltausstellung in Chicago erprobt, danach aber aufgegeben, weil es mit den sich verbreitenden Automobilen nicht zu konkurrieren vermochte. Ein ähnliches Schicksal erlitt eine verwandte Erfindung, der Dampfrollschuh. Der menschenfreundliche Plan eines deutschen Erfinders in den dreißiger Jahren, Städte, in denen die Menschen im Sommer besonders unter der Hitze zu leiden hatten, mit gekühlten Fußwegen zu versehen, scheiterte hauptsächlich an dem finanziellen Aufwand. Nicht viel anders verhielt es sich bei der Idee eines Berliner Arztes, der etwa zur gleichen Zeit den Bau eines »Sanatorium-Luftschiffes« vorschlug, in dem Asthma-, Tuberkulose- und Lungenkranke ungehindert Licht- und Sonnenstrahlen empfangen konnten, oder bei der eines deutschen Soldaten, der 1932 ein Patent auf ein »absturzsicheres Flugzeug« erhielt. Immerhin lebt seine Idee, im Druckpunkt Röhren in die Tragflächen eines Flugzeugs einzubauen, in abgewandelter Form im Nurflügelflugzeug fort.

Sehr viel näher an der Realisierung lagen zwei Versuche technischer Neuerungen, die unmittelbar nach dem Ersten Weltkrieg in Deutschland beziehungsweise in den USA unternommen wurden, nämlich der Rupa-Kohlenstaubmotor und der luftgekühlte Kraftfahrzeugmotor der Firma General Motors. Aufgrund geringer Erdölvorkommen in Deutschland und ungünstiger Prognosen über weitere Vorkommen schien die Entwicklung eines Motors, der mit billigem Braunkohlenstaub lief, von großem Nutzen zu sein. Der Ingenieur Rudolf Pawlikowski (1868–1942) entwickelte einen solchen Motor während des Ersten Weltkrieges, der allerdings an technischen Problemen scheiterte, nämlich an einem starken Kolbenring- und Zylinderverschleiß, weil Ascheteilchen und Schmieröl Zylinder und Kolben verklebten. Zudem bekämpfte die Mineralölindustrie den Rivalen aufs heftigste.

Im Entwicklungsstadium blieb auch der luftgekühlte Kraftfahrzeugmotor der Firma General Motors stecken, der den wassergekühlten Ford-Motor kurz nach dem Ersten Weltkrieg aus dem Feld schlagen sollte. Er war leichter, besaß keinen Kühler, so daß der Motor im Winter nicht einfrieren oder im Sommer sich nicht überhitzen konnte; er wies zudem einen sparsameren Benzinverbrauch auf. Im Entwicklungsstadium des Motors stellten sich aber verschiedene Probleme ein, zum Beispiel mit der Befestigung der kupfernen Kühlrippen am Zylinder, und Fehlzündungen häuf-

94. Der Rupa-Kohlenstaubmotor mit 140 PS von Rudolf Pawlikowski in der Brünner Maschinen-Fabriks-Gesellschaft. Photographie, Ende der dreißiger Jahre

ten sich. Außerdem gab es Abstimmungsschwierigkeiten zwischen den Entwicklungsingenieuren und Produktionsingenieuren, die teilweise darin begründet lagen, daß erstere verkannten, wie kompliziert es war, einen Prototyp für die Serienproduktion einzurichten. Ferner hatten Marktanalysen ergeben, daß die Mehrzahl der Käufer keineswegs an einem kleinen Automobil, das von einem platzsparenden, luftgekühlten Motor angetrieben wurde, interessiert war, sondern ein größeres Fahrzeug als Statussymbol bevorzugte.

Technische Entwicklungen werden häufig so dargestellt, daß diejenige Lösung, die sich von mehreren Alternativen am Markt behauptet, auch notwendigerweise die beste ist. Dieser Sichtweise zufolge bestehen für eine Erfindung drei »Filter« auf dem Weg zur Durchsetzung am Markt: ein technischer, durch den die vom natur- und technikwissenschaftlichen Standpunkt her gesehen geeignetste Lösung bestimmt wird; ein kaufmännischer, bei dem die Meinung der Kaufleute in den Betrieben für die Produktion ausschlaggebend ist; und der Markt selbst, auf dem der »König Kunde« durch seine Kaufentscheidung darüber bestimmt, welche Produkte überleben. Eine solche Betrachtungsweise ist jedoch stark vereinfacht und legt verschiedene Voraussetzungen zugrunde, die in der Realität nicht immer gegeben sind. So werden dabei Faktoren wie wirtschaftliche Macht, Institutionen oder Wertvorstellungen unberücksichtigt gelassen. Der Markt als Auswahlinstanz ist oft oligopolisiert oder sogar monopolisiert; vieles, was auf den Markt kommt, ist bereits vorsortiert, so daß der Kunde eigentlich nur noch eine beschränkte Möglichkeit zur Entscheidung hat. Häufig werden Produkte mit Unterstützung des Staates in den Handel gebracht, ohne die sie gar nicht dorthin gelangt wären.

Auch auf dem Gebiet der Landwirtschaft waren technische Neuerungen gefragt. Zu Beginn des 20. Jahrhunderts wurde, vor allem in Deutschland, der Einsatz elektrischer Pflüge propagiert. Die bis dahin gebräuchlichen, von Pferden oder Ochsen gezogenen Pflüge sowie die Dampfpflüge schienen gegenüber dieser neuen Maschine keine konkurrenzfähige Alternative zu sein. Elektrische Pflüge waren leichter und beweglicher als Dampfpflüge; auch ihr Anwendungsbereich auf unterschiedlichen Böden war breiter. Zudem konnten elektrische Pflüge müheloser gestartet und gewartet werden. Einige große Firmen der Elektroindustrie setzten sich engagiert für ihren Gebrauch ein. Auch für die Energieversorgungsunternehmen ergaben sich Vorteile; denn dadurch ließ sich das Stromnetz besser auslasten. Ein weiterer wichtiger Gesichtspunkt war gesellschaftlicher Natur: Angesichts der sich verstärkenden Landflucht, zu der höhere Löhne und geregelte Arbeitszeit in

95. Einsatz eines Elektropfluges in Norddeutschland. Photographie, 1911

den Städten manchen Anreiz schufen, waren viele maßgebende Politiker im deutschen Kaiserreich an der Aufrechterhaltung der ländlichen Sozialstruktur und der Konservierung des Verhältnisses zwischen Stadt und Land interessiert, wobei die angestrebte Ausgewogenheit ein Bollwerk gegen sozialistische Bestrebungen bilden sollte. Die Elektrifizierung der ländlichen Regionen, so lautete das Argument, könnte neben der Erleichterung der landwirtschaftlichen Arbeit den dort Beschäftigten die Möglichkeit geben, sich in der winterlichen Jahreszeit handwerklichen Tätigkeiten zuzuwenden. Hierfür konnte der Elektromotor ein arbeitserleichterndes Hilfsmittel sein. Insofern findet sich in der Diskussion um die Einführung des elektrischen Pflugs und um die zunehmende Elektrifizierung der Landwirtschaft überhaupt das nicht sehr häufige Phänomen, daß technische Neuerungen der Konservierung einer bestehenden Gesellschaftsordnung dienen sollten, während sie sonst – zumindest die wichtigen – meistens die Wirkung hatten, zu gesellschaftlichen Veränderungen beizutragen.

Dennoch wurde dem elektrischen Pflug, abgesehen von einigen Versuchen am Anfang, keine Breitenwirkung zuteil. Hier spielten die hohen Anschaffungskosten eine Rolle. Sie lohnten sich nicht für die in den westdeutschen Landwirtschaftsregionen zumeist nicht einmal 2 Hektar großen Höfe, zumal hier das Hauptgewicht ohnehin auf der Viehzucht lag. Auch die Überlegung, Genossenschaften könnten die Elektropflüge zur gemeinsamen Nutzung der Landwirte beschaffen, machte wirtschaftlich kaum einen Sinn. Der Einsatz der teueren Pflüge beschränkte sich nämlich auf wenige Wochen im Jahr, so daß unter diesen Umständen den einzelnen Nutzern wenig geholfen war. Die Elektropflüge eigneten sich eigentlich nur für große, zusammenhängende Ackerbauflächen. Diese Bedingung wäre auf den ostelbischen Gütern erfüllt gewesen, wo der Getreidebau eindeutig dominierte. Aber in diesen Gebieten war die Elektrifizierung noch nicht so weit fortgeschritten, und für die nahe Zukunft konnte hiermit nicht gerechnet werden. Aus diesen Gründen bevorzugte man in Deutschland bald den Traktor, der einen Pflug zog. Er war vielseitig einsetzbar, mobiler und besaß daher manchen Vorteil sowohl gegenüber den Dampfpflügen als auch gegenüber elektrischen Pflügen. Daneben wurden weiterhin Pferde und Ochsen als Zugkräfte benutzt.

Als weiteres Beispiel einer fehlgeschlagenen Innovation im Bereich der Landwirtschaft kann der Versuch genannt werden, Ethanol, aus Getreide gewonnenen Alkohol, als Beimischung zum Kraftfahrzeugbenzin zu verwenden. Entsprechende Versuche erfolgten in den dreißiger Jahren vor allem in den USA und wurden von landwirtschaftlichen Interessengruppen gefördert, die unter dem Eindruck der »großen Depression« versuchten, Getreide mit größerem Gewinn abzusetzen. Zudem gab es Stimmen, etwa bei der 2. Weltkraftkonferenz in Berlin im Jahr 1930, die meinten, die Mineralölvorräte würden weltweit nur noch für etwa ein Jahrzehnt reichen. Den Argumenten der landwirtschaftlichen Interessengruppen kam die

Tatsache entgegen, daß das schädliche Motorklopfen durch die Beimischung von Alkohol beseitigt wurde. Ab Mitte der dreißiger Jahre engagierte sich in den USA vornehmlich die »Chemiurgische Bewegung«, die die Anwendung chemischer Technologie auf allen Gebieten, besonders in der Landwirtschaft, propagierte, für die Ethanolbeimischung. Sie widersprach Einwänden, Alkohol sei für eine Beimischung zu teuer, und vertrat die Auffassung, daß Alkohol mittelfristig sehr billig erzeugt werden könne. In der Tat nahm Anfang 1936 eine Versuchsanlage in Atchison, Kansas, ihre Arbeit auf. Es stellte sich aber bald heraus, daß die Herstellungskosten von Ethanol aus Getreide die der Raffination von Benzin bei weitem übertrafen, so daß die Anlage aus wirtschaftlichen Gründen bald geschlossen wurde. Während des Zweiten Weltkrieges lebte das Verfahren unter den besonderen Bedingungen noch einmal auf. Da man Alkohol zur Herstellung von Munition und synthetischem Gummi benötigte, stieg der Bedarf drastisch an. Allerdings ließ sich dieses unwirtschaftliche Verfahren lediglich mit finanzieller Unterstützung der Regierung durchführen.

Trotz des großen Einsatzes von Interessenvertretern der Landwirtschaft und der chemischen Industrie war also den Bestrebungen, dem Benzin Ethanol beizumischen, kaum Erfolg beschieden. Neben wirtschaftlichen Kostenüberlegungen spielten dabei auch technische und moralische Gründe eine Rolle. Ethanolbeimischungen verstopften bisweilen die Kraftstoffleitungen und bewirkten Korrosionserscheinungen. Um diese Probleme zu lösen, hätten noch erhebliche Forschungs- und Entwicklungsaufwendungen erfolgen müssen. Zudem bestätigten sich die Prognosen über zur Neige gehende Mineralölvorkommen nicht, wurden doch in den dreißiger Jahren besonders in Mittelamerika und Kalifornien bedeutende Erdölvorräte entdeckt. Neue Entwicklungen der Mineralölverarbeitung gestatteten darüber hinaus ein effizienteres Verfahren zur Benzingewinnung, und die Anwendung von Tetraethyl als Antiklopfmittel machte die Vorteile der Alkoholbeimischung zunichte. Schließlich verfehlten Proteste gegen die Verarbeitung von Getreide als Brennstoff in Kraftfahrzeugen nicht ihre Wirkung auf die politischen Entscheidungsträger. Dem Scheitern der Versuche, Benzin Ethanol beizumischen, lag also ein ganzes Ursachenbündel zugrunde, wobei wirtschaftliche Gründe überwogen.

Ähnlich stellte sich die Situation bei der Einführung des Gaskühlschranks dar, der in amerikanischen Haushalten bis zur Mitte der zwanziger Jahre verbreiteter war als der weniger Vorteile aufweisende Elektrokühlschrank. Bei Kühlschränken werden durch Verdampfung einer Kühlflüssigkeit niedrige Temperaturen erzeugt, da diese Flüssigkeit, gewöhnlich Ammoniak, beim Verdampfungsprozeß Wärme absorbiert und sie bei der Kondensation wieder abgibt. Bei den heute gebräuchlichen elektrischen Kühlschränken wird der Verdampfungs- und Verflüssigungsprozeß durch einen Kompressor, eine elektrische Pumpe, gesteuert, während der Gaskühlschrank, bei welchem erhitztes Gas Wärme absorbierte, keinen Elektromotor benö-

96. Bau des U-Bootjägers »Ford-Eagle« in den Highland-Park-Werken, Michigan. Photographie, 1918

tigte. Er besaß daher weniger bewegliche Teile als der Kompressorkühlschrank, war leichter zu warten und weniger reparaturanfällig. Das damals noch sehr laute und starke Brummen des Elektrokühlschrankes entfiel. Trotz solcher Vorteile war für den Gaskühlschrank keine allgemeine Käuferschicht zu mobilisieren. Der Hauptgrund lag in den wirtschaftlichen Interessen der Firma General Electric, dem führenden Elektrounternehmen, das sich nach dem Ersten Weltkrieg in Absatzschwierigkeiten befand und daher die Einführung langlebiger Konsumgüter betrieb. Hier versprach der Absatz elektrischer Kühlschränke große Gewinne. Voraussetzungen waren allerdings ein gutes technisches Know-how auf dem Elektrosektor, Kapital und eine gute Marketingabteilung. Über all dies verfügten, trotz vorübergehender wirtschaftlicher Engpässe, General Electric sowie andere Elektrofirmen in reichem Maße. Servel, von 1927 bis 1956 der größte Produzent von Gas- und Absorbtionskühlschränken, konnte hier weder in technischer noch in wirtschaftlicher Hinsicht mithalten. Für den Konsumenten gab es eigentlich keine echte Wahl zwischen dem Gas-Absorbtionskühlschrank und dem Elektro-Kompressorkühlschrank.

Nicht nur Produktinnovationen konnten scheitern, sondern auch Fertigungsverfahren, etwa die Übertragung von Massenproduktionsmethoden aus dem Automobilbau auf die Fertigung von Kriegsschiffen zur U-Bootjagd und den Bau von Bombern. Die Fließbandproduktion des Fordschen Modell T kurz vor dem Ersten Weltkrieg erregte weltweit so großes Aufsehen, daß sich amerikanische Unternehmer die Frage stellten, ob dieses Verfahren nicht auch im Schiffbau eingesetzt werden könne. Angesichts der Bedrohung durch deutsche U-Boote erklärte sich denn auch Henry Ford bereit, das Massenfertigungsverfahren ebenfalls für U-Bootjäger, die Eagle-Schiffe, anzuwenden. Diese wiesen etwa die Größe von Zerstörern auf, waren gut 60 Meter lang und hatten, angetrieben von einer 2.000-PS-Dampfturbine, eine Wasserverdrängung von 500 Tonnen. Die äußere Form des Schiffes entlockte gelernten Schiffbauern nur abfällige Bemerkungen; denn sie war klobig und wenig elegant. Diese Form wurde gewählt, um den vereinfachten Produktionsprozeß zu ermöglichen.

Die hochgespannten Erwartungen Fords und seiner Mitarbeiter erfüllten sich jedoch nicht. Statt der 112 Schiffe, die bis Ende 1918 fertiggestellt werden sollten, konnten lediglich ganze 7 produziert werden. Sie hatten zudem gravierende Fehler und waren kaum als seetüchtig zu bezeichnen. Die Gründe lagen hauptsächlich in der neuen Fertigungstechnik. Ford mußte bald einsehen, daß sich Verfahren der Massen- und Fließbandproduktion zwar für den Automobil-, nicht aber für den Schiffbau eigneten. Ein Schiff stellte nämlich ein derart großes und komplexes technisches Produkt dar, daß es sich auf dem Fließband nicht montieren ließ. Die Arbeitskräfte mußten es daher an unterschiedlichen Montageplätzen zusammenbauen, und auch ein Nacharbeiten ließ sich oft nicht vermeiden. Das widersprach dem Konzept der Fließbandproduktion, bei dem kein Nacharbeiten erforderlich sein sollte. Beim gescheiterten Prozeß der Fließbandproduktion des Eagle-Schiffes wurde also deutlich, daß Automobilbau und Schiffbau zwei unterschiedliche Fertigungsweisen erforderten. Es stellte sich ferner heraus, daß die Ford-Mitarbeiter die damals beim Schiffbau wichtige Technik des Nietens nur unzureichend beherrschten, da sie diese beim Automobilbau nicht benötigten; das gleiche galt für das

Lichtbogenschweißen. Zur unzureichenden Qualität der Arbeit kam eine ungenügende Kooperation zwischen den Projektmanagern der amerikanischen Marine und dem – zivilen – Auftragnehmer Ford; aber gerade bei einem solch schwierigen Projekt wäre eine enge Zusammenarbeit zwischen den Bereichen Schiffbau und Automobilproduktion unumgänglich gewesen.

Ähnlichen Schiffbruch erlitten die Bemühungen des großen Rivalen der Firma Ford, General Motors, unter den Bedingungen des Zweiten Weltkrieges den neu entwickelten XP-75-Bomber nach Massenproduktionsmethoden des Automobilbaus zu fertigen. Hier zeigte sich bald, daß die in der Automobilproduktion verwendeten Werkzeugmaschinen wegen zu großer Toleranzen nicht zum Flugzeugbau taugten. Und es gab weitere Schwierigkeiten: Während nämlich zu dieser Zeit ein Automobil ohne Motor aus etwa 1.750 Einzelteilen bestand, hatte ein Flugzeug ohne Motor, Instrumente und elektrische Ausrüstung deren 30.000. Um Zeit zu sparen, verzichteten die Konstrukteure auf eine Flugzeugneukonstruktion und verwendeten Teile von schon existierenden Bombern. Diese paßten jedoch oft nicht zusammen, so daß Umkonstruktionen vorgenommen werden mußten. Darüber hinaus entsprach das fertige Flugzeug nicht den Erwartungen der Testpiloten, da es zum Überziehen in engen Kurven neigte. Im Oktober 1944 wurde das Projekt XP-75 abgebrochen. Der Mißerfolg der Firma General Motors beim Bau des XP-75 bedeu-

97. Stapellauf des U-Bootjägers »Ford-Eagle«. Photographie, 1918

tete trotzdem nicht, daß dieses Unternehmen keine Flugzeuge produzieren konnte; denn die Firma stellte bis zum Frühjahr 1944 2.500 »Wildcat«-Flugzeuge her. Der Hauptunterschied lag allerdings darin, daß es sich bei den »Wildcats« um ein gut erprobtes Fluggerät handelte, das General Motors nach einer Lizenz der Flugzeugfirma Grumman baute. – An allen Beispielen zeigt sich, daß das Scheitern technischer Neuerungen in der Regel in einem ganzen Ursachenbündel begründet lag.

Industrialisierung durch Technologietransfer

Technologietransfer, hier verstanden als die Übertragung des technischen Wissens und der Produktionsfertigkeiten von einem Land in ein anderes oder von einer Region in eine andere, spielte besonders bei der Industrialisierung des europäischen Kontinents und der USA seit dem Ende des 18. Jahrhunderts eine entscheidende Rolle. Hierbei standen der Transfer von Maschinen, technischen Geräten und Verfahren, Reisen von Ingenieuren und technischen Fachkräften sowie Industrieausstellungen, die Verbreitung technischer Schriften und Lizenzvergaben im Vordergrund. Mit der immer stärkeren Verwissenschaftlichung verschiedener technischer Bereiche, der Ausbreitung multinationaler Unternehmen, der Akzeptanz von Informationstechnologien und Managementtechniken zu Beginn des 20. Jahrhunderts beschleunigte sich auch der Technologietransfer und weitete sich räumlich aus. Die seit Ende des 19. Jahrhunderts breiter greifenden »Neuen Industrien« wie chemische Industrie, Elektrotechnik, Feinmechanik und Optik, Kraftfahrzeugbau und später auch der Flugzeugbau wurden zu bestimmenden Faktoren für den Technologietransfer. Die USA dominierten als Geberland vor allem von Produktions- und Managementtechniken im Werkzeugmaschinenbau, Kraftfahrzeugbau und dann in der Flugzeugtechnik, aber auch bei der Mechanisierung traditioneller Branchen wie der Landwirtschaft und des Bergbaus. Deutschland nahm eine wichtige Position als Geberland in der chemischen und pharmazeutischen Industrie und in der Energietechnik ein. Für einen erfolgreichen Technologietransfer erwiesen sich vornehmlich die Fähigkeit und Bereitschaft im Empfängerland als entscheidend, die neuen Techniken zu akzeptieren und – häufig den eigenen Verhältnissen angepaßt – anzuwenden. Maßgeblich waren dabei geeignete Bedingungen infrastruktureller, institutioneller, wirtschaftlicher, sozialer und kultureller Art, Bedingungen, wie sie im allgemeinen bei den heutigen Transferbemühungen in »Entwicklungsländer« nicht gegeben sind. Länder wie Rußland und Japan, die seit dem Ende des 19. Jahrhunderts erste Schritte im Industrialisierungsprozeß unternommen hatten, entwickelten sich auf diese Weise in der Zwischenkriegszeit zusehends. Beide Fälle von Technologietransfer mit ihren Technologieimporten aus den USA beziehungsweise aus Deutschland sollen beispielhaft dargestellt werden.

Im 19. Jahrhundert gehörte Rußland hinsichtlich der Industrialisierung zu den »Nachzüglern«. Gegenüber Großbritannien, der »ersten industriellen Nation«, lag es weit im Hintertreffen, und auch Länder wie Frankreich und Deutschland, die England in der Zwischenzeit industriell teilweise eingeholt hatten, leisteten in Rußland »Entwicklungshilfe«. Rüstungsgüter und Material für den Eisenbahnbau waren besonders gefragt. Ausländische Montanunternehmen, die sich in den achtziger Jahren in Rußland niederließen, erfreuten sich besonderer staatlicher Förderung. Sie lieferten komplette Hüttenwerke mit dem Ergebnis, daß die russische Hochofenleistung 1910 weltweit an zweiter Stelle hinter den USA lag. Auch andere Branchen, zum Beispiel die Mineralöl-, Elektro- und chemische Industrie, befanden sich dort in den Händen von Ausländern. Gleichwohl erfolgte die Industrialisierung Rußlands nur unvollständig und in einzelnen Sektoren und Regionen. Bei aller ausländischen Unterstützung sind aber die eigenen technologischen und wirtschaftlichen Leistungen nicht zu unterschätzen. Die russische Regierung legte seit der Mitte des 19. Jahrhunderts großes Gewicht auf den Aufbau eines Systems von Handelsschulen und technischen Schulen, was sich im folgenden auszahlte. Das technische Know-how erreichte in Rußland rasch ein solches Niveau, daß die Vergabe von Lizenzen, etwa im Diesel-Motoren-Bau, ausreichte, um dort zu produzieren. Allerdings existierte noch immer ein Mangel an russischen Fachkräften und Meistern sowie an Forschern und Technikern. Ausländische Ingenieure, die sich in Rußland aufhielten, konnten die Kontrolle über die dort genutzte Technologie nicht lange behalten, weil die russische Regierung ihnen in der Regel nur eine zweijährige Aufenthaltserlaubnis gewährte und darauf bestand, daß sie einheimische Fachkräfte ausbildeten, die später die ausländischen ersetzen sollten.

Schon vor Beginn des Ersten Weltkrieges war also in Rußland der Grundstock für die Industrialisierung gelegt worden. Doch Krieg und Revolution warfen das Land im industriellen Wachstum zurück. Während des Ersten Weltkrieges war Rußland von Importen vorwiegend des Maschinenbaus und der chemischen Industrie aus Deutschland, Großbritannien und Frankreich abgeschnitten. In dieser Zeit zeigten sich die USA an wirtschaftlichen und technologischen Beziehungen zu Rußland interessiert. 1917 unterzeichnete General Electric einen Vertrag mit der russischen Elektroindustrie, um diesen Sektor mit amerikanischer Technik auszustatten. Für die Nachkriegszeit lassen sich zwei Perioden der sowjetischen Wirtschaftspolitik unterscheiden: der »Kriegskommunismus« bis 1921 und die »Neue Wirtschaftspolitik« (NÖP) von 1921 bis 1928. Bis Ende 1920 waren alle mit Maschinen ausgerüsteten Betriebe, die über fünf oder mehr Arbeitskräfte verfügten, verstaatlicht. Unter der NÖP, die einen Kompromiß zwischen bolschewistischer Ideologie und Kapitalismus darstellte, behielt die sowjetische Regierung die Kontrolle über die

98. Tempel der Maschinenanbeter: die Entfremdung einer russisch-byzantinischen Kirche durch die Errungenschaften des Staatssozialismus. Lithographie von Krinskij, um 1917. Privatsammlung

Schlüsselindustrien, das Bankwesen und den Außenhandel. GOELRO, die Elektrifizierungskommission, die später in die GOSPLAN, die zentrale Wirtschaftsplanungskommission umgewandelt wurde, bestimmte die Grundlinien der industriellen Entwicklung. Der erste Fünfjahresplan reglementierte die Wirtschaft weiter, ohne daß zwischen 1928 und 1932 die Produktivität gestiegen wäre.

Für den Technologietransfer und die Industrialisierung der Sowjetunion in den zwanziger Jahren spielten deutsche Unternehmen eine wichtige Rolle. Gab es 1924 nur 23 ausländische Ingenieure und Techniker in der Sowjetunion, so stieg deren

Zahl auf etwa 9.000 im Jahre 1932, wozu noch ungefähr 10.000 ausländische Facharbeiter gerechnet werden müssen. Etwa die Hälfte dieser Ingenieure und Facharbeiter kam aus Deutschland, ein Viertel aus den USA. Obwohl aufgrund des Londoner Ultimatums vom 4. Mai 1921 Deutschland keine Flugzeuge mehr bauen durfte, ging die »verdeckte« Rüstung teilweise im Ausland weiter. Ab 1922 baute Junkers die Luftfahrtindustrie in der Sowjetunion auf und bildete auch sowjetische Ingenieure und Facharbeiter aus, und es wurden Piloten geschult. Sowjetische Techniker arbeiteten im Junkerschen Stammwerk in Dessau. In Lipezk in der Nähe von Woronesch entstand eine deutsche Fliegerschule.

Was die Vereinigten Staaten angeht, so lehnten die Bolschewisten zwar das amerikanische Wirtschafts- und Gesellschaftssystem sowie die amerikanischen Geschäftsmethoden als kapitalistisch und ausbeuterisch ab, legten aber großen Wert auf den Import amerikanischer Maschinen, Fabrikationsprozesse und Techniken industrieller Organisation wie der »wissenschaftlichen Managementprinzipien« Taylors und der Fordschen Produktionsmethoden. Lenin gab 1918 seine ablehnende Haltung gegenüber dem Taylor-System auf und unterstützte dessen selektive Übernahme in die russische Industrie, um die Produktivität zu erhöhen. Er kannte die Schriften Taylors und gelangte zu der Überzeugung, daß die »Zweite Industrielle Revolution« Probleme lösen mußte, was mit Maschinen und technischen Prozessen allein nicht zu bewältigen war, sicherlich aber mit dem Einsatz großer technischer Systeme unter einer zentralen Steuerung. Da die USA den Krieg gewonnen hatten, den die Zeitgenossen auch als »Krieg der Ingenieure« bezeichneten, mußte die amerikanische Technik besonders leistungsfähig sein. Die amerikanische Industrie wiederum suchte nach dem Ersten Weltkrieg Absatzmärkte für die während des Krieges stark erweiterten Kapazitäten, insbesondere für Produktionsgüter. 1924 bezeichnete Stalin es als Ziel, amerikanische Effizienz mit bolschewistischer Ideologie zu verbinden. Doch die amerikanische Regierung verhielt sich während der zwanziger Jahre abwartend. Sie versagte dem bolschewistischen Staat die diplomatische Anerkennung, hinderte allerdings amerikanische Geschäftsleute keineswegs daran, auf eigenes Risiko Geschäfte zu betreiben. Die sowjetischen Planer waren der Auffassung, daß die Sowjetunion in der Zukunft große Produktionsanlagen und riesige Versorgungssysteme benötigen werde, die jene in den USA noch überträfen. Insofern seien die Amerikaner als technische Berater unverzichtbar. Im Gegensatz zum Kapitalismus existierten ihrer Meinung nach im Sozialismus keine wirtschaftlichen und politischen Widersprüche, welche die volle Entwicklung moderner Produktionstechniken behinderten, so daß die Sowjetunion industriell bald eine Führungsposition einnehmen werde.

Hinsichtlich des Transfers amerikanischer Technologie nach Rußland ergibt sich eine deutliche Stufenfolge: Handel; Direktinvestitionen amerikanischer Betriebe; technische Unterstützung; Lizenzabkommen; unlizensiertes Kopieren und Imitieren amerikanischer Technologie; Import amerikanischer Bücher und technischer Zeitschriften. Waren vor der Oktoberrevolution die beiden ersten Möglichkeiten am weitesten verbreitet – sie setzten ein starkes Engagement des Geberlandes der Technik voraus –, so gewannen nach der Revolution die drei letzteren Transferwege immer stärker an Bedeutung. Dazu kam, vor allem nach dem Zweiten Weltkrieg, die Industriespionage. Hatte Karl Marx noch gemeint, die Dampfkraft und das Fabriksystem hätten den Industriekapitalismus hervorgebracht, so vertrat Lenin die Meinung, Elektrifizierung und große Produktionssysteme würden den Sozialismus stärken.

Im Februar 1920 wurde die GOELRO gegründet, der Planung, Organisation und Verwaltung der Elektrifizierung oblagen. Im November 1921 erörterte die Kommission den Plan, ein gewaltiges Wasserkraftwerk am Dnjepr mit einer Leistung von 200.000 bis 800.000 PS zu bauen; zwei Jahre später wurde mit konkreten Planungsarbeiten begonnen. Im Frühjahr 1926 besuchte eine Gruppe sowjetischer Ingenieure die USA, um sich dort über hydroelektrische Anlagen zu informieren und amerikanische Kapitalgeber für den sowjetischen Plan zu interessieren. Hugh Lincoln Cooper, ein amerikanischer Ingenieur und Spezialist im Bau von Wasserkraftanlagen, erhielt das Angebot, bei dem Projekt als beratender Ingenieur zur Verfügung zu stehen. Aus Aversion gegen den Kommunismus zögerte er zunächst, einen Auftrag der sowjetischen Regierung anzunehmen, doch die Aussicht auf ein fürstliches Honorar veranlaßte ihn rasch, ideologische Bedenken zurückzustellen. Daneben reizte ihn die technische Aufgabe, das größte Kraftwerk der Welt unter schwierigen regionalen Bedingungen zu errichten. Maschinen und Ausrüstungsgegenstände im Zusammenhang mit dem Projekt des Wasserkraftwerkes, das ab 1927 realisiert wurde, kamen zum größten Teil aus den USA. Die geplanten Kosten stiegen allerdings gewaltig, so daß bis zum 1. Mai 1932, als die Anlage in Betrieb genommen wurde, statt der ursprünglich kalkulierten 50 Millionen Dollar insgesamt mehr als 400 Millionen Dollar aufgebracht werden mußten. Dabei wurden sogar noch, um Kosten zu sparen und einheimische Arbeitskräfte anzulernen, sowjetische Arbeiter, wo immer möglich, eingesetzt, was zahlreiche Unfälle mit sich brachte. Das größte Kraftwerk der Welt konnte sich allerdings noch nicht einmal eines zehnjährigen Betriebes erfreuen. Beim Anrücken der deutschen Armee im Zweiten Weltkrieg sprengten die Russen das Werk, nachdem sie vorher die Generatoren ausgebaut und nach Osten transportiert hatten.

Das Beispiel der Übertragung amerikanischer Kraftwerkstechnologie in die UdSSR, die weitgehend im Rahmen des ersten Fünfjahresplans erfolgte, hatte neben seiner technischen und wirtschaftlichen Bedeutung noch eine politische Komponente. Cooper änderte seine antikommunistische Haltung im Verlauf der Zusammenarbeit mit den Sowjets auch deshalb, weil hier im Rahmen der »Neuen Ökonomischen Politik« ein gewisser Pragmatismus in die Wirtschaftspolitik eingekehrt

99. Industrialisierung der Sowjetunion im Zuge der Fünfjahrespläne: die Staumauer des Dnjepr-Kraftwerks. Holzschnitt von Aleksej Krawtschenko, 1931. Moskau, Staatliche Tretjakow-Galerie

war. Bald nach Aufnahme seiner beratenden Tätigkeit setzte er sich denn auch für eine Annäherung zwischen den USA und der Sowjetunion ein. Gegenüber seinen sowjetischen Gesprächspartnern, unter anderen gegenüber Stalin, äußerte er sich dahingehend, daß eine kommunistische Planwirtschaft mit der Abschaffung des Privateigentums und dem Fehlen wirtschaftlicher Anreize nicht funktionieren könne. Wahrscheinlich wurde Stalins Wirtschaftsplan vom Juli 1931, der die Einführung materieller Anreize und die Aufhebung gleicher Löhne vorsah, von dessen Gesprächen mit Cooper beeinflußt. Dieser begrüßte jedenfalls Stalins Plan als revolutionären Entwurf, der eine neue Epoche einleiten werde. Ein Jahr nach der Inbetriebnahme von Dnjeprostroj, 1933, nahm der sowjetische Außenminister eine Einladung nach Washington an, die den Anfang der Wiederaufnahme diplomatischer Beziehungen zwischen beiden Ländern bildete, die seit der Oktoberrevolution unterbrochen gewesen waren. Hierfür war wahrscheinlich Coopers Votum, das die praktischen Vorteile einer Normalisierung der diplomatischen Beziehungen hervorhob, nicht nebensächlich.

Von ähnlicher Öffentlichkeitswirkung wie das Dnjeprostroj-Projekt war der Transfer von Traktoren und Traktortechnologie sowie von Ford-Automobilen und der entsprechenden Produktionstechnik in die Sowjetunion. 1924 gab es dort nur etwa 1.000 Traktoren, 1934 waren es über 200.000. Sie beschleunigten den Kollektivierungsprozeß der sowjetischen Landwirtschaft. Durch ihren Einsatz, so meinten sowjetische Politiker, könne die Sowjetunion die kapitalistische Stufe ihrer Entwicklung überspringen und gleich zum Sozialismus übergehen. Der Traktoreinsatz diente also nicht so sehr der Stabilisierung der bestehenden als vielmehr dem Aufbau einer neuen Gesellschaftsordnung. Zwar bestanden Technologietransfer und Wirtschaftsbeziehungen zwischen den USA und Rußland auf dem Gebiet landwirtschaftlicher Maschinen schon im 19. Jahrhundert, doch von größter Bedeutung für die Entwicklung der sowjetischen Landwirtschaft waren die Lieferungen des Fordson, der ab 1923 in die Sowjetunion gebracht wurde. Dieser Ford-Traktor erfreute sich bei den sowjetischen Bauern großer Beliebtheit. »Fordson-Tage« und »Fordson-Festivals« verliehen jener besonderen Wertschätzung Ausdruck. Bis 1925 erlebte Fords Autobiografie »Mein Leben und Werk« in der Sowjetunion vier Neudrucke. Während man um die Mitte der zwanziger Jahre in vielen Dörfern nicht einmal den Namen Stalins kannte, hatte man sehr wohl von Henry Ford gehört, dem Mann, der die »eisernen Pferde« herstellte.

Dabei erwiesen sich die Fordsons als relativ ungeeignet für die Verhältnisse in der Sowjetunion; denn sie waren zu klein für die relativ großen kollektivierten Flächen und angesichts der Bodenbeschaffenheit zu leicht. Außerdem benötigte der Fordson-Traktor Benzin, das in der Sowjetunion nur schwer zu bekommen war, da man für die dortigen Motoren Naphta verwendete. Trotzdem zeigte sich die sowjetische Regierung an einem Nachbau interessiert. Da die Firma Ford die Errichtung eines Zweigwerkes aus wirtschaftlichen Gründen zunächst ablehnte, bauten sowjetische Techniker den Fordson in den Putilow-Stahlwerken in Leningrad ohne Lizenz nach, wobei ihnen etwa ein Dutzend amerikanischer Mechaniker zur Seite standen. Für die sowjetischen Gegebenheiten geeigneter waren die seit 1929 importierten größeren, robusteren Traktoren, die man ebenfalls nachzubauen versuchte. In ihrer Kapazität wurde die Fabrik bei Stalingrad von der in Charkow und später in Tscheljabinsk, die 1933 ihren Betrieb aufnahm, übertroffen. Letztere ließ sich rasch auf den Bau von Panzern umstellen. 1924 wurden in der Sowjetunion 17, ein Jahr

100. »Fordson«-Traktoren nach ihrer Ankunft im Hafen von Noworossijsk. Photographie, Februar 1923

später 538 und 1934 bereits 94.460 Traktoren produziert. Obwohl sie weite Verbreitung fanden, gab es aufgrund von Konstruktionsmängeln, ungeeignetem Material und unsachgemäßer Behandlung manche Schwierigkeiten. Undichte Kühler, schlecht gegossene Zylinderköpfe, defekte Lager und gebrochene Ventilfedern waren an der Tagesordnung.

Neben den Ford-Traktoren interessierte sich die Sowjetunion besonders für Automobile. Ford-Werbefilme, in denen die Fließbandproduktion demonstriert wurde, hinterließen einen großen Eindruck. Massenproduktion und kollektiver Staat schienen vereinbar zu sein. Im Mai 1929 erhielt denn auch die russische Regierung die Lizenz, das Ford-Modell A, einen PKW, sowie den Ford-AA-Lastkraftwagen nachzubauen. Fünfzig sowjetische Ingenieure wurden jährlich zu diesem Zweck in Detroit unterwiesen. Nachdem der Absatz des Ford-A-Automobils auf der ganzen Welt stark geschrumpft war, erklärte sich das Unternehmen zur Lizenzvergabe gern bereit. Es verpflichtete sich, detaillierte Konstruktionspläne zu liefern und die Montage- und Produktionsstätten in der Sowjetunion so auszustatten, daß jährlich 100.000 Fahrzeuge gefertigt werden konnten. Ford, der sich von diesem Abkommen natürlich einen wirtschaftlichen Gewinn versprach, meinte außerdem, die weitere Industrialisierung der Sowjetunion würde einen Wohlstand bringen, der geeignet sei, den Weltfrieden sicherer zu machen. Im Januar 1932 begann die

101. Das erste in der Sowjetunion montierte Ford-Automobil vom Modell A in einem Moskauer Werk. Photographie, November 1930

Produktion in dem neuen Werk in Nischnij-Nowgorod. Da die Sowjets wegen wirtschaftlicher Schwierigkeiten – die Weltwirtschaftskrise hatte auch ihren Staat in Mitleidenschaft gezogen – weniger als die Hälfte der vertraglich festgelegten 72.000 Fahrzeuge aus Detroit kaufen konnten, machte Ford bei diesem Geschäft einen Verlust, den er aber leicht verschmerzte. Nach Auslaufen der technischen Hilfeleistungen der Amerikaner entwickelte sich die Firma in Nischnij-Nowgorod zum Kern einer unabhängigen sowjetischen Automobilindustrie. Da aber in der Sowjetunion im folgenden kaum eigene Forschungs- und Entwicklungsanstrengungen im Automobilbau unternommen wurden, war das Werk bald veraltet.

Das dritte aufsehenerregende Großprojekt, das in den zwanziger und frühen dreißiger Jahren mit ausländischer Hilfe in der Sowjetunion verwirklicht wurde, war das Eisen- und Stahlwerk in Magnitogorsk östlich des Urals. Die Pläne zur Errichtung dieses Werkes übertrafen alles vorher Dagewesene. Das weltbekannte Eisen- und Stahlwerk in Gary, Indiana, sollte auf sowjetischem Boden wiedererstehen. Die Arthur G. McKee Company aus Cleveland, Ohio, sollte den Bau leiten. Er stellte das Schlüsselwerk für das Gelingen des ersten Fünfjahresplans dar und war auf 800 Millionen Rubel veranschlagt. Neben den Einrichtungen zur Eisen- und Stahlerzeugung waren 45 Koksöfen mit dazugehörendem Chemiewerk zur Gewinnung von Nebenprodukten sowie drei Walzwerke vorgesehen. Ingenieure aus den

USA kamen in die Sowjetunion, und die Walzwerke wurden von einer deutschen Firma gebaut. Wie im Falle Fords hatte die Firma McKee ihren Vertrag nur dann erfüllt, wenn der Betrieb in Magnitogorsk unter sowjetischer Bedienung reibungslos lief. Die Amerikaner mußten zudem Fachschulen einrichten und sowjetische Spezialisten in amerikanischen Firmen ausbilden. Aber der Bau der Anlage schritt nicht so schnell voran, wie geplant. Die ungelernten Arbeitskräfte bedienten die importierten Maschinen nicht sachgerecht, die Zeitpläne waren unrealistisch, die Koordination war schlecht. Enge zeitliche Fristen versuchte man häufig durch schlampige Arbeiten einzuhalten. Bei Schwierigkeiten wurde gleich von Sabotage geredet. Ab Mitte der dreißiger Jahre übernahmen allein sowjetische Ingenieure die Verantwortung für diese Anlage.

Schon seit Beginn der dreißiger Jahre hatte der sowjetische Enthusiasmus für den Import ausländischer, vor allem amerikanischer Technologien aus mehreren Gründen nachgelassen. Die wirtschaftliche Depression in den westlichen Ländern, zumal in den USA, weckte Zweifel, ob das kapitalistische Wirtschaftssystem und die damit verknüpfte Technologie tatsächlich als erstrebenswert gelten konnten. Schließlich hatte die Weltwirtschaftskrise vor der Sowjetunion nicht haltgemacht, so daß ihr die Mittel zum Technologieimport fehlten. Wegen der Expansion des technischen Ausbildungswesens im Zusammenhang mit dem ersten Fünfjahresplan erschien zudem die Anwesenheit ausländischer technischer Experten entbehrlich. All dies führte zu einer Umstrukturierung in den Maßnahmen des Technologietransfers. Hatte in den zwanziger Jahren der Import von Maschinen und Anlagen, verbunden mit dem Aufenthalt ausländischer Ingenieure in der Sowjetunion, im Vordergrund gestanden, so überwog seit den dreißiger Jahren das Kopieren, in der Regel ohne Lizenznahme. Beschreibungen in technischen Zeitschriften bildeten häufig die Grundlage für Nachbauversuche. Allerdings stellte sich dabei zumeist heraus, daß die Vertrautheit mit dem neuen technischen Objekt, die nur nach langer Beschäftigung zu erreichen ist, nicht vorhanden war, so daß sich Fehlschläge häuften. Trotz Coopers Vermittlungsinitiativen hatten seit Beginn der dreißiger Jahre amerikanische Ingenieure in der Sowjetunion einen schweren Stand. Es gab Konflikte zwischen ihnen und den einheimischen Arbeitskräften, die nicht einsehen konnten, warum sie mit dem »Klassenfeind« zusammenarbeiten sollten und sich von ihm Anweisungen geben lassen mußten.

Ein anderer Weg des Technologietransfers, der bereits in der Frühzeit der Industrialisierung, im 18. Jahrhundert, vor allem im Verhältnis Großbritanniens zu den Staaten des europäischen Kontinents eine Rolle gespielt hatte, war die Industriespionage. Eine erfolgreiche Übertragung von technischen Neuerungen auf diesem Weg setzte aber entsprechendes Know-how im Empfängerland voraus. Es gibt zahlreiche Beispiele dafür, daß Technologie in den zwanziger und dreißiger Jahren des 20. Jahrhunderts durch Industriespionage in die Sowjetunion gelangt ist. Ein bevorzugtes

Objekt der Industriespionage war Deutschland, besonders in seinen Bereichen Eisen- und Stahlindustrie, Maschinenbau, Elektroindustrie und chemische Industrie. Als Zentrale der Industriespionage seitens der UdSSR in Deutschland diente die sowjetische Handelsvertretung in Berlin. Der Grund, warum es sowjetischen Ingenieuren und Technikern gelang, auf vielen Gebieten den Know-how-Standard des industriellen Westens zu erreichen, lag nicht zuletzt in einem verhältnismäßig effizienten technischen Ausbildungssystem, das durch die Übernahme von Methoden technischer Ausbildung aus den USA ergänzt wurde. Dies galt vor allem für die »kooperativen Studienkurse« an der Universität von Cincinnati, Ohio, bei denen sich Studien an der Universität mit praktischer Ausbildung in Betrieben im Turnus von sechs Wochen abwechselten. Dieses Ausbildungssystem fand in der Sowjetunion weite Verbreitung.

Neben dem Technologietransfer der dreißiger und vierziger Jahre ist für die Gegenwart der Transfer am Ende des Zweiten Weltkrieges von großer Bedeutung. Er brachte Hydrierwerke zur Benzingewinnung aus Kohle, optische und Elektrowerke und vor allem Anlagen zur Flugzeug- und Raketenherstellung aus Mittel- und Ostdeutschland in die Sowjetunion. Hier wurden ganze Werke abgebaut und deutsche Ingenieure und Maschinen in die Sowjetunion »verfrachtet«. Betrachtet man die technologischen Leistungen in der UdSSR in den sechziger und siebziger Jahren, so fällt der Blick zwangsläufig auf Weltraum- und Militärtechnologie. Doch davon abgesehen, hielt dieser riesige Staat eine beachtenswerte Position auf Gebieten wie der Metallurgie, der Hochofentechnologie, der hydroelektrischen Energieerzeugung und Kraftübertragung über große Entfernungen sowie der Abbaumethoden im Bergbau. Auf diesen Feldern erwies sich das Zentralverwaltungssystem bei der Ausbreitung einer Technologie als durchaus leistungsfähig.

Japan als Musterland des Technologieimports

Japan weist mit dem vorangegangenen Beispiel viele Ähnlichkeiten im Technologietransfer auf, obwohl die Diffusion von Technologien hier im allgemeinen schneller verlief. Auch wenn Technologien aus den Vereinigten Staaten und aus anderen Ländern in Japan eine große Rolle gespielt haben, soll hier das Hauptgewicht auf den Technologietransfer aus Deutschland gelegt werden, der im Zeitraum 1914 bis 1945 eine besondere Bedeutung hatte.

Schon im 17. Jahrhundert hatte Japan aus China, hauptsächlich aus Büchern, Kenntnisse über Techniken in der Landwirtschaft, im Bergbau und im Bauwesen bezogen. Nachdem 1720 das Verbot der Einfuhr westlicher Bücher aufgehoben worden war, brachten vor allem die Holländer westliches Know-how nach Japan, namentlich auf den Gebieten Militärtechnologie und Medizintechnik. Nach der

Meiji-Restauration 1868 kam die Industrialisierung Japans stärker in Gang. Der Staat griff dabei unterstützend in den Industrialisierungsprozeß ein, ließ mit ausländischen Maschinen ausgestattete Pilotfabriken errichten, schickte japanische Handwerker und Techniker ins Ausland und holte ausländische Spezialisten ins Land. Ausschlaggebend dafür, daß der Technologietransfer vom Ausland gelingen konnte, sich die Technologien im Inland verbreiteten und es möglich wurde, eigene Technologien im Rahmen einer »kreativen Adaption« zu entwickeln, waren der Ausbau des gewerblichen und technischen Schulwesens ab 1870 und die Gründung von Universitäten nach westlichem Vorbild. Das japanische Motto nach 1868 hieß: westliche Technologie und japanisches Ethos. Durch Selektion und Assimilation wurde seit jener Zeit versucht, Technologien aus dem Ausland zu übernehmen, ohne dadurch die eigene Tradition zu erschüttern.

Nach dem Ausbruch des Ersten Weltkrieges wurde Japan, das sich bis dahin auf den ungehinderten Zugang zu technischem Know-how aus dem Westen verlassen konnte, von vielen früheren Bezugsquellen technischer Produkte abgeschnitten. In dieser Situation reagierten die japanische Regierung und private Betriebe, indem sie Forschungseinrichtungen gründeten, wodurch sie eine eigene technologische Basis schufen, die es erlaubte, möglichst rasch vom Ausland unabhängig zu werden. Dieser Trend wurde insofern erleichtert, als gegen Ende des Ersten Weltkrieges, im Juli 1917, der Schutz deutscher Patente in Japan – Deutschland war dessen Kriegsgegner – aufgehoben wurde und nach dem Friedensvertrag von Versailles japanische Unternehmen diese Patente durch Versteigerung erwerben konnten. Besonderes Interesse bekundete in diesem Zusammenhang das Militär. Hier ergab sich aufgrund der Bestimmungen des Versailler Vertrages sowie des Londoner Ultimatums (1921), die Deutschland die Produktion von Rüstungsgütern untersagten, eine für die japanische Aufrüstung günstige Konstellation. Deutsche Flugzeug- und Schiffbauunternehmen umgingen nämlich dieses Verbot, indem sie häufig im Ausland weiterarbeiteten. Das japanische Interesse an deutscher Rüstungstechnologie war den deutschen Konstrukteuren daher sehr willkommen.

Als ein besonders begehrtes Gebiet erwies sich der U-Bootbau. Am Ende des Ersten Weltkrieges erhielten die Japaner sieben deutsche U-Boote, die den Alliierten in die Hände gefallen waren. Sie wurden auf japanischen Marinewerften untersucht und zerlegt. Um Kenntnisse von den neuesten Entwicklungen im U-Bootbau zu erlangen, beschaffte sich Japan Konstruktionsunterlagen deutscher U-Boote, die allerdings allein nicht ausreichten. Man war außerdem auf deutsche Ingenieure und Techniker angewiesen, welche die japanischen Kollegen bei der Konstruktion eigener U-Boote anleiteten. Noch spektakulärer war der Transfer von Know-how auf dem Gebiet des Flugzeugbaus. Angesichts des großen japanischen Interesses und der fehlenden Möglichkeiten in Deutschland gingen führende deutsche Flugzeugkonstrukteure nur zu gern nach Japan. Schon vor dem Ersten Weltkrieg hatte Japan sein Interesse an der deutschen Luftfahrtindustrie durch den Kauf eines Luftschiffes gezeigt; dieses Interesse verstärkte sich nach dem militärisch erfolgreichen Einsatz von deutschen Kampfflugzeugen während des Ersten Weltkrieges. Japan, als Siegermacht des Ersten Weltkrieges, erhielt nach Kriegsende außer den sieben deutschen U-Booten als Kriegsbeute Teile eines Zeppelins, Flugzeuge und Flugmotoren, Funkgeräte und Fotoapparate, die in Japan gründlich untersucht wurden. Zudem reisten japanische Ingenieure nach Deutschland, um dort weitere Geräte in Augenschein zu nehmen und, falls möglich, in Japan nachzubauen.

Von besonderem Interesse war die Verwendung von Duraluminium im Flugzeugbau, einem Verfahren, das japanische Ingenieure neben der Konstruktion von Flugzeugen 1922 bei der Firma Dornier studierten. Allerdings reichte das japanische Know-how zu dieser Zeit noch nicht aus, um selbst eine so relativ neue Technologie wie den Flugzeugbau allein zu handhaben. So schloß die auch im U-Bootbau tätige Firma Kawasaki 1923 einen Lizenzvertrag mit der Firma Dornier, in dem diese die Nachbaurechte an Neukonstruktionen der japanischen Firma abtrat. Dornier hatte gemäß Vertrag Konstruktionsunterlagen, ein Musterflugzeug und technisches Personal zur Verfügung zu stellen. Japanische Techniker hielten sich außerdem bei Dornier in Friedrichshafen auf, wo sie den Fertigungsprozeß von Flugzeugen studierten, die Flugzeuge zerlegten, nach Japan verschifften und dort wieder zusammenbauten.

Bereits in den zwanziger Jahren taten die japanischen Unternehmer dann einen wichtigen Schritt in Richtung auf eine möglichst große Unabhängigkeit von ausländischem Know-how im Flugzeugbau. Der Firma Mitsubishi gelang es, Alexander Baumann (1875–1928), Professor für Flugzeugbau an der Technischen Hochschule Stuttgart, zu bewegen, für zwei Jahre nach Japan zu kommen, um dort drei Flugzeugmuster für Mitsubishi zu entwickeln und einheimische Ingenieure in der Konstruktion von Flugzeugen zu unterweisen. Diese Bemühungen wurden noch insofern verstärkt, als sich Theodore von Kármán (1881–1963), ein bekannter Aerodynamiker, 1927 für einen Japan-Aufenthalt gewinnen ließ, um dort an der Errichtung eines großen Instituts für Luftfahrtforschung mitzuwirken. Entscheidend war hier der Bau des ersten großen Windkanals, der für eine eigene Luftfahrtforschung unverzichtbar war. Von Kármán bereitete den Bau des Windkanals vor, und sein Assistent führte ihn zu einem erfolgreichen Abschluß.

Das wachsende Selbstbewußtsein Japans auf technischem Gebiet zeigte sich auch bei der chemischen Technologie. War bis zur Mitte der zwanziger Jahre der Bedarf an Methanol, das in der Farbenindustrie verwendet wurde, aber auch als Kraftstoffzusatz diente, fast ausschließlich aus Deutschland importiert worden, so versuchte die japanische chemische Industrie nun zunehmend, dieses Produkt im Inland selbst zu erzeugen. Da sich dabei Schwierigkeiten ergaben, bemühte man sich bei der I.G. Farben um die entsprechende Lizenz. Die I.G. lehnte jedoch ab, weil sie den

102. Der von Theodore von Kármán geplante erste Windkanal in Japan. Photographie, 1928

japanischen Exportmarkt nicht verlieren wollte. Deshalb setzte die japanische Industrie die Entwicklung eines eigenen Verfahrens fort, das zwar dem der I.G. unterlegen war, sich aber auf dem japanischen Markt rasch behaupten konnte. Es zeigt sich also, daß aufgrund der verschiedenen Maßnahmen zur Verbesserung des technischen Know-hows in Japan das dortige technologische Niveau bereits beträchtlich gewesen ist. Allerdings reichte es nicht in allen Fällen aus, wie ein anderes Beispiel aus dem Bereich der chemischen Technologie verrät. Um das Treibstoffproblem zu lösen, wurden in Deutschland schon seit dem Ersten Weltkrieg Verfahren zur Kohleverflüssigung und Kohlevergasung entwickelt, an denen auch Japan interessiert war. Als den Japanern ein Angebot gemacht wurde, die Patente aus dem Bergius-Verfahren zur Kohleverflüssigung zu erwerben, lehnten sie ab, da sie sich selbst schon lange genug mit diesem Problem beschäftigt hätten und dabei seien, einen noch effizienteren Prozeß zu verwirklichen. Es stellte sich aber heraus, daß die japanischen Ingenieure die technischen und finanziellen Schwierigkeiten, diesen Prozeß vom Labormaßstab in die eigentliche Fabrikation umzusetzen, unterschätzten. Als die japanischen Militärs im Zweiten Weltkrieg auf das durch Kohlehydrierung erzeugte Benzin zurückgreifen wollten, gab es ein böses Erwachen, und die damit beschäftigten Techniker und Geschäftsleute mußten kleinlaut zugeben, daß sie der vielfältigen Schwierigkeiten mit der neuen Technologie nicht Herr geworden seien. Erfolgreicher handelte die japanische Firma Mitsui, die an der Entwicklung des Fischer-Tropsch-Verfahrens zur Kohlenwasserstoffsyn-

103. Teilansicht einer Fischer-Tropsch-Kohleverflüssigungsanlage während der Bauarbeiten in Japan. Photographie, um 1939

these interessiert war. 1936 erwarb die Firma die Fischer-Tropsch-Lizenz aus Deutschland und produzierte, wenn auch unter größten Schwierigkeiten und nicht in erhofftem Umfang, mit diesem Verfahren in Japan.

Das Bestreben nach technologischer Unabhängigkeit Japans war oft gekoppelt mit dem Versuch, auf dem Weltmarkt billige Produkte anzubieten, um die älteren Industriestaaten aus dem Feld zu schlagen, so bei Glühlampen und Fahrrädern. Das Wort von der »gelben Gefahr« machte unter westlichen Politikern die Runde; in dieser Zeit entstand das Bild Japans als Nachahmer westlicher Technologie, der vor allem aufgrund der billigeren Arbeitskräfte die Produkte westlicher Industrieländer zu unterbieten vermochte. Japanische Delegationen von Ingenieuren oder auch Einzelreisende wurden im westlichen Ausland mit Mißtrauen betrachtet und – häufig zu Recht – verdächtigt, die berüchtigte kleine Kamera im Knopfloch zu tragen, mit der sie technische Neuentwicklungen fotografierten. Hinsichtlich der technischen Entwicklung sind die dreißiger Jahre in Japan von einer Tendenz zur Spezialisierung gekennzeichnet. Ausländischen Ingenieuren wurden oft zeitlich und sachlich sehr begrenzte Aufgabenfelder zugewiesen; man war darauf bedacht, die Möglichkeiten für Eigenfertigungen im Lande selbst zu entwickeln. Dabei zeigte sich, wie im Falle der synthetischen Treibstoffe, aber auch der Aluminiumherstellung durch Elektrolyse, daß die japanischen Kenntnisse oft nicht ausreichten und man doch auf ausländische Hilfe zurückgreifen mußte. Umkonstruktionen westlicher Maschinen und technischen Gerätes schlugen ebenfalls häufig fehl.

In Kriegszeiten ist üblicherweise der Technologietransfer zwischen den Ländern erschwert. Im Flugzeugbau wurde jedoch deutlich, daß auch während des Krieges der Technologieimport Japans aus Deutschland, obschon in sehr beschränktem Umfang, fortgeführt wurde. Dabei ergab sich allerdings das Problem, daß die deutsche militärische Führung und deutsche Firmen befürchteten, daß technisches Know-how aus Deutschland beim Transfer in feindliche Hände geriet. Außerdem waren die Kapazitäten in Deutschland oft ausgelastet, so daß an der Lieferung von Flugzeugen, bei der zumeist noch deutsche Techniker abgestellt werden mußten, und an dem Projekt, in Japan ein Flugzeugwerk mit deutscher Hilfe zu bauen, oder an dem Vorhaben, japanische Ingenieure in deutschen Flugzeugwerken auszubilden, nur geringes Interesse bestand. Schließlich hatte Japan im Flugzeugbau einen Standard erreicht, der es gestattete, über das bloße Kopieren und Imitieren hinaus eigene Typen zu entwickeln, die, wie der bekannte »Zero-Jäger«, in Luftwaffenkreisen einen hervorragenden Ruf genossen. Wurden aber Flugzeuge und Flugmotoren aus Deutschland importiert, so bauten japanische Ingenieure sie in der Regel für den Gebrauch in Japan um. Die Japaner sahen ihr Ideal bei Jagdflugzeugen in leichten, kleinen Maschinen, die äußerst wendig waren und einen hohen aerodynamischen Standard hatten. Hier zahlte sich die gründliche Forschungs- und Entwicklungsarbeit auf dem Gebiet der Aerodynamik aus.

104 a und b. Das deutsche Strahlflugzeug »Me 262A-1a« von Messerschmitt und der japanische Nachbau »Kikka«. Photographien, Ende 1944 und Mitte 1945

Natürlich bestand in Japan ein großes Interesse an den deutschen »Wunderwaffen«, vor allem an dem Messerschmitt-Raketenjäger Me 163 und dem Düsenjäger Me 262. Aufgrund der Lage in den letzten beiden Kriegsjahren war ein Transfer nur noch mittels der U-Boote möglich, wobei keine Flugzeugteile, sondern lediglich Konstruktionszeichnungen nach Japan transferiert werden konnten. Den hohen Standard der japanischen Entwicklung belegt die Tatsache, daß es der Firma Mitsubishi 1944 gelang, anhand sehr unvollständiger Konstruktionszeichnungen eine Me 163 nachzubauen. Die Me 262 wurde von der Firma Nakajima nach Unterlagen, die ein japanischer Ingenieur aus Deutschland mitbrachte, als »Kikka« nachgebaut. Im U-Bootbau unterwiesen deutsche Ingenieure ihre japanischen Kollegen in der

Serienfertigung und machten die Fertigungstechnik des vollgeschweißten Schiffskörpers in Japan heimisch. Für die Nachkriegszeit hatte sich die in diesem Zusammenhang notwendige Entwicklung hochfester Stähle eine besondere Bedeutung.

Die spektakuläre technische Entwicklung in Japan in der Zeit nach 1945 läßt die Frage aufkommen, ob die Wurzeln hierfür nicht auch im Technologieimport während des Zweiten Weltkrieges zu suchen sind. Dies ist sicherlich für die Branchen der Optik und der Elektronik zu bejahen. So lassen sich, vor allem zu Ende des Krieges, umfangreiche Lieferungen von Spezialgläsern auf U-Booten von Deutschland nach Japan nachweisen. Seit 1941 bemühte sich Japan auch darum, in den Besitz nachrichtentechnischer Geräte, insbesondere von Radar, zu kommen. 1944 traf ein Baumuster eines deutschen Radarfunkmeßgerätes in Japan ein, und 1945 stellte ein japanisches Unternehmen das erste japanische »Würzburg«-Funkmeßgerät fertig. Wie im Falle der Raketen- und Düsenjäger, so kam auch diese Entwicklung für Japan zu spät, um noch Auswirkungen auf den Kriegsverlauf zu haben; sie stellte aber eine wichtige Grundlage für die technische Nachkriegsentwicklung dar.

Neben dem Technologietransfer und den sich in den dreißiger Jahren anschließenden eigenen Forschungs- und Entwicklungsanstrengungen in Japan wurden hier zum ersten Mal während des Zweiten Weltkrieges in großem Stil interdisziplinäre Forschungs- und Entwicklungsprogramme durchgeführt. Vieles geschah ohne direkte ausländische Hilfe, obwohl diese Anstrengungen ihren Ursprung in westlichen technischen Neuerungen hatten, die vorher nach Japan gebracht worden waren. Das galt für synthetische Fasern wie Nylon oder Pharmazeutika wie Penicillin, die anhand von Patentanmeldungen und anderem publizierten Material entwikkelt worden waren. Textilfabrikation, pharmazeutische Industrie und Schiffbau verdanken ihr rasantes Wachstum nach 1945 zu einem großen Teil den forcierten Forschungs- und Entwicklungsbemühungen während des Krieges. Allgemein ist festzustellen, daß sich in Japan, hauptsächlich aufgrund günstiger wirtschaftlicher und politischer Rahmenbedingungen, der Technologietransfer rasch und auf effiziente Weise vollzog. Auch bei fortgeschrittenem technischen Know-how war immer noch der personale Transfer ausschlaggebend; denn für einen erfolgreichen Transfer war in der Regel die Anwesenheit von Spezialisten aus dem Geberland der Technologie erforderlich. Als besonders bedeutungsvoll erwies sich die kreative Adaption mit geeigneter Anpassung an die eigenen Verhältnisse und entsprechender Weiterentwicklung der aus dem Ausland stammenden Technologien. Hierzu waren ein leistungsfähiges Bildungs- und Ausbildungswesen, Forschungs- und Entwicklungseinrichtungen, eine innovationsfördernde Wirtschaftspolitik, kapitalkräftige Firmen, eine gut ausgebildete und motivierte Arbeiterschaft sowie geschickte Manager unerläßlich.

Faszination und Schrecken der Maschine: Technik und Kunst

Schöne neue Welt: Technik und Literatur

Der Prozeß der Industrialisierung, in dem immer auch die Technik eine bedeutende Rolle spielte, fand schon im 19. Jahrhundert in verschiedenen Ländern ihren literarischen Niederschlag. In der deutschen Literatur des Kaiserreiches herrschte eine stark technikoptimistische Tendenz vor, in welcher der Ingenieur als Genius der neuen Menschheit angesehen wurde. Er sollte durch sein Schaffen dazu beitragen, die industrielle Leistungsfähigkeit Deutschlands zu stärken und diesem Land den erhofften »Platz an der Sonne« zu sichern. Das wirtschaftliche Konkurrenzverhältnis zwischen den Industrienationen ging Ende des 19. Jahrhunderts in einen offenen Rüstungswettlauf über. Viele Dichter und Schriftsteller der Zeit, auch die des Expressionismus, sahen die Maschine als Instrument mechanischer Lebenserweiterung an, als Ausdruck von Dynamik und Bewegung, eines typisch expressionistischen Lebensgefühls. Das technische Gerät diente dabei zur Erhöhung und Intensivierung des Lebens.

Auf der anderen Seite griffen die Schriftsteller der Zeit Tendenzen auf, die in der deutschen Literatur schon in der Phase der Frühindustrialisierung um die Mitte des 19. Jahrhunderts bestanden, nämlich die Auseinandersetzung mit der immer mächtiger erscheinenden Technik. Im Zuge der sich ausbreitenden und intensivierenden Mechanisierung schien sich die Technik von ihrer ursprünglich dienenden Aufgabe emanzipiert zu haben und die Autonomie des Menschen in Frage zu stellen.

Im Verlauf des Ersten Weltkrieges verstärkte sich diese Tendenz noch. Zwar waren viele Schriftsteller zunächst begeistert in den Krieg gezogen, nach der Phase des »kollektiven Abenteuers« in den Jahren 1914/15 setzte aber bald ein »pazifistisches Erwachen« ein, das die zweite Kriegshälfte kennzeichnete. Die meisten Autoren sahen nun die technischen Massenvernichtungsmittel als Grund allen Übels an. Die ursprüngliche Idee der Menschenverbrüderung durch Technik hatte sich als tragische Fehleinschätzung weniger der technischen Möglichkeiten, als der menschlichen Fähigkeiten erwiesen. Dem Menschen war die Herrschaft über die Technik entglitten; die Maschine wurde nun zum Sinnbild eines Schicksals, das ihn in sinnlosen Mechanismen gefangennahm. Dabei bildeten die Materialschlachten des Ersten Weltkrieges und der industrielle Produktionsprozeß eine Analogie.

Spiegelten die 1914 entstandenen »Eisernen Sonette« Josef Wincklers (1881–1966) noch den Technikoptimismus der Gründerzeit wider, so weicht dieser Optimismus in späteren Werken, etwa der »Trilogie der Zeit« (1923), in der von der Selbstzerstörung der mechanisierten Produktion die Rede ist, einem tiefen Technikpessimismus. Ein solcher Pessimismus herrscht auch in den Theaterstükken Ernst Tollers (1883–1939) vor. In »Masse Mensch« (1921) bildet die Technik ein wichtiges Teilsystem einer lebensfeindlichen Gesamtgesellschaft; in »Die Maschinenstürmer« (1922) gewinnt sie als Werkzeug kapitalistischer Ausbeutung der Massen symbolhafte Bedeutung. Allerdings sieht Toller hier auch die Möglichkeit der Indienstnahme der Maschine zur Befreiung des Menschen von den Zwängen harter körperlicher Arbeit. Voraussetzung ist allerdings die Überwindung unternehmerischer Interessen.

Auch Bertolt Brecht (1898–1956) lehnt die Technik und industrialisierte Arbeit nicht grundsätzlich ab, kritisiert jedoch die Anwendung der Technik im Kapitalismus, der diese nicht in den Dienst des Lebens stellt. In »Mann ist Mann« (1924/25) taucht das Motiv der Serienfertigung und der Austauschbarkeit des Menschen im System der mechanisierten Produktion auf. Im Lehrstück »Der Flug der Lindberghs« (1929) geht es Brecht darum, den Kampf eines tapferen Mannes zu beschreiben, der sich, allen Widrigkeiten zum Trotz, zu seinem Ziel durchkämpft und damit ein Beispiel für andere gibt. Nicht nur dem Piloten Lindbergh, sondern auch der Technik zollt Brecht Anerkennung, war Lindberghs Leistung doch nur durch das reibungslose Funktionieren seiner zuverlässigen Maschine möglich. Brecht feiert Lindberghs Ozean-Flug als Kampf des Menschen gegen die Natur, zu der auch Gott gehört, und die als das »Primitive« dem technischen und somit auch sozialen Fortschritt entgegensteht. Auf gleiche Weise, wie die Maschine die Natur bezwang, kann sie bei entsprechender Anwendung auch die Gesellschaftsform verändern. Aus dem »Flug der Lindberghs« – Brecht wollte an die vielen anderen Ozean-Flieger der Zeit erinnern und deutlich machen, daß das Verdienst an dem siegreichen Kampf gegen die Naturmächte dem Kollektiv aller arbeitenden Menschen zukommt – wurde nach dem Zweiten Weltkrieg schließlich »Der Ozeanflug«: Der Autor änderte den Titel wegen Lindberghs Sympathie für den Nationalsozialismus. In einem Stück der dreißiger Jahre, »Das Leben des Galilei« (1938), stellt er die naturwissenschaftlich-technische Leistung dem gesellschaftlichen Versagen gegenüber.

Auch der marxistisch ausgerichtete Autor Johannes R. Becher (1891–1958) verleiht dem Thema Technik in der Literatur einen konsequent sozialen Bezug. Dabei tritt die phänomenologische Betrachtung zugunsten der politischen Auseinandersetzung mit der industriellen Produktion in einem kapitalistischen System zurück. Dies wird am deutlichsten in den »Maschinenrhythmen«, geschrieben 1922, erschienen 1926. – Heinrich Lersch (1889–1936), ein deutscher sozialkritischer Autor, beurteilt die Folgen des Einsatzes technischer Hilfsmittel ambivalent. In seinem Gedicht »Mensch im Eisen« (1925) ist der Mensch als Quasi-Maschinenteil ganz in den technischen Arbeitsprozeß eingepaßt. In dem Werk »Hammer-

105. »Zeit der Technik«. Gemälde von Max Schulze-Sölde, um 1925. Recklinghausen, Städtische Kunsthalle

schläge, Ein Roman von Menschen mit Maschinen« (1930) wiederum steht das Lob des Autors für die handwerklich geschickte Arbeit der Kesselschmiede im Vordergrund. Lersch verurteilt die industrialisierte Arbeit, äußert aber seine Anerkennung für die Leistung des einzelnen Handwerkers. Diese befindet sich jedoch in der Gefahr, sich absolut zu setzen und den Sinn ihres Tuns aus dem Auge zu verlieren. Zudem nimmt auch Lersch, der die handwerkliche Arbeit preist, die Arbeitserleichterung durch den Einsatz des Preßlufthammers zur Kenntnis. – Der Romanautor Erik Reger (1893–1954) bezieht sich in seinem Roman »Union der festen Hand« (1931) auf die wirtschaftliche und gesellschaftliche Situation im Ruhr-Gebiet nach dem Ersten Weltkrieg und stellt den Rationalisierungsprozeß und den Kampf um die Seele der Arbeiter in den Vordergrund. Er entlarvt die verschiedenen Methoden der Psychotechnik zur Erhöhung der Produktivität als pseudowissenschaftlich und zeichnet sich selbst als engagierten Sozialforscher, der sich literarischer Mittel bedient.

Wie bei anderen Autoren der Zeit, so steht auch bei Alfred Döblin (1878–1957) die Stadt als Ballungsraum mechanischer Funktionen im Vordergrund des Interesses. In seinem Roman »Berlin Alexanderplatz« (1929) stellt Döblin die Großstadt als einen vom Menschen geschaffenen Lebensraum dar, der diesem aber nur als »äußere Welt« entgegentritt. Die Stadt wird, gemeinsam mit der Technik, mit der sie komplementär gesehen werden muß, zum Gegenspieler des Menschen. Die Technik kann sich vom Menschen unabhängig machen, weil ihre Integration in das gesellschaftliche Leben mißlungen ist. In »Berlin Alexanderplatz« bedient sich Döblin des in seiner Zeit häufig angewendeten Montageprinzips. Auch der 1925 erschienene Roman »Manhattan transfer« des amerikanischen Autors John Dos Passos (1896–1970) ist in der szenischen Montagetechnik abgefaßt. Ähnliches gilt

106. Einband nach einem Entwurf von Karl Holtz zu dem 1924 in Berlin gedruckten tragischen Lustspiel. Marbach am Neckar, Schiller-Nationalmuseum und Deutsches Literaturarchiv

für »Ulysses« (1922) des irischen Schriftstellers James Joyce (1882–1941). Romanautoren lehnen sich also nun an die Technik neuer Kommunikationsmittel, insbesondere des Films und des Rundfunks, an.

Neben der häufigen Auseinandersetzung mit den Wirkungen der Automobilisierung stellt die Luftfahrt einen bevorzugten literarischen Stoff der Zeit dar. Schon vor dem Ersten Weltkrieg setzte sich der Italiener Gabriele D'Annunzio (1863–1938) mit dem Thema des »Angelismus« auseinander, der engelsgleichen Erhebung und Überhebung, der Dialektik des Ikarischen von Aufstieg und Absturz. In der gleichen Zeit antizipierte der englische Autor H. G. Wells (1866–1946) in »The war in the air« (1908), deutsch »Der Luftkrieg« (1909), die Luftkriegführung des Ersten Weltkrieges. In dieser Zeit findet sich aber auch in der Literatur, etwa bei den Futuristen, die Verherrlichung des gottgleichen Fliegens mit dem Krieg als reinigendem Gewitter und heroischem Welttheater. In seinem Werk »Der Flieger« (1915) verherrlicht Stefan Zweig (1881–1942) den Piloten als Übermenschen, stellt ihn aber auch als Wesen dar, das dem satanischen Versuch ausgesetzt ist, im Höhenflug Unsterblichkeit zu erlangen. Andere Autoren beschäftigten sich mit den Schrecken des Luftkrieges. Der Franzose Antoine de Saint-Exupéry (1900–1944) stellt die Transformation des Pionier- und Kampffliegers nach dem Ersten Weltkrieg zum Post- und Linienpiloten mit seinem neuen politischen und sozialen Verantwortungsbewußtsein dar. Die Berufung des einstigen Fliegeraristokraten aus den ersten Jahren der Luftfahrt wird zum Beruf, der verstärkt soziale Relevanz gewinnt. Fliegen ist nun nicht mehr Erhebung über die Natur, sondern von dem Bemühen getragen, mit dieser im Einklang zu leben; die individuelle Höchstleistung des Fliegens steht ganz im Dienst der Gemeinschaft.

Die Utopie stellt den Menschen in einer vollkommen technisierten Welt der Zukunft dar. Dabei wird vom 19. zum 20. Jahrhundert ein grundlegender Wandel der literarischen Utopien deutlich. Entspringen diese, etwa bei Jules Verne (1828–1905), im 19. Jahrhundert noch überwiegend einem technikoptimistischen Kraftgefühl, das sich auf das Vertrauen in die verändernde Macht von Naturwissenschaft und Technik gründet, so spiegeln die antiutopischen Entwürfe der ersten Hälfte des 20. Jahrhunderts eher die Furcht des Menschen vor einer Entwicklung wider, die ihn seiner Selbständigkeit und Freiheit beraubt. Hier wies der englische Autor Samuel Butler (1835–1902) schon 1872 mit seinem Roman »Erewhon« (»Nirgendwo«) die Richtung. In seinem Roman »The time machine« (1895), deutsch »Die Zeitmaschine« (1904), schildert H. G. Wells eine Zeitreise in die Zukunft. Die schönen, degenerierten Nachkommen der herrschenden Schicht leben an der Oberfläche, während die aggressiven Abkömmlinge der Arbeiterschaft in unterirdischen Fabrikhallen hausen, die komplizierten Maschinen bedienen und nachts an die Oberfläche kommen, um ihre Rassegenossen als Nahrung zu jagen. In »The world set free« (1914) beschreibt derselbe Autor einen Zukunftskrieg, in dem zum ersten Mal von einer Atombombe die Rede ist. Allerdings wandelte er später seine technikpessimistischen Vorstellungen zugunsten technokratischer Entwürfe ab. In »The shape of things to come« (1933) träumt er von dem Weltstaat der Zukunft, der auf naturwissenschaftlich-technischer Perfektion beruht. Nach der Vernichtung der Zivilisation durch Kriege im 20. Jahrhundert gelingt es einigen Naturwissenschaftlern und Ingenieuren, die Welt nach ihren technischen Vorstellungen zu gestalten und einen idealen Weltstaat aufzubauen. Wells vertritt hier die Ansicht, daß – im Sinne technokratischer Ideen – die politische Gewalt in den Händen von Technikern liegen müsse, um Leerlauf und Vergeudung zu beseitigen und einen paradiesischen Zustand herzustellen.

In der Kurzgeschichte des englischen Schriftstellers E. M. Forster (1879–1970) »The machine stops«, 1912 entstanden, aber erst 1928 veröffentlicht, beschreibt der Autor eine Zukunftsgesellschaft, die den Kontakt zur Natur verloren hat. Unter die Erde zurückgezogen, lebt sie in komfortablen Einzelkabinen, läßt sich von Maschinen bedienen, fürchtet den unmittelbaren, persönlichen Umgang miteinander und kommuniziert lediglich über audio-visuelle Medien. Am Ende entgleitet ihr jedoch die Herrschaft über die Maschine, da diese beginnt, Fehler zu machen, um schließlich ganz stillzustehen. Die schwächliche, unselbständige Gesellschaft geht zugrunde, während die Ausgestoßenen, die sich an der Oberfläche im Existenzkampf behaupten mußten, überleben. – Bernhard Kellermann (1879–1951) greift in seinem Roman »Der Tunnel« (1913) ebenfalls einen utopischen Stoff auf: das Projekt eines Tunnels, der Europa mit Amerika verbinden soll. Im Zentrum der Handlung steht der nüchterne, tatkräftige amerikanische Ingenieur MacAllan, Erfinder des stahlähnlichen Werkstoffes Allanit. Er organisiert die Arbeiten und führt sie – dem Ozean-Flieger Charles A. Lindbergh ähnlich – gegen alle Widrigkeiten zu Ende. Hier wird dem wagemutigen, tatkräftigen Ingenieur ein literarisches Denkmal gesetzt.

Stark unter den erschütternden Erfahrungen des Ersten Weltkrieges steht hingegen das Werk Georg Kaisers (1878–1945). In seinen utopischen Dramen »Gas« (1918) und »Gas, 2. Teil« (1920) weist er auf die zerstörerische Zwangsläufigkeit hin, die einmal in Gang gesetzte technische Prozesse haben können. Nach der Befreiung von privatkapitalistischen Fesseln nimmt die Gewinnung von Gas auf der Basis vergesellschafteter Produktion riesige Ausmaße an. Am Ende von »Gas I« steht jedoch eine gewaltige, zerstörerische Explosion, und »Gas II« endet mit der Selbstvernichtung von Kriegsgegnern. Zwar ist der technologische Prozeß sozial konditioniert, doch der von der Maschine disziplinierte Mensch verliert zunehmend die Kontrolle über ihn. Sieht Kaiser das Verhältnis des Menschen zur Technik als eine Abfolge von Katastrophen, die mit der Vernichtung des Menschen enden, so betrachtet Alfred Döblin dieses Problem differenzierter. In seinem 1918 erschienenen Roman »Wadzeks Kampf mit der Dampfturbine« stellt er einen Unternehmer dar,

107. »Gas I« von Georg Kaiser. Bühnenbildentwurf von Helene Gliewe für die Inszenierung im Stadttheater Mönchengladbach-Rheydt, 1929. Köln, Institut für Theater-, Film- und Fernsehwissenschaft der Universität, Theatermuseum Schloß Wahn

der, als Produzent von Dampfmaschinen, durch die Konkurrenz der technisch überlegenen Dampfturbine in berufliche Existenzschwierigkeiten gerät. Nach anfänglicher Auflehnung gegen sein Schicksal fügt er sich jedoch in den unvermeidlich scheinenden Gang der technisch-ökonomischen Entwicklung – eine Haltung, die Döblin allerdings in ein ironisierendes Licht rückt. In seinem zwischen 1921 und 1923 entstandenen, 1924 erschienenen utopischen Roman »Berge, Menschen, Giganten« bedient sich die Menschheit der Maschine, stürzt sich aber in immer gewagtere Abenteuer und erleidet dabei schwere Rückschläge. Wie in E. M. Forsters »The machine stops« sind die Menschen der Natur entfremdet und auf künstliche Ernährung und künstliches Licht angewiesen. Die Giganten sind Mißschöpfungen einer unmäßigen Kraft, durch biologische Eingriffe in überirdische Wesen verwandelt. Sie haben die Menschheit von Wissenschaft und Technik abhängig gemacht. Am Schluß müssen sie, da ihnen jedes menschliche Maß fehlt und sie keinen Schmerz und keine Erniedrigung kennen, zugrunde gehen. Bei dem Versuch, die Technik zu beherrschen, haben sie sich übernommen.

In dem Anfang desselben Jahres, 1924, veröffentlichten Aufsatz »Der Geist des naturalistischen Zeitalters« steht dann Döblin dem Phänomen Technik weitaus

108. Alfred Döblin beim Radio-Basteln. Photographie, 1929

positiver gegenüber. Technik ist für ihn nun das Symptom eines neuen Geistes: Die Maschinen werden dem Menschen bei dem Versuch, sich die Erde untertan zu machen, zu unentbehrlichen Helfern. Stellten andere Autoren in jenen Jahren eine Analogie von Materialschlachten im Krieg und mechanisiertem Produktionsprozeß fest, so sieht Döblin gerade in der Spezialisierung des Fertigungsprozesses und der Kollektivierung der Produktion die besten Möglichkeiten zur Entfaltung menschlicher Fähigkeiten. In der zweiten Fassung von »Berge, Menschen, Giganten«, die 1932 unter dem Titel »Giganten« erschien, weist Döblin nachdrücklich auf die Nutzung der Technik als Mittel zur menschlichen Selbstbehauptung hin. Hier rückt er den Menschen, der aktiv und gestaltend die Welt verändert, gleichberechtigt gegen den, der sich demütig unter die Naturkräfte beugt. Dabei befindet sich der Mensch in einem Dilemma: Auf der einen Seite führt sein Streben nach Autonomie und sein Versuch, die Natur zu beherrschen, zur Anerkennung seiner Grenzen gegenüber der Natur. Auf der anderen Seite muß er immer wieder versuchen, diese Grenzen zu überwinden. Die dialektische Spannung besteht darin, daß er als ein Stück der Natur zwar deren Gesetzen unterworfen ist, aber als »Gegenstück« der Natur ständig gegen sie angehen muß. Döblins Haltung in seinem Aufsatz von 1924 und dem Roman »Giganten« entspricht den Äußerungen von Vertretern der »Neuen Sachlichkeit« um die Mitte der zwanziger Jahre, die einen kritischen

Pragmatismus in bezug auf die Technik vertreten und sich mit dem Unausweichlichen, der Existenz der Maschine, zu arrangieren suchen. Ähnliches findet sich bei dem Dichter Rainer Maria Rilke (1875–1926), der, so scheint es, in seinen »Sonetten an Orpheus« (1922) zunächst noch den Einbruch der Maschine in das Reich der Dichtung abwehren will, diesen dann aber als vollzogen konstatiert. Die Maschine ist für ihn das herrschende Symbol der neuen Zeit. Hermann Hesse (1877–1962) hingegen arbeitet in seinem Roman »Der Steppenwolf« (1927) die Gegenpole Natur und Maschine klar heraus und belegt die Maschine, vor allem verkörpert im Automobil, mit negativen Konnotationen.

Die bedeutendste technische Antiutopie stammt von dem englischen Schriftsteller Aldous Huxley (1894–1963), der 1932 den Roman »Brave new world«, deutsch »Schöne Neue Welt« (1953), schrieb. Hier wird ein Staat, dessen Götter Karl Marx und Henry Ford sind, im siebten Jahrhundert nach Ford beschrieben. In diesem Staat werden Kinder nicht von Müttern geboren, sondern in Teströhren dosiert für die verschiedenen Berufe gezüchtet und in einer Weise manipuliert, die ihr späteres glückliches Leben sichert. Doch die neue Welt bricht zusammen, weil Glück ohne Schmerz unerträglich ist. Huxleys Bild einer wissenschaftlich vollständig durchgeplanten Gesellschaft erscheint als bittere Satire. Die Welt des Jahres 632 nach Ford erweist sich als Weiterentwicklung vieler in der Gegenwart bereits erkennbarer Tendenzen. Kunst, Religion, moralisches Bewußtsein und ethische Lebenshaltung sind vergessen; die Seele ist verkümmert. Soma, ein Opiat, hilft der degenerierten Menschheit rasch über einen eventuell noch verbliebenen Weltschmerz hinweg. Ein Mensch, der »Wilde«, der als Außenseiter in diese Zivilisation eindringt und noch bereit ist, Schmutz, Leiden, Krankheit und die Existenz des Bösen in Kauf zu nehmen, erhängt sich voller Verzweiflung. Bald nach dem Ende des Zweiten Weltkrieges schrieb George Orwell (1903–1950) seinen Roman »Nineteen-eighty-four« (1949), deutsch »1984« (1950). In dieser Antiutopie dient die Technik der vollständigen Manipulation der Bürger. In einem totalitären Einheitsstaat kann die »Gedankenpolizei« jederzeit die Gedanken aller Bürger mit Hilfe technischer Apparate in Erfahrung bringen. Obwohl literarisch nicht von gleichem Rang wie der Roman Huxleys, spielte Orwells Buch auch in der ideologischen Auseinandersetzung zwischen West und Ost eine bemerkenswerte Rolle.

Mehr noch als die »Hohe Literatur« oder »Kunstliteratur« hat die »Minderliteratur« in die Breite gewirkt. In der wilhelminischen Zeit traten gerade in der populären Unterhaltungsliteratur die technikkritischen Stimmen deutlich zugunsten einer Technikeuphorie, die die Bedeutung von Technik und Industrie zur Stärkung der nationalen Machtposition betonte, in den Hintergrund. Wagemutige Ingenieure und Unternehmer, die Deutschland diesem Ziel näherbrächten, wurden entsprechend bewundert und als Vorbild hingestellt. Außerdem dienten manche populäre Romane der Zeit dazu, soziale Spannungen zu überdecken. Rudolf Herzog

(1869–1943), ein intellektueller Vorläufer des »Dritten Reiches«, setzt in seinem Erfolgsroman »Die Stoltenkamps und ihre Frauen« (1917) den Aufstieg der Unternehmerfamilie Krupp in Parallele zum Aufstieg Deutschlands zur Weltmacht. Die Erweiterung des technischen Potentials und das nationale Schicksal Deutschlands gehen hier Hand in Hand. Herzog erreichte mit diesem Roman bis 1928 die gewaltige Zahl von 305 Auflagen und war somit wohl der am meisten gelesene Autor der Weimarer Republik. Auch in dieser Zeit entfaltete die Selbstüberschätzung auf dem Gebiet der Technik eine aggressive Dynamik, zu der bisweilen noch rassistische Elemente traten. Die Industrie mit der darauf beruhenden Technik sollte dazu beitragen, Deutschland nach dem verlorenen Weltkrieg und dem Versailler Vertrag wieder zu stärken und wirtschaftlich und politisch zu alter Größe zu verhelfen. Der Erfolg der utopischen Technikromane des Ingenieurs Hans Dominik (1872–1945) ist in diesem Zusammenhang zu sehen. Ferdinand Runkels Roman »Stickstoff« (1924), in dem sich der Autor gegen die deutsche Novemberrevolution 1918 und das von ihm so bezeichnete »Versailler Diktat« wendet, sieht in den technischen Erfolgen, vor allem auf dem Gebiet der chemischen Industrie, eine wesentliche Grundlage des nationalen Wiederaufstiegs.

Die Kunstliteratur der Zeit, wie sie sich in Deutschland in den Werken Alfred Döblins oder Bertolt Brechts manifestierte, ist von einer Ablehnung des Technikkults gekennzeichnet. Im Zusammenhang mit den Folgen einer immer weitergehenden Mechanisierung, Rationalisierung sowie der Weltwirtschaftskrise kam es gegen Ende der zwanziger Jahre jedoch auch in der populären Literatur zu einer skeptischen Bewertung der Technik. Anknüpfend an philosophische und literarische Strömungen des 19. Jahrhunderts, in denen von einer Versklavung des Menschen durch die Maschine die Rede ist, verweist etwa Frank Arnau (1894–1976) in seinem Roman »Stahl und Blut« (1931), in dem ein Arbeiter in einem Stahl- und Walzwerk durch einen Unfall zu Stahlblech ausgewalzt wird, auf die Gefährdungen durch Technik. Eine zunehmend kritische Einstellung zu Rationalisierung und Mechanisierung wird auch in E. R. Markerts Roman »A. G. Chemie« (1932) deutlich. Als Folge ungehemmter Technisierung und »Amerikanisierung« der deutschen Wirtschaft befürchtet er eine Vernichtung der Seele; der Mensch müsse wieder – so ein Topos dieser Jahre – vom Sklaven zum Herrn der Technik werden. Schon vorher hatte Egon Erwin Kisch (1885–1948), der mit seinem Reportagenband »Der rasende Reporter« ein breites Publikum gewann, in seinem Buch »Paradies Amerika« (1930) gegen den Mythos Ford, die repetitive Fließbandarbeit und den Amerikanismus Stellung bezogen. Im Gegensatz zu Kisch, der von sozialistischem Gedankengut beeinflußt war, verweist Markert auf einen nationalen Idealismus und die Kraft des Volkes als Hilfsmittel zur Überwindung wirtschaftlicher Probleme – Gedanken, die sich auch im Nationalsozialismus finden. Populäre Romanautoren des »Dritten Reiches« stellten später bevorzugt »Tatmenschen« aus Technik und Wirtschaft dar, um an ihnen die Gültigkeit des nationalsozialistischen Führerprinzips zu demonstrieren. Dies gilt etwa für den Ingenieur und Unternehmer Steffen in dem Roman des Ingenieurs Arno Thauß »Der Mann, der das Gas bezwang« (1933). Steffen verkörpert hier den entschlossenen Tatmenschen, der, beseelt vom nationalen Aufstiegswillen, seine Kenntnisse und Fähigkeiten zur Mehrung der nationalen Größe Deutschlands einsetzt. Beispiele wie dieses sind Legion.

Moderne Zeiten: bildende Kunst und Film

In der bildenden Kunst spiegelt sich die Technisierung aller Lebensbereiche, zumal des Verkehrs, gleichfalls wider. Freilich stellte sich hier das Problem, auf welche Art Bilder zu malen seien, die auch nur annähernd die durch die Technisierung hervorgerufenen Bewußtseinsveränderungen reflektierten. In den Jahren unmittelbar vor Ausbruch des Ersten Weltkrieges engagierten sich dafür vor allem die italienischen Futuristen. Ihr Wortführer Filippo Tommaso Marinetti (1876–1944), der die Gesellschaftsordnung seiner Zeit verachtete und die Ansicht vertrat, Ingenieure und Künstler seien berufen, entscheidende soziale Veränderungen herbeizuführen, sah die moderne Technik als Allheilmittel für jegliches soziales Übel an. Das besondere Interesse Marinettis konzentrierte sich auf das Automobil, das er für schöner hielt als die »Nike« von Samothrake. Giacomo Balla (1871–1958) wurde mit seinen Autobildern, die er zwischen 1912 und 1914 malte, zum Virtuosen der futuristischen Dynamik. Die Futuristen faszinierte nicht nur die Dynamik von Automobilen, Flugzeugen, Lokomotiven und Kanonenbooten, sondern sie verherrlichten auch Gewalt und die industrialisierte Kriegführung des Ersten Weltkrieges. Nach Mussolinis Marsch auf Rom 1922 entwickelte sich der Futurismus zum »Hofstil« des italienischen Faschismus.

In den USA zeigte sich Joseph Stella (1880–1946) besonders stark von den Futuristen beeinflußt. In seinen Bildern stellt er vor allem zeitgenössische technische Motive, etwa die Brooklyn Bridge, die er zwischen 1920 und 1922 malte, dar. Fernand Léger (1881–1955) und Robert Delaunay (1885–1941) waren zur gleichen Zeit in Frankreich vom Maschinenwesen fasziniert. Obwohl Léger die zerstörerische Wirkung von Technik in den Schützengräben des Ersten Weltkrieges kennenlernte, stand er unter ihrem Bann. Im Krieg, 1917, schuf er das Bild »Die Kartenspieler«, das seine Kameraden als Roboterwesen mit röhrenförmigen Körperteilen, Kanonenrohren ähnlich, zeigt. Seinen »Mechaniker« (1920) idealisiert er, im Stil antiker Statuen, zu überindividueller Größe; in »Le grand déjeuner« (1921), das drei Frauen darstellt, macht er seine Auffassung von der Gesellschaft als Harmonie erzeugender Maschine deutlich. Für Delaunay, der ähnlich wie Léger von der Technik begeistert war, stellt das Flugzeug ein Schlüsselmotiv seiner Malerei dar. In

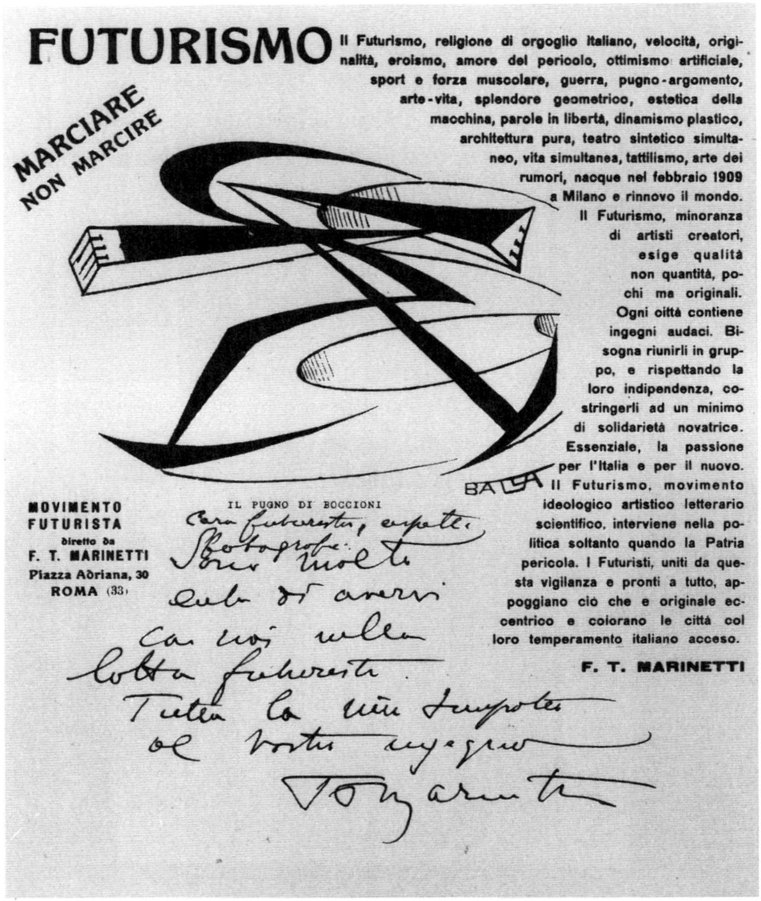

109. Die Ideologie des Futurismus in Text und Bild. Schlagworte von Filippo Tommaso Marinetti und Zeichnung von Giacomo Balla zu einer Plastik von Umberto Boccioni auf einem 1915 gedruckten Briefkopf

seinem 1914 entstandenen Bild »Hommage à Blériot« wirken die schwingenden Farbscheiben wie Frequenzschwingungen eines sich ausbreitenden Scheinwerferlichts und versinnbildlichen zugleich die Bewegung des Flugzeugpropellers. Das Kunstwerk zeigt einen drachenartigen Doppeldecker, der engelsgleich am Eiffel-Turm vorbeischwebt, wobei ihm ein kleineres Flugzeug, wie es Blériot geflogen haben könnte, wie ein Cherub aufsteigend, entgegenkommt. Bei diesem Werk handelt es sich um ein beinahe religiöses Bild.

Nicht nur bei Delaunay, sondern auch in dem Schaffen anderer bildender Künstler seiner Zeit dominierte das Motiv des Flugzeugs. Dabei finden sich schon vor dem

110. »Betroffener Ort«. Aquarell von Paul Klee, 1922. Bern, Kunstmuseum, Paul-Klee-Stiftung

Ersten Weltkrieg durchaus kritische Interpretationen: 1907/08 konfrontiert Henri Rousseau (1844–1910) auf seinem Bild »Paysage avec le dirigeable patrie et un biplan« die lufttechnischen Prinzipien »leichter als Luft« und »schwerer als Luft« miteinander. Mit der Darstellung des Luftschiffs, einem Fisch ähnlich, ironisiert er die Faszination der Technik. Vor allem unmittelbar nach dem Ersten Weltkrieg steht dann die kritische Verarbeitung von Flugzeugmotiven im Vordergrund, obwohl Léger in seinem »Aviateur« (1920) noch einen Piloten darstellt, der, mit zwei Fingern am Steuerknüppel, die ihn umgebende Maschine beherrscht. In Max Ernsts

(1891–1976) Collage »Mörderisches Flugzeug« (1920) hingegen ist das Flugzeug halb Maschine, halb böser Engel und weit entfernt von den engelsgleichen Visionen eines Delaunay einige Jahre zuvor. Die bedrohenden Aspekte des Fliegens werden auch in Paul Klees (1879–1940) Bild »Betroffener Ort« deutlich, das von einem nach unten stoßenden, abknickenden Pfeil beherrscht wird, mit dem Klee an die Methode erinnert, mit der Hand lange Eisenpfeile aus dem Flugzeug auf Menschen zu werfen. Vor allem als Folge der Erfahrungen des Ersten Weltkrieges betrachten viele Maler die Technik nun als menschenbedrohend und schwer zu beherrschen. Der Gedanke, die Schöpfung des Menschen könne sich gegen ihn selbst richten und ihn schließlich zerstören, ist ein alter Mythos, der seit der Industriellen Revolution immer stärker an Boden gewann.

Ambivalent der Technik gegenüber sind die Bilder der Franzosen Francis Picabia (1879–1953) und Marcel Duchamp (1887–1968). Picabia setzt sich in seinem »mechanistischen Stil« mit der Thematik technischer Formen auseinander und läßt sich in seinen späteren Arbeiten vor allem von technischen Zeichnungen anregen. Stark von Picabia beeinflußt sind die »Puristen«, eine Gruppe amerikanischer Maler, die ihr geistiges Zentrum in der Kunstakademie von Pennsylvania in Philadelphia hatten und sich in ihren Arbeiten der künstlerischen Darstellung von Industrie- und Stadtlandschaften, etwa der Stahlwerke Pittsburghs oder der Wolkenkratzer New Yorks, widmeten. Der Photographie räumten sie einen hohen Stellenwert in der bildenden Kunst ein. Von der zur Gruppe der Puristen gehörenden Georgia O'Keeffe (1887–1986) sagte man, ihre Kunst sei so präzise wie eine sorgfältig gebaute Maschine.

Wie die Puristen und Futuristen, so setzten sich auch die sowjetischen Konstruktivisten engagiert mit der Thematik der Technik auseinander. Die Konstruktivisten erlebten ihre Blütezeit unmittelbar nach der russischen Oktoberrevolution von 1917 und beabsichtigten, in der bildenden Kunst und Architektur die sowjetischen gesellschaftlichen Ideale durch Anwendung technischer Mittel zu erreichen. Ihrer Meinung nach war es der Kunst aufgegeben, die Lebensauffassung des Sowjetbürgers zu prägen. Die Unterschiede zwischen Künstlern, Handwerkern und Ingenieuren sollten in einer neuen Gesamtauffassung von Kunst als Produktionsprozeß verschwinden. Statt der statischen Figur dominierte im Konstruktivismus, dessen einflußreichste Vertreter Wladimir Tatlin (1885–1953) und El Lissitzky (1890–1941) waren, die Dynamik der Kräfte. Hier ergeben sich also, bei allen Unterschieden der gesellschaftlichen Perspektive, Ähnlichkeiten zum italienischen Futurismus.

Im Gegensatz zu Futuristen und Konstruktivisten herrschte bei den Vertretern des Dadaismus, einer künstlerischen Bewegung, die 1916 im Züricher »Cabaret Voltaire« ihren Ausgang nahm, ein Technikskeptizismus vor. Unter dem Eindruck des Ersten Weltkrieges entstanden, formulierte Dada eine permanente Herausforde-

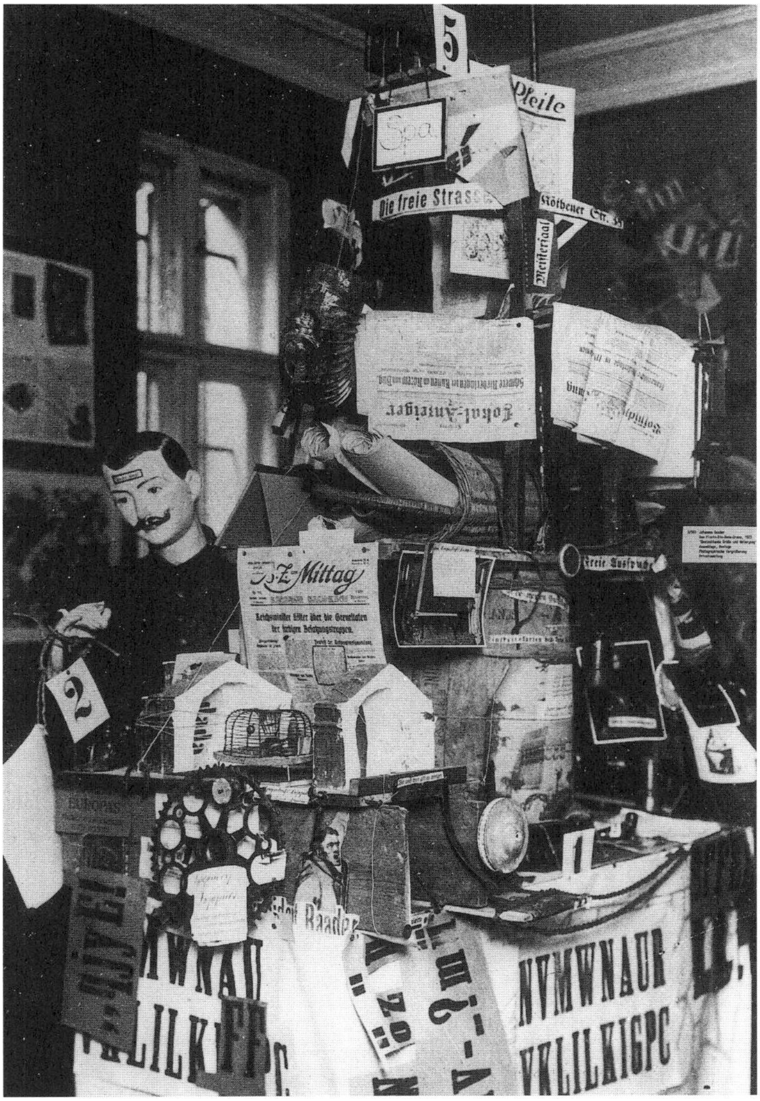

111. Das große »Plasto-Dio-Dada-Drama« von Johannes Baader, 1920. Photographie der zerstörten Montage. Paris, Archives Nakov

rung der geläufigen hohen Kunstkonzepte mit den Mitteln avantgardistischer Provokation. Die Dadaisten stellten das Mechanische dem Organischen gegenüber und gelangten so zu häufig skurrilen, surrealistischen Ausdrucksweisen. Die Erfahrungen des Ersten Weltkrieges verarbeitend, gestaltete Otto Dix (1891–1969) 1920

112. »Der Geist unserer Zeit«. Objektmontage von Raoul Hausmann, 1921. Paris, Musée d'Art Moderne

seine »kartenspielenden Kriegskrüppel« mit künstlichen Gliedmaßen, reichspatentierten Kunstgelenken und Glasaugen. In »Republikanische Automaten« stellte George Grosz (1893–1959) zwei Kriegskrüppel dar, einer mit einem Holzbein, die deutsche Fahne schwingend; der andere mit surrenden Zahnrädern unter der Achselhöhle. John Heartfield (1891–1968) ironisierte, voll bitterem Sarkasmus, in Fotomontagen Kriegsgewinnler und andere Manifestationen sozialer Mißstände der zwanziger Jahre.

Mit »Der Geist unserer Zeit« schuf Raoul Hausmann (1886–1971) 1921 die bedeutendste Dadaplastik. Hier illustriert er seine Bemerkung, der normale Deutsche besäße nicht mehr Fähigkeiten als die, die der Zufall auf seinen Schädel geklebt habe; sein Gehirn bliebe leer. Auf dem Kopf des »Geistes« steht ein Becher zum Eintrichtern von Gesetzen und Regeln; die am Hinterkopf angebrachte Geldbörse erinnert an wirtschaftliche Zwänge. Statt eines Gehirns besitzt der Holzkopf eine rücklaufende Paragraphen-, Dividenden- und Phrasendreschmaschine. Über dieses spöttisch-bittere Werk hinaus schuf Hausmann aber mit seiner Dadacollage »Hommage à Tatlin« eine Arbeit, in welcher der konstruktivistische Künstler als Monteur oder Ingenieur mit einem Kopf voller mechanischer Träume dargestellt wird. Die Arbeiten des Dadaismus mit ihren manchmal surrealistischen Zügen gingen in den dreißiger Jahren in einen offenen Surrealismus über, so im Falle des 1938 entstandenen »Regentaxi« von Salvador Dalí (1904–1989), bei dem zum ersten Mal das Automobil als Environment gestaltet wurde. Dalís »Regentaxi« ist mit einer Berieselungsanlage ausgestattet und wird als phantasievolles Ereignis seiner gewohnten Funktion beraubt.

Auch die »Kölner Progressiven«, eine Gruppe junger Künstler wie Franz Wilhelm Seiwert (1894–1933) und Heinrich Hoerle (1895–1936), fühlten sich der Dadabewegung zugehörig. In Hoerles Graphikmappe »Krüppel« (1919) werden, Arbeiten von Otto Dix und George Grosz vorwegnehmend, Kriegskrüppel dargestellt. Die Einsicht der Dadaisten, der Krieg beruhe auf einem schrecklichen Irrtum, da man dabei die Menschen mit Maschinen verwechsele, sahen Hoerle und Seiwert in der Fließbandproduktion und taylorisierten Rationalisierung fortgesetzt. Wie bei den russischen Konstruktivisten, so waren auch bei den Kölner Progressiven Kunst und Produktion gleich. Auch ihnen ging es weniger um die Darstellung von Individuen als von Menschengruppen, Kollektiven, so in Hoerles »Fabrikarbeiter« (1922) oder in Seiwerts »Arbeitsmänner« (1925). Die »Arbeitsmänner« Seiwerts, die stark an Roboter erinnern, wirken wie stumme Zeugen einer rationalisierten Maschinerie. Mit ihren Bildern wollten die Kölner Progressiven Einsichten in die Organisation der Gesamtgesellschaft vermitteln und mit ihrer Konzentration auf Industriearbeit und Industriearbeiter den sozialistischen Staat der Zukunft vorbereiten.

Erinnern die Arbeiten der Vertreter des Purismus an technische Zeichnungen und Architekturmodelle, so trifft Ähnliches auf die Werke von Künstlern der »Neuen Sachlichkeit« zu. Diese künstlerische Strömung in Europa und in den Vereinigten Staaten der zwanziger Jahre zeichnete sich häufig bei hoher formaler Qualität durch die Beschränkung auf äußerlich feststellbare Fakten aus und »hinterfragte« diese in der Regel nicht. Vertreter der »Neuen Sachlichkeit« wie Franz Radziwill (1895–1983) und Carl Grossberg (1894–1940) strebten exakte und klare Formen an und stellten die einzelnen Teile von Maschinen, Brücken oder Gebäuden mit äußerster Präzision dar. Bei ihnen wird die Ästhetik eines technischen Funktionszusammenhangs deutlich, dessen Rationalität durch genaue Wiedergabe jedes einzelnen Details nachvollziehbar ist.

Bald danach, seit dem Anfang der dreißiger Jahre, entstanden Wandmalereien von gewaltigen Ausmaßen, so von dem Mexikaner Diego Rivera (1886–1957), bei dem die mexikanische Revolution und industrielle Produktionsprozesse die bevorzugten Themen darstellen. 1932/33 malte er eine Serie großer Fresken über die Fertigung von Automobilen in Fords River Rouge Fabrik in Dearborn, Michigan, die sich auf eigene Beobachtungen und auf Fotografien stützte. Hier steht die künstlerische Auseinandersetzung mit Arbeitskräften der rationalisierten Produktion im Vordergrund, deren Tätigkeiten und Arbeitsgeschwindigkeit von den riesigen Maschinen um sie herum bestimmt sind. Dabei nimmt Rivera der technischen Entwicklung gegenüber eine ambivalente Haltung ein. Auf der einen Seite sieht er die menschliche Kreativität als Ursprung jeglichen technischen Fortschritts, auf der anderen Seite kann der Mensch auch Opfer dieses Fortschritts werden. Diese Ansicht wird in dem Fresko von 1932/33, etwa durch die Gegenüberstellung des oft lebenserhaltenden Impfens mit dem Einsatz von Giftgas im Ersten Weltkrieg oder durch den Vergleich der zivilen mit der militärischen Luftfahrt, deutlich. Die Schrecken des Krieges – hier des Bombardements der spanischen Stadt Guernica im Spanischen Bürgerkrieg 1937 – spiegelt sich gleichfalls in dem großen Gemälde von Pablo Picasso (1881–1973) aus dem gleichen Jahr wider.

Im Jahr 1937 entstand auch das Bild von Raoul Dufy (1877–1953) mit dem Titel »Die Fee Elektrizität«, ein riesiges, 600 Quadratmeter großes Wandbild, das, voller Bewunderung für die Technik, die Entwicklung der wissenschaftlichen Erforschung und Nutzung der Elektrizität sowie ihre Konsequenzen für den Alltag illustriert und interpretiert. Am Ende findet sich die Darstellung des modernen, lichtüberfluteten Alltags, über den eine Fee, die »Fee Elektrizität«, hinwegfegt. Sie steht für den Zauber, den das unsichtbare, abstrakte Phänomen der Elektrizität bewirkt.

Nicht nur in der bildenden Kunst, sondern auch im Spielfilm der Zwischenkriegszeit wurde das Thema Technik dargestellt und analysiert. Als Beispiel für »Neue Sachlichkeit« im Film entstand 1926 der abendfüllende Dokumentarfilm »Berlin – Symphonie einer Großstadt«, der deutlich von den Montageprinzipien des sowjetischen Revolutionsfilms beeinflußt war. Hier setzt sich der Regisseur Walther Ruttmann (1887–1941) mit der Industriemetropole Berlin auseinander und zeigt sich von der Hektik und Dynamik der Maschinen, Fabriken und des Verkehrs stark beeindruckt. Inhaltlich gewichtiger als der Film Ruttmanns ist der im selben Jahr entstandene, aber erst Anfang 1927 uraufgeführte Film Fritz Langs (1890–1976) »Metropolis«, die Vision einer Großstadt der Zukunft und eine Auseinandersetzung mit der industriellen Arbeitswelt. In diesem technisch aufwendigen Film, der auch neue Trickverfahren anwendet, wird – in Anlehnung an H. G. Wells – das graue Heer der unterirdisch lebenden Arbeitssklaven den luxuriös lebenden Besitzern der Produktionsmittel gegenübergestellt, werden die Arbeits- und Lebensverhältnisse in einer Riesenstadt in groß entworfenen Massenszenen stilisiert. Die Maschinen, die von den Arbeitern gewartet werden, beherrschen diese zugleich. Sie verwandeln sich in Ungeheuer, die die Arbeiter verschlingen und – wie heidnische Götter, nach denen sie benannt sind – ständig Menschenopfer verlangen. Eine Revolte der entfremdeten Arbeiter, die in einer Maschinenstürmerei endet, wird in einem romantisierenden, wenig befriedigenden Schluß beendet, der der sonstigen Qualität des Films nicht entspricht. In Fritz Langs letztem Stummfilm, »Die Frau im Mond«, gestaltet der Regisseur 1929, beraten von dem Raketenforscher Hermann Oberth (1894–1989), eine große Utopie: den Flug zum Mond.

Ein Paradebeispiel für den technikkritischen Film stellt Charlie Chaplins

113. Charlie Chaplin in dem Film »Moderne Zeiten«. Standphoto, 1936

(1889–1977) »Modern times« (»Moderne Zeiten«) aus dem Jahr 1936 dar, in dem der Regisseur das von Fritz Lang inszenierte Bild vom menschenverschlingenden Moloch Maschine variiert. Auch hier ist von der durch den Einsatz der Maschine ermöglichten industriellen Vermassung und der Auflehnung des Individuums dagegen die Rede. Schon 1931 hatte sich der französische Regisseur René Clair (1898–1981) in seinem Film »A nous la liberté« mit diesem Thema auseinandergesetzt. Sein Film weist eine derart große Ähnlichkeit mit dem späteren Werk Chaplins auf, daß die französische Produktionsfirma einen Plagiatsprozeß gegen Chaplin anstrengte. In »Modern times« wird die Monotonie der Fließbandarbeit, die dem »Helden«, Chaplin selbst, den Verstand raubt, mit bitterer Präzision eingefangen. Die riesige Maschine, die ihn erfaßt, drückt die Bedrohung des Menschen durch die Technik aus. Chaplin gewinnt dieser Bedrohung jedoch eine absurde Seite ab. Statt gegen die Fremdbestimmung durch das mechanisierte System anzukämpfen, verwandelt er sich in eine Maschine und ahmt einen Automaten mit marionettenhaften Bewegungen auf groteske Weise nach. Später wird Chaplin zum Sandkorn im Getriebe der Maschine, dessen reibungsloses Funktionieren er verhindert. Eine Ironie liegt darin, daß sich der Regisseur Charlie Chaplin der Technik, nämlich des Films, bedienen mußte, um seine technikkritische Botschaft verkünden zu können.

Zusammenhänge von Technik und Musik können zum einen darin bestehen, Motive aus der Technik in die musikalische Tonsprache zu transformieren; die Art der Musikerzeugung kann aber auch durch die technische Entwicklung der Musikinstrumente verändert werden. Schon im 19. Jahrhundert behandelten Komponisten Themen aus der Technik in konventioneller Tonsprache, so Hector Berlioz (1803–1869) in seinem Stück »Gesang der Eisenbahn« von 1846. Mit der sich ausbreitenden Industrialisierung und scheinbaren Allgegenwart industrieller Geräusche sahen es manche Komponisten als nicht mehr ausreichend an, sich auf die Tonsprache einer vorindustriellen Zeit zu beschränken. Sie forderten eine künstlerische Auseinandersetzung mit den Arbeitsprozessen in Fabriken oder mit Verkehrsmitteln wie Eisenbahn, Automobil oder Flugzeug. Der Komponist Max Brand (1896–1980) schrieb 1929 die Oper »Maschinist Hopkins«. Seit den zwanziger Jahren boten sich, neben der schon existierenden Schallplatte, die neuen technischen Medien Rundfunk, Tonfilm und später Fernsehen dazu an, Musikerzeugnisse einem breiteren Publikum zugänglich zu machen. Dabei wurden nicht nur in der »Kunstmusik«, sondern auch in der populären Schlagermusik zahlreiche Stücke geschrieben, die die Neuerungen der Technik verherrlichten und so die weit verbreitete Technikbegeisterung förderten. Vor allem das Flugzeug war in den zwanziger und dreißiger Jahren in den USA Bezugspunkt zahlreicher Schlagermelodien.

Aber auch in der »ernsten Musik« des frühen 20. Jahrhunderts spielten technische Motive eine bedeutende Rolle. Im Zusammenhang mit einem Komponisten wie Erik Satie (1866–1925), der in seinen letzten Jahren der Dadabewegung nahestand, wird dieser nicht gerade glückliche Begriff allerdings noch fragwürdiger. Für sein vierzeiliges Stück »Vexations«, deutsch »Quälereien«, von 1893 schrieb er eine achthundertvierzigmalige Wiederholung vor und dachte wahrscheinlich gar nicht ernsthaft an eine Aufführung. Diese erfolgte dann doch – mit beträchtlicher Verzögerung – 1963 und dauerte fast 20 Stunden. Der Titel »Vexations« kann seinen Ursprung in der langen Aufführungsdauer, aber auch in der Schwierigkeit der mit vielen Versetzungszeichen gespickten Partitur haben. Er läßt außerdem die Interpretation zu, daß Satie, in Dadamanier, eine Parodie auf die Maschinenarbeit mit ihren sich ständig wiederholenden Arbeitsgängen intendierte.

Im Gegensatz zu Saties »Vexations«, die für verschiedene Interpretationen offen sind, scheint die Bedeutung des Orchesterstücks »Pacific 231« des französischen Komponisten Arthur Honegger (1892–1955) eindeutig zu sein. Honegger, dessen Sympathien für Verkehrsmittel wie Eisenbahn und Automobil bekannt sind, benannte sein Werk nach der damals schnellsten amerikanischen Lokomotive. In »Pacific 231« drückt er Dynamik, Geschwindigkeit und Kraft aus, also Eigenschaften, die auch die italienischen Futuristen faszinierten. Er verdeutlicht die Ge-

114. Die Oper »Maschinist Hopkins« von Max Brand, 1929. Bühnenbild für eine Prager Inszenierung

schwindigkeit bei einer anfahrenden Lokomotive, indem er den Rhythmus beschleunigt, das Tempo aber verlangsamt. Beim Eintritt der Coda, beim »Abbremsen«, beginnt dann der entgegengesetzte Prozeß. Dabei stellen die schnelle Bewegung des Zuges und die Verlangsamung der großen Linien keinen Gegensatz dar; denn dies entspricht dem Eindruck des Fahrgastes beim Blick aus dem Fenster.

In Kenntnis von Honeggers »Pacific 231« schrieb der russische Komponist Sergej Prokofjew (1891–1953) das Ballet »Le pas d'acier«, das mit »Zeitalter des Stahls«, aber ebenso mit »Stahltanz« übersetzt werden kann. Hier bemüht sich der Komponist, ein Thema aus dem Bereich der Industrie in tänzerische Bewegung und Musik umzusetzen, wobei er Hämmer verschiedener Größe verwendet und versucht, die Geräusche von Schwungrädern und Transmissionsriemen instrumentell darzustellen. Auch auf Prokofjew, der der modernen Technik aufgeschlossen gegenüberstand, übten die Futuristen einen starken Einfluß aus. Die Pariser Uraufführung des Stücks wurde zu einem Erfolg, obwohl manche kritische Stimmen die Verarbeitung von Themen der Industrie in der Kunst ablehnten.

Ähnlich populär wie Prokofjews »Le pas d'acier« wurde das von Bertolt Brecht verfaßte Stück »Der Flug der Lindberghs«, das mit der Musik von Paul Hindemith

115. Die Geräuschtöner »Intonarumori« und ihr Erfinder Luigi Russolo mit seinem Freund Ugo Piatti. Photographie, dreißiger Jahre

(1895–1963) und Kurt Weill (1900–1959) 1929 in Baden-Baden uraufgeführt wurde. Weill rief 1929 die Komponisten seiner Zeit dazu auf, rundfunkgerechte Kunstformen zu entwickeln, um dem neuen Massenmedium auch künstlerisch gerecht zu werden. Hier boten sich Lehrstücke und Schulopern an, die einen didaktischen Zweck erfüllen sollten. Einen solchen Zweck dachte Brecht auch diesem Musiklehrstück zu, in dem er eine Interpretation des Ozean-Flugs von Charles A. Lindbergh (1902–1974) aus dem Jahr 1927 als Leistung von moralischer Bedeutung für die gesamte Menschheit bieten wollte. Nach Meinungsverschiedenheiten zwischen Brecht und Hindemith kündigte der Komponist seine Zusammenarbeit mit dem Dichter auf und zog seinen Beitrag aus dem Lindbergh-Stück zurück.

Lindberghs Ozean-Flug regte andere, wie den Tschechen Bohuslav Martinů (1890–1959), der Arthur Honeggers Interesse an der Technik teilte, zu Kompositionen an. Martinů vollendete sein Symphonisches Scherzo »Thunderbolt P-47«, eine Auftragskomposition des National Symphony Orchestra in Washington, im September 1945 und widmete sie dem damals schnellsten amerikanischen Kampfflugzeug. Als Anhänger der tschechischen Exilregierung in London sah sich der Komponist, der in Paris lebte, der Verfolgung durch die Nationalsozialisten ausgesetzt und flüchtete 1941 nach New York. Sein Stück ist eine Hommage an die Streitkräfte der neuen Heimat. Die Musik, die am Beginn einen dramatischen, drohenden Charakter hat, wendet sich bald zum sieghaften, patriotischen.

Entsprachen die Werke der bisher genannten Komponisten im wesentlichen dem Geschmacksempfinden des zeitgenössischen Konzertpublikums, so propagierten der Futurist Luigi Russolo (1885–1947) sowie George Antheil (1900–1959) und Edgard Varèse (1885–1965) eine ausgesprochene »Geräuschmusik«. Die Futuristen entwickelten sich zu den engagiertesten Vertretern des »Bruitismus«, der Emanzipation des künstlich organisierten Geräusches in der Musik. Sie hielten es für wichtiger, die Geräusche von Straßenbahnen und Automobilen klanglich möglichst ideal zu kombinieren, als eine Beethoven-Symphonie zu hören. Bis 1916 schuf Russolo 21 »Intonarumori« – Instrumente mit brummenden, donnernden, pfeifenden oder schnarchenden Geräuschen –, die allerdings eher das Konzertpublikum provozierten, als daß sie klangästhetische Zukunftsperspektiven eröffneten. In den zwanziger Jahren entwickelte Russolo dann sein Geräuschharmonium, mit dem er sieben verschiedene Geräuschlagen auf allen Stufen des diatonischen und chromatischen Systems sowie den dazwischenliegenden Mikrointervallen wiedergeben konnte.

Als Verkörperung der »Maschinenmusik« der zwanziger Jahre schlechthin sah sich der in Paris lebende Amerikaner George Antheil, der von Technik fasziniert war und 1923 die »Airplane sonata«, 1923 bis 1926 das »Ballet mécanique« komponierte. Neben seiner kompositorischen Tätigkeit wirkte er als Erfinder und nahm ein Patent auf einen ferngesteuerten Torpedo. Wie die Arbeiten der Dadaisten, so riefen auch Antheils Werke Konzertskandale hervor. Die »Airplane sonata« hielt der Komponist für sein radikalstes und dissonantestes Stück; sein »Ballet mécanique«, als Begleitmusik zu dem gleichnamigen Film von Fernand Léger gedacht, erregte jedoch noch größeres Aufsehen. Antheil setzte hier ein elektrisch verstärktes Pianola, eine elektrische Klingel, Metallpropeller, Sirenen und sogar einen Revolver ein, was dem Ganzen den Charakter eines Happenings verlieh. Er wandte sich mit Entschiedenheit gegen die Ansicht von Musikkritikern, er habe in seiner Musik arbeitende Menschen in einer Fabrik darstellen wollen, und gab an, seinen Zeitgenossen sowohl die Schönheit als auch die Gefahr der mechanistischen Philosophie und Ästhetik zu verdeutlichen.

Gleich Antheil war Varèse ein Vertreter der musikalischen Avantgarde und naturwissenschaftlich-technisch interessiert. Er erforschte vor allem die Zusammenhänge zwischen Physik und Musik und forderte, wie die Futuristen, die Emanzipation des Geräusches. Hier sind insbesondere das 1923 entstandene »Hyperprism« für Bläser und Schlagzeug und das zwischen 1929 und 1931 komponierte »Ionisation« zu nennen. »Hyperprism« leitet seine Bezeichnung von den Brechungen des Klanges analog zu denen des Lichtes in einem Prisma her, und »Ionisation«

bezeichnet das Abspalten der Elektronen von den Atomen. In beiden Stücken werden zahlreiche exotische Schlaginstrumente verwendet und Geräusche, Tontrauben und Instrumentalglissandi erzeugt. Varèse und manche seiner Zeitgenossen forderten, in der Musik über den Gebrauch der bekannten Instrumente hinauszugehen. Dies konnte durch die Möglichkeiten der Elektrotechnik realisiert werden. Gleich zu Beginn des 20. Jahrhunderts wurde in den USA eine Orgelmaschine von 200 Tonnen Gewicht, das »Dynamophon«, gebaut, die den Umfang einer mittleren Maschinenfabrik hatte und bei der 12 Mehrfachstromerzeuger sinusförmige Spannungen lieferten. Die Verfügbarkeit von Musikmaschinen veranlaßte Konzertveranstalter dazu, bei Gagenstreitigkeiten mit dem Einsatz solcher Maschinen anstelle von Symphonieorchestern zu drohen. Von großer zeitgenössischer Bedeutung waren das Pianola und das »Welte-Mignon-Abspielgerät« für Tonrollen auf dem Klavier. Durch das Bespielen von Papierwalzen konnten Komponisten den Interpreten ausschalten und ihre Kompositionen exakt ihren Intentionen entsprechend dem Hörer vermitteln. 1904 gelang es der Firma M. Welte in Freiburg im Breisgau, das Klavierspiel eines Pianisten mit allen rhythmischen und dynamischen Nuancen auf eine Tonrolle aufzunehmen, die später von einem Abspielgerät, dem »Welte-Mignon-Vorsetzer«, wiedergegeben wurde. Neue Musikinstrumente entstanden auch durch die Kooperation zwischen physikalischen Laboratorien und Klavierbaufirmen. 1928 baute die Firma Bechstein in Berlin auf Anregung des Physikers Walther Nernst (1864–1941) den »Neo-Bechstein-Flügel«, bei dem Töne zeitlich gedehnt, crescendiert, gedämpft oder durch Filterkreise gefärbt werden konnten.

Bei den in den zwanziger Jahren gebauten elektrischen Musikinstrumenten handelte es sich in der Regel um Hochfrequenzgeneratoren, so bei dem »Ätherophon« des sowjetischen Physikers Leon Theremin. Hier erzeugten zwei Generatoren elektromagnetische Schwingungen mit der gleichen Frequenz. Während die Frequenz des einen Generators gleichblieb, veränderte Theremin die Frequenz des anderen durch Handbewegungen, wobei die Hand als schwingungsändernder Kondensator wirkte. Bei den durch das Ätherophon erzeugten Klängen handelte es sich allerdings um fast reine Sinusschwingungen, die kaum färbende Obertöne besaßen. In Deutschland gelang es dem Organisten Jörg Mager (1880–1939), mit seinem »Sphärophon« die Möglichkeiten von Theremins Gerät zu erweitern. Mager schaltete einen Drehkondensator mit angeschraubter Kurbel in einen der beiden Schwingkreise. Bei Betätigung der Kurbel veränderte sich die Kapazität des Kondensators und folglich die Tonhöhe. In Frankreich konstruierte der Musiklehrer, Pianist und Radiotelegraphist Maurice Martenot (1889–1980) 1928 die »Ondes Martenot«, die Martenotschen Wellen, bei denen wie bei Theremin und Mager Schwingkreise als Klangerzeuger eingesetzt wurden. Bekannte Komponisten, unter ihnen Edgard Varèse, Arthur Honegger und Olivier Messiaen (1908–1992), schrieben Stücke für diese Instrumente.

116. In einen Steinway-Flügel eingebautes Welte-Mignon-Abtastgerät. Photographie, 1956

Großes Aufsehen erregte das »Trautonium« des deutschen Musikwissenschaftlers und Elektroingenieurs Friedrich Trautwein (1888–1956). Zwar wurde auch dieses 1929 entwickelte Instrument vorrangig bei Symphoniekonzerten eingesetzt – Paul Hindemith und später sein Schüler Harald Genzmer schrieben Konzerte dafür –, doch bald nach der nationalsozialistischen Machtergreifung diente Trautwein sein Instrument der nationalsozialistischen Führung an, weil es hinsichtlich der akustischen Wirkungen bei Großveranstaltungen andere Klangkörper übertraf. Nach 1933 kam das Trautonium bei Massenveranstaltungen zum Einsatz, und im Berliner Grunewald wurde eine Anlage mit 600 Watt Verstärkerleistung installiert. Im Verlauf des Krieges mußte die Verwendung des Trautoniums allerdings wieder auf den Konzertsaal beschränkt werden, da aus Sicherheitsgründen keine Massenveranstaltungen unter nächtlichem Himmel stattfinden durften.

Nach dem Zweiten Weltkrieg wurden die Versuche mit elektrischen Musikinstrumenten fortgesetzt und allmählich elektronische Musikinstrumente eingeführt. Ab 1948 griff der Franzose Pierre Schaeffer (1910–1984) die Bemühungen, Geräusche in die Musik einzuführen, mit Hilfe elektroakustischer Tonbandmontagen wieder auf, mit denen er Geräusche von Straßenbahnen, Lokomotiven oder Automobilen aufnahm und verfremdete. Über diese »Musique concrète« gingen die Musiker im Kölner Rundfunkstudio für elektronische Musik hinaus. Ab 1951 komponierten sie selbst den Klang, der auf von Impulsgeneratoren erzeugten Stromstößen beruhte, und entwickelten ihn durch Filterung und Modulation weiter.

Walter Kaiser

Technisierung des Lebens seit 1945

Chancen und Risiken

Der Zweite Weltkrieg bedeutete in erster Linie eine politische Zäsur, die die Zeit nach 1945 auf Jahrzehnte hinaus prägen sollte. Bei der Gewinnung naturwissenschaftlicher und ingenieurwissenschaftlicher Kenntnisse, in der realisierten Technik und bei der Weiterentwicklung der industriellen Infrastruktur stieß der Zweite Weltkrieg ebenfalls Prozesse an, die bis heute wirksam sind. So erhielten die Technik der Nachrichtenübermittlung, der Datenverarbeitung und der Energiegewinnung wichtige Impulse in der Zeit zwischen 1935 und 1945. Rechner im heutigen Sinn entstanden erst in dieser Zeit. Mit der Kerntechnik zeichnete sich, wenngleich verdeckt durch die Entwicklung nuklearer Waffen, seit 1939 die Erschließung einer neuen Primärenergiequelle ab.

Über die lange fühlbare kriegsbedingte Ausrichtung der Technik hinaus ist die Zeit nach 1945 von regelrechten Entwicklungssprüngen im Niveau der meisten Bereiche der Technik gekennzeichnet. Dieses Phänomen, das offenbar aufs engste mit der Front der Technikentwicklung in der Nachkriegszeit verknüpft ist, wird in komprimierter Weise durch den Begriff »High Technology« beschrieben, wobei mehr noch die gängige Abkürzung »High-Tech« demonstriert, in welcher Weise die sprunghafte Entwicklung der Technik zur Chiffre der letzten Jahrzehnte geworden ist. Dabei ist diese hochentwickelte Technik nicht mehr nur im industriellen Bereich und in der Produktion wahrnehmbar oder in einzelnen technischen Spitzenleistungen, wie in Maschinen oder in Bauten. Die moderne Technik hat vielmehr den Alltag und das individuelle Leben tief durchdrungen.

Die Euphorie, die der Begriff »High-Tech« ausstrahlt, ist sicher ein Hinweis auf die mittlerweile vielfach zu beobachtende Haltung gegenüber dem technischen Fortschritt. Dadurch, daß zum Beispiel Audio- und Videogeräte, Personal Computer und Automobile Teil des alltäglichen Lebens geworden sind, ist die Faszination der Technik kein Staunen aus der Distanz mehr, sondern unmittelbare persönliche Erfahrung. Selbst bei ganz pragmatischer Betrachtungsweise ist es unabweisbar, daß die Technik in der beruflichen wie privaten Sphäre kaum noch wegzudenkende Erleichterungen gebracht hat.

Doch es gibt genauso die Distanz zu dieser Hochtechnik. Häufig kann man im Verhalten der Menschen sogar eine tiefe Furcht vor der Moderne erkennen. Dies hat damit zu tun, daß die Menschen mit dem Erwerb von Wissen und praktischen Fähigkeiten den Maschinen kaum noch zu folgen vermögen. Die sinnlich nicht mehr faßbaren Dimensionen der Technik sind eine andere Quelle der Angst, und zwar bei beiden Extremen: sowohl im Hinblick auf die Anlagen der Großtechnik als auch bei der nur noch schwer nachvollziehbaren Miniaturisierung und Leistungssteigerung in der Mikroelektronik.

Überhaupt wurden die Mikroelektronik und die in enger Wechselwirkung mit ihr wachsende Datentechnik zum Motor der Technikentwicklung nach 1945. Die ersten großen Anwendungsbereiche waren die Militärtechnik sowie Luft- und Raumfahrt. Mikroelektronik und Datentechnik schufen zudem neue Verfahren der Nachrichtenübermittlung für die öffentlichen Netze. Sie führten in der Unterhaltungselektronik zu einer breiten Verfügbarkeit von Hochtechnik, und sie bewirkten mit der fortschreitenden Automatisierung, auch abseits der Großserien, einen folgenschweren Wandel der Produktion. Sie strahlten über die elektronische Begleittechnik in die Entwicklung der modernen Verkehrssysteme aus. Selbst in die Medizin, und hier besonders in die Geräte der Diagnostik, begannen Elektronik und Rechner einzudringen. – Technik öffnete in der Nachkriegszeit für den einzelnen und für breite Schichten Grenzen. Weltweite und in »Echtzeit« ablaufende Kommunikation sowie weltweites individuelles Reisen sind Ergebnisse der immer besser verknüpften Netze der Nachrichtentechnik und des Verkehrs.

Globales Ausmaß haben jedoch auch die massiven Umweltprobleme angenommen. Die Energieversorgung führte zu schweren ökologischen Konflikten, von denen man im Hinblick auf die wachsende Erdbevölkerung und die Angleichung der Lebensbedingungen annehmen muß, daß sie sich weiter verschärfen werden. Der immer dichter werdende Verkehr, der ebenfalls noch zunehmen dürfte, droht an seinem eigenen Wachstum zu ersticken. Schließlich wird man mit den Versuchen, die Folgen der Technik für den Menschen abzuschätzen, bei Maschinen, bei ganzen technischen Systemen, besonders aber bei der Vielzahl der neu geschaffenen Substanzen und Materialien schwer Schritt halten können.

Zu hoffen ist, daß Technik über die unmittelbare Sicherung der Existenz und über die Erleichterung des Lebens hinaus auch die Grenzen des Wachstums als Aufgabe annimmt, und zwar ungeachtet der Frage, wo denn genau die durch die Ressourcen an Energie, an Rohstoffen und durch die Leistungsfähigkeit des Menschen gegebenen Schranken gesetzt sind. Schwierig wird es sein, dies mit dem immanenten Drang der Technik, die eigenen Grenzen hinauszuschieben, in Einklang zu bringen. Mehr noch: So lange Technik als ein durch Eigendynamik geprägter Prozeß, nicht jedoch als ein die Folgen bedenkendes technisches Handeln aufgefaßt wird, wird sie nicht leicht in ein harmonisches Verhältnis zu Mensch und Natur zu bringen sein.

Die Problematik der Kernenergie als neue Primärenergiequelle

Politische Randbedingungen

Der Zweite Weltkrieg brachte, ausgelöst durch das nationalsozialistische Deutschland, eine durch Technik und Wirtschaftsmacht unterstützte Barbarisierung und Massenvernichtung mit sich, die auf der Seite der Besiegten, aber auch auf der Seite der Sieger einen tiefen Einschnitt in der Geschichte dieser Staaten bedeuteten. Oberflächlich wurde jener Einschnitt durch die neue Frontenbildung des Ost-West-Gegensatzes bald verdeckt. Erst in den letzten Jahren lösten wirklich friedensvertragliche Regelungen die schweren politischen Hypotheken des Zweiten Weltkrieges ab. Wesentliche Faktoren für die unerwartete und dramatische Liberalisierung im Osten waren sicher Michail Gorbatschows Ideen von »Glasnost« und »Perestroika«. Aber ohne eine latent gewachsene Opposition gegen die in den achtziger Jahren zunehmenden Erstarrungserscheinungen wäre der Niedergang und Verfall der wirtschaftlichen, militärischen und politischen Bündnisstrukturen in der sozialistischen Staatengemeinschaft nicht in solch kurzer Zeit abgelaufen. Die sich fast überschlagenden Ereignisse haben aber, gesehen aus dem kurzen zeitlichen Abstand von heute, die weltpolitische Stabilität nur in einer Hinsicht verbessert, nämlich durch die Beendigung des Ost-West-Konflikts. Dort, wo der Druck des alten Bündnisses oder der Druck der herrschenden sozialistischen Parteien gewichen ist, haben sich überkommene ethnische Spannungen unerwartet gewalttätig entladen, etwa an den Rändern der verfallenden UdSSR oder auf dem Balkan.

Trotz oder gerade wegen des starren Gegenübers der politisch-militärischen Blöcke waren die fünf Jahrzehnte seit 1945 eine Zeit der enormen technisch-wirtschaftlichen Entwicklung. Einmal verschaffte die Spirale der konventionellen und nuklearen Aufrüstung auch im »Kalten Krieg« den militärisch-industriellen Komplexen auf beiden Seiten anhaltend hohe Bedeutung. Zum anderen, doch zum Teil verwoben mit der militärisch geprägten Technikentwicklung, konnte sich nach dem Stau des Zweiten Weltkrieges nun auch die zivile, konsumnahe Technik voll entfalten. Dies stieß eine wirtschaftliche Entwicklung an, die vor allem in der westlichen Welt, aber phasenverschoben und labil bleibend auch in der östlichen die Lebensbedingungen drastisch veränderte und – in einem mehr statistischen Sinn – den Lebensstandard breiter Schichten deutlich anhob.

Das Leben in der modernen, durch und durch technisch geprägten Welt ist nach wie vor von der Versorgung mit Nahrungsmitteln abhängig, wobei von den mechanisierten Anbau- und Erntemethoden, über die Verwendung von Pestiziden und

Herbiziden bis hin zur industriellen Herstellung von Lebensmitteln Technik eine dominierende Rolle spielt. Die Lebensbedingungen der Zeit nach 1945 sind zudem durch die medizinische Versorgung und durch die Netze der Kommunikation und des Verkehrs bestimmt. In einem ganz umfassenden Sinn Maßstab für den Stand der technischen Entwicklung und für den Lebensstandard einer Gesellschaft war bis in die frühen siebziger Jahre der Verbrauch von Energie.

Die Energieversorgung war aber schon seit Jahrhunderten ein Charakteristikum und ein Problem der Technikentwicklung. Sei es, daß die regionale und kostengünstige Versorgung mit Holz für die Zwecke des Hüttenwesens in Gefahr gewesen ist, was im 18. Jahrhundert den Anstoß zur Entwicklung der Verhüttung mit Steinkohlenkoks gegeben hat, sei es, daß sich Gas und Elektrizität am Ende des 19. Jahrhunderts einen harten Wettbewerb insbesondere in der Beleuchtungstechnik und beim Antrieb von Kraftmaschinen geliefert haben, sei es, daß seit 1910 und mehr noch seit der Mitte der zwanziger Jahre das Erdöl als Rohstoff für die Erzeugung von Kraftstoffen und als Basis für petrochemische Verfahren ein wirtschaftlicher und politischer Faktor ersten Ranges geworden ist. Ablesbar ist diese Bedeutung nicht zuletzt an den enormen Anstrengungen, die die deutsche chemische Industrie, getragen von der Autarkiepolitik des Nationalsozialismus und geleitet von den Prioritäten der Kriegswirtschaft im Zweiten Weltkrieg, unternommen hat, um Erdöl mit Hilfe der Kohlehydrierung durch synthetische Treibstoffe und Öle zu substituieren.

Seit der endgültigen Etablierung des überregionalen Großverbunds der Elektrizitätswirtschaft nach 1945 – mit der Verkopplung unterschiedlicher Primärenergiequellen und mit der Vernetzung räumlich und wirtschaftlich entfernter Versorgungsgebiete, mit der flächendeckenden Versorgung – wurde klar, wie Wirtschaft und Technik sowie der Einzelne in einer neuen und akuten Weise von Energieträgern und von der Energieversorgung abhängig geworden waren. Schon im Zweiten Weltkrieg und vollends unter dem Eindruck der massiven Zerstörungen der Infrastruktur bei Kriegsende hatte sich der unabwendbare Bedarf an Energie im modernen Industriestaat offenbart. Typische Phänomene der Zeit nach 1945 sind die gefürchteten Blackouts, das Zusammenbrechen des öffentlichen Lebens als Folge von Stromausfällen. Besonderes Aufsehen erregte der 25 Stunden andauernde, nahezu vollständige Ausfall der Stromversorgung 1977 in New York.

Kernphysik in Deutschland

Es ist kein Zufall, daß schon mit dem ersten und tastenden Einsetzen der physikalischen Forschung in der Atomphysik aufgrund von Strahlungserscheinungen auf die im Atom zu vermutenden Energien aufmerksam gemacht wurde. Die Idee einer

117. Wasserstoffbombenexplosion auf dem Eniwetok-Atoll im November 1952. Photographie aus 4.000 Meter Höhe und 80 Kilometer Entfernung

technisch-wirtschaftlichen Nutzung war aber noch lange Zeit völlig überdeckt von den inneren Problemen der Atomphysik. Lag doch erst nach 1932, also nach der Identifikation des Neutrons als Kernbaustein, ein physikalisch plausibles Modell des Atomkerns vor – und ein entscheidendes experimentelles Instrument. Diese Situation änderte sich drastisch, als Otto Hahn (1879–1968) und Fritz Straßmann (1902–1980) 1938 mit analytisch-chemischen Methoden in Berlin die Kernspaltung des Urans durch Neutronen entdeckten und Lise Meitner (1878–1968) und Otto R. Frisch (1904–1979) – bereits aus dem Exil – eine theoretisch-physikalische Erklärung der Spaltung in nahezu gleich große Folgekerne geben konnten. Vor allem publizierte Siegfried Flügge wenig später eine erste rechnerische Abschätzung der bei der Kernspaltung frei werdenden Energie. Die von ihm gebrauchten Bilder wiesen schon unmißverständlich auf das zivile wie militärische Potential dieser neuen Primärenergiequelle hin. In der fachwissenschaftlichen Veröffentlichung schilderte Flügge die bei der Spaltung von 1 Tonne Uran frei werdende Energie als ausreichend für das Betreiben der – auf der Basis von Braunkohle arbeitenden – Reichselektrizitätswerke in Mitteldeutschland über einen Zeitraum von 11 Jahren.

In der populären Fassung seiner Publikation der Energieabschätzung sprach er in einem eindringlichen Vergleich davon, daß die Spaltungsenergie den ganzen Wannsee bis in die Stratosphäre schleudern könnte.

Aber es bedurfte nicht solcher einzelnen und eindrucksvollen Publikationen, um die auf der Spaltung beruhende Kernphysik und Kerntechnik in Gang zu setzen. Denn die experimentelle wie theoretische Seite der Kernspaltung war in ganz kurzer Zeit Gemeingut der »Scientific community« der Physik in Europa und in den USA. In kurzer Folge wurde die Möglichkeit der Kettenreaktion erkannt, also einer lawinenartigen Vermehrung von Spaltungsneutronen. Klar war auch bald, daß die Möglichkeit solcher Kettenreaktionen im Uran von den durch Moderator-Substanzen abgebremsten, thermischen Neutronen abhängt und daß einmal ausgelöste Kettenreaktionen durch bestimmte Substanzen steuerbar sein müßten, durch Substanzen wie Bor und Cadmium, die in hohem Maße wiederum Neutronen absorbieren. Selbst die besonders in der Theorie vielfach noch parallel laufende Entwicklung der Kernforschung in Deutschland und in den angelsächsischen Ländern nach Kriegsausbruch zeigt in der Retrospektive die weitgehend gemeinsame wissenschaftliche Ausgangssituation. Trotz des Ehrgeizes der deutschen Physiker und trotz des frühen und mit der Einschaltung des einflußreichen Heereswaffenamts auch organisatorisch besonders günstigen Starts blieb das deutsche Uranprojekt aber immer mehr zurück.

Dies hat wohl zum geringsten Teil mit ethischen und politischen Hemmungen bei den deutschen Physikern zu tun, wie dies Werner Heisenberg (1901–1976) und Carl Friedrich von Weizsäcker nach Kriegsende suggeriert haben. Das Zurückbleiben ist viel eher mit der theoriefeindlichen NS-Wissenschaftspolitik und einer wissenschaftsorganisatorischen Verzettelung des Projekts und mit unüberbrückbaren persönlichen, politischen und fachlichen Differenzen der beteiligten Wissenschaftler zu erklären. Hier ging es beispielsweise um den Gegensatz zwischen dem als schlichten Parteigänger erscheinenden Kurt Diebner (1905–1964) und dem physikalisch herausragenden, politisch eher nationalen, konservativen Werner Heisenberg. Es ging um angreifbare Messungen des Wirkungsquerschnitts des denkbaren Moderators Kohlenstoff für schnelle Neutronen, um die gerechte Verteilung des kostbaren Schweren Wassers als Moderatorsubstanz unter den experimentellen Gruppen, um die Verteilung des Urans und um die geeignete Geometrie von Spaltstoff und Moderator in einem Kernreaktor.

Doch letztlich entscheidend war die aufgrund der Lage der Kriegswirtschaft getroffene Prioritätensetzung in der Militärtechnik. So, wie die Kerntechnik sich den Verantwortlichen, etwa Albert Speer (1905–1981), 1942 darstellte, fiel sie eindeutig durch das Raster einer Waffenentwicklung, die mit beschränktem Mitteleinsatz und in absehbarer Zeit zu realisierter Technik führen mußte. Mit Blick auf das Terrorregime der nationalsozialistischen Diktatur kann man hier nur von Glück reden; denn der Aufwand hätte nicht einmal unbedingt mit dem des amerikanischen Manhattan-Projekts vergleichbar sein müssen. Hätte man nämlich in Deutschland, nachdem die Anreicherung von Uran-235 als schwierig erkannt worden war, den favorisierten schwerwasser-moderierten Natururan-Reaktor gezielt zur Erbrütung des Spaltstoffs Plutonium entwickelt, hätten zumindest die Kosten für die parallele Herstellung des zweiten Spaltstoffes Uran-235 eingespart werden können. Ein Mindestmaß an koordinierter, großer Forschung und ein enges Zusammenwirken von Forschung und Industrie wären jedoch unabdingbar gewesen.

Das Manhattan-Projekt

Das Charakteristikum des Manhattan-Projekts, das zum Bau der amerikanischen Atombomben führte, war zweifellos der ungeheure Aufwand an Finanz- und Personalmitteln, mit dem eine als kriegsentscheidend erachtete Technik zur Anwendungsreife entwickelt wurde. Allein die verschiedenen verfahrenstechnischen Pfade der Isotopentrennung beim Uran – elektromagnetische Trennung, Gasdiffusionsverfahren, Thermodiffusion – und die Doppelstrategie der Erzeugung von Uran-235 und von Plutonium als Spaltstoffe demonstrieren den Aufwand. Doch die Umsetzung dieser Mittel erforderte zudem eine Organisation von Forschung und Entwicklung, in der Wissenschaft und Forschung, Staat und Militär in optimaler Weise zusammenwirkten, also eine Forschungsstruktur, die sich allenfalls im Deutschland des Ersten Weltkrieges bei der Umsetzung der Ammoniaksynthese nach Haber-Bosch und der Ostwaldschen Ammoniakverbrennung in den großtechnischen Maßstab abgezeichnet hatte. Hier hatten unter dem Druck der Seeblockade das Kriegsministerium des Reiches beziehungsweise die Kriegsrohstoffabteilung, die Kriegsgesellschaften und die Industrie wohl zum ersten Mal in einem militärisch bedeutsamen Großprojekt aufs engste und mit kompromißloser Konzentration auf ein Ziel zusammengearbeitet.

Trotzdem war es erst das Manhattan-Projekt, das sich im historischen Bewußtsein als das Paradigma, als das erfolgreiche Beispiel für Großforschung, für massive und erfolgreiche staatliche Förderung bei der Überführung von Grundlagenwissen in die militärtechnische Anwendung festgesetzt hat. Das damit verknüpfte, allzusehr vereinfachte Modell einer »Assembly line«, einer Montagestraße, für den fließenden und problemlosen Übergang von physikalischem Wissen in ein technisches Produkt, hat dann in mehrfacher Hinsicht in die Nachkriegszeit ausgestrahlt: einmal als anhaltend und bis 1960 gepflegtes Grundmuster der amerikanischen Forschungspolitik, zum anderen als Grundstruktur der zivilen amerikanischen Kerntechnik unmittelbar nach 1945.

Aber jene Ausstrahlung hatte nicht nur mit dem forschungspolitischen Paradigma

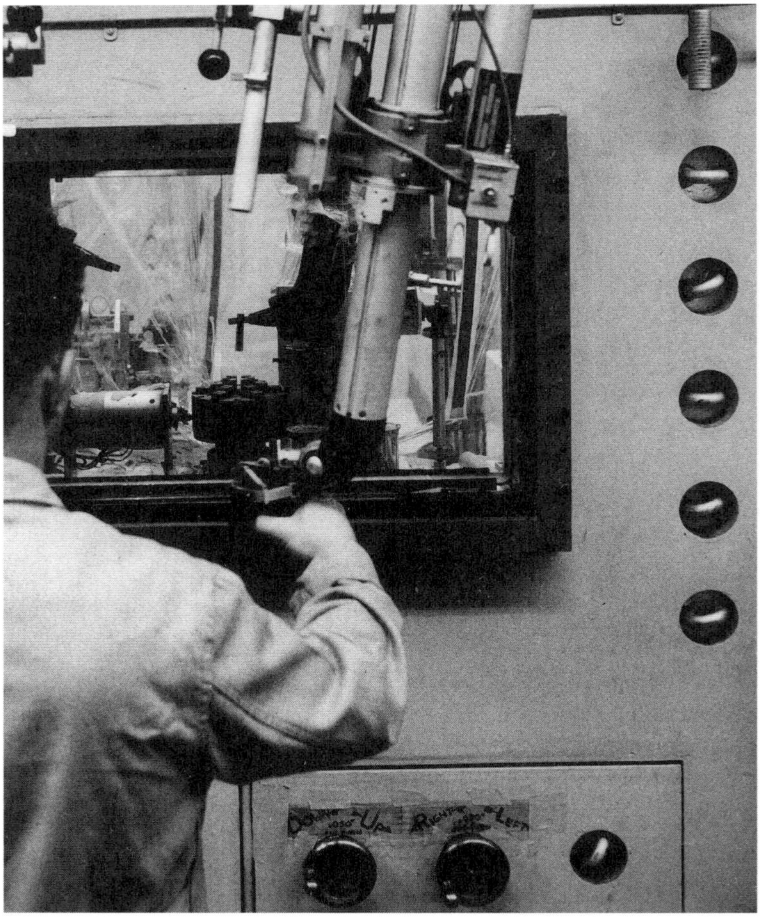

118. Fernbediente Drehmaschine im kerntechnischen Labor des General-Electric-Konzerns. Photographie, 1962

des Manhattan-Projekts zu tun, sondern mit dem ungeheuren politischen und wirtschaftlichen Gewicht, das die USA seit 1945 bekommen hatten. Nach dem Ende des Zweiten Weltkrieges präsentierten sich die Vereinigten Staaten als eine Weltmacht mit einer in die führende Position hineingewachsenen Wissenschaft, mit einer in vielen Bereichen auf höchste Leistung getrimmten Technik und mit einem organisatorisch-methodologisch mit größter Effizienz arbeitenden industriellen Management. Aus der Sicht der US-amerikanischen Außenpolitik, des damaligen Außenministers Hull (1871–1955), und unter dem Einfluß von Wirtschaftskreisen, die seiner Außenpolitik nahestanden, sollte aus dieser starken Position heraus ein neues liberales Weltwirtschaftssystem geschaffen werden – ein System, das gegen die in den Jahren nach der Weltwirtschaftskrise 1929/30 aufgetretenen Störungen der weltweiten Wirtschaftsbeziehungen immun sein sollte. Dabei gedachte die politisch mächtigste Siegermacht des Zweiten Weltkrieges auch die wirtschaftspolitische Führungsrolle in diesem Weltwirtschaftssystem zu übernehmen, und zwar nicht zuletzt im Nachkriegs-Deutschland.

Aufgrund der raschen Verschärfung des »Kalten Krieges«, wegen des schleppend verlaufenden europäischen Einigungsprozesses und als Folge der stetig wachsenden sicherheitspolitischen Bedeutung Deutschlands wurde das Abhängigkeitsverhältnis zwischen den USA und der Bundesrepublik jedoch zunehmend ausgewogener. Mehr noch: Die im Rahmen einer Sicherung der westeuropäischen politischen und wirtschaftlichen Interessen der USA ausgegebenen Mittel des European Recovery Program (ERP), die durch aktive Besatzungspolitik und Bündnispolitik der USA erzielte Angleichung an das liberale marktwirtschaftliche System und das trotz Kriegszerstörung und Teilung immer noch verfügbare technisch-industrielle Wissen in Deutschland verhalfen der Bundesrepublik zu einem enormen wirtschaftlichen Aufschwung. Unverkennbar ist dabei, wie vielfach unter verbesserten wirtschaftspolitischen Bedingungen direkt auf der Technik der Vorkriegszeit aufgebaut wurde, etwa im Automobilsektor. Hier konnte Daimler-Benz auf der Basis des Vorkriegsmodells 170V und unter Nutzung verdeckter Vorkehrungen für die Friedenszeit seine Fahrzeugproduktion wieder in Gang setzen. Aber das zweifellos herausragende Beispiel ist der Volkswagen. Während vor dem Krieg nur noch wenige zivile KdF-Wagen in die Hände von Parteigrößen gelangt waren und der VW in Gestalt des Kübelwagens eine makabre militärtechnische Wandlung erlebt hatte, wurde nun der wieder »Volkswagen« genannte Kleinwagen in kurzer Zeit zu einem binnen- und außenwirtschaftlichen Faktor ersten Ranges, gerade auch – und hier durchaus zu einem politisch heiklen Ungleichgewicht führend – als Exportschlager der deutschen Industrie in den USA.

Kerntechnik in der Bundesrepublik

Auf den ersten Blick betrachtet hat die deutsche Kernforschung, nachdem sie 1955 mit den Pariser Verträgen und dem Souverän-Werden der Bundesrepublik aus der Grauzone des alliierten Verbots angewandter Kernphysik herausgetreten war, fast nahtlos an die Kernforschung des Zweiten Weltkrieges angeschlossen. Mit dem unter den Umständen der letzten Kriegsmonate außerordentlich erfolgreichen Reaktorversuch in Haigerloch, mit seiner meßbaren – allerdings nur gleichbleibenden und nicht in einer Kettenreaktion lawinenartig anwachsenden – Neutronenvervielfachung schien der Weg der deutschen Kerntechnik in der Nachkriegszeit vorgezeichnet zu sein: einfaches Natururan mit dem geringen Gehalt von 0,7 Prozent spaltbarem Uran-235 als Kernbrennstoff, aber teures Schweres Wasser, bei dem die beiden Wasserstoffkerne des »leichten« Wassers zusätzlich noch jeweils ein Neutron besitzen, als optimaler Moderator.

In vorwiegend energieliefernden Reaktoren soll die Moderatorsubstanz durch elastische Stöße die Geschwindigkeit von Neutronen – herrührend aus kosmischer Strahlung oder aus vorangegangenen Kernspaltungen – so weit herabsetzen, daß der Einfang schneller Neutronen durch Uran-238, also eine Kernumwandlung, die zum Plutonium führt, unterdrückt wird. Umgekehrt sollen die nun in ausreichender Zahl zur Verfügung stehenden langsamen, thermischen Neutronen bevorzugt die hier gewünschte Kernreaktion, nämlich die energieliefernde Spaltung des Uran-235-Kerns, auslösen. Geeignete Moderatoren sind wegen des innerhalb weniger Stöße ablaufenden Impulsaustauschs mit den schnellen Neutronen die Kerne leichter Elemente. Außerdem müssen diese Kerne möglichst geringe Neigung haben, selbst Neutronen zu absorbieren. Angeordnet nach fallender Wirksamkeit als Moderatorsubstanz erfüllen diese Bedingungen, homogene Mischung von Natururan und Moderator vorausgesetzt: Schweres Wasser, Kohlenstoff – etwa im Graphit –, Beryllium und »leichtes Wasser«.

Das Eltviller Programm von 1957 – es sollten bis 1972 noch drei weitere Atomprogramme folgen – nennt unter den fünf Reaktorkonzepten, deren Entwicklung in der Bundesrepublik verfolgt werden sollte, den schwerwasser-moderierten Natururan-Reaktor, einen Reaktortyp, der insofern noch an Bedeutung gewann, als auch Kanada diesen Reaktortyp entwickelt hatte. Hinzu kamen Interessen der chemischen Industrie, vor allem bei der Hoechst AG und bei Linde, die auf die mögliche Produktion und Lieferung des Schweren Wassers gerichtet waren. Der erste in der Bundesrepublik selbst entwickelte Reaktor, der Karlsruher Forschungsreaktor FR2, war dann tatsächlich ein solcher schwerwasser-moderierter Natururan-Reaktor. Offensichtlich war aber, daß trotz eines gewissen Niveaus der deutschen Kernphysik im Zweiten Weltkrieg ein kräftiger Transfer von technischem Wissen aus den angelsächsischen Ländern erfolgen mußte. Das erhärtet nicht zuletzt das Eltviller Programm, das auch den graphit-moderierten, gasgekühlten Natururan-Reaktor vom Typ des ersten britischen Leistungsreaktors Calder Hall (ab 1956) aufführt.

Ein verbindendes Element von Schwerwasser-Reaktor und Gas-Graphit-Reaktor war der Kernbrennstoff. Sowohl das Konzept des schwerwasser-moderierten Reaktors als auch das des Gas-Graphit-Reaktors sahen als Kernbrennstoff nichtangereichertes, natürliches Uran vor. Dies kam dem – trotz denkbar enger politischer und militärischer Bindungen an die USA – bemerkenswert ausgeprägten Autarkiestreben in der frühen deutschen Atompolitik entgegen. Wünschenswert erschien eine gewisse Unabhängigkeit von der amerikanischen Bereitschaft zur Lieferung von

119. Experimentierhalle des ersten deutschen Forschungsreaktors »FR 2« in Karlsruhe. Photographie von Dieter Klar, 1977

angereichertem Uran. In Wirklichkeit wurde schon ab 1956, im Rahmen der »Atoms-for-Peace«-Kampagne, zumal nachdem Sättigungserscheinungen in der militärischen Kerntechnik eingetreten waren, angereichertes Material aus den USA überraschend großzügig geliefert. Erst später führte der Wiederaufarbeitungsstopp der Carter-Administration (1977) zu vorübergehenden Lieferunterbrechungen bei angereichertem Material. Das Uran für die von Siemens beherrschte deutsche Brennelementefertigung – bei der ehemaligen Reaktor-Brennelement Union (RBU) in Hanau – wird heute in der Regel durch die Betreiber der Kernkraftwerke bereitgestellt. Das Natururan stammt aus verschiedenen Ländern. Die Anreicherung erfolgt in den USA, der ehemaligen UdSSR, in England, Holland, Frankreich und seit August 1985 auch im deutschen Gronau.

Unabhängig von der Versorgung mit angereichertem Uran konnte man jedenfalls mit dem Kernbrennstoff Natururan eine eigene Entwicklung der im großtechni-

120. Atombombentest in der Wüste von Nevada. Photographie, 1955

schen Maßstab überaus aufwendigen und kostspieligen Anreicherungstechnik zunächst umgehen, und zwar mit den verschiedenen konkurrierenden Verfahren zur Trennung der Isotope Uran-235 und Uran-238: Gasdiffusionsverfahren oder Trenndüsenverfahren oder Ultrazentrifuge. Gegen eine Beteiligung an einer französischen Isotopentrennanlage sprachen die deutlich gegen die USA gerichteten militärischen und zivilen Autarkiebestrebungen Frankreichs und die vermutete einseitige Rolle der Bundesrepublik als Geldgeber. Zudem wirkte in der Frühphase der deutschen Kerntechnik die Verwendung von Natururan besonders attraktiv, weil sie auf ökonomische Weise die Erzeugung des ebenfalls spaltbaren Plutonium-239 gestattet, basierend auf dem bereits genannten Einfang von schnellen Neutronen durch Uran-238. Die Extraktion und Verarbeitung von Plutonium schien wiederum mit Blick auf die traditionelle Leistungsfähigkeit der deutschen Chemie verfahrenstechnisch durchaus beherrschbar zu sein.

Allerdings ist aus heutiger Sicht gerade die in das Gesamtsystem der Wiederaufbereitung gehörende Handhabung von Plutonium technisch besonders anspruchsvoll. Plutonium ist nicht nur hochgiftig, sondern auch stark radioaktiv. Gefürchtet ist die krebserregende Wirkung eingeatmeter Stäube. Vor allem hätte die offenkundige militärische Zielsetzung bei der Erzeugung von Plutonium in den kernwaffenbesitzenden Staaten von Anfang an, also schon in den fünfziger Jahren, auch in der Bundesrepublik zu denken geben müssen. Was jedoch historisch zu beobachten bleibt, ist eine etwas mehrdeutige Tabuisierung dieses politisch heiklen Themas. 1967, bei den heftigen Kontroversen im Vorfeld des Nichtverbreitungsvertrags von 1968, haben sogar einzelne konservative Politiker wie Konrad Adenauer (1876–1967) und Franz Josef Strauß (1915–1988) in erstaunlich polemischer Weise den USA das alleinige Verfügungsrecht in Sachen vollständiger Kerntechnik abgesprochen. Im politischen Detail war es in der Bundesrepublik zudem umstritten, die in Wien ansässige Internationale Atomenergiebehörde (International Atomic Energy Agency, IAEA) neben der Europäischen Atomgemeinschaft (EURATOM) als Kontrollinstanz für die Verwendung spaltbaren Materials zu akzeptieren. Dabei sah die kerntechnische Industrie bereits 1967 – und dies gilt bis heute –, daß es sehr wohl in ihrem eigenen Interesse ist, vor allem mit Blick auf die Versorgung mit angereichertem Kernbrennstoff, unter internationaler Kontrolle des Flusses von spaltbarem Material unangefochten zu arbeiten.

Trotz der prominenten Rolle, die der schwerwasser-moderierte Natururan-Reaktor im Eltviller Programm spielte, sollte er sich längerfristig als kerntechnische Sackgasse erweisen. Nach dem 1962 fertiggestellten Forschungsreaktor FR2 in Karlsruhe, der nicht Energielieferant, sondern im wesentlichen Neutronenquelle für die Kernforschung war, wurde dieses Konzept in der Bundesrepublik nur noch 1966 in dem von Siemens gebauten Mehrzweckforschungsreaktor (MZFR) in Karlsruhe realisiert. Im MZFR aber wurden bereits konstruktive Elemente eingesetzt, die wiederum deutlich den Transfer US-amerikanischer Technik demonstrieren, nämlich die Übertragung des von Westinghouse entwickelten Konzepts eines Druckwasser-Reaktors auf den Schwerwasser-Natururan-Reaktor. Schweres Wasser niedriger Temperatur fungiert hier einmal als Moderator. Davon getrennt dient erhitztes Schweres Wasser, das durch hohen Druck im Reaktorbehälter am Sieden gehindert wird, zur Übertragung der Wärmeenergie, das heißt zur Erzeugung von Dampf. Diese Trennung der Funktionen von Moderator und Kühlmittel verweist auf den relativ komplizierten Aufbau dieses Reaktortyps. Notwendig war eine diffizile Ineinanderschachtelung von Moderatortank, Kühlmittelkanälen und Brennelementen, wobei dann zusätzlich die Regelstäbe die ganze Anordnung diagonal durchdrangen.

Ein als Schwerwasser-Kraftwerk auf der Basis von Natururan konzipiertes Kernkraftwerk in Niederaichbach an der Isar wurde nach langer Bauzeit 1973 zwar fertiggestellt, kurz danach aber bereits stillgelegt. Das staatlich finanzierte und von

Siemens gebaute 100-MW(elektrisch)-Leistungs-Kraftwerk wich am Ende deutlich von der reinen Lehre eines Schwerwasser-Reaktors ab: Nur noch der Moderator war Schweres Wasser; als Kühlmittel diente unter hohem Druck stehendes Kohlendioxid (CO_2); wegen der starken Neutronenabsorption in den Kühlmitteldruckröhren mußte anstelle des Natururans leicht angereichertes Uran eingesetzt werden. Obwohl die finanziellen und technischen Querelen um Niederaichbach keine sonderlich gute Exportförderung darstellten, konnte Siemens, allerdings mit erheblichen staatlichen Bürgschaften, in Argentinien mit Atucha I und Atucha II ab 1968 zwei kommerzielle schwerwasser-moderierte Natururan-Reaktoren bauen. Erschwerend war hinzugekommen, daß die US-amerikanische Atomic Energy Commission zur Zeit des Atucha-I-Auftrags vorübergehend Lieferschwierigkeiten beim Schweren Wasser vorgab, vermutlich um den gegen amerikanische Wettbewerber erzielten deutschen Exporterfolg in Südamerika zu torpedieren. – Kompliziertere Technik, Planungsfehler beim Bau von Niederaichbach, geringe Gewichtung des Preisvorteils von Natururan gegenüber angereichertem Material haben bewirkt, daß die Möglichkeiten dieser Schwerwasser-Reaktor-Linie sich nie richtig entfalten konnten. Aber auch die Gas-Graphit-Linie des zunächst technisch fortgeschrittenen britischen Reaktorbaus konnte sich nicht durchsetzen, ebensowenig wie die französischen Gas-Graphit-Reaktoren, zumal bei den beiden letzteren die militärische Verwendung allzu beherrschend gewesen war.

Der Leichtwasser-Reaktor in den USA

Der eigentliche Gewinner der Konkurrenz der Reaktorlinien war der Leichtwasser-Reaktor. Wenngleich nicht im Zentrum der auf Autarkie ausgerichteten bundesdeutschen Atompolitik stehend, ist auch er bereits im Eltviller Programm genannt worden. Die Dominanz des Leichtwasser-Reaktors wird heute oft als reines Politikum geschildert. Dabei sind die innertechnischen Argumente keinesfalls zu vernachlässigen. Gewinner war der Leichtwasser-Reaktor einmal deshalb, weil er kerntechnisch günstige Eigenschaften hat. Bei fortgeschrittenen Schwerwasser-Natururan-Reaktoren wurde mit einem vergleichsweise aufwendigen System von Kühlkanälen oder von geschlossenen Druckröhren bei jedem Brennelement für eine Trennung der Temperaturen von Kühlmittel und Moderator gesorgt. Um die bei unangereichertem Kernbrennstoff notwendige effektive Verwertung von Neutronen zu sichern, mußte außerdem dem fortschreitenden Abbrand durch zeitlich und räumlich kontinuierlichen Austausch von Brennelementen entgegengewirkt werden. Graphit-moderierte gasgekühlte Reaktoren haben den Nachteil, daß sie wegen der mäßigen Moderatoreigenschaften des Kohlenstoffs vergleichsweise große Mengen an spaltbarem Material benötigen.

121. Das britische Atomkraftwerk Chapelcross in Schottland. Photographie, 1959

Bei der Verwendung von gewöhnlichem, »leichtem« Wasser als Moderator und Kühlmittel konnten Kernreaktoren grundsätzlich einfacher und kompakter gestaltet werden. Besonders übersichtlich wirkt eine der beiden Varianten des Leichtwasser-Reaktors, nämlich der heute problematische, doch zunächst durchaus konkurrenzfähige Siedewasser-Reaktor. Der Druck im Reaktorgefäß wird hier so gering gehalten (um 70 bar), daß das Wasser zum Sieden kommt. Der im Reaktorkern erzeugte Sattdampf kann dann im einfachsten Fall direkt den Turbinen zugeführt werden, wobei dieses Einkreisverfahren allerdings einen Einschluß des schwach radioaktiven Dampfes sicherstellen muß. Beim Druckwasser-Reaktor wurde durch deutlich erhöhten Druck (120 bis 160 bar) das Sieden des Kühlmittels verhindert. Aus einem geschlossenen Primärkreislauf wird im Dampferzeuger die Wärmeenergie auf einen sekundären Speisewasser-Dampfkreislauf übertragen. Erst dann wird der im Sekun-

122. Begrüßung des amerikanischen Atom-U-Bootes »Nautilus« bei seiner Ankunft im Hafen von New York. Photographie, 25. August 1958

därkreislauf erzeugte Dampf den Turbinen beziehungsweise den Turbogeneratoren zugeführt. Dem generellen Nachteil des Leichtwasser-Reaktors, daß er auf angereichertes Uran angewiesen ist, steht der Vorteil einer dadurch möglichen kompakteren Bauweise gegenüber.

Gewinner war der Leichtwasser-Reaktor aber nicht nur aus Gründen der Reaktortechnik, sondern auch wegen der Ausstrahlung der forschungspolitisch, militärtechnisch und außenpolitisch einflußreichen amerikanischen Kernenergiepolitik. Maßstab für die in der Kerntechnik unerläßliche Großforschung war nach wie vor das Manhattan-Projekt. Doch durch die Ausdehnung der Kernforschung auf die zivile Anwendung im Rahmen der Atomic Energy Commission (AEC) ergab sich selbst in den USA zunächst ein Nebeneinander vieler konkurrierender experimenteller Reaktoren. Ein Grund für die anfänglich geringe Zielstrebigkeit der amerikanischen Kerntechnik mag die weiterhin führende Rolle der Physiker gewesen sein. Mitte der fünfziger Jahre führte dann die stärker von Ingenieuren bestimmte Entwicklung kompakter nuklearer Schiffsantriebe, insbesondere für die Atom-U-Boote der USA, zu einer raschen Konzentration der amerikanischen Kerntechnik auf den Leichtwasser-Reaktor. Signalwirkung hatte hier 1955 die Indienststellung des Atom-U-Bootes Nautilus, das am 21. Januar 1954 vom Stapel gelaufen war, und vor allem dessen aufsehenerregende Tauchfahrt unter der Eisdecke des Nordpols im Juli 1958. Der Erbauer der Nautilus, Admiral Hyman G. Rickover (1900–1986), leitete 1953 bis 1957 auch den Bau des ersten amerikanischen Kernkraftwerkes Shippingport in Pennsylvania. Shippingport war zwar trotz bescheidener 90 MW (elektrisch) als Leistungskraftwerk konzipiert, doch in den Augen Rickovers war es eher noch der Prototyp für einen nuklearen Flugzeugträger-Antrieb.

Mittlerweile hatte sich die außenpolitische Einbettung der US-Atompolitik drastisch geändert. Nach jahrelanger Geheimhaltung kam es zu deren fast abrupten Ausgreifen im Rahmen der Kampagne »Atoms-for-Peace«. Im November 1953 drückte Präsident Eisenhower (1890–1969) in einer berühmt gewordenen Rede vor der UNO die Hoffnung aus, daß das starre militärische Gegenüber der beiden Atommächte USA und UdSSR von einer Phase friedlicher Nutzung der Kernenergie abgelöst werde. Neben einer massiven publizistischen Werbung für die zivile Nutzung der Kernenergie wurden ab 1954 konkrete Schritte eingeleitet, so der Transfer von kerntechnischem Wissen durch die Ausbildung ausländischer Wissenschaftler und die Bereitstellung abgegrenzter Mengen – zunächst 6 Kilogramm – von angereichertem, aber nicht waffenfähigem Uran-235 zur Ausstattung von Forschungsreaktoren. Nach Ausschöpfung dieser Menge wurde Material für Leistungsreaktoren zugesagt. Diese Großzügigkeit muß allerdings vor dem Hintergrund der – trotz »Atoms-for-Peace« – weiter getesteten Wasserstoffbomben gesehen werden. Spaltbares Material hatte damit insofern an Bedeutung eingebüßt, als es in thermonuklearen Sprengkörpern nur noch als Zünder eingesetzt wurde.

In Wirklichkeit war die Zielrichtung der Kampagne »Atoms-for-Peace« nicht in erster Linie die selbstlose Förderung einer weltweit sich entwickelnden Kerntechnik. Sie war eher eine Folge – samt der späteren politischen »Rückrufaktionen« in Form der internationalen Atomenergiebehörde und des Nichtverbreitungsvertrags. Wie man aus den heute publizierten Regierungsakten weiß, war die Bewegung »Atoms-for-Peace« ein gegen die Sowjetunion gerichteter außenpolitischer Schachzug im Kontext des »Kalten Krieges«. Mit »Atoms-for-Peace« wollten die USA zur Beendigung der nuklearen Aufrüstung die politisch-atmosphärisch wichtige Führung in der friedlichen Nutzung der Atomenergie an sich ziehen und in einem so verbesserten außenpolitischen Klima nicht zuletzt auch eigene wirtschaftliche Interessen durchsetzen. Mit der Vergabe von angereichertem, spaltbarem Material, dessen Technologie die USA durch Bombenbau und atomgetriebene Unterseeboote beherrschten, wurde im Grunde der Weg für die Durchsetzung des Leichtwasser-Reaktors gebahnt. Bei den seit 1957 in Betrieb genommenen deutschen Forschungsreaktoren dominierten von Anfang an Leichtwasser-Reaktoren amerikanischer Konstruktion. Außerdem besaßen die USA, solange sie ein Monopol der Anreicherung von Kernbrennstoffen behielten, eine Möglichkeit, die kerntechnische Entwicklung der Empfängerländer zu kontrollieren – ein Motiv, das im Vorschlag einer internationalen Atomenergiebehörde und im späteren Atomwaffensperrvertrag in abgewandelter Form wiederkehrte.

Trotz der sich hier abzeichnenden Konzentration der amerikanischen Kerntechnik auf die Entwicklung des Leichtwasser-Reaktors folgte gerade in den USA eine ausgeprägte Phase der Stagnation in der Entwicklung der kommerziellen Kerntechnik. Das mit einem Siedewasser-Reaktor ausgerüstete 200-MW (elektrisch)-Kernkraftwerk Dresden-1 bei Chicago (1959) war noch ein reines Demonstrationskraftwerk. Der offenbar durch die Kennedy-Administration politisch geförderte Durchbruch der amerikanischen kommerziellen Kerntechnik begann im Mai 1963 mit dem von der Jersey Central Power & Light Co. bei General Electric bestellten, auf einem Siedewasser-Reaktor aufbauenden 640-MW (e)-Kernkraftwerk Oyster Creek. Hinzu kam das etwa gleichzeitig von Westinghouse erbaute, mit einem Druckwasser-Reaktor ausgerüstete 575-MW (e)-Kernkraftwerk Connecticut Yankee. Seit 1966/67 folgte in den USA geradezu eine Welle von Bestellungen. In den Jahren

123. Eröffnung der Konferenz über die Einstellung der Kernwaffenversuche unter Beteiligung der USA, der UdSSR und Großbritanniens in Genf. Photographie, 31. Oktober 1958

124. Kernkraftwerk auf der Basis eines Siedewasser-Reaktors in Würgassen an der Weser. Photographie, 1983

1973 und 1974 wurden jeweils mehr als 10 Kernkraftwerke in Betrieb genommen. Zeitlich etwas verschoben griff die Welle von kommerziellen Kernkraftwerksbauten auf der Basis von Leichtwasser-Reaktoren auf Europa, insbesondere auf die Bundesrepublik, über. Wege des Transfers der amerikanischen Kerntechnik waren die Verbindung von AEG und General Electric einerseits, von Siemens und Westinghouse andererseits.

Die Probleme der deutschen Siedewasser-Reaktoren

Besonders geradlinig war dieser Transferweg bei der AEG. Anders als Siemens vermied die AEG risikoreiche Eigenentwicklungen und übernahm kerntechnisches Wissen und Lizenzen von der General Electric. Der erste bundesdeutsche Siedewasser-Leistungsreaktor in dem am 17. Juni 1961 in Betrieb genommenen 16-MW(e)-Versuchsatomkraftwerk Kahl am Main stützte sich auf die Erfahrung der General Electric. Das nukleare Dampferzeugungssystem war eine Zulieferung des amerikanischen Partners. Das erste kommerzielle deutsche 252-MW(e)-Kernkraftwerk Gundremmingen wurde ebenfalls mit einem Siedewasser-Reaktor von General Electric ausgestattet und zum Teil mit amerikanischen Krediten und mit ERP-Mitteln finanziert. Vorbild war das 1959 gebaute 200-MW(e)-Demonstrationskraftwerk Dresden-1 bei Chicago. Sowohl in Kahl als auch in Gundremmingen wurde der Dampf nicht auf die einfachste Weise der Turbine zugeführt. In Kahl übertrug man die Wärmeenergie aus dem radioaktiven Primärkreislauf durch einen Dampfumformer auf einen nichtaktiven Sekundärkreis. In Gundremmingen wurde der primäre Dampf direkt der Turbine zugeführt, zusätzlich erzeugte man Dampf mit geringerem Druck durch Heißwasser, das aus dem Reaktor ausgekoppelt wurde.

Obwohl zwischen AEG und General Electric 1964 ein förmlicher Lizenzvertrag abgeschlossen worden war, gab es Probleme unter den Partnern. So war das 1968 in Auftrag gegebene Kernkraftwerk Würgassen mit seinem 670-MW-Siedewasser-Reaktor bereits nicht mehr bloß einfacher Nachbau, sondern vielfach ein Ergebnis eigener kerntechnischer Forschungs- und Entwicklungsarbeiten bei der AEG. Die Umsetzung in die Praxis war jedoch sehr schwierig, so daß man bei der AEG hohes Lehrgeld zahlen mußte. Die ersten deutschen Siedewasser-Reaktoren brachten enorme technische Probleme. In Würgassen waren die mit Wasser gefüllten großen Kondensationskammern bei anhaltend und in großen Mengen einströmendem und kondensierendem Dampf den pulsierenden Belastungen nicht gewachsen. Dieses Kondensationsverfahren ist aber entscheidend, um aus einem Leck im Reaktordruckgefäß – Auslegungsdruck fast 90 bar – den in das Containment – Auslegungsdruck einige bar – ausströmenden Dampf rasch zu kondensieren und somit den Aufbau eines hohen Dampfdrucks im Containment mit seinem begrenzten Volumen zu »unterdrücken«. Eine Nachrüstung war also nicht zu umgehen. Die damit verbundene eigene Forschung festigte allerdings zugleich die Position der AEG gegenüber dem amerikanischen Lizenzgeber. Die Verstärkung der Kondensationskammerböden und die Nachbesserung anderer Komponenten verzögerte den Bau von Würgassen um drei Jahre. Dieselben Probleme stellten sich beim Bau der Kernkraftwerke Isar 1, Philippsburg 1, Brunsbüttel und Krümmel, was dort ebenfalls zu Verzögerungen zwischen einem halben Jahr und drei Jahren führte.

Eine weitere Nachbesserungswelle im Bereich der deutschen Siedewasser-Reaktoren ging vom ersten kommerziellen Kernkraftwerk in Gundremmingen aus. Bei der Untersuchung eines Störfalles 1977 wurden durch Korrosion hervorgerufene Risse in Rohrleitungen im nuklearen Bereich festgestellt. Für Gundremmingen A bedeutete dies den Anfang vom Ende. Mittlerweile hatte auch die Stimmung umgeschlagen. Die in allen gesellschaftlichen und politischen Gruppen zu beobachtende Atom-Euphorie in den fünfziger Jahren war längst verflogen und hatte einer kritischen bis ablehnenden Haltung zur Kernenergie Platz gemacht, vor allem einem ausgeprägten Sicherheitsdenken. Obwohl die ursprünglichen Konzepte ein Beherrschen der in Gundremmingen aufgetretenen Probleme vorsahen, mußten bei den

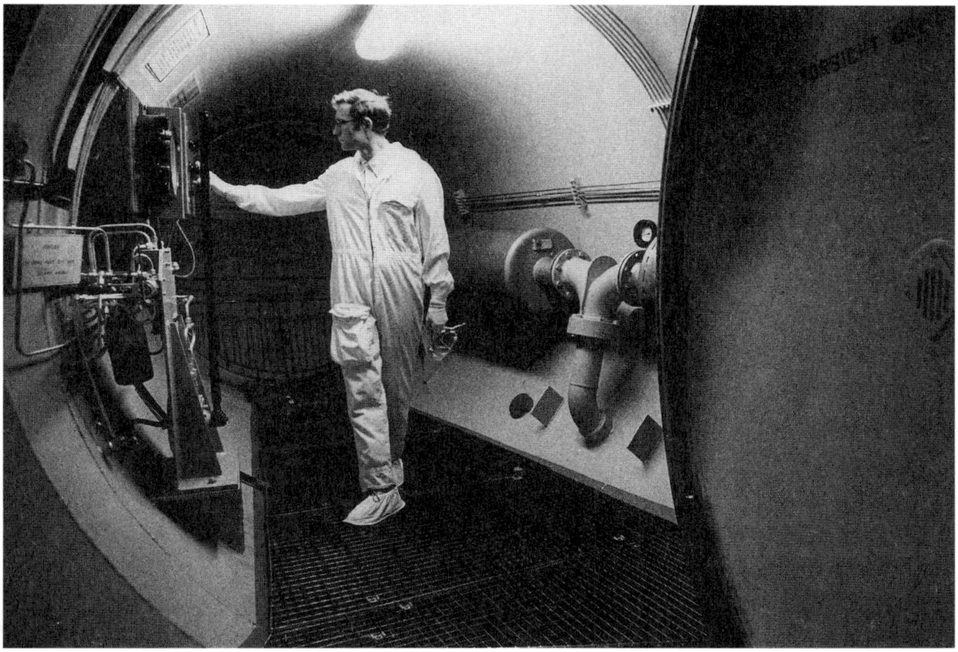

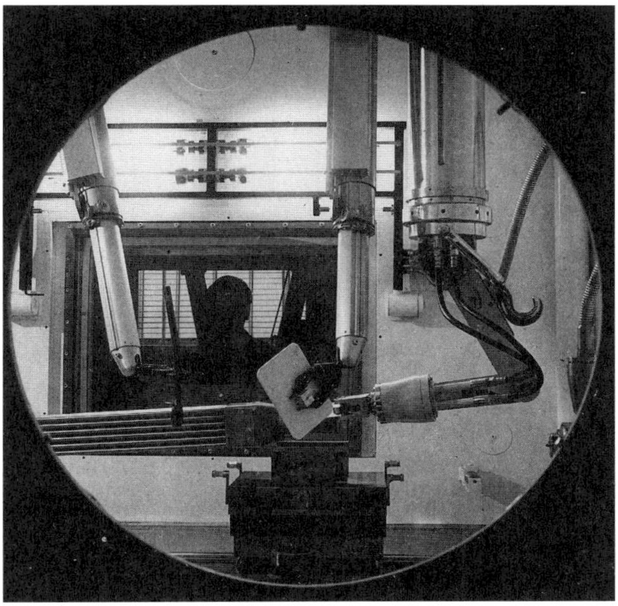

125. Schleuse zum Reaktor im Kernkraftwerk Gundremmingen an der Donau. Photographie von André Gelpke, 1978. – 126. Vorbereitungsarbeiten zur Zerlegung eines Siedewasser-Reaktor-Brennelements in der AEG-Kernenergie-Versuchsanlage Großwelzheim. Photographie der AEG, sechziger Jahre

Siedewasser-Reaktoren der sogenannten Baulinie ’69 neue Rohrleitungen aus zäherem, weniger hartem, zwangsläufig aber dickerem Stahl eingebaut werden. Nicht von Kritikern der Kernenergieverwendung, sondern aus der kerntechnischen Industrie stammt die bildhafte Beschreibung, ihr Siedewasser-Reaktor hätte während einer Zeit kontinuierlichen Ausreifens des Druckwasser-Reaktors nach anfänglichen Höhenflügen ein Fegefeuer schmerzlicher Probleme durchzustehen gehabt. Erst um 1983 konnten diese Siedewasser-Reaktoren die erwünschte hohe Verfügbarkeit erreichen. Da die Kernkraftwerke wegen vergleichsweise niedrigen Brennstoffkosten ihre Stärke eindeutig im Grundlastbetrieb, also nicht bei der Abdeckung von Spitzenbedarf, haben, war diese Verfügbarkeit die technisch-wirtschaftlich kritische Größe.

Die Durchsetzung des Druckwasser-Reaktors

Das zitierte »kontinuierliche Ausreifen« des Druckwasser-Reaktors, des Gewinners wiederum unter den Leichtwasser-Reaktoren, ist ein Bild, das mehr in statistischer Hinsicht Gültigkeit hat. Der Bau von Siedewasser-Reaktor-Leistungskraftwerken hatte an sich in den USA etwas früher eingesetzt. Außerdem traf 1979 das schwere Unglück des Reaktors »Three Mile Island« bei Harrisburg einen Druckwasser-Reaktor, und hier gerade die eigentliche Technik des Druckwasser-Reaktors. Der Unfall mit seiner partiellen Kernschmelze löste vor der Katastrophe von Tschernobyl 1986 die schwerste Erschütterung in der kerntechnischen Landschaft aus.

Seit seiner Erprobung in amerikanischen Atom-U-Booten hatte der Druckwasser-Reaktor einen stetigen Aufstieg erlebt – und mit ihm der Elektrokonzern Westinghouse Electric Corporation als Träger der industriellen Entwicklung. Mit Westinghouse eng verbunden war Siemens, womit der zweite Transferweg in die Bundesrepublik in den Blick rückt. Der von Siemens mit seiner Eigenentwicklung zunächst klar favorisierte Schwerwasser-Reaktor und der Druckwasser-Reaktor lassen sich trotz unterschiedlicher Moderatoren und Kernbrennstoffe vergleichsweise gut einander anpassen und in einem übergreifenden Reaktorbauprogramm integrieren. Obwohl man aus heutiger Sicht mit dem Schwerwasser-Reaktor bei Siemens auf das falsche Pferd gesetzt hatte, konnte sich der Konzern wegen dieser früh begonnenen Eigenentwicklung mit geringem Aufwand an Lizenzen – verglichen etwa mit der AEG – seit 1962 den technischen Vorsprung des Druckwasser-Reaktors zunutze machen.

Dies war zudem ein Politikum. Mit der Konzentration auf das am Markt verfügbare Konzept des Druckwasser-Reaktors unterlief man nämlich die auf Diversifizierung ausgerichteten bundesdeutschen Atomprogramme. Die von den ursprünglichen Autarkiebestrebungen geprägten, mehr eigenständigen Projekte, nämlich der

127. Kernkraftwerk auf der Basis eines Druckwasser-Reaktors in Stade an der Elbe. Photographie, 1975

Schwerwasser-Reaktor und insbesondere der gasgekühlte Thoriumhochtemperatur-Reaktor – KFA Jülich und Hamm-Uentrop – sowie der Schnelle natriumgekühlte Brüter – KFK Karlsruhe und Kalkar –, wurden in eine zunehmend forschungsorientierte Randzone abgedrängt, und zwar gerade bei der den Forschungsreaktoren in Karlsruhe und Jülich folgenden Generation. Wegen der vielleicht allzu forschen Dimensionierung dieser zweiten Generation als Leistungskraftwerke, wegen zunehmender sicherheitstechnischer Auflagen und der – zumindest beim Hochtemperatur-Reaktor etwas unerwarteten – inhärenten technischen Probleme sollten

128. Dampferzeuger für das Kernkraftwerk Grafenrheinfeld bei Schweinfurt. Photographie der Kraftwerk Union, 1978

diese Projekte bis zu ihrer Einstellung in den vergangenen Jahren Förderungsmittel in Milliardenhöhe verschlingen.

Jedenfalls wurde 1964 mit der Vergabe des Bauauftrags für das noch staatlich finanzierte 300-MW-Kernkraftwerk Obrigheim und 1967 mit dem Auftrag des rein kommerziellen 662-MW-Kernkraftwerks Stade der Aufstieg der Druckwasser-Reaktoren in der Bundesrepublik eingeleitet – und zugleich der Einstieg von Siemens in die kommerzielle Kerntechnik. Ebenfalls 1967 hatte die AEG den Auftrag für das zweite kommerzielle 670-MW-Kernkraftwerk Würgassen bekommen. Da Würgassen entsprechend der Reaktortechnik von AEG mit einem Siedewasser-Reaktor ausgerüstet werden sollte, war technologisch und industriell eine Pattsituation zwischen den beiden wichtigsten, in harter Konkurrenz befindlichen Wettbewerbern der bundesdeutschen Kerntechnik entstanden. Die als Auftraggeber handelnden Energieversorgungsunternehmen hatten offenbar die beiden an sich schon knapp kalkulierenden Herstellerfirmen in solchem Maße gegeneinander ausgespielt, daß selbst im Forschungsministerium der Eindruck einer Erpressung entstand. Jedenfalls schwand bei der Industrie die Freude an der Konkurrenz in der Kerntechnik. Hinzu kam, daß trotz des Gesetzes gegen Wettbewerbsbeschränkungen von 1957 faktisch in den fünfziger und sechziger Jahren die deutsche Industrie generell von starken Konzentrationsbestrebungen geprägt war, zumal die Elektroindustrie. Dies mag bestehende Neigungen zur Zusammenarbeit so weit gefördert haben, daß die kerntechnischen Abteilungen der Firmen AEG und Siemens 1973 in der gemeinsamen Tochter Kraftwerk Union (KWU) zusammengeführt wurden – ein Vorgehen, das im übrigen in der Konkurrenz beider Konzerne eine alte Tradition hat: Telefunken (1903), mit Blick auf den schwierigen Markt der neuen Funktechnik, und Osram (1919) als Reaktion auf eine unübersichtliche patentrechtliche Situation in der Beleuchtungstechnik waren ebenfalls als gemeinschaftliche Tochterfirmen von AEG und Siemens gegründet worden.

Abgesehen von den allgemeinen industriellen Konzentrationserscheinungen und unabhängig von der konkreten Antwort der kerntechnischen Industrie auf den Druck der Energieversorgungsunternehmen auf die Preise gab es zweifellos auch innertechnische Gründe für eine Kooperation. Der sprunghafte Anstieg in der Leistung der bundesdeutschen Kernkraftwerke von 300 MW über 600 MW zu Kraftwerksblöcken von mehr als 1.200 bis 1.300 MW – eine Verdoppelung der Leistung von Generation zu Generation – stellte hohe Anforderungen an den Anlagenbau, auch im konventionellen Teil der Kraftwerke. Anspruchsvoll war hier insbesondere der Bau der Turbogeneratoren.

Insofern ist es ein besonders wichtiger Aspekt des von der KWU gebauten Kernkraftwerks Biblis mit den 1974 und 1976 fertiggestellten Blöcken A und B, daß hier zum ersten Mal mit einem einwelligen Turbogenerator die thermische Leistung der Druckwasser-Reaktoren in elektrische Leistung umgewandelt wurde, wobei der Turbosatz eine Länge von 65 Metern besitzt. Dabei war auch beim Generator Größe kein Selbstzweck. Mit wachsender Baugröße und mit entsprechend wachsender Leistung steigt nämlich aus physikalischen Gründen der Wirkungsgrad elektrischer Maschinen. Umgekehrt wird dadurch die Kühlung der Maschinen immer schwieriger. Deshalb war der Generatorläufer, erstmalig für einen Läufer dieser Größenordnung, mit einer Wasserkühlung ausgerüstet worden.

Die riesigen Turbosätze waren also Anreiz und ernste technische Herausforderung zugleich. Von den bei größerer Leistung relativ günstigen Anlagenkosten, von der sogenannten Kostendegression, ging ebenfalls ein beachtlicher Druck aus, 1.300-MW-Kraftwerksblöcke als Standard-Kernkraftwerksblöcke zu bauen. Hinzu kam aus der Sicht der Industrie der Zwang, in einer Umgebung zunehmender Einwände gegen die Kerntechnik und immer komplizierter werdender Begutachtungs- und Genehmigungsverfahren der einzelnen Bundesländer, an einem »geeigneten« Standort eine möglichst große Leistung zu installieren. Ursprünglich mit der Kernenergienutzung verbundene Ideen einer mehr dezentralen Versorgung durch kleinere Kraftwerke waren damit hinfällig geworden. Mehr noch: Aus der Sicht des voll entwickelten europäischen Großverbunds waren und sind offenbar gerade Kraftwerksblöcke in der Größenordnung von 1.300 MW Leistung besonders gut zu integrieren.

Bereits der Bau der derzeit weltweit größten 1.200-MW- und 1.300-MW-Kraftwerksblöcke Biblis A und Biblis B sollte nach den Wünschen der Herstellerfirma Ausgangspunkt einer – zunächst rein technologisch ausgerichteten – Kernkraftwerk-Standardisierung werden. In Wirklichkeit setzte sich eine Standardisierung erst ab 1979 durch, und zwar dann, als es im Zusammenwirken von Vertretern der Energieversorgungsunternehmen und der KWU gelang, nicht nur die eigentliche nukleare Technik und den gesamten Kraftwerksbau, sondern auch die Begutachtung und das Genehmigungsverfahren zu vereinheitlichen. Praktische Folge im Kernkraftwerksbau war das zeitsparende und kostensenkende »Konvoi-Verfahren«. Dabei wurden standardisierte Kernkraftwerke auf der Basis von 1.300-MW-Druckwasser-Reaktoren, etwa Isar 2, Emsland und Neckarwestheim 2, zeitlich leicht gestaffelt, aber sonst weitgehend parallel gebaut. An die Stelle von etwa zehn Teilgenehmigungen traten drei große, definierte Schritte: Konzept- und erste Errichtungsgenehmigung mit Freigabe des Baubeginns und aller Gebäudearbeiten, zweite Errichtungsgenehmigung mit Freigabe aller maschinentechnischen und elektrischen Einrichtungen sowie des Beladens des Reaktors, schließlich nukleare Betriebsgenehmigung bis zur Vollast.

Frankreich als Land der Kerntechnik

Trotz einer gänzlich unterschiedlichen Ausgangsposition und des heute sehr viel höheren Anteils der Kernenergie in Frankreich, entwickelte sich dort in technischer Hinsicht eine ähnliche Struktur wie in der Bundesrepublik. Auch in Frankreich bestimmen heute Druckwasser-Reaktoren mit etwa 1.300 MW Leistung das Bild der Kernenergielandschaft, des »Parc Nucléaire«. Der Einstieg der französischen Kerntechnik erfolgte Ende der fünziger Jahre mit drei gasgekühlten, graphit-moderierten Natururan-Reaktoren in Marcoule (G1, G2, G3). Ihre thermische Leistung wurde von 40 MW beim Reaktor G1 auf etwa 200 MW bei den Reaktoren G2 und G3 gesteigert. Die Erzeugung von elektrischem Strom nutzte aber nur einen Bruchteil der thermischen Energie aus und lag beim Reaktor G1 sogar unter dem Eigenverbrauch, hatte somit allenfalls experimentellen Charakter. Hauptziel war die Herstellung von Plutonium. Sein ehrgeiziges und eigenständiges Bauprogramm von Leistungsreaktoren begann Frankreich ebenfalls mit einer Reihe von gasgekühlten und graphit-moderierten Natururan-Reaktoren, und zwar mit einer elektrischen Leistung von etwa 500 MW. Diese voluminösen und teuren Reaktoren wurden in den Jahren 1967 bis 1972 in den Dienst gestellt. Ähnlich wie vorher in den USA, in Großbritannien und der Sowjetunion verfolgte die staatlich geplante französische Kerntechnik seit den frühen fünfziger Jahren eine Doppelstrategie, nämlich Erbrüten von zur Zeit der Indienststellung nur militärisch verwendbarem Plutonium und

129. Zweite Verhandlungsrunde über ein Kernwaffenversuchsverbot – ohne Beteiligung Frankreichs – in Moskau. Photographie, 22. Juli 1963

Gewinnung von Energie. Auch das französische Drängen in Richtung auf eine europäische Isotopentrennanlage, schließlich der Bau einer eigenen Isotopentrennanlage, sind vor dem Hintergrund der seit der Ära de Gaulle (1890–1970) aufgebauten französischen Atommacht zu sehen. Schon 1970 ging jedoch bereits ein erster Druckwasser-Reaktor mit 300 MW Leistung ans Netz der Electricité de France (EDF). Im Auftrag der EDF baute die Reaktorbaufirma Framatome als Lizenznehmerin von Westinghouse in ununterbrochener Folge die nun klar dominierenden Druckwasser-Reaktoren, zunächst mehr als 30mal in einer standardisierten 900-MW-Version, dann ab Mitte der achtziger Jahre, seit Paluel 1, überwiegend in der 1.300-MW- und sogar in der 1.450-MW-Klasse. Frankreich ging diesen Schritt in der Leistungsentwicklung zwar zehn Jahre später als die Bundesrepublik mit Biblis A und Biblis B, bemerkenswerterweise aber noch vor den USA.

Nicht ganz so früh wie in den USA erfolgte der Einstieg Frankreichs in die Technologie des Schnellen Brüters. Charakteristisch für die von Anfang an zu verzeichnende Hochschätzung des Brüterkonzepts war jedoch der Aufbau des experimentellen Brüters Rapsodie 1957 bis 1967 mit einer thermischen Leistung von 40 MW und die 1973/74 erfolgte Fertigstellung des Brüters Phénix in Marcoule an der unteren Rhône als Demonstrationskraftwerk mit einer elektrischen Leistung von 233 MW. Vergleichbare Brüter wurden etwa gleichzeitig in der UdSSR und in

Großbritannien in Dienst gestellt. Einen enormen Sprung stellt hier mit 1.200 MW Leistung der mit europäischer einschließlich deutscher Beteiligung gebaute und 1986 ans Netz gegangene Leistungsreaktor Superphénix von Creys-Malville an der oberen Rhône dar. Frankreich hielt damit die führende Position in der Brütertechnologie. Aufgrund von Lecks in seinem Natrium-Kühlsystem und wegen langer Abschaltzeiten trug jedoch auch der Superphénix zum zweifelhaften Ruhm der Schnellen Brutreaktoren bei.

Diese forcierte Entwicklung der französischen Kerntechnik läßt sich nur verstehen, wenn man sie vor dem Hintergrund der ausgeprägten französischen Forschungs- und Industriepolitik betrachtet. Demnach war es das Ziel vor allem der großen gaullistischen Autarkie- und Modernisierungsprogramme, in der Wissenschaft, in Elektronik und Telekommunikation, in der Informatik sowie in Luft- und Raumfahrt Spitzenleistungen in strategischen Techniken zu erbringen. Dabei wirkten von der staatlich geförderten Forschung, über die Produktion in staatlichen Unternehmungen bis hin zur Vermarktung und zum Kauf der Produkte der zentralistische Staat und die Industrie denkbar eng zusammen. Zwar gab es anfänglich durchaus Spannungen zwischen dem »Kopf« der französischen Kerntechnik, dem »Commissariat à l'Énergie Atomique« (CEA), und dem staatlichen Energieversorgungsunternehmen, der »Électricité de France« (EDF). Trotzdem ist das ausgeprägte und anhaltende Autarkiestreben im nuklearen Sektor sowohl in der militärischen als auch in der zivilen Kerntechnik charakteristisch für die französische Industriepolitik in den strategisch wichtigen Sektoren. Die frühen Gas-Graphit-Reaktoren in Marcoule und die lange forcierte Entwicklung der Technik des Schnellen Brüters können in diesem Zusammenhang gesehen werden. Hierher gehören zudem die Aktivitäten der »Compagnie Générale des Matières Nucléaires« (Cogema), die als Tochter des »Commissariat à l'Énergie Atomique« (CEA) wie wenige Firmen über die Technik des vollständigen Kreislaufs der Kernbrennstoffe verfügt und hier ein Drittel des Weltmarktes beherrscht, angefangen bei der weltweiten Gewinnung von Uranerzen, über die Urananreicherung bei Eurodif in Tricastin an der Rhône und endend mit der Wiederaufbereitungsanlage für abgebrannte Brennelemente in La Hague bei Cherbourg in der Normandie.

Streben nach Unabhängigkeit war ein wichtiges Motiv der eigentlichen Reaktorbaufirma Framatome, einer Tochter des CEA und der »Compagnie Générale d'Électricité« (CGE). Bei einer Revision der ursprünglichen Verträge mußte Westinghouse als Lizenzgeber für den Druckwasser-Reaktor 1981 anerkennen, daß die französische Kerntechnik mittlerweile über einen eigenen selbstentwickelten Druckwasser-Reaktor verfügte. 1984 hat dann die EDF der Framatome einen entsprechenden Bauauftrag für einen neuen, »rein französischen«, 1.450-MW-Druckwasser-Reaktor erteilt. Ähnliches gilt für die Firma Alsthom, eine Tochter der CGE, als Herstellerin von Turbogeneratoren und von konventionellen Kraftwerkskomponenten. Für den

1.450-MW-Reaktor hat Alsthom selbständig einen Turbosatz für 1.500 MW Leistung entwickelt, unter deutlicher Reduktion von Größe und Gewicht, bei gleichzeitiger Steigerung des Wirkungsgrades.

Seit den frühen achtziger Jahren gehört Frankreich nach den USA, doch noch vor der ehemaligen UdSSR, Japan und der Bundesrepublik zu den ganz großen Kernenergienationen der Welt, gemessen an der insgesamt aus Kernenergie erzeugten elektrischen Energie. 1990 hatten die USA eine nukleare Stromerzeugung von 576,8 Terawattstunden (TWh), Frankreich eine nukleare Stromerzeugung von 297,7 TWh, die ehemalige UdSSR eine von 211,5 TWh und Japan eine von 186,4. Die Bundesrepublik erzeugte 1990 152,5 TWh nuklearen Stroms. Gemessen am Anteil der aus Kernenergie gewonnenen elektrischen Energie steht Frankreich mit 74,5 Prozent nach dem Stand vom 31. Dezember 1990 sogar einsam an der Spitze. In den letzten Jahren ist jedoch in Frankreich wegen Überkapazitäten und Preisverfall der Ausbau der Kernenergienutzung ebenfalls deutlich verlangsamt worden. Mängel an den Rohren der Dampferzeuger einiger 1.300-MW-Reaktoren, also an der heiklen Nahtstelle von Primär- und Sekundärkreislauf, haben außerdem zu kostspieligen Austauschaktionen und damit zu einer deutlichen Verschlechterung der finanziellen Lage der EDF geführt. Lediglich Framatome konnte durch diese Umrüstung die Verluste aufgrund der zeitlich gestreckten Neuaufträge finanziell ausgleichen.

Vor allem begannen nun in Frankreich die bis dahin wenig in Erscheinung getretenen Kernkraftwerkgegner, in der ungelösten Frage der Lagerung von Atommüll ihren Protest deutlicher zu artikulieren, einen Protest, der sich mehr und mehr gegen eine offenbar etwas außerhalb der demokratischen Kontrolle agierende kleine, elitäre Gruppe von führenden Kernenergie-Repräsentanten richtet. Auch die französischen Reaktoren und die Wiederaufarbeitungsanlage La Hague arbeiten eben nicht frei von Störfällen. Wie die groteske Abkopplung von den Nachrichten über die Strahlungswerte nach dem Tschernobyl-Unfall zeigte, waren es die Informationspolitik und das Zusammenwirken von Sicherheitsbehörden und Kerntechnik, was den Eindruck eines besonders hohen Sicherheitsstandards erweckt hatte. Dabei genieren sich weder die deutsche kerntechnische Industrie noch die deutschen Energieversorgungsunternehmen, die französische Karte zu spielen. So arbeiten seit 1989 der Siemens-Unternehmensbereich KWU und Framatome im Rahmen der gemeinsamen Gesellschaft »Nuclear Power International« (NPI) bei Entwicklung und Vertrieb von Druckwasser-Reaktoren zusammen.

Nach wie vor halten die USA weltweit die Spitzenposition in der nuklearen Gesamt-Stromerzeugung, und in den westlichen Ländern ist Westinghouse immer noch der führende Hersteller von Druckwasser-Reaktoren, vor der französischen Framatome, der deutschen KWU, der amerikanischen Combustion Engineering, der amerikanischen Babcock und Wilcox und Mitsubishi. Nach dem Manhattan-Projekt im Krieg, nach zögerndem Einstieg in die kommerzielle Kerntechnik in den fünfziger und frühen sechziger Jahren, nach einer Welle von Kraftwerksbauten in der zweiten Hälfte der sechziger Jahre setzte seit Ende der siebziger Jahre in den USA ein eher abwägender Umgang mit der Kernenergie ein.

Zu der durch äußere Technikkritik und durch innertechnische Probleme hervorgerufenen Zurückhaltung im weiteren Ausbau der Kernenergie gehört der gesamte energiepolitische Kontext. Zunächst steht den USA wie kaum einem anderen Land eine riesige Palette weiterer Primärenergiequellen zur Verfügung: fossile Energien, also Kohle, Erdöl und Gas, gewaltige, seit den dreißiger Jahren erschlossene Wasser-

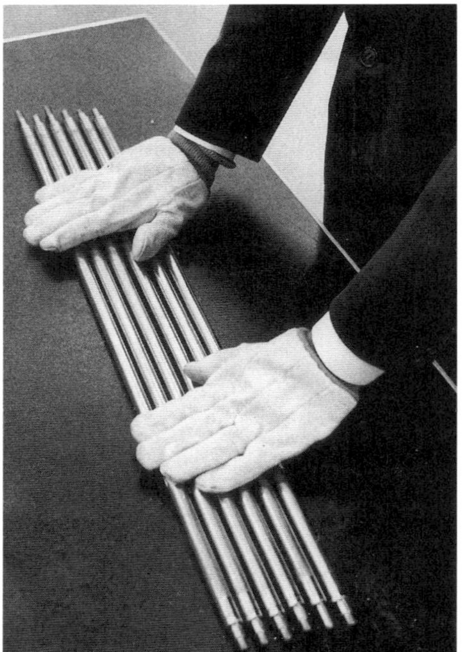

130. Stäbe mit Uran-Brennstoff der Firma »General Electric«. Photographie von Claude Jacoby, 1962

kräfte und aufgrund der geographischen und klimatischen Gegebenheiten zusätzlich wirtschaftlich nutzbare Wind- und Sonnenenergien. Seit Ende der siebziger Jahre wurde die Erforschung dieser regenerativen Energien stark gefördert. Zudem ist der Energieverbrauch seit der Ölpreiskrise 1973/74 nicht auf die seither vorhergesagte Höhe gestiegen. Folge der Kursänderung der amerikanischen Energiepolitik war die Stornierung zahlreicher Kraftwerksaufträge; neben etwa 40 fossil befeuerten Kraftwerken betraf dies rund 100 Kernkraftwerke – bei einer Zahl von etwa 120 in Betrieb oder in Bau befindlichen Kernkraftwerken.

Schon lange hatte sich in den USA – und dies aus innertechnischen Gründen – ein Verzicht auf die Entwicklung Schneller Brutreaktoren abgezeichnet. Schlüsselereignis sind hier der schwere Unfall und die darauf folgende Schließung des Versuchskraftwerks Enrico Fermi I bei Detroit 1966 gewesen. Signal war dies auch insofern, als dieses Kraftwerk 1956 bis 1966 von dem privaten Energieversorgungsunternehmen Detroit Edison Company gebaut wurde. Die ökonomischen Risiken der Brütertechnik waren also Herstellern und Betreibern drastisch vor Augen geführt worden. Der Bau des elektrischen 380-MW-Brutreaktors Clinch River in Tennessee wurde wegen ungelöster Sicherheitsprobleme unterbrochen und nach der Katastrophe von Tschernobyl eingestellt. Lediglich im experimentellen Maßstab wird etwa in der Versuchs-Brüteranlage in Hanford die Technologie des Schnellen Brüters weiter bearbeitet.

Eine weitere Maßnahme, die ökologische, ökonomische und außenpolitische Akzente hat, war die Abkehr von der staatlichen Förderung der Wiederaufbereitung in der Ära Carter. Gewollt war hier – wie in Kanada – vorrangig ein demonstratives politisches Verhalten zur Durchsetzung der Nichtverbreitung von Atomwaffen. Neben der Anreicherung ist gerade die Wiederaufarbeitung die »Schwachstelle«. Heute setzt sich aber in der Frage der Wiederaufbereitung auch außerhalb der USA, zumindest in der Bundesrepublik, die Tendenz durch, den ökonomisch am Ende doch günstigeren und technologisch in jedem Fall risikoärmeren Weg direkt in die Endlagerung zu gehen. Die zeitliche Reichweite der Kernenergie wird dadurch natürlich deutlich geringer.

Eine Zuspitzung innertechnischer, ökologischer und ökonomischer Probleme der US-amerikanischen Kerntechnik ergab sich durch den Unfall des Kernkraftwerks »Three Mile Island 2« in Middletown bei Harrisburg 1979. Der Druckwasser-Reaktor mit 960 MW wurde von der amerikanischen Babcock und Wilcox gebaut und 1978 in Betrieb genommen. Ursache für die äußerst gefährliche Überhitzung des Kerns war eine Unterbrechung der Zufuhr von Speisewasser in die beiden Dampferzeuger, also eine Störung im Sekundärkreislauf. Geschlossene Ventile hinter den Notspeisewasserpumpen blockierten zudem die Förderung von Wasser in die Dampferzeuger. Dadurch war die Abfuhr der Wärmeenergie des Reaktorkerns über den Primärkreislauf gestört. Durch eine komplizierte Verkettung von Fehlbedienungen und technischen Fehlfunktionen bildete sich schließlich eine Gasblase aus Wasserstoff im Druckbehälter. Fehlende Kühlung führte zu einer Überhitzung des Kerns, zur Zerstörung eines erheblichen Teils der Brennelemente und zu einer partiellen Kernschmelze. Die Abgabe von Radioaktivität, wobei allerdings das Containment standhielt, sowie die notwendige Evakuierung der Bevölkerung im Umkreis von 8 Kilometern führten dazu, daß die Genehmigungsverfahren in den USA drastisch verschärft wurden. Da in den Vereinigten Staaten Kernkraftwerke nicht schlüsselfertig, durch einen Generalunternehmer gebaut werden, sondern durch Teilvergabe der Anlagen, verlängerten sich die Bauzeiten zum Teil erheblich. Bei hohen Zinsen führten allein diese Verzögerungen zu beträchtlichen Überschreitungen von ursprünglich kalkulierten Kosten. Bei langen Bauzeiten mußten außerdem Konstruktion und Materialien den verschärften Sicherheitsforderungen ständig neu angepaßt werden.

Im Fall des 820-MW-Siedewasser-Reaktors Shoreham, in Auftrag gegeben vom Energieversorgungsunternehmen Long Island Lighting Co., wurde der Bau zu einer über zwanzigjährigen Odyssee. Sie war begleitet von unsolider Arbeit der Reaktorkonstrukteure, von zunehmend verschärften Sicherheitsbestimmungen der Atomic Energy Commission und der Nachfolgebehörde Nuclear Regulatory Commission (NRC) und nicht zuletzt von massiven Einsprüchen zum Teil prominenter und wissenschaftlich versierter lokaler Gegner des Kernkraftprojekts wie James D. Watson, des Mitentdeckers der DNA-Struktur. Die Baukosten von Shoreham überschritten 5 Milliarden Dollar. Ähnlich hohe Kosten verursachte der Bau des Kernkraftwerks Seabrook an der Küste von New Hampshire. Beide Fälle erinnern damit fatal an die zwei deutschen Milliardengräber, an den Schnellen Brüter in Kalkar und an den Hochtemperatur-Reaktor in Hamm-Uentrop.

Obwohl der Harrisburg-Unfall kein singuläres Ereignis war, sondern nur aus einer ganzen Reihe von Störfällen herausragt, war er in seinem technischen Ablauf, auch als Medienereignis, und in seiner psychologischen Wirkung besonders schockierend. Von einem Hanford-Unfall war dagegen kaum die Rede. Erst durch eine langsame Konzentration von Informationen wurde man Ende der achtziger Jahre auf vielleicht noch schwerwiegendere Risiken der US-amerikanischen Kerntechnik aufmerksam, nämlich auf die Altlasten der bis in den Zweiten Weltkrieg zurückgehenden kerntechnischen Anlagen zur Herstellung von nuklearen Sprengkörpern. Technische Mängel der zum Teil veralteten Anlagen, radioaktive Verseuchung und unsichere Lagerung von radioaktiven Abfällen führten 1988 zur Abschaltung wichtiger militärischer Atomanlagen wie des Plutonium erzeugenden, graphit-moderierten N-Reaktors in Hanford. Doch solche Altlasten finden sich ebenso in der ehemaligen Sowjetunion. Gewaltige Schäden verursachte auch die sowjetische Urangewinnung auf dem Gebiet der einstigen DDR. Wie einer breiteren Öffentlichkeit seit 1991 bekannt ist, hat der Abbau und die Aufbereitung von Uranerz in Sachsen und

Thüringen bis heute erhebliche Folgen. Bei mehr als 5.000 bisher an Bronchialkrebs gestorbenen Bergleuten wird als Ursache das Einatmen von radioaktivem Radon angenommen. Erst nach 1960 wurden durch die Einführung von Naßbohrern und durch die Verbesserung der Bewetterung die gesundheitlichen Risiken für die Bergleute gemindert. Der Bergbau hinterließ jedoch riesige Abraumhalden, und von der 1989 eingestellten Aufbereitung blieb ein mit Schlämmen gefüllter See; in beiden Fällen ist die Radioaktivität im Vergleich zu unbelasteten Vergleichsregionen um ein Vielfaches erhöht.

Bei schweren Störfällen in Kernkraftwerken wurden die inhärenten Risiken des betroffenen Reaktortyps meist sehr eingehend diskutiert, nicht zuletzt mit Blick auf baugleiche oder technisch verwandte Reaktoren an anderen Stellen. So warf der Unfall von Harrisburg Fragen auf, wie es um die Sicherheit des nach Lizenzen der Babcock und Wilcox gebauten Druckwasser-Reaktors des Kernkraftwerkes Mülheim-Kärlich bestellt sei. Mülheim-Kärlich wurde von der 1971 mit der deutschen Babcock und Wilcox fusionierten Reaktorabteilung von BBC gebaut. Da zudem bei der Herstellung des Druckbehälters fehlerhafte Schweißnähte überarbeitet wurden, mußten Fragen zur Sicherheit des Reaktors sehr ernst genommen werden.

Der Reaktorunfall von Tschernobyl

Der schwerwiegendste und bis heute nachwirkende Unfall in der Geschichte der Kerntechnik, die in ihrer kritischen Phase vom 26. April bis 6. Mai 1986 abgelaufene Zerstörung von Block 4 des Kernkraftwerkes Tschernobyl, schien wegen der Unvergleichbarkeit dieses Reaktors mit westlichen Druckwasser-Reaktoren ein inneres und innertechnisches Problem der UdSSR und der sowjetischen Kerntechnik zu sein. In technischer Hinsicht gibt es auch kaum ein verbindendes Element dieses sowjetischen Reaktortyps RBMK-1000 mit der westlichen Reaktortechnik, es sei denn, mit den großen graphit-moderierten Reaktoren der frühen Kerntechnik in Großbritannien und Frankreich. Der RBMK-1000 verwendet tatsächlich Graphit als Moderator. Das Kühlsystem orientiert sich aber am Siedewasser-Reaktor, wobei allerdings der Druckbehälter in eine große Zahl einzelner wasser- und dampfführender Druckröhren aufgefächert ist. In diesen 1.700 Druckröhren sind wiederum die Brennelemente aus leicht angereichertem Uran angeordnet. In getrennten Kanälen im Graphit werden die 211 Regelstäbe aus- und eingefahren. Sie enthalten unter anderem Borkarbid zur Absorption von Neutronen und dienen damit wie üblich zur Steuerung der Kettenreaktion und letztlich zur Steuerung der Leistung des Reaktors. Dieser graphit-moderierte, wassergekühlte Druckröhren-Reaktor hat immerhin inhärente technische Vorteile. Letztlich sind das große Volumen des 1.700 Tonnen umfassenden Graphit-Moderators und die relativ geringe Energiedichte des Kerns als positiv zu sehen. Die Auffächerung des Kühlsystems in einzelne Druckröhren läuft zwar auf eine komplizierte Anhäufung kleinster Reaktoren hinaus, erlaubt aber umgekehrt das Eingrenzen von Lecks im Kühlsystem. Das entsprechend leichte Austauschen von Brennelementen läßt zudem die Absicht erkennen, Plutonium für militärische Zwecke zu gewinnen.

Ein aus der Sicht westlicher Kerntechnik gravierender Mangel der Konstruktion des RBMK-1000, letztlich der unmittelbare Auslöser für den katastrophalen Leistungsanstieg des Reaktors Tschernobyl 4, war der sogenannte positive Dampfblasenkoeffizient. Dies bedeutet, daß bei einer Erhöhung der Leistung der Dampfanteil im Siedewasser des Kühlsystems ansteigt und der erhöhte Dampfanteil wegen der unveränderten Moderatorwirkung die Leistung erneut anwachsen läßt, der Reaktor also anders als etwa ein leichtwasser-moderierter Reaktor kein selbststabilisierendes Verhalten zeigt. Dies gilt gerade auch für Leistungserhöhungen, die von einem sehr niedrigen Niveau ausgehen. Nur wenn eine ausreichende Zahl von Regelstäben in ihrer vollen Wirkung sofort eingesetzt werden kann – man spricht von Abschaltreserve –, läßt sich der Reaktor sicher steuern. Die Probleme des graphit-moderierten RBMK-1000 waren hier die langen Wege, die die Regelstäbe zurückzulegen hatten, die geringe wirksame Länge und zusätzlich die viel zu geringe Einfahrgeschwindigkeit; beim RBMK-1000 wurden 20 Sekunden für die Gesamtstrecke zwischen oberer und unterer Position des Regelstabes benötigt, dagegen ist in Druckwasser-Reaktoren in den USA und in Japan für denselben Vorgang nur 1 Sekunde erforderlich.

Eine Paradoxie des Reaktorunfalls von Tschernobyl liegt darin, daß er sich aus einem Sicherheitsexperiment heraus entwickelt hat, wobei allerdings weder die technische Planung des Experiments noch die Unterrichtung der im entscheidenden Zeitraum tätigen Schicht ausreichend waren. Mit dem Experiment wurde versucht, nach Absperren des Dampfes, also nach Auslaufen einer Turbine, deren verbleibende mechanische Rotationsenergie zu nutzen, um mit einer neu entwikkelten Schaltung des Generators für weitere 50 Sekunden die Stromversorgung für die Hauptumwälzpumpen zu sichern. Im Falle eines internen Stromausfalls des Kraftwerks sollte so die Zeit bis zur Übernahme der Stromversorgung durch Notstrom-Diesel-Aggregate überbrückt werden. Offenbar war dieses Experiment, obwohl es zu den Sicherheitsmerkmalen des Reaktors zählt, seit den erfolglosen Anläufen zur Zeit der Inbetriebnahme 1983/84 verschleppt worden.

Der Unfall von Tschernobyl-4 bahnte sich an, als für dieses Experiment der Reaktor »abgefahren« wurde. Dabei ließ der Reaktorfahrer die thermische Leistung in der Anfangsphase des Experiments durch Bedienungsfehler auf einen extrem niederen Wert absacken, von etwa 3.000 MW, über 1.600 MW rasch auf 30 MW, auf einen Wert jedenfalls, der weit unter dem vorgeschriebenen unteren Grenzwert von 700 MW im Leistungsbetrieb lag. Die dabei aufgetretene massive, neutronen-

131. Strahlungsmessungen über dem Gelände des Kernkraftwerks Tschernobyl nach dem Unglück in Block 4 am 26. April 1986. Photographie, Mai 1986

konsumierende Xenonvergiftung, den »Xenonberg«, versuchte der Reaktorfahrer bei der notwendigen Stabilisierung und Erhöhung der Leistung durch Herausfahren der Regelstäbe und damit durch Preisgabe von Abschaltreserve zu überwinden. Da man im Rahmen des Versuchsprogramms zudem den Kühlwasserdurchsatz erhöhte und auf diese Weise das leistungssteigernde Dampfblasenvolumen zunächst reduzierte, wurde die Abschaltreserve weiter vermindert. Obwohl der Reaktorfahrer erkannte, daß aufgrund der prekären Lage der Abschaltreserve eine sofortige vollständige Abschaltung erforderlich war, wurde das eigentliche Experiment eingeleitet, nämlich Abtrennen der noch laufenden Turbine von der Dampfzufuhr. Abweichend vom Versuchsprogramm waren die automatischen Sicherheitssysteme für den Notfallschutz zur Vermeidung einer totalen Abschaltung und zur leichten Wiederholbarkeit des Versuchs blockiert worden.

Innerhalb von weniger als 60 Sekunden nach dem Absperren der Ventile zum noch laufenden Turbogenerator entwickelte sich die Katastrophe: Das Absperren erhöhte in Konkurrenz von Druck- und Temperaturanstieg den Dampfblasenanteil und damit die Leistung, die Leistungssteigerung wieder das Dampfvolumen und so fort. Die 36 Sekunden nach der Dampfabsperrung erfolgte Notabschaltung konnte nicht mehr greifen. Ein Teil der Regelstäbe der automatischen Regelung war offenbar – wobei man Einzelheiten zum Teil mit Rechnersimulationen rekonstruiert hat – bereits so tief im Reaktor, daß sie der raschen Leistungserhöhung nichts mehr entgegenzusetzen vermochten. Die Regelstäbe außerhalb des Kerns konnten aktiv nicht mehr schnell genug eingefahren werden. Der Versuch, sie aufgrund des Eigengewichts in den Kern fallen zu lassen, scheiterte wahrscheinlich an beginnenden Verformungen. Innerhalb von 5 Sekunden stieg die thermische Leistung drama-

132. Strahlungsmessung innerhalb der 30-Kilometer-Zone um Tschernobyl. Photographie, Sommer 1986

tisch – mit einer kurzen Selbststabilisierung bei 530 MW, bedingt durch den negativen Brennstoffkoeffizienten – auf den hundertfachen Wert der Normalleistung, also auf mehr als 300.000 MW. Dabei wurden Brennstäbe und wasserführende Druckröhren zerstört, was eine gewaltige Wasserdampfexplosion auslöste. Aufgrund der hohen Temperaturen reagierten das Graphit oder die Hüllmaterialien der Brennstäbe mit Wasser unter Bildung von Wasserstoff. Dies führte zu einer zweiten Explosion. Es kam zur Zerstörung des Reaktorgebäudes, zum Brand des Graphits und zur massiven Freisetzung von Radioaktivität. Die meisten Brennelemente waren in ihrem Zyklus so weit fortgeschritten, daß sie große Mengen von radioaktiven Spaltprodukten angesammelt hatten. Die Verschleppung des Experiments sollte sich also an dieser Stelle bitter rächen.

Hilflose erste Maßnahme war der Versuch, den Graphitbrand mit Wasser zu löschen, wobei die Feuerwehrleute, die »Helden« der »Schlacht von Tschernobyl«, ohne jegliche spezielle Schutzanzüge und ohne Atemschutzgeräte im Einsatz waren. Später – immer noch unter enormer Strahlungsbelastung der Besatzungen von Hubschraubern – wurde versucht, durch Abwurf von Sand, Lehm, Dolomit, Bleischrot und Borkarbid als Neutronenabsorber den Reaktor abzukühlen, seine Aktivität zu vermindern und das Austreten der radioaktiven Spaltstoffe einzudämmen. Im Rückblick betrachtet, hätte man erkennen müssen, daß diese Maßnahmen die Kühlung des Reaktors eher behinderten, die Reaktivität sogar noch steigen ließen und in den folgenden Tagen die Katastrophe in der Katastrophe heraufbeschworen, nämlich die zweite, vollständige Kernschmelze, explosionsartige Reaktionen des glühenden Kerns mit Wasser im Gebäude oder im Untergrund und die Freisetzung des gesamten Inventars an nuklearen Spaltstoffen. Der Austritt von Radioaktivität war fast wieder auf den Wert des ersten Unfalltages gestiegen. Dabei wurde allein am 6. Mai mehr Radioaktivität freigesetzt als bei dem Unfall des militärischen Reaktors von Windscale in Großbritannien im Jahr 1957. Wirksam waren wohl erst das Herunterkühlen der Reaktorruine und das Löschen des Graphitbrandes durch flüssigen Stickstoff und die aus der Technik der Erdölgewinnung bekannte »Frosthärtung« des Erdbodens unter dem Reaktor mit gewaltigen Mengen von flüssigem Stickstoff.

Örtliche Evakuierungsmaßnahmen – sie betrafen 45.000 Einwohner in Pripjat – wurden bereits am 26. April eingeleitet, allerdings ohne ausreichende Information, ohne konsequente Kontrolle und nur durch die Umsiedlung der gefährdeten Menschen in benachbarte Bezirke. Trotz der beginnenden »Glasnost«-Kampagne von Michail Gorbatschow wurde in überkommener Manier versucht, die Schwere des Unfalls und die drohenden gesundheitlichen Gefahren der erhöhten Radioaktivität nach innen und außen zu verschleiern. Außerdem war man offenbar wegen mangelnder Datentechnik nicht in der Lage, mittels Radioaktivitätsmessungen und Wetterdaten die katastrophale Ausbreitung der radioaktiven Wolke vorherzusagen.

Doch unterdessen waren durch die Messung sehr hoher Strahlungswerte in Schweden und durch US-amerikanische Satellitenphotos Ausgangspunkt und Ausmaß der Katastrophe weltweit bekannt geworden.

Nach einer Phase inkompetenter politischer Beschwichtigungsversuche, unterlassener Schutzmaßnahmen und verwirrender Grenzwert-Diskussionen wurden in der Bundesrepublik Einfuhr und Verkauf von Gemüse, Verfütterung von Grünfutter und Heu sowie Verkauf von Milch, Fleisch und Fisch kontrolliert. Besonders der süddeutsche Raum war durch den an sich eher untypischen Ostwind und durch Gewitterregen relativ stark mit den radioaktiven Isotopen Jod-131 und Cäsium-137 kontaminiert worden. Allein in Österreich und in der Bundesrepublik wurden etwa 200 Millionen DM an Entschädigungen bezahlt. Die Gesamtkosten des Tschernobyl-Unfalls in Ost und West werden für 1986 und 1987 mit etwa 1 Milliarde US-Dollar beziffert. Was die gesundheitlichen Auswirkungen angeht, so wird zwar meist davon gesprochen, daß sie statistisch schwer zu fassen sein werden. In absoluten Zahlen werden dennoch etwa 20.000 zusätzliche Krebstote genannt, wobei für Westeuropa wegen der höheren Bevölkerungsdichte etwa die Hälfte dieser Opfer der Spätfolgen des Tschernobyl-Unfalls erwartet werden. Aufgrund anderer, pessimistischer Schätzungen werden – mit Blick auf die Langzeitwirkung etwa von Cäsium-137 – 100.000 (Robert Gale) oder sogar mehr als 1 Million zusätzliche Krebstote für möglich gehalten (John Gofman).

Obwohl die Sowjetunion nach anfänglichen Verschleierungsversuchen mit vorher nie gekannter Offenheit vor der Wiener Konferenz der Internationalen Atomenergiebehörde im August 1986 die Ursachen für die Katastrophe analysierte und dokumentierte, war Tschernobyl wohl die endgültige Wende in der Akzeptanz der Kerntechnik in der breiten Öffentlichkeit. Der Tschernobyl-Unfall hatte zwar eine etwas andere Struktur als der stärker technisch bedingte, komplexere Störfall von Harrisburg. Wie zumal der sowjetische Bericht betont, war dieser Unfall weitgehend durch ein fragwürdiges Experiment, durch vorschriftswidriges Fahren des Reaktors unterhalb der unteren Leistungsgrenze, durch Unterschreiten der Abschaltreserve und insgesamt durch fehlende Einsicht des Bedienungspersonals in die physikalischen Mechanismen des Reaktors bedingt. Aber auch die westlichen Hinweise auf die gravierenden inhärenten Mängel des RBMK-1000, insbesondere die Gefahr, die von dem positiven Dampfblasenkoeffizienten ausgeht, konnten von den Risiken der Kerntechnik nicht mehr ablenken. Menschliches Versagen und technische Mängel, beides mit Sicherheit nicht auszuschließen, können offenbar zu Schäden mit enormer räumlicher und zeitlicher Tragweite führen.

Wechselnde Akzeptanz der Kerntechnik

Die nach dem Unfall von Tschernobyl wohl unumkehrbar gewordene kritische Bewertung der Kerntechnik verweist auf einen bemerkenswerten zeitlichen Verlauf ihrer Akzeptanz. Einerseits gab es schon in der Anfangsphase der deutschen Kerntechnik ein Bewußtsein für die Eigenheiten und Risiken der zivilen Kerntechnik, doch dieses Bewußtsein war eher überlagert von der Furcht vor nuklearen Waffen, zumal im Kontext der Kernwaffentests und nach der Entwicklung von Interkontinentalraketen und von schwer ortbaren, atomgetriebenen Unterseebooten als Trägersystemen. Andererseits gab es in der Frühzeit eine heute schwer nachvollziehbare Erwartungshaltung bezüglich der zukünftigen Möglichkeiten der Kerntechnik. Sie bot demnach nicht nur die Chance, eine sich vor allem aus der Sicht der autarkiebewußten Großchemie abzeichnende Energielücke zu schließen. Von der nuklear getriebenen Lokomotive bis zum Antrieb von Flugzeugen, von der medizinischen Verwendung bis zur Lebensmitteltechnologie, von der dezentralen Energieversorgung in unbesiedeltem Gebiet bis hin zu riesigen Erdbewegungen mit nuklearen Sprengungen schienen die Anwendungen der Kerntechnik zu reichen. Mehr noch: Wie heute mit der Mikroelektronik verband man in den fünfziger Jahren mit dem Standard der Kerntechnik ganz allgemein den industriellen und wirtschaftli-

133. Kernkraftwerk Brokdorf an der Unterelbe. Photographie von Peter Steinhagen, 1989

134. Atomkraft-Gegner vor dem Kernkraftwerk Brokdorf im Rahmen einer Großdemonstration in Schleswig-Holstein. Photographie von Peter Hendricks, 7. Juni 1986

chen Rang und die Zukunft eines Staates. Alle gesellschaftlichen Gruppen, nicht zuletzt die sich als fortschrittlich verstehende Sozialdemokratie und die Gewerkschaften, setzten ohne Vorbehalt auf diese neue Form der Energie.

Die einsetzende Kritik an der Kerntechnik war insofern eher konservativ geprägt, sie war lokal auf die Genehmigungsverfahren begrenzt und sie zielte auch auf die lokalen Folgen, etwa auf die Erwärmung von Flüssen und die Veränderung des kleinräumigen Klimas durch den Abdampf der Kühltürme. In Anlehnung an die amerikanische Diskussion, aber ohne durchschlagenden Erfolg, wurde die biologische und insbesondere die genetische Wirkung niedriger Strahlendosen ins Feld geführt. – Die zweite Phase der Anti-Atomkraft-Bewegung seit Mitte der siebziger Jahre war dagegen von einem Eindringen in die technischen Aspekte der Risiken der Kernenergie und von der Erörterung der Möglichkeit von Störfällen in Kernkraftwerken gekennzeichnet.

Bereits Ende der sechziger Jahre waren in der Reaktortechnik selbst die Überlegungen zur Sicherheit vorangetrieben worden. Inhärente Sicherheit eines Reaktors, also etwa Leistungsrückgang bei Verlust des Kühlmittels, war vorübergehend nur noch ein Aspekt der Sicherheit. Hinzu kam eine »Sicherheitsphilosophie«, die – inhärente Sicherheit ergänzend oder mangelnde inhärente Sicherheit kompensierend – durch ein System hintereinander gestufter und redundanter, mehrfach vorhandener technischer Sicherheitsmaßnahmen Störfälle bis hin zum »Größten anzunehmenden Unfall« (GAU) zu beherrschen suchte. Als GAU wurde in der Regel bei Leichtwasser-Reaktoren der Bruch einer Hauptkühlmittelleitung angesehen. Charakteristisch für die sich gleichzeitig vollziehende Entwicklung der Ingenieurwissenschaften im Sinne eigenständiger Disziplinen waren hier die Entwicklung von komplexeren theoretischen Modellen und die Simulation des Verhaltens von Leichtwasser-Reaktoren bei schweren Störfällen, wie eben dem Bruch einer Hauptkühlmittelleitung oder dem Ausfall der Netzstromversorgung. Auch für katastrophale Folgeentwicklungen, nämlich für den Fall der Zerstörung von Druckbehälter und Beton-Containment durch die mit etwa 2.500 Grad extrem hohen Temperaturen eines niedergeschmolzenen Reaktorkerns, wurden theoretische Modelle und entsprechende Vorhersagemethoden entwickelt. Hinzu kamen breite Untersuchungen der gesamten Reaktorsicherheit in sogenannten Risikostudien, zum Beispiel im amerikanischen Rasmussen-Report von 1975 oder in der Deutschen Risikostudie von 1979. Im Licht des Unfalls von Harrisburg und der Katastrophe von Tschernobyl haben jedoch die in den Risikostudien errechneten sehr niedrigen Eintrittswahrscheinlichkeiten kerntechnischer Unfälle an Glaubwürdigkeit drastisch eingebüßt. Das Pro und Kontra der Experten, das die zweite »technische« Phase der Anti-Atomkraft-Bewegung beherrscht hatte, wird seitdem verstärkt von der politischen Diskussion und von politischen Entscheidungsprozessen bestimmt.

Die Kernkraft-Kontroverse ist ein äußerst vielschichtiger zeithistorischer Vorgang. Manche wichtigen Aspekte lassen sich hier nur andeuten. So müßte man die These diskutieren, die Kernkraft-Kontroverse sei nicht aus der Furcht vor nuklearen Waffen und auch nicht aus der Diskussion konkreter technischer Risiken erwachsen, sondern aus einer sich überschlagenden industriellen Entwicklung, die weder die kerntechnischen Alternativen – etwa in Gestalt des Hochtemperatur-Reaktors – noch die Nutzung regenerativer Energien – wie Windkraft und Sonnenenergie – ausreichend gewürdigt habe. Ein weiterer Aspekt ist das Auftreten von zahlreichen Störfällen, die aber vielfach durch eine tendenziöse Informationspolitik einerseits in ihrer Wirkung unterdrückt, andererseits in ihrer Bedrohlichkeit gesteigert wurden. Grotesk war hier die äußerst restriktive Informationspolitik in Frankreich und in der UdSSR bis in die ersten Tage der Tschernobyl-Katastrophe. Umgekehrt wurden die Politik und die entsprechende Reaktion der Presse von den typischen von den USA ausgehenden Kampagnen geprägt, von Kampagnen, die wiederum mit den Administrationen der amerikanischen Präsidenten eng verknüpft waren. Charakteristisch sind hierfür die seit John F. Kennedy (1917–1963) zu beobachtende Dominanz der Raumfahrt im öffentlichen Bewußtsein in den sechziger Jahren und die der Kern-

135. Kundgebung in Hanau gegen die Erteilung der Betriebsgenehmigung für die Firmen NUKEM und ALKEM. Photographie von Bernd Kammerer, 1986

energie kritisch gegenüberstehende Carter-Administration in den siebziger Jahren. Allerdings kommt man nicht umhin festzustellen – und dies reicht von der frühen deutschen Atompolitik, über die amerikanische Atompolitik in den siebziger Jahren bis zur konkreten politischen Handhabung der Reaktorkatastrophe von Tschernobyl –, daß die Politik im Spannungsfeld von notwendigen administrativen Entscheidungen und widersprechenden Expertenmeinungen fast zwangsläufig an ihre Grenzen stößt. Grenzen der Technik waren wiederum – besonders deutlich erkennbar bei den Unfällen von Harrisburg und Tschernobyl – durch die die Technik kontrollierenden Menschen erreicht. Dabei hatten wohl nicht nur einzelne Menschen »versagt«, sondern die Großtechnik hatte Menschen auch in unverantwortlicher Weise überfordert. Zudem kam es in schwer nachvollziehbarer Weise – gerade bei

136. Protest gegen den Bau der Wiederaufbereitungsanlage für Kernbrennstoffe bei Wackersdorf. Photographie von Wolfgang M. Weber, Ostern 1986

bereits bestehender Sensibilisierung für die Risiken der Kerntechnik – im Umkreis der deutschen Brennelemente-Herstellung und im Zusammenhang mit dem Transport nuklearer Materialien zu einer solchen Häufung von individuellem Fehlverhalten, daß die innertechnischen Sicherheitsmaßnahmen ihre beruhigende Wirkung zu einem guten Teil eingebüßt haben.

Ein heute im Zentrum der ökologischen Debatte stehendes und von seiten der Kernkraft-Befürworter besonders betontes ökologisches Argument ist die Gefahr, die von einer wachsenden Produktion von Kohlendioxid (CO_2) bei der Verbrennung fossiler Energieträger ausgeht. Befürchtet wird, wenngleich die Modellrechnungen hier keinesfalls einheitlich sind, daß der wachsende Anteil von CO_2 in der Erdatmosphäre – neben dem bei der Rinderhaltung und beim Reisanbau entstehenden

Methan – zu einem Anstieg der Temperaturen und damit zu einer deutlichen Veränderung des Klimas auf der Erde führt. Die Folge dieses Treibhauseffekts wäre eine Abnahme der Festland-Eismassen an den Polen und in den vergletscherten Gebirgsregionen der Erde, was zu einem Ansteigen der Weltmeere und in einer Art Rückkoppelungseffekt – wegen der veränderten Reflexionseigenschaften der Erdoberfläche durch den Rückgang der Eisflächen! – zu weiteren Klimaveränderungen führen könnte. Langfristige Wetterbeobachtungen und noch weiter zurückreichende Rekonstruktionen von Klimadaten aus historischen Quellen, die etwa Auskunft über lokale Erntetermine und Witterungsverläufe geben, zeigen jedoch eine solche Schwankungsbreite, daß die in Mitteleuropa in den letzten Jahren auffällig milden Winter noch nicht sicher als signifikant im Sinne einer weltweiten Klimaveränderung angesehen werden können.

Erdöl und Erdgas: die dominanten Primärenergieträger

Zum einen verweist diese Debatte, eben weil hier offenbar die Kerntechnik mit ihren enormen Risiken und die Nutzung fossiler Energieträger mit ihren möglicherweise sogar früher global zum Tragen kommenden Risiken gegeneinander ausgespielt werden können, auf die kritische Situation einer sicheren zukünftigen Versorgung mit Energie, zumal mit Blick auf das groteske Mißverhältnis im Energieverbrauch von Industriestaaten und Dritter Welt.

Zum anderen deutet sich in der Debatte um den Treibhauseffekt an, daß trotz der technologisch herausragenden Entwicklung der Kerntechnik die fossilen Brennstoffe weltweit mit einem Anteil von etwa 80 Prozent an den Primärenergien nach wie vor überragende Bedeutung besitzen. Seit etwa 1910, ausgehend von der beginnenden Massenmotorisierung in den USA, wurde natürlich vorkommendes Erdöl die eigentliche Basis für die Herstellung von Kraftstoffen für die neuen Verbrennungsmotoren. 1920 waren die USA zugleich das bedeutendste Förderland. Seit 1925 bis 1930 kam in den USA und seit dem Zweiten Weltkrieg auch in Europa trotz des relativ klein bleibenden Anteils am Rohölverbrauch eine industriell und gesamtwirtschaftlich besonders wichtige Verwendung hinzu, nämlich der Einsatz von Erdöl als Rohstoff für die sich in der Nachkriegszeit dann rasant entwickelnde Petrochemie. Einen starken Sog auf die Entwicklung der Petrochemie übte vor allem die Massenproduktion von Kunststoffen aus, etwa die des Polyethylens. Die seit 1953 gesetzlich gewährte Zoll- und Steuerfreiheit für solches Erdöl, das in die neuen petrochemischen (Umwandlungs-)Verfahren ging, bot in der Bundesrepublik zudem einen besonderen finanziellen Anreiz. Das rheinische Wesseling bei Köln – mit seiner Vorgeschichte als Standort einer Kohlehydrieranlage im Zweiten Weltkrieg, mit der Ansiedelung einer Erdölraffinerie und dem Aufbau einer Anlage zur Herstel-

137. Tanks im Erdölgebiet von Talara im Norden Perus. Photographie von Herbert Rittlinger

lung von Hochdruck-Polyethylen seit 1953 – dokumentiert diese Entwicklung auf eindrucksvolle Weise.

Die Chemie in der Bundesrepublik kam also nicht umhin, sich von ihrem traditionellen heimischen Rohstoff Kohle zu lösen, von einem Rohstoff, dem sie seit der sprunghaften Entwicklung der deutschen Teerfarbenindustrie im letzten Drittel des 19. Jahrhunderts ihren Aufstieg verdankt hatte. Ein weiterer Verdrängungsprozeß traf den Kohlenbergbau in der Bundesrepublik noch härter. Der neue und billige Energieträger Erdöl brachte nämlich die Abkehr von der Kohle bei der Raumheizung und die teilweise Substitution von Kohle bei der Stromerzeugung und bei der

Bereitstellung von industriell genutzter Wärmeenergie. Bis Mitte der achtziger Jahre floß tatsächlich der größte Anteil des Rohöls in die Herstellung von Heizöl für die Raumheizung, für die Befeuerung von fossilen Kraftwerken und für die Erzeugung von Prozeßwärme, zum Beispiel in der Stahlindustrie. Seit Ende der sechziger Jahre wurde hier in einem weiteren Verdrängungsprozeß, wegen der geringeren Belastung der Verbrennungsgase mit Schadstoffen und wegen des hohen Heizwertes, zunehmend der neu erschlossene Energieträger Erdgas eingesetzt. Aufgrund der seit 1965 verabschiedeten Verstromungsgesetze zur Förderung der Verwendung heimischer Steinkohle hat sich jedoch bis heute die Steinkohle bei der Stromerzeugung trotz der Konkurrenz von Erdöl und Erdgas behaupten können.

Die Öl- und Erdgasfelder und die industriellen Zentren waren jedoch nicht deckungsgleich. Gewaltige Transport- und Förderkapazitäten mußten deshalb zur Bewältigung der wachsenden Fördermengen aufgebaut werden. Schon Anfang der fünfziger Jahre wurden für die beiden griechischen Reeder Aristoteles Onassis (1906(?)–1975) und Stavros Niarchos 50.000-Tonnen-Tanker, damals noch als Riesentanker bezeichnet, gebaut. Öl-Pipelines und Erdgasleitungen, die über Tausende von Kilometern geführt wurden und »Supertanker« in der Größenordnung von mehreren hunderttausend Bruttoregistertonnen demonstrieren heute die Bedeutung und die Macht der das internationale Öl- und Gasgeschäft beherrschenden multinationalen Konzerne. Der Bau von Supertankern bis an die kritischen Grenzen der Festigkeit, das Fahren der Schiffe unter Billigflaggen und die Führung der Schiffe durch mangelhaft ausgebildete Besatzungen führte jedoch seit den siebziger Jahren zu schweren und spektakulären Tankerunglücken. Ausgedehnte Küstenregionen wurden durch die nichtflüchtigen Anteile des Rohöls katastrophal verschmutzt. So verursachte 1978 die erste große Ölpest als Folge der Havarie des 250.000-Tonnen-Tankers »Amoco Cadiz« vor der bretonischen Küste bereits einen Schaden von rund 250 Millionen DM. Wie das Ökosystem des Prinz-William-Sunds vor dem Ölhafen Valdez in Alaska mit den 40 Millionen Litern Rohöl, die sich nach dem Unfall des Öltankers »Exxon Valdez« im Frühjahr 1989 ins Meer ergossen haben, fertig werden wird, läßt sich heute noch kaum beurteilen. Die Tatsache, daß der Supertanker auf Grund lief, während der Kapitän unter Alkoholeinfluß stand, mahnt mit Sicherheit nicht nur zur Kontrolle der Menschen, sondern auch zur Kontrolle der Dimensionen der dem Menschen anvertrauten Technik.

Mittlerweile hatte sich der Schwerpunkt der Erdölförderung von den USA wegbewegt. Als bedeutende Ölregionen waren schon vor dem Zweiten Weltkrieg Mittel- und Südamerika und die Sowjetunion in Erscheinung getreten. Nach 1945 etablierten sich die Staaten um den Persischen Golf und in Nordafrika als wichtigste Fördergebiete für Erdöl. Der weltweit ausstrahlende Konflikt zwischen Israel und seinen arabischen Nachbarn, die Spannungen zwischen den Mineralölkonzernen und der 1960 gegründeten Organisation erdölexportierender Länder (OPEC) sowie

138 a und b. Gestrandeter Tanker »Amoco Cadiz« vor der bretonischen Küste und Beseitigung des Ölschlamms. Photographien, 1978

– vor allem in Saudi-Arabien – ernsthafte Bestrebungen zur Schonung der begrenzten Ölvorräte führten 1973/74 zur ersten Ölkrise mit einer Verknappung des Ölangebots und mit steigenden Preisen. In der Bundesrepublik wurden vorübergehend Geschwindigkeitsbegrenzungen erlassen und sogar Fahrverbote, die »autofreien« Sonntage, angeordnet.

Ausgehend vom Rückgang der Automobilproduktion und der Bauinvestitionen bahnte sich sogar eine schwere Konjunkturkrise an. Mit einer deutlichen Lockerung ihres finanziellen Stabilitätsprogramms versuchte die Bundesregierung entgegenzusteuern. Die Ölkrise führte aber ganz allgemein in Politik und Wirtschaft zu einer Erschütterung gewohnter Vorstellungen. So erlebte in der Wirtschaftspolitik nach »Stagflation« und Ölkrise die Wirtschaftstheorie von Joseph A. Schumpeter (1883–1950) eine erstaunliche und bis heute anhaltende Renaissance. Nicht mehr nur die Steuerung von Nachfrage über die Geldpolitik schien die Gesundheit der Wirtschaft zu garantieren. Der »dynamische Unternehmer« mit seinem Gespür für »Innovationen«, das heißt für neue Rohstoffe, für Erfindungen, für neue Produktionsmittel und für neue Märkte, wurde als wesentlicher Ausgangspunkt positiver konjunktureller Entwicklungen in das Zentrum der Wirtschaftstheorie gerückt.

Im engeren Bereich der Energiepolitik hat die Ölkrise 1973/74 trotz wachsender Bedenken den Ausbau der Kerntechnik noch einmal gestützt. Sie hat aber auch den ungehemmten Energieverbrauch, die weltweiten Ungleichgewichte und die Begrenztheit der Ressourcen in der Öffentlichkeit bewußtgemacht. Seit der Ölkrise wurden deshalb Energiesparmaßnahmen und alternative Primärenergiequellen verstärkt diskutiert und durch administrative Maßnahmen gefördert. Doch eine Lösung der zukünftigen Probleme der Energieversorgung ist bis heute nicht in Sicht. Bei der Fusionsenergie – der Energiegewinnung durch kontrollierte Verschmelzung leichter Atomkerne wie der Wasserstoff-Isotope Deuterium und Tritium im Zustand extrem aufgeheizter Plasmen – erscheint trotz eines ersten Erfolgs bei der Zündung von Fusionsreaktionen Ende 1991 der energieliefernde Fusions-Reaktor noch in weiter Ferne. Weder sind die Probleme der Materialien gelöst, noch wird sich wegen der Entstehung radioaktiver Kerne die Verheißung einer risikoarmen und fast unerschöpflichen Energiequelle erfüllen lassen. Windenergie läßt sich in Küstenregionen und in Gebieten mit starken thermischen Luftbewegungen wirtschaftlich in elektrische Energie überführen, allerdings nur in begrenztem Umfang und auf Kosten massiver Eingriffe in Natur, Landschaft und Kleinklima.

Eine Hoffnung für die Zukunft stellt zweifellos die Nutzung der Sonnenenergie dar. Bei geeigneten klimatischen Bedingungen, bei fallenden Preisen technisch ausgereifter Solaranlagen und in einer wirtschaftlichen Umgebung höherer Energiepreise wird die Konzentration von Sonnenwärme in Kollektoren oder die Umwandlung von Sonnenlicht mit Hilfe der Photovoltaik in elektrischen Strom einen bedeutenden Anteil an den verfügbaren Primärenergien liefern können, zumal in den

Entwicklungsländern. Bestechend wären vor allem die Erzeugung von solarem Strom in sonnenreichen Regionen, die Umwandlung dieser Energie durch elektrolytische Zersetzung von Wasser und die Nutzung des so gewonnenen Wasserstoffs als Energieträger und als Kraftstoff. Die Idee einer umfassenden Wasserstoff-Wirtschaft ist auch insofern faszinierend, als damit die Erzeugung des klimaverändernden Kohlendioxids (CO_2) gestoppt werden könnte.

Doch auch die Nutzung von Solarenergie und die Erzeugung von Wasserstoff aus solarem Strom sind nicht ohne Risiken. Zumindest würde dies keinesfalls ohne Eingriffe in die Natur möglich sein. Abgesehen von den Risiken beim Aufbau einer Infrastruktur für Transport und Lagerung und bei der Verbrennung von Wasserstoff, bedeutet auch die Herstellung und Nutzung von Solaranlagen mit ausreichendem Wirkungsgrad wegen der geringen Leistungsdichte des Sonnenlichts, ähnlich wie bei der Nutzung von Windenergie, einen beachtlichen Aufwand an Materialien und Energie. In einem sehr tiefliegenden Sinn ist es wohl das Dilemma des Menschen, daß er überall dort, wo er in die natürliche Verteilung von Substanzen und Energien eingreift, in irgendeiner Weise für diesen Eingriff bezahlen muß, ein Dilemma, das seit der durchdringenden und globalen Technisierung unserer Welt seit 1945 nicht länger verborgen bleiben konnte.

Die Rolle der Wasserkraft

In diesem sehr grundsätzlichen Sinn gilt auch für die Nutzung der Wasserkräfte, daß sie nicht ohne ökologische Folgen bleiben kann: Es müssen riesige Staudämme aufgerichtet werden; gewaltige Turbinen, Generatoren und Übertragungssysteme müssen hergestellt und installiert werden; der Transport von Geschiebe und fruchtbarem Schlamm wird gestört; ganze Tallandschaften wandeln durch die Überflutung ihr Gesicht; und Staudammkatastrophen weisen auf das bestehende Risiko hin. Trotzdem wird die Nutzung von Wasserkräften an wasserreichen Flüssen mit hohem Gefälle eine feste Größe bleiben oder – besonders außerhalb Europas – sogar noch ausgedehnt werden. Neben der Kernenergie, die weltweit um 1990 einen Anteil von 6 Prozent an den genutzten Primärenergien hält, neben den mit einem Anteil von etwa 80 Prozent immer noch beherrschenden fossilen Energieträgern spielt die Nutzung der Wasserkraft nach wie vor eine gewichtige Rolle. Ihr Anteil an den Primärenergien beträgt immerhin 7 Prozent. Blickt man nur auf die Erzeugung von elektrischem Strom, hat die Wasserkraft zur Zeit sogar weltweit einen Anteil von etwa 20 Prozent.

In Deutschland erfolgte der Ausbau von Wasserkraftwerken seit etwa 1900 verhältnismäßig stetig. Allenfalls in den zwanziger Jahren und wieder in den Jahren 1950 bis 1970 war die Bautätigkeit intensiver, wobei ab 1970 gleichzeitig eine

139. »Sylvensteinspeicher«, Talsperre an der oberen Isar. Photographie von N. P. Molodovsky, 1960

gewisse Sättigung bei der Nutzung der Wasserkräfte erkennbar wurde. So waren etwa die wasserreichen Voralpenflüsse, die Donau, der Neckar und die Mosel in einem Maße ausgebaut worden, daß sie heute fast einer Kette von Staustufen und Stauseen gleichen. Vergleichbar stark genutzt werden die Wasserkräfte in den österreichischen, schweizerischen, italienischen und französischen Alpen, wobei in Frankreich die Rhône als größter Alpenabfluß nicht nur den Bau zahlreicher Staustufen – vom Jura bis in die Provence – erlebt hat, sondern außerdem das Kühlwasser für einen beachtlichen Anteil der französischen Kernkraftwerke liefert. Spektakuläre Wasserkraft-Projekte waren im Bereich der Alpen vor allem die in den sechziger und siebziger Jahren gebauten Hochdruckspeicher. Eine Reihe solcher Kraftwerke mit Fallhöhen um 1.000 Meter und mit Leistungen bis über 700 MW befinden sich in Österreich, so die Kraftwerke im Gebiet Sellrain-Silz, im Kauner-Tal und im Malta-Tal. Solche Hochdruckspeicher dienen, ebenso wie Pumpspeicherwerke, zur Deckung des jahreszeitlichen und tageszeitlichen Spitzenbedarfs. In Skandinavien stehen neben Schweden insbesondere Norwegen große Wasserkraftwerke zur Verfügung, Kraftwerke, die trotz oft bescheidener Nennleistung vor allem durch eine hohe jährliche Stromerzeugung gekennzeichnet sind. Die wirklichen Riesen unter den Wasserkraftwerken befinden sich mit wenigen Ausnahmen außerhalb Europas, und zwar in Amerika, im asiatischen Teil der ehemaligen UdSSR und in Afrika.

Beginnend mit Roosevelts Politik des »New Deal«, die einen zunehmenden staatlichen Einfluß auf die Energiepolitik mit sich brachte, wurden in den USA ab 1936 die großen und bis zum Totalausbau reichenden Wasserkraftprojekte der Tennessee Valley Authority durchgeführt. Etwa gleichzeitig wurde an der Grenze von Arizona und Nevada in der Schlucht des Colorado der riesige Boulder-Damm gebaut, wobei das Kraftwerk bei einem Ausbauzustand von 18 Maschinen eine Leistung von 1.350 MW erreichte. Etwas später, 1933 bis 1942, wurde im Nordosten des Westküstenstaates Washington am Columbia River der Grand-Coulee-Damm geschaffen. Er dient der Hochwasserregulierung und der weitreichenden künstlichen Bewässerung. Zudem aber war er mit seinem Kraftwerk, das bereits in der ersten Ausbaustufe eine Leistung von 2.000 MW besaß, wiederum eine wichtige neue Energiequelle im Nordwesten der USA. Nach stufenweisem Ausbau seines Kraftwerks zählt der Grand Coulee noch heute zu den größten Kraftwerken der Welt. Am Columbia River entstanden nach dem Zweiten Weltkrieg weitere Großkraftwerke, ebenfalls am Colorado, wobei die Bewässerung eine besondere Bedeutung hat. Ein ab 1958 errichtetes großes Kraftwerk am St.-Lorenz-Strom mit einer Nennleistung von 1.800 MW teilen sich die USA und Kanada, wie überhaupt Kanada am St.-Lorenz-Strom sowie über das Land verteilt etwa 10 der 50 weltgrößten Wasserkraftwerke besitzt.

Die Entwicklung der großen Wasserkraftwerke in Nordamerika war nur durch eine parallel laufende Entwicklung der elektrischen Anlagen möglich. So wurde am Grand Coulee die Leistung der einzelnen Maschinen von etwa 100 MW auf 700 MW (1975) gesteigert. Bereits 1938 waren 60 Prozent der Generatoren mit der besonders wirksamen Wasserstoffkühlung ausgestattet. Eine hochentwickelte Meßtechnik unterstützte die Betriebsführung der Anlagen. Wegen der oft großen Entfernungen zu den Zentren der Industrie und der Bevölkerung mußte man von Anfang an versuchen, die elektrische Energie bei möglichst hohen Spannungen verlustarm fortzuleiten. So übertrug man bereits 1937 bei der Fertigstellung des Boulder-Damms in der ersten Ausbaustufe eine Leistung von 265 MW bei der damals höchsten Spannung von 287,5 Kilovolt (kV) über eine Entfernung von 435 Kilometern nach Los Angeles. Hochspannungsübertragungen mit sehr hohen Spannungen und Hochspannungsgleichstrom-Übertragungsstrecken werden heute vornehmlich bei der Fortleitung von entlegenen großen Wasserkraftwerken, beispielsweise in Rußland, Kanada, Brasilien oder Mozambique, benötigt. Die Spannungen wurden von 500 kV, über 735 kV und 900 kV auf 1.200 kV gesteigert, also auf Werte, die

140. Das im Bau befindliche Wasserkraftwerk des Assuan-Staudamms. Photographie, 1966

drastisch über den Spannungen des stark vermaschten europäischen Drehstrom-Großverbundnetzes von 220 kV und 380 kV liegen.

Die zukünftige Rolle, die die klassische regenerative Energie-»Wasserkraft« spielen kann, muß man allerdings regional sehr unterschiedlich einschätzen. In Deutschland wie im übrigen Europa sind dem weiteren Ausbau von Wasserkräften, trotz der noch bestehenden Nutzungsmöglichkeiten, wegen der dichten Besiedelung, der bereits mehrfach überlagerten Netze des Verkehrs, der Energieversorgung

141. Staudamm in Bin-El-Quidane im marokkanischen Atlas-Gebirge. Photographie von Jos Verheyden, um 1974

und der Kommunikation und nicht zuletzt im Hinblick auf den notwendigen Erhalt von Natur und Landschaft enge Grenzen gesetzt. Prognosen gehen deshalb davon aus, daß die Nutzung der Wasserkräfte in Europa von 33 Prozent der gesamten nutzbaren Wasserkräfte im Jahr 1981 nur noch bis 43 Prozent im Jahr 2000 steigen kann. Auch in Nordamerika wird lediglich ein Anstieg von 18 Prozent (1981) auf 26 Prozent (2000) erwartet. Eine Vervielfachung der Nutzung wird allenfalls für Südamerika, Afrika, Asien und Australien vorhergesagt. Das Ausgangsniveau der Nutzung liegt hier allerdings immer noch relativ niedrig. Riesenprojekte, wie das Kraftwerk Itaipu an der Grenze zwischen Brasilien und Paraguay, der Assuan-Hochdamm, der Cabora-Bassa-Damm in Mozambique oder die sibirischen Jenissei-Kraftwerke mit projektierten Nennleistungen bis zu 10.000 MW und Arbeitsvermögen bis zu 60.000 Gigawattstunden dürfen nicht darüber hinwegtäuschen, daß hier immer noch beachtliche ungenutzte Potentiale vorhanden sind. Es handelt sich um Potentiale, die bei mittelfristiger wirtschaftlich-technischer Planung von großer Bedeutung sind, weil sie mit einer zwar nicht risikofreien, aber lange erprobten und ökologisch verhältnismäßig schonenden Technik erschlossen werden können. Vor allem die Vermeidung von CO_2-Emissionen wäre aus der Sicht der globalen Klimaveränderungen besonders wichtig.

Die Erschließung von Wasserkräften außerhalb der Industrieländer hat nicht bloß den Aspekt der sicheren und umweltfreundlichen Versorgung mit elektrischer Energie. Denn eine mit der Stromerzeugung in Wasserkraftwerken gekoppelte industrielle Entwicklung könnte die wohl kaum mehr beliebig lange tolerierbaren weltweiten Ungleichgewichte im Lebensstand und insbesondere im Energieverbrauch abmildern helfen. Vergleiche von Energieverbrauch und Bruttosozialprodukt zeigen, daß die Industrieländer und die ölexportierenden Länder zwanzig- bis zweihundertmal mehr Energie verbrauchen als Länder mit niedrigem Einkommen in Afrika und Asien. – Eine Art des Transfers von Technologie und eine Verbesserung der Wirtschaftskraft von weniger industrialisierten Ländern stellen bereits die Kraftwerksbauten selbst dar. Großprojekte, etwa Cabora Bassa oder Itaipu, mit Budgets von mehreren Milliarden DM, wurden von internationalen Firmen-Konsortien abgewickelt, wobei durch Lizenzvergabe zum Teil versucht wurde, Hersteller vor Ort in das Projekt einzubinden. Das Problem ist freilich, daß damit den Empfängerländern des Transfers ein Industrialisierungsmuster aufgeprägt wird, von dem man weder sicher sein kann, daß es in sich über jeden Zweifel erhaben ist, noch, daß es sich auf die ethnischen, geographischen und wirtschaftlichen Bedingungen der Empfängerländer abstimmen läßt.

Eine wichtige Verbesserung der Wirtschaftlichkeit der Wasserkraftnutzung fern großer Verbraucherzentren wäre die Kopplung von Stromgewinnung und Erzeugung von Wasserstoff durch Elektrolyse von Wasser. Auch diese Erweiterung des Systems der Wasserkraftnutzung hätte den Vorteil einer lange erprobten Technik. So wurde in Norwegen schon vor dem Zweiten Weltkrieg unter Nutzung der reichlich vorhandenen Wasserkräfte durch die elektrolytische Zerlegung von Wasser elementarer Wasserstoff für die Synthese von Ammoniak (NH_3) hergestellt. Große und wirtschaftlich arbeitende Anlagen werden beispielsweise in Ägypten, Indien und Kanada betrieben, und zwar bei Produktionsmengen bis zu 30.000 Kubikmeter Wasserstoff in der Stunde. Solche Anlagen zur Wasserstoffgewinnung könnten einmal als Kristallisationspunkt einer lokalen Industrialisierung in Entwicklungsländern dienen, etwa ausgehend von einer eigenen Erzeugung synthetischer Dünger. Zum anderen könnte der Wasserstoff als wertvoller Energieträger in die europäischen Industrieländer exportiert werden. Die Entwicklung der hier notwendig werdenden Infrastruktur an Transportmitteln und Verteilungssystemen würde die in der Zukunft liegende Nutzung der Sonnenenergie in idealer Weise vorbereiten.

Zukünftige Energieversorgung

Im Zusammenhang mit der bedenklichen Argumentation, die enorme CO_2-Emission bei der Verbrennung fossiler Energieträger fordere geradezu eine verstärkte Nutzung der Kernenergie, wurde bereits auf die – eher zur Sorge Anlaß gebenden – Probleme der zukünftigen weltweiten Energieversorgung hingewiesen. Die wachsende Weltbevölkerung und die zunehmende Angleichung der Lebensverhältnisse werden zur Folge haben, daß der Primärenergiebedarf weltweit noch weiter ansteigen wird. Wegen der drohenden Klimaveränderung, mit Blick auf die Bedeutung von Kohle und Erdöl als Rohstoffbasis für die Synthese organisch-chemischer Substanzen und zur Vermeidung von Auseinandersetzungen um Rohstoffe müssen die fossilen Brennstoffe als Energieträger zweifellos substituiert werden. Der Golf-Krieg Anfang 1991, der mit großer Sicherheit ein Rohstoffkrieg war, hat die Problematik der fossilen Brennstoffe erneut demonstriert.

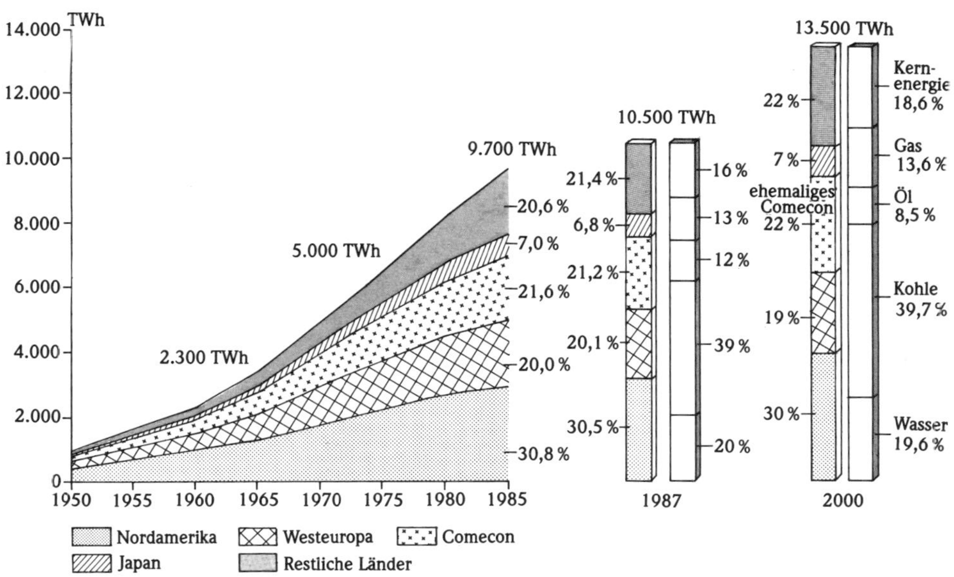

Weltweite Stromerzeugung nach ausgewählten Ländergruppen und Energieträgern (nach Analysen, 28, 1991)

Bau- und Betriebserfahrung können jedoch in der Energietechnik in der Regel nur in einem sich über mehrere Jahrzehnte erstreckenden und außerordentlich kapitalintensiven Entwicklungsprozeß erworben werden. Erst nach einer solchen Bewährungsphase kann von einer technisch zuverlässigen, wirtschaftlich konkurrenzfähigen und – heute unabdingbar – von einer ökologisch vertretbaren Technik gesprochen werden. Da bei der Nutzung der Fusionsenergie selbst Prototyp-Reaktoren in weiter Ferne liegen, wird diese neue Primärenergiequelle mit großer Wahrscheinlichkeit nicht zur Substitution fossiler Energieträger beitragen können. Ob in den nächsten Jahrzehnten die Nutzung der Sonnenenergie, etwa über die Wasserstoffwirtschaft mit der Wasserkraftnutzung verknüpft, wesentlich zur Deckung des weltweiten Primärenergiebedarfs beitragen kann, ist noch nicht sicher erkennbar.

Die Entwicklung der Kernenergie mit den Risiken radioaktiver Strahlung und der enorme Verbrauch von Kohle, Öl und Erdgas mit den möglichen Folgen für das Klima der Erde haben also die Energiewirtschaft und die Energiepolitik in einen schweren Konflikt geführt. Ob der Weg aus der Krise, nämlich die zunehmende Nutzung regenerativer Energien, rasch genug zum Ziel führen kann, ist – wie gesagt – heute nicht leicht zu beurteilen. Im Grunde bleibt das heikle Problem der weiteren Nutzung der Kernenergie damit ungelöst. Aber Nutzung der Kernenergie ist eben ein Thema, bei dem sich die Meinungen enorm polarisieren. Von der Politik, über die gesellschaftlichen Gruppen bis herab in den persönlichen Bereich wird diese Frage völlig kontrovers diskutiert.

Obwohl eine Schilderung der Geschichte der Technik, insbesondere die der Zeit zwischen 1945 und 1992, ohne bewußte und unbewußte Urteile und Bewertungen kaum vorstellbar ist, wird man vor allem an dieser Stelle ausdrücklich eine persönliche Meinung formulieren müssen. Jedenfalls bestehen aus der Sicht des Autors keine Zweifel, daß ein großer Unfall eines Kernkraftwerks, bei dem das Containment nicht standhalten würde, zumindest in dichtbesiedelten Ländern die nationale Katastrophe zur Folge hätte. Die grundlegenden physikalischen Eigenheiten der Kernenergienutzung, also die Erzeugung von Energie samt der gleichzeitigen Entstehung zum Teil extrem langlebiger radioaktiver Spaltprodukte, lassen es ebenso unzweifelhaft erscheinen, daß damit ausgedehnte und anhaltende schwere Schäden entstehen würden.

Andererseits – und dies heißt in fast schizophrener Weise die eher naturwissenschaftliche Betrachtungsweise gegen eine eher ökonomische und politische auszutauschen – wurden weltweit, zumal in Frankreich und in der Bundesrepublik, enorme staatliche und private Geldmittel in die anfänglich so verheißungsvolle Kerntechnik investiert. In der Bundesrepublik hat dies allerdings den bitteren Beigeschmack, daß ein erheblicher Teil dieser Mittel allein durch das Scheitern des Schnellen Brüters in Kalkar und des Hochtemperatur-Reaktors in Hamm-Uentrop als verloren angesehen werden müssen. Dennoch kann man wohl politisch und ökono-

142. Fusionsexperiment »Wendelstein-II B« im Max-Planck-Institut für Plasmaphysik in Garching bei München vor der Verlegung nach Stuttgart. Photographie, 1974

misch kaum anders handeln, als eine Amortisation der in die Kerntechnik investierten Gelder anzustreben. Mehr noch: Um in politischen und wirtschaftlichen Krisensituationen handlungsfähig zu bleiben, ist es möglicherweise ebenfalls notwendig, wenigstens das in der heutigen Nutzung der Kernenergie steckende technische Wissen zu erhalten. Radikale energiepolitische Einschnitte, die tief in das gesamte Wirtschaftsgefüge und in den Lebensstandard des Einzelnen eingreifen müßten, würden sicher zu erheblichen sozialen Spannungen führen. Wie schwierig selbst ein geringfügiger Rückbau des Primärenergieverbrauchs unserer Gesellschaft ist, zeigt die Unfähigkeit, wenigstens den Zuwachs der Dichte unseres Straßenverkehrs zu bremsen.

Die Mikroelektronik: vom Transistor zur Höchstintegration

Die Erfindung des Transistors

Eine der wichtigsten Fähigkeiten der in der Entwicklung von Technik handelnden Menschen ist es offenbar, frühzeitig Grenzen bestehender Technik vorauszusehen und Möglichkeiten zu ihrer Überwindung zu erahnen. Das Problem ist dabei oft, daß sich eine solche weit vorausschauende neue Technik fast zwangsläufig noch in einem sehr unvollkommenen Zustand präsentiert. Im Zweiten Weltkrieg geschah eine ganze Reihe technischer Entwicklungen, die, durchgeführt in einer Zeit, in der die alte Technik fast unangefochten »gültig« war, doch längerfristig zur Überwindung bestehender Grenzen führte. Jet- und Raketentriebwerke sind hier auffallende Beispiele, wie kommende Entwicklungen in Luft- und Raumfahrt vorweggenommen wurden. Bestechender noch – mit Blick auf die Organisation der grundlegenden Forschung – ist die Entdeckung des Transistoreffekts in den Bell Laboratories. Wichtigste Voraussetzung war, daß die Forschung bei Bell ein ausgeprägtes Interesse für die grundlegenden physikalischen Eigenschaften des Festkörpers hatte. Offenbar gab es in den Forschungslabors der Firma Bell bereits zur Blütezeit der Technik der Elektronenröhren außerdem eine erstaunlich konkrete Vorstellung davon, daß mit einem Festkörperbauelement die Grenzen der Röhrenverstärker zu überwinden sein sollten, Grenzen, die mit dem hohen Stromverbrauch, mit der Größe und mit der Empfindlichkeit der Elektronenröhren zu tun haben.

Immerhin waren seit der Mitte der zwanziger Jahre theoretisch zwar kaum verstandene, aber im industriellen Maßstab hergestellte Halbleiterbauelemente vorhanden, etwa die auf Selen und Kupfer(I)-Oxid basierenden Gleichrichter. Seit den vierziger Jahren waren für empfindliche Detektoren für Mikrowellenradar zudem Silizium- und Germanium-Gleichrichter eingeführt worden. Die Entwicklung von Halbleiterverstärkern litt aber zunächst unter der allzu einfachen Analogie zu der Dreielektroden-Verstärkerröhre, der Triode. Die Idee war, in die für den Gleichrichtereffekt entscheidende Raumladungszone eines Festkörpergleichrichters zusätzlich ein Steuergitter einzubringen. Doch in funktionierende Bauelemente waren solche Vorstellungen unter den gegebenen technologischen Voraussetzungen noch nicht zu überführen.

1947 gelang es dann John Bardeen (1908–1991) und Walter Brattain (1902–1987), in Gestalt eines Spitzentransistors in den Bell Laboratories einen ersten Festkörperverstärker zu entwickeln. Zwei Elektroden aus Wolfram als Emitter und Kollektor wurden in geringem Abstand auf den Halbleiter Germanium gepreßt. Bei entsprechender positiver Polung der Emitter-Elektrode wurde die Konzentration positiver Ladungsträger und somit die Leitfähigkeit in die Oberfläche des Halbleiters Germanium stark vergrößert. Kleine Schwankungen einer Steuerspannung am Emitter konnten damit kräftige Schwankungen im Kollektorstrom bewirken. William Shockleys (1910–1989) Idee eines Feldeffekttransistors, die die Gruppe Bardeen, Brattain und Shockley eigentlich geleitet hatte, die zudem durch ältere Patente geschützt war, konnte erst 1958 durch Stanislaus Teszner, der bei einer Tochter der General Electric in Frankreich arbeitete, im Labor realisiert werden. Kommerzielle Junction-Feldeffekttransistoren (JFETs) wurden sogar erst 1960 von Crystalonics, einer Teilfirma von Teledyne in Cambridge, Massachusetts, produziert.

Die vorausschauende und gezielte Forschungsplanung bei den Bell Laboratories wurde durch die unmittelbare Aufnahme des Transistors eher enttäuscht. Die Fertigungsprobleme, die vorwiegend mit dem mißlichen Konzept des Spitzentransistors zu tun hatten, erlaubten es anfänglich nicht, ein Bauelement mit gleichmäßigen elektrischen Eigenschaften, mit hoher Betriebssicherheit und mit einem vernünftigen Preis zu produzieren. Obwohl zum Beispiel bei der Radio Corporation of America (RCA) in Rundfunkempfängern und in ähnlichem Gerät die Verwendung von raumsparenden Transistoren demonstriert wurde, und obwohl man den Transistor in Hörgeräten einsetzte, konnte er sich auf dem zivilen Elektronik-Markt zunächst nicht durchsetzen.

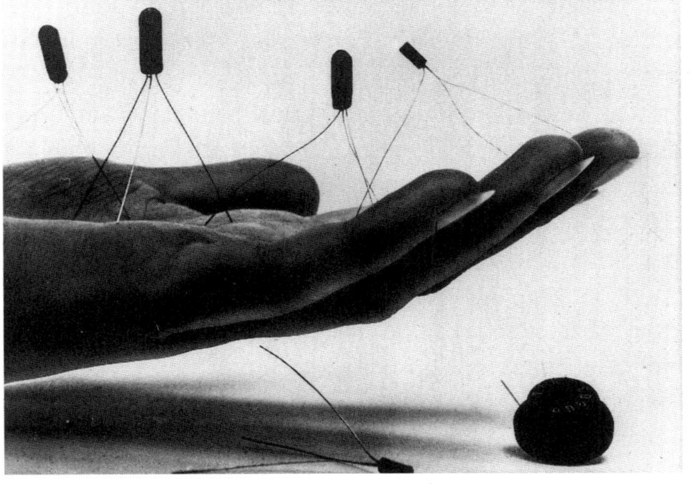

143. Transistoren der Firma »Telefunken«. Photographie, 1959

Anders sah es bei den militärischen Anwendern aus. Hier hatte schon die Entwicklung im Zweiten Weltkrieg, so beim raumsparenden Einbau der Elektronik von Radarsystemen in Kampfflugzeugen oder in kleinen Annäherungszündern für Granaten, einen kräftigen Anstoß zur Miniaturisierung gegeben. Argumente wie geringes Volumen und geringer Stromverbrauch waren so wichtig, daß es aus der Sicht der militärischen Verwender vertretbar war, Bauteile mit den geforderten elektrischen Eigenschaften mit großem Aufwand zu selektieren und die hohen Preise für diese ausgesuchten Bauelemente zu bezahlen. Eine Verbesserung der Ausbeute erbrachte zwischen 1951 und 1953 die Einführung der Flächentransistoren, bei denen die den Transistoreffekt hervorrufenden positiv und negativ leitenden Schichten in technologisch leichter reproduzierbarer Weise aneinandergefügt waren. Solche p- und n-leitenden Schichten lassen sich durch gezielte Verunreinigung sehr reiner Halbleitermaterialien durch Fremdatome erzeugen, durch das sogenannte Dotieren. Um die weitere Entwicklung an dieser Stelle vorwegzunehmen: Das Einbringen der Dotierstoffe in den Halbleiter wurde seit Mitte der fünfziger Jahre nicht mehr durch Legieren, sondern durch das Eindiffundieren von Fremdatomen aus der Gasphase heraus realisiert; seit 1960 konnten einkristalline, dotierte Halbleiterschichten, ebenfalls aus der Gasphase heraus, auf einer zweiten Halbleiterschicht zum Aufwachsen gebracht werden; man spricht von Gasphasen-Epitaxie. Seit Mitte der sechziger Jahre wurden diese Methoden durch das Ionen-Implantationsverfahren ergänzt, das heißt, daß die Fremdatome in ionisierter, elektrisch geladener Form beschleunigt und somit in den Festkörper eingebracht werden.

Eine weitere Miniaturisierung bedeutete zunächst nur die Verkleinerung von Bauelementen, das Zusammenführen von Transistoren und von anderen Bauelementen auf einem isolierenden Trägermaterial und die Verbindung dieser »diskreten« Bauelemente durch Verdrahtung oder durch die metallischen Leiterbahnen einer gedruckten Schaltung. Mit dieser Modul-Technik waren einer nochmaligen Miniaturisierung enge Grenzen gesetzt. Deshalb konnte sich hier die Technik der Elektronenröhren in gewissem Umfang sogar behaupten. Aber der Zwang zur Miniaturisierung hatte sich am Ende der fünfziger Jahre noch einmal verstärkt. Besonders vom Stand der amerikanischen Raketentechnik ging ein enormer Druck aus, für die Steuerung von Raketen in großem Umfang elektronische Bauteile einzusetzen. Diese Elektronik mußte die Forderung erfüllen, möglichst leicht zu sein, wenig Raum zu beanspruchen und einen geringen Stromverbrauch zu haben. Bei den militärischen Interkontinentalraketen rührte diese Forderung daher, daß man den verwundbar erscheinenden Steuerungscomputer einer Leitstelle, wie er noch bei der Atlas-Rakete verwandt wurde, durch eine mobile Leitstelle und durch einen in der Rakete mitgeführten Bordcomputer ersetzen wollte. In der zivilen

Raumfahrt, insbesondere im Mondlande-Programm »Apollo«, entstand der Zwang zur Miniaturisierung der Elektronik durch die lang anhaltende Schwäche der amerikanischen Raketentechnik bei den zur Verfügung stehenden Nutzlasten. Selbst beim vergleichsweise ökonomischen Lunar-Orbit-Rendezvous-Verfahren und unter Verwendung der Saturn-5-Rakete blieb es bei der Forderung, mit Größe und Gewicht äußerst sparsam umzugehen. Zumal der Aufstieg der industriell produzierten Rechner, die sich um 1955 trotz einer ausgeprägten militärischen Vorgeschichte in einen rein kommerziellen Raum hinein entwickelten, übte einen beachtlichen Sog in Richtung auf miniaturisierte und stromsparende elektronische Bauteile aus.

In der Produktion von Halbleiterbauelementen war mittlerweile die etwas groteske Situation entstanden, daß die notwendigen lithographischen Vorgänge sowie die Ätz- und Diffusionsprozesse bereits mehrfach auf einem zusammenhängenden einkristallinen Halbleitermaterial, dem Wafer, durchgeführt wurden. Die so nebeneinander hergestellten Bauelemente wurden zunächst mechanisch voneinander getrennt, doch anschließend in zunehmend komplizierteren Schaltungen mit Hilfe von Leiterbahnen wieder mühsam miteinander verknüpft. Wie groß der Bedarf an Bauelementen war, wie sehr man umgekehrt mit der Verdrahtung »diskreter« Bauelemente an die Grenze des in der Produktion Machbaren geriet, zeigt ein Blick auf den 1960 von Control Data eingeführten Computer CD 1604, der rund 100.000 Dioden und 25.000 Transistoren enthielt. Die enormen Fortschritte der Festkörperphysik und der Halbleitertechnologie konnten also nicht entfernt in entsprechende technisch-industrielle Vorteile umgesetzt werden. Überhaupt hatte die Festkörperphysik wegen der wachsenden Komplexität der technischen Anwendung viel von ihrer stimulierenden Wirkung in der Halbleitertechnik eingebüßt. Die von Leo Esaki 1958 bei Sony entwickelte Tunneldiode, die direkte Überführung des quantentheoretischen Tunneleffekts – Durchtritt von einzelnen Teilchen mit Energie unterhalb eines sogenannten Potentialwalles – in ein Bauelement, konnte die in sie gesetzten Erwartungen nicht erfüllen.

Der integrierte Schaltkreis

Den entscheidenden Schritt von einer Art angewandter Festkörperphysik hin zu einer deutlich ingenieurwissenschaftlich geprägten Halbleitertechnik stellt die Idee des integrierten Schaltkreises dar, das heißt das Konzept, in einem kontinuierlichen Prozeß die Bauelemente und die sie verbindenden Leiterbahnen einer Schaltung im Substrat des Halbleiters selbst aufzubauen. Entwickelt wurde der erste integrierte Schaltkreis 1958 von Jack Kilby, der, nachdem er bei der Entwicklung von transistorisierten Hörgeräten Erfahrungen bei der Miniaturisierung gesammelt hatte, in einer neuen Position bei Texas Instruments (TI) sich mit einem Miniaturisierungsprojekt in der militärischen Nachrichtentechnik auseinandersetzen sollte. Texas Instruments in Dallas produzierte seit 1952 Punkt- und Flächentransistoren und hatte sich ab 1954 vornehmlich als erster Hersteller der im Vergleich zu Germanium-Transistoren bezüglich Temperaturen und Stromstärken sehr viel robusteren Silizium-Transistoren einen Namen gemacht. Herausragende Bedeutung hatten die verbesserten Eigenschaften des Silizium-Transistors wiederum für die militärische Anwendung.

In Forschung und Entwicklung behielt das physikalisch sehr gut bekannte und leichter handhabbare Germanium allerdings seine Bedeutung, nicht zuletzt in der Erfindungsphase der integrierten Schaltung. Beim ersten integrierten Schaltkreis konnte Kilby im Substrat einer Germanium-Scheibe einzelne Bauelemente wie Transistoren, Widerstände und Kondensatoren erzeugen. Doch diese Bauelemente mußten noch mit feinen Golddrähten im Sinne einer Oszillator-Schaltung oder einer Flip-Flop-Schaltung, einer bistabilen Kippschaltung, verbunden werden. Anfang 1959 konnte Texas Instruments einen ersten integrierten Schaltkreis, erneut eine zum Beispiel als Speicherelement nutzbare Flip-Flop-Schaltung, in einer monolithisch hergestellten Version vorstellen. Festkörperwiderstände, Kondensatoren und Mesa-Transistoren mit erhabenen Strukturen waren nun gleichzeitig mit Hilfe von Photoätz- und Diffusionsverfahren im Halbleiter Germanium hergestellt worden.

Die ersten integrierten Schaltkreise von Texas Instruments waren jedoch schwierig in der Herstellung und unbefriedigend in der Nutzung der Leistung der einzelnen Bauelemente. Der eigentliche Durchbruch wurde wenig später von Robert N. Noyce (1927–1990) bei Fairchild Semiconductor in Mountain View, California, erzielt. Unter Benutzung der neuen Planar-Technologie zur Herstellung von Transistoren, bei der die flachen, unterschiedlich dotierten Schichtstrukturen in den Halbleiter hineinragen, gelang es Noyce, in Silizium-Scheiben durch Diffusionsprozesse Widerstände und Transistoren zu erzeugen. Die in Silizium eingebetteten Bauelemente waren durch eine Oxidschicht abgedeckt und voneinander isoliert. Mit Hilfe von aufgedampftem Metall, das durch Bohrungen in der Isolierschicht hindurchtrat und durch Masken auf die Oberfläche der Isolierschicht gebracht wurde, konnten die Bauelemente der Schaltung leitend verbunden werden.

Damit begann für Fairchild, doch nicht nur für dieses Unternehmen, weil Texas Instruments aufgrund vermeintlich eigener Patentansprüche das Aufdampfen von metallisch leitenden Verbindungen übernommen hatte, der Weg in die wachsende Produktion integrierter Schaltkreise. Der Siegeszug der Chips hatte begonnen. Die sprachlich hilflosen Bezeichnungen »Small Scale Integration« (SSI), »Medium Scale Integration« (MSI), »Large Scale Integration« (LSI) und »Very Large Scale Integration« (VLSI) können kaum etwas von der lawinenartigen Entwicklung zur stetigen Verkleinerung der Bauelemente und zur ständigen Vergrößerung der Packungsdichte im Substrat des Halbleiters andeuten.

Die in Zahlen auszudrückenden Integrationsdichten haben tatsächlich eine rasante Entwicklung erlebt: 1964 wurden auf 0,5 Quadratzentimeter Chipfläche 10 Transistoren und einige weitere Bauelemente integriert. Der Durchbruch zu sehr hohen Integrationsdichten gelang dann ab Mitte der sechziger Jahre aufgrund der Entwicklung der sogenannten Metal Oxide Semiconductor (MOS)-Technologie, also der Entwicklung von MOS-Feldeffekttransistoren. Im Gegensatz zu den bipolaren Transistoren, bei denen ein Übergang zwischen p- und n-leitenden Halbleiterschichten zur Steuerung von Strömen dient, wird im unipolaren Feldeffekttransistor über ein elektrisches Feld der Strom eines einzigen Ladungsträgers gesteuert. Bei gleich bleibenden Fertigungskosten enthielt 1970 ein Chip 100 Transistoren und zusätzliche Bauelemente, 1975 integrierte man 1.000 Transistoren auf einem Chip, 1980 waren es 50.000 und 1985 bereits 1 Million. Sind mehr als 100.000 Funktionen auf einem Chip zusammengefaßt, spricht man von VLSI-Technik.

Die Folge der Integration ist, daß die Strukturen der Bauelemente und Leiterbahnen immer feiner werden. So haben heute Chip-Strukturen eine Ausdehnung von nur noch 0,35 Mikrometer (μ), wobei man bis zum Jahr 2000 0,1 μ erreichen will. Umgekehrt werden heute auf einem 64-Megabit-Speicherchip um 140 Millionen Transistoren auf 2 Quadratzentimeter Fläche integriert. Im Dezember 1991 haben IBM und Siemens ein erstes Labormuster des gemeinsam entwickelten 64-Megabit-Speicherchips, eines dynamischen Schreib-Lese-Speichers, vorgestellt. Extrapolationen für das Jahr 2000 prognostizieren in einer optimistischen Version sogar die Giga-Scale-Integration, also die Vereinigung von 1 Milliarde Bauelemente auf einem Chip. Diese spektakulären Zahlen gelten allerdings nur für die gleichförmig struktu-

144. Größenvergleich zwischen miniaturisiertem Schaltkreis und Streichholzkopf. Photographie, 1973

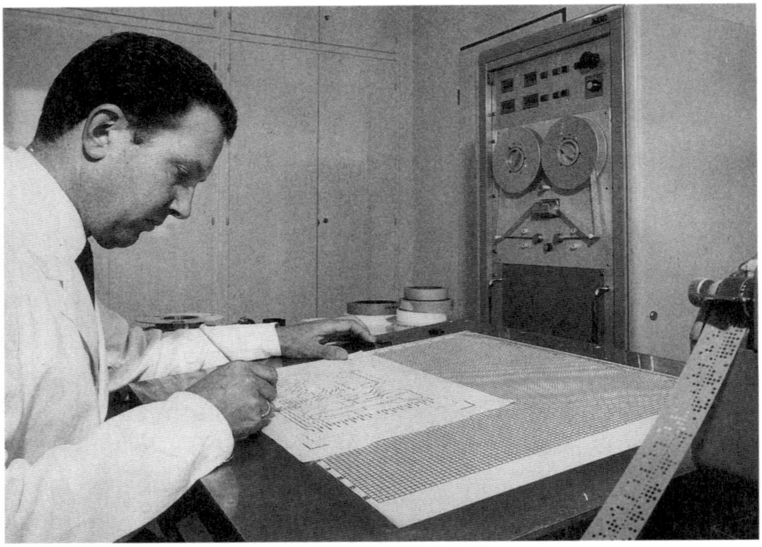

145. Rechnergestützte Entwicklung von gedruckten Schaltungen im Frankfurter Forschungslabor von AEG-Telefunken. Photographie, 1970

rierten Speicherchips. Für die komplexeren Strukturen in Prozessoren werden bei ernsthaften Anwendungen heute 500.000 bis etwa vier Millionen Transistoren auf einem Chip integriert.

Mit konventionellen Entwurfsmethoden lassen sich solche höchstintegrierten Schaltkreise nicht mehr entwickeln. Ohne die Nutzung von Rechnern wären jedoch auch die bisherigen Integrationsschritte nicht zu bewältigen gewesen. Erste Programme zur Berechnung von Schaltkreisen standen schon seit 1965 zur Verfügung. Die weitere Entwicklung dieser Programme wurde aber im wesentlichen durch die Rechengeschwindigkeit und durch die Speicherkapazität der verfügbaren Computer bestimmt. Etwas überspitzt ausgedrückt, diente der Fortschritt der Rechentechnik nur dazu, erneut Fortschritte bei Rechnern zu erzeugen. Tatsächlich reichten die größten jeweils verfügbaren Systeme gerade aus, um die wachsende Komplexität der Komponenten der nächsten Generation zu entwerfen. Vor allem auch die Entwicklung von Mikroprozessoren ist heute ohne Computerunterstützung nicht mehr möglich. So zeigte die Entwicklung des 1984 verfügbaren 32-bit-Prozessors »Motorola 68020« mit seinen etwa 250.000 Transistoren, daß ein in »diskreter« Technik realisierter Versuchsaufbau mit einem Volumen von 2 Kubikmetern und einer Geschwindigkeit, die nur 10 Prozent der geplanten Geschwindigkeit erreichte, keine sinnvolle Methode in der Erprobung eines Entwurfs mehr sein konnte. Um die Entwicklungszeiten zu verkürzen, werden deshalb heute vom

Schaltungsentwurf über die Simulation der Funktionen bis hin zur Steuerung der Herstellungsschritte leistungsfähige Rechner eingesetzt.

Wenn man also über die bloßen Zahlen hinaus Einblick in das computergestützte Design von Chips nimmt, zum Beispiel in den Entwurf einer Struktur integrierter Schaltkreise für die Funktionen eines Rechners, oder wenn man die außerordentlich anspruchsvolle, unter Reinraumbedingungen ablaufende Herstellung betrachtet, kommt man nicht umhin, hier eine fast furchterregende Leistung der modernen Ingenieurwissenschaft der Elektrotechnik zu sehen. Die genannten Integrationsdichten, räumliche Strukturen, die nur noch mit Hilfe des Mikroskopes erkennbar sind, minimale Schaltzeiten, die weit unterhalb von 10^{-9} Sekunden liegen, sind nicht nur unbestreitbare Signale für den Fortschritt der Technik, sie schaffen wohl, ähnlich wie in anderen Gebieten, in denen die räumlichen und zeitlichen Dimensionen des Menschen und die Dimensionen der Technik enorm auseinanderklaffen, eine wachsende Distanz zwischen der Front der Technikentwicklung und dem gedanklichen und gefühlsmäßigen Horizont der diese Technik anwendenden und kontrollierenden Menschen.

Wie beim Transistor ging auch beim integrierten Schaltkreis das Interesse zunächst fast ausschließlich von der militärischen Verwendung aus. 1961 lieferte Texas Instruments der amerikanischen Air Force einen Kleincomputer, der gegenüber dem Vorgängermodell nur noch etwa 1/50 an Gewicht und 1/150 an Volumen aufwies, bei der vierzehnfachen Zahl von Komponenten. 1962 erhielt Texas Instruments im Zuge des Programms zur Schließung der behaupteten Raketenlücke

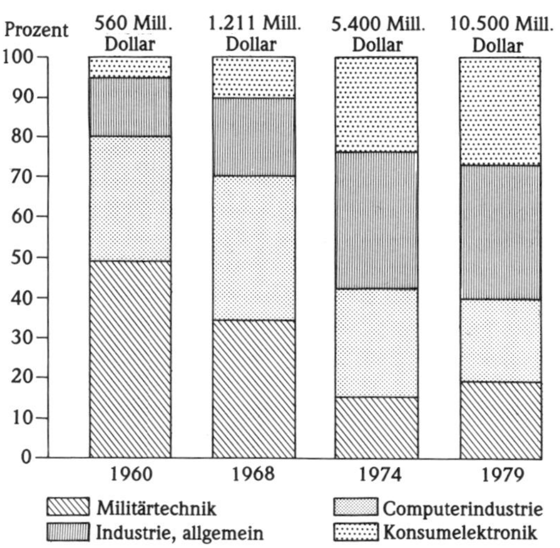

Verkaufszahlen der US-amerikanischen Halbleitertechnik, aufgeschlüsselt nach Endverbrauchern (nach Wilson)

gegenüber der UdSSR den Auftrag, für die Umrüstung der Interkontinentalrakete »Minuteman« spezielle integrierte Schaltkreise zu entwerfen und herzustellen. Herstellerin des vollständigen Bordrechners war die Teilfirma Autonetics der North American Aviation. Anstelle einer fest installierten und leicht angreifbaren Bodenleitstelle wurde die »Minuteman II« dann mit Hilfe dieses kompakten, auf integrierten Schaltungen aufgebauten Bordrechners und mittels einer kleinen mobilen Bodenleitstelle gesteuert. Gleichzeitig erhielt Fairchild Aufträge von der NASA für die Raumfahrt. Philco-Ford Microelectronics fertigte Chips für einen Computer im Rahmen des von der Miniaturisierung der Elektronik geradezu abhängigen Apollo-Mondlandeprogramms.

Dagegen drangen die Festkörperelektronik und insbesondere die integrierten Schaltungen in den USA erst Ende der sechziger Jahre langsam in konsumnahe Produkte vor. Fairchild demonstrierte 1966 mit einem weitgehend transistorisierten Großbild-Fernsehgerät die Möglichkeiten der Halbleitertechnik. Die RCA setzte ebenfalls 1966 einen integrierten Schaltkreis im Tonteil eines Farbfernsehgerätes ein. Wenngleich kein Massenprodukt, so war doch die Verwendung eines integrierten Schaltkreises im ersten implantierbaren Herzschrittmacher der Medtronic Inc, Minneapolis, 1967 ein weiterer wichtiger Hinweis auf eine Nutzung außerhalb des militärischen Bereichs und außerhalb der dem Investitionsgüterbereich zugehörenden großen Rechner. Etwas früher als in den USA wurde in Europa und in Japan der Weg in die »Consumer Electronics« beschritten. Anders als in den USA spielte hier die Militärtechnik nicht die entscheidende Rolle als Abnehmer von Bauelementen

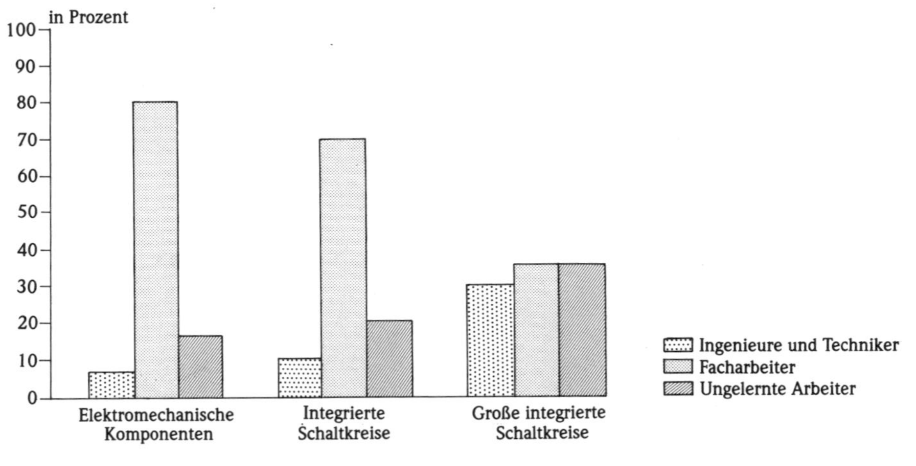

Veränderung der Struktur der Arbeitsplätze in der Halbleiterindustrie mit der zunehmenden Integration der Bauteile und der wachsenden Automatisierung ihrer Herstellung (nach Eckert und Schubert)

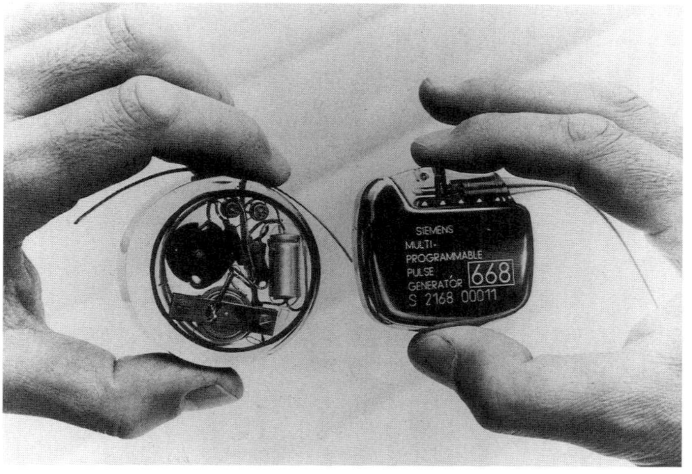

146. Herzschrittmacher verschiedener Generationen von Siemens. Photographie, 1983

der Mikroelektronik. 1968 gingen in Japan bereits 90 Prozent der hergestellten Transistorradios in den Export.

Die beachtlich lange Innovationsphase des integrierten Schaltkreises hatte nicht zuletzt innertechnische Gründe. Wie beim Transistor hatte man, was den Durchbruch im kommerziellen Sektor angeht, mit den Problemen einer sicher steuerbaren Produktion zu kämpfen. Erst nach einer Entwicklungsdauer von etwa acht Jahren beherrschte man ab 1968 die etwa 200 chemisch-physikalischen und photographischen Prozeßschritte der Halbleitertechnologie in reproduzierbarer Weise. Erst dann war für die integrierten Schaltkreise der Weg in die kommerzielle Anwendung wirklich frei. 1968 entschied sich auch die IBM beim Bau von Rechnern, den Ferritkern-Speicher zu verlassen und neben den übrigen Komponenten die Hauptspeicher in der Technik der integrierten Schaltkreise auszuführen.

Silicon Valley

Wie einzelne Firmennamen schon angedeutet haben, entstand mit der auf der Halbleitertechnik beruhenden Mikroelektronik eine völlig neue Industrie in den USA. Die Anfangsentwicklung wurde zwar noch von den großen Herstellern von Elektronenröhren getragen. Ausgehend von Shockleys 1955 gegründetem Transistor-Labor in Palo Alto und vor allem von Fairchild, dessen Engagement in der Halbleitertechnik 1957 durch den Auszug führender Mitarbeiter wie Robert N. Noyce aus Shockleys Labor zustande gekommen war, kam es zu einer regelrechten

Gründungswelle neuer Halbleiterfirmen. Sie siedelten sich vielfach auf engstem Raum im Santa Clara Country südlich von San Francisco an, und in Anspielung auf den führenden Grundstoff der Halbleitertechnik, das Silizium, auf englisch Silicon, bekam diese mit Hightech-Firmen regelrecht übersäte Region den Namen »Silicon Valley«.

Die Entstehung des Silicon Valley wird heute weniger mit der Ausstrahlung der festkörperphysikalischen Grundlagenforschung an den renommierten Universitäten von Stanford und Berkeley begründet als vielmehr mit der Attraktivität der Bay Area, mit der Infrastruktur an Zulieferern und nicht zuletzt mit der entstehenden industriellen kritischen Masse. Die praktischen technologischen Probleme der Festkörperelektronik waren offenbar in dieser sich verdichtenden industriellen Umgebung leichter zu lösen als in der unmittelbaren Umgebung der großen Universitäten. Die Tatsache, daß von den 1976 bestehenden 25 Firmen 24 wenigstens einen Gründer auf Fairchild zurückführen, zeigt die innovative Kraft dieses Herstellers. Zum anderen deutet sich hier die charakteristisch hohe Fluktuation unter den kreativen Mitarbeitern in dieser neuen Art von Industrie an. Der berufliche Weg von Robert N. Noyce, der von Shockley Transistor kam, zu Fairchild wechselte und schließlich Mitgründer von Integrated Electronics (Intel) wurde, ist ein typisches Beispiel. Die anfängliche Goldgräberstimmung im Silicon Valley ist aber heute verflogen. Dies hat mit den hausgemachten ökologischen Problemen zu tun, die von den metallurgisch-chemischen Halbleiterprozessen ausgehen, mit dem Schrumpfen des militärischen Marktes, mit dem Aufstieg einer Halbleitertechnologie in Ländern außerhalb der USA und mehr noch mit der unterdessen fast erdrückenden Produktivität der japanischen Chip-Hersteller. Allenfalls die von Noyce mitgegründete Firma

Jahr	1978	1981	1984	1985	1987	1988
Rang						
1	Texas Instr.	Texas Instr.	Texas Instr.	*NEC*	*NEC*	*NEC*
2	Motorola	Motorola	*NEC*	*Hitachi*	*Toshiba*	*Toshiba*
3	Philips	*NEC*	Motorola	Texas Instr.	*Hitachi*	*Hitachi*
4	*NEC*	Philips	*Hitachi*	Motorola	Motorola	Motorola
5	*Hitachi*	Nat. Semicon.	*Toshiba*	*Toshiba*	Texas Instr.	Texas Instr.
6	Nat. Semicon.	*Hitachi*	Nat. Semicon.	*Fujitsu*	*Fujitsu*	Intel
7	*Toshiba*	*Toshiba*	Intel	Philips	Philips	*Matsushita*
8	Fairchild	Intel	*Fujitsu*	Nat. Semicon.	Intel	*Fujitsu*
9	Intel	Fairchild	Philips	*Matsushita*	*Mitsubishi*	Philips
10	Siemens	*Matsushita*	*Matsushita*	Intel	*Matsushita*	*Mitsubishi*

Rangfolge der zehn weltgrößten Hersteller von Halbleiterbauelementen, einschließlich integrierter Schaltkreise, gemessen an den Verkaufszahlen (kursiv: japanische Firmen)

147. Verlöten von Germanium-Leistungstransistoren für die elektrische Energietechnik in der AEG-Halbleiterfabrik in Belecke. Photographie, 1963

Intel, bedeutender Hersteller von Mikroprozessoren, etwa für Personal Computer, besitzt heute eine herausragende Position. Wie andere amerikanische Hersteller, beispielsweise Motorola und Zilog, ist jedoch auch Intel seit Mitte der achtziger Jahre in amerikanisch-japanischen Kooperationen eingebunden.

Die Entwicklung von integrierten Schaltungen mit zunehmender Dichte der auf einem Chip vereinigten Bauelemente und Funktionen hatte es ermöglicht, seit Mitte der sechziger Jahre zunächst Speicher und dann auch ganze Rechnereinheiten und die zugehörenden Steuerwerke auf einem einzigen Chip unterzubringen. Intel, seit 1968 in Palo Alto ansässig, eröffnete diese Entwicklung mit der Produktion eines Speicherchips, wenig später gefolgt von dem weltweit ersten Mikroprozessor »Intel 4004« mit einer Wortbreite von 4 Bit. Vorgestellt wurde dieser Chip am 15. November 1971 unter der Bezeichnung »mikroprogrammierbarer Computer auf einem Chip«; der zusammenfassende Begriff »Mikroprozessor« wurde erst seit 1972 benutzt. Den Standard im Bereich der Mikroprozessoren setzte Intel dann 1973 mit dem Prozessor 8080, einem 8-Bit-Prozessor, der Mitte der siebziger Jahre Eingang in die ersten »Heimcomputer« fand. Mit der »Wortbreite« von 8 Bit wird die Anzahl der kleinsten Einheiten der Information angegeben, die gleichzeitig vom Prozessor verarbeitet werden können.

Doch auch hier wurde durch neue Firmen, entstanden zum Teil durch Abwanderung von Intel-Mitarbeitern, seit der zweiten Hälfte der siebziger Jahre eine Lawine in der Leistungsentwicklung der Prozessoren losgetreten, ohne daß Intels Position dadurch sonderlich gefährdet war. Dem 8080 folgten seit 1978 die 16-Bit-Prozessoren 8086 und 80286; drei Jahre später führte Intel den 32-Bit-Prozessor 8036 ein. Machte dann der Mikroprozessor 80386 noch 1987 bei der Vorstellung der neuen Personal Computer IBM System/2 das Modell 80 zum »Flaggschiff« der Reihe, so geht der Trend heute zu PCs, die mit dem häufig jedoch in seinen Möglichkeiten noch nicht voll nutzbaren Pentium-Prozessor ausgerüstet sind. Obwohl der Pentium-Prozessor sich mit seiner hohen Leistung kaum voll etablieren konnte, steht bereits das Nachfolgemodell kurz vor der Marktreife. Mit der Verwendung dieser auf hochintegrierten Schaltkreisen beruhenden Mikroprozessoren sind heutige Personal Computer jedenfalls in ihrer Prozessor-Ausstattung den vor etwa zehn Jahren benutzten Rechnern der mittleren Datentechnik vergleichbar. Unterstützt wurde diese Entwicklung durch die seit Mitte der achtziger Jahre deutlich verbesserten Speicherkapazitäten der Festplatten.

Der Aufstieg der Rechner

Frühe maschinelle Rechentechnik

Sieht man einmal von den dramatischen Fortschritten der Halbleitertechnik ab, so stellt der erste Mikroprozessor von Intel nur eine historische Marke in der längst eröffneten Entwicklung der Datenverarbeitung dar. Die grundlegenden Ideen des englischen Mathematikers Charles Babbage (1792–1871) entstammen einer Zeit, in der die Elektronik noch in weiter Ferne lag. Selbst die ersten lauffähigen programmgesteuerten Rechner von Konrad Zuse und Howard H. Aiken (1900–1973) wurden noch mit mechanischen und elektromechanischen Bauteilen realisiert. Charles Babbage, der als ungemein vielseitiger Forscher bereits im Bereich der neuen Elektrodynamik experimentiert und zudem über die Theorie des arbeitsteiligen Fabriksystems publiziert hatte, lieferte 1833 mit dem Plan einer »Analytical Engine« die Grundstruktur heutiger Rechner. Babbages mechanischer Rechenautomat sollte ein Rechenwerk für die vier Grundrechenarten besitzen, ein Leitwerk zur Steuerung der aufeinanderfolgenden Rechenschritte und, für die Weitergabe von Zwischenergebnissen, einen Speicher für 1.000 Zahlen mit jeweils 50 Stellen sowie eine Eingabe- und Druckvorrichtung. Als Speichermedium für Zahlen und für Programme wollte er Lochkarten benutzen. Über eine Serie von Lochkarten, die er bei der Steuerung eines Webstuhls kennengelernt hatte, sollte das Programm, etwa zur numerischen Auswertung einer arithmetischen Formel, schrittweise abgearbeitet werden. Dabei sollte es möglich sein, Operationen zu wiederholen und unter bestimmten Bedingungen auch Programmkarten zu überspringen.

Obwohl Babbage damit offensichtlich die Funktionen eines modernen Rechners vorweggenommen hat, konnte eine solche Maschine, zumal in der vorgesehenen rein mechanischen Bauweise, nicht realisiert werden. Eine kräftige und kontinuierliche industrielle Entwicklung wurde erst fünfzig Jahre später und dann auf einem ganz anderen Gebiet angestoßen, nämlich bei den Zähl-, Sortier- und Tabelliermaschinen des amerikanischen Ingenieurs Herman Hollerith (1860–1929). Das Grundprinzip der Lochkartenmaschinen Holleriths beruhte darauf, daß mit der Position von eingestanzten Löchern auf einer Karte zum Beispiel Merkmale von Personen, wie Altersgruppe und Beruf, verschlüsselt werden konnten. Durch Abtasten der Lochkarte mit metallischen Stiften, die im Falle einer Stanzung einen Stromkreis schlossen, konnten damit verbundene Zählwerke und Sortiereinrichtungen betätigt werden. Ihre Bewährungsprobe erlebten die Hollerith-Maschinen 1890 bei der elften Volkszählung der USA. Gegenüber der Volkszählung von 1880 konnte

148. Vertikale Sortiermaschine für Lochkarten. Photographie, 1908

man mit Hilfe der Lochkartenmaschinen die Zeit für die Auswertung von sieben auf zwei Jahre verkürzen.

Schon seit 1790 wurden solche Volkszählungen in den USA in Abständen von zehn Jahren durchgeführt, wobei zunehmend volkswirtschaftlich bedeutsame Daten, wie Zahlen aus der Industrie, der Landwirtschaft, aus dem Bergbau und aus der Verwaltung, erhoben wurden. Die amerikanischen Volkszählungen stellen aber keine isolierte Entwicklung dar. Die erfolgreiche Anwendung statistischer Methoden bei den Versicherungsgesellschaften hatte bereits seit der Wende vom 18. zum

19. Jahrhundert in Preußen und in Frankreich zu Volkszählungen und zu statistischen Erhebungen geführt. Vollends seit etwa 1850, also seit der Entfaltung der Industrialisierung auf dem europäischen Kontinent, wurden als Grundlage für die staatlichen Verwaltungen und als Planungsinstrument für die Unternehmungen von eigens eingerichteten statistischen Ämtern einheitliche Daten ermittelt.

Ausgehend von der außerordentlich bedrohlichen Lage der Kriegswirtschaft erlebte die Ermittlung und Verarbeitung großer Datenmengen im Deutschland des Ersten Weltkrieges einen ersten Höhepunkt. Wegen der britischen Seeblockade und der unerwarteten Entwicklung eines Stellungskrieges war es von den Chemikalien, insbesondere den Nitraten über die Metalle, bis zu den Lebensmitteln und Textilrohstoffen zu Engpässen in der Versorgung gekommen. Mit der von Walther Rathenau (1867–1922), also von seiten der Industrie, angeregten Gründung einer Kriegsrohstoffabteilung versuchte das Kriegsministerium, die Rohstoffversorgung in den Griff zu bekommen. Neben der Beschlagnahme von Rohstoffen in besetzten Gebieten und der Subventionierung von großtechnischen Anlagen zur Synthese der für Munitions- und Düngerherstellung unentbehrlichen Nitrate hatte die Kriegsrohstoffabteilung vornehmlich die Aufgabe, vorhandene Rohstoffe zu erfassen und zu bewirtschaften. Die gewaltigen Datenmengen, die hier zu verarbeiten waren, konnten nur noch mit Hilfe von Lochkartenmaschinen, die man in zentralen Lochkartenstellen zusammengezogen hatte, bewältigt werden.

Zwar hatten schon 1910, zeitgleich mit der Gründung der Deutschen Hollerith-Maschinen Gesellschaft mbH (DEHOMAG), die großen deutschen Farbenfabriken – Bayer, Hoechst und BASF –, auch herausragende Firmen der Elektrotechnik – Siemens und Schuckert, Osram und Brown-Boveri – begonnen, Lochkartenmaschinen zu installieren. Bayer versuchte damit zum Beispiel, die Umsatzzahlen bei Farben nach Regionen und nach Produktgruppen aufzuschlüsseln. Wichtige Einsatzgebiete der Lochkartentechnik in Deutschland waren zudem von Anfang an die statistischen Ämter des Reiches, der Länder und der Kommunen, die Reichsversicherungsanstalt für Angestellte und die Krankenkassen. Trotzdem begann der breite kommerzielle Einsatz der nun auch technisch deutlich verbesserten Lochkartenmaschinen erst um 1925, insbesondere nach dem verstärkten Eindringen der Maschinen in den Bereich der Buchhaltung, der Kalkulation und der allgemeinen Planung. Gefördert von den tiefgehenden Rationalisierungs- und Konzentrationsbestrebungen in der Weimarer Zeit, wurden große Unternehmungen mehr und mehr mit diesen »modernen« Lochkartenmaschinen verwaltet. Die Ambivalenz dieser Technik ist aber bereits unverkennbar; denn für die DEHOMAG waren die Lochkartenmaschinen nicht mehr nur Mittel, um Betriebe zu organisieren, sondern auch Mittel, um sie zu überwachen und zu durchleuchten.

Was sich mit den Volkszählungen verschiedener deutscher Länder seit 1910 abgezeichnet hatte, setzte sich seit 1933, nun unter dem Vorzeichen der nationalsozialistischen Diktatur, fort, nämlich die Erhebung einer wachsenden Zahl wirtschaftlicher und personenbezogener Daten. Während der Aufrüstungsphase und während des Zweiten Weltkrieges wurde die Lochkartentechnik zu einem verheißungsvollen politischen Überwachungs- und Planungsinstrument. Von der soziologischen Durchdringung der Gesellschaft über die Planung von Straßenbau und Eisenbahnverkehr, über die Aktivierung von Wehrpflichtigen und Arbeitskräften, über die Verteilung von Waffen und Munition, bis hin zur Nutzung persönlicher Daten für die NS-Rassenpolitik sollte das Anwendungsgebiet der durch Lochkartentechnik unterstützten statistischen Methoden reichen. Obwohl die Pläne einer vollständigen Erfassung persönlicher, militärischer und kriegswirtschaftlicher Daten nach der militärischen Wende an der Ostfront noch an Bedeutung gewonnen hatten, blieb wegen des sich abzeichnenden militärischen Zusammenbruchs die Realisierung im Sinne einer konsequenten Erfassung von Daten und einer nüchternen Beurteilung der erhobenen Daten aus.

Wenngleich es nicht einfach ist, die Entwicklung der Wissenschaft Ende der dreißiger Jahre und während des Zweiten Weltkrieges von jener der militärischen Technik zu trennen, gab es aus dem Bereich der numerischen Mathematik an den Hochschulen in Deutschland bereits Anstöße, Buchungs- und Rechenmaschinen mit Hilfe von Programmsteuerungen zu Rechenautomaten zu erweitern. Den entscheidenden Schritt ging aber kein Mathematiker, sondern der Berliner Bauingenieur Konrad Zuse (1910–1995). Er griff bei der Darstellung von Zahlen und bei der Kodierung von Befehlen zum dualen Zahlensystem. Dieses System basiert auf den Ziffern 0 und 1, die eigentlichen Zahlen werden durch Aufsummieren der Potenzen von 2 erzeugt. Der dezimal geschriebenen 9 entspricht also die Summe $1 \cdot 2^0 + 0 \cdot 2^1 + 0 \cdot 2^2 + 1 \cdot 2^3$ oder, wenn man wie im Dezimalsystem nur die Anzahl der jeweiligen Potenzen von 2 schreibt, die Dualzahl 1001. Angepaßt an das duale Zahlensystem führte Zuse das arithmetische Rechnen auf die Grundoperationen der Aussagenlogik beziehungsweise der Booleschen Algebra zurück. Diese Grundoperationen – Konjunktion, Disjunktion und Negation – ließen sich mit technischen Vorrichtungen, die den Charakter von Schaltern mit zwei stabilen Zuständen hatten, realisieren. Teil des Rechnerentwurfes von Zuse war ferner die heute mit Gleitkomma bezeichnete halblogarithmische Darstellung der Zahlen. Hinzu kamen Überlegungen zur Programmierung eines Rechenautomaten, wobei grundsätzlich bereits die Gleichwertigkeit von Daten und Programmen in Erscheinung trat.

Obwohl Zuse sicher durch seine Ausbildung als Bauingenieur bereits eine starke Motivation zur Technisierung der numerischen Methoden, zur Übertragung gleichförmiger statischer Berechnungen an einen Rechenautomaten entwickelt hatte, war für die Realisierung wieder der Kontext des Zweiten Weltkrieges bestimmend. Allerdings gilt dies nur in einem etwas paradoxen Sinn. Wie gelegentlich in der deutschen Technikentwicklung nach 1933 brachten die Aufrüstung und der Krieg

149. Schreibende Hollerith-Tabelliermaschine »Type 3 B« von 1927

Zuse zwar eine Förderung seiner Arbeit. Doch wegen der bescheidenen Aufmerksamkeit, die er mit seinen Rechnern erweckte, und wegen der durch den Krieg eingeschränkten Arbeitsmöglichkeiten blieb Zuses 1935 begonnene Entwicklungsarbeit auf ein technisches Minimalprogramm beschränkt. Nach dem aus rein mechanischen Bauteilen – verschiebbaren Blechen und Stiften – bestehenden Rechner Z1 versuchte Zuse mit seiner Z2, den mechanischen Speicher mit einem auf elektromechanischen Schaltelementen, den Relais, beruhenden Rechenwerk zu ergänzen. Teilweise finanziell gefördert von der Deutschen Versuchsanstalt für Luftfahrt entwickelte er dann mit seiner Maschine Z3 den ersten funktionsfähigen, programmgesteuerten Rechner. Logik und Speicher des 1941 fertiggestellten Rechners basierten auf etwa 2.600 Telephonrelais, wobei etwas mehr als 1.400 Relais für den Speicher – für 64 Zahlen mit jeweils 22 Dual- beziehungsweise 7 Dezimalstellen – reserviert waren. Das Rechenprogramm wurde mit Hilfe eines gelochten 35-mm-Kinofilms eingegeben. Die Rechengeschwindigkeit war bei der auf Telephonrelais aufgebauten Logik zwangsläufig begrenzt. Die Z3 benötigte noch 1 Sekunde Rechenzeit für 15 bis 20 Additionen und 4 bis 5 Sekunden für eine Multiplikation. Mit der Z3 wurde eher die prinzipielle Funktionsfähigkeit eines Digitalrechners gezeigt.

Dagegen kam ein Spezialrechner Zuses tatsächlich während des Krieges zum Einsatz. Zuses inzwischen gegründete Apparatebau-Firma produzierte nämlich für die Henschel-Flugzeugwerke, seinen Hauptarbeitsplatz, einen Relaisrechner zur Kontrolle der aerodynamischen Eigenschaften ferngesteuerter Flugbomben. Es ging dabei darum, durch Abtasten fertigungsbedingte Abweichungen der Profile von

Zelle und Flügel des Flugkörpers zu ermitteln und diese Abweichungen mit Hilfe des Rechners in Korrekturwerte für die Einstellung von Flügel und Leitwerk umzusetzen. Während sämtliche seit 1937 gebauten Rechner Zuses bis 1944 Bombenangriffen zum Opfer gefallen oder verschollen waren, konnte Zuse den 1942 bis 1945 entwickelten neuen Rechner Z4 über das Kriegsende hinwegretten. Von 1950 bis 1955 diente die angemietete Z4 an der ETH Zürich zur numerischen Berechnung physikalischer und ingenieurwissenschaftlicher Probleme. Von 1955 bis 1959 wurde sie schließlich für militärische Forschungsarbeiten in Frankreich eingesetzt. Dabei beruhten Rechen- und Steuerwerk auf Relais und Schrittschaltern, während der vergrößerte Speicher wieder mit mechanischen Schaltelementen ausgeführt wurde. Zwar wurde auch im Umkreis von Konrad Zuse über die Verwendung von Elektronenröhren als schnellen Bauelementen für Rechner nachgedacht, aber weder die ins Auge gefaßten 2.000 Elektronenröhren noch das zum Bau eines solchen Rechners erforderliche Personal konnten im Krieg für ein solches Projekt in Deutschland bereitgestellt werden.

Abgesehen von der Zahl und der Größe der Maschinen verlief in den USA die Entwicklung im Grundsatz zunächst nicht sehr viel anders. Auch der erste digitale, programmgesteuerte Rechner in den USA, der 1939 bis 1944 gebaute Automatic Sequence Controlled Calculator (ASCC), kurz als »Mark I« bezeichnet, wurde noch vollständig mit elektromechanischen Bauteilen ausgerüstet. Der riesige Rechner mit 16 Meter Frontlänge und 35 Tonnen Gewicht wurde von Howard H. Aiken (1900–1973) von der Harvard-Universität in Cambridge, Massachusetts, entwickelt und bei der IBM, die 1924 aus der erweiterten Firma von Herman Hollerith hervorgegangen war, gebaut. Die amerikanische Marine, die den Bau finanziell unterstützt hatte, nutzte den Mark I von 1944 bis 1959 für ballistische Berechnungen. Doch nicht nur der Rechner Mark I, sondern praktisch die gesamte frühe Rechnertechnik in den USA war auf die militärische Verwendung während des Zweiten Weltkrieges und auf die Hochrüstung während des »Kalten Krieges« ausgerichtet. Hierher gehören die geheimen kryptologischen Maschinen der Marine. Selbst mehr in der Öffentlichkeit stehende Projekte hatten militärische Anwendungen.

So war die Automatisierung der personalintensiven und zeitraubenden Berechnungen von Zieltabellen für Artillerie und Bombenkrieg der Zweck einer Rechnerentwicklung, die von der Moore School of Electrical Engineering der Universität von Pennsylvania in Philadelphia ausging. John W. Mauchly (1907–1980) und J. Presper Eckert (1919–1995) entwickelten dort den »Electronic Numerical Integrator and Computer« (ENIAC). Seine Struktur war, ähnlich wie beim Mark I, nicht unbedingt richtungweisend, vor allem wegen der Verwendung des Dezimalsystems. Die große Leistung des im Herbst 1945 fertiggestellten ENIAC war, den Kritikern zu beweisen, daß ein fast 18.000 Röhren enthaltender Rechner mit einer Leistungsaufnahme von 170 kW sicher zu betreiben ist, wobei die zeitliche Verfügbarkeit bei 50 Prozent lag. Vor allem ließen sich wegen der gegenüber Relaisrechnern deutlich gesenkten Schaltzeiten die Rechengeschwindigkeiten um den Faktor 1.000 bis 2.000 steigern und die Berechnungen von Zieltabellen von 30 Tagen auf weniger als 1 Tag reduzieren. Wie von Mauchly und Eckert geplant, konnte der Rechner ENIAC später auch als universeller, wissenschaftlicher Rechner eingesetzt werden. Die militärischen Zielsetzungen blieben aber dominierend; denn bei der Weiterentwicklung der Atomwaffen nach 1945 spielte der Rechner ENIAC offenbar eine besonders bedeutende Rolle.

Die seit 1944 laufenden Arbeiten an der Verbesserung des Rechners ENIAC führten zu einer bitteren, aber produktiven Kontroverse unter den amerikanischen Computer-Pionieren und letztlich sogar zur Entwicklung eigener kommerzieller Rechner. Auslösender Faktor war der enge Kontakt, den der Mathematiker John von Neumann mit der ENIAC-Rechner-Gruppe aufgenommen hatte. Das Interesse John von Neumanns (1903–1957) resultierte hauptsächlich aus den enormen numerisch-mathematischen Problemen, die bei der Entwicklung der Atombombe in Los Alamos sichtbar geworden waren. Es ging dabei um die präzise Ermittlung von Form und Menge an konventionellem Sprengstoff, mit dem – nach der Zündung – durch eine absolut kugelförmige Druckwelle der unterkritische nukleare Sprengstoff momentan zur kritischen Masse zusammengepreßt werden muß. In Anteilen, die heute nur noch schwer rekonstruiert werden können, flossen dann Ideen von John

150. Röhrenrechner ENIAC von 1945/46

151. Röhrenrechner UNIVAC der Firma »Remington Rand«, ein Geschenk an eine Schule in Berlin-Charlottenburg. Photographie von Erhard Rogge, 1967

von Neumann und aus der Gruppe J. Presper Eckerts und John W. Mauchlys in das Konzept eines neuen »Electronic Discrete Variable Automatic Computer« (EDVAC) ein. Die entscheidende Idee des EDVAC war, die Befehle des Programms wie die zu verarbeitenden Daten zu behandeln, sie binär zu kodieren und in den internen Speicher aufzunehmen. Abgesehen vom Problem der Speicherkapazität konnte ein solches im internen Speicher vorliegendes Programm im Vergleich zu externen Lochstreifen sehr viel schneller gelesen und ebenso sehr viel leichter wiederholt gelesen werden. Dies führte zu der mit Hilfe der Speicherprogrammierung nun technisch realisierbaren Idee, Befehle zu wiederholen oder auch im Sinne bedingter Sprungbefehle zu übergehen. Mit dem für den EDVAC geschaffenen Konzept hat sich – abgesehen von der Entwicklung der Parallelrechner seit etwa 1985 – die grundlegende Struktur eines Rechners herausgebildet: die zentrale Recheneinheit, bestehend aus einem Steuerwerk, einem Rechenwerk und einem internen Arbeitsspeicher für Daten und Programmteile, der externe Speicher für Daten und Programme und die peripheren Geräte für Ein- und Ausgabe. Der grundlegende interne Verarbeitungsprozeß ist dabei, daß Befehle des Programms vom Arbeitsspeicher, einem Schreib-Lese-Speicher, an die Recheneinheit gegeben, die Befehle dort gelesen und dann zur Verarbeitung von Daten, die ebenfalls aus dem Arbeitsspeicher geholt werden, herangezogen werden.

Prioritätsauseinandersetzungen, Patentstreitigkeiten und ein gescheiterter Versuch John von Neumanns, Eckert an das Institute for Advanced Study nach Princeton zu ziehen, führten zum raschen Zerfall der ENIAC-Gruppe und gleichzeitig zur Verbreitung der Ideen des speicherprogrammierbaren von-Neumann-Rechners. Ekkert und Mauchly gründeten in Philadelphia eine eigene Firma, die Eckert-Mauchly Computer Corporation. Die Förderung durch das National Bureau of Standards konnte aber nicht verhindern, daß sie wegen eines defizitären Auftrages für die Northrop Aircraft Company mit ihrer neu gegründeten Computerfirma Schiffbruch erlitten. Die Entwicklungskosten für einen digitalen, speicherprogrammierbaren Computer zur Steuerung der für die Luftwaffe entwickelten Snark-Rakete waren am Ende fast dreimal so hoch wie die mit Northrop vereinbarten Kosten. Außerdem erreichte der Computer nie die geforderte Leistung. Eckert und Mauchly waren deshalb 1950 gezwungen, ihr erst 1946 gegründetes Unternehmen an Remington Rand zu verkaufen. Doch mit ihrem 1951 bei der Remington Rand gebauten »Universal Automatic Calculator« (UNIVAC) – der als externes Speichermedium zum ersten Mal ein Magnetband besaß – machten sie diese Firma in den frühen fünfziger Jahren sogar zum Marktführer. Schon Ende 1952 waren drei Rechner an staatliche Stellen, unter anderem an das Census Bureau, vergleichbar dem Statistischen Bundesamt, geliefert worden. Insgesamt wurden 46 Rechner des Typs UNIVAC I gebaut.

Von Anfang an sehr viel solider finanziert war John von Neumanns Computerprojekt am Institute for Advanced Study (IAS) in Princeton. Armee, Marine, das IAS selbst, die Radio Corporation of America und später noch die neue Atomenergiebehörde trugen zum Bau des IAS-Rechners bei. Trotz der starken militärischen Interessen gab es kaum Geheimhaltungsprobleme. Da das Konzept des speicherprogrammierbaren, auf dem dualen Zahlensystem aufbauenden und anstelle von einer Informationseinheit (1 bit) ein Wort (von 40 bit) gleichzeitig verarbeitenden IAS-Rechners in vielen Publikationen bekannt gemacht wurde, verbreitete es sich rasch an weiteren amerikanischen Universitäten und Großforschungseinrichtungen. Sogar noch vor dem IAS-Rechner wurde in Großbritannien der Rechner EDSAC (Electronic Delay Storage Automatic Calculator) fertiggestellt. Nicht autorisierte Nachbauten des IAS-Rechners gab es außerhalb der USA in Schweden, in der Sowjetunion, in Israel und in Australien. Starken Einfluß übte das Konzept eines speicherprogrammierbaren Rechners auch auf die frühen wissenschaftlichen Rechner der Serien 700 und 7000 bei IBM aus. John von Neumann fungierte seit 1951 als Berater bei der IBM. Außerdem wechselten führende Mitglieder der Gruppe Ende der fünfziger Jahre zu IBM.

Von großer Bedeutung für die entstehende Datentechnik und zugleich ein erneuter Hinweis auf die tiefreichenden militärischen Wurzeln war der am Massachusetts Institute of Technology (MIT) in Cambridge entwickelte Rechner »Whirlwind«. Die zunächst als Analogrechner geplante Maschine sollte einen universellen Flugsimulator für die Ausbildung von Piloten steuern, gleichzeitig Daten zur Wechselwirkung von Pilot und Fluggerät und damit letztlich Hinweise für die Konstruktion von Flugzeugen liefern. Mit dem Konzept des Analogrechners konnte die Rechnergruppe am MIT die Anforderung eines Flugsimulators jedoch nicht erfüllen. Angeregt durch eine Konferenz über die Entwicklung der Datentechnik im Herbst 1945 am MIT schwenkte die MIT-Gruppe um und entwickelte in Anlehnung an den ENIAC und den EDVAC ebenfalls einen digitalen Computer.

Allerdings erwies sich das Projekt »Whirlwind« in finanzieller Hinsicht als Faß ohne Boden. Entsprechend dem im Zweiten Weltkrieg ungeheuer gewachsenen Einfluß des MIT drückte das Projekt »Whirlwind« sogar John von Neumanns Projekt des IAS-Rechners in Princeton fast an die Wand. Die ausufernden Kosten waren am Ende selbst für die Marine nicht mehr akzeptabel. Auch eine etwas spekulative Ausdehnung der Anwendung auf eine allgemeine Unterstützung militärischer Operationen, auf die Kontrolle des Luftverkehrs, auf die Feuerleitung und die Steuerung von Raketen, auf die Logistik und nicht zuletzt auf rein wissenschaftliches Rechnen konnte die Marine nicht mehr daran hindern, ihre Förderung drastisch zu reduzieren. Der erste sowjetische Test einer Atombombe (1949) und der Ausbruch des Korea-Krieges (1950) hatten umgekehrt bei der Luftwaffe zu der Überzeugung geführt, daß der Aufbau eines Luftraum-Überwachungssystems von großer Dringlichkeit ist. In dem Maße, wie die Marine sich aus dem Projekt »Whirlwind« zurückzog, trat deshalb die Luftwaffe als Geldgeber beim MIT in Erscheinung. Charakteristischerweise wurde mit Hilfe des Rechners »Whirlwind« auch die Programmiersprache APT (Automatically Programmed Tools) für die Steuerung von NC-Werkzeugmaschinen entwickelt. Bei der Einführung dieser NC-Maschinen war die Air Force wegen der verbesserten Fertigungsgenauigkeit bei Integralteilen von Flugzeugen die treibende Kraft.

In technischer Hinsicht war der »Whirlwind« durch seine auf Dioden-Matrizen aufbauende sehr schnelle Röhren-Logik bedeutend. Die weitere Arbeit am Rechner »Whirlwind« signalisierte zugleich einen Entwicklungssprung in der Technik des internen Speichers. Nachdem zunächst für den internen Speicher elektrostatische Kathodenstrahl-Speicherröhren eingesetzt worden waren, wurde ab 1953 als neues Speichermedium der Ferrit-Kern verwendet. Die kleinsten Einheiten der Information wurden hier in Gestalt zweier entgegengesetzter Magnetisierungsrichtungen kleiner ringförmiger Ferrit-Magnete gespeichert. Dieser neue Ferrit-Kern-Speicher war eigentlich für ein Folgeprojekt von »Whirlwind« entwickelt worden, nämlich für die IBM-Rechner des von der Luftwaffe aufgebauten rein militärischen Luftraum-Überwachungssystems SAGE (Semi-Automatic Ground Environment). Jeweils zwei Rechner sollten in 27 Befehlszentralen aus den von Radarstationen, Beobachtungsflugzeugen, Schiffen und aus anderen Quellen kommenden Daten Hinweise auf etwa anfliegende sowjetische Bomber herausfiltern. Die so aufbereiteten Daten sollten wiederum die Grundlage für die Leitung von Flugzeugen oder für den Start von Nike-Flugabwehrraketen sein. Die Rüstungsspirale drehte sich jedoch so schnell, daß das System SAGE, als es betriebsbereit war, durch die seit Anfang der sechziger Jahre auf sowjetischer Seite verfügbaren Interkontinentalraketen weitgehend seinen Sinn verloren hatte. Deshalb erhielt IBM bereits 1958 den Auftrag, für ein auf Interkontinentalraketen ausgerichtetes Frühwarnsystem, Ballistic Missile Early Warning System, die transistorisierte Version des wissenschaftlichen Rechners IBM 709 zu liefern.

IBM, der Marktführer

Obwohl IBM in den sechziger und siebziger Jahren einen auffällig geringen Teil ihres Umsatzes direkt mit militärischen Stellen abwickelte, sind – wie das Luftraum-Überwachungssystem SAGE zeigt – die militärischen Wurzeln der frühen Datentechnik auch bei IBM unübersehbar. Entscheidend für den Einstieg von IBM in das Computergeschäft war der Generationenwechsel in der Führung. Thomas J. Watson jr. (1914–1993) konnte seinen Vater (1874–1956) 1950 nach Ausbruch des Korea-Krieges überzeugen, daß entgegen früherer Annahmen eine beachtliche Anzahl von Spezialrechnern für militärische Zwecke benötigt werden würden. Wie stark IBM nach Ausbruch des Korea-Krieges an militärischen Projekten mitwirkte, zeigen der für die Marine entwickelte und 1954 fertiggestellte »Naval Ordnance Research Calculator« (NORC) und vor allem der »Defense Calculator«, der ab 1953 als IBM 701 in Serie ging und ab 1955 als IBM 704 mit dem – im Vergleich zu den mißlichen Speicherröhren und Laufzeitspeichern – deutlich verbesserten Ferrit-Kern-Speicher ausgerüstet wurde. Wenngleich anders als bei der Maschine IBM 701 nur ein kleinerer Teil der IBM 704 direkt an militärische Stellen ging, war die Verwendung in Großforschungseinrichtungen und in der Industrie so ausgerichtet, daß man davon ausgehen muß – und dies gilt für die ganze erste Generation der wissenschaftlichen Rechner –, daß diese Rechner ebenfalls zum Teil militärischen und militärtechnischen Zwecken dienten.

Die frühe elektronische Datenverarbeitung hat also zweifellos ihre Wurzeln in der militärischen Anwendung seit der Endphase des Zweiten Weltkrieges. Das Sprechen von einem »militärisch-industriellen Komplex«, der die Rechnertechnik förderte und dem umgekehrt die Rechnertechnik zuarbeitete, drückt zudem aus, daß hier eine Struktur entstanden war, die Wissenschaft, Technik und Industrie zu überwuchern drohte und für die politische Entscheidungsfreiheit demokratischer Gesellschaften eine ernsthafte innere Gefährdung darstellte. Paradigmatisch ist das amerikanische Netzwerk aus Großforschungseinrichtungen, Kerntechnik, Luft- und Raumfahrt, Kommunikations- und Informationstechnik samt der staatlichen Förderungsmittel, die dabei in Forschung und Entwicklung flossen. Doch der entsprechende sowjetische militärisch-industrielle Komplex, mit einer Akzentverschiebung in Richtung auf die politische Steuerungsfunktion der kommunistischen Partei, war mit Sicherheit nicht weniger bedeutend. Jedenfalls war die politische Situation während des »Kalten Krieges« so, daß die dauernde Bedrohung durch den real existierenden Rüstungswettlauf und durch schwere Krisen – Korea, Ungarn, Berlin, Kuba, ČSSR, Nahost – selbst in den offeneren westlichen Gesellschaften politische Mehrheiten geschaffen haben, die eine Abwehr der Bedrohung nahezu um jeden Preis stützten. Daß eine Gesellschaft unter diesen politischen Umständen es tolerierte, wenn ihre Spitzentechnik, zumal alles, was an fortgeschrittener Rechnertechnik greifbar war, für militärische Aufgaben eingesetzt wurde, ist selbstverständlich.

Der Rechner IBM 704 markiert aber einen weiteren wichtigen innertechnischen Entwicklungsschritt der modernen Datenverarbeitung. Für die IBM 704 wurde nämlich von einer Gruppe um John W. Backus 1954 bis 1957 mit FORTRAN die erste erfolgreiche, an wissenschaftlichen Problemen orientierte Programmiersprache entwickelt. Mit der Sprache FORTRAN – abgeleitet von »Formula Translation« – war es möglich, etwa die numerische Auswertung mathematischer Formeln so in eine Folge von Befehlen aufzulösen, daß ein FORTRAN-Compiler, ein Übersetzungsprogramm, diese Befehle in die ganz elementare Maschinensprache, die nur noch aus einer kodierbaren Folge von Nullen und Einsen besteht, überführen konnte. Für die industrielle Entwicklung war die IBM 704 insofern ein Einschnitt, als diese Maschine den Weg von IBM in eine eigene Forschung und Entwicklung bedeutete. IBM trat nun unter Führung von Thomas J. Watson jr. nicht mehr nur als Förderer wissenschaftlicher Rechnerprojekte auf, sondern als eine Firma, die über eine eigene, wohlorganisierte und finanziell aufwendige Forschung und Entwicklung planvoll Hochtechnik im Bereich der Datenverarbeitung erzeugte. Bereits Anfang der sechziger Jahre hatten die Ausgaben für Forschung und Entwicklung einen Anteil von nahezu der Hälfte der Netto-Erträge erreicht. Damit war ein wesentlicher Schritt in Richtung auf die Beherrschung des Computermarktes getan. Diese marktbeherrschende Stellung erlaubte es sogar, sich bei der Einführung neuer Technologien, beispielsweise bei der Nutzung integrierter Schaltkreise, zurückzuhalten und

152. Techniker bei einer Inspektion des Transistorrechners IBM 1401. Photographie von Heinz D. Jurisch, 1962

das Verhalten der Konkurrenten abzuwarten. Bereits 1956 verwies IBM die Remington Rand mit ihrem auf den kommerziellen Markt zugeschnittenen UNIVAC I auf den zweiten Platz. Von 12 amerikanischen Computerherstellern im Jahr 1955 waren 1965 neben IBM nur noch 5 Firmen im Rennen; von diesen bauten 1986 außer IBM nur noch 3 amerikanische Firmen universell verwendbare Rechner.

Wichtige Rechner, die den Aufstieg von IBM zum führenden Computerhersteller signalisierten, waren die ersten in Großserie hergestellten Rechner IBM 650 und 1401. Vom Rechner IBM 650, der mit dem zwar langsamen, aber zuverlässigen und preiswerten Magnettrommel-Speicher ausgestattet war, wurden seit 1954 1.800 Maschinen gebaut. Noch erfolgreicher war der Rechner IBM 1401, von dem schließlich mehr als 10.000 Einheiten eingesetzt wurden. In technischer Hinsicht hatte der 1959 vorgestellte IBM 1401 als einer der ersten mit Transistoren und gedruckten Schaltungen ausgerüstete Computer besondere Bedeutung. Seine Transistor-Logik, unterstützt durch einen Ferrit-Kern-Speicher, erlaubte bereits eine Multiplikationsgeschwindigkeit von 500 Zahlen in der Sekunde. Die führende Position der IBM zeigt sich zweifellos auch darin, daß das Werk Sindelfingen der

153. IBM-Rechner des Systems 360. Photographie, 1970

deutschen IBM den Rechner 650 und den für kaufmännische Anwendungen gedachten Rechner 1401 für den europäischen Markt fertigte.

Eine der für die gesamte Computerindustrie wichtigsten Entwicklungen wurde 1964 mit der Vorstellung des Rechners IBM 360 abgeschlossen. Noch einmal spielten hier die Interessen staatlicher Nutzer eine herausragende Rolle; denn das System IBM 360 war von technischer Seite weitgehend durch das Projekt »Stretch« vorbereitet worden. Das Stretch-Projekt hatte man zunächst als IBM-internes Projekt eines Hochleistungsrechners auf den Weg gebracht. Die Idee war, einen Computer zu schaffen, der von den Halbleiterbauelementen bis zur Rechnerarchitektur die Grenzen der verfügbaren Technik erreicht. Die Notwendigkeit, staatliche Förderungsmittel einzuwerben, führte dazu, daß von den beiden Geldgebern »Atomic Energy Commission« (AEC) und »National Security Agency« (NSA) stark unterschiedliche Forderungen an einen solchen Hochleistungsrechner gestellt wurden. Während die AEC als wissenschaftliche Nutzerin höchste Rechengeschwindigkeiten bei numerischen Berechnungen benötigte, verlangte die NSA – vergleichbar einem kommerziellen Anwender – die Fähigkeit zur Verarbeitung und Aufbereitung großer Mengen von Textdaten. Diese Forderungen prägten dann auch die Weiterentwicklung der kommerziellen Rechner von IBM. Hinzu kam, daß IBM wegen der wachsenden Zersplitterung und Inkompatibilität seines Rechnerangebots unter den Druck konkurrierender Hersteller geriet.

Die technologische Erfahrung mit dem Großrechner »Stretch«, beziehungsweise »IBM 7030« und die hohen Verluste, die die wenigen dieser Rechner eingefahren hatten, sowie die Reaktion auf den Druck des Marktes führte 1964 zur Vorstellung des Systems 360. Mit der Namensgebung spielte IBM auf die Gradeinteilung eines Kreises an und damit auf die Abkehr von speziellen, lediglich in einer Richtung leistungsfähigen Computern. Vorgestellt wurde hier eine nach Leistung und Verwendungszweck (wissenschaftlich, kaufmännisch) gestufte Familie von Computern, die auf einer gemeinsamen Universalrechner-Architektur aufgebaut war. Ein wichtiges Element der Architektur, das die Kompatibilität sicherstellte, war die Mikroprogrammierung, also die in einem Nur-Lese-Speicher niedergelegten und an verschiedene Rechnerleistungen anpaßbaren Regeln zur Übersetzung der im Steuerwerk ankommenden kodierten Befehle – mit Blick auf die Ausführung der Befehle im Rechenwerk. Außerdem wurden für alle Modelle des Systems 360 mit unabhängigen Prozessoren gesteuerte Ein- und Ausgabekanäle zur Verbindung von Zentraleinheit und Peripheriegeräten geschaffen. Dabei erlaubten es die auf allen Rechnern des Systems 360 laufenden und insofern preiswerteren Programme, entsprechend den wachsenden Anforderungen innerhalb der Familie aufzusteigen. Zudem hatte man versucht, einen Teil der Software älterer IBM-Rechner auf den Maschinen des Systems 360 lauffähig zu halten – ein Verfahren, das umgekehrt bei der Weiterentwicklung des Systems 360 Anwendung fand. Jedenfalls schuf IBM seit der Vorstellung des Systems 360 und der zugehörenden Software einen industriellen Standard, der gleichermaßen zur breiten kommerziellen Nutzung von Rechnern wie zur Sicherung des hohen Marktanteils beitrug, der weltweit ungefähr 70 Prozent ausmachte.

Dabei konnte IBM nicht nur das aus der Firmengeschichte herrührende Wissen im Bereich der Peripherie der Rechner voll einsetzen, sondern auch ein erfolgreiches Marketing, das unter Verzicht auf Spitzenleistungen für die Wissenschaft eine möglichst breite kommerzielle Anwendung der Rechner im Auge hatte. Umgekehrt entwickelte sich angesichts der Führungsposition von IBM das bis heute charakteristische Verhalten der Konkurrenz, mit den IBM-Maschinen kompatible Geräte anzubieten – ein Verhalten, das zuerst bei der RCA zu beobachten war, besonders jedoch bei der von dem ehemaligen IBM-Mitarbeiter Gene M. Amdahl gegründeten »Amdahl Corporation«. Die Vorstellung der IBM-Rechnerfamilie des Systems 360 war zugleich der Anlaß, daß außerhalb der USA die jeweiligen Regierungen sich gezwungen sahen, die 1967 von Jean Jacques Servan-Schreiber eindrucksvoll geschilderte »amerikanische Herausforderung« anzunehmen und ihrerseits mit massiver staatlicher Förderung der Datentechnik einzugreifen.

Eine anfängliche Schwäche des Systems 360, nämlich die fehlende Realisierung eines Time-Sharing-Systems, das heißt einer Zuteilung von Anteilen der Arbeitszeit der Zentraleinheit an verschiedene Benutzer, wurde noch innerhalb der Familie beseitigt. Die handtellergroßen Schaltkreiskarten, wie sie noch im frühen Transistorrechner 1401 Verwendung fanden, waren zu Modulen im Format 11 mal 11 Millimeter geschrumpft. Die Rechner konnten anstelle von 1.300 Additionen nun 160.000 in der Sekunde ausführen. Aber mit der Hybrid-Technik, einer Kombination von gedruckten Schaltungen und diskreten Halbleiterbauelementen, blieb die Logik der Rechner des Systems 360 deutlich unterhalb der bereits durch integrierte Schaltkreise vorgegebenen technischen Grenze. Den Übergang zum integrierten Schaltkreis sollte erst das Modell 145 des neuen Systems 370 mit seinem in monolithischer Halbleitertechnik ausgeführten internen Speicher bringen.

Die Verkürzung der Rechenzeiten und die Steigerung der Speicherkapazität aufgrund immer höher integrierter Schaltkreise stellen zugleich das Programm der weiteren Entwicklung bis zum heutigen Stand der Rechnertechnik dar. Eine Sonderentwicklung haben die häufig als Supercomputer bezeichneten Höchstleistungsrechner genommen, beginnend mit dem von Seymour Cray (1925–1996) entworfenen und 1964 ausgelieferten Rechner CD 6600 der Control Data Corporation. Der Rechner CD 6600 konnte bereits 1 Million Multiplikationen in der Sekunde ausführen. Dem typischen Verhaltensmuster in der amerikanischen Halbleiter- und Rechnerindustrie folgend, gründete Seymour Cray seine eigene Firma »Cray Research« und lieferte 1974 seinen ersten Supercomputer »Cray-1« an das Los Alamos National Laboratory. Gegenüber der CD 6600 war die Rechengeschwindigkeit der Cray-1 um den Faktor 10 gesteigert worden. Supercomputer besaßen zwar schon in den siebziger Jahren herausragende Leistungen, die hochentwickelte und dicht gepackte ECL-Logik (Emitter Coupled Logic), die auf kürzeste Laufzeiten der Signale optimierten Verbindungen der Schaltkreiskarten und die aufwendige Kühlung hatten aber auch ihren Preis. Die Cray-1 kostete bereits rund 5 Millionen Dollar. Diese Spirale von Leistung und Preis bei den Höchstleistungsrechnern ist keinesfalls zu Ende. Für die in ihrer Rechengeschwindigkeit noch einmal um mehr als den Faktor 10 gegenüber der Cray-1 verbesserte Cray-2 mußte zum Beispiel das Rechenzentrum der Universität Stuttgart beziehungsweise die baden-württembergische Landesregierung 50 Millionen DM bereitstellen. Kosten in der Höhe von 60 Millionen DM verursachten 1988 bis 1990 der Ausbau und die Erneuerung der zentralen Rechnerversorgung der RWTH Aachen, wobei hier im Zentrum die Anschaffung von Höchstleistungsrechnern von IBM (3090) und von Siemens-Nixdorf (VP/S-System) stand. Als Legitimation dienten an beiden Hochschulen in erster Linie die heute die Ingenieurwissenschaften dominierenden und extrem hohen Rechenaufwand verursachenden Simulationen komplexer technischer Konstruktionen und Prozesse. Hierher gehören zum Beispiel die Umströmung von Flugzeugen, der Reaktionsverlauf bei der Kraftstoffverbrennung in Motoren, der Ablauf von Störfällen in kerntechnischen Anlagen und die Funktion höchstintegrierter Schaltkreise. Weitere Leistungssteigerungen einschließlich der Fähigkeit zur Parallelverarbeitung werden eine Abkehr von der von-Neumann-Architektur und möglicherweise einen Übergang von rein elektronischen Halbleiterbauelementen zu (laser)optischen Verfahren erzwingen. Dabei geht es nicht nur um die Nutzung der Lichtleitertechnik zur Verbindung von Zentraleinheit und bis zu 9 Kilometer entfernten Datenverarbeitungsgeräten wie bei dem 1990 vorgestellten Großrechner des IBM-System / 390, sondern um die Entwicklung ganzer integrierter optoelektronischer Schaltungen.

Bei der Entwicklung der Programme, der Software, wird man ebenfalls nicht mit dem jetzigen Stand zufrieden sein, zumal die Kosten für Software heute die Hardware-Kosten bei weitem übersteigen. Ausgangspunkt sind die ersten höheren Programmiersprachen gewesen, die, wie FORTRAN (IBM, 1957) im wissenschaftlichen Bereich und FLOWMATIC (Remington Rand, 1956) im kaufmännischen Sektor, die schrittweise Lösung von Problemen so in eine Folge von Befehlen übertragen konnten, daß sie letztlich in die Maschinensprache zu überführen waren. Aus diesen ersten Sprachen ging in einem Entwicklungs- und Verzweigungsprozeß eine Reihe weiterer Programmiersprachen hervor, beispielsweise aus FORTRAN (von Formula Translation) die 1958 entstandene Sprache ALGOL (von Algorithmic Language) und 1959 aus FLOWMATIC die Sprache COBOL (von Common Business Oriented Language). ALGOL wurde von einer Gruppe vorwiegend europäischer Informatiker geschaffen. COBOL wurde zuerst für das amerikanische Verteidigungsministerium entwickelt. Eine Programmiersprache mit dem Ziel, die Lehre in der Informatik zu erleichtern, war die 1963 am Dartmouth College vorgestellte und an FORTRAN orientierte Sprache BASIC. Ähnliche didaktische Zwecke verfolgte an der ETH Zürich Nikolaus Wirth 1970 mit der Sprache PASCAL. Unvermeidbar wird die weitere Entwicklung auf der Seite der Betriebssysteme und der Anwendungssoftware die bestehende Tendenz noch verstärken, der Software mehr und mehr umgangssprachlichen Charakter zu geben und die umgangssprachlichen Elemente durch suggestive, auf dem Bildschirm erscheinende Symbole zu verstärken. Das Ziel ist es letztlich, den Austausch von Mensch und Rechner aufgrund fortgeschrittener Techniken der Spracherkennung und Spracherzeugung in dem dem Menschen eigenen Verfahren des sprachlichen Dialogs zu führen.

Militärische und zivile Verwendung

Der anhaltende Druck, den die Ingenieurwissenschaften und die informationstechnische Industrie seit den sechziger Jahren bei der Weiterentwicklung von Rechnern und Programmen spüren, spiegelt die beherrschende Rolle der modernen Rechentechnik wider. Unverkennbar hat sich die Technik der Rechner mit der Möglichkeit, Daten zu übertragen, zu speichern und zu verknüpfen, heute wie eine zweite Schicht der Wirklichkeit über unsere Welt, über die Wissenschaft, die wirtschaftlichen und politischen Strukturen und das Leben des einzelnen Menschen gelegt. Diese Realitätsschicht der Daten und Rechner ist jedoch mächtig und fragil zugleich. Ein aktuelles Problem der Datensicherheit sind die sogenannten Viren, also verborgene Programmelemente, die von Hackern über vielbenutzte Programme verbreitet und in Rechner eingeschleust werden, um dort Daten zu vernichten. Aufsehenerregend waren 1986/87 Einbrüche deutscher »Computerpiraten« in wissenschaftliche Rechner im Umkreis des Lawrence Berkeley Laboratory und in damit vernetzte Rechner aus dem militärischen und militärtechnischen Komplex der USA.

Bis heute ist der militärische Sektor Förderer und Abnehmer hochentwickelter Datentechnik. Methoden des im Zweiten Weltkrieg in England zur effektiven Abwehr von U-Booten und Flugzeugen entwickelten Operations Research, die militärische Logistik, die seit 1960 installierten Frühwarnsysteme zur Abwehr von Bombern und zur Erkennung von Interkontinentalraketen, die Netzplantechnik bei großen Rüstungsprojekten und die Simulation militärischer Konflikte führten zu einem massiven Einsatz von Rechnern und zu enormen Anstrengungen bei der Entwicklung von Programmen. So war die Entwicklung von Betriebssystemen, die das Time-Sharing bei der Nutzung der Zentraleinheit von Rechnern steuern, unter anderem durch die rechnergestützte Einsatzplanung des US Strategic Air Command motiviert. Als Folge der wachsenden Bedeutung der kommerziellen Datentechnik und als Reaktion auf das fatale Ende des Vietnam-Krieges nahmen die Ausgaben für die militärische Rechnertechnik in den USA in den siebziger Jahren zwar stark ab. Doch in den achtziger Jahren, vollends nach der Propagierung des SDI-Programms, der Strategic Defense Initiative, kehrte sich dieser Trend zum Teil wieder um. Das erklärte Ziel war, die militärische Stärke der USA zu erhalten und zugleich die amerikanischen Mikroelektronik- und Rechnerhersteller – nun im Wettbewerb mit Japan – wieder in eine führende Position auf den kommerziellen Märkten zu bringen. Programme zur Entwicklung höchstintegrierter Schaltkreise, ein »strategisches« Rechnerprogramm, aufbauend auf »schnellen« Galliumarsenid-Chips und gezielt auf Parallelverarbeitung, sowie ein Programm zur Entwicklung der computergestützten Produktion sollten dieser Doppelstrategie dienen. Im Rahmen des – wohl undurchführbaren – SDI-Programms zum Aufbau eines im Weltraum stationierten Defensivsystems, das auch Atomraketen zerstören sollte, wurden neben der enormen Fortentwicklung der Radar- und Lasertechnik auch Technologiesprünge in der Datenverarbeitung geplant.

Ohne die militärische Anwendung ist die frühe Entwicklung der Rechner und der anhaltende Innovationsdruck in der Rechnertechnik schwer zu verstehen. Ihre prägende Kraft im Alltag – der Begriff »Information« ist heute so präsent wie der der

154. Befehlsstand des mit Rechnerhilfe arbeitenden Strategic Air Command auf der Torrejon Air Force Base bei Madrid. Photographie von Claude Jacoby, 1962

Energie – rührt aber zweifellos daher, daß die Informationstechnik rasch zu einem bedeutenden Wirtschaftsfaktor geworden ist. Die Datenverarbeitung hatte früh begonnen, in das Wirtschaftsleben und damit mittelbar in das Leben des einzelnen Menschen einzudringen. In einer groben Periodisierung kann man für die Entwicklung in den USA – und mit geringer zeitlicher Verzögerung gilt dies auch für Europa – feststellen, daß sich von 1955 bis 1965 ein kommerzieller Markt in der elektronischen Datenverarbeitung herausbildete. Nur noch im Bereich der Hochleistungsrechner spielten staatliche und militärische Auftraggeber die entscheidende Rolle. In den Jahren 1965 bis 1975 war der voll entwickelte kommerzielle Computermarkt bereits eine wichtige Größe der Wirtschaft. Seitdem befanden sich die Hersteller in scharfer Konkurrenz. Der entsprechende Verdrängungswettbewerb führte am Ende dieser Zeitspanne zu einer starken industriellen Konzentration auf dem Sektor der Rechnertechnik.

Anders als bei der militärischen Nutzung waren die hohen Kosten hemmende Faktoren bei der kommerziellen Nutzung. So betrugen 1959 die Monatsmieten mittlerer Rechner, etwa die des Rechners IBM 650, 35.000 bis 80.000 DM. Bei Großrechnern konnte die Monatsmiete bis 300.000 DM betragen. Ein mittelgroßer Rechner, wie der durch die frühe Verwendung von Transistoren besonders innovative Rechner Siemens 2002, hatte einen Kaufpreis von mehr als 1,2 Millionen DM. Die seit den zwanziger Jahren genutzten Planungs- und Automatisierungstechniken, zum Beispiel die Lochkartenmaschinen, wollten also erst einmal durch die Aussicht auf einen Gewinn an Rationalisierung verdrängt werden. Engpässe bei der Programmierung der Rechner, insbesondere bei betriebswirtschaftlichen Aufgaben, trugen ebenfalls zu einer gewissen Skepsis gegenüber der elektronischen Datenverarbeitung bei. Trotzdem setzten sich die Rechner seit Ende der fünfziger Jahre im kommerziellen Bereich durch. Stimuliert durch den Einsatz an Hochschulen und an den Rechenzentren der Hersteller wurden Rechner in Banken, bei Versicherungsgesellschaften, in staatlichen Verwaltungen, in Großversandhäusern, bei Fluggesellschaften und in der Großindustrie installiert. Ein bedeutendes Beispiel für den frühen kommerziellen Einsatz von Rechnern ist die Bank of America. Schon 1955 begann sie, Schecks, die entsprechend der Kontonummer und der Zweigstelle magnetisch markiert waren, mit Unterstützung eines speziellen Rechners zu verbuchen. Gleichzeitig setzte sie einen der ersten serienmäßigen Rechner, die IBM 702, für kaufmännische Zwecke ein, um in San Francisco zentral etwa 90.000 Kreditkonten zu führen. Der Automobilkonzern Chrysler in Detroit installierte ebenfalls einen Rechner IBM 702, und zwar zur Überwachung der Lagerhaltung von etwa 100.000 Ersatzteilen. Seit März 1956 benutzte die Allianz Versicherung in München eine noch in den USA gebaute IBM 650. Die erste in der Bundesrepublik gefertigte IBM 650 ging in das Volkswagenwerk nach Wolfsburg. Umgang mit großen Datenmengen war das eigentliche Metier der kommerziellen Rechnertechnik. Beispielhaft dafür war die 1957 von der Standard Elektrik Lorenz fertiggestellte Datenverarbeitungsanlage für das Großversandhaus Quelle in Fürth; denn bereits damals verschickte Quelle etwa 5 Millionen Pakete im Jahr, wobei die Arbeitsspitzen im Weihnachtsgeschäft kaum mehr zu bewältigen waren. Der als Einzelanlage neu konzipierte und speziell auf den Nutzer zugeschnittene Rechner war – was ein Risiko bedeutete – technisch an der Front der Entwicklung. Das SEL-Informatik-

155. IBM-Großrechenanlage des Systems 705 in der Zentrale der niederländischen Luftverkehrsgesellschaft KLM in Amsterdam. Photographie, 1960

System bei Quelle baute bereits auf einer Transistor-Logik und auf einem selbst entwickelten Trommelspeicher auf. Die Anlage war aber offenbar in der Lage, mehr als zehn Jahre lang zuverlässig die Auftragsbearbeitung einschließlich der Preisberechnung und die Lagerhaltung bei Quelle zu steuern. Wichtige Nutzer von Computern waren, wie gesagt, auch die Fluggesellschaften. So installierte die niederländische Fluggesellschaft KLM bereits 1959 einen IBM-Rechner 705 in Den Haag. 1964 stellte die Fluggesellschaft American Airlines ihr weltweites Reservierungssystem auf elektronische Datenverarbeitung um, wobei auf die in Magnettrommel-Speichern und in riesigen Plattenspeichern vorliegenden Reservierungsdateien direkt zugegriffen werden konnte.

Um 1970 hatte sich – in Gestalt von Projekten oder in realisierten Anlagen und Systemen – die elektronische Datenverarbeitung in weiten Bereichen der Wirtschaft und der Öffentlichkeit durchgesetzt: Führungsaufgaben und schwierige Entscheidungsprozesse in Unternehmen, die auf Daten über Märkte, Produkte, Kosten

156. Eingabe der Signalzeitenpläne in der ersten elektronischen Verkehrszentrale Europas in Berlin. Photographie der Siemens AG, 1965

und Personal aufbauen, wurden nun mit Mitteln der elektronischen Datenverarbeitung erleichtert. Unterhalb der Führungsetage plante man in den Betrieben Bedarf, Investitionen und Vertrieb mit Hilfe von Rechnern. Auf der Ebene der industriellen Realisierung technischer Gegenstände unterstützten Rechner die Konstruktion. Auf Computer basierende Netzplantechniken erlaubten termingerechtes Durchführen komplizierter großer Bauvorhaben. Mittels rechnergesteuerter Signalanlagen konnte in großen Städten der wachsende Verkehr auch in den Hauptverkehrszeiten bewältigt werden. Finanzplanungen der öffentlichen Hände ließen sich mit Hilfe von Rechnern erstellen, wobei die Nutzung des Rechners es ermöglichte, verschiedene Investitionen in ihren zukünftigen Auswirkungen zu verfolgen, also letztlich politische Alternativen aufzuzeigen.

Trotz der sich stetig ausweitenden Anwendung großer Rechner wäre die Computertechnik heute nicht so präsent im Alltag, hätte nicht Mitte der siebziger Jahre eine Entwicklung eingesetzt, die den Computer zum individuell verfügbaren Werkzeug gemacht hat, zum Personal Computer (PC). Obwohl Videospiele und erste Ideen von einem Spielcomputer für Kinder die Entwicklung des PCs vorbereitet hatten, begann der eigentliche Aufstieg mit den auf Mikroprozessoren, etwa dem Prozessor Intel 8080, aufbauenden »Heimcomputern«. Die ersten Heimcomputer waren allerdings noch eher Bastelobjekte für Computerliebhaber mit Kenntnissen im Programmieren. Man benutzte sie zum Beispiel für die Berechnung von Steuern und Familienfinanzen. Trotzdem entstand in dieser Umgebung ein Markt für Heimcomputer, und ganz in der Tradition der frühen Hacker und Bastler gründeten Steven P. Jobs und Stephan G. Wozniak 1977 die Firma »Apple Computer«. Ihre ersten Heimcomputer »Apple I« und insbesondere »Apple II« fanden ernsthafte Anwender im Kreis der Freiberufler und in der Wissenschaft. Der Apple II nutzte bereits Disketten als Speichermedium, wobei das Laufwerk genau auf die interne Verarbeitungsgeschwindigkeit des Rechners abgestimmt war. Mit dem Tabellenkalkulationsprogramm »Visicalc«, das nur auf Apple-Disketten erhältlich war, schuf sich Apple einen Markt, der nun weit größer war als jener der Computerbastler. Zugleich unterstützte der Apple II die Farbgraphik – eine Eigenschaft, die ihn für die Verwendung von Spielprogrammen interessant machte. Für den Erfolg, den Jobs und Wozniak mit ihrer Gründung hatten, gibt es jedenfalls in der Industriegeschichte kaum ein Vorbild. Innerhalb von 14 Jahren stieg der Umsatz von Apple auf 100 Millionen Dollar, wobei der gesamte Umsatz mit Personal Computern bereits mehr als 1 Milliarde Dollar betrug. 1990 belief sich allein der Umsatz von Apple – als zweitgrößtem PC-Hersteller nach IBM – auf 5,6 Milliarden Dollar.

IBM schaltete sich erst 1981 in das PC-Geschäft ein. Der Personal Computer von IBM basierte auf dem 16-bit-Prozessor »Intel 8088«, mit dem im Vergleich zum Intel 8080 auf mehr Speicheradressen direkt zugegriffen werden konnte, und auf einem kleinen integrierten Systembus. Ohne technisch führend zu sein, war der IBM-Konzern mit seinen PCs so erfolgreich, daß er auch hier den industriellen Standard setzte. Standard bedeutete vor allem das von William Gates für den PC von IBM entwickelte Betriebssystem MS-DOS. Umgekehrt wurde Gates' Firma »Microsoft«, da sie zusätzlich das Betriebssystem für die bald auf den Markt strömenden IBM-kompatiblen PCs lieferte, zum größten Software-Anbieter der Welt. Von den Anwendungsprogrammen erwiesen sich die seit den frühen achtziger Jahren vorliegenden leistungsfähigen Textverarbeitungsprogramme als die »Arbeitspferde« beruflich genutzter PCs.

Seit 1984 hatte sich mit dem von Steven Jobs konzipierten und mit einem eigenen

Betriebssystem versehenen Apple Macintosh eine vom IBM Personal Computer deutlich abweichende Philosophie am Markt etabliert. Der vornehmlich an amerikanischen Hochschulen außerordentlich beliebte Macintosh verdankt seinen Erfolg der Benutzerführung durch einfache, auf dem Monitor erscheinende graphische Symbole für Programme und Befehle, der sogenannten graphischen Benutzeroberfläche. Seit 1983 entwickelte jedoch auch Microsoft eine solche graphische Benutzeroberfläche. Mit der Version »Windows 3.0« konnte Microsoft seit 1990 im Grunde mit der Benutzerfreundlichkeit des Macintosh gleichziehen. Doch da Microsoft damit den Erfolg des Betriebssystems OS/2 für die neue PC-Linie von IBM, das IBM Personal System 2, unterminierte, ist es plausibel, daß sich die Wege von IBM und Microsoft weitgehend getrennt haben. So nahm IBM unter anderem von Next Inc., der neuen Firma des vor einigen Jahren aus der Firma Apple verdrängten Mitgründers Steven Jobs, Lizenzen für Software. Außerdem vereinbarten – unter dem Druck der ostasiatischen Billiganbieter imitierter PCs – die bisherigen Hauptkonkurrenten Apple und IBM im Juli 1991 eine Zusammenarbeit, insbesondere durch den Austausch von Komponenten und auch durch den Austausch des von Apple für den Macintosh entwickelten Betriebssystems. Eine Schlüsselrolle spielt dabei der in die Kooperation einbezogene Mikroprozessor-Hersteller Motorola. Ausgestattet mit IBM-Lizenzen der Technologie hochintegrierter Schaltkreise, der sogenannten 0,5 Micron Complementary Metal Oxide Semiconductor Process Technology (CMOS), liefert Motorola gemeinsame Chips an Apple.

Die europäische Computerindustrie

Im Nachkriegs-Deutschland verfügte man über eine hochentwickelte Elektronik. Man besaß eine erfolgreiche, allerdings in den USA genutzte Forschung auf dem für Speichertechnologien wichtigen Feld der ferromagnetischen Werkstoffe. An den Hochschulen wurde in beachtlichem Umfang Rechnerentwicklung betrieben. Außerdem entfaltete sich, ausgehend von Konrad Zuses »Plankalkül«, im deutschsprachigen Raum ein großer Ideenreichtum hinsichtlich der Programmiersprachen. Dennoch schafften es die deutschen Hersteller Zuse, Standard Elektrik Lorenz, Siemens und Telefunken nicht, den Rückstand bei der Gewinnung eines ausreichenden Marktanteils bei kommerziellen Rechnern aufzuholen. Die Rechnertechnik von Telefunken litt unter dem zögerlichen Beginn und den wachsenden Schwierigkeiten der fusionierten Firma AEG-Telefunken. Zuse konnte sich bis 1967 in einer kleinen Nische wissenschaftlicher Rechner halten. Anwendungen der Zuse-Rechner waren etwa Objektiv-Berechnungen bei optischen Firmen und Berechnungen für den ersten selbstentwickelten deutschen Forschungsreaktor FR2 in Karlsruhe. Der weltweite Marktführer IBM hatte sich schließlich mit der Produktion der

157 a und b. Großrechner »TR 440« von Telefunken. Photographien, 1970

Rechner 650 und 1401 und mit der Entwicklung des Rechners 360/20 in der Bundesrepublik spürbar auch als deutscher Hersteller etabliert.

Lediglich Siemens konnte sich als große deutsche Computerfirma am Markt behaupten. Um kostspielige weitere Eigenentwicklungen zu vermeiden, übernahm Siemens nach dem technischen Überraschungserfolg des frühen Transistorrechners 2002 – und nach dem Mißerfolg des 3003 – von der Radio Corporation of America deren IBM-kompatiblen Rechner »Spectra 70« unter der Bezeichnung »Siemens 4004«. Die Datenverarbeitung blieb aber trotz beachtlicher staatlicher Förderung 1969 bis 1975 für Siemens ein Abenteuer. Mitte der siebziger Jahre endete das Projekt einer europäischen Computerfirma »Unidata«, getragen von der französischen »Compagnie Internationale pour l'Informatique (CII)«, vom niederländischen Philips-Konzern und von der Siemens AG, mit einem industriepolitischen Eklat, als CII sich der amerikanischen Firma Honeywell zuwandte. In der Folge begann Siemens Großcomputer des japanischen Herstellers Fujitsu zu vermarkten. Nachdem die Siemens AG 1967 die Zuse KG aufgekauft hatte, übernahm sie 1974 von der maroden AEG die Datenverarbeitung von Telefunken. Die seit 1968 viele Jahre lang auf dem Markt mittlerer Datentechnik außerordentlich erfolgreiche Nixdorf AG suchte 1990 Schutz unter dem Dach der Siemens AG.

Auch die britische und französische Computerindustrie war nicht vom Erfolg verwöhnt. Dabei hatte Großbritannien auf wissenschaftlicher wie technischer Seite selbst gegenüber den USA bedeutende Startvorteile: Die erfolgreiche Radar-Entwicklung hatte der britischen Nachrichtentechnik eine führende Position in der Hochfrequenz- und Impulstechnik eingebracht. Mit den Colossus-Maschinen hatte man, abgesehen vom Prinzip der Speicherprogrammierung, bereits 1943 für Dechiffrier-Zwecke digitale Rechner gebaut. Außerdem besaß man mit Alan Turing einen Forscher, der mit seinen Überlegungen zur Lösbarkeit mathematischer Probleme mit Hilfe einer automatisch rechnenden Maschine großen Einfluß auf die entstehende Computerwissenschaft genommen hat. Ähnlich wie John von Neumann, mit dem er am Institute for Advanced Study in Princeton zusammengetroffen war, verfolgte Alan Turing (1912–1954) die Idee eines speicherprogrammierbaren elektronischen Digitalrechners. Tatsächlich wurden schon 1948, also noch vor dem amerikanischen Rechner ENIAC, die ersten funktionsfähigen speicherprogrammierbaren Rechner in Großbritannien fertiggestellt, und zwar der Manchester Mark I und der Electronic Delay Storage Automatic Calculator (EDSAC) in Cambridge.

Großbritannien konnte allerdings nicht entfernt die Mittel aufbringen, wie sie in den USA zur Förderung der technischen Entwicklung zur Verfügung standen. In erster Linie mußte man hier versuchen, Kriegsschäden zu beheben und die durch den Krieg gelähmte Wirtschaft zu beleben. Vor allem war es in der eher konservativen Umgebung der britischen Kultur kaum möglich, sich auf solche gewagten

Hochtechnik-Unternehmungen einzulassen, wie sie das amerikanische Militär unterstützte. An der Universität von Manchester entstanden in den fünfziger Jahren trotzdem bedeutende Computerprojekte, von denen der Großrechner »Muse«, später »Ferranti Atlas«, bei seiner Fertigstellung 1962 sogar zu den leistungsfähigsten Rechnern der Welt zählte. Ausgestattet mit einem »virtuellen Speicher«, der externe Speicherkapazität für den internen Arbeitsspeicher nutzte, war er dem Standard bei kommerziellen Rechnern um fast zehn Jahre voraus. Außerdem stand für ihn eines der ersten Betriebssysteme zur Steuerung der Arbeit der Zentraleinheit zur Verfügung. Im Unterschied zu den USA förderte die britische Regierung wegen ihrer begrenzten Mittel für militärische Forschung nur wenige Firmen, die sich mit ihrer fortgeschrittenen Technologie weitgehend auf den kleinen Markt wissenschaftlicher und militärischer Rechner beschränkten. Zudem hatten diese Firmen besonders enge Beziehungen zu den britischen Universitäten, was ihre Ausdehnung in den kommerziellen Bereich hinein weiter erschwerte. Umgekehrt war die für die Erschließung eines Marktes für kommerzielle Rechner wichtige britische Büromaschinenindustrie in technologischer Hinsicht zu schwach und in unternehmerischer Hinsicht zu wenig innovationsfreudig. Die Folge war, daß der kommerzielle Rechnermarkt bereits ab 1964 zur Hälfte von US-amerikanischen Firmen bedient wurde. Fast zwangsläufig setzte deshalb bei den britischen Unternehmen ein dramatischer Konzentrationsprozeß ein. Schon 1968, und zwar mit kräftiger finanzieller Mithilfe des Staates, wurde aus den verbleibenden Computerfirmen und aus der Datentechnik des militärtechnisch engagierten Elektronikherstellers Plessey die Firma »International Computers Limited« (ICL) geformt. 1984 wurde ICL, der letzte britische Hersteller von universell verwendbaren Großcomputern, von der Firma »Standard Telephones and Cables« (STC) aufgekauft.

Anders als in Großbritannien spielte in Frankreich der Büromaschinenhersteller »Compagnie des Machines Bull« eine wichtige Rolle auf dem neu entstehenden Markt kommerzieller Computer. Obwohl er – im Vergleich zu kleineren, fortschrittlichen Herstellern – anfänglich nur mühsam die amerikanische Entwicklung der Rechnertechnik nachvollzog, war Bull zu Beginn der sechziger Jahre doch Marktführer unter den französischen Computerfirmen geworden. Als es Bull 1960 mit seinem wissenschaftlichen Hochleistungsrechner »Gamma 60« gelungen war, mit dem amerikanischen Stretch-Computer oder mit dem britischen Rechner »Atlas« gleichzuziehen, begann paradoxerweise eine Geschichte voller industrieller und politischer Verwicklungen. Einmal war das Prestigeobjekt »Gamma 60« aus technischen Gründen keinesfalls über jeden Zweifel erhaben. Die Maschine war zwar mit ihrem Multiprozessor-System und insgesamt mit ihrer auch in den USA beachteten Architektur durchaus innovativ. Doch war es wegen fehlender Software nicht möglich, die Hardware des Rechners voll auszuschöpfen. Jedenfalls geriet Bull infolge bescheidener Verkaufserfolge bei Gamma 60, mit denen offenbar die hohen

Entwicklungskosten nicht eingespielt werden konnten, in finanzielle Schwierigkeiten. Die Finanznot vergrößerte sich noch dadurch, daß man mit Blick auf den zunächst vernachlässigten und offensichtlich wachsenden kommerziellen Markt eine viel zu teuer bezahlte Lizenz von der Radio Corporation of America erworben hatte. Politisch delikat war schließlich die in der Presse betonte Tatsache, daß trotz der massiven staatlichen Förderung im öffentlichen Sektor Frankreichs zu 75 Prozent IBM-Computer und nur zu 25 Prozent Rechner von Bull installiert wurden. Besonders schmerzhaft war die Entscheidung der französischen Atomenergiebehörde, anstelle von Gamma 60 den teuren Hochleistungsrechner IBM-Stretch zu kaufen. Am Ende der schweren politischen und industriepolitischen Auseinandersetzungen stand fest, daß Bull nur mit einer gewaltigen Finanzspritze der amerikanischen General Electric, deren Rechnergeschäft gerade stark expandierte, am Leben erhalten werden konnte. Der Anteil der General Electric an den drei Teilgesellschaften von Bull betrug in zwei Fällen 49 Prozent, in einem Fall 51 Prozent.

Der »Sieg« der amerikanischen General Electric, noch vor dem Hintergrund der führenden Rolle von IBM in Frankreich, ließ die französische Industriepolitik nicht ruhen. Auf Vorschlag der Regierung wurde deshalb Ende 1966 durch die Zusammenführung der Datentechnik der »Compagnie Générale de Télégraphie Sans Fil« (CSF) und der »Compagnie Générale d'Electricité« (CGE) sowie der »Société d'Electronique et d'Automatisme« (SEA) im Sinne eines führenden französischen Unternehmens die neue »Compagnie International pour l'Informatique« (CII) gegründet. Mit Hilfe des staatlich finanzierten »Plan Calcul«, mit dem CII durch einen Hersteller von Peripheriegeräten, durch eine Finanzierungsgesellschaft und durch ein nationales Forschungsinstitut ergänzt wurde, versetzte man CII in die Lage, eine Reihe eigener Computer zu entwickeln und herzustellen. Obwohl 1968 auch eine gezielte staatliche Förderung der Halbleitertechnik einsetzte, wurde das erklärte Ziel, nämlich den Marktanteil der französischen Hersteller zu steigern, nicht erreicht.

Da der französische Markt an sich sehr klein und zudem mit den großen Anbietern IBM und General Electric-Bull, später Honeywell-Bull, besonders umkämpft war, schien eine europäische Kooperation die einzig mögliche Folgerung zu sein. Die 1973 angekündigte Bildung einer einheitlichen europäischen Computerfirma »Unidata«, für die Philips Kleincomputer, Siemens mittelgroße Rechner und CII Großrechner bauen sollten, scheiterte kaum zwei Jahre später. Überschneidungen bei der Entwicklungsarbeit, Entwicklungsrückstand bei den Großcomputern der CII und zunehmende Kritik aus Kreisen der Industrie und der Politik veranlaßten die CII, die Unidata zu verlassen und sich Honeywell-Bull zuzuwenden. Nach dem Honeywell 1986, wie vorher General Electric, aus dem Computergeschäft ausgestiegen war, wurde mit der verbliebenen CII-Bull die Konzentration in der französischen Computerindustrie perfekt. Trotz massiver staatlicher Stützung einer solchen nationalen Computerfirma, einer Fortsetzung des »Plan Calcul« bis 1980 und eines am japanischen Vorbild orientierten vierjährigen Förderungsprogramms für höchstintegrierte Schaltkreise konnte die französische Computerindustrie ihre Position nicht mehr verbessern. Als die Bull-SA 1990 einen Verlust von etwa 2 Milliarden DM machte, geriet die französische Computerindustrie sogar erneut in eine schwere Krise. Da Bull ohne Auslandspartner kaum mehr überlebensfähig zu sein schien, vereinbarte die Bull-Gruppe im Juni 1992 eine weitreichende Kooperation mit IBM. Demnach werden Bull und IBM bei Software – insbesondere bei Betriebssystemen – sowie bei der Produktion von Schaltkreisen und von Speichermedien zusammenarbeiten. Vor allem aber wird IBM einen Anteil von nahezu 6 Prozent des Aktienkapitals von Bull übernehmen.

Die unglückliche Entwicklung der Computerindustrie in wichtigen europäischen Staaten läßt erhebliche Zweifel am Wert staatlicher Förderungsmaßnahmen aufkommen. Auch die enorme und über Jahre erfolgreiche Förderung der militärischen und mittelbar der kommerziellen Datentechnik in den USA darf nicht zu der Annahme verleiten, daß damit der wirtschaftliche Erfolg am internationalen Markt auf Dauer gesichert bleibt. Denkbar ist, daß eher ein Zurückstutzen des militärischen Komplexes und eine Förderung vielfältiger industrieller und universitärer Forschung im Bereich der Datenverarbeitung eine effektive Verwendung von Forschungsmitteln erlauben würden. Die Tatsache, daß Japan, obwohl die dort eingesetzten Mittel nie die Höhe der staatlichen Unterstützung in den USA erreichten, zum größten Konkurrenten der amerikanischen Computerindustrie aufgestiegen ist, muß wenigstens teilweise mit einem besonders wirkungsvollen Einsatz der Mittel zusammenhängen.

Die japanische Herausforderung

Den ersten Teil seines Aufstiegs in der Datentechnik bis in die Mitte der sechziger Jahre verdankte Japan weitgehend der Nutzung von Lizenzen amerikanischer Hersteller. Verschiedene steuerliche und industriepolitische Maßnahmen hatten jedoch seit den sechziger Jahren in einer gegenläufigen Bewegung die Entstehung einer eigenen japanischen Computerindustrie gefördert. Kontrollinstanz für die Durchführung dieser Maßnahmen war das vielzitierte Ministerium für Internationalen Handel und Industrie, das »Ministry of International Trade and Industry« (MITI). So wurde der heimische Markt zunehmend gegenüber Einfuhren abgeschottet. Mit Hilfe von zinsgünstigen Krediten der Japan Development Bank und mit Unterstützung der japanischen Computerhersteller wurde außerdem eine Gesellschaft gegründet, die japanische Computer kaufte und sie an heimische Nutzer vermietete. Kooperationen mit amerikanischen Firmen wurden, anders als noch 1960 bei der

158. Ziel der japanischen Computerindustrie: die mit dem IBM-System 360 kompatiblen Rechner. Photographie, 1970

privilegierten IBM, immer strenger daraufhin geprüft, ob sie mehr als nur formale Lizenzen, also einen echten Transfer von technischem Wissen, in die japanische Industrie einbrachten.

Ab 1960 wurden zudem – finanziell noch bescheiden ausgestattete – staatliche Programme zur Verbesserung des technischen Niveaus der japanischen Computerindustrie aufgelegt. Das MITI drängte die konkurrierenden japanischen Hersteller zwar zu einer Bündelung ihrer Kräfte, wies aber der vom Ausland unabhängigen Firma Fujitsu die Führungsrolle zu, zum Beispiel beim Bau eines ersten transistorisierten Großcomputers für die kommerzielle Anwendung. Obwohl hier bereits die Grundstruktur der später so überaus erfolgreichen Wechselwirkung von Staat und Industrie sichtbar wird – also Teilfinanzierung durch das MITI und Ergänzung durch die beteiligten Firmen sowie Kooperation in der Forschung und gemeinsame Nutzung der Ergebnisse –, konnte die technologische Lücke gegenüber den USA noch nicht geschlossen werden. Mit einer Studie von 1966 machte das MITI jedoch deutlich, daß die japanische Industriepolitik entschlossen war, diesen Zustand zu ändern. Grundsätzlich sah das MITI nun in der Computerindustrie den entscheidenden Faktor für das Wachstum der japanischen Wirtschaft. Die Industriepolitik sollte darauf ausgerichtet sein, eine eigene japanische Computertechnik zu schaffen, japanischen Computern einen hohen Marktanteil in Japan zu sichern und die Gewinne der japanischen Hersteller zu steigern. Während Marktanteile und Gewinne mit dem teilweise bereits vorhandenen Instrumentarium von Handelsbarrieren und Preiskontrollen gesteuert werden konnten, wurde noch 1966 für eine eigenständige japanische Computertechnik ein neues nationales Forschungs- und Entwicklungsprogramm auf den Weg gebracht. Die Zielvorstellung der beteiligten Firmen war dabei sehr stark vom fortgeschrittensten Mitglied der Familie IBM 360 geprägt, nämlich von der mit einem »Time-Sharing«-System ausgestatteten Maschine 360 / 67. Vor allem sollten die Logik und die ihr zugrunde liegenden Halbleiterbauelemente möglichst hohe Rechengeschwindigkeiten erlauben. Mit der breiten Verwendung »schneller«, hochintegrierter Schaltkreise sowie mit den ersten auf Halbleiterbauelementen basierenden internen Speichern vermochte man das eigene technische Wissen beachtlich zu erweitern.

Anfang der siebziger Jahre geriet die japanische Computerindustrie noch einmal in schwere Bedrängnis. Auslösender Faktor war die Vorstellung der neuen, verbesserten Rechner des Systems IBM 370, die mit virtuellem Speicher und mit einem »Time-Sharing«-System ausgestattet waren. Die Radio Corporation of America (RCA) als Herstellerin IBM-kompatibler Rechner und General Electric (GE) mit seinem kapitalintensiven Engagement in der Kerntechnik und in der Entwicklung von Jet-Triebwerken waren finanziell nicht in der Lage, nachzuziehen, und sahen sich gezwungen, ihre Datentechnik zu verkaufen. Die Fernwirkungen der Turbulenzen in der amerikanischen Computerindustrie führten schließlich dazu, daß zwei der drei führenden japanischen Hersteller, nämlich Hitachi und Nippon Electric Corporation (NEC) ihren Lizenzgeber RCA beziehungsweise GE verloren. Obwohl Fujitsu als selbständiger japanischer Hersteller nicht unmittelbar betroffen war, sah er sich ebenfalls der Herausforderung gegenüber, die das neue System IBM 370 bedeutete. Um das Maß voll zu machen, mußte die japanische Regierung dem amerikanischen Druck nachgeben und ihre Importbeschränkungen bis Mitte der siebziger Jahre weitgehend wieder aufheben.

Die japanische Industriepolitik reagierte auf diese doppelte Bedrohung – Störung des Technologietransfers und Öffnung des japanischen Marktes – mit zwei sich ergänzenden Maßnahmen. Einmal versuchte MITI mit einer kräftigen und gezielten Förderung von Forschung und Entwicklung auf dem kommerziellen Sektor rasch mit der Herausforderung der Rechner des IBM Systems 370 fertigzuwerden. Zum anderen setzte MITI die wichtigsten Hersteller unter Druck, sich in teilweise gemeinsam finanzierten Entwicklungsvorhaben zusammenzuschließen. Fujitsu und Hitachi übernahmen die Aufgabe, eine Serie großer Rechner zu entwickeln, die mit dem durch das IBM-System 360 und 370 gesetzten Standard kompatibel waren. Zu Hilfe kam ein unerwarteter Zufluß an technischem Wissen durch die Zusammenarbeit von Gene M. Amdahl und Fujitsu. Gene M. Amdahl, Leiter des Entwicklungsteams des ersten kommerziell bedeutenden Universalrechners IBM 704, hatte 1970 IBM verlassen, um in einer eigenen Firma, fußend auf der Architektur der Serien 360 und 370, leistungsfähigere und zugleich preisgünstigere Rechner zu bauen. Als Amdahl in finanzielle Schwierigkeiten geriet, sah er sich gezwungen, einen Teil seiner Firma an Fujitsu zu verkaufen und im Gegenzug Fujitsu technisches Wissen zugänglich zu machen. Dabei übernahm Fujitsu nicht nur kontinuierlich technisches Wissen, sondern auch das unternehmerische Konzept Gene M. Amdahls, nämlich beim Bau der IBM-kompatiblen Rechner in offensiver Weise technologisch fortgeschrittene Komponenten zu verwenden, um damit das Preis-Leistungs-Verhältnis neuer Rechner der IBM rasch wieder zu überbieten.

Das Gleichziehen der großen japanischen Hersteller mit IBM läßt sich sicher nicht allein auf einen solchen singulären Transferprozeß zurückführen. Hinzu kam ein vom MITI in den Jahren 1976 bis 1979 gefördertes großes, mit Staats- und Industriemitteln ausgestattetes Forschungsprogramm im Bereich der Halbleitertechnik. Damit gelang es Fujitsu, Hitachi, Mitsubishi, Nippon Electric und Toshiba, sich die in vielen Einzelschritten ablaufenden technologischen Prozesse anzueignen, die zur Herstellung höchstintegrierter Schaltkreise, der VLSI-Technik (Very Large Scale Integration), erforderlich sind. Mit dem VLSI-Programm, zu dem hochauflösende lithographische Verfahren und Elektronenstrahlschreib-Verfahren zählten, wurden die japanischen Chiphersteller in die Lage versetzt, bei den dynamischen Schreib-Lese-Speichern auch in den USA einen bedeutenden Marktanteil zu erringen. Was die Front der technischen Entwicklung angeht, so hat die japanische Halbleitertechnik aus dem Rückstand von einem Jahr, den sie bei Speicher-Chips bis etwa 1975 hatte, schon 1982 einen Vorsprung von einem Jahr gemacht. Im Juli 1992 vereinbarten Toshiba, Siemens und IBM die gemeinsame Entwicklung eines 256-Megabit-Speicherchips. Das VLSI-Programm legte jedenfalls den Grundstein für die herausragende Rolle, die die japanische Computerindustrie auf dem Markt der IBM-kompatiblen Rechner heute spielt. Nach den USA nimmt sie den zweiten Platz ein.

Dabei ist die Computerindustrie lediglich einer von mehreren Sektoren, in denen Japan derzeit führend ist oder zumindest zu den führenden Nationen gehört. In der Konsumelektronik und in der Photoindustrie hatte sich diese neue Rolle schon sehr viel früher abgezeichnet. Damit ist eine Entwicklung zu einem vorläufigen Ende gekommen, die mit dem lange im Westen als Klischee gehandelten Verhalten der japanischen Industrie begonnen hatte: mit der Massenproduktion imitierter techni-

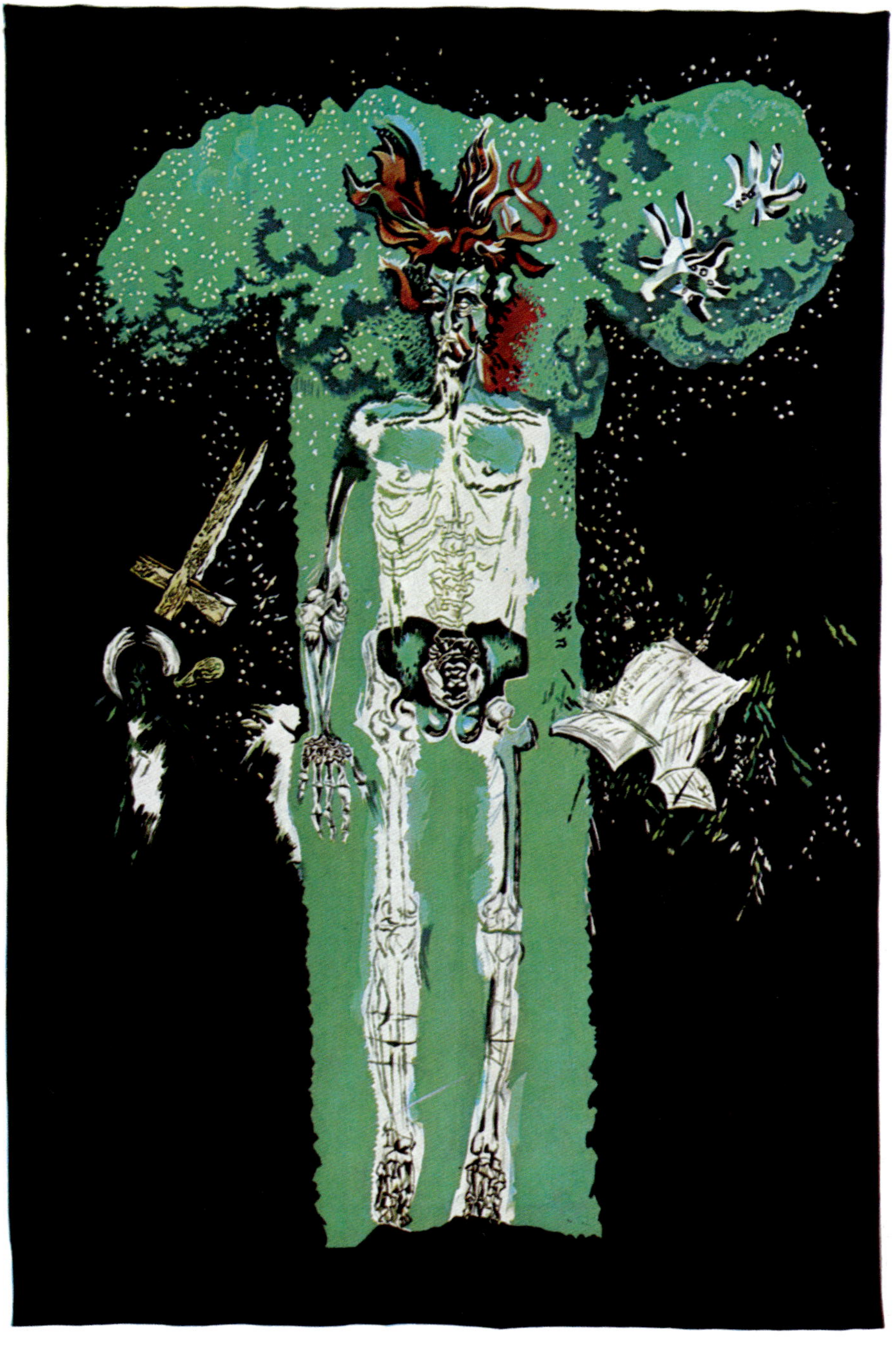

XVII. »Der Mensch von Hiroshima«. Bildteppich von Jean Lurçat, 1957. Angers, Hôpital Saint-Jean

SIMPLICISSIMUS

Jahrgang 1956, Nummer 20 — Herausgegeben von Olaf Iversen — München, den 19. Mai 1956

Das Veto der Bombe

Zeichnung: H. M. Brockmann

„Es wird hier dauernd vom Frieden gesprochen — meine Herren, der Friede bin ich!"

XVIII. Karikatur von Hans Meyer-Brockmann auf dem Titelblatt der politisch-satirischen Wochenschrift vom 19. Mai 1956. Berlin, Staatliche Museen Preußischer Kulturbesitz, Kunstbibliothek

XIX. Das Kernkraftwerk Biblis am Rhein in Hessen. Photographie, 1983

XX. Stator eines Generators von ABB für eine Dampfturbo-Gruppe in Kernkraftwerken

XXI. Das Wasserkraftwerk Itaipu an der Grenze zwischen Brasilien und Paraguay. Photographie, 1990

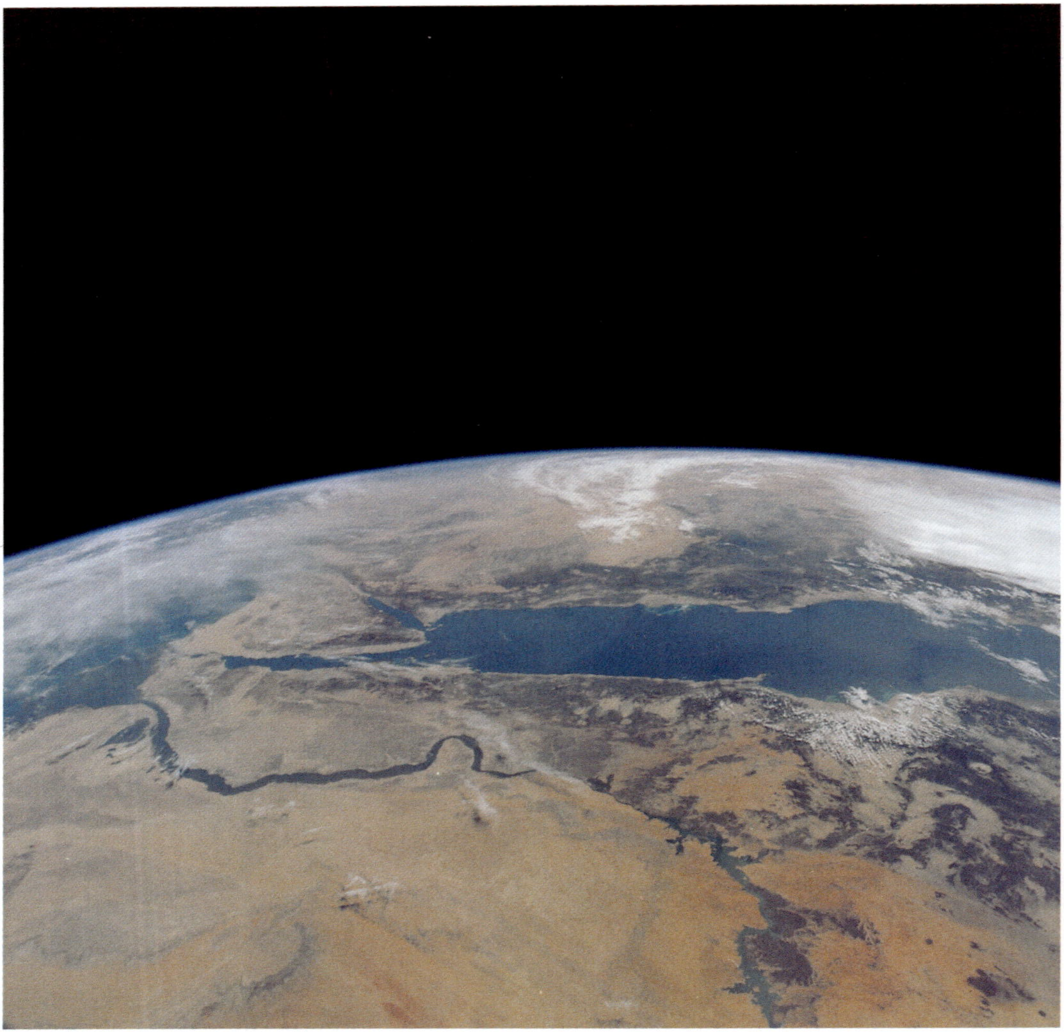

XXII. Blick auf Nil-Tal, Rotes Meer und Halbinsel Sinai aus der Raumfähre »Atlantis« in einer Flughöhe von 295 Kilometern

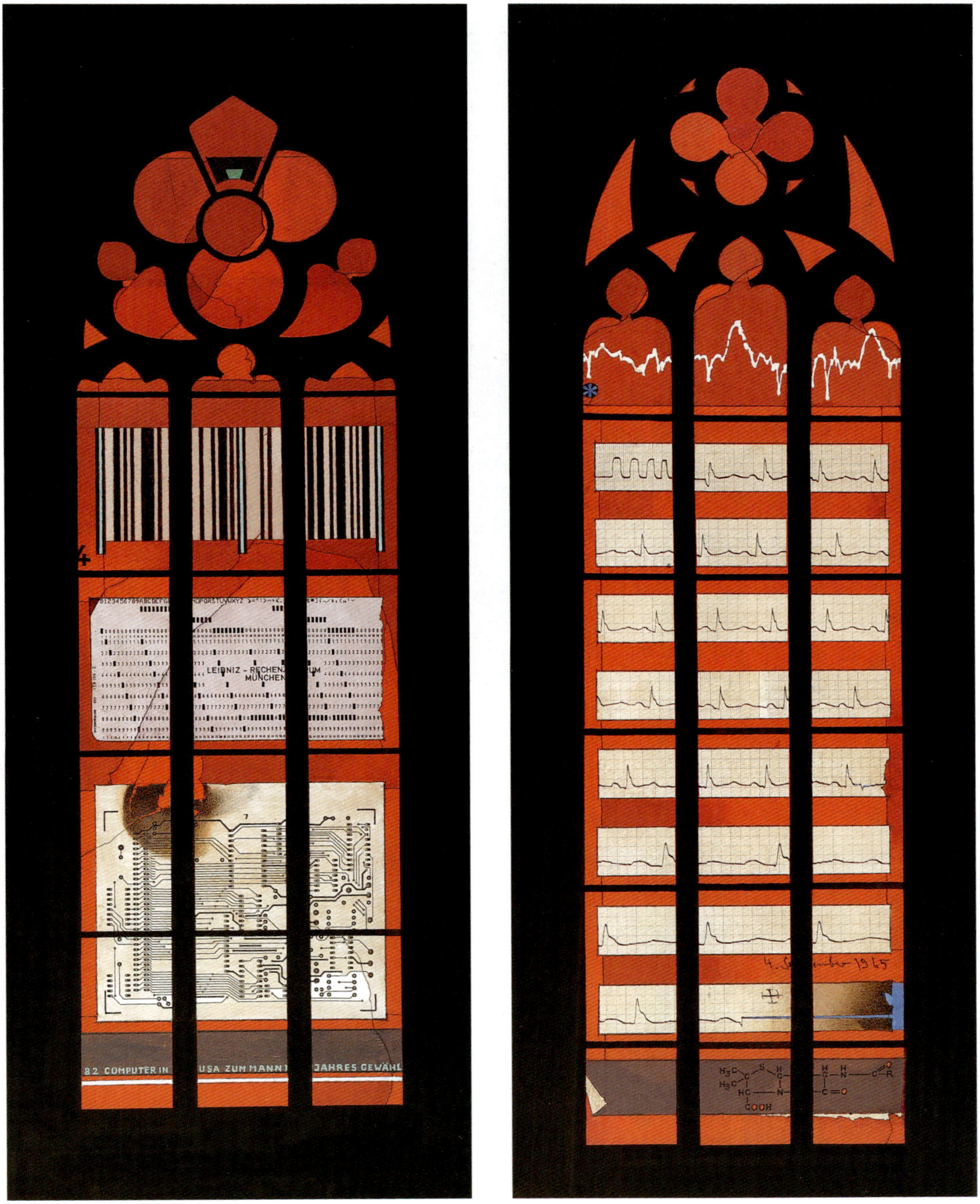

XXIII a und b. Computer und Medizintechnik. Zwei der zehn Langhausfenster für die Heiliggeist-Kirche zu Heidelberg in Entwürfen von Johannes Schreiter, 1983/84

XXIV. Anlage zur Beschichtung von Siliciumscheiben mit Photolack: 4-Megabit-Chip-Fertigung im IBM-Werk Sindelfingen/Böblingen

XXV. Schweißroboter der Firma KUKA in der Automobilindustrie

XXVI. Produktionstechnisches Zentrum Berlin, eine Forschungs- und Entwicklungsstätte für die automatisierte »Fabrik der Zukunft«

XXVII. Eröffnungsfahrt des ICE auf der Strecke Mannheim–Stuttgart am 5. Juni 1991

XXVIII. Der Wiederaufbau der deutschen Automobilindustrie: das Volkswagenwerk in dem zur britischen Besatzungszone gehörenden Wolfsburg. Reproduktion nach einem Entwurf von Walter Gotschka. Neckarsulm, Autopress

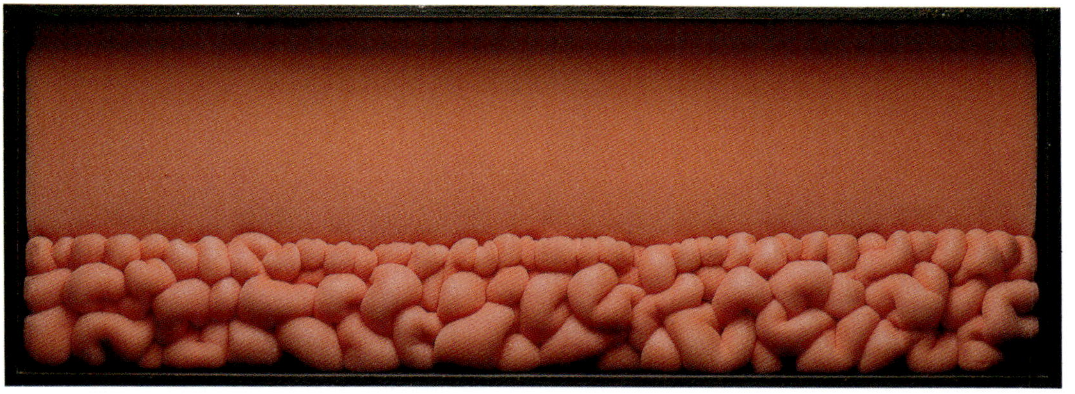

XXIX. Schaumstoffobjekt »O. T., 1971« von Ferdinand Spindel. Münster, Westfälisches Landesmuseum für Kunst und Kulturgeschichte

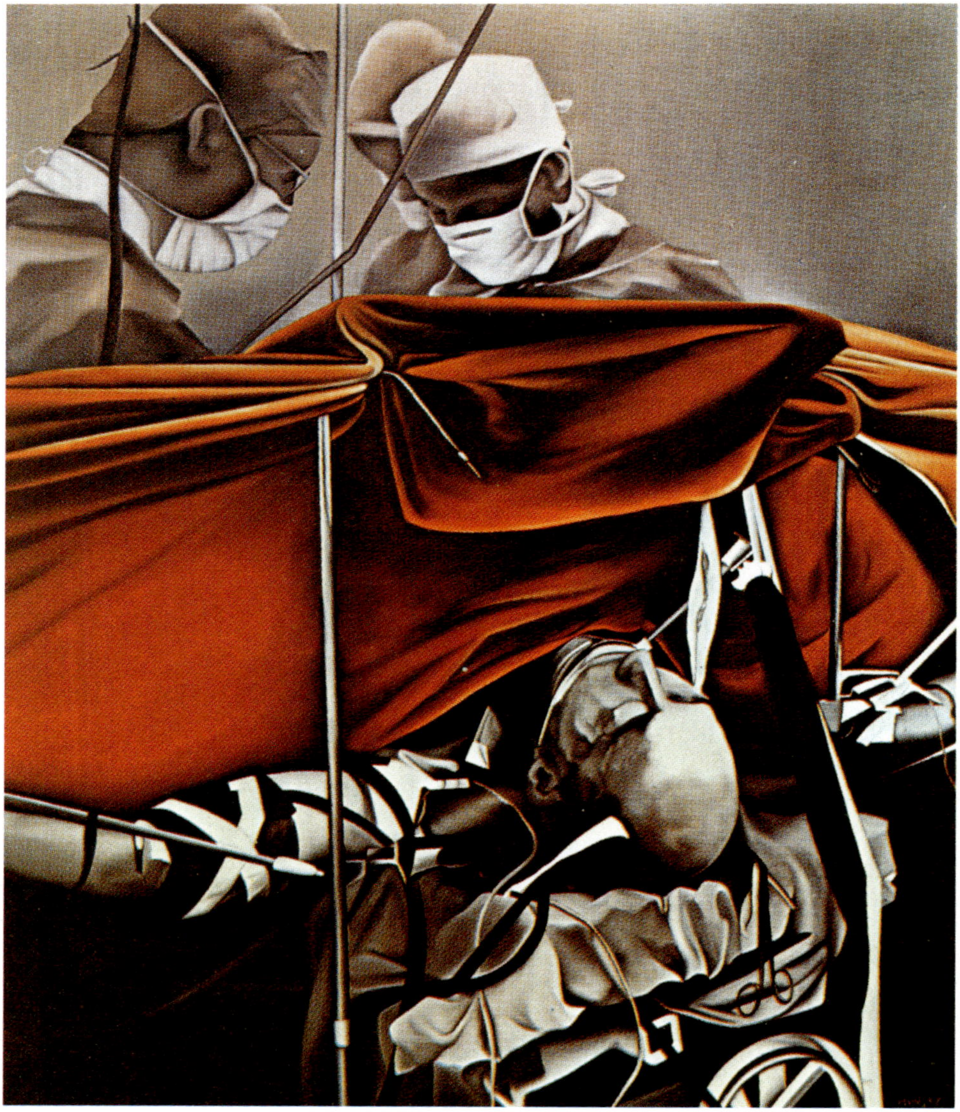

XXX. Chirurgischer Eingriff. Gemälde aus der Folge »Das rote Tuch« von Maina-Miriam Munsky, 1976–1980. Privatsammlung

XXXI. Rechnergestützter Schaltkreisentwurf für Chips bei IBM

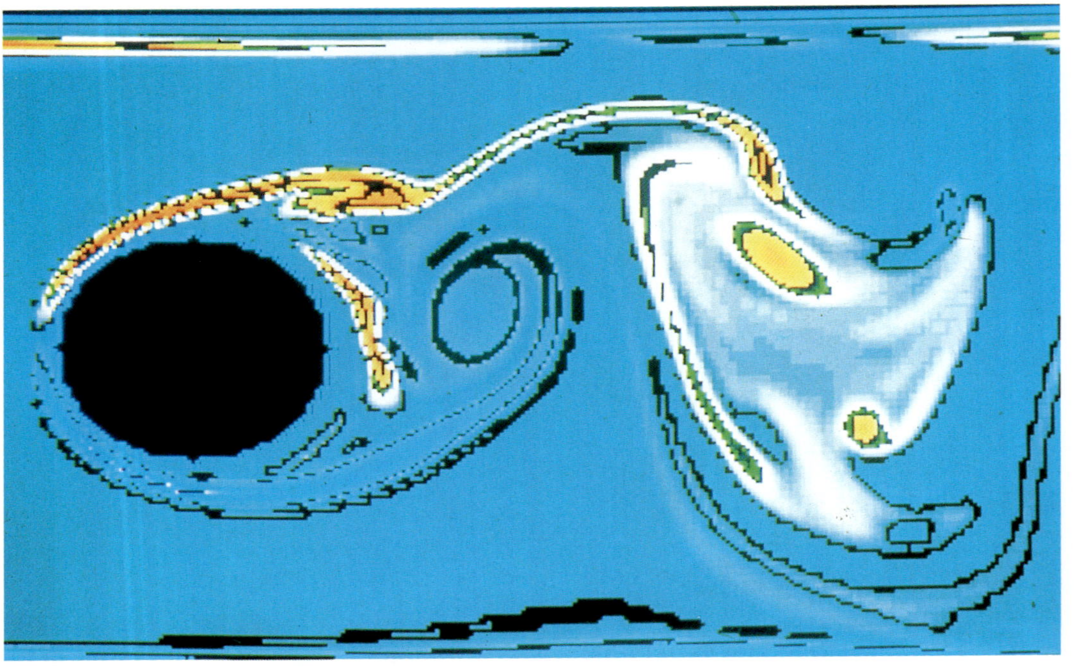

XXXII. Simulation hydrodynamischer Probleme mit Hilfe von Hochleistungsrechnern: Strömungen um einen Zylinder

159. Eine weitere Herausforderung für die japanische Datentechnik: das IBM-System 370. Photographie, 1970

scher Gegenstände. Seit den sechziger Jahren begann man nämlich in Japan, die Massenproduktion durch die Einführung einer immer wirksameren Qualitätskontrolle zu verbessern, etwa bei Radio- und Fernsehgeräten und in den Sektoren Chemie und Stahl. Seit den siebziger Jahren wurden Massenproduktion und Qualitätskontrolle ergänzt durch eine stetige technische und ästhetische Verfeinerung der Produkte. Augenfällig war dies im Audio- und Video-Bereich sowie in den perfekten Systemen einäugiger Spiegelreflexkameras mit ihrer neuen, die Mikroelektronik einbeziehenden Lichtmessung durch das Objektiv. Innovative und zugleich in kleinen Schritten ständig höher entwickelte Produkte waren dann für die achtziger Jahre charakteristisch, so der Laptop-Computer, die Video-Kameras und Video-Recorder, die Kopier- und Telefax-Geräte.

Es wäre vermessen, in wenigen Sätzen die enorme Produktivität Japans, den hohen technischen Standard, das häufig besonders gute Preis-Leistungs-Verhältnis und den starken ästhetischen Reiz seiner Produkte am Markt erklären zu wollen. Einige Aspekte sollen aber dennoch beleuchtet werden, denn vieles spricht dafür, daß sehr viel ältere kulturelle und religiöse Prägungen maßgeblich auch bei der Leitung des technisch-industriellen Handelns im modernen Japan mitgewirkt haben. Allein die japanische Sprache und die komplizierte japanische Schrift waren wichtige Rahmenbedingungen für die Entwicklung der Technik. Im Austausch mit dem Westen waren sie zunächst eher hemmende Faktoren. Die aus der chinesischen Schrift weiterentwickelte japanische besitzt heute immerhin 1.850 Schriftzeichen, wobei seit 1948 allein 881 zum Lehrumfang der Elementarschulen gehören. Trotzdem geht offenbar gerade von Sprache und Schrift eine starke Motivation für die Entwicklung fortgeschrittener Technologien im Umkreis der Verarbeitung von Daten aus. Tatsächlich hatte man schon seit 1971 mit einem von MITI geförderten Programm zur Erforschung von Mustererkennungssystemen begonnen, Fragen aus dem Umkreis der sogenannten Künstlichen Intelligenz zu bearbeiten. Das kommerziell wichtigste Ergebnis war das erste von Toshiba entwickelte Textverarbeitungsprogramm für japanische Schriftzeichen. Aber ganz allgemein bieten Sprache und Schrift in Japan einen starken Anreiz, das Erkennen komplizierter Muster, visuelles Lernen und die Gedächtnisleistung zu trainieren. Das ist nicht nur in den fortgesetzten Aktivitäten auf dem Gebiet der Künstlichen Intelligenz, etwa in der Entwicklung von Spracherkennungs- und Bildverarbeitungssystemen, sondern ganz unmittelbar in der Förderung computergestützter Konstruktionsverfahren sowie in der Entwicklung von Scannern und Telefax-Systemen wahrnehmbar.

Zu den tieferen Schichten der Kultur gehört – wie im Westen – das religiöse Denken. Eine der Quellen der kulturellen Entfaltung Japans war seit dem 14. und 15. Jahrhundert der Zen-Buddhismus. Seine Bevorzugung des gesamtheitlichen Denkens, des intuitiven Verstehens, sein Streben nach geistiger Erleuchtung, nach Beherrschung, Zurückhaltung und Einfachheit hat von der Tee-Zeremonie über die Architektur bis hin zum Theater und zur Malerei Japan geprägt. Aber auch die moderne Technik und die Art und Weise, wie sie entstanden ist, scheinen Züge dieser Kultur zu tragen. So wird das auf kleine und beherrschte Formen und auf eine hochentwickelte und zugleich sparsame Ästhetik ausgerichtete Kunsthandwerk Japans in Verbindung gebracht mit der Tendenz zur Miniaturisierung und zur Verfeinerung technischer Gegenstände. Obwohl allzu einfache Gleichungen – Bonsai entspreche der Mikroelektronik – das Ziel sicher verfehlen, ist es reizvoll, die Ausstrahlung, die von der im Westen bekannten Gartenkunst Japans ausgeht, mit dem Charakter japanischer Hochtechnik in Beziehung zu setzen.

Die Synthese von Überkommenem und von Neuem spielt auch eine bedeutende Rolle in der Struktur der japanischen Unternehmens-Landschaft. Bis heute ist für das Wirtschaftsleben in Japan bestimmend, daß neben modernen Unternehmungen die eher traditionellen Industriezweige erhalten geblieben sind. Außerdem fördert das MITI neben den schwerfällig gewordenen großen Unternehmen in den technisch-wirtschaftlichen Schlüsselbereichen eine Vielzahl kleiner und kreativer Betriebe. Man erwartet, daß im Zusammenwirken der kleinen Unternehmen durch die Verschmelzung einer großen Zahl unverbundener, auch älterer Technologien neue geschaffen werden. Dem entspricht wiederum die typische japanische Variante der

Kreativität. Nicht der in einer geradlinig verlaufenden Entwicklungsanstrengung fast abrupt erzielte Durchbruch, wie er im Westen angestrebt wird, sondern das breit angelegte und geduldige Suchen, das intuitive Denken, das Wiederaufgreifen älterer Gedanken, das Verfeinern, das einer aufwärts gerichteten Spirale gleichende, schrittweise Vorgehen, gefördert durch vielfache Rückkopplungseffekte, sind das Merkmal japanischer Kreativität in der Technik. Allerdings ist jene Kreativität nicht der geistige Ausbruch eines Individuums, sondern der Verschmelzungsprozeß der innerhalb einer Gruppe entstehenden Gedanken.

Die nach außen dominierende Rolle der Gruppe, hinter der der Einzelne mit seinen Ideen zurücktritt, die bis zur Selbstaufopferung reichende Arbeitsethik, die lebenslange Bindung an die Firma und das Senioritätsprinzip bei Beförderungen und bei der Bemessung von Gehältern haben ihre Wurzeln wohl eher in der Ethik der konfuzianischen Philosophie. Offenbar sind im heutigen Japan der Buddhismus und der Schintoismus, selbst das Christentum von der konfuzianischen Morallehre stark überlagert. Anders als bei dem auf Meditation und geistige Erleuchtung zielenden Buddhismus war das zentrale Anliegen der Philosophie des Konfuzius das menschliche Verhalten im praktischen Leben. Da diese Philosophie den Menschen nie nur als Individuum, sondern immer in den sozialen Bezügen von Familie, Gesellschaft und Staat betrachtete, war der Konfuzianismus Sozialethik sowie politische Ethik.

Die im Konfuzianismus geforderten menschlichen Tugenden, Liebe, Rechtschaffenheit, Weisheit, Sittlichkeit und Aufrichtigkeit, sollten sich deshalb in charakteristischen, meist hierarchischen sozialen Konstellationen beweisen, so im Verhältnis von Vater und Sohn, in der Beziehung der Eltern und der Geschwister untereinander oder in jener von Herrscher und Staatsdiener. In dem Maße, in dem die Struktur der Familie Vorbild für den Verband des Staates war, galten die ethischen Forderungen an den Einzelnen genauso für den Staat und das Verhalten der ihn Regierenden. Für den Einzelnen wie für den Staat war ein Grundzug der konfuzianischen Ethik bestimmend, nämlich der Respekt vor dem Alter, die Wahrung des Althergebrachten und die Erhaltung der traditionellen moralischen Bindungen. Die konfuzianische Ethik mit ihrer Betonung der Einbindung des Einzelnen in die verschiedenen sozialen Bezüge stand zwar der Entwicklung einer individuellen Kreativität, wie sie im Westen vorherrscht, im Weg. Aber sie brachte mit ihrem intellektuellen und rationalen Charakter ein starkes Gegengewicht zu den Beschwörungsformeln und zum Mystizismus der anderen Religionen. Insofern war die konfuzianisch geprägte Bildung ein wesentlicher Faktor bei der raschen Aufnahme westlicher Wissenschaft und Technik seit den Meiji-Reformen im letzten Drittel des 19. Jahrhunderts. Ohne den anhaltenden Einfluß der konfuzianischen Ethik lassen sich die Firmentreue, die Disziplin und das Ertragen enorm langer Arbeitszeiten bei den japanischen Arbeitnehmern kaum erklären.

Allerdings haben sich – folgt man Berichten der westlichen Presse – in den letzten

Jahren die Anzeichen vermehrt, daß die japanischen Arbeitnehmer nicht länger gewillt sind, für den Erfolg ihrer Firmen ihre Freizeit zu opfern, auf Familienleben zu verzichten und ihre Gesundheit zu gefährden. Der Stimmungsumschwung zeigt sich etwa darin, daß heute fast zwei Drittel der Arbeitnehmer eine Verringerung ihrer Arbeitszeit wünschen, auch um den Preis einer Kürzung ihrer Einkommen. Die Fluktuation hat sich in den vergangenen zehn Jahren fast verdreifacht. Von den 1987 neu eingestellten Hochschulabsolventen hat, anders als noch vor zehn Jahren, nach drei Jahren ein Drittel den Arbeitgeber gewechselt. Die Abkehr vom Senioritätsprinzip zeichnet sich ebenfalls bereits ab. Da infolge der niedrigen Geburtenrate in den nächsten Jahren mehrere Millionen Arbeitskräfte fehlen werden, ist es denkbar, daß, ausgehend von den jüngeren Arbeitnehmern, sich die Struktur des japanischen Arbeitsmarktes deutlich ändern und die Mentalität der Arbeitnehmer sich von den traditionell, kulturell und religiös geprägten Verhaltensmustern lösen wird. Ob die momentanen Schwächeerscheinungen in der Automobilindustrie, in der Konsumelektronik und in der Halbleitertechnik Japans einen restaurativen Trend auslösen werden, läßt sich schwer beurteilen, zumal die anstehenden Kämpfe um Marktanteile möglicherweise nicht in Japan, sondern auf dem Rücken der Arbeitnehmer in Europa und in den USA ausgetragen werden. Die charakteristischen Folgen hatte zum Beispiel die weltweite Flaute im Computergeschäft bei IBM. Angesichts eines scharfen Umsatzrückgangs und eines Verlustes von 2,8 Milliarden Dollar im Jahr 1991 wurde versucht, durch den Abbau von Stellen den Ertrag des Konzerns zu stabilisieren.

Industriepolitik um jeden Preis?

Die Sorgen der Verfechter einer aktiv planenden europäischen Industriepolitik, mit dem Credo der freien Marktwirtschaft den Anschluß an die Entwicklung der Schlüsseltechnologien, der »strategischen Industrien« zu verlieren, sind also nach wie vor begründet. Industriepolitik kann jedoch sicher nicht nur politisches und wirtschaftliches Handeln sein, das sich um Wohl und Wehe von Firmen und Industrien kümmert, sondern auch Handeln, das auf die Sicherung von Arbeitsplätzen blickt und insofern die sozialen Folgen mitbedenkt. Aber aktive Industriepolitik im Bereich der Mikroelektronik und der Datentechnik heißt eben auch, die massive Nutzung von Informations- und Kommunikationstechniken bewußt zu fördern und damit das immer dichtere Knüpfen der Netze dieser Techniken zu forcieren. Dabei ist heute erkennbar, daß die Gesellschaft weder bereit sein wird, ihr Kommunikationsverhalten allein nach dem Stand der Technik und nach den Produktionszahlen der Industrie zu richten, noch willens sein dürfte, ihre gewachsenen Sorgen im Bereich des Datenschutzes zu vergessen.

Die Probleme des Datenschutzes sind sicherlich in der frühen Phase der Datentechnik, als der Schwerpunkt auf der Automatisierung numerischer Berechnungen lag, kaum erkennbar gewesen. Selbst als in den sechziger Jahren in der Bundesrepublik öffentliche Verwaltungen und große Betriebe begannen, ihre personenbezogenen Daten von Karteikarten oder Lochkartendateien in Magnetbanddateien zu überführen, war dies lediglich eine Automatisierung bestehender Techniken der numerischen Verarbeitung von Daten zur Person, zu Lohn- und Gehaltszahlungen und zu Arbeitszeiten. Sie diente innerbetrieblich zur Rationalisierung der Gehaltsabrechnung und nach außen zur termingerechten Übermittlung gesetzlich vorgeschriebener Daten an Finanz- und Arbeitsämter, an die Krankenkassen, Sozialversicherungen und Gewerbeaufsichtsämter.

Die Probleme wurden allmählich sichtbar, als in den siebziger Jahren große Unternehmen darangingen, Personaldatensysteme aufzubauen, die es nun prinzi-

160. Verarbeitung personenbezogener Daten: das Rechenzentrum der Bundesanstalt für Arbeitsvermittlung und Arbeitslosenversicherung in Nürnberg. Photographie, 1964

161. Vorstellung eines BTX-Telefonsystems der Firma »Nixdorf«. Photographie, 1986

piell ermöglichten, auf Einzeldaten zuzugreifen und solche etwa nach Gesichtspunkten der Arbeitsplatzanforderungen und der Fähigkeiten der Arbeitnehmer zu verknüpfen. Man befürchtete, daß die Firmen über eine Vielzahl von verknüpften Daten Einblick in die persönliche Sphäre von Arbeitnehmern erhalten, daß paradoxerweise personalpolitische Entscheidungen jedoch durch ein formalisiertes technisches Verfahren bestimmt werden. Hinzu kam seit den siebziger Jahren der Aufbau zahlreicher Datenbanken bei den Polizeien der Länder und beim Bundeskriminalamt, wobei diese Datenbanken über Rechner und über ein Datenübertragungsnetz miteinander verbunden wurden, so daß zum Beispiel bei einer Grenzkontrolle innerhalb weniger Stunden die Festnahme einer polizeilich gesuchten Person möglich ist. Einerseits lassen sich mit den Methoden der Datenverarbeitung Fahndungserfolge erzielen, die aus rechtlichen Gründen, aber auch im Hinblick auf die sensible Reaktion der Gesellschaft auf den Anstieg der Kriminalität unbedingt notwendig sind. Andererseits kann man die Befürchtungen nicht von der Hand weisen, daß damit die Bewegungen der Bürger in einer Weise erfaßt werden könnten, welche die grundgesetzlich festgelegte Freiheit kaum mehr zu garantieren vermag.

Ob das seit Ende der siebziger Jahre den Betriebsräten eingeräumte Recht der Information über Personaldatensysteme oder das 1977 gegen den Widerstand der privaten Nutzer der Datenverarbeitung verabschiedete Bundesdatenschutzgesetz, das am 1. Januar 1978 in Kraft getreten ist, mehr als eine Sensibilisierung für die Belange des Datenschutzes erbringen, kann man bezweifeln. Die betrieblichen

Datenschutzbeauftragten werden wohl kaum je ausreichende Unabhängigkeit besitzen. Aber selbst von den Datenschutzbeauftragten der Länder ist bekannt, daß sie in den Behörden durchaus auf Widerstand stoßen und daß allein ihre Bestellung durch Länderregierungen ihre Handlungsfreiheit einengen kann. Das Aufdecken von Mißbräuchen beim Abgleich polizeilicher und industrieller Dateien zeigt, daß der Datenschutz ein Problem bleiben wird. Mehr noch: Verschärft werden diese Probleme durch das weitere Zusammenwachsen und Verschmelzen von Informations- und Kommunikationstechniken, und zwar über die wissenschaftlichen und verwaltungstechnischen Datennetze hinaus. So soll das deutsche Fernmeldenetz durch die leistungsfähigere digitale Übertragungs- und Vermittlungstechnik zu einem universellen Kommunikationsnetz ausgebaut werden. Telefonieren, die Übermittlung von Nachrichten über Telefax, die Kommunikation von Rechnern und andere Dienste sollen damit in einem einheitlichen Netz integriert werden, dem ISDN-Netz, als Kürzel von »Integrated Services Digital Network«. Wenn aber selbst die seriöse Presse von der »Angst vor der digitalen Diktatur« spricht, wird deutlich, daß der scheinbar unaufhaltsamen industriellen Entwicklung beträchtliche Akzeptanzprobleme entgegenstehen.

Von der Nachrichtenübermittlung zur Telekommunikation

Rundfunk und Fernsehen nach dem Zweiten Weltkrieg

Die Telekommunikation der Zeit unmittelbar nach dem Zweiten Weltkrieg war immer noch schlichte »Nachrichtentechnik«. Trotzdem waren bereits die wesentlichen Formen der modernen Nachrichtenübermittlung entwickelt. Seit etwa 1850 hatte sich die elektrische Telegraphie als Nachrichtenmittel für Militär, Verwaltung und Wirtschaft durchgesetzt. Seit etwa 1870 wurde das bestehende Telegraphennetz durch das Telephon zuerst erweitert und – ausgehend von Ortsnetzen – schließlich überlagert. In den zwanziger Jahren kamen der allgemeine Rundfunk und Mitte der dreißiger Jahre der Fernsehfunk hinzu. Während der Rundfunk spätestens in den dreißiger und vierziger Jahren Mittel der Massenkommunikation und in Deutschland auch Mittel der Massenbeeinflussung geworden war, blieb der Fernsehfunk in Deutschland in der Entwicklungs- und Demonstrationsphase stecken.

Der Propagandaerfolg der Fernsehaufnahmen mit Tageslichtkameras bei den Olympischen Spielen von 1936 kann nicht darüber hinwegtäuschen, daß die Kameras zum Teil noch so lichtschwach waren, daß zunächst ein konventioneller photographischer Film hergestellt werden mußte und erst dieser Film abgetastet werden konnte. Außerdem ließen sich die Sendungen nur in einigen öffentlichen Gebäuden, in »Fernsehstuben«, verfolgen. Ähnlich wie beim Projekt des Volkswagens verhinderte der Kriegsausbruch 1939, daß der Fernseh-Einheits-Empfänger »E 1« in Produktion ging. Gefragt waren nun Fortschritte in der militärisch bedeutsamen Technik, und dies war in der Nachrichtentechnik vornehmlich die Funkmeßtechnik oder im angelsächsischen Sprachgebrauch die Entwicklung des Radars.

Nach dem Zweiten Weltkrieg ging es in Deutschland in der Nachrichtentechnik zunächst darum, Kriegsschäden zu beheben und noch in den letzten Kriegstagen zerstörte Sendemaste von Rundfunksendern wieder aufzurichten. Wie in anderen Bereichen mußte sich die Nachrichtentechnik in den Westzonen und dann in der Bundesrepublik aber auch mit Beschränkungen auseinandersetzen, die dem besiegten Deutschland auferlegt wurden. So wurde 1948 auf der 4. Wellenkonferenz in Kopenhagen ein Wellenplan, Frequenzverteilungsplan, beschlossen, der die Rundfunkbereiche der Lang- und Mittelwelle unter den europäischen Staaten ab März 1950 so aufteilte, daß die Bundesrepublik im rundfunkpolitisch wichtigen Mittelwellenbereich kaum zu versorgen war. Die Folge war, daß aus dieser Zwangslage heraus sich die Rundfunkübertragung auf der Basis von Ultrakurzwellen (UKW) in Deutschland besonders kräftig entwickelte. Da im UKW-Bereich noch kein Wellen-

162. Reparatur von Hebdrehwählern im alten System der Vermittlungstechnik im Ostteil Berlins. Photographie von Ralph Rieth, 1990

plan existierte, konnte man ein bisher ungenutztes Frequenzband belegen. Weder mit Standorten noch mit Leistungen und Frequenzen brauchte man sich bei der Schaffung eines UKW-Sendernetzes einzuschränken. Mit dem UKW-Rundfunk nahm man zwar den Nachteil einer relativ geringen Reichweite in Kauf. Doch der Übergang von der Amplitudenmodulation zur Frequenzmodulation, bei der nicht die unterschiedliche Wellenhöhe die Information trägt, sondern die unterschiedliche Schwingungszahl, ermöglichte einen besonders störungsfreien Empfang. Anders als in den USA baute man von Anfang an starke Sender, die mit einfacheren und preiswerteren Geräten gehört werden konnten. Außerdem löste man sich auf der Programmseite von der Mittelwelle und strahlte über UKW eigene Programme aus. So wurde zum Beispiel bereits 1950 vom Sender Langenberg aus das Ruhrgebiet mit Sendungen auf UKW versorgt. Zwei Jahre nach der Eröffnung des UKW-Rundfunks vom Sender Langenberg wurde bereits ein erster 10-kW-Fernsehsender in Langenberg installiert. Mit weiteren Sendern in Hamburg, Hannover und Köln begann dann am ersten Weihnachtsfeiertag 1952 der damalige Nordwestdeutsche Rundfunk (NWDR) den öffentlichen Fernsehrundfunk in der Bundesrepublik. Damit holte 1952 die Rundfunktechnik in Deutschland eine Entwicklung nach, die in den

USA schon seit Anfang der dreißiger Jahre zu regelmäßigen Fernsehsendungen geführt hatte.

Im selben Jahr waren in den USA bereits die entscheidenden und in einer gewaltigen industriellen Gemeinschaftsleistung erbrachten Entwicklungsarbeiten für ein Farbfernsehsystem auf den Weg gebracht worden. Von 1950 bis 1953 schuf das »National Television System Committee« das nach diesem Koordinierungs-Komitee benannte NTSC-Verfahren. Obwohl das Ergebnis zunächst keinen wirtschaftlichen Erfolg brachte und erst Mitte der sechziger Jahre das Farbfernsehen zu dem am schnellsten wachsenden Sektor der Konsumgüterindustrie wurde, war das amerikanische Farbfernsehsystem ein technisches Glanzstück. Glanzstück deshalb, weil es einer Gruppe von über 100 Physikern und Elektrotechnikern von 4 amerikanischen Firmen gelang, ein in beiden Richtungen mit dem bestehenden Schwarzweiß-Fernsehsystem kompatibles Farbfernsehsystem zu etablieren beziehungsweise die entsprechende Norm zu definieren, ausgehend von einer Zeilenzahl von 525 und von einer Bildwechselfrequenz von 30 Bildern pro Sekunde.

Im Prinzip beruht das amerikanische NTSC-Farbfernsehsystem auf der Seite der Empfängerröhre auf einer Anregung eines Tripels von Farbphosphoren durch ein Bündel von 3 Elektronenstrahlen. Diese drei Arten von Phosphoren geben durch den Beschuß mit Elektronen rotes, grünes und blaues Licht ab. Aufgrund der Eigenheiten der additiven Farbmischung, die eine Eigenheit des menschlichen Farbsehvermögens ist, lassen sich so – je nach Intensitätssteuerung der drei Elektronenstrahlen – die verschiedenen Farbtöne und die jeweilige Farbsättigung ermischen, inklusive der unbunten Farben Weiß und Schwarz. Das Entscheidende am NTSC-Verfahren ist, daß es gleichzeitig überträgt: erstens das Helligkeits- oder Luminanzsignal, das heißt das aus der »physiologisch« richtigen Mischung der Signale von Rot, Grün und Blau aus der Aufnahmekamera entstehende Schwarzweißsignal; zweitens ein Farbdifferenz- oder Chrominanzsignal, das aus der Differenz des Rotsignals und des Helligkeitssignals – einer Addition der Signale von Rot, Grün und Blau – entsteht; drittens ein weiteres Farbdifferenzsignal, das aus der Differenz des Blausignals und des Helligkeitssignals – nochmals einer Addition der Signale von Rot, Grün und Blau – erzeugt wird.

Aufgrund der Physiologie des Farbsehens muß die Helligkeitsinformation vergleichsweise sehr dicht sein; man braucht zur Übertragung der Information ein großes Frequenzspektrum, das heißt eine große Bandbreite von 5 MHz. Deutlich geringer sind dagegen die Anforderungen an die Bandbreite bei der Farbinformation. Dieses Verhältnis läßt es zu, diejenigen Frequenzen, die die Farbinformation übertragen – auf einer Hilfsträgerfrequenz von 4,43 MHz moduliert –, regelrecht in die oberen Frequenzlücken der Helligkeitsinformation hineinzumogeln, natürlich unter möglichst geringer Störung der aus den Helligkeitssignalen entstehenden Schwarzweißbilder. Für die eigentliche Übertragung wird der besagte Farbhilfsträger aufgespalten. Den Amplituden der beiden Teilschwingungen wird je ein Farbdifferenzsignal so aufmoduliert, daß bei deren Addition die Phasenlage, also etwa die Lage der Wellenberge bezüglich eines Farbsynchronsignals, die Information des Farbtons trägt und die Amplitude, die Wellenhöhe, die Information über die Farbsättigung. Im Empfänger müssen dann aus dem eingehenden Helligkeitssignal und aus den beiden Farbdifferenzsignalen die reinen Informationen beziehungsweise die Steuerspannungen der Röhre für Rot, Blau, Grün und für die Helligkeit wiederhergestellt werden.

So perfekt die NTSC-Farbfernsehnorm schwarzweiß-kompatibel war, so problematisch war wegen der Verknüpfung der Phase des Farbhilfsträgers mit dem Farbton die Stabilität der Farben. Bei Echos in gebirgigen Landschaften oder bei langen Übertragungsstrecken konnten Phasenfehler auftreten, die zu drastischen Farbverschiebungen führten, zum Beispiel von Blau nach Grün. Die Notwendigkeit des »Geschmacksknopfes« für die Feinabstimmung der Farbcharakteristik deutet auf diese Schwäche von NTSC hin.

Die PAL-SECAM-Farbfernsehkontroverse als Politikum

Genau an der Problematik der Phasenfehler setzte seit den Jahren 1956 bis 1958 Henri de France (1911–1986) an. Er ging nämlich davon ab, dem Farbhilfsträger beide Farbdifferenzsignale »gleichzeitig aufzuzwingen«. Statt dessen übertrug er während einer Zeile neben dem Helligkeitssignal alternierend immer nur eines der beiden Farbdifferenzsignale, und zwar ab der Norm SECAM III in Frequenzmodulation, die, anders als die Amplitudenmodulation, von vornherein besonders unempfindlich gegen Phasenfehler und Störungen ist. Jeweils ein Farbdifferenzsignal muß deshalb mit Hilfe einer Verzögerungsleitung gespeichert werden, so daß immer bei jeder zweiten Zeile die volle Farbinformation zur Verfügung steht. Die sequentielle Übertragungstechnik und das Speicherverfahren bezüglich der Farbsignale im Empfänger hat dann dem System von Henri de France auch den Namen gegeben: »Séquentiel (couleur) à mémoire«, abgekürzt SECAM.

Was Walter Bruch (1908–1990) ab 1960 bei Telefunken in Hannover anstrebte, war wieder eine sehr viel stärkere Anbindung an das NTSC-Verfahren. Wenn man die Idee seiner NTSC-Modifikation etwas zuspitzen will, so hat er die fehleranfällige Modulation der Phase des Farbhilfsträgers mit den Farbdifferenzsignalen selbstkorrigierend gemacht. Bruch ging so vor, daß er zusammen mit dem phasenmodulierten Farbhilfsträger dessen gespiegelte – konjugiert-komplexe – Version übertrug und diese Version im Empfänger wieder zurückspiegelte. Phasenverzerrungen auf der Übertragungsstrecke wirkten sich dann auf Bild und Spiegelbilder so aus, daß am Empfangsort der Mittelwert der verzerrten Phasenwinkel wieder den Ausgangswin-

163. Fernsehgeräte mit Testbild auf der Fertigungsstraße einer Schwarzwälder Firma der Thomson-Gruppe. Photographie, 1991

kel ergab. Dadurch konnten die bei der Übertragung entstandenen Farbtonfehler im Empfänger korrigiert werden. Allerdings benötigte die automatische Fehlerkorrektur wegen dieses Spiegelungsverfahrens neben dem Helligkeitssignal drei Farbsignale pro übertragener Zeile, was wegen des beschränkten Frequenzbandes nicht leicht zu realisieren war. Der Ausweg war, im Sender nicht gleichzeitig, sondern alternierend von Zeile zu Zeile diese Spiegelung vorzunehmen und ebenfalls alternierend von Zeile zu Zeile im Empfänger ein Bild und ein mittels einer akustischen Verzögerungsleitung gespeichertes Spiegelbild gemeinsam auszuwerten. Diese neue Modulationsart wurde dann auch durch die Bezeichnung PAL beziehungsweise »Phase Alternation Line«, »Phasenwechsel je Zeile«, charakterisiert.

Im PAL-System ist also die akustische Ultraschall-Verzögerungsleitung der technische Kern der selbsttätigen Farbfehlerkorrektur. Im SECAM-System ist die Verzögerungsleitung, weil sie die pro Zeile zu übertragenden Signale noch weiter reduziert, Bedingung für die Benutzung der fehlervermeidenden Frequenzmodulation, anstelle der primären Amplitudenmodulation von NTSC und PAL. Aus ingenieurwissenschaftlicher Sicht stellt das SECAM-System insofern vielleicht sogar die anspruchsvollere Lösung dar. – Trotz der anfänglichen Beschränkung auf die Forschungslabors und auf ingenieurwissenschaftliche Symposien für Experten vollzog sich diese Entwicklung, die wenige Jahre nach Erscheinen des PAL-Systems in eine heftige Kontroverse münden sollte, nicht im industriell luftleeren Raum, in einem reinen Schonklima. Nach Auflösung der Firma »R. B. V. – La Radio-Industrie« übernahm die »Compagnie Française de Télévision« (CFT) die Patente des Erfinders Henri de France, unter anderem auch das Farbfernsehsystem »Henri de France«. Die »Compagnie Française de Télévision« war eine Tochter der Glasfirma »Compagnie Saint-Gobain« und der »Compagnie Générale de Télégraphie Sans Fil« (CSF). Die Gewinnerwartungen wurden jedoch durch den Pessimismus der staatlichen französischen Sendegesellschaft O. R. T. F., »Office de Radiodiffusion-Télévision Française«, bezüglich der Durchsetzbarkeit des Systems in Frankreich gedämpft.

Auch bei Telefunken war die Atmosphäre für Walter Bruch anfangs keinesfalls förderlich. Er mußte offenbar die PAL-Entwicklung in Hannover in seinem Grundlagenlabor neben laufenden Entwicklungsaufträgen mit höherer Priorität betreiben und dabei noch Ende 1962 die Halbierung seines Personals verkraften. Werner Nestel (1904–1974) vom Telefunken-Vorstand, obwohl er schon Mitte 1961 die erfolgreichen Ansätze Bruchs durchaus gesehen hatte, setzte auf den Einstieg von Telefunken in die Entwicklung von Großrechnern. Diese erstaunlich zögerliche Adaption des PAL-Systems durch die eigene Firma wurde aber durch die Entwicklung selbst überrollt: Im Januar 1963 konnte Walter Bruch bei einem Vergleich von 6 Varianten der Farbfernsehsysteme NTSC, SECAM und PAL sich mit seinem zuletzt entwickelten PAL-System als einem der konkurrierenden Systeme durchsetzen. Jedenfalls lag es nun vollends nahe, die verschiedenen Farbfernsehsysteme mit Blick auf die bestehenden 625-Zeilen-Gerber-Norm für Schwarzweiß-Fernsehen und mit Blick auf eine zukünftige einheitliche europäische Farbfernsehnorm sachlich zu vergleichen.

Diese Versuche hatten bereits mit einem Vergleich zwischen dem amerikanischen NTSC-Verfahren und dem neuen französischen SECAM-Verfahren eingesetzt, wobei trotz der perfekten Schwarzweiß-Kompatibilität von NTSC das SECAM-Verfahren wegen der klar verbesserten Farbstabilität im Vorteil zu sein schien. Seit 1963 hatte sich durch den neuen Mitbewerber PAL die Lage kompliziert, wobei sich der Akzent mehr und mehr in Richtung eines Vergleichs SECAM und PAL verschob. Dabei schälten sich bald gewisse Vorteile der einzelnen Systeme heraus. Demnach sollte bei gleicher grundsätzlicher Stabilität der Farbcharakteristik das SECAM-System empfängerseitig preiswerter werden als das PAL-System, was aber wegen der notwendigen Kompatibilität der 625-Zeilen-SECAM-Norm mit der alten französischen 819-Zeilen-Schwarzweiß-Norm in Frankreich selbst zunächst nicht realisiert werden konnte. SECAM war anfänglich eindeutig besser geeignet für die Magnetbandaufzeichnung. Das PAL-System hatte die etwas bessere Bildqualität, die etwas bessere Schwarzweiß-Kompatibilität gegenüber SECAM, und es war weniger empfindlich für Störungen, zum Beispiel bei Echos in gebirgigen Landschaften.

Außerdem benötigte das PAL-System bei gleichbleibender Bildqualität die geringere Bandbreite für die Übertragung. Retrospektiv hat man jedoch die Pluspunkte, die PAL sammeln konnte, gelegentlich auch auf die spezielle Gabe Walter Bruchs zurückgeführt, immer neue pathologe Signale zu erfinden, mit denen die anderen Systeme weniger gut zurechtkamen.

Abgesehen von der mangelnden Stabilität der Farbcharakteristik schien selbst das ursprüngliche amerikanische NTSC-Verfahren, als Gesamtsystem betrachtet, nach wie vor geeignet zu sein, insbesondere aus der Sicht der von Anfang an experimentell besonders rührigen Länder, nämlich der Niederlande und Großbritanniens. Da seit 1963 Nachrichtensatelliten in geostationärer Bahn Fernsehübertragungen zwischen Europa und den USA ermöglichten, konnte man NTSC keinesfalls ignorieren. Obwohl von technischer Seite in gewisser Weise die Qual der Wahl bestand, mit leichten ingenieurwissenschaftlichen Vorteilen für SECAM und mit leichten praktisch-industriellen Vorteilen für PAL, wurde aus übergeordneten europa- und wirtschaftspolitischen Gründen die Idee der Einführung einer einheitlichen Farbfernsehnorm für Europa nicht leichtfertig aufgegeben.

Schon mit dem ersten Auftreten des PAL-Systems in der Öffentlichkeit 1963 in Hannover war eine gewisse Politisierung erkennbar geworden. Die jeweilige Werbung der konkurrierenden Systeme NTSC, SECAM und PAL war dann 1965 in ein neues Stadium getreten. Zwar hatten NTSC-Vertreter der RCA, »Radio Corporation of America«, mit eigenen Bussen Europa bereist, hatte auch Walter Bruch versucht, mit einer kleinen Mannschaft die europäische und überseeische Rundfunkwelt zu missionieren. Was aber auf französischer Seite nun hinzu kam, war der massive Einsatz politischer, insbesondere außenpolitischer Mittel zur internationalen Durchsetzung des SECAM-Systems. Dies geschah nicht isoliert, sondern im Rahmen der Autarkie- und Modernisierungsbestrebungen der Außen- und Industriepolitik de Gaulles (1890–1970). Perfekt vorbereitet mit einem Besuch des Informationsministers Alain Peyrefitte beim sowjetischen Ministerpräsidenten Kossygin (1904–1980) und mit einer Vorführung des SECAM-Systems durch nachgeholte Ingenieure, wurde am 22. März 1965 in Paris ein Vertrag über die Übernahme des SECAM-Systems durch die UdSSR geschlossen.

Vertieft man sich in die französischen Zeitungen, zum Beispiel in »Le Monde« mit ihrer breiten Würdigung des Fernsehvertrags, so schien vom »Atlantik bis zum Ural«, von »Brest bis Wladiwostok« sich das technisch zumindest gleichwertige französische Farbfernsehsystem politisch klar durchgesetzt zu haben – mit der zu erwartenden Sogwirkung im restlichen Europa, in Afrika und in Asien. Offensichtlich hatte die französisch-russische Annäherung samt ihrem anti-amerikanischen Akzent einen beachtlichen Erfolg errungen, einen Erfolg, der sich angesichts von Millionen neuer Farbfernsehgeräte auch in einen enormen wirtschaftlichen Erfolg ummünzen lassen müßte. Damit wurde gleichzeitig die Wiener Konferenz der technischen Experten des CCIR, »Comité Consultatif International des Radiocommunications«, hochgradig politisiert – und düpiert, zumal durch das erfolgreiche französische Werben um die Vertreter der Ostblockstaaten. – Die Bundesrepublik schien politisch in mehrfacher Hinsicht in einer Zwangslage zu sein: Das Beharren auf PAL würde zu einer Vertiefung der deutschen Spaltung führen. Für »Le Monde« und »Le Figaro«, aber auch für den »Guardian« war es im ersten Moment undenkbar, daß die Bundesrepublik dieses Risiko eingehen würde. Außerdem schien sich die Bundesrepublik im Sinne des deutsch-französischen Vertrags kaum eine solche massive Konfrontation mit dem französischen Partner leisten zu können. Aber selbst eine ganztägige Klausurtagung, geleitet von Karl Günther von Hase und Alain Peyrefitte und abgehalten auf dem Rhein-Dampfer »Mainz«, brachte keine Einigung. Auch die im Sommer 1966 folgende CCIR-Konferenz in Oslo schrieb – abgesehen von geringfügigen Annäherungen in Teilfragen einer gemeinsamen Norm – die Teilung der europäischen Rundfunkwelt in zwei wesentliche Farbfernsehsysteme fest, insbesondere das Fortbestehen einer Nord-Süd-Achse des PAL-Systems und einer Ost-West-Achse des SECAM-Systems.

Mit dem Fortschritt der technischen Entwicklung wurde jedoch diese Teilung durch die Bereitstellung von Transcodern bereits im Jahr 1967 deutlich gemildert. Wegen der Grundprinzipien der Modulationsart waren die Möglichkeiten der Transkodierung aber nicht symmetrisch. So ließ sich die Transkodierung von PAL nach SECAM III leichter durchführen als umgekehrt. Trotz der verwandten Modulationsart von NTSC und PAL war eine Transkodierung hier wegen der unterschiedlichen Normen für die Zeilenzahl und die Bildwechselfrequenz – in den USA 525/30, in Europa 625/25 – erschwert. Sosehr also der französisch-russische Vertrag die Welt des Farbfernsehens polarisierte, so erträglich blieben in Europa längerfristig die Folgen, nicht zuletzt wegen der in den vorangegangenen Jahren auf der technischen Ebene getroffenen Vereinbarung über die 625-Zeilen-Norm mit einem einheitlichen HF-Kanalraster von 8 MHz und einem Farbträger von 4,43 MHz.

Aber das politische Umfeld der PAL-SECAM-Kontroverse war im Grunde noch wesentlich komplizierter, als es durch die Aussage »französisch-sowjetische« Annäherung angedeutet wurde. Denn diese Annäherung hatte nicht zuletzt mit der französischen Ablehnung der amerikanischen Kriegführung in Vietnam zu tun, mit den massiven Bombardierungen Nordvietnams, mit der in Frankreich befürchteten wirtschaftlichen Kolonialisierung Europas durch die USA und mit dem französischen Eintreten für eine Hinnahme der Teilung Deutschlands und für eine Festlegung der Oder-Neiße-Linie als polnische Westgrenze. Hinzu kamen die destruktive NATO-Politik Frankreichs und seine bremsende Rolle in der EWG. Charakteristisch für das politisch an sich schon gespannte deutsch-französische Verhältnis war schließlich die teilweise überaus polemische deutsche Reaktion auf die ausgeprägte »Kultur-« und »Sprachoffensive« Frankreichs. In bedenkliche militärische Metaphern eingekleidet sprach etwa der »Spiegel« davon, »strategisches Ziel« de Gaulles sei es: »Volksschüler im Bayerischen Wald wie Neger im senegalesischen Busch sollen in den Genuß der Sprache des großen Corneille und des großen de Gaulle kommen.« Umgekehrt heißt »deutsche Zwangslage« nicht einfach nur drohende Vertiefung der Teilung Deutschlands wegen unterschiedlicher Farbfernsehsysteme, sondern politisches Handeln in einem außerordentlich heiklen Parallelogramm der Kräfte: Geboten war eine ständige Pflege der deutsch-amerikanischen Beziehungen, die trotz der Tendenz zur Gleichberechtigung immer noch durch ein Abhängigkeitsverhältnis gekennzeichnet waren. Zugleich ging es um ein Ausfüllen des deutsch-französischen Freundschaftsvertrags, um ein Ausgleichen des Drucks oder gar der Pressionen der französischen Ost-Politik, vornehmlich in der Deutschland-Frage.

Aspekte der Fernsehwelt

Die wirtschaftliche Entwicklung des Fernsehens zum wichtigsten Konsumgut in der Mitte der sechziger Jahre hängt eng mit seiner gesellschaftlichen Funktion und insofern mit den über dieses Medium transportierten Inhalten zusammen. Von besonderer Bedeutung waren hier internationale Großereignisse des Sports, wie die jeweils im Vierjahresrhythmus stattfindenden Olympischen Spiele und Fußballweltmeisterschaften. Technische Premieren und Absatzzahlen wurden geradezu auf solche Ereignisse hin geplant. Seit der Olympiade von Tokio 1964 gehören Satellitenübertragungen zur Berichterstattung von Olympischen Spielen. Vor allem setzten die Olympischen Spiele 1968 in Mexiko den Termin für die Aufnahme von Fernsehübertragungen in Farbe. Hinzu kam die Übertragung spektakulärer Ereignisse der Raumfahrt, wobei die amerikanischen Mondlandungen gerade über die weltweite Medienresonanz ihre Aufgabe als nationales Prestigevorhaben erfüllten. Die Verlagerung amerikanischer Präsidentschaftswahlkämpfe auf die Fernsehbildschirme machte deutlich, welche Rolle dieses neue Medium mittlerweile in der politischen Kultur spielte. Seit der Niederlage Richard Nixons im Fernsehduell mit John F. Kennedy ist die Medienwirksamkeit von Politikern und umgekehrt der Einfluß des Mediums Fernsehen auf die politische Meinungsbildung Teil der politischen Auseinandersetzung. Selbst die Feinstruktur der politischen Berichterstattung im Fernsehen, also das oft hektische und auf wichtige Nachrichtensendungen abgestimmte Verkünden von Ergebnissen bei politischen Verhandlungen oder bei Tarifauseinandersetzungen, zeigt die Einbeziehung des Fernsehens in das politische Handeln.

Mit seiner politischen Berichterstattung reflektiert und erzeugt das Medium Fernsehen die für die Moderne typische Verknappung von Zeit. Andererseits eröffnete sich dem Fernsehen dadurch, daß es – wie in Frankreich und Deutschland – den künstlerisch ambitionierten und literarisch geprägten Film förderte und inte-

164. Montage eines Fernsehgeräts unter Einsatz eines ASEA-Roboters. Photographie, um 1990

grierte, die Chance, den Verlust an erlebbarer Zeit, dem Einzwängen des Individuums in Zeitschranken politischer Abläufe und technischer Systeme entgegenzuwirken. Wie in keinem anderen Medium war eben im Film die Möglichkeit gegeben, gegen eine gleichförmige Zeit Zeitabläufe zu raffen und zu dehnen und gegen die moderne industrielle Hektik in kontemplativen Bildern und in ruhigen Dialogen Zeit zum Stehen zu bringen. Ob diese Filmkultur, die vielfach eine Fernsehfilmkultur geworden ist, sich gegen die Flut der Programme und gegen den Druck der Werbung wird behaupten können, ist jedoch mehr als fraglich.

Der Videorecorder

Ähnlich mehrdeutig in seiner Wirkung ist ein Medium, das dem Fernsehen heute vielfach überlagert ist, nämlich der auf einer Magnetaufzeichnung beruhende, privat nutzbare Videorecorder. Ein Motiv der Entwicklung des Videorecorders war wohl der gescheiterte Versuch von CBS, »Columbia Broadcasting System«, in New York, über konventionelle Filmkassetten Kinofilme in die privaten Wohnungen zu bringen. Entscheidend war aber sicher die Überlegung im Marketing der Konsumelektronik-Firmen, daß die Loslösung vom zeitlichen Ablauf des Fernsehprogramms, also das Abspielen von aufgezeichneten Sendungen zu einer selbstgewählten Zeit, den Markt für ein Videogerät sichern müßte.

Aufbauend auf dem grundlegenden Patent für die Schrägspuraufzeichnung der deutschen Firmen »Telefunken« und »Loewe« sowie auf Lizenzen von »Ampex«, dem amerikanischen Pionier der professionellen Magnetbandaufzeichnung, gelang es den japanischen Firmen »Sony« und »The Victor Co. of Japan« (JVC), in den siebziger Jahren den Videorecorder von einem klobigen und teuren Aufzeichnungs- und Wiedergabegerät zu einem handhabbaren und preiswerten Massenprodukt der Konsumelektronik zu machen. Vorbild war die kompakte Magnetbandkassette, die sich seit 1962 im Audiobereich durchgesetzt hatte. Die eigentliche Leistung im Videobereich war nun, die Spuren des Videosignals auf dem Magnetband so weit zu verdichten, daß bei bleibender Trennbarkeit der Farbsignale die Videokassetten eine für einen privaten Videorecorder annehmbare Größe behielten. Die in heftiger Konkurrenz ablaufende Entwicklung führte dazu, daß 1975 Sony das System »Betamax« und 1976 JVC das System VHS auf den Markt brachten. Trotz einer gewissen Annäherung in der Leistungsfähigkeit beider Systeme hat sich, wesentlich wohl wegen der zunächst deutlich längeren Spieldauer bei VHS, die Waage zugunsten von VHS gesenkt. Betamax ist heute, bis auf professionelle Anwendungen, praktisch vom Markt verschwunden. Ungeachtet der technischen Möglichkeiten, also Spieldauer von mehreren Stunden und vorausschauende Programmierbarkeit über mehrere Wochen hinweg, wird der Videorecorder nichts daran ändern können, daß die verfügbare Zeit konstant bleibt. Er wird, wenn er denn tatsächlich genutzt wird, entweder weitere freie Zeit für sich beanspruchen oder den Druck auf eine effektive Nutzung der Zeit erhöhen.

Die Compact Disc

Wirtschaftlich nicht weniger erfolgreich als der Videorecorder, aber viel unauffälliger in seiner soziologischen Wirkung, war ein neues Verfahren, Schall aufzuzeichnen und wiederzugeben, nämlich die Compact Disc (CD). Eine kleine Wegstrecke entwickelten sich Videotechnik und Compact Disc sogar parallel. Ausgangspunkt waren nämlich Überlegungen im Forschungslabor von Philips in Eindhoven im Jahr 1969, ein Medium zur optischen Speicherung von Videosignalen zu entwickeln. Während der laufenden Entwicklungsarbeiten erkannte man jedoch, daß die Compact Disc auch als Tonträger nutzbar ist, der die bisherigen Schallplatten an Dynamik und an Reinheit des Tons weit hinter sich lassen sollte. Zudem hatte die neue Compact Disc, ausgerichtet auf die großen Symphonien der klassischen Musik, insbesondere auf Beethovens »Neunte Symphonie«, bei kleineren Ausmaßen eine deutlich höhere Spieldauer. Das grundlegende Prinzip war, analoge Tonsignale abzutasten und in eine Folge digitaler Impulse umzusetzen, die Impulsfolge in winzigen Vertiefungen auf der Compact Disc zu speichern, diese Folge von Vertiefungen mit Hilfe eines Laserstrahls berührungslos abzutasten und dann über einen Digital-Analog-Umsetzer wieder in ein analoges Schallsignal zu verwandeln.

Obwohl die grundlegenden Ideen, zumal von der Seite des optischen Systems, von Philips herrührten, gelang es erst ab 1979 in Zusammenarbeit mit Sony, die Compact Disc zur Marktreife zu führen. Besonders das Problem, in die Verarbeitung der digitalen Signale eine geeignete Methode der Fehlerkorrektur einzubauen, konnte letztlich nur mittels der breiten Erfahrung von Sony auf dem Gebiet der Abtastung von Analogsignalen, der Digital-Analog-Umsetzung und der fehlerkorrigierenden Verarbeitung von Signalen gelöst werden. Da aber Sony nicht nur auf dem Gebiet der digitalen Signalverarbeitung überlegen war, sondern auch bei der Entwicklung der entsprechenden integrierten Schaltkreise, konnte Sony nach dem Ende der Kooperation 1981 seinen Rückstand beim optischen System rasch aufholen und das Compact-Disc-System 1982 auf den japanischen Markt bringen. Während in der Technik Erfindungen oft noch sehr unvollkommen erscheinen und sich gegen die bestehende Technik erst durchsetzen müssen, hat sich die Compact Disc von Anfang an mit überlegener Wiedergabequalität präsentiert. Innerhalb weniger Jahre ist deshalb die Produktion der konventionellen analogen Schallplatten weit hinter die der CD zurückgefallen.

Neue Übertragungs- und Vermittlungstechniken

Der Grundzug des technischen Fortschritts, die immer bessere Nutzung der Zeit, das »Weiter – Höher – Schneller«, ist gerade in der Entwicklung der Nachrichtentechnik fast allgegenwärtig. Hierher gehört die technische Realisierung der schon im 19. Jahrhundert angestrebten Mehrfachnutzung von Leitungen für Telegraphie und Telephonie seit den zwanziger Jahren unseres Jahrhunderts. So gelang es 1923 im Labor von Siemens, über eine Telephonleitung gleichzeitig 6 Telegramme mit Hilfe von 6 verschiedenen Wechselstromfrequenzen im Tonfrequenzbereich zu senden. Einige Jahre später wurden schon 20 Telegramme gleichzeitig auf einer Leitung übertragen. Die Übertragungstechnik bekam so die Möglichkeit, die Leitungen sowohl für die Telegraphie als auch für die Übermittlung von Telephongesprächen zu nutzen. Ebenfalls bei Siemens wurde ab 1930 auf der Basis von Trägerfrequenztechnik und Technik der Koaxialkabel die Mehrfachübertragung von Telephongesprächen und seit 1935 auch von Fernsehprogrammen zur Anwendungsreife gebracht.

Mehrfach-Telegraphie und Mehrfach-Telephonie hatten zunächst den Sinn, bei zunehmendem Nachrichtenverkehr vorhandene Leitungen möglichst gut zu nutzen, den Bau neuer Leitungen zu vermeiden und damit die Betriebskosten in Grenzen zu halten. Was sich schon bei den Versuchsstrecken der Deutschen Reichspost mit Breitbandkabeln um 1935 abgezeichnet hatte, wurde dann in der Nachkriegszeit, besonders seit Ende der siebziger Jahre, zum beherrschenden Thema: die Schaffung eines einheitlichen Übertragungsnetzes für die unterschiedlichen nachrichtentechnischen Dienste. Eine wichtige technische Voraussetzung für ein solches diensteintegrierendes Netz im zivilen Bereich wurde 1962 von den Bell Laboratories geschaffen, nämlich die Übertragungstechnik nach dem sogenannten Pulscodemodulations-Zeitmultiplex-Verfahren, abgekürzt PCM/TDM von »Puls Code Modulation/Time Division Multiplexing«. Pulscodemodulation (PCM) bedeutet einmal, daß ein analoges Signal, wie es etwa von der Sprache beziehungsweise von einem Mikrophon geliefert wird, in gleichen zeitlichen Abständen und mit

165. Fernmeldekabel der Firma »Siemens« für den Sendemast des niederländischen Fernsehsenders »Lopik«. Photographie, sechziger Jahre

hoher Frequenz – größer oder gleich der doppelten Maximalfrequenz des Signals – abgetastet wird. PCM bedeutet weiter, daß die bei jeder Abtastung gewonnenen Zahlenwerte für die Amplitude des Signals mit Hilfe binärer Zahlen verschlüsselt und schließlich als Folge von binären Impulsen übertragen werden. Zeitmultiplexen bedeutet, daß bei der Mehrfachübertragung von sprachlichen Nachrichten jedem einzelnen Nachrichtenkanal immer nur für eine begrenzte Zeitdauer der volle Übertragungsweg offensteht, er also innerhalb dieses kleinen Zeitfensters den verschlüsselten Zahlenwert für die Amplitude übermitteln muß.

Die Verbindung von Pulscodemodulation und Multiplexen vermindert als digitale Übertragungstechnik einmal die Anfälligkeit gegenüber Rauschen, zum anderen erlaubt sie im Vergleich zur analogen Übertragung eine deutliche Steigerung der Übertragungskapazität. In der europäischen Übertragungstechnik werden in der ersten Stufe zum Beispiel 30 PCM-Fernsprechkanäle zusammengefaßt. – Als Alec A. Reeves, der für das »Laboratoire Central de Télécommunications« (LCT) der ITT, »International Telephone and Telegraph Company«, in Paris arbeitete, 1938 ein französisches Patent für das Pulscodeverfahren nahm, hatte er vornehmlich die Unterdrückung der Störgeräusche in der Telephonie im Auge. Einen enormen Schub, der allerdings an der Oberfläche der zivilen Elektrotechnik erst nach Jahrzehnten sichtbare Wirkung hatte, bedeutete die streng geheime, erst 1975 veröffentlichte Entwicklung eines Pulscodemodulationsverfahrens für die Übertragung geheimer Telephonate über Weitverkehr-Funkstrecken im Zweiten Weltkrieg. Nachdem aus diesen militärischen Arbeiten bei Bell allenfalls theoretische Ergebnisse, darunter allerdings Claude E. Shannons vielzitierte Übertragung des Entropie-Begriffs der statistischen Thermodynamik in die neue Informationstheorie, bekannt geworden waren, dauerte es mehr als zehn Jahre, bis die Bell Laboratories 1962 eine zivile Anwendung des PCM/TDM-Verfahrens vorstellten, und zwar zunächst für den Telephon-Nahverkehr innerhalb des Netzes von Bell. Die Digitalisierung der Übertragung in lokalen Netzen hatte vor allem mit der starken Zunahme der Anschlüsse und mit den hohen Baukosten bei der Erweiterung von Netzen zu tun. Seit Ende der sechziger Jahre wurde dann in den USA, in Japan und in anderen Ländern die Nutzung des PCM-Übertragungsverfahrens auf den Telephon-Weitverkehr ausgedehnt.

Der kritische Punkt in den großen Telephonnetzen blieb die Vermittlung, also die Verknüpfung von rufendem und angerufenem Teilnehmer mit Hilfe von Schaltelementen. Schon Anfang der sechziger Jahre wurden, ausgehend von den USA, die elektromechanischen Schaltgeräte durch elektronische, rechnergestützte Vermittlungstechniken ersetzt. Aus der Sicht eines wünschbaren einheitlichen digitalen Übertragungs- und Vermittlungssystems waren diese – mit riesigem finanziellen Aufwand in den USA und auch in der Bundesrepublik entwickelten und installierten – elektronischen Vermittlungssysteme jedoch keine befriedigende Lösung. Die um

166. Telefonnebenstellenanlage für Großunternehmen. Photographie der Siemens AG, 1966

1970 zuerst entwickelten elektronischen Vermittlungssysteme, wie das ESS, »Electronic Switching System«, der Bell Laboratories, waren noch nicht in der Lage, digitale Übertragungswege ohne den Zwischenschritt einer Analog-Übertragung zu verknüpfen. Man mußte also versuchen, die digitale Lücke in der Vermittlungstechnik zu schließen. Dabei reichte es nicht mehr aus, bei der Vermittlung den eingehenden und den ausgehenden Übertragungskanal zu verbinden. Da im Pulscodemodulations-Zeitmultiplex-Verfahren im eingehenden Kanal und im ausgehenden Kanal jeweils eine zeitliche Folge kleiner, ineinander geschachtelter Informationsblöcke übertragen werden, mußten die eingehenden Informationsblöcke geeignet in freie Plätze, sogenannte Zeitschlitze, im ausgehenden Kanal eingefügt werden. Dieses Einpassen konnte realisiert werden, indem man das eingehende Signal durch Speicherung für eine kurze Zeit verzögerte.

Obwohl die Grundidee der digitalen Vermittlungstechnik bereits 1947 von Maurice Deloraine in den USA und in Frankreich entwickelt wurde, gab es erst Anfang der sechziger Jahre Ansätze, sie in praktische Vermittlungstechnik zu überführen, wobei die Anwendungen in militärischen Kommunikationsnetzen in Frankreich und in den USA den zivilen Anwendungen vorangingen. Ähnlich wie die digitale Übertragungstechnik zeigt auch die digitale Vermittlungstechnik eine überraschend lange Innovationsphase, zumal die digitale Vermittlungstechnik erst Ende der siebziger Jahre mit Blick auf zukünftige diensteintegrierende digitale Netze auf breiter Front in die zivile Anwendung eindrang. Einmal spiegelt dies die unterschiedliche

Komplexität der relativ begrenzten militärischen und der sehr großen zivilen Kommunikationsnetze. Zum anderen zeigt sich hier erneut, wie stark Forschung und Entwicklung durch militärische Interessen gefördert werden. Schließlich wird hinter der charakteristisch gestuften Realisierung die Geschichte der Halbleitertechnik erkennbar. Zunächst waren die teuren Halbleiterbauelemente oft nur rentabel, weil sie den speziellen Forderungen der militärischen Verwendung entgegenkamen. Mit der breiten Verfügbarkeit hochintegrierter, schneller Schaltkreise, mit der wachsenden Kapazität von Speichermedien und mit der raschen Leistungssteigerung von Mikroprozessoren wurde dann seit 1980 eine kräftige industrielle Entwicklung einheitlicher digitaler Übertragungs- und Vermittlungstechniken eingeleitet. Mit einer radikalen politischen Entscheidung gab die Deutsche Bundespost 1979 das

167. Verlegung von Glasfaserkabeln in Berlin-Schöneberg. Photographie von Ralph Rieth, 1986

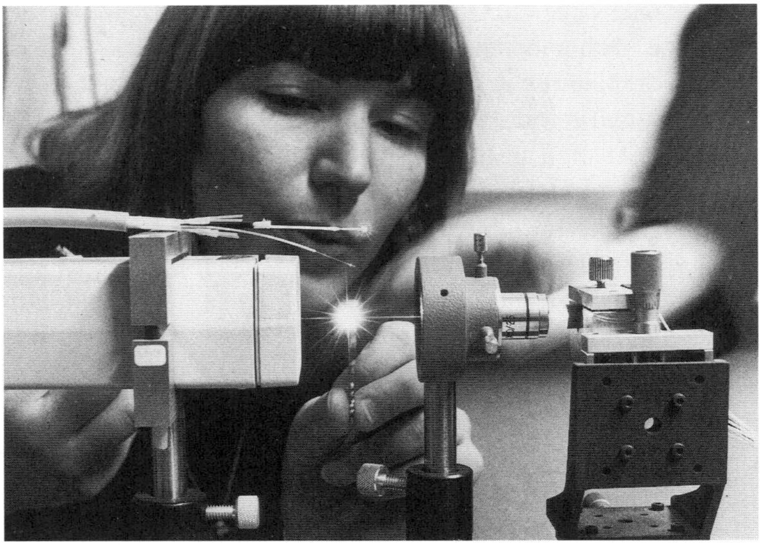

168. Demonstration mit lichtleitenden Glasfasern bei der SEL in Berlin. Photographie, 1980

bereits mit hohem Aufwand eingeführte Elektronische Wählsystem (EWS) auf und entschied sich – entsprechend der Tendenzen in der internationalen Telekommunikation – für die Einführung der digitalen Vermittlungstechnik. Gefördert wurde die Digitaltechnik noch durch die zunehmende Bedeutung von Richtfunkstrecken, der Satellitenübertragung und von Glasfaserkabeln als Träger digitaler Nachrichtenübermittlung.

Gleichzeitig waren damit die Grundlagen für die Realisierung von ISDN, »Integrated Services Digital Network«, also von diensteintegrierenden digitalen Netzen gelegt. Auf der Basis der durch die digitale Sprachübertragung im Fernsprechnetz gegebenen Datenrate lassen sich so in Zukunft Sprache, Texte, Bilder und Daten übertragen. Dabei wird es einmal ein wirtschaftliches Problem sein, ob überhaupt Bedarf für die Vielzahl nachrichtentechnischer Dienste besteht. Die zunehmende Nutzung von Telefax-Geräten kann nicht darüber hinwegtäuschen, daß andere Dienste, wie Bildschirmtext und die Datenfernübertragung, wegen mangelnder Akzeptanz oder wegen chaotischer Tarifgestaltung keinesfalls sicher am Markt etabliert sind. Sehr viel tiefer liegende Akzeptanzprobleme rühren allerdings vom Kern der ISDN-Technik her, von den vielfach in den Vermittlungsstellen installierten Rechnern. Mit Blick auf die an sich wünschenswerte Ausgabe von Einzelgebührennachweisen muß mittels dieser Rechner zwangsläufig eine große Zahl von Daten über Telefonate gespeichert werden. Damit wird jedoch aus der Sicht von Kritikern eine Einfallspforte für mißbräuchliche Nutzung persönlicher Daten geöffnet. Ähnlich wie bei den Betriebsdatensystemen oder bei den innerbetrieblichen Telefonanlagen wird auch hier befürchtet, daß die Fernsprechteilnehmer mit ihrer Kommunikation eine »Datenspur« hinterlassen, die bei geeigneter Verknüpfung Einblick in die schützenswerte persönliche Sphäre von Menschen ermöglicht. Im Falle einer Durchlöcherung des Fernmeldegeheimnisses werden schließlich gravierende Folgen hinsichtlich des für die Demokratie notwendigen kritischen Kommunikationsverhaltens von Bürgern befürchtet.

Produktionswandel: Automatisierung und Flexibilisierung

Die Entwicklung der NC-Werkzeugmaschinen

Das Ausstrahlen der Mikroelektronik auf die Entwicklung der elektronischen Datenverarbeitung, umgekehrt der ungeheure Sog, den dann die elektronische Datenverarbeitung in ihrer industriellen Dimension auf die Entwicklung der integrierten Schaltkreise ausgeübt hat, zeigten bereits einen wichtigen Wechselwirkungsprozeß in der Hochtechnologie seit den siebziger Jahren. Dabei ging es nicht nur um eine wechselseitige Steigerung der Produktionszahlen, sondern – in Gestalt computergestützter Entwurfs- und Simulationsverfahren – auch um die in einem tiefreichenden Rückkopplungsprozeß ablaufende Parallelentwicklung von Mikroelektronik und Datenverarbeitung. Die Informations- und die Kommunikationstechniken begannen, spätestens nachdem sie mit der digitalen Übertragung und Vermittlung technologisch niveaugleich geworden waren, regelrecht zu verschmelzen.

Aber auch die Seite der Produktion ist heute durchdrungen von Elementen der Mikroelektronik und der elektronischen Datenverarbeitung. Im Unterschied zur Frühindustrialisierung, als Maschinen für den Fabrikbetrieb zunächst handwerklich gefertigt wurden, wandelt sich mittlerweile die Produktion auch dort, wo die Mittel zu deren Wandel bereitgestellt werden. Dies zeigt sich zunächst in der breiten Nutzung von Informationstechnologien in der Computerherstellung selbst. Rechner beziehungsweise Mikroprozessoren dienen jedoch heute ganz allgemein im Sinne von CAD-Verfahren, »Computer Aided Design«, zur Konstruktion und Simulation geometrisch und funktionell anspruchsvoller Produkte. In der Fertigung steuern Mikroprozessoren CNC-Werkzeugmaschinen, »Computerized Numerical Control«, wobei hier die flexible Serienfertigung bis hinab zu kleinsten Stückzahlen entscheidend ist. Rechner helfen bei Großaufträgen mit knappen Zeitplänen Betriebsdaten, also Zeit-, Fertigungs- und Qualitätsdaten, zu erfassen. Schließlich zeichnet sich in Ansätzen ab, Konstruktion, Entwicklung und Fertigung mit Hilfe von Rechnern und aufgrund von Datenbanken mit technischen und betrieblichen Inhalten im CIM-Verfahren, »Computer Integrated Manufacturing«, zusammenzufassen. Während jedoch bei den computerunterstützten Verfahren, besonders bei CIM, noch ein deutlicher Graben zwischen dem Stand der Technik und der tatsächlichen betrieblichen Nutzung besteht, sind bei der Steuerung von Werkzeugmaschinen und bei der Führung von komplexen industriellen Prozessen Mikroelektronik und elektronische Datenverarbeitung längst Realität geworden.

Dabei ging es bei der Verbesserung von Fertigungsverfahren nach dem Zweiten

169. Herstellung eines Werkzeugmaschinenteils durch eine Werkzeugmaschine: Schleifen der Bett-Prismen für Pittler-Revolverdrehbänke auf einer Schleifmaschine von Reichle und Knoedler. Photographie, 1952

Weltkrieg keinesfalls nur um Rationalisierung oder um Automatisierung. Automatisierungstechniken standen zum Beispiel in Form von mechanisch gesteuerten Mehrspindeldrehmaschinen bereits seit dem Ende des 19. Jahrhunderts zur Verfügung. Rationalisierung in der Produktion war seit etwa 1915 durch Serien- und Fließfertigung verwirklicht. Die Verkettung von Einzweck-Werkzeugmaschinen über Förder- und Transfereinrichtungen und die Steuerung durch einen mehr oder weniger starren Zeittakt hatten zudem eine automatisierte Großserienfertigung ermöglicht, beginnend seit den zwanziger Jahren in der amerikanischen Automobilindustrie.

Neben der Wirtschaftlichkeit kam es auf die Qualität der Fertigung an. Die neuen NC-Werkzeugmaschinen, »Numerical Control«, in den USA waren die Antwort auf ein typisches Problem der Fertigungsgenauigkeit; es galt den hohen Anforderungen zu entsprechen, die an die Herstellung aerodynamischer Profile gestellt wurden. Konrad Zuse hatte 1942 bis 1944 mit seinen Spezialrechnern für die Henschel-Flugzeugwerke charakteristischerweise versucht, an den Symptomen zu kurieren. Offenbar waren präzise gefräste Bauteile in der Herstellung so aufwendig, daß man

170. Prüfung von Prozeßrechnern bei AEG-Telefunken in Berlin. Photographie, 1970

zu einfachen aus Blech geformten Strukturen greifen mußte. Abweichungen von vorgegebenen Profilen von Zelle und Flügeln bei Flugbomben wurden dann nachträglich in Korrekturdaten für die Einstellung der Leitwerke und Flügel umgerechnet. Mit seiner grundlegenden Idee, die Geometrie eines aerodynamischen Profils durch Zahlen auszudrücken und diese Zahlen direkt zur Steuerung einer Werkzeugmaschine zu verwenden, versuchte dagegen John T. Parsons Ende der vierziger Jahre in den USA das Problem der Fertigungstoleranzen dort zu lösen, wo es entstand, nämlich bei der Fertigung selbst.

Unterstützt von einem elektromechanischen Rechenlocher IBM 602A entwikkelte Parsons für die Herstellung von Hubschrauber-Rotorblättern zunächst Datensätze zum Anfertigen von zweidimensionalen Schablonen für die Formbestimmung der Rotorblätter. Allerdings konnten diese Daten noch nicht sofort automatisch verarbeitet werden. Sie mußten gelesen und vom Bediener der Maschine manuell in die Positionierung des Werkzeugs umgesetzt werden. Das Problem verschärfte sich, als Parsons 1948 von der amerikanischen Luftwaffe den Auftrag erhielt, für die integriert versteiften Flügelprofile eines neuen Hochgeschwindigkeitsflugzeugs eine in drei Achsen numerisch gesteuerte Fräsmaschine zu entwickeln. Die Parsons Corporation war jedoch nicht in der Lage, die regelungstechnischen Schwierigkeiten zu überwinden. Erst ein Unterauftrag der Parsons Corporation an das Massachusetts Institute of Technology führte zum Erfolg. Entscheidend waren das am MIT vorhandene Grundlagenwissen in den Bereichen Servosteuerung und Rechneranwendung, der Übergang zu einem Rechner mit einer leistungsfähigeren Eingabeeinheit und schließlich die Auswahl der Cincinnati-Hydrotel-Vertikal-Fräsmaschine als geeigneter Basis-Werkzeugmaschine. Mitte 1951 konnte mit der als NC-Maschine erweiterten Cincinnati Hydrotel eine erste bahngesteuerte Drei-Achsen-Werkzeugmaschine fertiggestellt werden. Im September 1952 wurde die Funktionsfähigkeit der Steuerung in einer Präsentation des Prototyps gezeigt. Gefördert durch das anhaltende Interesse der amerikanischen Luftwaffe gelang es dem MIT, Firmen aus der Luftfahrtindustrie und dem Maschinenbau zur Entwicklung kommerziell nutzbarer numerischer Steuerungen anzuregen. Finanziell unterstützt durch die Luftwaffe wurde so 1953 eine erste, mit einer Steuerung von General Electric versehene NC-Fräsmaschine bei der Flugzeugfirma »Lockheed« zum Einsatz gebracht. Doch die wirtschaftlichen Vorteile kommerziell eingesetzter NC-Werkzeugmaschinen waren zunächst kaum zu beurteilen. Selbst das Programm der Air Force zur Beschaffung einer großen Anzahl von NC-Werkzeugmaschinen für die Luftfahrtindustrie stand einer nüchternen Bewertung und damit der Verbesserung des Preis-Leistungs-Verhältnisses bei NC-Werkzeugmaschinen entgegen. Abgesehen davon trug die Konzentration auf die Bearbeitung von Leichtmetallen, wie sie für die Luftfahrtindustrie typisch war, nicht gerade dazu bei, in den NC-Maschinen universell verwendbare Maschinen zu sehen.

Wie vielfach im Umkreis der Entwicklung der Datentechnik zu beobachten, war auch die Anwendung der NC-Maschinen durch den Aufwand und durch die hohen Kosten der Programmierung gehemmt. In einer gewaltigen Anstrengung von MIT, von über 20 Unternehmen der Luftfahrtindustrie und unterstützt von der Air Force wurde deshalb seit 1957 unter der Leitung von Douglas T. Ross das Programmiersystem APT, »Automatically Programmed Tools«, für NC-Maschinen entwickelt. 1959 wurde das mit Hilfe des MIT-Großrechners »Whirlwind« geschaffene Programmpaket zur freien Nutzung veröffentlicht. Gleichzeitig wurde mit APT eine der ersten anwendungsspezifischen Programmiersprachen realisiert. Neben FORTRAN, ALGOL und COBOL zählt APT zu den Sprachen, die ihre Bedeutung über die Anfangsphase der höheren Programmiersprachen hinweg behalten haben.

Um etwas vorzugreifen: In einem Gemeinschaftsprojekt von 4 führenden deutschen Lehrstühlen der Fertigungstechnik wurde in Aachen, Berlin und Stuttgart, aufbauend auf dem amerikanischen Programmiersystem APT, die deutsche Programmiersprache EXAPT, »Extended Subset of APT«, entwickelt. Während das amerikanische Programmiersystem APT sich auf die geometrische Form konzentrierte, bezog EXAPT auch technologische Angaben bei der Bearbeitung von Werkstücken mit ein. Die seit 1964/65 begonnene Entwicklung wurde im Schwerpunktprogramm Ingenieurwissenschaften von der Deutschen Forschungsgemeinschaft finanziell unterstützt. Die zunächst an den Hochschulen erfolgte Forschungsarbeit wurde seit 1967 durch den EXAPT-Verein in Frankfurt auf eine breitere Basis gestellt, und zwar insofern, als nun Hochschulen und Industriefirmen bei der weiteren Ausarbeitung und bei der Einführung der Programme in die industrielle Praxis zusammenwirkten.

Die durch die elektronischen Steuerungen verursachten hohen Kosten der NC-Maschinen sowie die zu erwartenden Probleme bei der Programmierung und bei der Bedienung standen anfänglich einer raschen Einführung in die Fertigung entgegen. Dennoch waren 1955 auf der Werkzeugmaschinen-Ausstellung der »National Machine Tool Builders Association« in Chicago bereits erste praktische Anwendungen numerischer Steuerungen für Werkzeugmaschinen erkennbar. Als typische Werkzeugmaschinen überwogen hier allerdings noch fühlhebelgesteuerte Kopier-Werkzeugmaschinen. 1960 hatte sich die Situation jedoch grundlegend gewandelt.

171. Leichte Pittler-Revolverdrehbank PIROFA-45 mit mechanischer Programmschaltung für die optische und feinmechanische Industrie. Photographie, 1952

Unübersehbar beherrschten nun die numerisch gesteuerten Maschinen das Bild der Ausstellung in Chicago. 35 der 152 Aussteller zeigten nicht weniger als 69 numerisch gesteuerte Maschinen: Bohr-, Dreh-, Fräs- und Schleifmaschinen sowie Positionierungstische. Besonderes Aufsehen erregten die zwei in Produktion stehenden und vollständig numerisch gesteuerten Bearbeitungszentren »Milkauwee Matic II« von Kearney & Trecker. Gesteuert durch Lochbänder ließen sich hier aus einem Rundmagazin 30 verschiedene Werkzeuge, zum Beispiel Bohr- und Fräswerkzeuge, in die unterschiedlichen Bearbeitungsgänge einführen. Angesichts einer aktiven Zerspanungszeit von 75 Prozent der Maschinenzeit schienen diese Fertigungszentren die Wegbereiter für die automatische Fabrik zu sein. Die Ausstellung von Chicago 1960 mußte auch in Europa als ein Signal verstanden werden, die Technik der NC-Maschinen in den Griff zu bekommen. Sowohl auf der Seite der Hersteller als auch auf der Seite der industriellen Anwender blieben die USA jedoch führend. So spezialisierten sich General Electric und Bendix Aviation Corporation auf den Bau von numerischen Steuerungen, wobei diese zunächst in der robusten Relaistechnik realisiert wurden.

Das Wechselspiel von höheren Vorschubgeschwindigkeiten, stärkeren Antriebsmotoren, besserer Ausnutzung hochwertiger Werkzeuge und konstruktiver Weiterentwicklung der gesamten Maschinen machte in den USA die NC-Maschinen bald so attraktiv, daß sie Anfang der sechziger Jahre bereits in Stückzahlen von mehreren tausend im industriellen Einsatz waren. Eine bedeutende Rolle für die Durchsetzung spielte aber nach wie vor die Verwendung in der Flugzeugindustrie und allgemein in der Rüstungsproduktion. So war es auch in Großbritannien die Luftfahrtindustrie, zum Teil im Zusammenwirken mit der amerikanischen Luftwaffe, die die Entwicklung von numerisch gesteuerten Werkzeugmaschinen voranbrachte. So übernahm die US-amerikanische Maschinenbaufirma »Cincinnati Milling Company« von der britischen EMI, »Electric and Musical Industries Limited«, ein im Auftrag der amerikanischen Luftwaffe entwickeltes Steuerungssystem.

In der Bundesrepublik war die Entwicklung von NC-Werkzeugmaschinen durch die vom Markt der Nachkriegszeit ausgehende Forderung nach Großserienproduktion und durch die entsprechende Nachfrage nach konventionellen Werkzeugmaschinen deutlich gehemmt. Außerdem dominierten an den Technischen Hochschulen noch bis in den Anfang der fünfziger Jahre die klassischen Probleme des Maschinenbaus, wie Zerspanungstechnik, Schleifen, Fertigung von Zahnrädern und die Systematik von Werkstücken. Bei der Steuerung von Maschinen ging es im wesentlichen um Nachformsteuerungen, also um die Steuerung der Werkzeugbewegung mit Hilfe von Schablonen. Ab Mitte der fünfziger Jahre wurden jedoch an der RWTH Aachen und an der TH Darmstadt erste numerisch gesteuerte Werkzeugmaschinen entwickelt. Auf der Hannover-Messe 1960 präsentierten dann bereits mehrere deutsche Hersteller von Werkzeugmaschinen numerisch gesteuerte Maschinen, wobei allerdings die Zahlen noch deutlich hinter denen der Ausstellung in Chicago im selben Jahr zurückblieben. Von Bedeutung war aber besonders eine Walzenkalibrier-Drehmaschine der Waldrich GmbH in Siegen. Sie war einmal mit einer von der AEG in Berlin entwickelten Bahnsteuerung ausgestattet. Bahnsteuerung bedeutet, daß das Werkzeug nicht mehr nur von Eingriffspunkt zu Eingriffspunkt vorrückte (Punktsteuerung) oder, im Eingriff bleibend, parallel zur Werkstückachse geradlinig bewegt – »verfahren« – wurde (Streckensteuerung), sondern entlang beliebiger Kurven und, im Eingriff bleibend, auf seiner Bahn geführt wurde. Dieses aufwendige Bahnsteuerungsverfahren war, wie bemerkt, mit Blick auf die Herstellung von Flugzeug-Integralteilen am MIT von Anfang an geschaffen worden. Allerdings wurde bei der NC-Drehmaschine der Waldrich GmbH das Steuerungsgerät mit seinem Digital-Analog-Umsetzer nun in Transistor-Technik realisiert. Damit deutete sich bei der Steuerung industrieller NC-Maschinen ein rascher und direkter Übergang von der elektromechanischen Relaistechnik zur elektronischen Halbleitertechnik an, also eine Entwicklung, die den in der Computertechnik entscheidenden, im Maschinenbau aber problematischen Zwischenschritt der Röhrentechnik übersprang.

Anfang der sechziger Jahre begann sich in der Bundesrepublik und in ganz Europa die Argumentation zugunsten der NC-Maschinen zu verschieben. Sie erwiesen sich vor allem in der Kleinserienfertigung als besonders anpassungsfähig und wirtschaftlich. Außerdem traten die hohen Investitionskosten hinter den in den sechziger Jahren stark steigenden Lohnkosten zurück. Die Automatisierungseffekte, die durch die Steuerung von Maschinen mit Hilfe von extern erstellten Programmen erzielt wurden, erlaubten eine Überwachung von mehreren Maschinen durch eine einzige Bedienungsperson, was angesichts des Mangels an Facharbeitern aus der Sicht der Unternehmen eine spürbare Entlastung bedeutete. Jedenfalls begannen die NC-Maschinen, basierend auf den nun eigenständigen europäischen Konstruktionen, Mitte der sechziger Jahre in die Fabriken einzudringen. Zusammen mit der Technik der Verkettung von Maschinen über Fördereinrichtungen wurde damit eine breite industrielle Bewegung in Richtung auf eine automatisierte Fabrik angestoßen.

Dabei war man sich um 1965 in der deutschen »Industriegewerkschaft Metall« völlig im klaren darüber, daß die Automatisierung bereits ein wesentlicher Bestandteil des technischen Fortschritts und insofern ein wichtiges Instrument zur Verbesserung des Lebensstandards breiter Schichten geworden war. Man mußte deshalb den Unternehmen zubilligen, innerbetriebliche Arbeitsplatzveränderungen vorzunehmen. Selbst der Beschäftigungsabbau in einzelnen Wirtschaftszweigen stellte für die Gewerkschaft kein Tabu mehr dar. Offensichtlich war es unvermeidbar, daß der Arbeitsmarkt zunehmend höher qualifizierte technische Angestellte verlangte und – ohne daß die Tendenzen auf dem amerikanischen Arbeitsmarkt voll übertragbar erschienen – daß mehr und mehr der Dienstleistungssektor in den Vordergrund trat. Die soziale Sicherung der Arbeitnehmer erforderte deshalb aus der Sicht der

172. Einarbeitung am Lehrenbohrwerk bei der Firma »Stock & Co.« in Berlin-Marienfelde. Photographie, 1952

Gewerkschaften die Demokratisierung der Wirtschaft durch den Ausbau der gesetzlichen Mitbestimmung der Arbeitnehmer, nicht zuletzt auch eine Reaktion der Bildungspolitik auf die veränderten Anforderungen neuer Arbeitsplätze.

Tatsächlich sollten sich der technische Fortschritt und umgekehrt die wachsenden Anforderungen an den Bau und die Bedienung der NC-Maschinen weiter beschleunigen. Nach einer gegenüber der Verwendung von Transistoren deutlich verkürzten Innovationsphase wurden seit der NC-Machine-Tool-Exhibition 1966 in London auch integrierte Schaltkreise in den Steuerungen der Werkzeugmaschinen eingesetzt. Diese in monolithischer Bauweise, also im Substrat des Halbleiters hergestellten Schaltkreise waren nicht nur wesentlich kompakter als Schaltkreise in

173. CIM bei der Frankfurter Firma »Niedecker GmbH« zur Integration der Bereiche Entwicklung und Konstruktion, Produktionsplanung und -steuerung sowie Fertigung und Montage. Photographie, 1988

diskreter Technik, sondern wegen der aufgedampften metallischen Leiterbahnen auch sehr viel weniger anfällig für Störungen. Die für die Ausstrahlung der Mikroelektronik in die Datentechnik und in die Kommunikationstechniken zu beobachtende Tendenz, nämlich die rasche Reaktion auf Leistungssteigerung und Preisrückgang von Bauelementen, bestimmte nun auch die Anwendung der Mikroelektronik bei der weiteren Automatisierung der Produktionsprozesse. So wurden seit Ende der sechziger Jahre in England und in den USA bereits erste Werkzeugmaschinen mit Rechnerdirektsteuerung, die sogenannten DNC-Maschinen, »Direct Numerical Control«, entwickelt.

Bei den NC-Maschinen wurde der Rechner lediglich dazu benutzt, Programme für komplizierte Geometrien von Werkstücken und für bestimmte technologische Randbedingungen wie Drehzahlen oder Werkzeuge zu erstellen. Die Programme wurden auf Zwischenträger, etwa auf das Speichermedium des Lochstreifens, übertragen. Erst mit Hilfe solcher Lochstreifen wurde dann die numerische Steuerung der Maschine in Gang gesetzt. Beim DNC-Verfahren wurden die Rechner dagegen nicht nur zur Programmerstellung, sondern auch zur direkten Eingabe des Bearbeitungsprogramms an die numerische Steuerung herangezogen. Ein besonderer wirtschaftlicher Anreiz war dabei, den Rechner als zentrales, aus der Fertigungshalle herausgenommenes und insofern besser geschütztes Steuerungsinstrument für mehrere Fertigungseinheiten einzusetzen. Typische DNC-Rechner Anfang der siebziger Jahre erlaubten so den Anschluß von 10 bis weit über 100 Maschinen, wobei allerdings die ausgeführten Anschlüsse die Zahl 20 nicht überschritten. Außerdem konnten sich die DNC-Maschinen wegen der hohen Kosten und wegen des typischen Nachhinkens der Programmentwicklung zunächst in der industriellen Anwendung nicht durchsetzen. Erst die weitere Verbesserung der Rechnertechnik, zunächst in Gestalt leistungsfähiger Minicomputer, insbesondere aber durch die Verfügbarkeit der ersten industriell verwendbaren Mikroprozessoren im Jahr 1975, brachte dann für die neuen, durch interne Mikroprozessoren gesteuerten CNC-Maschinen, »Computerized Numerical Control«, den Durchbruch. Seit 1971/72 hatte sich die Integrationsdichte in der Halbleitertechnik so weit erhöht, daß es möglich geworden war, sämtliche Bauteile und Leiterbahnen für die komplexen Schaltkreise eines Rechners auf einem Chip zu vereinigen.

Da die Mikroprozessoren der internen CNC-Steuerungen seit Anfang der achtziger Jahre mit einer Wortbreite von 32 bit die Leistungsfähigkeit großer externer Rechner erreicht hatten, wurde es möglich, die Programmierung der Steuerung aufgrund neuer Programmiersysteme in einem interaktiven Dialog zwischen Rechner und Bedienungspersonal im Werkstattbetrieb durchzuführen und vor allem die einzelnen Maschinen durch automatische Fördersysteme für Werkstücke und durch automatische Werkzeugwechsel in ganzen Fertigungszellen zu integrieren. Dabei konnte durch die verbesserte Meßtechnik die Fertigungsgenauigkeit verbessert, der Verschleiß von Maschine und Werkzeug reduziert und trotzdem die Arbeitsgeschwindigkeit gesteigert werden.

Flexible Fertigung

Mit Blick auf die wirtschaftliche Herstellung von Klein- und Mittelserien ging es nicht mehr nur um automatisch ablaufende Bearbeitungsgänge in Bearbeitungszentren oder Fertigungszellen, also um automatischen Werkzeug- und Werkstückwechsel, sondern auch um die seit 1970 theoretisch konzipierte »flexible Fertigung«. Sie stellt eine Synthese zwischen der Transferstraße dar, wie sie besonders in der Massenproduktion der Automobilindustrie eingeführt wurde, und dem einzelnen, numerisch gesteuerten Bearbeitungszentrum. – Bei der klassischen Automatisierung der amerikanischen Automobilindustrie der zwanziger und dreißiger Jahre, der »Detroit Automation«, waren automatisierte Werkzeugmaschinen für eine einzige Fertigungsaufgabe über ebenfalls automatisierte Födereinrichtungen im Sinne des Fordschen Fließverfahrens verknüpft worden. Die Reihenfolge der Bearbeitungsschritte innerhalb solcher Transferstraßen und die Anforderungen an die einzelnen Werkzeugmaschinen waren damit festgelegt, und zwar für die typischen Zeiträume von 10 bis 20 Monaten. In einem evolutionären Prozeß stellte General Motors dabei seine Produktion so um, daß ein jährlicher Modellwechsel in möglichst kurzer Zeit vorgenommen werden konnte. Das hatte zur Folge, daß die von Ford noch ausschließlich verwendeten Einzweck-Werkzeugmaschinen durch standardisierte Mehrzweck-Werkzeugmaschinen ersetzt wurden. General Motors begann damit ab Mitte der zwanziger Jahre den Produktionsprozeß der Automobilindustrie in Richtung auf eine Flexibilisierung zu verändern.

Bei der Flexiblen Fertigung, wie sie um 1970 theoretisch konzipiert wurde, sind dagegen weder Einzweck-Maschinen noch starre Verkettungen der Maschinen über Fördereinrichtungen vorgesehen. Werkstücke können hier rechnergesteuert Materiallagern entnommen, zu ausgewählten NC-Maschinen befördert, dort in unterschiedlicher Weise bearbeitet, dann wahlweise Reinigungs- und Wärmebehandlungsanlagen zugeführt und schließlich wieder in ein Lager gebracht oder weiterbefördert werden. Serien bis herab zu kleinsten Stückzahlen, einschließlich der Stückzahl Eins, lassen sich so wirtschaftlich herstellen. In einem tieferliegenden Sinn dominiert dabei die Informationsverarbeitung; denn die geometrische Infor-

174. Karosserie-Pressen mit automatischem Teiletransport bei VW. Photographie, 1955

mation der Konstruktion wird zunächst in einem Fertigungsprogramm verschlüsselt und schließlich von Maschine, Werkzeug und Fördereinrichtung unter Aufwand von Material und Energie in einen materiellen Träger von Information, eben in das Werkstück, überführt. Entscheidend sind also die Steuerung des Bearbeitungsprozesses sowie die Kontrolle des gesamten Material-, Energie- und Informationsflusses durch den Rechner. Gleichzeitig stellt diese zentrale Funktion des Rechners in der Fertigung die Einfallspforte für die direkte Übernahme von Daten aus der rechnergestützten Konstruktion, dem CAD, und aus anderen rechnergesteuerten Betriebsbereichen dar. Allerdings hat die Integration der gesamten rechnergesteuerten Betriebsbereiche im Computer heute vielfach noch eher deklamatorischen Charakter. Selbst das sehr handfeste Projekt der Flexiblen Fertigung ist keinesfalls rasch und umfassend in die industrielle Realität umgesetzt worden. Obwohl es in den USA (1967), in Japan (1970) und in der Bundesrepublik (1971) schon früh rechnergestützte Flexible Fertigungssysteme gab, waren in der Bundesrepublik um 1990 erst etwa 50 solcher Fertigungssysteme eingesetzt. Weltweit werden, vornehmlich aufgrund der Entwicklung in Japan, etwa 1.000 Installationen angenommen.

Fertigungstechnik und Produktionsmanagement in Japan

Zwar konnten die europäischen Maschinenbau-Nationen, also Großbritannien, Frankreich, Italien, die Schweiz und besonders die Bundesrepublik, in den sechziger Jahren mit den USA gleichziehen und sich bei Maschinen für spezielle Anforderungen sogar Vorteile erarbeiten, doch seit den siebziger Jahren stellt die japanische Maschinenbauindustrie durch die wachsende Stärke der Hersteller von NC-Maschinen auch auf diesem Sektor eine große Herausforderung dar. Angeregt durch Berichte über die Entwicklung von NC-Maschinen in den USA wurde in Japan, ähnlich wie in der Datenverarbeitung, in den frühen fünfziger Jahren die amerikanische Technik adaptiert. Es folgten erste selbständige Einzelentwicklungen, wobei die Konstruktion des elektrohydraulischen Schrittmotors durch die Firma »Fujitsu/Fanuc« 1959 von besonderer Bedeutung war. Neben dieser für die Antriebstechnik präziser, leistungsstarker und preiswerter NC-Maschinen wichtigen Komponente stellten die mit Europa und mit den USA konkurrenzfähigen japanischen Maschinenbaufirmen schon in der zweiten Hälfte der sechziger Jahre NC-Steuerungen mit eingebauten Minicomputern her. Durch die ausschließliche Verwendung japanischer Steuerungen gelangten die japanischen Hersteller von NC-Maschinen zudem in eine Position, aus einem starken Binnenmarkt heraus in andere Märkte hinein expandieren zu können.

Ähnlich wie in der Datentechnik stand ein ganzes Bündel administrativer und finanzieller Förderungsmaßnahmen im Hintergrund. So unterstützte das MITI, das

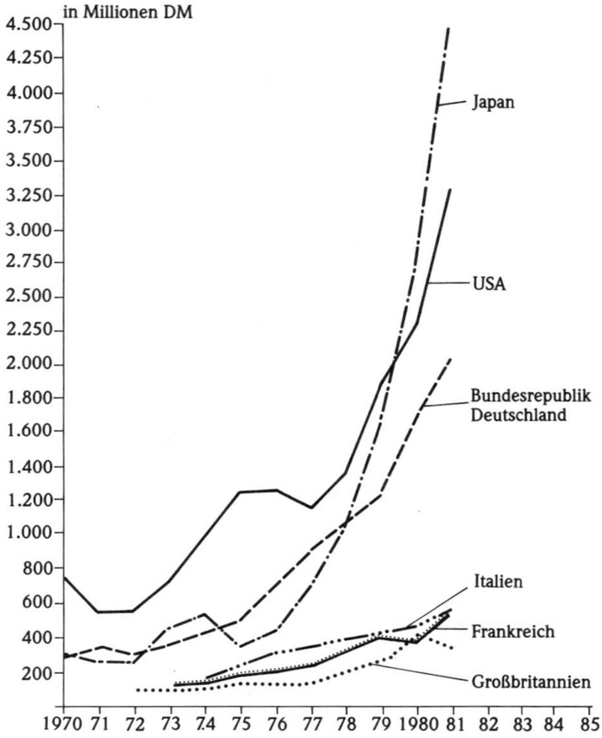

NC-Werkzeugmaschinenproduktion in sechs führenden westlichen Industrieländern (nach Kreibich)

Ministry of International Trade and Industry, über sein dem »Electrotechnical Laboratory« vergleichbaren »Mechanical Engineering Laboratory« bereits Ende der fünfziger Jahre die Entwicklung erster NC-Maschinen. Zugleich wurde durch steuerliche Erleichterungen, durch wettbewerbspolitische Maßnahmen und durch zinsgünstige Kredite versucht, Maschinenbau und Elektrotechnik zu modernisieren, seit Anfang der siebziger Jahre auch mit dem Ziel, Maschinenbau und Elektrotechnik zu integrieren. Während das MITI industriepolitische Vorgaben formulierte, geeignete Organisationsstrukturen für Forschung und Entwicklung anregte und – besonders in der Zeit zwischen 1978 und 1984 – beträchtliche finanzielle Mittel bereitstellte, schufen die Hersteller und die Verwender von NC-Maschinen ein Umfeld, das die Einführung dieser Technologie begünstigte. Die Praxisnähe der Forschung in Japan, der Einsatz junger und hochqualifizierter Ingenieure in der Fertigung und die Betreuung der Verwender von NC-Maschinen in der Einführungsphase durch Ingenieure des Herstellers gehören in diesen Zusammenhang. Und wie bei der japanischen Computer- und Elektronikindustrie lassen sich die industriepolitischen und die industriellen Faktoren vom kulturell geprägten Arbeitsethos der Arbeitnehmer nicht trennen.

Sehr deutlich haben auch amerikanische Untersuchungen der seit den siebziger Jahren sprunghaft gestiegenen Produktivität der japanischen Automobilindustrie gezeigt, daß es nicht allein die Fertigungstechnik ist, die die hohe Produktivität bestimmt, sondern vor allem die Art und Weise, wie die Produktion organisiert wird und wie die Arbeitnehmer in ihr geführt werden. Demnach sind es nur zum Teil der höhere Automatisierungsgrad, die Nutzung von Rechnern und die Berücksichtigung der Fertigungsprobleme bei der Konstruktion; es sind vornehmlich die bessere Qualitätssicherung, die größere Einsatzflexibilität der Arbeiter, die geringeren Fehlzeiten und besonders der höhere Nutzungsgrad der Maschinen und Anlagen, die als wesentliche Faktoren zur Erklärung der Produktivität herangezogen werden müssen. Selbst die Verwendung der in der Öffentlichkeit immer als spektakulär empfundenen Roboter, die vorwiegend in der Automobilindustrie und hier wiederum zu 90 Prozent bei der Punktschweißung im Karosserierohbau benutzt werden, zeigt weniger zahlenmäßige Unterschiede als eine andere Einbettung in das Produktionsmanagement. Während im Westen die an sich sehr flexiblen Roboter oft auf unwirtschaftliche Weise als Einzweck-Anlage genutzt werden, schöpfen die japanischen Hersteller seit Anfang der achtziger Jahre die Anpassungsfähigkeit der speicherprogrammierbaren Roboter zwar nicht vollständig, aber bedeutend besser aus als die westlichen Konkurrenten.

Herausragendes Beispiel für das Produktionsmanagement in der japanischen Automobilindustrie ist das von Taiichi Ohno eingeführte Produktionssystem bei der Toyota Motor Corporation. Dieses System ist zwar nach wie vor am Fließverfahren Fords orientiert, löste sich aber von der Produktstandardisierung und von der Einzweck-Bearbeitungsmaschine. Ohno übernahm auch die auf Taylor zurückgehende optimale Nutzung der Zeit und der Arbeitskraft, beendete jedoch die Zergliederung in immer kleinere und einfachere Teilarbeitsgänge. Ein wesentliches Element des Produktionssystems von Toyota ist die Reduktion sowohl des Personaleinsatzes als auch des in Bearbeitung befindlichen Materials. Voraussetzung für die Minimierung dieser personellen und materialmäßigen »Puffer« ist wiederum ein konsequent durchgeführtes »Just-in-time«-Verfahren, und zwar von den – oft am Ort ansässigen – Zulieferern bis hinein in sämtliche Stufen des internen Produktionsprozesses. Die Fertigungsmenge auf jeder Produktionsstufe wird so bemessen, daß sie in der nächsten Produktionsstufe sofort und vollständig verarbeitet werden kann. Notwendig verknüpft mit dem Null-Puffer-Prinzip ist das Null-Fehler-Prinzip. Bei Fehlern wird nämlich der Fertigungsprozeß unterbrochen, wobei bei personellen Engpässen andere Arbeiter der Gruppe einspringen müssen. Entstehende Lükken in der täglichen Produktion werden durch Mehrarbeit über die reguläre Arbeitszeit hinaus geschlossen. Da bei anhaltender Rationalisierung durch Personalabbau eine ganze Gruppe unter Druck gerät, entsteht eine starke Motivation, die Arbeitsgestaltung so zu verbessern, daß sich die Arbeit unter Wahrung der Qualität bei der vorgegebenen Personalstärke leisten läßt. Dabei kann die unter Rationalisierungsdruck stehende Gruppe nicht in Richtung auf Qualitätsminderung ausweichen. Im nächsten Bearbeitungsabschnitt würden die Qualitätsmängel nämlich zwangsläufig zum Bandstopp und zur Rückgabe der fehlerhaften Teile führen. Die Qualitätskontrolle findet demnach kontinuierlich und, über Rückkopplungsvorgänge reguliert, während des Produktionsprozesses statt und nicht, wie in den noch stark an Ford orientierten Arbeits- und Produktionsprozessen der deutschen Automobilindustrie, am Ende. Das Null-Puffer-Prinzip und das Null-Fehler-Prinzip erlauben es also wegen dieser Selbstregulierungsmechanismen, bei gleichbleibend hohen Qualitätsforderungen Rationalisierung im Personaleinsatz durchzusetzen. Die Bezeichnung »Schlanke Produktion«, »Lean Production«, zeugt insofern nicht unbedingt von besonderer sozialpolitischer Sensibilität.

Allerdings ist das Aushalten dieses Drucks – wenn es denn dabei bleiben sollte – ohne die im Zusammenhang mit der Computerindustrie bereits diskutierten soziokulturellen und politischen Voraussetzungen nicht zu verstehen. Aufgefangen wird der Druck der enormen Arbeitsleistung durch das bis vor wenigen Jahren unbestrittene Prinzip der lebenslangen Bindung an einen Arbeitgeber. Außerdem wird ein Teil des Drucks auf den individuellen Arbeitnehmer durch die fachliche, betriebliche und soziale Einbindung in eine Gruppe kompensiert. Gewerkschaften nach westlichem Muster, die eine stärkere Vertretung der Interessen der Arbeiter als soziale Gruppe wahrnehmen können, gab – und gibt – es in Japan nicht. Die Organisation der Arbeiterschaft ist auf das einzelne Unternehmen beschränkt. Schließlich hat in Japan die Fertigung, und dies ist in der Automobilindustrie von besonderer Bedeutung, offenbar ein sehr viel höheres Prestige als im Westen.

Am Ende wird es aber nicht um Prestige, sondern um die Arbeitsplätze gehen. Die auf den japanischen Produktivitätssprung folgende Neuverteilung des Weltautomobilmarktes wird nicht nur für die amerikanischen, sondern auch für die europäischen Länder gravierende soziale Folgen haben. Wegen der koreanischen Kleinwagenkonkurrenz weicht Japan bereits jetzt auf die Mittelklasse und die gehobene Klasse aus. Über die mit der hohen japanischen Produktivität arbeitenden Produktionsstätten in den USA und in Großbritannien, den »Transplants«, und durch »Joint Ventures« wird es weiter protektionistische Maßnahmen teilweise unterlaufen und die Entwicklung von technischem Wissen dominieren können. Durch die Verkleinerung des Marktanteils und durch die als Gegenmaßnahme unabdingbare weitere Automatisierung wird sich also die Zahl der Arbeitsplätze in der amerikanischen, europäischen samt der deutschen Automobilindustrie verringern.

So ist man in der deutschen Automobilindustrie entschlossen, mit verschiedenen Maßnahmen sich der Herausforderung der japanischen Industrie zu stellen. Dazu

175. Das Werk Sindelfingen der Daimler-Benz AG. Photographie, um 1960

gehört eine die Modernität der Produkte verbessernde Reduktion der Produktzyklen, also im Falle der Automobilindustrie ein Modellwechsel nach durchschnittlich 6 anstelle der bisherigen 8 Jahre. Außerdem soll die Entwicklung bereits von Anfang an die Belange einer kostengünstigen Produktion in ihre Arbeit miteinbeziehen. Neben diesem »Simultaneous Engineering« genannten Verfahren wird offenbar versucht, Elemente der eigentlichen »Lean Production«, also der Gruppenarbeit und der aus dem Verantwortungsbewußtsein der Gruppe hervorgehenden ständigen Verbesserung von Produkt, Qualität und Produktion, für die europäischen Verhältnisse zu adaptieren. Offenbar gelingt dies aber nur dort einigermaßen, wo jüngere und flexiblere Arbeiter zur Verfügung stehen, oder in strukturschwachen Regionen – den typischen Ansiedlungsgebieten der japanischen »Transplants« –, wo die Motivation durch vorausgegangene Arbeitslosigkeit besonders hoch ist. In den traditionellen deutschen Automobilfabriken werden deshalb im Endeffekt durch die im Kampf um Marktanteile notwendige Umgestaltung der Produktion die Mitarbeiterzahlen deutlich gesenkt werden. Denkbar ist allenfalls, daß angesichts der ökologisch ungemein bedenklichen Autoflut in den Industrieländern die Automobilindustrie allmählich ihre volkswirtschaftliche Leitfunktion verliert und schon aus diesem Grund die Karten der Unternehmens- und Industriepolitik neu gemischt werden müssen.

Flächendeckender Verkehr auf allen Ebenen

Individualverkehr und Fahrzeugbau nach 1945

Bereits wenige Jahre nach dem Ende des Zweiten Weltkrieges vollzog man in Europa und vor allem in der Bundesrepublik nach, was in den USA spätestens in den zwanziger Jahren Realität gewesen ist, nämlich die Entwicklung des Individualverkehrs auf der Basis des Automobils und die daraus erwachsende Massenmotorisierung. In mehrfacher Hinsicht war aber auch in der Bundesrepublik der Weg dafür längst gebahnt. Im Grunde hatte schon die Motorisierungs-Politik der nationalsozialistischen Regierung seit 1933 in Deutschland die Weichen in Richtung auf den Individualverkehr gestellt.

Wichtig für die Entwicklung der Motorisierung war die gezielte Ankurbelung der Autoproduktion, deren volkswirtschaftliches Potential vorher hauptsächlich wegen der zunächst unerwünschten Konkurrenz zur Eisenbahn nicht genutzt worden war. Ankurbelung bedeutete dabei die staatliche Förderung des Automobils durch den Ausbau von Straßen, etwa durch den legendären Autobahnbau, die steuerliche Entlastung der Kraftfahrzeughalter und die Förderung des Motorsports. Außerdem wurde auf die Industrie Druck ausgeübt, den Bau von Luxuswagen zu verlassen und Autos für die Massenmotorisierung zu bauen. Dieses Bündel von Maßnahmen führte dazu, daß die deutsche Automobilindustrie in den dreißiger Jahren auf einer ganzen Reihe von Sektoren wieder die Führung erlangte, beim Diesel-Motor, beim Fahrwerksbau, in der Aerodynamik und im Rennwagenbau.

Eine herausragende Entwicklung im Fahrzeugbau während der NS-Zeit war der Volkswagen, 1938 nach der populären Unterorganisation »Kraft durch Freude« (KdF) der »Deutschen Arbeitsfront« (DAF) als »KdF-Wagen« bezeichnet. Während der Autobahnbau trotz der fragmentarischen Ergebnisse zur positiven Legende wurde, wurde der KdF-Wagen schon zu Anfang des Zweiten Weltkrieges vom System selbst gründlich entmythologisiert. Zwar hat man noch 1940 für den Volkswagen Propaganda gemacht, doch die wenigen Einzelstücke gingen ausnahmslos nicht an Privatpersonen, sondern an wichtige Parteiführer wie Hermann Göring (1893–1946) oder Robert Ley (1890–1945). Ab 1941 wurde die Werbung für den KdF-Wagen eingestellt. Obwohl mit dem Volkswagenwerk eine gewaltige Anlage geschaffen worden war, verschwand das Projekt praktisch aus der Öffentlichkeit. Wie alle anderen Motoren- und Automobilfabriken war es Bestandteil der Kriegswirtschaft geworden. Anders als die etablierten Automobilfirmen, die auf die Anforderungen der Kriegswirtschaft mit einer gewissen Verzögerung reagierten, bis auch sie sich ganz darauf einstellten, wurde im Volkswagenwerk eine rasche Umorientierung vollzogen. So begann im Februar 1940 im nahezu fertigen Volkswagenwerk nicht die Serienfertigung von Volkswagen, sondern die Produktion der Fahrgestelle des auf dem Volkswagen aufbauenden Kübelwagens für die Wehrmacht. Unabhängig von dem totalen Einmünden der Motorisierung in die Kriegswirtschaft, insbesondere seit 1942, ist unverkennbar, daß die Motorisierungskampagne des »Dritten Reiches« das Bewußtsein für den Individualverkehr verändert, autofreundliche Gesetze hervorgebracht, Infrastrukturen gefördert hat, wie das Autobahnnetz, mit dem bis heute fortdauernden Konflikt von Schiene und Straße, und daß sie ganz konkret die Vorlagen für eine nahtlose Wiederaufnahme der Volkswagenproduktion nach Kriegsende geliefert hat.

Das Überleben technischen Wissens und industrieller Infrastrukturen, trotz der Kriegszerstörungen und der Teilung Deutschlands, ist eine eindrucksvolle historische Erfahrung. Hinzu traten allerdings bald kräftige Hilfen von außen. Zur Währungsreform vom 21. Juni 1948 und zur Einführung der sozialen Marktwirtschaft mit ihrem Verzicht auf staatliche Preisvorgaben kamen die seit April 1948 in den Westen fließenden Gelder aus dem European Recovery Program, dem sogenannten Marshall-Plan, hinzu. Jedenfalls bauten die Lastwagenwerke – Tempo, Daimler-Benz, MAN, Büssing, Ford – und die Motorradfabriken der drei Westzonen bereits 1950 mehr Fahrzeuge als 1938 die Hersteller im ganzen Reichsgebiet. Ein Jahr später überschritt auch die PKW-Produktion die Zahlen von 1938, obwohl es unterdessen weniger Firmen gab. Stoewer in Stettin lag nun auf polnischem Gebiet. Maybach in Friedrichshafen, Vorkriegs-Hersteller bester Motoren und großer Luxuswagen, und Adler gaben den Autobau auf. Hanomag konzentrierte sich auf Nutzfahrzeuge. BMW verlor sein Werk in Eisenach, Opel sein LKW-Werk in Brandenburg. Außerdem mußte Opel seine Kadett-Produktionsanlage als Reparationsleistung an die UdSSR ausliefern.

Hinzugekommen als PKW-Hersteller war aber schon seit 1945 das Volkswagenwerk. Dabei erschien die Prognose für den Käfer 1945 nicht einmal besonders günstig. Britische Autofachleute – die Briten hatten am 26. Mai 1945 ein zu 70 Prozent zerstörtes Autowerk von den Amerikanern übernommen – waren von den formalen und technischen Qualitäten des Volkswagens keinesfalls überzeugt. Trotzdem brachte Major Ivan Hirst ab August 1945 die Autoproduktion im VW-Werk wieder in Gang, zunächst als Montage von Kübelwagen aus Restbeständen, seit September 1945 durch die Produktion des KdF-Personenwagens, der wieder die ursprüngliche Projektbezeichnung »Volkswagen« erhielt. Insgesamt lieferte das Volkswagenwerk als einziges funktionsfähiges Autowerk der Westzonen 1945 1.293 Fahrzeuge. Aus verschiedenen Gründen förderten die Briten die Autoproduktion im VW-Werk weiter: Sie wollten nicht für ein wirtschaftlich dahinsiechendes Deutschland die Verantwortung tragen. Die Reindustrialisierung und die erneute

Motorisierung Deutschlands versprachen im Gegenteil wirtschaftlichen Gewinn auch für die Besatzungsmacht. Außerdem galt es, Wolfsburg als intakte Produktionsstätte erscheinen zu lassen und es somit vor der Gefahr der Demontage durch die nahen russischen Truppen abzuschirmen – ein Argument, das nach Ausbruch des »Kalten Krieges« an Bedeutung gewann. Am 2. Januar 1948 wurde dann die Verantwortung im VW-Werk an das ehemalige Opel-Vorstandsmitglied Heinrich Nordhoff (1899–1968) übertragen. Das Volkswagenwerk schien seit 1947 mit seiner Jahresproduktion von 9.000 Wagen wirtschaftlich stabilisiert und politisch sicher vor dem Zugriff der Sowjetunion zu sein.

Mit der Wiederaufnahme der Produktion folgten auf VW rasch Daimler-Benz (1946), Opel (1947), Ford (1948), Borgward (1949) sowie die im Westen neugegründete Auto Union mit der Marke DKW, dann Goliath, Lloyd, Gutbrod und Porsche (1950). 1952 begann auch BMW wieder mit dem Autobau. Bis auf Borgward mit seinem Modell »Hansa 1500« knüpften alle Firmen konstruktiv an ihre Vorkriegsmodelle an, Daimler-Benz etwa an das Modell »170 V.« Der schnelle Wiederaufbau und die darauf folgende Konsolidierung der bundesdeutschen Autoindustrie gründeten auf dem Transfer der Vorkriegstechnologie, der Fortsetzung der enorm vergrößerten kriegswirtschaftlichen Infrastruktur, auch, wie offenbar bei Daimler-Benz geschehen, auf verdeckten Vorbereitungen für eine erwartete zivile Produktion nach Ende des Krieges. Von Vorteil waren der den westeuropäischen Ländern zugute kommende Marshall-Plan und schließlich die Einbindung in das westliche Bündnis- und Wirtschaftssystem. Wirtschaftspolitisch war die in der Aufbauphase besonders günstige, stark liberalisierte Marktwirtschaft mit ihrer Förderung des Individualverkehrs von erheblicher Bedeutung. Nicht zu vergessen ist aber neben der Gesetzgebung, neben der Seite des Kapitals jene der Arbeit: Erst durch die große Zurückhaltung der Gewerkschaften bei Tarifforderungen und bei Streikdrohungen konnte die deutsche Autoindustrie ihre hohen Wachstumsraten erzielen. So blieb die Bundesrepublik seit 1956 für fast zwanzig Jahre stärkster Autoexporteur der Welt und hinter den USA auch zweitstärkster Produzent.

Wichtigster Träger dieses Erfolges war lange Zeit der VW, wobei das Volkswagenwerk auf der Seite der technischen Entwicklung nun eine ursprünglich von Henry Ford (1863–1947) herrührende Tugend besonders kultivierte, nämlich einen preiswerten Service und eine kontinuierliche, auf der Ein-Typ-Politik aufbauende Modellpflege. In jedem Herbst nach den Werksferien rollte ein VW-Modell mit kleinen technischen Verbesserungen und mit geringen äußeren Retuschen vom Band, so daß über die Jahre der »Käfer« eine langsame evolutionäre Entwicklung durchlief und dennoch der Eindruck des Beständigen blieb. Am Erfolg, der wesentlich mit dem wirtschafts- und tarifpolitischen Umfeld zu tun hatte, waren lange Zeit das sehr günstige Preis-Leistungs-Verhältnis und die angestrebte Konstanz des Preises entscheidend beteiligt. So kostete der VW-Standard von 1955 bis 1961 gleichbleibend

176. Fertigungsstraße bei VW in Wolfsburg. Photographie, um 1960

3.790 DM. Die Produktionsphilosophie und die Preispolitik bei VW machten den Markt für die anderen Anbieter besonders schwierig. Nur wenige Kleinwagen wie der Lloyd oder das von Hans Glas gebaute Goggomobil oder der NSU-Prinz brachten es auf einige hunderttausend Wagen. Auch technische Neuerungen auf dem Kleinwagensektor, zum Beispiel der besonders bedeutsame Frontantrieb, wurden sicher nicht ganz zufällig in Frankreich und Italien am Markt endgültig durchgesetzt, obwohl die Technologie auch bei der Auto Union längst vorlag.

Trotzdem war es nicht nur der mit seinem luftgekühlten Heckmotor zunehmend deplaziert wirkende, aber immer noch in außerordentlich hohen Stückzahlen gebaute »Käfer«, der den Erfolg der deutschen Autoindustrie ausmachte. Hinzu kam eine bemerkenswerte Innovationsbereitschaft, die sich in den fünfziger Jahren durch die erfolgreiche Teilnahme der meisten deutschen Autohersteller am internationalen Rennsport äußerte. In enger Wechselwirkung mit der Entwicklung von Renn-Motoren und Sportwagen-Motoren erprobten 1952 Daimler-Benz und Borgward die Benzineinspritzung für den Viertakt-Otto-Motor anstelle der Vergasertechnik. Nach der Anwendung im Mercedes 300 SL mit direkter Einspritzung wurde die Einspritztechnologie bei Serienwagen zuerst 1955 in der Baureihe 300, dann 1958 beim 220 SE Coupé mit einer Einspritzung in das Saugrohr angewendet. Peugeot folgte 1962 bei einem Mittelklassewagen mit der Einspritztechnologie. Allerdings hatte die Benzineinspritzung bei Daimler-Benz bereits im Flugzeugmotorenbau ab 1934 eine zum Teil noch geheime Verwendung gefunden.

Beim Diesel-Motor gehört die Einspritzung des Kraftstoffs bereits zum theoretischen Grundgedanken. Wesentlich schwieriger als beim Benzinmotor war es jedoch, die zunächst sehr großen Diesel-Motoren auf die Dimension eines PKW-Motors zu bringen und den Leistungsverlust durch höhere Drehzahlen auszugleichen. Erst Ende 1936 konnte Daimler-Benz auf der Automobilausstellung in Berlin den ersten Diesel-Personenwagen vorstellen. Von Anfang an war der Diesel-PKW wegen seiner geringen Kraftstoffkosten und wegen seiner Langlebigkeit das ideale Taxi. Hohes Gewicht, Leistungsschwäche und geringere Laufkultur machten den Diesel aber bis weit in die Nachkriegszeit für den normalen Autofahrer im Vergleich zu den hochentwickelten Benzinmotoren eher zur zweiten Wahl. Erst die Ölpreiskrise 1973/74 brachte dem Diesel-Motor wegen seiner weiter gesteigerten Wirtschaftlichkeit wachsende Anteile bei Personenwagen, wobei das Salonfähig-Ma-

177. Citroën-2-CV, als »Ente« das »Studentenfahrzeug« seit den sechziger Jahren. Photographie, 1964

chen des Diesels eine beachtliche technische Leistung von Daimler-Benz nach dem Zweiten Weltkrieg war.

Obwohl der Diesel-Motor wegen der krebserregenden Bestandteile der Verbrennungsprodukte heute unter Druck geraten ist, erhielt er in den letzten Jahren neuen Auftrieb. So erzielte Audi bei der Entwicklung von Diesel-Motoren mit höherer Drehzahl für PKW eine weitere Verbesserung der Wirtschaftlichkeit. Nach den bei PKW-Diesel-Motoren üblichen Vorkammer- und Wirbelkammer-Verfahren ging man bei Audi zu einer durch neue Hochdruckeinspritzsysteme an höhere Drehzahlen angepaßten, direkten Treibstoffeinspritzung in den Zylinder über. Dies erlaubte selbst in Serienmodellen der gehobenen Klasse noch einmal eine deutliche Reduktion des Kraftstoffverbrauchs. Noch nicht vollständig gelöst ist zur Zeit das Problem der Rußfilter, wobei insbesondere die periodische Verbrennung der angesammelten Partikel Schwierigkeiten bereitet, so daß voraussichtlich erst in einigen Jahren Diesel-Fahrzeuge serienmäßig mit Filtern ausgestattet werden können.

Weitere Fortschritte in der Automobiltechnik der Nachkriegszeit wurden im Bereich des Getriebes erzielt. Noch nach einer englischen Lizenz bot Borgward als erste europäische Firma ein Strömungsgetriebe für Personenwagen an. Porsche verkaufte seit 1952 weltweit Lizenzen eines seit 1947 auf der Basis einer Sperrsynchronisation neu entwickelten Vollsynchrongetriebes. Fichtel und Sachs, Opel, Daimler-Benz und der Kupplungs-Hersteller Häussermann lieferten ab 1957 Kupplungsautomaten zur Erleichterung des Schaltens. – Trotzdem kann man sich des Eindrucks nicht ganz erwehren, daß die Nachkriegsentwicklung in der Automobiltechnik nicht unbedingt eine Zeit der bahnbrechenden Neuerungen war. Wichtige, wenngleich eher evolutionäre Weiterentwicklungen waren in Europa in den sechziger und siebziger Jahren die breitere Durchsetzung des Vorderradantriebs bei Klein- und Mittelklassewagen, die Verbesserung der Radaufhängung, der Einbau von Scheibenbremsen, die zunehmende Anwendung der Kraftstoffeinspritzung und generell die Verbesserung des Leistungsgewichtes von Motoren. Die amerikanische Automobilindustrie dagegen konzentrierte sich mehr auf den Fahrkomfort, und zwar durch die Konstruktion großer Wagen mit großvolumigen und laufruhigen Motoren, durch den Einbau von Servolenkungen und von automatischen Getrieben sowie durch die Ausstattung mit Klimaanlagen. Obwohl die Automobiltechnik bereits seit den zwanziger und dreißiger Jahren in eine stetige Entwicklung eingemündet war, hat sie doch auch in der Nachkriegszeit noch das Scheitern großer erfolgversprechender Projekte erlebt. Hierher gehören der von Felix Wankel (1902–1988) 1960 vorgestellte Kreiskolbenmotor – auf den heute nur noch Mazda setzt – und die in den USA, in Großbritannien und in der Bundesrepublik mit beachtlichem Aufwand entwickelte PKW-Gasturbine.

Bedeutender als das Scheitern einzelner technischer Innovationen ist sicher die gesamte industrielle Entwicklung im Automobilsektor. Obschon der Kraftfahrzeugbestand in der Bundesrepublik, einschließlich der ehemaligen DDR, von 2,4 Millionen im Jahr 1950 (bei einer Einwohnerzahl von 66,1 Millionen) auf 35,5 Millionen im Jahr 1990 bei einer Einwohnerzahl von 80,0 Millionen steil angestiegen ist, verlief die Produktion keinesfalls stetig. So zeigen etwa die Zahlen für die Neuzulassungen in der Bundesrepublik deutliche Spuren der Wirtschaftskrise von 1965 bis 1969, der ersten Ölpreiskrise 1973 und 1974 und der zweiten Ölpreiskrise von 1979 bis 1982. Zur ständigen Verunsicherung der Märkte trugen ebenfalls die seit 1970 oft hektisch schwankenden Kurse wichtiger Währungen bei. Dem entsprechen Einbrüche in der Produktion, Verluste in der Rentabilität und Rückgänge in der Zahl der Beschäftigten. – Ausgeprägter noch waren die Krisenerscheinungen zwischen 1970 und 1985 in der amerikanischen Automobilindustrie, wobei hier die in den siebziger Jahren zunehmenden Importe von Kleinwagen aus Japan ins Gewicht fielen. Während in den USA General Motors, Ford und Chrysler ihre schweren – bei Ford und Chrysler an die Substanz gehenden – Krisen überstanden, erlebte die

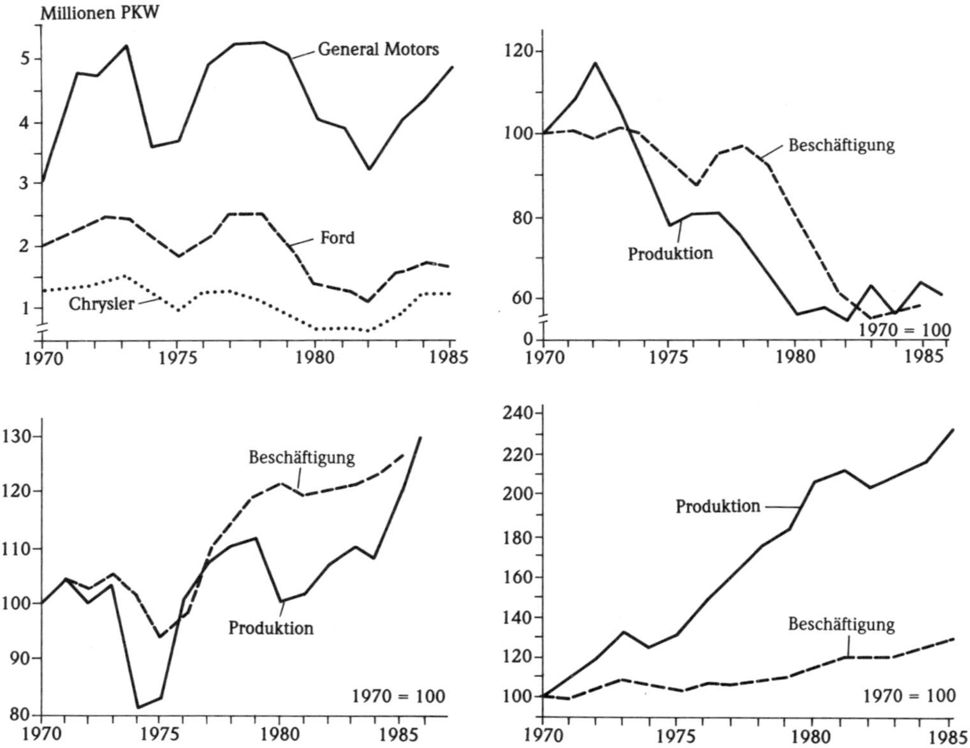

Autoproduktion in den USA nach Herstellern. – Produktion von PKWs und Beschäftigung in der britischen Automobilindustrie; 1970 = 100. – Produktion und Beschäftigung in der Automobilindustrie der Bundesrepublik Deutschland; 1970 = 100. – Kfz-Produktion und Beschäftigung in Japan; 1970 = 100 (nach Jürgens, Malsch und Dohse)

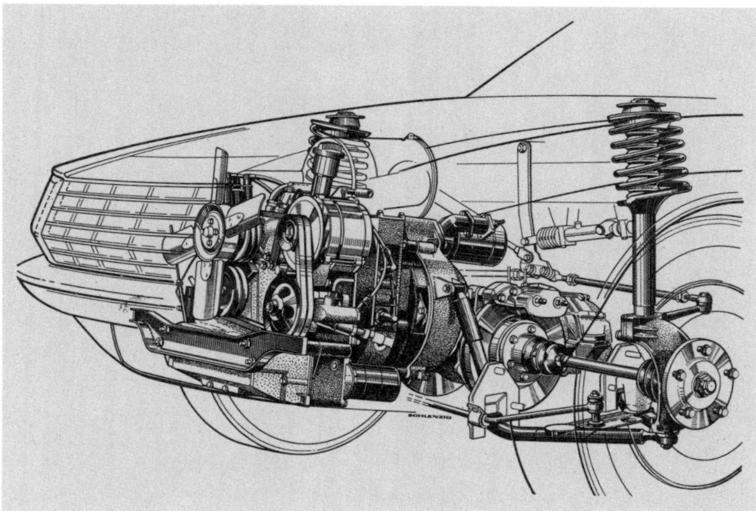

178. Cadillac »Park Avenue«, ein amerikanischer »Straßenkreuzer« für gehobene Ansprüche. Photographie, 1954. – 179. Der Wankel-Motor im NSU-Ro-80. Zeichnung in Transparentdarstellung, 1967

britische Automobilindustrie wegen des Abstiegs des Staatskonzerns »British Leyland«, der Verluste auf den nun bevorzugt von Japan bedienten Märkten des Commonwealth und der Auslagerung von Produktion aus den britischen Werken von Ford und General Motors einen tiefen Absturz.

Schon ab 1960 – und verstärkt seit der Ölkrise 1973/74 – kann man von einer Reglementierungs- und Limitierungsphase in der Automobiltechnik sprechen. Reglementierung heißt dabei, daß der Staat zunehmenden Einfluß auf die Automobiltechnik genommen hat, und zwar in Form von sicherheitstechnischen Vorschriften,

180. Unfallsimulator der Daimler-Benz AG: Crash-Test unter Flutlicht. Photographie, 1972

von Abgas- und Verbrauchsauflagen. In den Bereich neuer Vorschriften für Abgas- und Verbrauchswerte gehört eine Entwicklung, die in die vielleicht bedeutendste Innovation der Fahrzeugtechnik nach 1945 mündete, nämlich in die des geregelten Dreiwege-Katalysators. Ausgangspunkt waren die zwischen 1966 und 1976 in den USA erlassenen gesetzlichen Bestimmungen für Abgaswerte, die das Ziel hatten, die Emission von Stickoxiden (NO_x), von Kohlenmonoxid (CO) und von Kohlenwasserstoffen (C_xH_y) schrittweise zu reduzieren, wobei diese Forderungen später auf den Kraftstoffverbrauch ausgedehnt wurden. Allerdings war die Gesetzgebung der einzelnen Staaten in der Folge so unterschiedlich, daß die Automobilindustrie versuchte, sich individuell solchen Forderungen anzupassen.

Zunächst ließ sich das Problem der gleichzeitigen Reduktion sämtlicher Schadstoffe in den Autoabgasen nicht vollständig lösen, so daß mit Hilfe von ungeregelten Katalysatoren, eingebaut seit etwa 1975 in Serienfahrzeugen auf dem amerikanischen Markt, lediglich CO zu CO_2 und C_xH_y zu Wasser und CO_2 oxidiert werden konnten. Die Stickoxide vermochte man auf dieser Stufe der Entwicklung des Katalysators noch nicht zu eliminieren. Die gleichzeitige Beseitigung von NO_x, CO und C_xH_y bedeutete einen bemerkenswerten physikalisch-chemischen Zielkonflikt. Man mußte nämlich Katalysatormaterialien finden, die unter genau festzulegenden Temperatur- und Gemischverhältnissen sowohl NO_x zu Stickstoff (N_2) reduzieren als auch CO zu CO_2 sowie C_xH_y zu CO_2 und Wasser oxidieren. Als geeignetes multifunktionelles Katalysatormaterial konnte die Kombination der Edelmetalle Platin und Rhodium ermittelt werden. Die an sich einander widerstrebenden Reduktions- und Oxidationsprozesse laufen jedoch nur innerhalb eines sehr schmalen »λ-Fensters« ab. Das heißt, daß lediglich in einem engen Bereich des Verhältnisses von Luft und Kraftstoff in der Nähe der vollständigen Verbrennung der Katalysator als Dreiwege-Katalysator arbeitet. Entscheidend neben der Wahl der Katalysatormaterialien war also die regelungstechnische Beherrschung einer genauen Einstellung des Verhältnisses von Luft und Kraftstoff. Dies gelang im Grunde nur mit Hilfe der im Abgasstrom angeordneten λ-Sonde. Diese Sonde mißt den Restsauerstoff der Abgase, sozusagen als Indiz für den Zustand des Gemischs. Mit einem Mikroprozessor werden diese Meßwerte in Steuersignale für die elektronische Kraftstoff-Einspritzanlage umgesetzt. Die seit den siebziger Jahren zur Optimierung von Motoren in die Automobiltechnik eingeführte Elektronik, insbesondere bei der Steuerung von Zünd- und Einspritzanlagen, war somit eine wesentliche Voraussetzung für die erfolgreiche Entwicklung des geregelten Dreiwege-Katalysators.

Allerdings muß man bei einer bestmöglichen Funktion des Dreiwege-Katalysators, also für die Optimierung der Emissionswerte, eine gewisse Einbuße bei der Optimierung der Verbrauchswerte in Kauf nehmen. Wie sich hier in einem wichtigen Detail der Entwicklung der Kraftfahrzeugtechnik zeigt, sind technische Systeme gerade in ihrer Wirkung auf die Umwelt durchaus empfindliche Gebilde. Die Technik des geregelten Dreiwege-Katalysators darf insbesondere nicht darüber hinwegtäuschen, daß die damit ausgerüsteten Fahrzeuge nach wie vor fossilen Brennstoff konsumieren und entsprechende Mengen des klimaverändernden CO_2 ausstoßen. Für die Eindämmung der Luftverschmutzung bedeutete es dennoch einen Fortschritt, daß seit 1978 in den USA und seit 1985 in der Europäischen Gemeinschaft über gesetzliche Regelungen die Einführung des Katalysators für Otto-Motoren in die Wege geleitet wurde. Da Blei als Katalysatorgift wirkt, mußte an den Tankstellen gleichzeitig unverbleites Benzin bereitgestellt werden.

181. Messung von Kohlenmonoxid im Rahmen einer Abgas-Sonderuntersuchung. Photographie von Henry Reinhard Möller, 1985

Die seit der Ölpreiskrise von 1973/74 aufgekommene Tendenz zur Reglementierung und Limitierung der Kraftfahrzeugtechnik war aber nicht nur auf Sicherheits- und Umweltaspekte und auf die Einsparung von Energie beschränkt. Limitierung meint hier auch, daß aufgrund der vorhandenen Fahrzeugdichte und wegen der begrenzten Aufnahmefähigkeit von Straßen und Parkplätzen die Grenzen des auf dem Automobil beruhenden Individualverkehrs deutlich sichtbar geworden sind. Änderungen der Verkehrsinfrastruktur, etwa durch die Einrichtung von Fußgänger-

182. Crash-Tests – eine Reaktion auf die ständig gestiegene Zahl der Unfalltoten. Photographie, 1974

zonen und durch den Ausbau des öffentlichen Nahverkehrs, scheinen jedoch nur bei wirklich großräumigen Maßnahmen, wie in München seit den Olympischen Spielen von 1972, zu einem Wandel der Mentalität der Verkehrsteilnehmer geführt zu haben. Angesichts der enormen Zahl von Unfällen im Straßenverkehr, bei denen man es als Erfolg ansehen mag, wenn anstelle von 20.000 Verkehrstoten Anfang der siebziger Jahre heute in Deutschland lediglich 10.000 Verkehrstote im Jahr zu beklagen sind, wirkt es grotesk, wie in der Bundesrepublik immer noch politische Debatten über Geschwindigkeitsbegrenzungen geführt werden. Bloße Geschwindigkeit ist sicher nicht allein Unfallursache, doch sie hat Folgen für die Schwere von Unfällen und ist in einem tieferliegenden Sinn ein Zeichen für das Element der Aggression, das dem Individualverkehr eigen ist.

Grenzen wurden zwangsläufig auch auf der Seite der Hersteller sichtbar, und zwar nicht nur im Zusammenhang mit dem Einbruch der Nachfrage während der Ölkrise 1973/74. Zuerst in den USA, mehr und mehr aber auch in Europa, wurde der Aufschwung der japanischen Autoindustrie fühlbar, mit ihrer gegenüber der klassischen Fließbandfertigung durch perfektes Produktionsmanagement nochmals gesteigerten Produktivität. Der Druck auf die westlichen Autohersteller nahm weiter zu, als sich mit Korea ein Schwellenland in die Reihe der autoexportierenden Länder einreihte. Die Folge war, daß – vor allem in England – Unternehmen vom Markt verschwanden, daß – wie in Frankreich und in Italien – eine starke Konzentration einsetzte und daß große Automobilkonzerne versuchten, durch Diversifikation die

Risiken des weltweiten Automarktes zu mindern. So übernahm zum Beispiel Daimler-Benz die traditionsreiche Maschinenfabrik Esslingen, den angeschlagenen Elektrokonzern AEG, die Flugzeugfirma »Dornier« und das Luft- und Raumfahrtunternehmen MBB (Messerschmitt-Bölkow-Blohm).

Bedeutungsverlust der Bahn

Trotz vieler Argumente, die aus der Sicht der Nutzer wie der Industrie für öffentliche Verkehrsmittel sprechen, ist beispielsweise die Bundesbahn in Deutschland immer tiefer in die roten Zahlen geraten. Dem defizitären Nahverkehr, der Konkurrenz der Straße im Güterverkehr und einer Verkehrspolitik, die lange die Investitionen in Richtung auf Straßennetz und Autoverkehr gelenkt hat, einschließlich der Übernahme der gesellschaftlichen Folgekosten, konnte die Bundesbahn kaum etwas entgegensetzen, das ihre Ertragskraft entscheidend verbessert hätte. Dabei hatte die Deutsche Bundesbahn seit dem Winterfahrplan 1971/72 mit dem wichtige deutsche Städte verbindenden Intercity-Verkehr eine anerkannte neue Dienstleistung geschaffen, zumal seit 1979 die Intercity-Züge mit 1. und 2. Wagenklasse in einem Netz von mehreren tausend Kilometern im Stundentakt verkehren.

Außerdem betrat die Bundesbahn im Zusammenwirken mit der Elektroindustrie auch in technischer Hinsicht Neuland. So konnte seit 1979 mit der Universallokomotive »E 120« zum ersten Mal eine Lokomotive mit Drehstrom-Asynchron-Fahrmotor für den schnellen Personenverkehr und für den schweren Güterverkehr im vorhandenen Netz der Bahn in Betrieb genommen werden, wobei bereits 1980 eine Geschwindigkeit von 231 Stundenkilometern erreicht wurde. Beim Asynchronmotor wird im Prinzip durch die drei Phasen des Drehstroms im äußeren zylindrischen Ständer des Motors ein Drehfeld erzeugt. Dieses zeitlich veränderliche Magnetfeld induziert in dem konzentrisch innerhalb des Ständers angeordneten Läufer, genauer: in den Längsstäben des käfigartigen Läufers, kräftige elektrische Ströme. Diese Ströme sind so gerichtet, daß ihr eigenes Magnetfeld eine etwas verzögerte, »asynchrone« Mitnahme des Läufers durch das äußere Drehfeld zur Folge hat. Entscheidend für die Nutzung als Fahrmotor war hier, daß die moderne Halbleitertechnik es ermöglichte, den an sich vorliegenden Einphasenwechselstrom der Fahrleitung in einen dem Asynchron-Fahrmotor angepaßten Dreiphasenwechselstrom umzuwandeln. Aufgewogen wird der hohe Aufwand an Elektronik durch Verschleißarmut, durch geringes Gewicht und Volumen und durch die bessere Anpassungsfähigkeit des Asynchronmotors an unterschiedliche Anwendungsgebiete. Seit 1985 wurde dann auf der Basis der Drehstromantriebstechnik der »Intercity Experimental« (ICE) erprobt. Die seit 1991 als »Intercity Express« (ICE) fahrplanmäßig verkehrenden ICE-Züge haben im ersten Jahr ihrer Indienststellung bereits eine

183. Schwerlastkraftwagen-Bau bei Daimler-Benz in Mannheim: das Nutzfahrzeug als starke Konkurrenz zum Gütertransport auf der Schiene. Photographie, 1971

Auslastung erreicht, die über jener der älteren IC-Züge liegt. Dabei bleiben aber selbst auf den wenigen hochgeschwindigkeitsgeeigneten Neubaustrecken Hannover-Würzburg und Stuttgart-Mannheim die Fahrgeschwindigkeiten mit 250 Stundenkilometern deutlich unterhalb der möglichen Höchstgeschwindigkeit von ungefähr 400. Zudem erforderten die deutschen Neubaustrecken, anders als in Frankreich, wegen der gleichzeitigen Nutzung durch schwere Güterzüge eine Trassierung mit besonders geringer Neigung und insofern mit einer großen Zahl von Brücken und Tunnels.

Tatsächlich zeichnet sich zwischen dem deutschen ICE und dem seit 1981 aufgebauten französischen System des »Train à Grande Vitesse« (TGV) bei der Verknüpfung der nationalen Netze von Hochgeschwindigkeitszügen ein harter europäischer Konkurrenzkampf ab. Dabei wird es der deutsche ICE trotz des eleganten Asynchronmotor-Antriebs schwer haben, gegen den gleichermaßen mit Rekordgeschwindigkeiten um 500 Stundenkilometer und mit hohen fahrplanmäßig gefahrenen Geschwindigkeiten von etwa 200 Stundenkilometern aufwartenden TGV zu bestehen, zumal die preisgünstigen TGV-Zuggarnituren auf den 700 Kilometer langen französischen Hochgeschwindigkeitsstrecken kräftige Gewinne ermöglichen. Zu hoffen ist jedoch, daß die neuen Hochgeschwindigkeitszüge weniger Auftakt zu den leidigen industriepolitischen Querelen zwischen Deutschland und Frankreich bedeuten, sondern ein Signal für eine gewisse Neuorientierung der Verkehrspolitik setzen. Die Tatsache, daß die Bahn, die 1950 noch das bedeutendste Verkehrsmittel in der Bundesrepublik gewesen ist, 1990 nur noch einen Anteil von etwa 6 Prozent am Personenverkehr hat, der Individualverkehr dagegen einen Anteil von 80 Prozent, muß jedenfalls zu denken geben.

Schiffsverkehr

Ein weiteres klassisches Verkehrsmittel, wenngleich in ganz anderen Dimensionen, geriet ebenfalls nach 1945 auf die Seite der Verlierer, nämlich das große Passagierschiff. Seit den dreißiger Jahren hatte sich angedeutet, daß die Zukunft des Transatlantik-Verkehrs dem Flugzeug gehören wird. Eine Domäne des Schiffsverkehrs blieb allerdings der Transport von Massengütern. Der Ölboom führte auf der Seite der Hersteller von Tankern zu einem enormen Aufbau von Werftkapazitäten, zumal in Japan. Die Vergrößerung der Montagehallen, der Kräne und Baudocks sowie die Rationalisierungsmaßnahmen, insbesondere bei der Verschweißung von Stahlplatten, erforderten hohe Investitionen. Doch die Ölkrise 1973/74 stoppte abrupt den Trend zu immer größeren Tankern. Nach den Großtankern der fünziger Jahre mit mehreren zehntausend Tonnen, den Supertankern der siebziger Jahre von mehreren hunderttausend Tonnen waren bereits 1.000.000-Tonnen-Tanker projektiert worden. Außerdem ging die Zahl der neu in Auftrag gegebenen Schiffe drastisch zurück. Mit Subventionen und mit protektionistischen Maßnahmen versuchten viele Regierungen ihre nationalen Schiffbauindustrien zu erhalten.

So konnte sich Korea aufgrund von zinsgünstigen Krediten und wegen des niedrigen Lohnniveaus sowie durch die Übernahme von Verlusten durch den Staat sogar als zweitstärkste Schiffbaunation hinter Japan etablieren. In der bundesdeutschen Werftindustrie hatte dies zur Folge, daß Kapazitäten abgebaut und Belegschaften reduziert wurden, daß Werften ihren Betrieb sogar einstellen mußten. Allenfalls der Bau von Spezialschiffen und Container-Schiffen samt ihren hohen Anforderungen an die mit Rechnerunterstützung durchgeführte Konstruktion und Produktion scheinen Aussichten für eine Zukunft der deutschen Werftindustrie zu eröffnen.

Bereits vor dem Zweiten Weltkrieg zeichnete sich ab, daß der Reiseverkehr und der Transport von Post und hochwertiger Fracht zwischen den Ballungszentren in Europa und in den USA sich vom Schiff auf das Flugzeug verlagern würden. Nach der heroischen Phase der Transatlantik-Flüge in den zwanziger Jahren, in der noch zwei Drittel der Flüge scheiterten, versuchten die Fluggesellschaften in den USA und in Europa seit der Mitte der dreißiger Jahre einen regelmäßigen Flugbetrieb auf der Nordatlantik-Route einzurichten. Dabei war das Fluggerät der Wahl am Anfang eindeutig das Wasserflugzeug. Bereits 1931 hatte das Flugboot »Dornier Do X« einen Flug von Europa, über die Kapverden und Rio de Janeiro nach New York und zurück nach Berlin durchgeführt, wobei allerdings der Start des schweren Flugzeugs sehr stark von günstigen Wind- und Seeverhältnissen abhängig war. Deshalb versuchte die deutsche Lufthansa ab 1936 mit den von Katapultschiffen aus gestarteten Flugbooten »Ha 139« die Nordatlantik-Route zu befliegen. Ein bloßer Rekordflug war im Juli 1938 der Nonstop-Flug der landgestützten und mit einer Überladung Treibstoff betankten FW-200 »Condor« von Focke-Wulf in 25 Stunden von Berlin nach New York. 1939 eröffnete dann die Pan American Airways den ersten regelmäßigen Flugdienst mit den 74 Passagiere fassenden Boeing-Flugbooten »Clipper« zwischen Washington und Lissabon.

Mit dem Zweiten Weltkrieg wurde diese Entwicklung des zivilen Luftverkehrs unterbrochen, wobei sich die weitere technische Entwicklung durch den Krieg nicht als besonders innovativ zeigte. So wurde mit Blick auf den massenhaften Einsatz von Kampfflugzeugen kürzerer Reichweite – vorwiegend in England und Deutschland – sowie von Transport- und schweren Bombenflugzeugen für lange Strecken – vor allem durch die USA – die bestehende Technik unter den Bedingungen der Kriegswirtschaft optimiert, wobei hauptsächlich die Motoren in ihrer Leistung und in ihrer Eignung für Flüge in großer Höhe ständig verbessert wurden.

Durch die Aufgabenteilung unter den Alliierten entwickelte die Flugzeugindustrie in den USA beim Bau großer Flugzeuge für lange Strecken ihre besondere Stärke. Es ist deshalb fast selbstverständlich, daß die ersten zivilen Flugzeuge, die nach dem Krieg unbeeinflußt von dem in der Troposphäre ablaufenden Wettergeschehen in großer Höhe den Atlantik überqueren konnten, aus den amerikanischen Transport- und Bombenflugzeugen des Zweiten Weltkrieges abgeleitet waren. Allerdings war erst die letzte Generation dieser hochentwickelten Kolbenmotor-Propeller-Maschinen Mitte der fünfziger Jahre – bei Reisegeschwindigkeiten um 500 Stundenkilometer – in der Lage, den Atlantik ohne Zwischenlandungen im Nonstop-Flug zu überqueren. Typische Flugzeuge waren hier die Douglas DC-7c, der Lockheed »Starliner« und als Höhepunkt des Baus von Kolbenmotor-Propeller-Flugzeugen die seit 1950 fliegende Lockheed »Super Constellation«.

Schon vor dem Zweiten Weltkrieg hatte auch die Entwicklung von Strahltriebwerken, genauer: Turbinenluftstrahltriebwerken begonnen. So konnte, aufbauend auf der Entwicklung des Physikers Hans Joachim Pabst von Ohain, mit der Heinkel He 178 am 27. August 1939 das erste Düsenflugzeug seinen sechsminütigen Erstflug absolvieren, wobei bereits eine Geschwindigkeit von 600 Stundenkilometern erreicht wurde. Etwa gleichzeitig entwickelte in Großbritannien Frank Whittle ebenfalls einen Strahlantrieb. Die mit einer von ihm gebauten Turbine versehene Gloster E28/39 flog zum ersten Mal am 19. Mai 1941 und erreichte eine Geschwindigkeit von 500 Stundenkilometern. In der gegenüber dem Propellerantrieb verbesserten Geschwindigkeitsleistung lag eben das große Entwicklungspotential des Strahlantriebs. Obwohl noch während des Krieges erste militärische Düsenflugzeuge – wie die Me 262 und die He 162 – zum Einsatz kamen und mit Geschwindigkeiten von über 800 Stundenkilometer überlegene Leistungen aufwiesen, hatten sie für den Ausgang des Krieges keine Bedeutung. In der Nachkriegszeit, die, wie gelegentlich geschildert, eben nicht Friedenszeit, sondern die Phase des »Kalten Krieges« wurde, verdrängte der Strahlantrieb bei Militärflugzeugen den konventionellen Propellerantrieb fast vollständig. Mehr noch: Da die Sowjetunion unerwartet schnell eigene Düsenjäger entwickelte und serienmäßig baute, begann sich gerade auf dem Sektor der militärischen Düsenflugzeuge die Rüstungsspirale auf besonders absurde Weise zu drehen. Nachdem man die Grenzen von Material und Technik immer weiter hinausgeschoben und damit auch den Menschen immer wieder überfordert hatte, zeichnet sich erst heute angesichts der massiven Belastung der Staatsfinanzen ein Ende dieser Entwicklung ab.

Die Geschwindigkeit war von Anfang an ein entscheidendes Leistungsmerkmal. Nachdem das amerikanische Raketenflugzeug »Bell X 1« im Oktober 1947 eine Geschwindigkeit erreicht hatte, die höher als die Schallgeschwindigkeit war, wurde im September 1948 mit der britischen De Havilland DH 110 von einem mit Strahltriebwerken ausgerüsteten Flugzeug ebenfalls die Schallmauer durchbrochen. Der Name »De Havilland« soll aber hier nicht zum Ausgangspunkt für die Schilderung des »Schneller« und »Höher« der Militärjets genommen werden. Denn mit diesem Namen ist zugleich und in einem tragischen Sinn die Frühgeschichte des zivilen Düsenflugzeugs verbunden. Der britische Flugzeugkonstrukteur Geoffrey de Havilland (1882–1965), der zwei Söhne bei Testflügen verloren hatte, entwarf nämlich das erste vierstrahlige Düsenverkehrsflugzeug »Comet I«. Nachdem es seit 1949 in der Flugerprobung war, wurde es im Frühjahr 1952 bei der British Overseas Airways Corporation (BOAC) in den Dienst gestellt. Ausgestattet mit Druckkabine, in über 9.000 Meter Reisehöhe über dem »Wetter« fliegend und mit einer Reisegeschwindigkeit von 700 Stundenkilometern die Flugdauer deutlich senkend, war die Düsenmaschine »Comet I« ein außerordentlich attraktives Flugzeug.

Doch schon im Sommer 1952 wurde aus dem sich abzeichnenden Erfolg De

184. Lockheed-C-121, »Constellation«, für Militärtransporte. Photographie, um 1956. – 185. Clipper »Constellation« der Pan American World Airways. Photographie, 1957

186. McDonnell-Douglas-F-15, »Eagle«. Photographie von Georg Wegemann, 1977

Havillands eine Kette von Katastrophen. Nachdem auf der Luftfahrtschau von Farnborough beim Absturz seines militärischen Überschalljets »DH 110« die herausbrechenden Turbinen 30 Menschen getötet hatten, gingen in einer Folge von Abstürzen 5 Maschinen des Typs »Comet« verloren, wobei sich 3 der Abstürze offenbar aus großer Höhe ereigneten. Die nahezu vollständige Rekonstruktion einer Maschine aus den in relativ flachem Wasser bei der Insel Elba aus dem Mittelmeer geborgenen Trümmern und Versuche mit wechselnder Druckbelastung eines Rumpfes in einem Wasserbecken zeigten, daß das Material des Rumpfes durch die Wechselbeanspruchung beim Flug ermüdet war. Zu solcher Wechselbeanspruchung kommt es, weil bei niedrigen Flughöhen zwischen Kabine und äußerer Atmosphäre der Druck ausgeglichen, aber in großer Höhe der Druck im Innern der Kabine deutlich höher als der Außendruck ist. Die entstehenden Risse hatten dazu geführt, daß durch die im Flug bei hohen Geschwindigkeiten auftretenden Kräfte und durch den Kabinen-Innendruck der Rumpf explosionsartig zerrissen worden war. Die Art der Verletzungen der ebenfalls geborgenen Toten und eine entsprechende Simulation bestätigten diese Erklärung.

Trotz jener tragischen Ereignisse wurde die Entwicklung von strahlgetriebenen Verkehrsflugzeugen weiter forciert. Doch es waren nicht wie erwartet die amerika-

187. Sowjetisches Düsenverkehrsflugzeug »TU-104« auf dem Flughafen in Sofia. Photographie, 1957. – 188. Britisches Düsenverkehrsflugzeug »COMET-3«. Photographie, 1954

nischen Flugzeugbauer »Boeing« und »Douglas«, für deren B 707 und DC 8 1955 von der Fluggesellschaft »Pan American Airways« bereits Bestellungen vorlagen, die nach dem Debakel mit dem »Comet« neue Düsenverkehrsflugzeuge vorstellten. Auch bei De Havilland selbst brauchte man Zeit, um mit dem »Comet IV«, versehen mit verstärkter Beplankung und mit ovalen Fenstern, die eine geringere Schwächung der Struktur darstellen, ein nach dem Stand der Technik sichereres Flugzeug herzustellen. Überraschenderweise war es die Sowjetunion, die im März 1955 bei der London-Reise ihres ehemaligen Ministerpräsidenten Malenkow (1902–1988) mit der Tupolew TU 104 ein neues zweistrahliges Düsenverkehrsflugzeug präsentierte. Seit 1958 beflog dann die sowjetische Luftfahrtgesellschaft »Aeroflot« mit einer Reihe europäischer Fluggesellschaften, sternförmig von Moskau ausstrahlend, innereuropäische Flugrouten. Noch im selben Jahr begann jedoch nach der Eröffnung der Nordatlantik-Route mit dem neuen De Havilland »Comet IV« und der Boeing B 707 auch der Langstreckenflugverkehr auf der Basis von strahlgetriebenen Flugzeugen. Wie sehr der Flugverkehr sich mittlerweile durchgesetzt hatte, erhellt aus der Tatsache, daß 1957 zum ersten Mal das Flugzeug mehr Passagiere über den Nordatlantik befördert hat als das Schiff.

Die schöne und große neue Welt des Reisens im Jet-Zeitalter hatte natürlich auch ihre problematischen Seiten. So waren mit Ausnahme der Firma »Boeing«, die bis heute mehr als 6.000 Düsenmaschinen verkaufte, die Renditen in der Flugzeugindustrie keinesfalls eine sichere Sache. Da Boeing mit dem Langstreckenjet B 707, mit dem »Euro-Jet« B 727 und mit dem Kurzstreckenflugzeug B 737 Stückzahlen von mehreren Tausend erreichte – allein von der B 737 wurden bis heute 3.000 Exemplare verkauft –, war es für die Konkurrenten vielfach schwierig, sich am Markt zu behaupten. Während in den USA Firmen mit geringeren zivilen Umsätzen wie McDonnell-Douglas und Lockheed durch Aufträge für Kampfflugzeuge – Lockheed F-104-»Starfighter«, McDonnell-Douglas F-4-»Phantom« – und Großtransporter – Lockheed C-5A-»Galaxy« – entschädigt wurden, konnten verschiedene europäische Hersteller nur mit staatlichen Subventionen sich in der Marktnische kleinerer Kurz- und Mittelstreckenjets etablieren.

Bei der Neuanschaffung der ersten strahlgetriebenen Maschinen waren die Fluggesellschaften zunächst gezwungen, hohe Verschuldungen auf sich zu nehmen, zumal die letzte Generation der Kolbenmotor-Propeller-Flugzeuge noch nicht entfernt amortisiert war. Doch berufliche Flugreisen in wachsender Zahl und der aufgrund verbesserter Einkommen und wegen längerer Urlaubszeiten sich entfaltende Flugtourismus brachten den Fluggesellschaften bald so hohe Gewinne, daß ihre Position gegenüber den Flugzeugherstellern immer stärker wurde. Besonders deutlich wurde dies seit der Einführung der ersten Großraumflugzeuge. Nachdem Lockheed den Auftrag für den riesigen Militärtransporter »Galaxy« erhalten hatte, entwickelte Boeing als unterlegener Wettbewerber mit dem »Jumbo-Jet« B 747 als

189. Großraumflugzeug »Lockheed-L-1011«, »Tristar«, der Eastern Air Lines. Photographie von Helmut Fleischer, 1972. – 190. Mittelstrecken-Jet »Boeing-727«. Photographie, 1963

191. Lockheed-F-104, »Starfighter«, mit J-79-Triebwerk von General Electric. Photographie, 1959. – 192. Großtransporter »Lockheed-C-5«, »Galaxy«, vor einem militärischen Einsatz. Photographie von Helmut Fleischer, 1971

Pendant das erste zivile Großraumflugzeug für bis zu 500 Passagiere. Ohne die Bestellung von 25 Maschinen durch die Pan American Airways im Jahr 1966, also vier Jahre vor dem ersten Linienflug 1970, wäre die Durchsetzung am Markt wohl kaum möglich gewesen, zumal innerhalb eines Jahres die mit der PanAm konkurrierenden Gesellschaften noch einmal mehr als 100 Boeing 747 in Auftrag gaben. Umgekehrt zeigte sich diese Abhängigkeit darin, daß Boeing Anfang der siebziger Jahre, als der Flugzeugmarkt weltweit deutliche Schwächeerscheinungen offenbarte, trotz der frühen Bestellungen keinen wirtschaftlichen Erfolg mit der B747 hatte und sogar eine große Zahl von Beschäftigten entlassen mußte.

Die Konkurrenz der weiteren Großraumflugzeuge McDonnell-Douglas DC10 (1971), Lockheed »Tristar« (1972) und Airbus A300 (1974) sah ebenfalls keinen eigentlichen Sieger. McDonnell-Douglas erwog wegen der gehäuften Unfälle der DC10 überhaupt aus dem Bau von Großraumflugzeugen auszusteigen. Lockheed ist heute als Anbieter von zivilen Großraumflugzeugen vom Markt verschwunden. Die europäische Airbus-Industrie sieht sich heftigen Angriffen seitens der amerikanischen Flugzeughersteller ausgesetzt, obschon schwer zu erkennen ist, mit welcher Logik in dieser Auseinandersetzung die finanzielle Subventionierung des Airbus und die Förderung der amerikanischen Luftfahrtindustrie durch Vergabe militärischer Aufträge und durch Raumfahrtprojekte voneinander unterschieden werden sollen. Jedenfalls hat sich heute die Airbus-Familie, ähnlich unerwartet wie die Europa-Rakete »Ariane« in der kommerziellen Raumfahrt, mit einem Anteil von etwa 30 Prozent – gegenüber den 60 Prozent von Boeing – am Markt der Passagiermaschinen etabliert. Technisch innovative Flugzeuge – beispielsweise der Airbus A310 mit seinem die Ökonomie verbessernden »superkritischen« Flügel oder der Airbus A320 mit seiner auf der Basis elektrischer Signalübertragung arbeitenden »Fly-by-wire«-Steuerung – lassen trotz einer Unfallserie für die in europäischer Gemeinschaftsproduktion hergestellten Airbus-Typen durchaus hoffen. Aber die Airbus-Industrie wird sich mit den Typen A330/340, also bei ihrem Ausgreifen auf den Markt der Langstreckenflugzeuge, mit der Konkurrenz der neuen McDonnell-Douglas MD11 und möglicherweise mit der für 350 Passagiere ausgelegten neuen B777, mit dem Boeing an den heute überragenden Erfolg der B747 anknüpfen will, auseinandersetzen müssen.

Neben den – zumindest unterhalb der Ebene des Marktführers »Boeing« – ausgefochtenen harten unternehmens- und industriepolitischen Kämpfen gibt es eine Vielzahl neuer Problemfelder im Umkreis des mit Düsenmaschinen abgewickelten Luftverkehrs. Die zunehmenden Abfluggewichte hatten zwar schon in der Ära der Propellermaschinen eine ständige Verstärkung, Verbreiterung und Verlängerung der Startbahnen erfordert, was deren Entwässerung immer schwieriger machte. Mit dem Erscheinen der ersten strahlgetriebenen Flugzeuge wurden aber erneut die Grenzen vieler Flugplatzanlagen erkennbar, insbesondere bei den Län-

193. Produktion des Großraumflugzeuges »Boeing-747« im Stammwerk in Seattle, Washington.
Photographie von Georg Gerster, 1969

194. Cockpit-Besatzung in einer Boeing-707 der Deutschen Lufthansa. Photographie, 1962. – 195. Verringerte Cockpit-Besatzung in einem Airbus-A-300. Photographie von Wolfgang Wiese, 1987

196. Fahrwerk einer Boeing-747 zur gleichmäßigen Verteilung des Gewichts auf der Rollbahn. Photographie von Harold Kosel, um 1970

gen der Start- und Landebahnen. Während die Flughafenbetreiber in den sechziger Jahren angesichts der deutlich günstigeren unmittelbaren Betriebskosten der Düsenverkehrsmaschinen sich den von den Herstellern vorgegebenen technischen Daten bezüglich Länge und Belastbarkeit der Rollbahnen beugten, wurde mit der Boeing B 747 ein Wendepunkt im Verhältnis von Flugzeugkonstruktion und Flughafenbau erreicht. Mit ihren 5 Radsätzen, die, mit Ausnahme des Radsatzes am Bug, aus je 4 Rädern bestehen, stellte die B 747, obwohl sie doppelt so schwer war wie die B 707, keine höheren Anforderungen an die Belastbarkeit des Rollfeldes. Außerdem kam sie sogar mit einer etwas geringeren Startbahnlänge aus. Wegen des Platzbedarfs auf den Parkpositionen und der Passagierzahlen mußte die Infrastruktur der Flughäfen am Ende aber doch an die den Langstreckenverkehr beherrschenden Jumbo-Jets angepaßt werden.

Mit dem Ausbau der Flughäfen und dem Dichter-Werden des Flugverkehrs wurde der Fluglärm zu einem ernsthaften Problem. Die Turbinen der ersten Generation der Düsenverkehrsmaschinen erzeugten ein fast unerträgliches, besonders hohe Frequenzen enthaltendes Geräusch. Mit Nachtflugverboten, steileren Flugpfaden bei Start und Landung und mit den deutlich lärmreduzierten und zugleich sparsameren Fan-Triebwerken, erkennbar am auffallend großen Durchmesser des vorderen Verdichter-Laufrades, versuchte man dem Protest der Flughafenanrainer zu begegnen. – Was die damit angesprochene Optimierung von Triebwerken angeht, so sind heute, abgesehen von der Lärmentwicklung, der Treibstoffverbrauch und die Emissionswerte für Kohlenwasserstoffe und insbesondere für Stickoxide – der schwache Punkt der bei hohen Temperaturen und Drücken arbeitenden Strahlturbinen – zu wichtigen Argumenten geworden, vor allem mit Blick auf die besondere ökologische Empfindlichkeit der hohen Atmosphäre. Enorme Entwicklungs- und Betriebskosten und die äußerst problematische Umweltbelastung durch Lärm und Abgase haben dazu geführt, daß die überschallschnellen Verkehrsflugzeuge eine Randerscheinung darstellen. Die UdSSR hat den Überschallverkehr auf der Basis der Tupolew TU 144 wieder eingestellt, das amerikanische zivile Überschallflugzeug scheiterte bereits in der Projektphase. Die in einer französisch-englischen Kooperation hergestellten 16 Maschinen des Typs »Concorde« sind eher industriepolitische Prestigeobjekte als wirtschaftlich einsetzbare Verkehrsflugzeuge geblieben.

Die höhere Geschwindigkeit der Jets, letztlich aber die allgemeine Verdichtung des Flugverkehrs erforderten eine Führung von Flugzeugen auf Luftstraßen und insofern eine lückenlose Radar-Überwachung von Flügen durch die Flugsicherung. Dabei schufen die Überlagerung von militärischem und zivilem Verkehr sowie das

197. Sicherung des Flugverkehrs oberhalb von 8.300 Metern in den Benelux-Staaten und in Norddeutschland durch die Eurocontrol am niederländischen Flughafen Maastricht. Photographie von Ralph Rieth, 1989

Nebeneinander der nationalen Flugsicherungen in Europa besondere Probleme, zumal die als europäische Flugsicherung 1960 gegründete »Eurocontrol« in ihren Kompetenzen viel zu schwach blieb. Doch Sicherheitsprobleme erwuchsen nicht allein aus der technischen Infrastruktur des Gesamtsystems »Luftverkehr«. Mit der Deregulation des Flugverkehrs 1978 in den USA, also mit der Freigabe der Strecken für beliebige Anbieter, setzte dort ein mittlerweile auf Europa ausstrahlender ruinöser Wettbewerb unter den Fluggesellschaften ein. Dies hat zwar innerhalb der USA und auf der Nordatlantik-Route zu extrem niedrigen Preisen geführt, aber die Sorgen nicht mehr verstummen lassen, daß die finanziellen Verluste vieler Gesellschaften auch ein Verlust für die Sicherheit des Fluggeräts bedeutet.

Raumfahrt: Mondlandung und Satelliten

Raketentechnik in Peenemünde

Obwohl sich in der Raketentechnik, ähnlich wie in der Radartechnik, kein singuläres wissenschaftliches Ereignis wie in der Kerntechnik als Ausgangspunkt der Entwicklung festmachen läßt, brachte auch für sie der Zweite Weltkrieg den entscheidenden Schub. Aus relativ einfachen physikalischen Grundlagen war hier durch eine sich stetig verdichtende ingenieurmäßige Entwicklungsarbeit ein anwendungsfähiges militärtechnisches Gerät geschaffen worden. Entwicklung von Brennstoffen, Förderaggregaten, Brennkammern und Düsen und vor allem die Meisterung der regelungstechnischen Probleme der Steuerung brachten zuerst in Deutschland eine flugfähige Flüssigkeitsrakete größerer Reichweite zustande. Gefördert – nach langer Durststrecke – vom Heereswaffenamt und vorangetrieben von einem beachtlichen Stab von Ingenieuren, Facharbeitern und Hilfskräften wurde in Peenemünde seit Oktober 1942 die A 4, bekannt unter der militärischen Bezeichnung »V 2«, erprobt. Wegen der englischen Bombenangriffe wurde die serienmäßige Produktion in ein Bergwerk in den Harz verlagert, in das sogenannte Mittelwerk. Unter mörderischen Arbeitsbedingungen mußten hier Zwangsarbeiter, KZ-Häftlinge und Kriegsgefangene eine Waffe herstellen, die bei nahezu 4.000 Abschüssen 1.000 Kilogramm schwere Sprengbomben über eine Distanz von etwa 300 Kilometern nach Antwerpen, überwiegend aber nach England trugen. Obwohl die psychologische Wirkung beträchtlich war, hatte die »Vergeltungswaffe« V 2 jedoch keine kriegsentscheidende Bedeutung.

Bei Cuxhaven versuchte dann die britische Armee im Herbst 1945 im Rahmen der »Operation Backfire« unter Beteiligung internierter deutscher Raketenfachleute durch Starts von V-2-Raketen, die aus erbeuteten Komponenten montiert worden waren, technisches Wissen über den Aufbau und über die Starttechnik der V 2 zu gewinnen. Ihre eigentliche Wirkung entfaltete die A 4 aber erst durch die Adaption der deutschen Entwicklungsarbeit in den USA nach dem Zweiten Weltkrieg. Trotz bestehender Bedenken wurden die deutschen Raketenfachleute, zum Teil durch Abzug aus der »Operation Backfire«, samt der wichtigsten technischen Unterlagen sofort nach dem Krieg in der geheimen Aktion »Paper Clip« in die USA gebracht. Walter Dornberger (1895–1980), der die Raketenversuchsanlage in Peenemünde aufgebaut hatte, kam nach kurzer Gefangenschaft in Großbritannien ebenfalls in die USA. Militärische Experten und zivile Ingenieure ließen sich anhand der technischen Dokumente und durch den Zusammenbau der aus Deutschland überführten

Bauteile über den Stand der deutschen Raketentechnik unterrichten. Wie sehr hier das Interesse an militärtechnischem Wissen politisch-moralische Bedenken zurückgedrängt hatte, zeigt die rasche »Legalisierung« der deutschen Raketenfachleute durch eine fingierte Einwanderung aus Mexiko. Tatsächlich beruhte der erste erfolgreiche amerikanische Start einer Rakete großer Reichweite im Februar 1949 auf einer A-4-Rakete, der als zweite Stufe eine WAC-Corporal-Rakete aufgesetzt worden war. Die Gipfelhöhe der im Rahmen eines Höhenforschungsprojekts gestarteten Zweistufenrakete betrug bereits 400 Kilometer. – Selbst im historischen Kontext hat das Verhalten der USA gegenüber den führenden deutschen Raketentechnikern, wie Walter Dornberger, Wernher von Braun (1912–1977), Kurt Debus (1908–1983) und anderen, wohl bedenkliche Aspekte. Vor dem Hintergrund der Entnazifizierung, der angestrebten Umerziehung des deutschen Volkes und der Nürnberger Prozesse kann man nicht umhin, die Prinzipientreue der amerikanischen Deutschland-Politik erheblich in Zweifel zu ziehen.

Der Sputnik-Schock

Vollends unangreifbar war Wernher von Braun geworden, als er sich mit der Rakete »Saturn 5« als Trägerrakete des amerikanischen Apollo-Programms durchgesetzt hatte. Der Wettlauf zum Mond, den die USA im Juli 1969 mit Apollo 11 für sich entscheiden konnten, begann allerdings aus einer schweren technischen und psychologischen Krise heraus. Obwohl die USA nach dem Zweiten Weltkrieg in Wissenschaft, Technik und Wirtschaft als führende Nation erschien, wurde das amerikanische Selbstbewußtsein wenige Jahre nach Kriegsende in wichtigen Bereichen der Hochtechnik tief getroffen. Wesentlich schneller als vermutet, zog die UdSSR bei der Entwicklung nuklearer und thermonuklearer Sprengkörper und bei der Konstruktion strahlgetriebener Flugzeuge nach. Unerwartet kam vor allem der Start des ersten sowjetischen Erdsatelliten »Sputnik« am 4. Oktober 1959, unerwartet, obwohl er 1955 als sowjetischer Beitrag zum ersten Internationalen Geophysikalischen Jahr angekündigt worden war.

Mit ihren hektischen und zunächst erfolglosen Versuchen, die Lücke in der Raumfahrt mit dem Transport einer kleinen Nutzlast in eine Erdumlaufbahn rasch wieder zu schließen, wurden die USA durch den halbtonnenschweren Sputnik 2, an Bord die Hündin Laika, regelrecht düpiert. Eine wichtige organisatorische Voraussetzung zur Überwindung des Sputnik-Schocks hatten die USA aber schon im Oktober 1958 geschaffen. Nachdem man in den konkurrierenden Raketenprojekten von Heer, Marine und Luftwaffe ein schweres Hemmnis einer erfolgreichen Raumfahrtentwicklung erkannt hatte, wurde die »National Aeronautics and Space Administration«, die heute nur noch unter ihrer Abkürzung »NASA« bekannte »Natio-

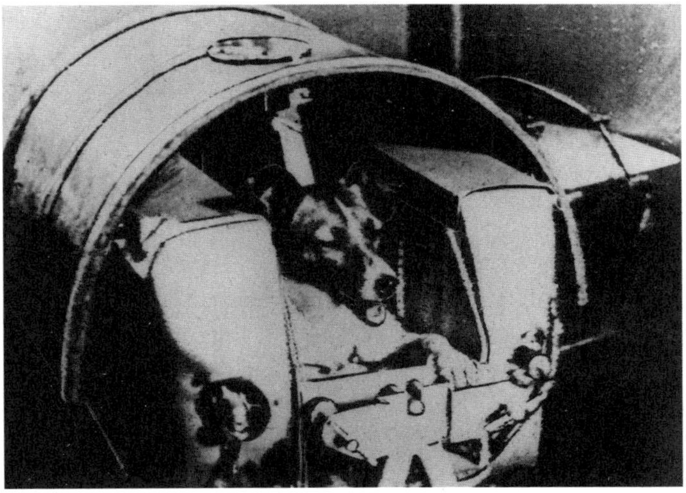

198. Sputnik-II mit der Hündin »Laika« kurz vor dem Start. Photographie, 1957

nale Luft- und Raumfahrtverwaltung«, gegründet. Bald konnten die USA mit eigenen, hinsichtlich der Weltraumforschung und Nachrichtenübermittlung durchaus erfolgreichen Satelliten erste Erfolge verbuchen. Der Optimismus, auf dem Feld der bemannten Raumfahrt die sowjetische Konkurrenz endgültig zu schlagen, verflog jedoch, als am 12. April 1961 der russische Kosmonaut Jurij Gagarin (1934–1968) als erster Mensch die Erde in einem Raumschiff umkreiste.

Vollends zum nationalen Prestigeobjekt der USA avancierte die Raumfahrt nach Amtsantritt des neuen Präsidenten John F. Kennedy. In seiner State-of-the-Union-Botschaft im Mai 1961 formulierte er das hochgesteckte Ziel der amerikanischen Raumfahrt, nämlich vor Ende des Jahrzehnts einen Mann auf dem Mond zu landen und sicher wieder auf die Erde zurückzubringen. Die amerikanische Wissenschafts- und Forschungspolitik, die immer noch geprägt war von der auf die vorrückende Siedlungsgrenze – »Frontier« – im Westen anspielende Idee einer »Endless Frontier«, hatte damit für mehr als ein Jahrzehnt ihr großes Projekt, mit dem sie sich identifizieren konnte. Ähnlich war Kennedys Behauptung einer starken sowjetischen Überlegenheit bei den Interkontinentalraketen Anlaß für eine massive amerikanische Aufrüstung auf dem militärischen Sektor. Aber das »Schließen der Raketenlücke« und die »Mondlandung« waren nicht nur als Motivation für Wissenschaft, Technik und Militär in den USA gedacht. Es ging vielmehr darum, mit einer großen nationalen Aufgabe die Einheit und das Selbstbewußtsein des Landes zu stärken. Ob dieses Ziel erreicht worden ist, muß man jedoch im Rückblick bezweifeln. Die sechziger Jahre sollten für die USA ein unruhiges Jahrzehnt werden. Die Kennedy-

Brüder und Martin Luther-King (1929–1968) wurden ermordet, Rassenunruhen forderten viele anonyme Opfer. Die am Ende des Jahrzehnts klar erkennbare Niederlage im Vietnam-Krieg brachte erneut schwere Belastungen für das Land.

Das Mondlande-Programm

Bereits 1962, also kurz nachdem die NASA sich für das Mondumlaufbahn-Rendezvous-Verfahren zur Mondlandung entschieden hatte, begann die Entwicklung der riesigen, 111 Meter hohen und 3.000 Tonnen schweren Saturn-5-Rakete. Der Bau der Saturn 5 markiert nicht allein den Aufbruch der amerikanischen Raumfahrt, sondern den Beginn des Wettlaufs mit der sowjetischen Raketentechnik, da zu dieser Zeit die UdSSR immer noch einen gewaltigen Vorsprung beim Bau von Raketen für große Nutzlasten besaß. Die amerikanischen Raketen vom Typ »Atlas« und »Titan« waren noch in einer relativ leichten Integralbauweise hergestellt worden, das heißt, daß der Rumpf erst durch den Druck der direkt eingefüllten Treibstoffe beziehungsweise durch nachströmendes Helium stabilisiert wurde. Die Saturn-5-Rakete wurde dagegen eher wie ein selbsttragender Flugzeugrumpf konstruiert, wobei die Tanks für die Treibstoffe in die Struktur der Zelle eingefügt wurden. Als Treibstoff benutzte man bei der ersten Stufe der Saturn 5 flüssigen Sauerstoff und eine spezielle Art von Kerosin; die zweite und dritte Stufe enthielten flüssigen Sauerstoff und flüssigen Wasserstoff als Treibstoffe.

Wegen der hohen Verbrennungstemperaturen mußten die Düsen der Saturn-Raketen aus besonders hitzebeständigem Material gefertigt werden. Die Forderung nach höchster Festigkeit bei tragenden Teilen und das Bestreben, das Gewicht möglichst gering zu halten, führten ganz allgemein zu einem enormen Aufwand bei der Auswahl und Verarbeitung der Materialien. Neben Aluminiumlegierungen, Beryllium und Stahl wurde eine Vielzahl exotischer Metalle und Legierungen eingesetzt, auch in geschäumter Form oder in Sandwich-Bauweise. Hinzu kam die Verwendung besonders leichter und fester faserverstärkter Kunststoffe und Metalle. Dem konstruktiven Aufwand entsprachen die Vorsorgemaßnahmen beim Flug der Rakete. Besonders in der Erprobungsphase wurde versucht, den Zustand der Rakete lückenlos zu verfolgen. Über anfänglich nahezu 3.000 Sensoren – später waren es um 500 – wurden Meßwerte über Funk an die Bodenstationen übermittelt.

Im Jahr 1962 publizierte die NASA ihre Entscheidung für die von ihr gewählte Variante der möglichen Mondlandetechniken. Sie hatte sich für das Verfahren »Lunar-Orbit-Rendezvous« (LOR), also für eine Mondumlaufbahn-Rendezvous-Technik entschieden. Dieses Verfahren nahm vor allem Rücksicht auf die – auch bei der Saturn 5 – begrenzte Leistungsfähigkeit der Trägerrakete, und zwar insofern, als es hier beim Start von der Erde und beim Rückstart vom Mond die jeweils kleinste

199. Ballistische Interkontinental-Rakete »Atlas« beim Start in Vandenberg, Kalifornien. Photographie des SAC

Nutzlast zu bewältigen galt. Grundsätzlich war das Verfahren so geplant, daß 3 Astronauten mit einer Kombination von Kommandokapsel (der Apollo-Kapsel), Versorgungsteil (Service Module) und Mondfähre (Lunar Module) in eine Erdumlaufbahn, dann auf den Weg zum Mond und schließlich in eine Mondumlaufbahn gebracht wurden. In der Mondumlaufbahn sollte die Mondfähre von der Kommandokapsel ablegen und mit 2 Astronauten an Bord – durch ein Raketentriebwerk gebremst – weich auf dem Mond landen. Nach Abwicklung des wissenschaftlichen Programms sollte die Mondfähre wieder starten, dabei ihre kombinierten Lande- und Startvorrichtungen zurücklassen und zum Rückflug erneut an die Apollo-Kapsel andocken. Selbst in dieser gerafften Darstellung deutet sich an, daß das LOR-Verfahren ein technisch anspruchsvolles und risikoreiches Verfahren war. So mußten Apollo-Kapsel und Mondlandefähre mit vollständigen Lebenserhaltungssystemen ausgestattet sein.

Die Raumfahrt der USA war von Anfang an so strukturiert, daß sie in vielen kleinen Schritten die technischen sowie die raumfahrtmedizinischen Probleme der bemannten Raumfahrt und schließlich der Mondlandung zu lösen vermochte. Mit dem Projekt »Mercury«, mit dem man gegen die bereits sehr viel größeren sowjetischen »Wostok«-Raumschiffe antrat, wurde im Grundsatz gezeigt, daß Trägerrakete, Raumschiff und Mensch die extremen Lärm-, Vibrations- und Beschleunigungswerte während der Startphase und beim Wiedereintritt in die Atmosphäre überstehen konnten. Die Temperatur- und Strahlungsverhältnisse und der Zustand der Schwerelosigkeit erschienen in der Regel für den Astronauten erträglich. Der für die Steuerung des Raumschiffs und für die medizinische Überwachung des Astronauten lebenswichtige Funkverkehr ließ sich, bis auf den Blackout beim Wiedereintritt in die Erdatmosphäre, aufrechterhalten. Daß mit einer Atlas-Rakete nur 1 Astronaut in der drangvollen Enge einer sehr kleinen Kapsel in eine Umlaufbahn gebracht werden konnte, zeigt aber sehr deutlich das Dilemma der US-Raumfahrt in ihrer Aufholjagd gegenüber der Sowjetunion, nämlich die unverkennbare Schwäche in der Leistungsfähigkeit der Trägerraketen. Die geringe Nutzlast der Atlas-Rakete von 2,3 Tonnen hatte hier zunächst sehr enge Grenzen gesetzt. Selbst bei den mit 2 Mann Besatzung durchgeführten Gemini-Flügen war dieses Problem noch keines-

200. Erste Stufe der Rakete »Saturn-V« in einer Halle des NASA-Marshall-Space-Flight vor dem Transport zum Teststand. Photographie, 1965

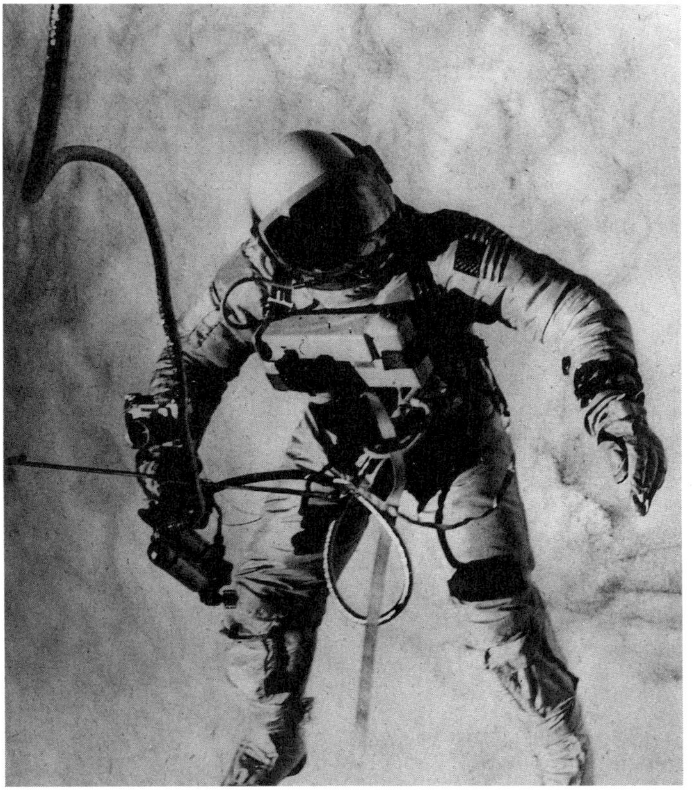

201. Astronaut Edward White beim »Weltraumspaziergang« während eines Gemini-Fluges. Photographie, 1965

falls gelöst. Obwohl die Titan-Rakete nun eine Nutzlast von 3,5 Tonnen in eine Umlaufbahn beförderte, waren die Raumverhältnisse der Gemini-Kapsel immer noch außerordentlich beengt.

Doch der Zwang, mit jedem Gramm Nutzlast geizen zu müssen, forcierte eine Entwicklung, die im Bordcomputer der militärischen Interkontinentalrakete »Minuteman II« ihre Parallele hatte, nämlich die zunehmende Miniaturisierung der elektronischen Bauteile. Anstelle der großen und energieverzehrenden Elektronenröhren wurden die kleinen und sparsamen Transistoren und die integrierten Schaltkreise eingesetzt. Zudem wurde hier durch den anhaltenden Zwang zur Miniaturisierung der bis heute in Elektronik und Rechnertechnik nicht mehr verlassene Weg einer immer stärkeren Integration von Bauelementen auf kleinstem Raum beschritten. Die Fernübertragung einer großen Zahl von Meßdaten über Funk erforderte schließlich modernste nachrichtentechnische Verfahren, etwa die digitale Nachrichtenübertragung im Pulscodemodulations-Zeitmultiplex-Verfahren beim Apollo-Programm. Entscheidend für das Mondumlaufbahn-Rendezvous-Verfahren und für die Annäherung an die Mondoberfläche war insbesondere die Entwicklung der Radartechnik als hoch präziser Technik der Entfernungsmessung. Es gelang aber den USA nicht nur, mit hochentwickelter Mikroelektronik und Rechentechnik und mit effizienter Nachrichtenübertragung in digitaler Technik die Schwächen der Trägersysteme zu überspielen. Zudem erfolgte die vollständige Durchdringung der Programme mit den Methoden der Informatik, und zwar von der Planung, Forschung und Entwicklung über die Ablauforganisation bis hin zur Kontrolle der Programme. Daß hier nur noch modernste informationstechnische Methoden zum Erfolg führen konnten, erhellt sich schon aus einigen wenigen Zahlen: So mußte Boeing, das den Hauptauftrag für die erste Stufe der Saturn 5 erhalten hatte, Unteraufträge an etwa 2.400 Betriebe vergeben; an der Entwicklung und am Bau der Saturn 5, des Apollo-Raumschiffs (Hauptauftragnehmer: North American Rockwell Corporation) und der Mondfähre (Hauptauftragnehmer: Grumman Aircraft) waren insgesamt etwa 20.000 Firmen mit etwa 300.000 hochqualifizierten Mitarbeitern beteiligt.

Der auf dem Weg zum Mond wichtigste Schritt, den man mit dem auf das Mercury-Programm folgenden Gemini-Programm ging, waren die Erprobung von Steuerung und Lenkung von Raumschiffen und die dadurch möglichen Rendezvous samt der Andocktechnik. Bei den 1965 und 1966 durchgeführten Gemini-Flügen wurden 9 Rendezvous- und 8 Andockmanöver durchgeführt, wobei jedoch beim erstmaligen Andocken von Gemini 8 an eine Atlas-Agena-Rakete wegen einer defekten Steuerdüse das Raumschiff nur mit Mühe unter Kontrolle gebracht werden konnte. Der Start des eigentlichen Mondlandeprogramms stand ebenfalls unter einem denkbar schlechten Stern. Als am 27. Januar 1967 die Mannschaft von Apollo 1 in der auf einer Saturn-1B-Rakete montierten Kapsel unter Simulation der Startbedingungen trainierte, kam es, durch die reine Sauerstoffatmosphäre mit einem leichten Überdruck begünstigt, zu einem fatalen Brand, der die 3 Astronauten das Leben kostete. Die Apollo-1-Katastrophe war in jeder Hinsicht ein schwerer Rückschlag. Sie zwang zu einer kostspieligen und zeitraubenden Überarbeitung von Apollo-Kapsel und Mondfähre, unter Verwendung feuerfester oder schwer entflammbarer Materialien, und zu umfangreichen Sicherheitsvorkehrungen an der Startrampe. Wenige Monate nach dem Brand von Apollo 1 war der Tod des russischen Kosmonauten Vladimir M. Komarow (1927–1967) – der Fallschirm von Sojus 1 hatte versagt – eine weitere Mahnung, die Risiken der bemannten Raumfahrt nicht zu unterschätzen.

Weder die Sowjetunion noch die Vereinigten Staaten konzentrierten sich ausschließlich auf die bemannte Raumfahrt. Im Rahmen der unbemannten Raumfahrt wurden seit 1958 die heute so überaus bedeutenden Nachrichten- und Wettersatel-

202. Mission Control Center der NASA auf Cape Kennedy: neunzehn Kontrollpulte zur Überwachung der Gemini-Flüge. Photographie von Georg Gerster, 1964

liten und die militärischen Frühwarnsatelliten in Umlaufbahnen gebracht. Mit Blick auf die Erforschung des Mondes hatten die UdSSR und die USA durch Entsendung unbemannter Raumsonden vor allem versucht, ein Maximum an Informationen über den Erdtrabanten zu bekommen. Den Wettlauf der unbemannten Mondsonden konnte die UdSSR Anfang 1966 mit der weichen Landung von Luna 9 und mit dem Einschwenken von Luna 10 in eine Mondumlaufbahn zunächst für sich entscheiden. Begünstigt durch die sehr viel offenere Informationspolitik erbrachte aber das amerikanische Surveyor-Programm bald eine Fülle wissenschaftlich verwertbarer Daten über die Beschaffenheit der Mondoberfläche. Mit den Lunar-Orbiter-Sonden wurden dann bereits konkrete Informationen über geeignete Landeplätze gesammelt. Aus Bahnvermessungen konnte man auf die innere Massenverteilung des Mondes – zum Beispiel auf unerwartet hohe lokale Massenkonzentrationen – und auf den räumlichen Verlauf des Schwerefeldes des Mondes schließen. Für die Bahnberechnung und letztlich für die Sicherheit bemannter Flüge im Schwerefeld des Mondes waren dies äußerst wichtige Erkenntnisse.

Das eigentliche Apollo-Programm wurde nach dem Verlust von Apollo 1 stark gestrafft. Ein Teil der praktischen Ausbildung der Astronauten erfolgte mit Hilfe von Simulatoren bereits auf der Erde. Trotz der massiven Unterstützung der Apollo-

Flüge durch Computer, insbesondere bei den rechenintensiven Auswertungen und Korrekturen von Bahndaten, war das Apollo-Programm offen für die aktive, kontrollierende Funktion der Astronauten. Dagegen waren die sowjetischen Kosmonauten lange Zeit zu einer fast demotivierenden Passivität verurteilt. Seit Herbst 1967 wurden die Apollo-Kapseln zusammen mit der Saturn-5-Rakete praktisch erprobt. Es folgten Flüge mit Rendezvousmanövern und eine erste Mondumrundung. Seit Frühjahr 1969, mit Apollo 9, wurden die Raumkapsel »Apollo« und die Mondfähre in einer Erdumlaufbahn erprobt, vor allem das für den Mondflug notwendige Umgruppieren von Apollo-Kapsel und Mondfähre. Mit dem Flug von Apollo 10 näherte sich die Mondfähre bereits bis auf 15 Kilometer der Mondoberfläche. Die erfolgreiche Mondlandung des Apollo-11-Flugs mit den Astronauten Neil Armstrong, Edwin E. Aldrin und Michael Collins am 20. Juli 1969 markiert dann den lange erstrebten Erfolg der amerikanischen Raumfahrt, wobei dieser Erfolg bis zuletzt durch die Mondflüge der sowjetischen Sonden und die kurz vorher gestartete sowjetische Mondsonde »Luna 15« gefährdet erschien. Ihre offenbar bestehenden

203. Astronaut Edwin Aldrin, Co-Pilot von »Apollo-11«, auf dem Mond. Photographie, 20. Juli 1969

204. Start des Space Shuttle »Columbia«. Photographie, 13. April 1981

Pläne für die Mondlandung eines bemannten Raumschiffes hatte die Sowjetunion allerdings nie veröffentlicht.

Im Kontext des fast zehnjährigen Wettlaufs zum Mond mag Neil Armstrongs versöhnlicher Satz beim Betreten des Mondes – »Ein kleiner Schritt für einen Mann, ein großer Schritt für die Menschheit« – seinen Sinn behalten. Auf der Haben-Seite des Apollo-Programms sind sicher auch die bei den letzten drei Flügen im Mittelpunkt stehenden wissenschaftlichen Arbeiten zu verzeichnen, selbst wenn der Empfang der Daten 1977 wegen finanzieller Probleme eingestellt werden mußte.

205. Untersuchung eines Teils der geborgenen Booster-Raketen der am 28. Januar 1986 kurz nach dem Start explodierten Raumfähre »Challenger«. Photographie, April 1986

Aufsehenerregend waren natürlich die zahlreichen Gesteinsproben, die bei den verschiedenen Mondlandeunternehmen genommen und zur Erde gebracht wurden. Wie eine Reihe automatischer sowjetischer Mondsonden seit dem September 1970 demonstrierte, vermochten jedoch unbemannte Raumfahrzeuge solche Aufgaben ebenfalls zu erfüllen. Auch aus dem zeitlichen Abstand von zwanzig Jahren wird man die Verdienste des Apollo-Programms immer noch nicht sicher bewerten können. Vielleicht war es beides: Prestigeobjekt in der Auseinandersetzung der

Supermächte und der Versuch, technisch-wissenschaftliche Grenzen zu überschreiten.

Die innertechnische Leistung des Apollo-Programms bleibt aus heutiger Sicht dennoch fast unglaublich. So repräsentiert es sicher in vieler Hinsicht Hochtechnik der Zeit. Inwieweit die Entwicklung von Hochleistungsmaterialien, von Elektronik hochintegrierter Schaltkreise, von Radartechnik, Verarbeitung und Fernübertragung der Daten, von redundanten, mehrfach gesicherten Systemen in risikoreichen technischen Verfahren in die Entwicklung marktfähiger Produkte ausgestrahlt hat, ist aber nicht einfach zu beantworten. Offenbar hatte der Spin-off des Apollo-Programms eher den Charakter einer direkten und engen Wechselwirkung mit der Militärtechnik, etwa bei der Aufrüstung mit Interkontinentalraketen oder bei der Konstruktion und Simulation von militärischen Flugzeugen. Dies war eine Transferstraße, die allein durch die beteiligten Firmen von vornherein gebahnt war.

Außerdem hatte die Leistung des Apollo-Programms durchaus ihren Preis, einen Preis, der sich zum einen in den enormen Kosten von über 24 Milliarden Dollar ausdrückt, den zum anderen die Beteiligten zu bezahlen hatten. Man mußte Opfer beklagen. Es kam zu der Beinahekatastrophe beim Flug von Apollo 13, bei dem die Astronauten nach dem Platzen eines Sauerstofftanks im Versorgungsteil nur mit Hilfe der Energie- und Treibstoffvorräte der Mondfähre überlebten. Und es gab offenbar auch die Leiden der Techniker, die zu Recht ein Versagen ihrer Systeme befürchten mußten, zumal das sonst beherrschende Prinzip der Redundanz doch nicht auf alle Teile angewandt werden konnte. Von einem Verantwortlichen des Baus der Mondfähre wird berichtet, daß ihn nichts mehr erleichtert habe, als der Rückstart der sechsten und letzten Mondfähre von der Mondoberfläche. Die Explosion beim Start des Space Shuttle »Challenger« im Januar 1986 offenbarte insofern nicht nur ein Materialproblem mit katastrophalen Folgen, die Unterfinanzierung und Einseitigkeit der amerikanischen Raumfahrt nach dem Apollo-Programm und eine etwas andere Mentalität der Beteiligten, sondern die nach wie vor bestehenden Risiken der bemannten Raumfahrt überhaupt.

Die bleibende Stärke der sowjetischen Raumfahrt

Die zweifellos bis heute nachwirkende Faszination der ersten Mondlandung, mit der die USA das spektakuläre Prestigeduell im Weltraum für sich haben entscheiden können, verstellt etwas den Blick auf den teilweise hohen Stand von Mathematik, Naturwissenschaft und Technik in der Sowjetunion. Vor allem darf die Schilderung des Apollo-Programms nicht darüber hinwegtäuschen, daß in der Sowjetunion eine eigenständige und außerordentlich hochentwickelte Raumfahrttechnik entstanden war. Anders als in den USA hatte sich die russische Raketentechnik auch rasch von den in die Sowjetunion gebrachten deutschen Raketenfachleuten und vom Konzept der in Peenemünde entwickelten A 4 gelöst.

Ausgangspunkt der bis zu seinem frühen Tod maßgeblich von Sergej P. Korolew (1906–1966) vorangetriebenen russischen Raumfahrttechnik war die Entwicklung von Interkontinentalraketen, die in der Lage waren, die offenbar relativ schweren nuklearen Waffen der Sowjetunion zu tragen. Leistung wurde hier weniger durch die Entwicklung einzelner Großtriebwerke als vielmehr durch Bündelung einer Art von Standardtriebwerken erzielt. Im Unterschied zur amerikanischen Raumfahrt, die auf Serienstufenraketen setzte, konzentrierte sich die sowjetische auf die Parallelstufenrakete. Jedenfalls ist es die sowjetische Raumfahrt mit ihren leistungsstarken Trägerraketen gewesen, die immer wieder die ersten erfolgreichen Schritte ins Neuland getan hat: mit dem ersten Erdsatelliten »Sputnik«, mit dem ersten bemannten Raumflug Gagarins, mit der ersten weichen Mondlandung einer Sonde und mit der ersten Sonde in einer Mondumlaufbahn. Die Raumschiffe »Wostok 3« und »Wostok 4« absolvierten 1962 den ersten Gruppenflug und mit Woschod 1 wurde zum ersten Mal eine Besatzung von 3 Astronauten in eine Umlaufbahn gebracht. Das erste Kopplungsmanöver zweier bemannter Raumschiffe wurde 1969 von Sojus 4 und Sojus 5 durchgeführt.

Wenngleich überstrahlt von den amerikanischen Mondlandungen, erzielte die sowjetische Raumfahrt um 1970 ebenfalls große Erfolge. Im September 1970 gelang es nämlich, die Sonde »Luna 16« auf dem Mond zu landen und wieder zur Erde zurückzubringen. Luna 16 wurde zunächst in eine kreisförmige, dann in eine elliptische Umlaufbahn um den Mond gebracht. Aus der elliptischen Bahn heraus wurde die komplette Sonde weich gelandet. Bei einem halbstündigen Aufenthalt wurde neben Strahlungsmessungen mit Hilfe eines bis in eine Tiefe von 35 Zentimetern reichenden Bohrers eine Gesteinsprobe von etwas mehr als 100 Gramm entnommen, was gegenüber der 36-Kilogramm-Ausbeute von Apollo 11 natürlich sehr bescheiden war. Besonders elegant war jedoch die Wahl der Bahn für den Rückflug zur Erde. Der Aufsetzpunkt war so gewählt worden, daß die Rückkehrrakete, unter Zurücklassung der Landestufe, ohne erneut in eine Mondumlaufbahn einzuschwenken, direkt den Rückflug zur Erde antreten konnte. Wissenschaftlich noch sehr viel ergiebiger war die Landung des fahrbaren Mondlabors »Lunochod 1« im Rahmen des Mondflugs der Sonde »Luna 17« im November 1970. Lunochod 1 war nicht nur in der Lage, Panoramabilder des Mondes zur Erde zu übermitteln, sondern Messungen kosmischer Strahlung durchzuführen und Schnellanalysen der chemischen Zusammensetzung des Mondbodens vorzunehmen.

Die auf den »traditionell« leistungsfähigen Trägerraketen basierende Technik der großen sowjetischen Orbitalstationen »Salut« und »Mir«, mit wissenschaftlichen und militärischen Versionen und mit dem System teilweise wechselnder, mit Sojus-Raumschiffen transportierter Besatzungen, waren weitere Wegmarken in der bemannten, erdnahen Weltraumfahrt. Wie das Programm »Skylab« und vor allem das wiederverwendbare Raumfahrzeug »Space Shuttle« zeigen, hat sich in den USA dieser allgemeine Trend zurück zur erdnahen bemannten Raumfahrt ebenfalls durchgesetzt, wobei auch in den USA Missionen mit wissenschaftlichen und mit militärischen Aufgaben einander abwechselten. Überhaupt waren wohl seit 1975 die alten Schlachten der stark propagandistisch geprägten Phase des Weltraumrennens zwischen der Sowjetunion und den USA geschlagen. Nach jahrelangen Verhandlungen kam es am 17. Juli 1975 beim letzten Apollo-Flug zu einem symbolhaften gemeinsamen amerikanisch-sowjetischen Raumflugunternehmen und zu einem Andockmanöver einer Apollo-Kapsel und einem sowjetischen Sojus-Raumschiff. Die Sojus-Raumschiffe dienen als Zubringer zu den Salut-Raumstationen und sind insofern die Arbeitspferde der sowjetischen Raumfahrt.

Allerdings hat die Sowjetunion 1987 durch den Start der Großrakete »Energija« (SL17), die in der Lage ist, die gewaltige Nutzlast von 120 Tonnen in eine erdnahe Umlaufbahn zu bringen, gezeigt, daß sie sich bei den Trägerraketen erneut einen enormen Vorsprung erarbeitet hat. Angesichts der politischen Verwerfungen bei der Auflösung der alten UdSSR kann man heute nur hoffen, daß dann, wenn die ehemalige sowjetische Raumfahrttechnik sich auf ihrem Niveau halten kann, die Nutzlasten der Energija wirklich den propagierten wissenschaftlichen und volkswirtschaftlichen Interessen dienen werden. Ausgespielt hat die Weltraumfahrt ihre alte Rolle als Stütze politisch-militärischer Macht sicherlich nicht.

Doch die Beteiligung ausländischer, auch deutscher Astronauten sowohl an amerikanischen als auch an russischen bemannten Raumflügen ist ein Hinweis darauf, daß in den letzten Jahren die Überwindung des Blockdenkens die Raumfahrt aus dem politisch-militärischen Spannungsfeld langsam herausgeführt und mehr ihre übernationalen, wissenschaftlich-technischen und kommerziellen Aspekte in den Vordergrund gerückt hat. Und aus dem Schatten der amerikanischen und sowjetischen Weltraumtechnik heraus entwickelte sich, vor zwanzig Jahren kaum vorstellbar, die europäische Raumfahrt gerade auf dem kommerziellen Sektor zu einem führenden Anbieter. Die Stagnation der amerikanischen Raumfahrt nach der Challenger-Katastrophe und ein erneuter Engpaß zuverlässiger Trägerraketen in den USA machten die europäische Ariane 4 zu einem begehrten Mittel für den Transport kommerzieller Nachrichtensatelliten in den Weltraum – zuletzt in einer gewissen Konkurrenz zu der von den Sowjets auch im Westen angebotenen, lange wenig erfolgreichen Trägerrakete »Proton«. Zu hoffen ist insofern auch, daß der wirtschaftliche Anreiz der Technik kommerzieller Nachrichtensatelliten stark genug ist, dem zivilen Sektor der Raumfahrt die erste Priorität zu geben.

Nachrichtensatelliten

Bereits seit 1960, also noch vor dem eigentlichen Auftakt des Wettlaufs zum Mond, waren die ersten Nachrichtensatelliten in Umlaufbahnen befördert worden. Nach dem lediglich passiv Radiosignale reflektierenden Ballonsatelliten »Echo 1« (1960) wurde 1962 der von den Bell Laboratories für AT & T mit Kosten von 50 Millionen Dollar gebaute aktive, als Verstärker wirkende Versuchssatellit »Telstar I« gestartet. Voraussetzung auf der Seite der Satellitentechnik war, daß man leistungsfähige Solarzellen für den Betrieb von Verstärkern und Frequenzumsetzern zur Verfügung hatte. Ausgestattet mit einer 2,25-Watt-Mikrowellen-Senderöhre, die nach dem Prinzip der Wanderfeld-Röhre arbeitete, waren »Telstar I« und der 1963 gestartete »Telstar II« in der Lage, auf einem Fernsehkanal oder auf 600 Telefonkanälen zu übertragen. Am 23. Juli 1962 wurde dann die erste öffentliche Fernseh-Direktübertragung zwischen Europa und den USA – in beiden Richtungen – durchgeführt. Die Umlaufbahn von »Telstar I« war jedoch mit einer Perigäumshöhe von etwa 1.000 Kilometern und einer Apogäumshöhe von knapp 6.000 Kilometern noch so niedrig, daß wegen der geringen »Sichtweite« die Übertragungszeit auf 30 Minuten begrenzt blieb. Erst der 1963 gestartete Nachrichtensatellit »Syncom 2«, der auf eine geostationäre Bahn in 36.000 Kilometer Höhe gebracht wurde, erlaubte den eigentlich erwünschten Dauerbetrieb.

Nach diesen ersten experimentellen Nachrichtensatelliten begann mit »Intelsat I« oder »Early Bird« 1965 die kommerziell nutzbare Nachrichtenübertragung über Satellit. Obwohl »Early Bird«, der von Hughes Aircraft für »International Satellite Telecommunications« (Intelsat) gebaut wurde, nur für eine achtzehnmonatige Funktion vorgesehen war, blieb er bis Juni 1969 auf seiner geostationären Bahn. Mit der internationalen Satelliten-Organisation »Intelsat« wurde 1964 – in Ergänzung zur 1963 geschaffenen amerikanischen Betreibergesellschaft »Communications Satellite Corporation« (Comsat) – ein internationales Konsortium geschaffen, das Satelliten für den weltweiten kommerziellen Nachrichtenaustausch entwickelte und betrieb. Durch Verträge eingebunden in diese internationale Organisation, sicherte sich auch die Bundesrepublik ihren Anteil an der Übertragungskapazität der Atlantik, Indischen Ozean und Pazifik überbrückenden Satelliten des Intelsat-Programms. Ausgehend vom ersten Intelsat-Satelliten »Early Bird« mit einer Kapazität von 240 gleichzeitig übertragenen Telefongesprächen oder einem Fernsehkanal, ist die Entwicklung bei den heutigen Intelsat-VI-Satelliten bei 15.000 Ferngesprächen und gleichzeitig 3 Fernsehkanälen angelangt. Zum System leistungsfähiger Nachrichtensatelliten gehören die Sende- und Empfangsanlagen auf der Erde. So wurde 1965 die erste Großantenne der Erdfunkanlage im oberbayerischen Raisting für den kommerziellen Nachrichtenverkehr in Betrieb genommen. Seit wenigen Jahren hat jedoch die Glasfasertechnologie dem alten Telefonkabel eine erstaun-

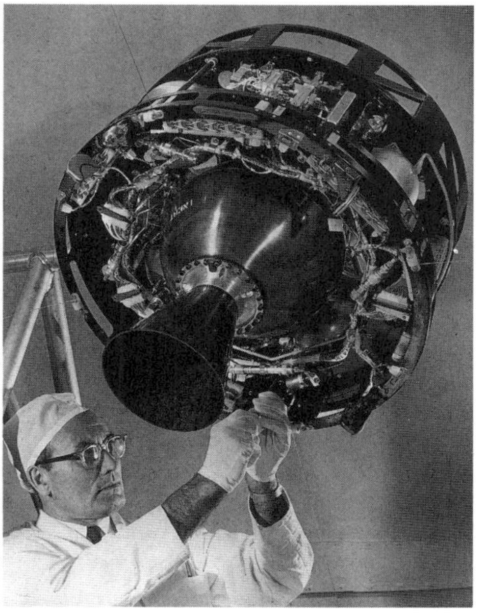

206 a bis c. US-amerikanische Nachrichtensatelliten: »Telstar«, »Syncom-II«, »Early Bird«. Photographien, 1962, 1963, 1965. – 207. Montage der Venus-Sonde der NASA bei der Hughes Aircraft Co. Photographie von Walter Baier, 1977

208. Erdfunkstelle für Satelliten-Übertragungen bei Raisting in Oberbayern. Photographie von Bernd Krug, 1984

liche Renaissance beschert. 1988 wurde das erste Glasfaser-Transatlantik-Kabel mit der enormen Kapazität von mehr als 30.000 Fernsprechkanälen in Betrieb genommen. Seekabel und Satelliten nehmen zur Zeit jeweils die Hälfte der Gespräche zwischen Nordamerika und der Bundesrepublik auf.

Die Tatsache, daß in den USA seit 1964 mit Hilfe riesiger Antennen und Rechner die Bahnen von in Erdumlaufbahnen befindlichen Raumflugkörpern verfolgt werden, deutet darauf hin, daß schon nach wenigen Jahren der Raumfahrt die Zahl von Objekten enorm angewachsen war. Neben der aufsehenerregenden bemannten Raumfahrt gab es meteorologische Satelliten, Satelliten für geophysikalische Messungen und für die eigentliche Raumforschung sowie Navigationssatelliten als Bezugspunkte hochgenauer Ortsbestimmungen auf der Erde. Was sich bei solchen Navigationssatelliten andeutet, ist fast zwangsläufig auch ein Aspekt der Technik der Nachrichtensatelliten und der Fernerkundungssatelliten, nämlich deren militärische Nutzbarkeit. Tatsächlich wurden seit 1966 in dichter Folge in den USA, in der UdSSR und in Frankreich für Kommunikation und für Fernerkundung militärische Satelliten in Umlaufbahnen gebracht. Auch hier bleibt zu hoffen, daß die hochauflösende Aufnahme- und Sensortechnik solcher Satelliten vermehrt zu friedlichen Zwecken eingesetzt wird, zum Beispiel zur Früherkennung von Ernteausfällen oder zur Gewinnung von Informationen über die Schädigung der Wälder.

Synthetische Materialien als neue Umweltprobleme

Alte Umweltprobleme in anderen Dimensionen

Immer wieder sind mit der Schilderung der Technikentwicklung nach 1945 schwerwiegende Umweltprobleme angesprochen worden. So war von dem fast unauflösbaren Konflikt zwischen den ökologischen Risiken der Kerntechnik und der Verbrennung fossiler Brennstoffe die Rede, in den Energiewirtschaft und -politik geführt haben. Im Zusammenhang mit der Nutzung fossiler Brennstoffe als Kraftstoff für Fahrzeuge und als Treibstoff für Flugzeuge galt es, die Emission von Luftschadstoffen zu diskutieren. Dabei ist bis jetzt hauptsächlich die klimaverändernde Wirkung von Schadstoffen betont worden. Was über die Probleme der Bodenverseuchung durch die metallurgisch-chemischen Prozesse der Halbleitertechnologie im Silicon Valley nur angedeutet werden konnte, ist aber nach wie vor ein schwerwiegendes Problem des Umweltschutzes, nämlich die Giftwirkungen vieler chemischer Substanzen, die aus technischen Anlagen freigesetzt werden, auf biologische Systeme.

Doch diese toxischen Probleme, die von technischen Anlagen ausgehen, sind nicht neu. So kennt man schon seit dem 17. Jahrhundert lokale Waldschäden durch Verbrennung schwefelhaltiger Kohle. Vollends die Umstellung des Eisenhüttenprozesses und der Stahlgewinnungsverfahren auf Steinkohlenkoks sowie die mit der Erzeugung von Schwefeldioxid einhergehenden Abröstprozesse bei der Verwendung sulfidischer Erze führten im 19. Jahrhundert zu Schäden, die von den Waldbesitzern vielfach nicht mehr toleriert wurden. Die scheinbare Lösung dieser Probleme in Großbritannien wie in Deutschland war die schlichte Umsetzung des Sankt-Florian-Prinzips in die Technik, nämlich die Hochschornstein-Politik, mit der die Rauchgase zwar verdünnt, die Umweltschäden aber lediglich in entferntere Gebiete verlagert wurden.

Nach dem Zweiten Weltkrieg ließen sich die Umweltschäden endgültig nicht mehr lokal begrenzen. Die flächendeckende Industrialisierung, der wachsende Energieverbrauch, die Massenmotorisierung und die tiefe Durchdringung von Industrie und Alltagsleben mit neuen chemischen Substanzen führten zu ebenso ausgedehnten wie intensiven Verschmutzungen von Wasser, Boden und Luft. Unverkennbar ist jedoch, daß die seit Anfang der siebziger Jahre einsetzende Umweltgesetzgebung in der Bundesrepublik beachtliche Erfolge hatte. So verschwanden die auf Waschmittel zurückzuführenden Schaumberge an den Flußwehren. Mit dem Bau von Kläranlagen wurde ganz allgemein die Wasserqualität vieler Flüsse wieder verbessert. Der Einbau von Staubabscheidern, insbesondere von Elektrofiltern in den Anlagen der Eisenhütten- und Stahlindustrie und in Kohlekraftwerken verminderte seit den sechziger Jahren die Staubemissionen. Trotzdem wurde noch bis in die siebziger Jahre an der Ruhr die alte Hochschornstein-Politik verfolgt, um die örtliche Konzentration von Schwefeldioxid herabzusetzen. Mit der Novellierung der 1964 erlassenen »Technischen Anleitung zur Reinerhaltung der Luft« (TA Luft) im Jahr 1974 wurden jedoch die Grenzwerte für die Belastung mit Schwefeldioxid etwa auf die Hälfte reduziert. Seit der Großfeuerungsanlagen-Verordnung von 1983 wurde durch Einbau von Entschwefelungsanlagen in Kohlekraftwerken der Ausstoß von Schwefeldioxid weiter vermindert. Kesselkonstruktionen mit herabgesetzten Feuerungstemperaturen und Anlagen zur katalytischen Umwandlung von Stickoxiden führten in den letzten Jahren zu einer nochmaligen Verringerung der Abgabe von Luftschadstoffen durch Kohlekraftwerke. Gleichzeitig wurde damit begonnen, eine der Ursachen für das seit den siebziger Jahren beobachtete, aber Anfang der achtziger Jahre in den Mittelgebirgen und in den Alpen besorgniserregend voranschreitende Waldsterben zu beseitigen. Besonders bedrohlich ist diese Entwicklung für die Alpen, da hier die Waldschäden die Gefahr von Bodenerosion und Lawinenabgängen drastisch erhöhen. Der Schutz der Wälder, vornehmlich aber die Verringerung der Luftverschmutzung in Ballungsgebieten durch die Reduktion der Stickoxide, des Kohlenmonoxids und der Kohlenwasserstoffe ist das Ziel der seit 1985 beginnenden – doch sehr schleppend verlaufenden – Ausrüstung von Kraftfahrzeugen mit geregelten Dreiwege-Katalysatoren.

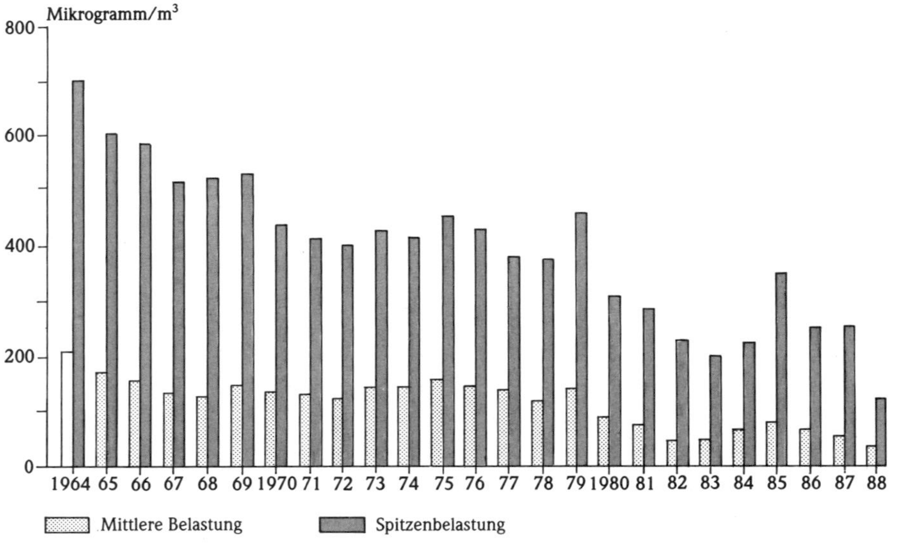

Trend der Immissionsbelastung durch Schwefeldioxid im Rhein-Ruhr-Gebiet (nach Brüggemeier und Rommelspacher)

209. Abgestorbener Wald im Erzgebirge. Photographie, 1984

Offensichtlich ist, daß sowohl die ökologische Diskussion in der Öffentlichkeit als auch die gesetzgeberischen und die darauf folgenden wirksamen technischen Maßnahmen sich häufig auf die sinnlich wahrnehmbaren Emissionen, beispielsweise auf den Rauch, auf die unmittelbar faßbaren Schäden, etwa beim Wald, oder auf besonders bildhaft vermittelte Umweltprobleme wie den »Treibhauseffekt« oder das »Ozonloch« konzentrieren. Dabei mahnen schon bei den Waldschäden, beim Ozonloch – also bei der teilweisen Zerstörung des Ozon-Gürtels in der Stratosphäre – und beim Treibhauseffekt die komplexen physikalisch-chemischen Wechselwirkungsprozesse zur Vorsicht gegenüber zu einfachen Betrachtungsweisen, zumal gegenüber einer zu starken Konzentration auf wenige Schadstoffe. Außerdem droht die Gefahr, so schroff es klingen mag, nicht unbedingt von den immer in der chemischen Industrie möglichen großen Katastrophen. Sicher waren Unglücke, wie die Explosion eines Ammoniumnitrat-Lagers der BASF 1921 in Oppau mit über 500 Toten oder die Freisetzung von Tetrachlordibenzo-Dioxin bei einer Firma der Hoffmann-La-Roche-Gruppe im italienischen Seveso 1976, das Entweichen von

210. Smog-Gefahr in Großstädten und industriellen Zentren wie hier in Dortmund. Photographie, 1975

gasförmigem Methyl-Isocyanat bei dem Unfall eines zu Union Carbide gehörenden Betriebes im indischen Bhopal, bei dem 1984 über 3.000 Menschen getötet wurden, oder die Verseuchung des Rheines durch Löschwasser des Brandes im Werk Schweizerhalle des Basler Chemieunternehmens »Sandoz« 1986 schwerwiegende Ereignisse. Trotzdem liegen die Risiken nicht allein in der Produktion, sondern vor allem auch in der Verwendung wachsender Mengen chemischer Produkte.

Die Flut neuer chemischer Stoffe

Blickt man auf die Grenzen der Rohstoffversorgung, auf die Probleme der Umweltverträglichkeit, auf die Schwierigkeiten der Abfallbeseitigung, nicht zuletzt auf die in der Zunahme von Allergien und Tumorerkrankungen sichtbar werdenden medizinischen Folgen, so erscheint es unausweichlich, sehr viel mehr Aufmerksamkeit der ungeheuer wachsenden und dennoch vielfach latent bleibenden Zahl von chemischen Verbindungen zu widmen. Hierher gehören die in der Galvanotechnik, also bei der Veredlung von Metalloberflächen, in der Halbleitertechnik und auch wieder bei der Entsorgung von elektronischem Gerät auftretenden Probleme mit giftigen Schwermetallen, und zwar in der für die Herstellungsprozesse wie für die Abfallbeseitigung besonders problematischen Kombination mit organischen Lösemitteln oder mit Kunststoffen. Nicht umsonst hat IBM zusammen mit dem Chemiekonzern »Du Pont« ein umfangreiches »Europäisches Chemikalien-Sicherheitssystem« aufgebaut, eine Datenbank, mit deren Hilfe sich die Chemiebeauftragten von IBM, die Labors, die Lieferanten und Werksärzte über die Eigenschaften sowie über die Gefahren chemischer Substanzen informieren können. Noch sehr viel umfangreichere Vorkehrungen hat man aufgrund von gesetzlichen Bestimmungen seit 1986 in den USA getroffen. Demnach müssen dort sämtliche Unternehmen, die Chemikalien verarbeiten, unter ihnen IBM selbst, Auskunft über Lagermengen, Verwendungszweck und Einsatzort ihrer Chemikalien geben. Die in den »Local Emergency Planning Committees« (LEPC) gesammelten detaillierten Daten zu einzelnen Chemikalien, die im Falle von IBM allein 13 gesundheitliche Risiken, von der Hautschädigung bis zur krebserzeugenden Wirkung, enthalten, sollen die Planung von Vorsorgemaßnahmen und von Maßnahmen im Katastrophenfall unterstützen.

Aber ganz allgemein liegen in der zahlenmäßigen Zunahme von neu synthetisierten chemischen Verbindungen, insbesondere bei den organisch-chemischen Substanzen, beachtliche Risiken. Die Überprüfung der medizinischen und ökologischen Gefahren, die vorwiegend in der Langzeitwirkung neuer Substanzen verborgen sein können, vermag hier wohl kaum mehr Schritt zu halten – auch dann nicht, wenn nur ein kleiner Teil in das Repertoire technisch oder pharmakologisch genutzter Substanzen übergeht. Wie groß aber die Zahlen sind, zeigt die umfangreichste chemische Datenbank in Columbus, Ohio. Dieser »Chemical Abstracts-Service« (CAS-Online) speichert die Strukturen von mehr als 7 Millionen chemischer Verbindungen sowie Einzelheiten aus 10 Millionen Referaten über Artikel, Bücher und Patente in der Chemie. 8.000 Einträge kommen in jeder Woche hinzu.

Dabei gibt es nach wie vor für die meisten der neu synthetisierten chemischen Verbindungen durchaus gute Gründe. Zunächst bedeuteten viele Synthesen einfach einen Gewinn an wissenschaftlicher Erkenntnis. So war seit dem letzten Drittel des 19. Jahrhunderts die Ermittlung der Struktur organisch-chemischer Verbindungen das große Ziel der Chemiker; es folgte mit Blick auf eine systematische Entwicklung neuer Syntheseverfahren die Untersuchung der komplizierten Mechanismen in organisch-chemischen Reaktionen. Aber auch diejenigen chemischen Substanzen, die unmittelbar für die Anwendung geschaffen wurden, hatten ihren Sinn, selbst die bald die teuren Naturfarbstoffe verdrängenden synthetischen Farben. Bei den pharmakologisch nutzbaren Substanzen und bei den synthetischen Düngemitteln bedeuteten neue chemische Verbindungen oder neue Syntheseverfahren vielfach sogar

211. Grundieren der Rohkarosserien im Tauchverfahren bei VW – eines der Umweltprobleme aufgrund der Verwendung von Lösemitteln. Photographie, 1955

eine entscheidende Verbesserung der Lebensbedingungen der Menschen. Aus der Not der Rohstoffverknappung geboren war schließlich die Synthese kautschukähnlicher Materialien im Deutschland des Ersten Weltkrieges.

Mit der von Hermann Staudinger (1881–1965) nach dem Ersten Weltkrieg an der ETH Zürich begründeten Polymer-Chemie begannen die Kunststoffe sich rasch von ihrer Vergangenheit als Ersatzstoffe zu lösen. Mit der Erkenntnis, daß es sich bei natürlichen sowie künstlichen Polymeren um Makromoleküle handelt, die aus einer großen Zahl gleichartiger Grundmoleküle aufgebaut sind, war der Weg für eine systematische Suche nach Kunststoffen gebahnt. Damit kam eine Entwicklung in Gang, die seit den dreißiger Jahren zur Schaffung vieler hochwertiger neuer Materialien für Industrie und Alltag führte. Von den heute noch verwendeten Kunststoffen wurden bereits vor dem Zweiten Weltkrieg das Polyvinylchlorid (PVC), das Polystyrol, das Polyacryl und das Polybutadien (Buna) synthetisiert. Seit 1936 war die Hochdrucksynthese des Polyethylens bekannt. Im Zweiten Weltkrieg wurden die Polyamide, die Polyurethane und die heute vorwiegend im Verbund mit Fasern verarbeiteten Polyester- und Epoxidharze entwickelt. Im Zusammenhang mit der Handhabung des bei der Anreicherung des Uran-235-Isotops im Gasdiffusionsverfahren benutzten, sehr aggressiven Uranhexafluorids (UF_6) schuf Du Pont das temperatur- und chemikalienbeständige »Teflon«, ein Polytetrafluorethylen.

Eine neue Klasse von Kunststoffen, die nach dem Zweiten Weltkrieg entwickelt wurde, waren die Polycarbonate. Vielfach waren aber für die zunehmende Bedeutung von Kunststoffen nach 1945 nicht nur neue Substanzen, sondern die Herstellungs- und Verarbeitungsverfahren entscheidend. Dies galt zum Beispiel für die ersten wichtigen vollsynthetischen Fasern »Nylon« und »Perlon«. Auf der Basis unterschiedlicher Ausgangsstoffe und mit unterschiedlichen Syntheseverfahren waren Wallace Hume Carothers (1896–1937) bei Du Pont 1934/35 und Paul Schlack (1897–1987) bei I.G. Farben 1938 auf Polyamide gestoßen, die sich zur Herstellung hochschmelzender und fester Fäden eigneten. Die I.G. Farben erkannte jedoch die Priorität von Du Pont an und schloß im Mai 1939 einen Lizenzvertrag. Bereits während des Krieges wurde bei Du Pont für die Fabrikation von Damenstrümpfen, von Futterstoffen und von Fallschirmen in beachtlichem Umfang die Polyamid-Faser »Nylon« hergestellt. In sehr bescheidenem Umfang, ebenfalls für Fallschirme, produzierte man auch in ostdeutschen I.G.-Farben-Werken die Polyamid-Faser »Perlon«.

Ab 1950 kam es zu einem steilen Anstieg der Produktion von vollsynthetischen Fasern, zu denen seit 1949 die angenehmer zu tragende Polyacrylnitril-Faser, vermarktet seit 1954 unter dem Bayer-Markenzeichen »Dralon«, die seit 1940/41 in Großbritannien entwickelte Polyester-Faser, mit den Markenbezeichnungen »Trevira«, »Diolen« und »Dacron«, hinzukamen. Während 1950 neben 66,9 Prozent Baumwolle, 13 Prozent Wolle und 19 Prozent Kunstseiden, den Cellulosregenat-Fasern, noch weniger als 1 Prozent vollsynthetischer Fasern hergestellt wurden, hatten die vollsynthetischen Fasern 1967 bereits einen Anteil von 14 Prozent. Für diese Zunahme gibt es eine Reihe von Gründen. Einmal konnte die Produktion von Naturfasern den steigenden Bedarf nicht mehr decken; denn zwischen 1950 und 1967 hatte sich der Weltverbrauch an Textilfasern verdoppelt. Zum anderen ließen sich mit dem Übergang zur Petrochemie viele Ausgangssubstanzen, Monomere, für die Polymeren der Synthesefasern kostengünstig und in großen Mengen produzieren. Schließlich zeichneten sich die synthetischen Fasern durch eine besonders hohe Reiß- und Abriebfestigkeit aus. Die Elastizität der Fasern machte die Gewebe zudem knitterfest und formbeständig. Die Festigkeitseigenschaften, das geringe Gewicht und die Elastizität der Chemiefasern verliehen diesen eine Bedeutung, die weit über die Bekleidungsindustrie hinausging. So haben sie in technischen Geweben, beispielsweise in Planen, bei Segeln, Ballonhüllen, in Bootshäuten und Autoreifen, bei Seilen und Tauwerk, die Sicherheit dieser Produkte enorm verbessert und insofern die Naturfasern praktisch völlig verdrängt. Was bei der Verwendung in Geweben für die Bekleidung ein Problem darstellte, nämlich die geringe Wasseraufnahme, machte die synthetischen Fasern in den technischen Anwendungen gerade besonders überlegen.

Der Kunststoffmarkt ist aber nicht nur ein Markt für Fasern, sondern auch für Folien, Kunststoffgläser und -behälter, nicht zuletzt für die Gehäuse von Elektrogeräten. Doch der Verdrängungsprozeß der Materialien hat vor dem Innern von Maschinen nicht Halt gemacht. So werden etwa Zahnräder, Schrauben, Lüfterflügel und andere Bauteile von Maschinen zum Teil aus Kunststoffen gefertigt. Fahrzeuge enthalten, obwohl sich die am Ende der sechziger Jahre propagierte Kunststoffkarosserie nicht durchzusetzen vermochte, in steigendem Maße Kunststoffteile. Vielfach spielten beim Auto die Gewichtsersparnis beziehungsweise der Kraftstoffverbrauch eine wichtige Rolle beim Einbau von Kunststoffteilen; gelegentlich, so bei den Stoßfängern, waren die mechanischen Eigenschaften des Kunststoffs besonders vorteilhaft. Die wachsenden Anforderungen an die passive Sicherheit im Fahrgastraum führten seit 1970 zu einer breiten Verwendung von Kunststoffen, vornehmlich von Schaumstoffen, zwecks Entschärfung von verletzungsträchtigen Kanten am Armaturenbrett.

Eine Verdrängung klassischer Materialien hat auch die Bautechnik erlebt. Wasserrohre, porenbildende Mittel in Ziegeln, Unterspannbahnen in Dächern, Isoliermaterialien im Kellerbereich und bei den Dachausbauten, Lacke im Innenbereich, Außenanstriche, Fenster samt deren Umschäumung, also eine ganze Palette von Baustoffen und Einbaumaterialien, werden heute ganz oder teilweise aus Kunststoffen hergestellt. Vor allem der Industriebau mit seinen Flachdachkonstruktionen kommt bei der notwendigen Wärmedämmung kaum mehr ohne aufgesprühten Hartschaum und ohne Metall-Hartschaum-Verbundwerkstoffe aus.

In diesen Wärmedämmaßnahmen mit Hilfe von Schaumstoffen deutet sich zugleich ein typischer ökologischer Konflikt an: Einerseits halfen solche Isoliermaterialien entscheidend bei der Einsparung von Energie, andererseits trug die Produktion, sofern beim Aufschäumen mehrfach mit Fluor und Chlor halogenierte Kohlenwasserstoffe (FCKW) als Treibgase verwendet wurden, zum Abbau von Ozon in der Stratosphäre bei. Bei der Verwendung von Schaumstoffen in Kraftfahrzeugen ist es der Zielkonflikt von Sicherheit, Gewichtsersparnis beziehungsweise Senkung des Verbrauchs auf der einen und der Umweltbelastung durch die Herstellung auf der anderen Seite. Man könnte die Liste fortsetzen. Die hochfesten Faser-Verbund-Kunststoffe im Flugzeugbau, zum Beispiel bei dem in Hamburg entwickelten Seitenleitwerk des Airbus A 310, dienten nicht nur zur Senkung der Fertigungskosten, sondern zur Reduzierung des Gewichts um 150 Kilogramm. Anders als beim Auto, das nur wenige tausend Stunden in Betrieb ist, lassen sich bei Verkehrsflugzeugen, die nahezug 100.000 Betriebsstunden erreichen können, mit Gewichtseinsparungen die Betriebskosten erheblich senken. Doch das Problem der Kunststoffverwendung läßt sich sicher nicht auf Zielkonflikte reduzieren. Ganz allgemein verschärfte

212. Das verschmutzte Rhein-Ufer bei Köln. Photographie, 1982

die angedeutete Flut von Kunststoffen – und viele mit Kunststoffabfall regelrecht durchsetzten Flußufer und Meeresstrände verleihen dem Bild eine traurige Realität – die Probleme der Abfallbeseitigung so sehr, daß jetzt mit gesetzlichen Maßnahmen in der Bundesrepublik versucht worden ist, wenigstens bei den Verpackungsmaterialien einen Damm aufzurichten.

Mit den Bemerkungen über die Schaumstoffe im Bausektor und in der Automobiltechnik ist das besondere Problem der Fluorchlorkohlenwasserstoffe (FCKW) angesprochen worden. Doch dadurch, daß man Schaumstoffe in sehr vielen anderen Bereichen, hauptsächlich für Verpackungsmaterialien, einsetzte, wurde die Verwendung von Fluorchlorkohlenwasserstoffen als Treibgas weiter begünstigt. Um die eigentliche Dimension des FCKW-Problems zu beschreiben, muß man zudem auf die Verwendung der unbrennbaren und chemisch reaktionsträgen Fluorchlorkohlenwasserstoffe als – an sich ideale – Treibgase in Spraydosen, als Löse- und Reinigungsmittel in der Elektronik- und Metallindustrie und als Kühlmittel in Kühlanlagen hinweisen. Seit den dreißiger Jahren waren die Fluorchlorkohlenwasserstoffe bekannt; ihre Karriere machten sie aber vor allem nach dem Zweiten Weltkrieg, so in Gestalt des Kühlmittels »Freon«, des Dichlordifluormethans.

Seit 1985, in alarmierender Weise seit 1987, offenbarten Messungen mit Stratosphärenballonen und Fernerkundungssatelliten, daß, beginnend mit dem Frühling auf der Südhalbkugel, über der Antarktis die Ozonkonzentration um mehr als 50 Prozent zurückging. 1989 besaß dieses Ozonloch bei etwa gleich stark reduzierter Ozonkonzentration bereits die doppelte Fläche der antarktischen Landmasse. Atmosphärenforscher wie Paul Crutzen in Mainz führen den Ozonschwund auf die Wirkung der Fluorchlorkohlenwasserstoffe zurück. Offenbar hatte man sich mit den Fluorchlorkohlenwasserstoffen Substanzen zunutze gemacht, die langsam in die Stratosphäre aufsteigen und über komplizierte Reaktionsmechanismen die dort vorhandene dreiatomige Modifikation des Sauerstoffs, das Ozon (O_3), abbauen. Ozon, das in der erdnahen Atmosphäre, entgegen der alten Vorstellung von gesunder, ozonreicher Waldluft, schädliche Wirkungen entfaltet, hat im Ozongürtel der Stratosphäre eine wichtige positive Wirkung, und zwar durch die Absorption von ultravioletten Strahlen. Obwohl ultraviolettes Licht für den Menschen lebenswichtig ist, etwa bei der Verarbeitung von Vorstufen des Vitamin D beziehungsweise bei der Rachitis-Prophylaxe, kann es in Überdosen und als Folge von wiederholt aufgetretenen Sonnenbränden Hautkrebs auslösen. Jedenfalls wurden in Australien bereits so hohe UV-Werte gemessen, daß diese Gefahr nicht mehr von der Hand zu weisen ist.

Das Problem der halogenierten Kohlenwasserstoffe ist aber noch viel umfassender und tiefer liegend. Substanzen aus der Gruppe der halogenierten Kohlenwasserstoffe waren lange Zeit auch besonders geschätzte Holzschutzmittel. Besonders das Pentachlorphenol (PCP) war noch Ende der sechziger Jahre wegen seines breiten

Anwendungsbereiches im Holzschutz, aber ebenso bei der Konservierung von Leder und Textilien unbestritten. Außerdem setzte man halogenierte Kohlenwasserstoffe, hier die polychlorierten Biphenyle (PCB), als bestens geeignete Füllungen von Transformatoren in der Elektrotechnik ein. Die auch als ideale Hydraulik- und Isolierflüssigkeiten genutzten unbrennbaren, chemisch inerten und hoch siedenden Substanzen gelangten jedoch zum Teil in das Grundwasser und wurden dort bei der Suche nach dem Schädlingsbekämpfungsmittel DDT, das man Ende der fünfziger Jahre als Umweltgefährdung erkannt hatte, gefunden. Sowohl PCB als auch DDT reichern sich wegen ihrer Langlebigkeit und Fettlöslichkeit in der Nahrungskette sehr stark an. Eine weitere Gefahr ist, daß PCB bei Bränden unter Bildung der besonders giftigen Dioxine reagiert; und diese Gefahr beherrscht mit Blick auf die chlorhaltigen Kunststoffe auch die Diskussion um die Müllverbrennung.

Bei DDT hat sich das Schema von Chance und Risiko einer neuen chemischen Substanz im historischen Ablauf in besonderer Weise verdichtet. Die Verbindung war bereits seit 1874 in der Wissenschaft bekannt. Doch erst 1939 erkannte Paul H. Müller (1899–1965) bei der Basler Geigy AG deren insektizide Wirkung. Im Zweiten Weltkrieg wurde DDT von den Alliierten zur Bekämpfung der den Flecktyphus übertragenden Kleiderlaus und zur »Entflohung« der Ratten bei Pestepidemien eingesetzt. Außerdem gelang es mit Hilfe von DDT, die die Malaria übertragende Anophelesmücke zu vernichten – eine wichtige Absicherung des alliierten Afrika-Feldzuges – und in einigen Gebieten Griechenlands und Italiens die früher in den Sommermonaten grassierende Malaria bis 1948/49 weitgehend zurückzudrängen. Nach dem Krieg wurden unter der Leitung der »Weltgesundheits-Organisation« (WHO) Sardinien, Ceylon und später weite Gebiete Südamerikas von Malaria praktisch befreit. Allein für das Jahr 1951 schätzt man, daß zwischen 60 und 100 Millionen Menschen vor dieser Erkrankung bewahrt wurden. Außerdem trug DDT seit Kriegsende weltweit durch Pflanzenschutz und durch den Schutz von Lebensmittelvorräten erheblich zur Erhaltung von Nahrungsmitteln bei. Nicht ohne Grund erhielt Paul H. Müller 1948 den Nobel-Preis für Medizin. Doch schon seit Ende der fünfziger Jahre wurden wegen der starken Anreicherung von DDT in der Nahrungskette und letztlich im Fettgewebe des Menschen Bedenken gegenüber seiner Verwendung laut. In der Bundesrepublik schrieb man im Pflanzenschutz sehr lange Wartezeiten zwischen der Anwendung und dem Erntetermin vor, gleichfalls Höchstmengen von DDT bei Ernteprodukten. Es zeigte sich, daß DDT schon in geringen Dosen eine Funktionsstörung der Leber hervorruft, wobei die uncharakteristischen Vergiftungserscheinungen zunächst von der Gefährlichkeit der Substanz abgelenkt haben mögen. Anfang der siebziger Jahre war DDT deshalb in den USA, in der Bundesrepublik und in der Schweiz nur noch in Ausnahmefällen zugelassen; seit Mitte der siebziger Jahre ist die Anwendung von DDT in der Bundesrepublik untersagt. Dabei hatte allein durch die seit 1950 vermehrt auftretenden Resistenzen einer Reihe von Fliegenarten die Anwendung von DDT bereits deutlich an Bedeutung verloren.

Aber auch die anderen halogenierten Kohlenwasserstoffe wurden sukzessive vom Markt genommen, so die PCB-haltigen Holzschutzmittel Anfang der achtziger Jahre. Seit Mitte der achtziger Jahre drängen Mediziner auf eine Verringerung der auf halogenierten Kohlenwasserstoffen aufgebauten technischen Lösemittel. Und nach einer um 85 Prozent reduzierten Produktion ab 1. Januar 1994 soll in der Europäischen Gemeinschaft bis zum 1. Januar 1996 die FCKW-Produktion völlig eingestellt werden. In den USA hat die Kunststoffindustrie sich bereit erklärt, die FCKW-Verwendung als Treibmittel für Schaumstoffe bei Verpackungsmaterialien 1993 und für die Herstellung von Hartschäumen zu Isolierzwecken bis 1996 einzustellen. Weltweit zeichnet sich entsprechend dem »Montrealer Protokoll« und seinen Folgekonferenzen ein schrittweiser Ausstieg aus der Produktion und Verwendung von Fluorchlorkohlenwasserstoffen bis zum Jahr 2000 ab. Das öffentliche Problembewußtsein ist in dieser Frage sogar so hoch, daß der Verzicht auf FCKW umgekehrt bereits wieder als Werbeargument benutzt wird.

Es geht hier keinesfalls darum, die industrielle Technik, namentlich die Chemie, an den Pranger zu stellen. Mit dem Blick auf charakteristische Verläufe der wissenschaftlichen Entdeckung, der technisch-praktischen Verwendung, der kritischen Überprüfung und schließlich der Ablehnung bestimmter chemischer Substanzen soll auf ein tiefliegendes strukturelles Problem der Technikentwicklung hingewiesen werden. Wie betont, war sowohl die Synthese einer Vielzahl von neuen chemischen Verbindungen im allgemeinen als auch die Einführung der halogenierten Kohlenwasserstoffe im besonderen durchaus begründet. Man kann dies noch einmal mit dem Hinweis darauf demonstrieren, daß seit dem Chloroform ($CHCl_3$) die für die moderne Medizin außerordentlich wichtigen Narkosegase bis heute zu einem großen Teil mehrfach halogenierte Kohlenwasserstoffe sind, etwa das Halothan ($C_2HBrClF_3$) oder das Ēthrane ($C_3H_2ClF_5O$), wobei jedoch auch bei diesen Substanzen die Eignung für die Narkose und die damit verbundenden Risiken immer wieder miteinander in Konflikt gerieten. So war das Chloroform verantwortlich für Narkosezwischenfälle durch Herzstillstand, das Halothan schuf Probleme durch die Schädigung von Leberzellen, und beim Ēthrane wird eine Störung der Nierenfunktion diskutiert.

In seiner gesamten wissenschaftlich-technischen Dimension wird das Problem, das die halogenierten Kohlenwasserstoffe für Mensch und Umwelt schufen, erst deutlich, wenn man zudem die Seite der Wissenschaft betrachtet. Die halogenierten Kohlenwasserstoffe stellen nämlich keinesfalls nur – sich heute als problematisch erweisende – Endprodukte dar; diese Substanzen bilden vielmehr die Eintrittspforte in eine Vielzahl organisch-chemischer Reaktionen und in eine entsprechende Anzahl weiterer Substanzen. Der Grund ist, daß der Austausch, die Substitution, von

213. Entlaubungsaktion der US-amerikanischen Luftwaffe in Vietnam unter Verwendung des Herbizids »Agent Orange«. Photographie, 1966

Wasserstoffatomen in den reaktionsträgen Kohlenwasserstoffen durch Halogen-Atome, etwa durch Fluor, Chlor und Brom, reaktionsfähigere Verbindungen schafft, bei denen die Halogen-Atome in weiteren Reaktionsschritten durch andere Atome oder Atomgruppen wieder ersetzt werden können. Die halogenierten Kohlenwasserstoffe waren insofern – und sie sind es bis heute – außerordentlich wichtige Zwischenprodukte in der wissenschaftlichen und in der industriellen Chemie.

Um zu den Problemen neuer Materialien zurückzukehren: Es wäre gerade angesichts der historisch immer wieder feststellbaren Verknüpfung von wissenschaftlicher Erkenntnis, technisch-wirtschaftlicher Chance und ökologischem Risiko sicher vermessen, darüber zu spekulieren, ob sich beispielsweise durch die Entwicklung neuer, hochleistungsfähiger Keramik- und Metallwerkstoffe ein Teil der Probleme, die die Kunststoffe schaffen, auffangen ließe. Es gibt hier wohl keine vollständigen Verdrängungsprozesse; denn faserverstärkte Kunststoffe haben ihr großes Anwendungsfeld bei Materialien, die starker Zugbeanspruchung ausgesetzt sind, Metalle sind besonders geeignet bei fertigungstechnisch anspruchsvollen geometrischen Formen, und Keramiken haben ihre große Stärke im Bereich hoher Temperaturen. Die zunächst unerkannte krebserzeugende Wirkung von mineralischen Stäuben und Fasern, insbesondere von Asbestfasern, und die toxische Wirkung einer ganzen Reihe von Metallen, unter ihnen des Berylliums, mahnen zudem bei diesen Materialien ebenfalls zur Vorsicht.

Medizintechnik – mehr als »Apparatemedizin«

Antibiotika

Eindringen der Technik in den Alltag und in das Leben des Einzelnen ist eines der Leitmotive dieser Schilderung der Zeit nach 1945 bis heute. Ungeachtet der wieder und wieder feststellbaren Ambivalenz der Technik, die in besonderem Maße auch die kritische Betrachtung der Medizintechnik, der »Apparatemedizin«, prägt, waren wichtige Schritte der Entwicklung der Technik in der Medizin zugleich wichtige Momente in der Verbesserung der medizinischen Versorgung. Und Verbesserung der medizinischen Versorgung heißt in der Regel auch Verbesserung der Lebensbedingungen. Dabei bedeutet Technik in der Medizin nicht nur oder nicht in erster Linie die apparativ hochentwickelte Diagnostik oder die wegen ihrer systemimmanent zwangsläufig hochgradigen Technisierung fast gespenstisch wirkende Intensivtherapie, sondern vor allem die Entwicklung von immer neuen und hochwirksamen Medikamenten. Herausragend sind hier die enorm verbesserten Möglichkeiten zur Bekämpfung akuter bakterieller Infektionen. Zwei wichtige Entwicklungslinien hatten sich bereits vor dem Zweiten Weltkrieg abgezeichnet. So fand Gerhard Domagk (1895–1964) bei Bayer mit dem Farbstoff »Prontosil« 1934/35 ein erstes antibakteriell wirksames Sulfonamid.

Die vergleichsweise einfache chemische Synthese des Prontosil wirkte zunächst sogar hemmend auf die Anwendung der von Alexander Fleming (1881–1955) bereits 1928 beobachteten antibakteriellen Wirkung des Penicillins. Mit der tatsächlichen Extraktion des Penicillins aus den Schimmelpilzkulturen durch Howard Walter Florey (1898–1968) und Ernst Boris Chain (1906–1979) 1938 in Oxford wurde aber endgültig das Zeitalter hochwirksamer Antibiotika eingeläutet. Schon 1941 wandten Florey und Chain Penicillin erstmals erfolgreich am Menschen an. Der Biochemiker Selman A. Waksman (1888–1973) und seine Mitarbeiter in den USA isolierten 1943 das erste bei der Bekämpfung der Lungentuberkulose einsetzbare Antibiotikum »Streptomycin«. Wie überhaupt aufgrund des Zweiten Weltkrieges die pharmazeutisch-technische Entwicklung der Antibiotika sich zunächst nach den USA verlagerte. Während die wissenschaftlichen, bakteriologischen Fragen von einem Forschungsring von 24 englischen und amerikanischen Universitäten gelöst wurden, wurde die pharmazeutisch-technische Seite von der amerikanischen pharmazeutischen Großindustrie mit finanzieller Unterstützung des Staates entwickelt. Ab 1944 konnten die alliierten Streitkräfte mit Antibiotika versorgt werden.

214. Extraktion des Wirkstoffes »Penicillin« aus der Kulturflüssigkeit bei Hoechst. Photographie, 1952

Für zunehmend breitere Bevölkerungsschichten, insbesondere in Mitteleuropa, standen die Antibiotika erst um 1950 in ausreichender Menge zur Verfügung. Erster Hersteller von Penicillin im Nachkriegs-Deutschland war die neu gegründete pharmazeutische Firma Chemie Grünenthal in Stolberg; es folgten Hoechst und Bayer als Teilfirmen der in der Entflechtung befindlichen I. G. Farbenindustrie AG. Bereits in der Frühphase um 1949/50 hatten hier bedeutende Verfahrensfortschritte eingesetzt. Bei der Kultur der antibiotikabildenden Pilze ging man bald vom aufwendigen Oberflächenverfahren zum sehr viel produktiveren Groß- oder Tieftankverfahren über. Zusammen mit verbesserten Extraktionsprozessen führte dies zu einem deutlichen Preisrückgang bei Penicillin, zumal nun auch preisgünstiges Penicillin aus den USA zur Verfügung stand.

Bakterielle Infektionen mit seither nicht zu beherrschendem Verlauf – etwa bei schwerer Sepsis – konnten so mit Hilfe dieses neuen Medikaments erstmals wirksam bekämpft werden. In einer Art Spirale von ärztlichen Maßnahmen und Forderungen der Patienten wurde die Anwendung der Antibiotika jedoch in einer Weise gesteigert, daß man sich bald nicht mehr auf das ursprüngliche Feld der lebensbedrohenden Erkrankungen beschränkte. Hinzu kamen ungenaue Dosierungen und zu geringe und »verzettelte« Anwendungsdauern. Als Folge entstanden immer mehr Erregerresistenzen, so daß geradezu ein Wettlauf von resistenten Keimen und neu zu schaffenden Antibiotika begann. Seit 1970 ist versucht worden, der Resistenzbildung aktiv entgegenzuwirken, und zwar so, daß man das molekulare Grundgerüst des Wirkstoffes durch »Schutzgruppen« räumlich gegen den enzymatischen Gegenangriff der Bakterien abschirmt. Die »Rote Liste«, das Arzneimittelverzeichnis des »Bundesverbandes der Pharmazeutischen Industrie«, mit ihren 150 Antibiotika aus der Gruppe der Penicilline, Tetracycline und Aminoglycoside spiegelt heute nicht nur die Notwendigkeit, Mittel für »Problemkeime« zur Verfügung zu stellen, nicht nur das selbstverständliche wirtschaftliche Interesse der Hersteller, sondern auch den anfänglich unkritischen Umgang mit dieser Gruppe von Medikamenten.

Trotz der unbestreitbaren Erfolge bei der Bekämpfung bakterieller – nicht viraler – Infekte mahnen die möglichen schweren Komplikationen durch allergische Reaktionen, auch die biotechnisch hergestellten Antibiotika als ernst zu nehmende chemische Eingriffe in den menschlichen Organismus zu betrachten – in ein biologisches System, das schon aufgrund seiner komplexen biochemischen Regelungsmechanismen außerordentlich empfindlich auf Störungen reagieren kann. Zudem läßt sich Krankheit sicher nicht auf biologisch-chemische Prozesse reduzieren. Unverkennbar hat das Krankheitsgeschehen bedeutsame psychische und soziale Aspekte.

Gentechnisch hergestellte Medikamente

Eine beträchtliche und zugleich die Öffentlichkeit beunruhigende Erweiterung biotechnischer Verfahren stellt seit Anfang der siebziger Jahre die Gentechnik dar. Während etwa bei der ursprünglichen biotechnischen Gewinnung von Antibiotika lediglich natürliche Stoffwechselprodukte ausgesuchter Schimmelpilze isoliert werden, werden in der pharmazeutisch bedeutsamen Variante der Gentechnik Kulturen von Bakterien, Hefen, tierischen Zellen und versuchsweise heute auch lebende höhere Tiere durch gezielte Veränderung ihrer Erbanlagen, ihrer Gene, zur Produktion einer pharmazeutisch verwertbaren Eiweiß-Substanz herangezogen.

Die Gentechnik beruht auf den spektakulären Erfolgen der Genforschung seit dem Ende des Zweiten Weltkrieges. Die Entwicklung von molekular-biologischen Methoden und die rasant vermehrten Einsichten in die Lebensvorgänge auf der molekularen Ebene sind wissenschaftshistorisch vielleicht nur vergleichbar mit der Entwicklung der neueren Quantentheorie in den Jahren 1920 bis 1930 oder mit jener der Physik der Elementarteilchen seit 1970. Zweifellos gehört die Molekular-Biologie heute zu den am weitesten fortgeschrittenen Wissenschaften. So erkannten Oswald T. Avery (1877–1955) und seine Mitarbeiter 1944 in New York, daß die

DNS (Desoxyribonucleinsäure), im internationalen Sprachgebrauch die DNA (statt »S« für »Säure« »A« für »Acid«), Trägerin der Erbinformation in den Genen ist. 1953 gelang es James D. Watson und Francis H. C. Crick, die räumliche Struktur der DNA zu ermitteln. Die Struktur erwies sich als die berühmte Doppelhelix, als eine langgestreckte Doppelschraube. Stärker aufgelöst besteht diese Doppelhelix aus zwei kammartigen Strukturen, die chemisch, über Wasserstoff-Brücken, miteinander »verhakt« sind. Die Basis des Kammes wird aus einer Folge von Phosphorsäuren und ringförmigen Zuckermolekülen, Ribosen, gebildet; die Zähne bestehen aus vier charakteristischen organischen Basen. Bald wurde erkannt, daß in den unterschiedlichen Möglichkeiten der räumlichen Abfolge dieser Basen die biologische Erbinformation in molekularer Form verschlüsselt vorliegt.

Entscheidend für die Überführung dieses molekular-biologischen Grundlagenwissens in die technische Anwendung war es, daß man seit 1973 Methoden fand, die DNA gezielt zu verändern. Aufgrund der Arbeiten der Amerikaner Herbert Boyer, Stanley Cohen und Paul Berg konnte man nun zum ersten Mal genetische Informationen von einer Bakterienart auf eine andere übertragen. Es zeigte sich nämlich, daß es mit Hilfe von Enzymen möglich ist, Teile von ringförmig geschlossenen DNA-Molekülen, den Plasmiden, gegen ausgewählte Teilstücke fremder DNA-Moleküle auszutauschen, etwa gegen Teilstücke, denen von ihrem ursprünglichen Organismus die Information aufgeprägt ist, aus Aminosäuren ganz bestimmte Proteine, Eiweißmoleküle, aufzubauen. Werden solche »synthetisch aktiven« Teilstücke der DNA in die Gene stark wachsender Bakterien, in Hefen oder in tierischen Zellen in vererbbarer Weise eingeschleust, können diese Kulturen, heute sogar lebende höhere Tiere, zur biotechnischen Herstellung des gesuchten Proteins genutzt werden.

Führend in der Umsetzung dieses molekular-biologischen Wissens in die pharmazeutisch-technische Anwendung waren junge Unternehmen, die im Umkreis bedeutender amerikanischer Universitäten in einer regelrechten Goldgräberstimmung gegründet und mit Venture-Kapital und über Kontrakte größerer Partnerfirmen finanziert wurden. Ein besonders wichtiges und begehrtes Unternehmen dieser Art, das auch die der Goldgräberstimmung folgende Phase der Ernüchterung überstand, ist die Genentech Inc. in San Francisco. Wie andere junge biotechnische Firmen war die Genentech bald eingebunden in ein Netzwerk von Interessen großer Pharmafirmen. Zusammen mit der amerikanischen Pharmafirma »Eli Lilly« entwickelte Genentech bis 1982 die gentechnischen Herstellungsverfahren von Humaninsulin. Der amerikanische Chemiekonzern »Monsanto« in St. Louis, Missouri, versuchte, mit einer Beteiligung an Genentech wieder an die Front des wissenschaftlich-technischen Fortschritts zu gelangen. Die deutsche Bayer AG erwarb 1984 über ihre amerikanische Tochterfirma »Miles« in Berkeley Produktions- und Vertriebsrechte an den Verfahren zur gentechnischen Herstellung des Blutgerinnungsfaktors VIII von Genentech. Der schweizerische Pharmakonzern »F. Hoffmann-La Roche« hat 1990 schließlich 60 Prozent der in Umlauf befindlichen Aktien von Genentech an sich gezogen. Unverkennbar setzen die großen multinationalen Chemie- und Pharmakonzerne in die Gentechnik und hier in den wissenschaftlich innovativen und gesetzgeberisch relativ liberalen Standort USA besonders hohe Erwartungen.

Aber die medizinisch-pharmazeutischen Erfolge und auch die Aussichten auf weitere Ergebnisse sprechen für sich: Das für Diabetiker lebensnotwendige Hormon Insulin, das seither mühsam aus Bauchspeicheldrüsen von Rindern und Schweinen gewonnen wurde, kann gentechnisch als Humaninsulin, also in einer Form hergestellt werden, daß es beim Menschen keinerlei Immunreaktion mehr auslöst. Der für das stark infektionsgefährdete Personal an Kliniken besonders wichtige Impfstoff gegen eine der Formen der Gelbsucht, der Hepatitis B, liegt, mittlerweile gentechnisch hergestellt, ebenfalls in einer reinen Form vor.

Die gentechnische Herstellung sowohl des menschlichen Wachstumshormons zur Behandlung von Zwergenwuchs als auch des für die Behandlung des akuten Herzinfarkts wichtigen menschlichen Gewebe-Plasminogenaktivators und die anlaufende gentechnische Herstellung des für viele Bluter lebenserhaltenden Blutgerinnungsfaktors VIII, die diagnostisch wichtige Identifikation des HIV-Virus, auch die Hoffnung, für die Abwehr lebensbedrohender Schockzustände gentechnisch eine Substanz zur Hemmung des katastrophalen, selbstzerstörerischen Eiweißabbaus zu finden, all das deutet darauf hin, daß die pharmazeutische Gentechnik sich nicht mit zweitrangigen Problemen, sondern mit schwerwiegenden Krankheiten auseinandersetzt. Wichtig ist zudem, daß den gentechnisch hergestellten Präparaten, wenn sie zur Verfügung stehen, eine hohe Medikamentensicherheit eigen ist. Während pharmazeutisch verwertbare Proteine, die aus menschlichem Gewebe isoliert werden, zum Beispiel durch HIV- oder Hepatitis-Viren verunreinigt sein können, kann man dies bei gentechnisch gewonnenen Proteinen ausschließen.

Sicherheit hat nicht allein für das Produkt, sondern auch für das Herstellungsverfahren zu gelten. Wenn man jedoch eine wichtige Ausprägung der pharmazeutischen Gentechnik betrachtet, nämlich die Manipulation bestimmter ringförmiger DNA-Moleküle, der Plasmide, und die Nutzung bestimmter Bakterienstämme oder Zellkulturen, etwa der von Nierenzellen von Hamstern, so scheinen nach heutiger Erkenntnis die Risiken der genetisch veränderten biologischen Strukturen die Risiken der unveränderten Organismen nicht zu übersteigen. – Aber die etwas zu heile Welt der Gentechnik als molekular-biologische Erweiterung der älteren Biotechniken ist nur die eine Seite der kurzen, aber kontroversenreichen Geschichte der Molekular-Biologie und ihrer Anwendung. Wie selten im Verhältnis von Wissenschaft und Technik brachen hier schon im Ansatz, also bereits bei der Gewinnung von Grundlagenwissen, schwerwiegende Konflikte auf. Kurz nachdem die ersten gentechnischen Veränderungen von Bakterien gelungen waren, kam es 1973/74 zu selbstkritischen Debatten unter den Wissenschaftlern um Paul Berg und zu einem Aufruf zum Forschungsstopp. Im Februar 1975 diskutierten im Konferenzzentrum von Asilomar in Monterey in Kalifornien 140 Molekular-Biologen aus 17 Ländern Sicherheitsmaßnahmen für die Genforschung bis hin zur Einstellung bestimmter Versuche. Im Vordergrund stand zunächst die akute Frage, wie die Risiken der Genforschung zu begrenzen seien, wie etwa der Gefahr der Erzeugung und Freisetzung gefährlicher neuer Krankheitserreger begegnet werden könne. Es ging hier zum Beispiel um die ganz konkrete technische Frage, ob die Vermehrung der DNA von Tumorviren zu Bakterienstämmen führen könne, die solche Tumorviren verschleppen.

Später kamen gewichtige ethische Argumente hinzu. Und Ansatzpunkte für kritische ethische Überlegungen bietet die Gentechnik in vieler Hinsicht. Einfach zu übersehen als eine schlichte Pervertierung der Rolle der Wissenschaft in ihrem Verhältnis zur Natur sind Forschungsprogramme, Pflanzen gentechnisch so zu verändern, daß sie Unkrautvernichtungsmitteln gegenüber Resistenz zeigen. Als ob die Natur von den Herbiziden nicht längst genügend gebeutelt wäre und die Risiken für den Menschen nicht schon ausreichend groß wären. Es ging – und es geht bis heute – aber auch um sehr viel tieferliegende Fragen, etwa die, ob es zu rechtfertigen sei, für die Gewinnung von Proteinen für medizinische Zwecke Tiere, also Geschöpfe, gentechnisch zu verändern, zu transformieren. Politisch brisant ist die Möglichkeit der arbeitsmedizinischen »Früherkennung« genetischer Defekte, beispielsweise im Sinne einer Diagnose der Disposition für bestimmte Berufskrankheiten. Besonders folgenschwer wäre zweifellos ein Eingriff in das Erbgut des Menschen, also in menschliche Keimzellen, der durch Vererbung weitergegeben würde. Zur Zeit sind Transformationen menschlicher Embryonen technisch nicht möglich. Die meisten Wissenschaftler und Ärzte sowie wichtige Vertreter der gentechnisch interessierten Industrie lehnen die Genmanipulation an menschlichen Keimzellen ab. Dem steht der Versuch einzelner Wissenschaftler gegenüber, wenigstens für die Forschung diese Möglichkeit offenzuhalten, etwa mit dem Blick auf eine gentherapeutische Beseitigung von Erbschäden an Embryonen oder im Sinne einer Art genetischen, erblichen Immunisierung gegen Virus-Infektionen oder gegen bestimmte Krebserkrankungen.

Virus-Infektionen

Probleme der Sozialstruktur, Verhaltensmuster, bedenklicher Hygienestatus, Dichte der Kommunikation, verkehrstechnische Vernetzung der Welt und viele andere Aspekte tragen dazu bei, Infektionskrankheiten in Gestalt großer Epidemien zu verbreiten. Eine besondere Rolle spielen heute noch – oder heute wieder – die Virus-Infektionen. Um einmal die Geschichte etwas von der Gegenwart her aufzurollen: In ihrer Ausbreitung noch nicht einmal sicher erkennbar ist die 1981 vom amerikanischen Center for Disease Control zum ersten Mal beschriebene, durch einen genetisch extrem wandlungsfähigen Virus hervorgerufene Immunschwächekrankheit AIDS, das »Aquired Immune Deficiency Syndrome«. 1983/84 wurde der HIV-Virus, »Human Immune Deficiency Virus«, identifiziert. Da es bis heute weder ursächliche, chemotherapeutische Behandlung noch Immunisierung durch Impfprophylaxe gibt, wirkt diese Krankheit mit ihrem letztlich letalen Ausgang besonders bedrohlich.

Ihr gegenüber trat eine andere epidemisch auftretende Viruserkrankung, nämlich die Grippe, deutlich in den Hintergrund. Seit der besonders schweren Grippeepidemie 1918/19 mit weltweit mehr als 20 Millionen Toten ging die Sterblichkeit stetig zurück. Dank der Verfügbarkeit von Impfstoffen gegen ausgewählte Varianten des Influenza-Virus, im wesentlichen aber aufgrund der durch die Antibiotika verbesserten Bekämpfung schwerer bakterieller Sekundärinfektionen wie der Lungenentzündungen verlief die Grippeerkrankung in weiter abgemilderter Form. Dies gilt auch für die Epidemie 1957, die »asiatische Grippe«, und für die Epidemie 1968/69, die »Hongkong-Grippe«. Da hier jeweils neue Varianten eines seither bekannten Stammes der Influenza-Viren auftraten, wurden Grippeinfektionen jedoch nach wie vor aufmerksam beobachtet. Zumindest bis etwa 1970 wurden die generell im Winter vermehrt auftretenden Lungenentzündungen bei Säuglingen und Kleinkindern, aber auch bei älteren Personen, die zu einer statistisch faßbaren höheren Sterblichkeit führten, zum Teil auf primäre Infektionen mit dem Grippevirus zurückgeführt. Alarmiert durch den Nachweis eines besonderen Virus im Jahr 1975, der dem der katastrophalen Epidemie von 1918 nahekam, wurde in den USA sogar ein riesiges Impfprogramm mit einem finanziellen Umfang von 183 Millionen Dollar beschlossen.

Paradoxerweise war die Polio(myelitis), die gefürchtete »Kinderlähmung«, eine Viruserkrankung, bei der das Ausbrechen von Epidemien durch eine gewisse geographische Abgeschiedenheit eher gefördert und durch den verbesserten Hygienestatus nach dem Zweiten Weltkrieg geradezu provoziert wurde. Der Grund ist, daß die Polio-Infektion wegen des Vorkommens niederaktiver Viren klinisch praktisch unerkannt, inapparent verlaufen kann. Durch die damit verbundenen starken »Durchseuchungen«, etwa in den Tropen, wurde jedoch gleichzeitig ein hoher Immunisierungsgrad erreicht. Umgekehrt konnte dort, wo die ursprüngliche Durchseuchung und damit der Immunisierungsgrad minimal waren, ein aktiver Typ des Virus sich in katastrophaler Weise entfalten, so 1948/49 in entlegenen Siedlungen an der Hudson Bay, wo 60 Prozent der Bevölkerung mit schweren Lähmungserscheinungen erkrankten.

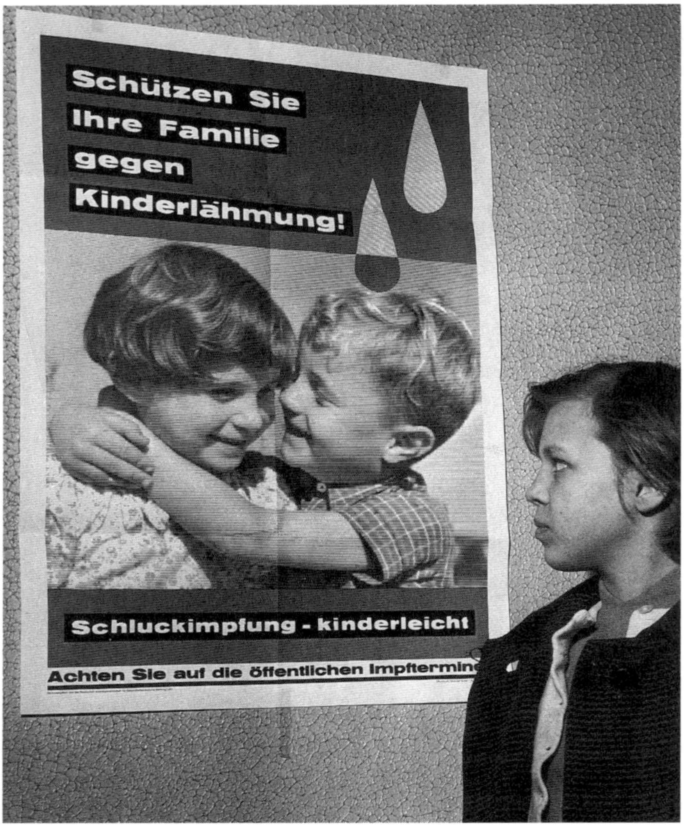

215. Werbung für die Schluckimpfung in Hessen. Photographie, 1962

Auch in Deutschland stieg die Zahl der Polio-Erkrankungen in Wellen im Abstand von vier bis fünf Jahren stetig an. 1947, 1952/53, 1957 und 1962 waren solche Epidemien zu verzeichnen. Die Behandlungsmöglichkeiten waren zunächst weitgehend auf orthopädische Maßnahmen zur Eingrenzung der Folgen der Lähmungserscheinungen beschränkt. Dramatisch waren aber besonders Krankheitsverläufe, bei denen die Lähmung auf die Atmung übergriff. Mit enormem technischem Aufwand in Gestalt der seit 1929 in den USA verwendeten Tankgeräte, der »Eisernen Lungen«, oder durch die aus der Anästhesie geläufigen Überdruck-Beatmungsgeräte versuchte man, die abnehmende Atemkapazität zu ersetzen. Bei der »Eisernen Lunge« wurden im Rhythmus der Atemfrequenz im Luftvolumen des Tanks Überdruck und Unterdruck erzeugt, was indirekt durch Zusammenpressen und Ausdehnen des Brustkorbs Ausatmen und Einatmen erzwang. Bei den mit Überdruck arbeitenden Beatmungsgeräten wurde die Atemluft über Tuben direkt in die Lunge geführt. Außerdem mußte bei den sogenannten nassen Fällen Sekret aus den Atemwegen abgesaugt werden. Die Pflege solcher Patienten war außerordentlich schwierig, insbesondere bei der Benutzung der »Eisernen Lunge«. Es kam hinzu, daß der Zustand der völligen Abhängigkeit von Beatmungsgeräten eine extreme psychische Belastung der Kranken bedeutete. Die ärztliche Strategie war deshalb, die Patienten bereits bei noch ausreichender Atemkapazität an die künstliche Beatmung zu gewöhnen, um die schockierende Wirkung der Geräte zu mildern. Kaum vorstellbar ist trotz allem, daß in einzelnen Fällen, wie an der Universitätsklinik Freiburg, Polio-Patienten über Jahrzehnte hinweg künstlich beatmet wurden.

Es gehört sicher zu den großen Leistungen der Medizin, daß bereits Mitte 1950 in den USA Impfstoffe bereitgestellt werden konnten, die einen wirkungsvollen Schutz vor Neuinfektionen boten. So entwickelte der Bakteriologe Jonas Edward Salk auf der Basis abgetöteter Polio-Viren einen Injektionsimpfstoff mit den Antigenen der drei Polio-Virustypen. Schon 1958 wurde dann ausgehend vom amerikanischen Salk-Impfstoff das »Virelon« von den deutschen Behring-Werken auf den Markt gebracht. Von dem Kinderarzt Albert Bruce Sabin stammt die nach ihm benannte Schluckimpfung. Sabin benutzte abgeschwächte Lebendviren, was eine jahrzehntelange Immunität garantiert. Eine umfassende Impfaktion unter Verwendung der Sabin-Schluckimpfung 1962 bis 1964 sowie die Aufnahme der Schluckimpfung in den Impfplan für Kleinkinder haben in Deutschland die Ausbreitung der Kinderlähmung praktisch beendet.

Nutzen und Risiko

Besonders bedeutend sind die bereits angesprochenen psychischen und sozialen Komponenten der Krankheit bei den seit 1950 vermehrt auftretenden und heute an erster Stelle stehenden Herz-Kreislauf-Erkrankungen. Neue, pharmakologisch und vor allem wirtschaftlich wichtige Medikamentengruppen zur Behandlung von Bluthochdruck, Herzrhythmusstörungen und Durchblutungsstörungen der Herzkranzgefäße waren ab etwa 1965 die sogenannten Beta(rezeptoren)-Blocker und seit etwa 1975 zusätzlich die sogenannten Calciumantagonisten. In diesen Zusammenhang gehören auch die bei Herzinsuffizienz anzuwendenden stark entwässernd wirkenden Medikamente. Zweifellos zeigt sich hier die Chemotherapie nicht nur in einer einfachen heilenden Funktion. Herz-Kreislauf-Präparate, zumal in Langzeitanwendung, dienen offensichtlich in komplexer Weise auch als Korrektiv erblicher Faktoren, beruflicher Überforderung und individuellen Verhaltens, etwa mit Blick auf Ernährungsgewohnheiten und Zigarettenkonsum.

Eine Reaktion auf Zeitverknappung und Streß der industriellen Welt nach 1945 waren ganz eindeutig die massive Produktion und der verbreitete Konsum von

Beruhigungs- und Schlafmitteln und von Psychopharmaka. Die Abwägung von Nutzen und Risiken fällt in diesen Fällen sicher besonders ungünstig aus. Dem Nutzen, also der Unterdrückung der Symptome psychischer und psychosomatisch bedingter Erkrankungen und dem Einsatz bei der Vorbereitung von Narkosen, stehen besonders schwerwiegende Nebenwirkungen gegenüber. Hierher gehört die Entwicklung von Abhängigkeiten bei der Langzeitanwendung. Festgestellt ist dies bei den schon seit der Jahrhundertwende bekannten und seitdem weiterentwickelten Barbituraten, aber auch bei den seit Anfang 1960 breit angewendeten Benzodiazepinen, wie dem Chlordiazepoxid im »Librium«, 1960 von Hoffmann-La Roche eingeführt, oder dem Diazepam zum Beispiel im »Valium«, 1963 ebenfalls von Hoffmann-La Roche auf den Markt gebracht.

Entdeckt wurden die Benzodiazepine bei der erneuten und nun pharmakologischen Überprüfung einer Substanzklasse, die zwanzig Jahre vorher mit Blick auf ihre Verwendung als Textilfarbstoff ohne Erfolg untersucht worden war. Eine gewisse Parallele zur Entdeckung des ersten Sulfonamids »Prontosil« verweist insofern auf eine der charakteristischen Forschungsstrategien der Pharmaindustrie, nämlich auf das »Screening«, also das Durchforsten einer großen Zahl von verfügbaren Verbindungen unter dem Gesichtspunkt möglicher pharmakologischer Wirkungen. Seit etwa 1970 rechnet man damit, daß unter 6.000 bis 8.000 Verbindungen eine einzige Substanz als marktfähiges Medikament Eingang in die Therapie findet. Dabei beträgt die Entwicklungsdauer nach Angaben der Pharmaindustrie 7 bis 10 Jahre. Auf der Basis eingeführter Medikamente und erkannter molekularer Wirkungsmechanismen lassen sich natürlich weitere Substanzen durchaus zielgerichtet entwickeln, beispielsweise die ab 1980 untersuchten Gegenspieler der Benzodiazepine. Dabei können ganz allgemein seit 1970 die Moleküle bestimmter neuer Verbindungen, etwa mit dem Ziel optimaler Bindungen an Rezeptor-Moleküle, an Enzyme, mit Hilfe von Rechnern regelrecht konstruiert werden.

Ein Ereignis besonderer Tragik gehört ebenfalls in das Gebiet der Psychopharmaka, nämlich der Fall »Contergan«. 1956/57 führten W. Kunz, H. Keller und H. Mückter bei der Chemie Grünenthal das Thalidomid, »Contergan«, als Beruhigungs- und Schlafmittel ein. Als Nebenwirkungen des Thalidomid wurden bei Erwachsenen Nervenentzündungen beobachtet, die eine Störung der Sensibilität bei Gliedmaßen hervorriefen. Das eigentliche Drama war aber die Schädigung ungeborener Kinder. Die Einnahme des Mittels während des ersten Drittels der Schwangerschaft verursachte schwere Mißbildungen vor allem an den Gliedmaßen. Mehrere tausend Kinder in der Bundesrepublik und im Ausland wurden so sehr geschädigt, daß sie entweder nicht lebensfähig waren oder dem Schicksal einer lebenslangen Behinderung entgegensahen. Dennoch wurde das Verfahren gegen führende Vertreter der Herstellerfirma eingestellt. Zum Hintergrund dieses Beschlusses gehört die Gründung einer mit 200 Millionen DM dotierten Stiftung »Das behinderte Kind«, mit der die Verantwortung für die finanziellen Folgen zu gleichen Teilen von der Herstellerfirma und vom Staat übernommen wurde.

Der Fall »Contergan« zeigte auf besonders eindrucksvolle Weise, daß mit der modernen pharmazeutischen Technik, die durch Massenproduktion und Massenkonsum bestimmt wird, ein Feld der Technik angesprochen ist, auf dem bei offenkundig hoher Schadenswahrscheinlichkeit vergleichsweise große Tragweiten der Schäden zu befürchten sind. Fast selbstverständlich ist es, daß als Folge des Falles »Contergan« die Indikationen von Arzneimitteln während der Schwangerschaft, insbesondere während der ersten drei Monate, durch die Hersteller drastisch eingeschränkt wurden. Auch allgemein und über die Bundesrepublik hinaus nahm man den Fall »Contergan« zum Anlaß, über die Nebenwirkungen und Risiken von Arzneimitteln und über die Prüfverfahren bei der Einführung neuer Medikamente nachzudenken. Das Arzneimittelgesetz in der Bundesrepublik wurde 1976 so verschärft, daß bedenkliche Medikamente, bei denen der begründete Verdacht auf schädliche Wirkungen besteht, die über ein nach den Erkenntnissen der medizinischen Wissenschaft vertretbares Maß hinausgehen, nicht in den Verkehr gebracht werden dürfen. Trotzdem wurde immer wieder über unerwartete Nebenwirkungen von Medikamenten berichtet. So kam es zwischen 1984 und 1986 erneut bei einem Psychopharmakon, dem »Nomifensin«, zu vielfältigen Nebenwirkungen, die zu schweren bleibenden Gesundheitsschäden und zum Tod von Patienten führten. Obwohl hier nicht die Dimension des Falles »Contergan« erreicht wurde, wird sich ein Gericht abermals mit der Frage auseinandersetzen müssen, ob die Nutzen-Risiko-Abwägung angesichts früher Hinweise auf Nebenwirkungen wirklich verantwortungsbewußt geschehen ist.

Die Pille

Von größter Bedeutung für das individuelle und gesellschaftliche Leben in den Industrienationen war die Einführung der hormonalen Ovulationshemmer als neue Methode der Empfängnisverhütung und der Familienplanung. Schon vor dem Ende des Zweiten Weltkrieges war durch Untersuchungen an der Göttinger Universitäts-Frauenklinik die antikonzeptionelle Wirkung hoher Dosen des schwangerschaftserhaltenden Gelbkörperhormons, Progesteron, bekannt. Im Rahmen der Empfängnisverhütung unerwünschte Nebenwirkungen, wie sie in Versuchen mit Progesteron in den USA auftraten, konnten zwar durch den Übergang vom Progesteron zu anderen, synthetischen Gestagenen zurückgedrängt werden, insbesondere dank der sehr viel geringeren Dosierung. Aber eine breite Verwendung der hormonalen Ovulationshemmer in der Empfängnisverhütung setzte erst aufgrund der durch Gregory Pincus (1903–1967), John Rock (1890–1984) und andere eingeführten

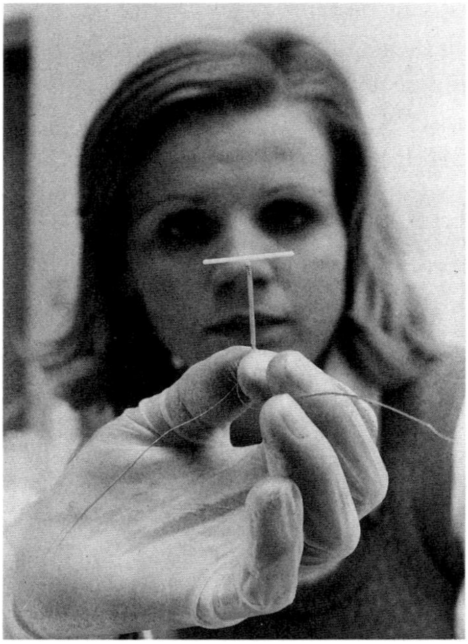

216. Kupfer-T-Pessar – eine propagierte Variante der Empfängnisverhütung. Photographie von Pavel Sticha, 1977

kombinierten Östrogen-Gestagen-Therapie ab Mitte 1950 ein. Die medizinischen Risiken konnten schließlich auf wenige Kontraindikationen reduziert werden, etwa im Fall von Lebererkrankungen. Obwohl ethische und theologische Bedenken blieben, wurde die »Antibabypille« bereits Mitte 1960 in der Bundesrepublik Deutschland monatlich in einer Größenordnung von 500.000 Packungen für je einen Zyklus verkauft. Die Pille begünstigte als besonders sichere Methode der Empfängnisverhütung lediglich den bereits bestehenden Trend zur Planung der Familie. Trotzdem wurde der »Pillenknick« später geradezu zum Synonym für den starken Rückgang der Geburtenrate in der Bundesrepublik. 1964 waren noch 18,2 Geburten auf 1.000 Einwohner zu verzeichnen, während 1973 die Zahl auf 10,3 gesunken war – und dies bei einer Sterberate von 11,8 im selben Jahr.

Ärztliche Risikoabwägungen, in die der Patient durch Einverständniserklärungen juristisch aber häufig eingebunden wird, sind auch charakteristisch für die moderne, stark technisch und pharmakologisch geprägte Anästhesie. Dies, obwohl die Häufigkeit von Zwischenfällen, zumindest im Vergleich mit der noch außerordentlich risikoreichen Chloroformnarkose um die Jahrhundertwende, deutlich zurückgedrängt worden ist. Nach Diethyläther und Chloroform, nach den wirksamen, aber wegen ihrer Brennbarkeit gefährlichen reinen Kohlenwasserstoffen ist man heute bei den aufgrund ihrer relativ geringen toxischen Wirkung geschätzten, mehrfach halogenierten Kohlenwasserstoffen angekommen. Hinzu kam eine besonders wichtige Verbesserung der Technik der Narkose, nämlich die Intubation. Dabei wird ein flexibler Tubus in die Luftröhre eingeführt, was eine kontrollierte künstliche Beatmung – im halbgeschlossenen oder geschlossenen System unter Absorption von CO_2 – möglich macht.

Die endotracheale Intubation erlangte in den angelsächsischen Ländern schon ab 1925 große Bedeutung. Auf dem Kontinent fand sie jedoch erst nach dem Zweiten Weltkrieg Eingang in die Anästhesie. Neben einem gewissen Beharrungsvermögen etwa in der deutschen Chirurgie gab es hier auch medizinische Gründe. Denn ihre eigentliche Stärke konnte die Intubation erst in der engen Wechselwirkung mit der Einführung und Weiterentwicklung der Muskelrelaxantien, der muskelerschlaffenden Mittel, entfalten. Die kanadischen Ärzte Harold R. Griffith und G. Enid Johnson führten das pharmakologisch an sich bekannte Curare, das Pfeilgift der südamerikanischen Indianer, 1942 in die Anästhesie ein. Bald wurden auch andere kurzzeitig wirksame Relaxantien bereitgestellt, so das Succinylcholin, das zusammen mit Barbituraten die Intubation enorm erleichterte. Intubation und Muskelrelaxantien in ihrem Zusammenspiel ermöglichten jedenfalls eine Narkose, die das gefürchtete Aspirieren von Erbrochenem und infiziertem Schleim ausschloß, eine perfekte Regelung des Gasstoffwechsels erlaubte und für die Chirurgie, insbesondere für die Thoraxchirurgie, neue Möglichkeiten eröffnete.

Gerade wegen der pharmakologischen und technischen Elemente hat dieses System der modernen Narkose zweifellos gewichtige philosophische und ethische Aspekte. Das vollständige System der modernen Inhalationsnarkose besteht aus den Narkosegasen, unter Umständen dem separaten Schmerzmittel, den Muskelrelaxantien und der künstlichen Beatmung. Entscheidend ist, daß zur Bewußtlosigkeit und Schmerzfreiheit die Unterbrechung der Spontanatmung durch das Muskelrelaxans hinzukommt. Unverkennbar führt die Narkose so für eine gewisse Zeit zu einem pharmakologisch und apparativ von außen gesteuerten Zustand jenseits des bewußten individuellen Lebens. Offensichtlicher noch werden diese ethischen Probleme der Anästhesie in der Intensivpflege. Im Zustand der Bewußtlosigkeit und unter der Wirkung von Schmerzmitteln müssen hier oft sämtliche Lebensfunktionen des Patienten, also Kreislauf, Atmung, Ernährung und Ausscheidung, pharmakologisch und apparativ gestützt oder vollständig ersetzt werden. Ungelöst in seinen ethischen, religiösen und juristischen Dimensionen scheinen die Fragen zu sein, inwieweit bei schwer geschädigten Neugeborenen Intensivpflege anzuwenden ist und wann bei Kranken in aussichtsloser Lage Intensivpflege zu beenden ist.

Chirurgische Methoden

Sehr eng verbunden mit der Entwicklung der Anästhesie nach dem Zweiten Weltkrieg waren die Fortschritte in der Chirurgie, und zwar in einem etwas paradoxen Sinn. Denn im selben Maße, wie die institutionell etablierte Chirurgie durch die Abspaltung der Anästhesie an Einfluß verlor, profitierte sie in ihrer eigenen Arbeit gerade von dieser jungen und innovativen Disziplin. Vielfach waren nach 1945 die physiologisch und pharmakologisch bedingte Entwicklung und die begleitende Medizintechnik fast eindrucksvoller als die operativ-technische Entwicklung der Chirurgie. Hierher gehört die eng mit dem Entstehen der neuen Disziplin der Anästhesie verknüpfte Therapie von Schockzuständen, etwa seit dem Zweiten Weltkrieg durch Infusion von Blutkonserven und von kolloidalen Blutersatzmitteln oder seit 1950 durch Medikamente, die die Erregbarkeit des vegetativen Nervensystems dämpfen. Nicht zuletzt durch den Zwang der lang andauernden künstlichen Beatmung von atemgelähmten Polio-Kranken wurde die Entwicklung einer ausgeprägten Intensivpflege eingeleitet und damit auch für die Chirurgie ein stark erweitertes Arbeitsfeld geschaffen.

Ein neues Blatt in der Geschichte der Medizin hat Christiaan Barnard 1967 in Kapstadt mit der ersten Herztransplantation aufgeschlagen. Die ethischen und medizinischen Probleme der Organspende durch einen anderen Menschen sind sicher gravierend, und zwar gerade die Definition des Todes und die Feststellung des Todeszeitpunktes. Aber auch diese anfänglich ungeheuer aufsehenerregenden Herztransplantationen bilden aus medizinischer Sicht eigentlich keine Ausnahme von den Entwicklungstendenzen der modernen Chirurgie. Selbstverständlich waren ein ausgedehntes mikrochirurgisches Training am Tiermodell und ein eingespieltes Team für solche Operationen notwendig. Hinzu kam jedoch die zuverlässige apparative Stützung, vor allem durch die seit 1954 verfügbaren Herz-Lungen-Maschinen. Die eigentliche medizinische Voraussetzung und zugleich die kritische Größe für ein ethisch vertretbares Ergebnis war aber die medikamentöse Unterdrückung von Immunreaktionen, also die Verhinderung einer Abstoßung des transplantierten Organs durch die Gabe von Immunsuppressiva. Teilweise handelt es sich dabei um Substanzen, die speziell auf das Transplantat zugeschnitten sind.

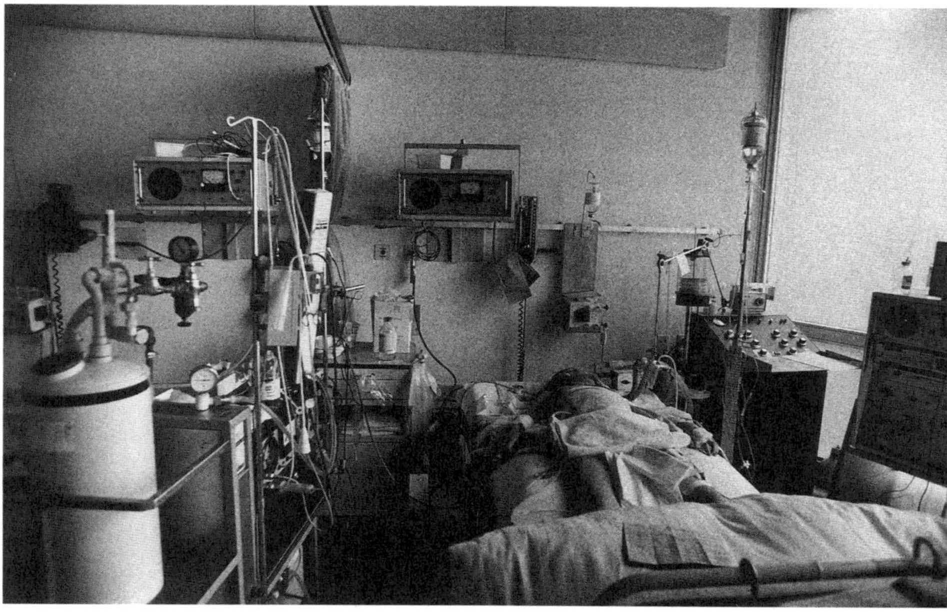

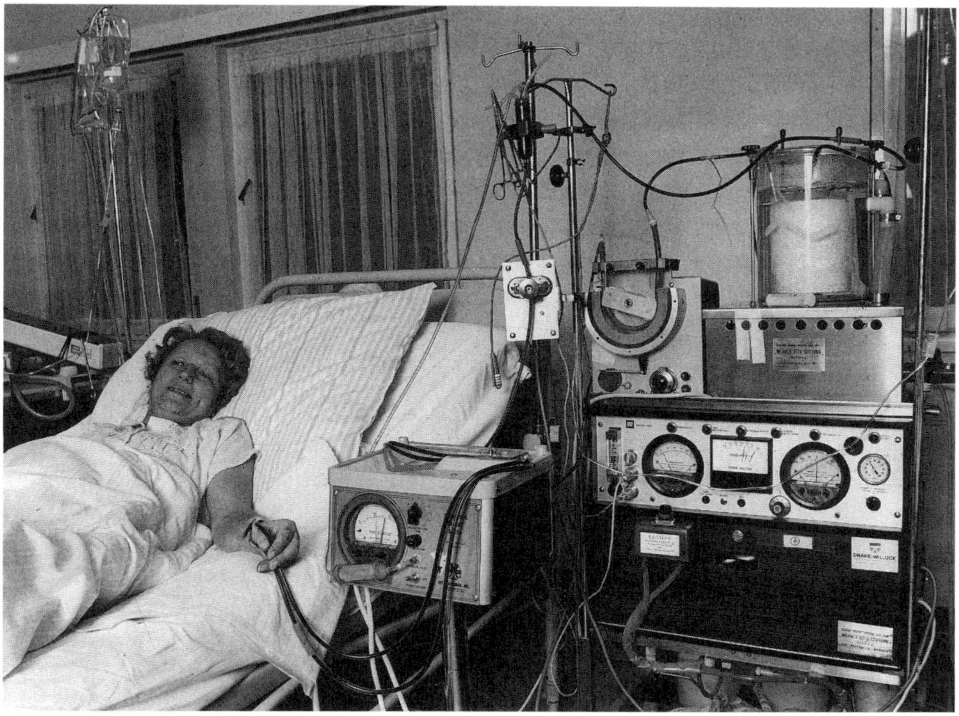

217. Patient unter künstlicher Beatmung auf einer Intensivstation. Photographie von Günter Schneider, 1986. – 218. Blutwäsche mit Hilfe einer künstlichen Niere. Photographie, 1974

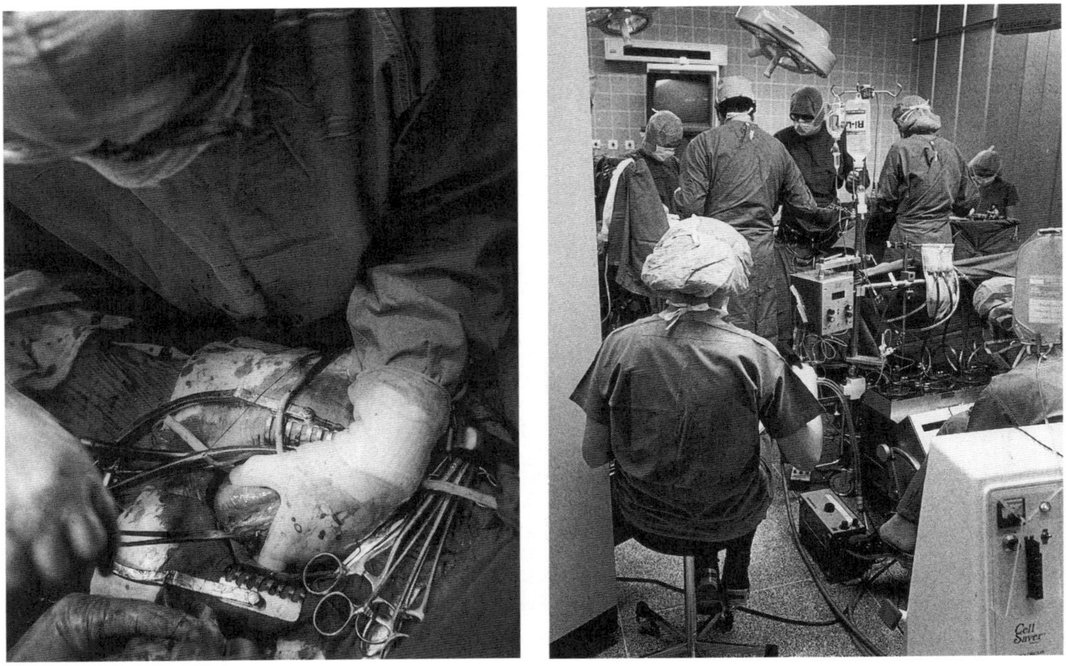

219 a und b. Chirurgische Technik und apparative Stützung bei Herzoperationen. Photographien von Oscar Horowitz, 1973, und Henning Christoph, 1979

Dazu zählen die 1971 von den Behring-Werken eingeführten Anti-Human-Lymphozyten-Globuline, ein Medikament, das vorwiegend bei den seit 1951 und heute in großer Zahl in Konkurrenz zur Dialyse, Blutwäsche, durchgeführten Nierentransplantationen verwendet wird. 1980 wurde mit dem Ciclosporin im »Sandimmun« von Sandoz ein besonders wirksames immunsuppressives Medikament eingeführt. Neben der bei Immunsuppressiva immer erhöhten Infektionsgefahr zeigte sich jedoch beim Ciclosporin eine gewisse Komplikation insofern, als das übliche Standard-EKG nicht mehr zur Kontrolle der Abstoßungsreaktion bei Herztransplantationen herangezogen werden konnte. Es ist unverkennbar, daß auch moderne Pharmakologie und Medizintechnik bei der Verpflanzung von Organen an Grenzen stoßen.

Die Fortschritte auf der operativ-technischen Seite der Chirurgie machten sich vornehmlich auf dem Gebiet der mikrochirurgischen, gefäßchirurgischen Methoden bemerkbar. Hierher gehören die Anfänge der Bypass-Operation seit den sechziger Jahren. Wichtig war dabei die Verfügbarkeit neuer Kunststoff-Materialien als Ersatz für verschlossene Gefäße. Das riesige Gebiet der Versorgung von Unfallverletzungen blieb eine Domäne der Chirurgie, insbesondere die vielfach durch Verkehrsunfälle verursachten Verletzungen mit dem daraus resultierenden Zwang, die mikrochirurgischen Methoden zu verbessern. Seit der Mitte der sechziger Jahre machte sich die Chirurgie die hohe Leistungsdichte fein gebündelter Laserstrahlen zunutze. Wichtige Anwendungsbereiche sind seitdem die Fixierung von Netzhautablösungen in der Augenchirurgie und das Abtragen von Tumoren. Eine charakteristische Ausweitung des Arbeitsgebietes der Chirurgie vollzog sich seit 1930 bei der Versorgung von Knochenbrüchen, und zwar durch die modernen technischen Methoden, Knochenfragmente mit metallischen Platten, Stäben und Schrauben zu fixieren, durch die Osteosynthese. Neue metallische und keramische Materialien spielen seit 1975 eine Rolle beim Ersatz krankhaft veränderter Hüftgelenke. Kunststoffe werden seit 1965 bei Herzklappenprothesen eingesetzt, wobei Probleme durch Versteifung und Kavitation des Materials auftreten können.

Auf anderen Gebieten gibt es Tendenzen, chirurgische Eingriffe zu vermeiden. Ein Beispiel dafür ist die Entwicklung des Lithotripters durch die Firma Dornier, eines Gerätes zur Zertrümmerung von Nierensteinen mit einer schnellen Folge fokussierter extrakorporaler Stoßwellen. Seit Anfang der achtziger Jahre wird die Nierensteinzertrümmerung klinisch durchgeführt. Mit ständig verbesserten Geräten wird die Lithotripsie heute auch zur Gallensteinzertrümmerung angewandt.

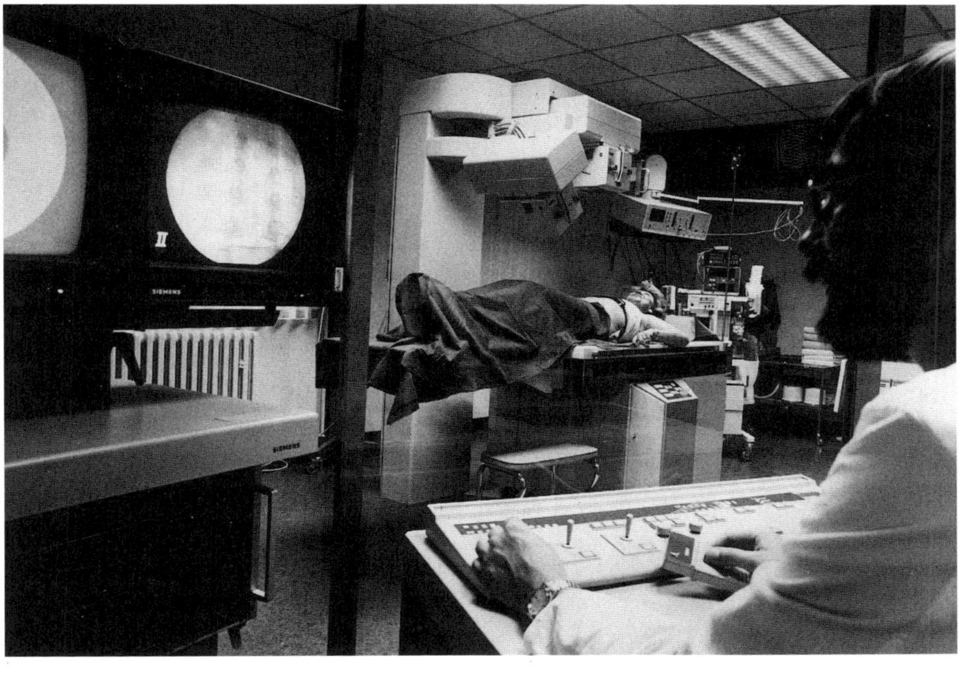

220. Extrakorporale Stoßwellen-Lithotripsie: Gerät zur Zertrümmerung von Nierensteinen. Photographie der Siemens AG, 1986

Nicht unbedingt in Konkurrenz, sondern zeitlich aufeinander abgestimmt werden chirurgische Eingriffe, Strahlentherapie und Chemotherapie bei Tumorerkrankungen durchgeführt. Entscheidend ist die Frage, wie ein bestimmter Tumortyp auf einen Behandlungsschritt ansprechen wird. Von besonderer Bedeutung ist aber auch hier wieder die pharmakologische Seite. So begann seit den fünfziger Jahren eine intensive Erforschung der das Zellwachstum hemmenden Zytostatika im Hinblick auf eine Chemotherapie von Krebserkrankungen. Doch positive Ergebnisse müssen nach wie vor mit schwerwiegenden Nebenwirkungen erkauft werden. Wirklich beachtliche Erfolge, bis hin zur vollständigen Remission, gibt es aber eindeutig bei der Chemotherapie der Krebserkrankungen von Lymphknoten und in der Bekämpfung der Leukämie. Angesichts der verbleibenden Grenzen der Chemotherapie kommt der Früherkennung erhebliche Bedeutung zu. Die Tatsache, daß 1985 Krebs mit 23 Prozent an zweiter Stelle der Todesursachen in der Bundesrepublik Deutschland stand – neben den Herz-Kreislauf-Erkrankungen mit 50 Prozent –, unterstreicht diese Bedeutung auf besonders eindrucksvolle Weise. Jedenfalls ist es verständlich, daß die medizinische Diagnostik – und hier mehr und mehr hochentwickelte Medizintechnik mit ihren bildgebenden Verfahren – gefordert war.

Diagnostik

Eine faszinierende zweite Karriere machte die Röntgen-Technik. Nachdem gleichzeitig mit der Entdeckung der Röntgen-Strahlen 1895/96 auch die medizinische Anwendung ins Auge gefaßt worden war, hatte sich die medizinische Röntgen-Technik jahrzehntelang in ihren meßtechnischen Grundzügen nicht mehr verändert. Sie beruhte auf der Durchstrahlung des Körpers und auf der bilderzeugenden Wirkung anatomischer Strukturen mit ihren stark unterschiedlichen Durchlässigkeiten für Röntgen-Strahlen. Registriert wurden diese Schatten-Bilder mit Hilfe photographischer Filme oder mit Hilfe von neu entwickelten und auf Fluoreszenzerscheinungen beruhenden Leuchtschirmen oder in der Kombination beider Verfahren. Wegen der starken Absorption von Röntgen-Strahlen durch die Knochensubstanz sind von Anfang an die Darstellung des menschlichen Skeletts und vor allem die Diagnose von Verletzungen und krankhaften Veränderungen von Knochen die Domäne der Röntgen-Technik gewesen. In ihrer Frühphase diente sie außerdem der Darstellung von metallischen Fremdkörpern, etwa von Geschossen oder von verschluckten Münzen. Hinzu kam bald die Röntgen-Diagnostik der Lungenerkrankungen. Nach der Entwicklung der Methode der »positiven«, stark absorbierenden Konstrastmittel konnten zudem Hohlorgane wie der Magen-Darm-Trakt röntgenologisch dargestellt werden. Schwierig und zum Teil schmerzhaft war die Anwendung der für Röntgen-Strahlen sehr gut durchlässigen Luft als »negatives« Kontrastmittel.

Angewendet wurde die Einblasung von Luft – seit 1905 – zur Röntgen-Diagnostik orthopädischer Schäden oder auch – seit etwa 1920 – zur Diagnostik krankhafter Veränderungen in der Bauchhöhle, im Gehirn – etwa bei Tumoren – und im Rückenmark. Die vollen diagnostischen Möglichkeiten der Kontrastmittel-Methode wurden ab 1930 mit der intravenösen Gabe von Kontrastmitteln ausgeschöpft, zum Beispiel zur Darstellung der Blutgefäße und des Herzens.

Es blieben zwei prinzipielle Schwächen der klassischen medizinischen Röntgen-Technik: einmal die übereinander projizierten und insofern nur durch Mehrfachaufnahmen oder durch Mehrfachbeobachtungen aus unterschiedlichen Richtungen – und schlicht durch anatomische Erfahrung – räumlich zu trennenden Strukturen; zum anderen aus physikalischen Gründen die sehr geringe Differenzierung bei der Abbildung von Weichteilen. Das zuerst genannte Problem konnte prinzipiell seit 1920 und praktisch verwertbar seit 1930 mittels des Röntgen-Schichtverfahrens oder der Tomographie vorläufig gelöst werden. Dabei wurde die Röntgen-Röhre mit ihrem ausgeblendeten Strahl synchron mit dem Röntgen-Film in einer Kreisbahn um eine Achse in der zu untersuchenden Körperregion gedreht. Eine einfachere Variante war die koordinierte gegenläufige Bewegung in bestimmten Ebenen, sozusagen als Annäherung an die synchrone Drehung in Kreisbahnen. So wurde nur eine ausgewählte Schicht, die die Drehachse und somit die diagnostisch interessante Struktur enthält, auf der Röntgen-Aufnahme hinreichend scharf abgebildet.

Eine sprunghafte Weiterentwicklung der Tomographie wurde ab 1972/73 durch die Fortschritte der Elektronik und der Datenverarbeitung möglich. Erfinder der rechnergestützten Tomographie waren Godfrey Newbold Hounsfield bei der Firma EMI und sein klinischer Partner James Ambrose. Bei der Außenseiterfirma EMI, der eher aus der Welt der Musik bekannten »Electric and Musical Industries Ltd.« in London, blieb es allerdings nicht. Sofort bemächtigten sich bedeutende europäische, amerikanische und japanische Elektronikfirmen mit ihren medizinischen Bereichen dieser neuen Variante der Röntgen-Technik. In dem bald Computertomographie oder kurz CT genannten Verfahren wurde der bewegte photographische Film durch empfindliche Röntgen-Detektoren ersetzt. Dabei wurden verschiedene Scan-Prinzipien realisiert: synchrone geradlinige Bewegung von Röntgen-Röhre und Detektor(anordnung), überlagert von einer Art »Winkbewegung« der Röhre, oder eine synchrone Bewegung von Röhre und Detektorgruppe auf einer Kreisbahn und schließlich die alleinige Bewegung der Röhre vor dem Hintergrund der in einem Vollkreis angeordneten Detektoren.

Die Detektoren nahmen dabei je nach Scan-Prinzip gleichzeitig oder nacheinander Röntgen-Signale auf, die durch den Körper und seine anatomischen Strukturen unterschiedlich geschwächt worden waren. Es wurde also eine Folge von Dichten gemessen, so wie sie der Detektor aus sehr vielen Richtungen »sah«. Mit solchen Daten über Dichten hatte der Detektor aufsummiert; er hatte Integrale der jeweili-

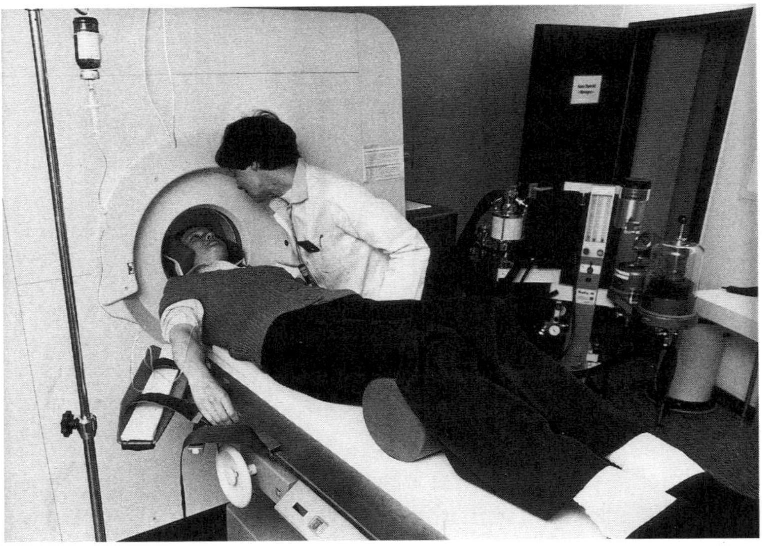

221. Röntgen-Computer-Tomographie zur verbesserten Wiedergabe von Weichteilstrukturen. Photographie, 1981

gen Funktionen der räumlichen Verteilung der Dichte gemessen. Die prinzipielle Aufgabe bestand nun darin, aus diesen Integralwerten die ursprünglichen Funktionen wieder herzustellen. Mit Hilfe der um 1970 zur Verfügung stehenden leistungsfähigen Rechner konnte tatsächlich aus der Folge der – je nach Blickrichtung – unterschiedlich geschwächten Röntgen-Signale eine zu untersuchende anatomische Struktur wiederhergestellt und – in der Auflösung durch die Abtastung begrenzt – das Bild der fraglichen Region auf einem Monitor aufgebaut werden.

Wie sehr der Entwicklungsstand von Elektronik und Computertechnik in der Bildverarbeitung von 1970 entscheidend war, zeigt sich nicht nur im Vergleich mit den bereits praktisch entwickelten Röntgen-Schichtverfahren, sondern auch daran, daß, im Rückblick betrachtet, eine der theoretischen Grundlagen der Computertomographie schon sehr lange bekannt war: So lag die Mathematik, die für die Berechnung der Dichteverteilung aus den Scan-Daten notwendig ist, das heißt für die Rekonstruktion des Bildes aus den Daten über die unterschiedliche Schwächung der Röntgen-Signale durch das Objekt, bereits seit 1917 in allgemeiner Form vor. 1956 hatte es auch Anwendungen in der Radio-Astronomie und 1963/64 im Sinn eines verbesserten Planungsinstruments in der Strahlentherapie gegeben. Diese besonders bedeutende radiologische Anwendung geht auf Allan Macleod Cormack am berühmten Groote Schuur Hospital in Kapstadt zurück. Er wurde zusammen mit Hounsfield 1979 mit dem Nobel-Preis für Medizin geehrt. Der große und von

Anfang an erkennbare Fortschritt der Computertomographie war die durch den Rechner möglich gewordene stärkere Differenzierung bei der Wiedergabe von Weichteilstrukturen. Dies bedeutete einen entscheidenden Vorteil zum Beispiel bei der Darstellung von Tumoren, insbesondere von Hirntumoren, und von lebensbedrohlichen Veränderungen wichtiger Blutgefäße. Mit fortschreitender Leistungsfähigkeit der Datenverarbeitung wurde das räumliche Auflösungsvermögen der Computertomographie deutlich verbessert; trotz verringerter Bestrahlungszeiten allerdings auf Kosten einer etwas höheren Strahlenbelastung der Patienten.

Nicht mit den ionisierenden Röntgen-Strahlen wie bei der Computertomographie, sondern mit einer Kombination von statischem Magnetfeld und energieärmerer Hochfrequenz-Strahlung arbeitet die 1973 durch Paul C. Lauterbur eingeführte Kernspintomographie. Dort, wo die Computertomographie mit beachtlichem Aufwand an Elektronik und Rechentechnik die physikalisch bedingten Grenzen der klassischen Röntgen-Technik hinausgeschoben hat, nämlich bei der Abbildung von Weichteilstrukturen, hat die Kernspintomographie gerade ihr – wiederum physikalisch begründetes – natürliches Arbeitsfeld. Während die ursprüngliche Röntgen-Technik besonders gut Strukturen mit stark die Röntgen-Strahlung absorbierenden Substanzen, etwa die kalziumhaltige Knochensubstanz, abbildet, liegt die Stärke der Kernspintomographie dort, wo es um die Darstellung der Wasser enthaltenden und aus organisch-chemischen Substanzen aufgebauten Weichteile geht. In beiden Fällen liegen letztlich Verbindungen des Wasserstoffs vor.

Von den Kernen des Wasserstoffs, von den Protonen, weiß man seit den kernphysikalischen Arbeiten von Otto Stern (1888–1969), Otto R. Frisch (1904–1979) und Isidor Isaac Rabi in den dreißiger Jahren, daß sie ein Drehmoment, einen sogenannten Spin, besitzen. Der Spin samt dem zugehörenden magnetischen Moment kann sich beim Proton in einem starken äußeren Magnetfeld in zwei bestimmten Richtungen, »parallel« oder »antiparallel«, zum Magnetfeld einstellen. Durch Einstrahlung schwacher resonanter elektromagnetischer Wellen – im Frequenzbereich MHz – und durch eine entsprechende Energiezufuhr läßt sich die »parallele«, energetisch niedrigere Orientierung in energetisch höhere überführen. Dieser energetisch angehobene Zustand des Protons – bildhafter gesprochen: das Umlaufen des nuklearen magnetischen Kreisels – läßt sich durch das Zusammenwirken vieler Protonen wiederum in Detektorspulen nachweisen. Die induzierte Wechselspannung und deren zeitliches Abklingen liefern dann ein Maß für das Vorliegen von Protonen in bestimmter Dichte und in bestimmten chemischen Bindungsverhältnissen. Mit meßtechnischen Tricks, etwa durch Einführung eines räumlichen Verlaufs im äußeren, statischen Magnetfeld, erhält man letztlich mit Hilfe des Rechners die entscheidenden Hinweise auf räumliche Strukturen in den Weichteilen, die zum einen Wasser enthalten und zum anderen aus stark protonenhaltigen, organisch-chemischen Verbindungen aufgebaut sind. – Obwohl die Kernspintomographie mittlerweile einen hohen Leistungsstand erreicht hat und in der Darstellung des Gehirns, des Rückenmarks und der Blutgefäße führend ist, ist die Entwicklung bildgebender Verfahren keinesfalls abgeschlossen. Die Faszination, die von der Nutzung feinster physikalischer Effekte für die Beurteilung chemischer Bindungsverhältnisse und anatomischer Strukturen ausgeht, hat die Einbeziehung der Elektronenspinresonanz in die Reihe der möglichen bildgebenden Verfahren bewirkt.

Bei der Beurteilung von Hirnfunktionen und deren Störungen gibt es seit 1968 Ansätze, das bisher benutzte Elektroenzephalogramm (EEG), das auf der Ableitung der Hirnströme beruht, durch eine Messung der durch diese Hirnströme aufgebauten schwachen Magnetfelder zu ergänzen. Zusammen mit einer durch die Kernspintomographie anzulegenden »Kartographie« des Gehirns sind solche magnetischen Vielkanal-Untersuchungen in der Lage, zeitlich und räumlich hoch aufgelöste Darstellungen von Gehirnaktivitäten zu liefern. Derartige Untersuchungen sind besonders bei epileptischen Erkrankungen und bei der Prognose von Schlaganfällen geeignet. Dieses meßtechnisch und medizinisch anspruchsvolle Verfahren zur Diagnose von Fehlfunktionen des Gehirns kann wegen des enormen Gerätepreises von derzeit 4,5 Millionen DM nur in wenigen klinischen Zentren genutzt werden.

Große Bedeutung bis hinein in die Praxis der niedergelassenen Ärzte hat heute ein physikalisch sehr viel einfacheres bildgebendes Verfahren: die Ultraschall-Sonographie. Mit der Röntgen-Technik teilt sie eine wichtige Anwendung in der industriellen Meßtechnik, nämlich in der zerstörungsfreien Materialprüfung. Und tatsächlich stammte das Gerät, das Inge Edler und Hellmuth Hertz (1920–1990) an der Universität Lund seit 1953 zur Diagnose von Herzklappenfehlern und zur Vorbereitung chirurgischer Eingriffe heranzogen, aus dieser industriellen Anwendung. Trotz der besonders robust erscheinenden ursprünglichen Anwendung bleibt die Tatsache, daß ein Verfahren, welches auf der Reflexion von Schallwellen beruht, im Vergleich zur Absorption von ionisierender Strahlung medizinisch als besonders schonend angesehen werden kann. Sein geringes Risiko macht es besonders geeignet zur Überwachung ungeborener Kinder im Rahmen der Schwangerschaftsvorsorge-Untersuchungen. Seit 1957 wird die Ultraschall-Sonographie zur Abbildung des Kindes im Mutterleib benutzt. Doch ähnlich wie bei der Computertomographie wurden die physikalischen Möglichkeiten erst durch den Einsatz von Elektronik und Rechentechnik voll ausgeschöpft.

Um die diagnostischen Verfahren mit einer einfachen, gleichwohl wegen der verwandten neuen Materialien modernen Technik abzuschließen: Zu den heute zweifellos klinisch und in der Einzelpraxis durchzuführenden Methoden zählt die durch die Benutzung von Glasfiber-Optiken besonders einfach zu handhabende und leistungsfähige Endoskopie. 1957 führte Basil Hirschowitz, der an der Universität von Michigan in Ann Arbor arbeitete, das Glasfiber-Endoskop zur direkten, optischen Inspektion des Magens ein, und zwar als Glasfibergastroskop.

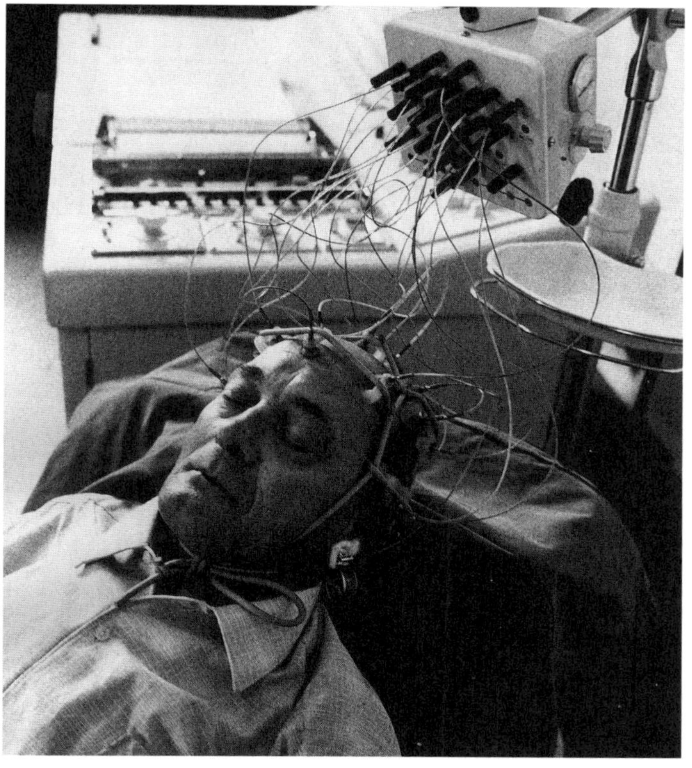

222. Elektroenzephalographie zur Ableitung und Aufzeichnung der Hirnströme. Photographie von Rudolf Dietrich, 1971

Das tiefe Eindringen der modernen diagnostischen Verfahren in anatomische Details und in biochemische Prozesse wie überhaupt das Ausstrahlen der modernen Hochtechnologie auf das lange Zeit eher handwerklich anmutende medizinische Gerät kann nicht darüber hinwegtäuschen, daß die Medizintechnik gewichtige Fragen aufwirft. Einmal hat sie schlicht ihre Grenzen, wie man an den Virus-Infektionen, an den Autoimmun- und den Tumorerkrankungen unschwer erkennen kann. Zum anderen sind, insbesondere zum Zeitpunkt der Einführung neuer Techniken, Nutzen und Risiken selten sicher abzuschätzen. Dies galt für die Röntgen-Diagnostik und die Strahlentherapie und gilt nach wie vor für die Chemotherapie.

Von großer gesellschaftlicher und politischer Bedeutung sind die Probleme, die durch die wachsenden Kosten der »Apparatemedizin« entstehen. Zusammen mit den Pflegekosten, den Kosten für Arzthonorare und Medikamente bringt sie entweder die Sozialsysteme der wohlhabenden Industriestaaten an den Rand ihrer Leistungsfähigkeit, oder sie polarisiert solche Gesellschaften, in denen das soziale Netz

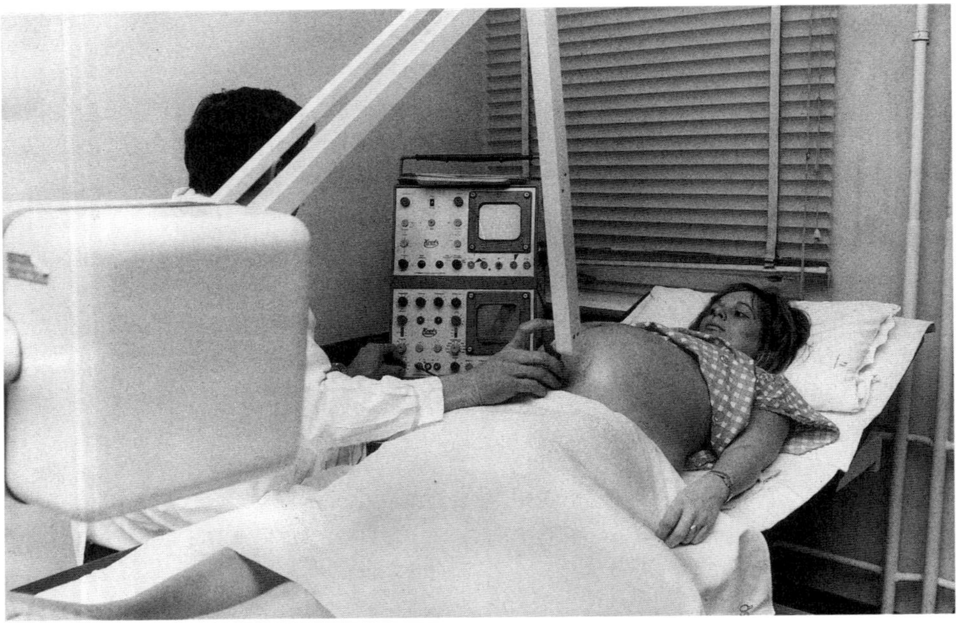

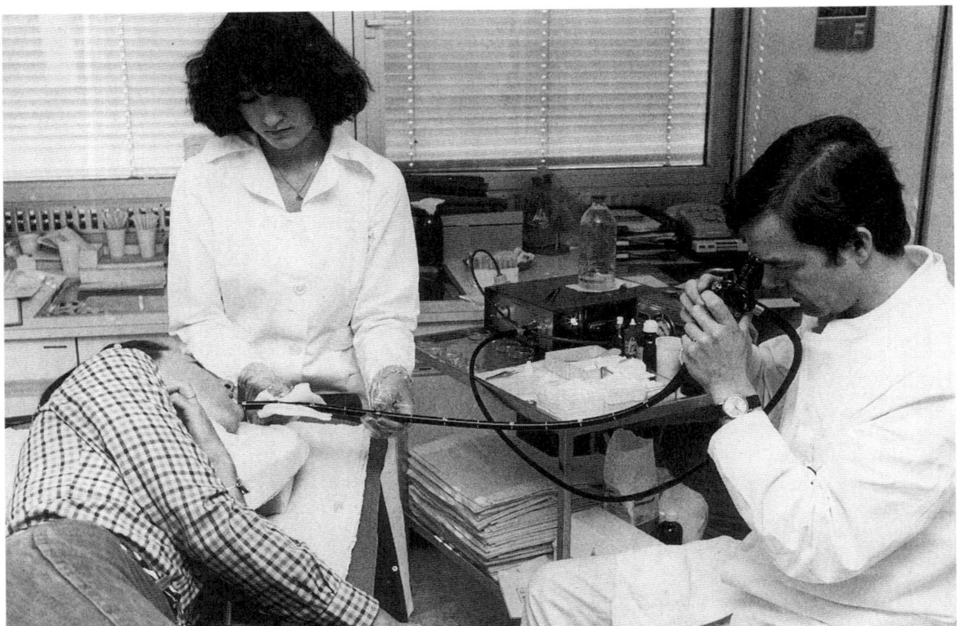

223. Verwendung des Ultraschallgeräts im Rahmen der Schwangerschaftsvorsorgeuntersuchung. Photographie von Sabine Brauer, 1974. – 224. Glasfibergastroskopie: Magenuntersuchung mit Hilfe eines durch die Speiseröhre eingeführten optischen Systems. Photographie, 1977

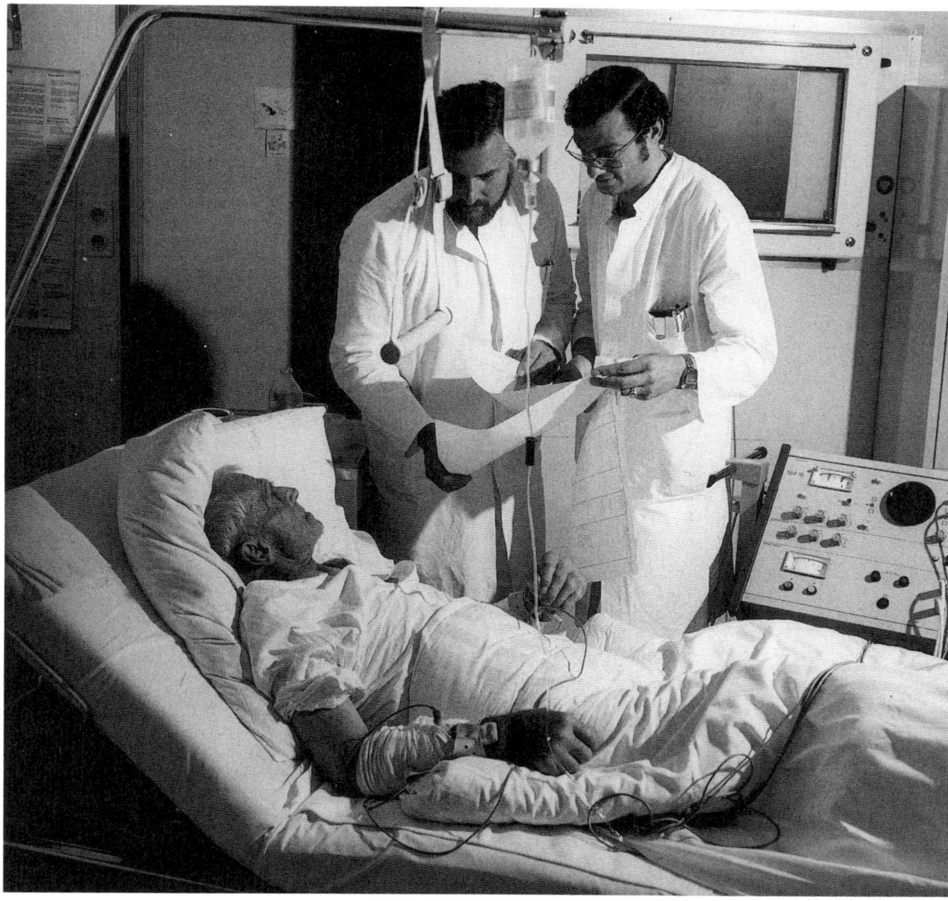

225. Der Alterspatient in der Umgebung von Klinik und Medizintechnik. Photographie von Oscar Poss, 1975

nicht ganz so dicht geknüpft ist. Noch viel weniger gesichert ist die Teilhabe der Menschen der Dritten Welt an den Segnungen der modernen Medizin, genausowenig wie ihre Teilhabe an der allgemeinen Entwicklung des Lebensstandards der reichen Industrieländer. Selbst die unzweifelhaft deutlich gewachsene Lebenserwartung wird gelegentlich kritisch diskutiert. Ivan Illich hat 1973 mit seinem Buch »Medizin als Epidemie...« der Medizin mit der herrschenden Rolle von Physiologie und Technik sogar vorgeworfen, daß sie die eigentliche Bedrohung der Gesundheit darstelle. So ist es sicher legitim zu fragen, wie denn die individuelle Qualität dieses verlängerten Lebens aussieht und ob nicht solches Leben zunehmend von Krankheit und deren pharmazeutisch-technischer Behandlung beherrscht wird.

Wissenschaft, Ingenieurwissenschaft und industrielle Anwendung

Wechselwirkung von Wissenschaft und Technik – Wunschvorstellung und historische Wirklichkeit

Es gibt eine große Zahl von Äußerungen bedeutender Autoren der Wissenschafts- und Technikgeschichte, die das Wechselspiel von Naturwissenschaft und Technik geradezu als Kennzeichen des industriellen Zeitalters ansehen. Mit der Aufhebung der aristotelischen wie platonischen Grenzziehung zwischen reinem Denken und körperlichem Tun, zwischen Wissenschaft und Technik, glaubte man das entscheidende Moment der Neuzeit als Auslöser der wissenschaftlichen und industriellen Revolution seit Bacon (1561–1626) und Descartes (1596–1650), seit Galilei (1564–1642) und Newton (1643–1727) und seit Papin (1647–1712) und Watt (1736–1819) benannt zu haben, seit Maxwell (1831–1879), Hertz (1857–1894) und Marconi (1874–1937).

Heute scheint zwischen Wissenschaft und Technik die Grenze vollends fließend zu werden. Rolf Kreibich, langjähriger Präsident der FU Berlin, sieht im »Paradigma von Wissenschaft–Technologie–Industrialismus« das beherrschende Element unserer modernen »Wissenschaftsgesellschaft«. In seinem 1986 erschienenen Buch »Die Wissenschaftsgesellschaft, Von Galilei zur High-Tech-Revolution« versucht er zu zeigen, daß seit der Wende vom 16. zum 17. Jahrhundert, also mit dem Entstehen der empirischen und mathematischen Naturwissenschaft, die entscheidenden Impulse für den Fortschritt der Gesellschaft von den Methoden der Wissenschaft und von der Verwertung der Wissenschaft ausgegangen sind. Auf allen Gebieten sei die Wirkung der Wissenschaft zu spüren: natürlich auf dem Gebiet der Gewinnung von Erkenntnis, aber auch bei der technischen Beherrschung der Natur, bei der Mehrung des materiellen Wohlstandes und nicht zuletzt bei der Erringung von militärischer Macht und politischem Einfluß.

Kreibich sieht dabei einen charakteristischen Übergang von den wenigen individuell durchgeführten Experimenten Galileis über die – immer noch weitgehend individuell arbeitende – experimentelle und theoretische Naturwissenschaft des 19. Jahrhunderts bis hin zur modernen Großforschung des 20. Jahrhunderts. Hier werden – so Kreibich – im Rahmen eines stark vernetzten wissenschaftlich-industriell-militärischen Komplexes die Erzeugung und die Verwertung wissenschaftlicher Informationen durch und durch geplant. Dabei sind nicht so sehr die einzelne wissenschaftliche Entdeckung oder die einzelne technische Erfindung entscheidend, sondern die neuen Planungsmethoden in der Wissenschaft, in der technischen Entwicklung und bei der Verwertung von Erfindungen. Und weil diese Art von geplanter Wissenschaft und geplanter Wissenschaftsverwertung im naturwissenschaftlich-technischen Bereich so erfolgreich ist, strahle sie auch auf die wissenschaftliche Erfassung und politisch-wirtschaftliche Handhabung sozialer Systeme aus. Zudem werden auch intelligente Funktionen des Menschen an sich, seine Erkenntnisfähigkeit, der Bereich seiner sinnlichen Wahrnehmung und seine Fähigkeit zum koordinierten Handeln, immer mehr durch sogenannte intelligente Technologien ersetzt.

Wenn man den Blick auf die Politik richtet, so ist es offensichtlich, daß, gerade in der Bundesrepublik unter dem Eindruck von Strukturkrisen in Regionen und Branchen, von den Verbänden und von den politisch Verantwortlichen heute eine immer stärkere Leistung der Hochschulen für die Wirtschaft gefordert wird. Dabei geht es um Technologietransfer, das heißt darum, aus der Wissenschaft heraus konkrete Beratung und Unterstützung in die Betriebe und Werkstätten hineinzutragen. Das Ziel sind letztlich die Sicherung bestehender Arbeitsplätze und die Schaffung neuer, zukunftsträchtiger Arbeitsplätze.

Den zunehmenden Forderungen an die Wissenschaft, anwendungsfähige Ergebnisse zu liefern, entsprechen längst jene Formen, in denen Wissenschaft und der geplante Übergang in die Technik organisiert worden sind. Die Verkoppelung von Wissenschaft und Technik mit dem erklärten Ziel einer Förderung von Staat und Wirtschaft ist im Grunde seit der Neuzeit allgegenwärtig, etwa als Motiv der Gründungen der Akademien in London und Paris kurz nach 1660. Sie drückt sich aus in der Einrichtung der Gewerbeschulen und Polytechniken im vergangenen Jahrhundert, in der Gründung der Physikalisch-Technischen Reichsanstalt, der Göttinger Vereinigung zur Förderung der angewandten Physik und Mathematik und der Kaiser-Wilhelm-Gesellschaft um die Jahrhundertwende. Ein Höhepunkt wurde hier in der Nachkriegszeit erreicht, mit dem explosionsartigen Wachsen der Großforschungseinrichtungen, wie dem Kernforschungszentrum Karlsruhe oder der Kernforschungsanlage in Jülich. In diesen Zusammenhang gehören insbesondere die seit dem Zweiten Weltkrieg in den USA geschaffenen, engen Kooperationen zwischen Hochschule und Industrie und die seit Mitte der achtziger Jahre in der Bundesrepublik entwickelten und stark regional ausgerichteten neuen Organisationsformen dieser Wechselwirkung von Wissenschaft und Technik. Vielfach im Umkreis von Hochschulen entstanden so Technologiezentren als Dachorganisationen für junge und innovative Betriebe und Gesellschaften für Technologietransfer als Vermittlungsorganisationen für Industrieaufträge an die Hochschulen.

Eine wichtige Funktion bei der Forschungsförderung und bei der Anregung innovativer technischer Entwicklungen kommt in der Bundesrepublik dem seit 1973 bestehenden »Bundesministerium für Forschung und Technologie« (BMFT) zu. Die Tatsache, daß trotz der nach wie vor herausragenden Grundlagenforschung die Bundesrepublik bei der raschen Umsetzung in marktfähige Produkte im Vergleich zu Japan weniger erfolgreich ist, wird auf mangelnde politische Strategien zur effektiven Verwendung von Förderungsmitteln zurückgeführt; mit Sicherheit verweist sie aber auch auf die Spannungen zwischen hochrangiger Grundlagenforschung und industrieller Technik und auf die internen Reibungsverluste zwischen Forschung, Entwicklung, Produktion und Marketing auf der Seite der Industrie.

Diese stark politisch geprägten Transfer-Strukturen und die Forderungen, die an diese gerichtet werden, kommen nicht von ungefähr. Spätestens seit 1945 gibt es ein sehr einleuchtendes Modell für eine geglättete Beschreibung der Wechselwirkung von Wissenschaft und Technik, nämlich das Modell der »Assembly line«, der Montagestraße, des Fließbandes. Es wurde vornehmlich in den USA der Forschungspolitik und den wissenschaftsorganisatorischen Strukturen zugrunde gelegt. Am Anfang einer solchen »Assembly line« steht ein Wissenschaftler, also die Grundlagenforschung. Ihm folgen typische weitere Stationen: angewandte Forschung, Konstruktions- und Erfindungstätigkeit, Entwicklung und Marketing. So wird auf einer »Assembly line« eine wissenschaftliche Idee stetig in eine Innovation, in ein innovatives Produkt oder Verfahren verwandelt. Aus der Sicht der Forschungspolitik muß deshalb eine industrielle Gesellschaft, die bewußt Innovationen erzeugen will, danach streben, am Beginn der Montagestraße Geld zu investieren, um nach einer gewissen Zeit das innovative Produkt oder Verfahren zur Verfügung zu haben.

Erfolgreich mit dem Konzept der Großforschung und mit der engen Ankoppelung der technischen Entwicklung, nicht zuletzt politisch-militärisch erfolgreich, waren zweifellos die USA. Ein Beispiel ist die Entwicklung des Radars von einem physikalischen, geophysikalischen Meßgerät zu einem militärisch entscheidenden Ortungsverfahren. Das Paradigma dieser anwendungsbezogenen Großforschung war jedoch das Manhattan-Projekt. In einer Spanne von 6 Jahren wurde hier aus der Entdeckung der Kernspaltung, die zum Teil mit einfachsten physikalischen und chemischen Methoden arbeitete, eine anwendungsfähige Waffe entwickelt, wobei die eigentliche Laufzeit des Manhattan-Projektes sogar nur 3 Jahre betrug. Es ist also wohl kein Zufall, daß in den USA das Modell der »Assembly line« zunächst fest im Bewußtsein der Wissenschaftspolitiker in der Administration und in den Spitzen der Universitäten und Fakultäten verankert war – und es für die nächsten Jahrzehnte blieb. Das Motto wurde 1945 von einer wissenschaftspolitischen Elite unter Leitung des in der Entwicklung von Analogrechnern und in der Organisation und Entwicklung von Militärtechnik tätigen Vannevar Bush (1890–1974) vom Massachusetts Institut of Technology geprägt, und zwar in seinem Bericht »Science, the endless frontier«. In dem Bericht, der zur Gründung der »National Science Foundation« führte, ist davon die Rede, daß neue Produkte, neue Industrien und neue Arbeitsplätze einen beständigen Zuwachs an Wissen über die Gesetze der Natur erfordern und daß dieses neue Wissen ausschließlich durch die Wissenschaft, durch die Grundlagenforschung, erworben werden kann.

Um 1960 gab es jedoch in der amerikanischen Industrie, zum Beispiel bei dem großen Elektrokonzern »General Electric«, erste sehr selbstkritische Töne über die Bedeutung der Forschung für die eigene Entwicklung. Man hatte offenbar selbst den Eindruck gewonnen, daß Grundlagenforschung in Wirklichkeit eine Art Glücksspiel sei, bei dem nur außerordentlich finanzstarke Firmen die wenigen Chancen für die Entwicklung neuer Technologien nutzen können. Hinzu kamen gezielte wirtschaftswissenschaftliche Untersuchungen. Sie ergaben für eine Anzahl von 61 wichtigen Erfindungen des 20. Jahrhunderts, von der Acryl-Faser bis zum Reißverschluß, daß das Modell einer direkten und ausschließlichen Entwicklung aus rein naturwissenschaftlichen Erkenntnissen für diese Fälle nicht stimmig war. Abgesehen von wachsenden Zweifeln auch auf der höchsten politischen Ebene, etwa während der Johnson-Administration, brachte vor allem das Projekt »Hindsight« in den sechziger Jahren eine starke Erschütterung der wissenschaftspolitischen Glaubensgrundsätze. Das Projekt »Hindsight« war vom »Department of Defense« finanziert worden und sollte dessen Ausgaben für Wissenschaft und Technik bewerten. Im Detail versuchte dieses Projekt für 20 militärtechnische Systeme die verschiedenen auslösenden Faktoren zu ermitteln. Das Ergebnis war, daß nur 0,3 Prozent der Faktoren mit Ergebnissen aus der Grundlagenforschung zu identifizieren waren. Eine qualitative Einschätzung ergab, daß Grundlagenwissen innerhalb von zwanzig Jahren kaum zum Tragen kommt. Allenfalls längerfristig, nach fünfzig oder mehr Jahren, gehe Grundlagenwissen regelmäßig in technische Innovationen über. Dies war eine außerordentlich ernüchternde Feststellung, die allerdings durch das Projekt »Traces« auf dem zivilen Sektor nicht ganz bestätigt wurde, wobei hier die Finanzierung von der »National Science Foundation«, der großen amerikanischen Forschungsförderungsorganisation, herrührte.

Die bereits kräftig entwickelte amerikanische Wissenschafts- und Technikgeschichtsschreibung hatte allerdings längst auf die Fragwürdigkeit der »Assembly line« hingewiesen. Sie hatte darauf aufmerksam gemacht, daß Technik keinesfalls immer nur aus Wissenschaft entsteht, daß mittlerweile Wissenschaft genauso oft aus Technik erwächst. In der Folge hat die gleichzeitig sehr theoriefreudige angelsächsische Technikgeschichtsschreibung Ansätze für ein Modell einer eigenständigen Technikentwicklung formuliert, welche die Unterschiede in der Entwicklung von Naturwissenschaft und Technik, mithin die Probleme in der Wechselwirkung von Wissenschaft und Technik prägnant beschreiben. Demnach steht die Technik anders als die Naturwissenschaft unter dem Zwang, das eigene Stagnieren oder gar Versagen vorauszusehen und Gegenmaßnahmen zu planen. Außerdem ist es nicht das Ziel der Technikentwicklung, lediglich einzelne Apparate und Verfahren zu erfinden, also technische Spitzenleistungen zu erbringen, sondern ein möglichst gleichmäßiges Entwicklungsniveau der Komponenten und ihr perfektes Zusammenwirken in großen Systemen zu garantieren. Theoretisches Wissen hat hier mehr den

Charakter eines großen Reservoirs, doch nicht so sehr den einer Quelle, die unmittelbar in technisch-praktische Anwendung fließt. Anders als die Gewinnung von Grundlagenwissen ist die Entwicklung großer technischer Systeme – etwa der Energieversorgung, der Nachrichtentechnik, der Großchemie – zudem von kritischen Massen finanzieller, personeller und organisatorischer Art geprägt.

Die Technik großer Systeme wird, trotz der Eigendynamik, die solche kritischen Massen entfalten, von ihrer jeweiligen geographischen, politischen und sozialen Umgebung geformt, wobei heute zusätzlich ökologische Forderungen in diesen Prozeß immer stärker einbezogen werden müssen. Und mit der zunehmenden Komplexität der Anforderungen an die Technik verstärkt sich noch einmal die Tendenz, zwar auf Wissenschaft als eine der möglichen Ressourcen zurückzugreifen, aber nicht einfach Grundlagenforschung als Garantie für Fortschritt und für sichere Problemlösungen in der Technik zu fördern. Umgekehrt ist die Wissenschaft vielfach geradezu abhängig von der Technik geworden. Hochentwickelte Technik in der Elementarteilchen-Physik ist sogar so dominierend, daß sie in ihrer Rückwirkung fast so etwas wie eine eigene naturwissenschaftliche Wirklichkeit schafft.

In der Tat ist die moderne Technikgeschichte voll von Beispielen, an denen ein eher gespanntes Verhältnis von Grundlagenwissen und Anwendung abzulesen ist. So entstand die Wattsche Dampfmaschine aus einer thermodynamischen Fehleinschätzung der älteren Newcomen-Maschine. Rudolf Diesel (1858–1913) mußte sein theoretisches Konzept, den durch einen Carnotschen Kreisprozeß repräsentierten maximalen thermodynamischen Wirkungsgrad in einem Verbrennungsmotor zu realisieren, aufgeben, um einen wirklich lauffähigen Motor zu bekommen. Der Maschinenbau krankte bis in das 20. Jahrhundert hinein daran, daß eine physikalisch gut begründete Werkstoffkunde erheblich hinter der praktischen Verarbeitung und Verwendung von Materialien zurückblieb, insbesondere im Bereich Eisen und Stahl. Im Verhältnis Elektrodynamik und Elektrotechnik klaffte zeitweise eine bemerkenswerte Lücke zwischen der Front der Forschung und der technischen Anwendung. Beim Manhattan-Projekt darf man nicht den ungeheuren finanziellen und personellen Aufwand vergessen, die Mehrgleisigkeit bei der Anreicherung von Uran-235 und die Doppelstrategie bezüglich der Spaltstoffe Uran 235 und Plutonium. Auch die Energietechnik, etwa beim Bau der Kernreaktoren oder bei der Entwicklung magnetohydrodynamischer Generatoren, war von den Problemen an der Nahtstelle von Wissenschaft und Technik geprägt. Kaum weniger problematisch war das Verhältnis von Wissenschaft und Technik in der Chemie. Der erste künstliche Farbstoff Mauvein, der aus dem Teerbestandteil Anilin synthetisiert wurde, entstand unerwartet bei einer vermeintlichen Synthese des fiebersenkenden Naturstoffs Chinin. Fast chronisch waren dann auch lange die Probleme von Grundlagenwissen und Anwendung in der Pharmakologie, einmal wegen der sich im 19. Jahrhundert nur langsam entwickelnden Strukturchemie, zum anderen – und hier zum Teil bis heute anhaltend – mit Blick auf die schwer faßbaren physiologischen Mechanismen der Wirkung pharmakologischer Substanzen. In der Gentechnik wurden – ein Novum in Wissenschafts- und Technikgeschichte –, als es gelungen war, gentechnisch Erbinformationen von einem Bakterium auf ein anderes zu übertragen, starke ethische Hemmungen bei einem Teil der Beteiligten ausgelöst.

Die Nahtstelle von Grundlagenwissen und technischer Anwendung ist aber nicht allein ein ethisch sensibler Bereich; auch die enormen gesellschaftlichen und politischen Probleme der Technikentwicklung entstehen vielfach an dieser kritischen Stelle. Mit der Kerntechnik haben sich diese Probleme zum ersten Mal dramatisch zugespitzt. In der Regel müßte deshalb genau hier die Technikfolgenabschätzung einsetzen. Denn Forschungsergebnisse überwinden heute nicht mehr nur deshalb so schwer die Schwelle zur Entwicklung marktfähiger Produkte, weil in Wissenschaft und Technik jeweils eigene Motive bestimmend, das Wissen in der Wissenschaft und das in der Technik oft so schwer vereinbar sind oder es schlicht Unverträglichkeiten in den Mentalitäten von Wissenschaftlern und Technikern gibt, sondern weil der Übergang keine ausreichende gesellschaftliche und politische Akzeptanz findet. Schließlich kann man selbst dann, wenn man über herausragen-

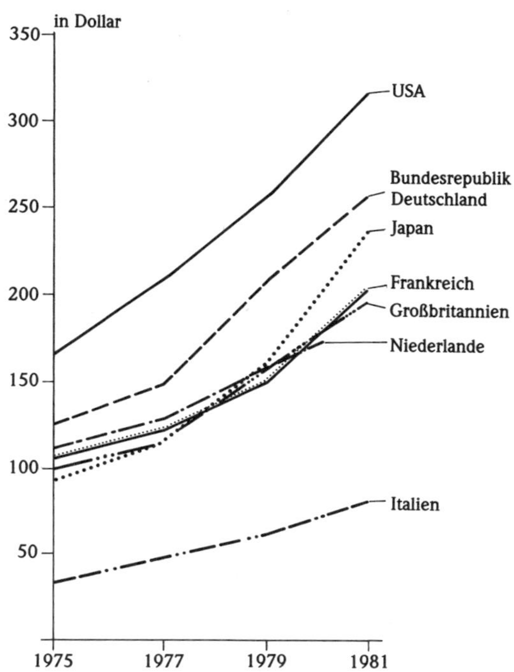

Bruttoinlandsausgaben für Forschung und Entwicklung je Einwohner in ausgewählten Staaten (nach Kreibich)

des Grundlagenwissen verfügt, scheitern, falls man den Wettlauf bei der Überführung in ein marktfähiges Produkt verliert. Mit deutlich gereiztem Unterton wird deshalb in der westlichen Industriepolitik die immer noch hohe Forschungsleistung der USA und der europäischen Länder der bloßen Steigerung der industriellen Produktivität in Japan entgegengehalten.

Physik und Elektrotechnik

Unter den Ingenieurwissenschaften ist die Elektrotechnik am stärksten durch das Verhältnis von physikalischem Grundlagenwissen und technischer Anwendung geprägt, wobei dieses Verhältnis außerordentlich problembeladen war und bis heute ist. Dies zeigt sich daran, daß die frühe Telegraphentechnik als »aristocratisch-conservative(s)« Element der Elektrotechnik in der Hand von wenigen Physikern lag, daß dann die Starkstromtechnik ab 1880 robuste, maschinenbauliche, ingenieurmäßige Züge bekam. Und viele wichtige Entwicklungsschritte im Elektromaschinenbau von der Idee der Selbsterregung, über die Einführung der Roebel-Stäbe bis hin zur Lösung der vielfältigen Kühlungsprobleme waren genuin ingenieurwissenschaftliche Leistungen. Umgekehrt fand der Physiker Oliver Heaviside (1850–1925) kein Gehör mit seinem Vorschlag, durch Erhöhung der Induktivität der Kabel die Verzerrungen beim Telefonweitverkehr zu verringern. Erst mit der drahtlosen Nachrichtenübermittlung ab 1900 rückte wieder stärker die vordere Front der Entwicklung der Physik in den Mittelpunkt der Elektrotechnik, etwa in Gestalt der Versuche von Heinrich Hertz oder der Arbeiten Arnold Sommerfelds (1868–1951) über Ausbreitung elektromagnetischer Wellen unter bestimmten Randbedingungen, also durch die – endlich – erfolgte Rezeption der vollständigen Maxwellschen Feldgleichungen und deren Anpassung an technisch relevante Problemstellungen. Doch auch nach dieser erneuten Annäherung blieb der Austausch von Physik und Elektrotechnik schwankend und spannungsgeladen. Was die Physiker im Bereich der Glühelektronenemission jahrzehntelang an theoretischem Wirrwarr boten, war offenbar für die Elektrotechniker der frühen Röhrenentwicklung schlechthin abschreckend. Nicht anders ist der »antiphysikalische Geist« zu verstehen, den Hans Rukop (1883–1958) als Physiker und als Verantwortlicher der Röhrenentwicklung bei Telefunken unter den Elektrotechnikern beobachtete.

Eine Teilentwicklung in der Elektrotechnik, die unmittelbar an Hertz anschloß und ebenfalls die Problematik der Wechselwirkung zwischen Wissenschaft und Technik offenbarte, aber auch massiv die Vernetzung mit der politischen Geschichte, war die Entwicklung des Radars. Offensichtlich ist, daß die Entwicklung des Radars in allen Ländern von der theoretischen und experimentellen Elektrodynamik des 19. Jahrhunderts ausgegangen ist. Deutlich wird aber ebenso, wie sehr schon die technischen Vorgängerverfahren des Radars bis 1930 darunter litten, daß die notwendige Begleittechnik noch nicht den geeigneten Standard erreicht hatte, etwa auf dem Gebiet der Elektronenröhren, bei der Anwendung der Röhren in der Impulstechnik, im Bereich der Kathodenstrahl-Oszillographen als Anzeigegeräte und bei den empfindlichen Breitbandempfängern. Insofern war die endgültige Entwicklung des Radars eine Leistung von Forschern, die sicher mit praktischer Radioelektronik umgehen konnten und die Methoden der Erzeugung und Messung von Radiowellen beherrschten. Unverkennbar ist dabei, daß das Hohlraum-Magnetron als leistungsfähige Senderöhre für Zentimeterwellen, das 1942/43 den Durchbruch für die britische und – nach dem Transfer – für die amerikanische Radartechnik bedeutete, eher funktionierte, als daß man seine Funktion theoretisch wirklich voll verstanden hätte. – Charakteristisch für die Probleme, die fast zwangsläufig an der Grenze von Physik und Elektrotechnik entstehen, sind auch die beachtlichen Schwierigkeiten, die Walter Schottky (1886–1976) bis 1939 mit der Erklärung der – industriell bereits genutzten – Festkörpergleichrichter hatte. Obwohl die sehr kleine Dimension der Sperrschicht völlig klar war, mußte er vor der Aufnahme des Defektelektronen-Konzepts, was eine physikalische Erklärung der Richtung der Diodenwirkung angeht, wie gegen eine Wand rennen – er, der als einer der wenigen Planck-Schüler, als Rostocker Hochschullehrer und als erfolgreicher Mitarbeiter bei Siemens geradezu prädestiniert war für die Lösung solcher Probleme.

Selbst die Entwicklung der Halbleitertechnik in den fünfziger und sechziger Jahren ist nicht unbedingt eine Erfolgsgeschichte der Wechselwirkung von Physik und Elektrotechnik. Zwar hatten mit John Bardeen, Walter Brattain und William Shockley drei Physiker mit dem Transistor eine Erfindung von technisch herausragender Bedeutung gemacht, aber die Probleme der technologischen Prozesse und die Schwierigkeiten einer Produktion mit reproduzierbaren elektrischen Eigenschaften waren so groß, daß die Beherrschung der Festkörperphysik bald kein ausreichendes Kriterium mehr war. Außerdem war man unter dem Zwang der Miniaturisierung und mit dem Komplexer-Werden der Schaltungen mit den diskreten Bauelementen an die Grenzen des in der Montage Machbaren gekommen. Wenn in einem Rechner um 1960 bereits mehr als 100.000 Bauelemente zu verdrahten waren, so blieben gerade aus dieser Sicht weniger Ergebnisse der Festkörperphysik als Fortschritte bei der technischen Bewältigung der Produktionsprobleme gefragt. Insofern bedeutete es einen beachtlichen Einschnitt in der Entwicklung der Halbleitertechnik, als mit eindeutig technologischer Orientierung Jack Kilby bei Texas Instruments und Robert Noyce bei Fairchild um 1960 die ersten integrierten Schaltkreise herstellten. Die Halbleitertechnik war nun endgültig eine ingenieurwissenschaftlich geprägte Technologie geworden, zumal Mitte der sechziger Jahre die ersten Programme zum rechnergestützten Entwurf von Schaltkreisen zur Verfügung standen. Entwurf von integrierten Schaltkreisen, Simulation der

226. Untersuchung von Glasfasern mit Hilfe eines Gaslasers im Forschungslabor von AEG-Telefunken in Ulm. Photographie, 1974

Funktion von Bauelementen und von ganzen Prozessoren und die Steuerung der Prozeßschritte bei der Herstellung gehören heute zweifellos zu den Spitzenleistungen der Ingenieurwissenschaft Elektrotechnik – mit der charakteristischen Abhängigkeit von besonders leistungsfähigen Rechnern.

Wenngleich nicht hinreichend für die Entwicklung der Elektrotechnik, war der Austausch mit der Physik dennoch unerläßlich. Als Brücke zwischen Physik und Elektrotechnik muß man die augenfällige Darstellung zeitlich schneller physikalisch-technischer Vorgänge ansehen, besonders mit Hilfe der von Walter Rogowski (1881–1947) weiterentwickelten Kathodenstrahloszillographen. Aber das große Gebiet neuer Meßtechniken samt deren Eindringen in immer kleinere zeitliche Dimensionen wurde mehr und mehr eine Domäne der Elektrotechnik, mit dem Übergang von dichtegesteuerten Elektronenröhren zu den hohe Frequenzen erlaubenden Laufzeitröhren 1930 bis 1940, vor allem, nachdem etwa seit 1960 immer schnellere Halbleiterbauelemente realisiert werden konnten. Man könnte einen Bogen schlagen bis zu den zeitlich hoch auflösenden laserspektroskopischen Methoden, die heute in der Halbleitertechnik entwickelt und genutzt werden. Wie sehr die Physik die Entwicklung in der Elektrotechnik stimuliert hat, umgekehrt wieder von der Elektrotechnik abhängig geworden ist, zeigt ein Blick in jedes beliebige Beschleunigerlabor. Die Entwicklung von Linearbeschleunigern war charakteristischerweise von einer bei Walter Rogowski 1927 in Aachen angefertigten elektrotechnischen Dissertation ausgegangen. Das erste große 184-inch-Zyklotron, gebaut 1942 bis 1946 in Berkeley, war nicht das Werk eines esoterischen Theoretikers, sondern das des mit Hochfrequenztechnik vertrauten Experimentalphysikers Ernest O. Lawrence (1901–1958).

Aber die Physik hat nicht nur zunehmend begierig Spitzentechnik aufgenommen und sie in der Elementarteilchenphysik gelegentlich fast zum Statussymbol gemacht, sondern sie hat auch immer wieder über Analogiemodelle tiefreichende theoretische Strukturen in die Technik transferiert. So werden in der Nachrichtentechnik die scheinbar weit entfernten Gebiete der statistischen Thermodynamik und der nachrichtentechnischen Signalverarbeitung miteinander in eine denkbar enge Beziehung gesetzt. Offensichtlich gibt es eine theoretisch und experimentell tragfähige Beziehung zwischen der zeitlichen Entwicklung von statistisch beschriebenen Teilchenbahnen – in Gestalt der Fokker-Planck-Gleichung – und der zeitlichen Entwicklung von stochastisch beschriebenen Phasenfehlern bei der durch Rauschen gestörten Übertragung von Signalen. Demnach kann man die Struktur einer Art Diffusionsgleichung für materielle Teilchen auf etwas viel Abstrakteres übertragen: auf die Fortpflanzung von Phasenfehlern. – Vergleichbar oder noch allgemeiner in ihrer Bedeutung ist wohl die Beziehung zwischen dem Boltzmann-Planckschen Entropie-Begriff der statistischen Thermodynamik und dem Entropie-Begriff der seit 1948 publizierten Informationstheorie Claude E. Shannons. So kann man mit Hilfe dieses informationstheoretischen Entropie-Begriffs zum Beispiel die optimale Quellencodierung alphabetischer Texte im Sinne eines theoretischen Grenzwertes diskutieren oder den Grenzwert als Meßlatte an realisierte Codierungen anlegen.

Moderne Ingenieurwissenschaft und technische Systeme

Das komplizierte Wechselspiel von Wissenschaft und Technik ist ein prägendes Element der Ingenieurwissenschaften, zumal in der Elektrotechnik. Aber die Ingenieurwissenschaften stehen nicht nur in einem Spannungsverhältnis zu den naturwissenschaftlichen Grundlagen. Sie sind von ihrer Anwendung her auch zwangsläufig Systemwissenschaften. Sie können sich nie auf einzelne Komponenten beschränken oder auf deren bloßes Summieren. Sie müssen immer das Zusammenwirken der Komponenten und die Wirkung des Systems über seine Grenzen hinweg bedenken, wobei dieses Ausgreifen oft kräftig auf die Formung des Systems zurückwirkt. So ist der Maschinenbau nicht allein Werkstoffkunde, technische Mechanik, die Lehre von den Maschinenelementen und der Bau von Werkzeugmaschinen, sondern zugleich Regelungstechnik, Wissenschaft von Produktionsweisen und Arbeitswissenschaft.

Auf ein in sich geschlossenes technisches System zielt vornehmlich die Elektrotechnik. Während in der Nachrichtentechnik Komponenten, Netze und Systeme lange eher ausgewogene Bedeutung hatten, dominierte in der Energietechnik von Anfang an der Systemaspekt. Und er verweist auf eine ganz andere Art der Wirklichkeit, der die Ingenieure gegenüberstehen, auf etwas, das von der physikalischen Wirklichkeit, der aus der Komplexität experimentell völlig herausgeschälten, weit entfernt ist. Hier geht es um die realen und – spätestens seit der Durchsetzung des elektrischen Beleuchtungssystems am Markt – auch geweckten Bedürfnisse der Menschen, um die ganze Vielfalt von Technikentwicklung und Technikverwendung mit ihren zahlreichen Rückkoppelungseffekten, um geographische, politische und heute zunehmend ökologische Faktoren, die Technik formen.

Schon vor dem Ersten Weltkrieg mußten Dozenturen der Elektrotechnik, noch notgedrungen, vom Entwurf für elektrische Maschinen über elektrische Bahnen, Starkstromanlagen und Stromübertragung bis hin zu Kosten- und Rentabilitätsberechnungen so etwas wie ein elektrotechnisches Gesamtsystem abdecken. Seit 1925, mit der Einführung des neuen und eigenständigen Faches »Elektrizitätswirtschaft«, in Form von ersten Professuren oder durch Vergabe von Lehraufträgen wurde den vielfältigen wirtschaftlichen, technischen und rechtlichen Aspekten der Versorgung mit elektrischer Energie an mehreren Hochschulen Rechnung getragen. Es ist schließlich kein Zufall, daß in der Entwicklung der elektrischen Anlagen und Energiewirtschaft nach 1945 sich der Schwerpunkt einzelner Komponenten auf den systemtechnischen Aspekt der Zuverlässigkeit der Energieversorgung verlagert hat. Eine charakteristische Maßnahme zur Erhöhung der Versorgungssicherheit ist zur Zeit der Anschluß des mit einer größeren Bandbreite von Frequenz- und Spannungsschwankungen geregelten Ost-Netzes an das Netz der alten Länder der Bundesrepublik. Dabei geht es insofern nicht allein um eine Anpassung an das West-Netz der alten Bundesländer, als diese zu dem seit Anfang der fünfziger Jahre aufgebauten westeuropäischen Großverbundsystem der »Union pour la Coordination de la Production et du Transport d'Énergie Électrique« (UCPTE) gehören. Die weltweite Verknüpfung von Kommunikationsnetzen bringt es mit sich, daß ähnliche systemtechnische Tendenzen sich auch in den Bereichen der Nachrichtentechnik und Datenfernverarbeitung durchsetzen.

Theoriebildung in den Ingenieurwissenschaften

Ein weiterer Aspekt neben der Frage der naturwissenschaftlichen Grundlagen und neben dem Systemcharakter der Technik ist die Theoriebildung in den Ingenieurwissenschaften. Eine wissenschaftliche Methode von besonderer Bedeutung für die Entwicklung der Theorie in den Ingenieurwissenschaften ist das Denken in Funktions- und in Analogiemodellen, in Modellen, die die physikalisch-technische Komplexität so weit reduzieren, daß eine mathematische Behandlung dieser Modelle möglich wird. Damit verknüpft ist das massive Eindringen der Simulationstechniken in die ingenieurwissenschaftliche Forschung. Bemerkenswert an dieser Art der Theoriebildung sind nicht zuletzt die Folgen für das Verständnis der physikalisch-technischen Wirklichkeit, das diesen Verfahren zugrunde liegt.

Die Nutzung von Modellen in der Technik ist nicht ganz neu. Modell-Versuche in denkbar engstem Sinn waren eine zentrale Vorgehensweise bei der hydrodynamischen Beurteilung von Schiffskonstruktionen seit dem 19. Jahrhundert. Dem analogen Modell wurde hier – und dies ist wissenschaftstheoretisch bemerkenswert – sozusagen die ganze Komplexität der voneinander abhängigen hydrodynamischen Vorgänge aufgebürdet, und erst vermittelt durch Modellgesetze konnte und kann vom Modell auf das reale Schiff geschlossen werden. Eher didaktisch orientiert und eigentlich nicht mehr ganz zeitgemäß, seitdem man in der Physik die mechanische Modellierung elektrischer Vorgänge ad acta gelegt hatte, waren die frühen Modellbildungen der Elektrotechnik um die Jahrhundertwende. Hier ging es etwa um die Vergleiche elektrischer Schwingkreise mit schwingenden mechanischen Systemen oder, oft darauf aufbauend, um den Vergleich elektrischer Regelkreise mit mechanischen Regelungsverfahren. In diesen didaktischen Zusammenhang gehört zum Teil noch die breite Verwendung von Ersatzschaltbildern bei der Berechnung von Stromkreisen, also die Nutzung von funktionalen Modellen, bei denen die eigentliche physikalisch-technische Struktur von der Oberfläche der ingenieurwissenschaftlichen Argumentation verdrängt worden ist.

Aber didaktische Gesichtspunkte konnten auf die Dauer für die Theoriebildung in der Elektrotechnik kein entscheidendes Argument mehr sein, und dies um so weniger, je mehr die Verwissenschaftlichung der Elektrotechnik vorankam. Charakteristisch wurden ab den sechziger Jahren eine immer ausgefeiltere Modellbildung und ein wachsender Rechenaufwand bei der Auswertung der zugrunde gelegten Modelle.

So zog man zum Beispiel im Bereich der frühen Transistortechnik noch das einfache Ersatzschaltbild einer Tunneldiode und dessen schaltungstechnische Realisierung als Maßstab für die Beurteilung des Aufbaus einer unbekannten Diode heran. Bei der Untersuchung schneller Vorgänge, etwa beim Schaltverhalten von Halbleiterdioden oder beim Großsignalverhalten von bipolaren Transistoren, war es dann mit einfachen Ersatzschaltbildern nicht mehr getan. An ihre Stelle traten bereits recht komplexe Analogiemodelle für das elektrische Verhalten der Bauelemente, und zwar in Gestalt ganzer Netzwerke aus Widerständen und Kondensatoren, die unter Benutzung von Analogrechnern eine Simulation des Großsignalverhaltens eines Transistors ermöglichten.

Die Simulation von Halbleiterbauelementen, insbesondere als Teile hochintegrierter Schaltungen, und die Simulation von technologischen Prozessen wurden schließlich ein Schwerpunkt der ingenieurwissenschaftlichen Forschung im Bereich der Theoretischen Elektrotechnik. Dabei wurde die Physik der Halbleiterbauelemente immer präziser modelliert, nicht zuletzt wegen laufend verkleinerter Dimensionen und des steigenden Grades der Integration. Notwendigerweise mußte aber die grundlegende physikalische Modellierung mit einschneidenden Vereinfachungen geschehen. Wie häufig in der Elektrotechnik konnte man auch hier nicht einfach mit dem vollen Satz der Maxwellschen Gleichungen hantieren. Außerdem vernachlässigte man zum Teil die aus technischer Sicht nur als Grenzfall wichtige Situation der »Avalanche generation«, des lawinenartigen Anwachsens von Ladungsträgerzahlen. Bis vor einigen Jahren ließ sich auch – da bei den typischen Halbleiterstrukturen von 1 Mikrometer (10^{-6}m) und bei Frequenzen bis 100 GHz die Wellenlängen groß gegen die aktiven Gebiete waren – in einer Näherung rechnen, die die Ausstrahlung elektromagnetischer Wellen vernachlässigt.

Aber das Verfahren, aus komplexen physikalisch-technisch zu beschreibenden Sachverhalten ein einfacheres, auf das Problem zugeschnittenes Modell herauszupräparieren, um durch überlegene Rechen- und Rechnerleistung besser auf die Ebene realisierbarer Technik zu gelangen, ist eigentlich in der Elektrotechnik nach ungefähr dreißigjähriger Entwicklung fast allgegenwärtig. So kann man heute mit der Methode der finiten Elemente bei elektrischen Maschinen die technisch wichtigen Größen berechnen und den Betrieb der Maschine mit dem Rechner simulieren, ohne sich um die komplizierten Randbedingungen bei der Integration der grundlegenden Maxwellschen Feldgleichungen kümmern zu müssen. Das physikalische Modell wird auch hier insofern reduziert, als man in der strahlungsfreien Näherung rechnet und zudem Feldfreiheit außerhalb der Konturen der Maschine unterstellt. Charakteristisch sind die ebenso in der technischen Akustik durchgeführten Rechnersimulationen der Hörbarkeit von Räumen mit Hilfe des Modells der Schallteilchen, wo, wie in der geometrischen Optik, Wellenphänomene vernachlässigt werden.

Die anderen modernen Ingenieurwissenschaften sind gleichfalls geradezu durchdrungen von solchen Simulationsverfahren. So existieren seit Mitte der sechziger Jahre Programme, mit deren Hilfe man auf der Grundlage der finiten Elemente-Methode die Festigkeit von Fahrzeugkarosserien berechnen kann. Mit der Finite-Elemente-Methode lassen sich, ähnlich wie mit der Finite-Differenzen-Methode, Größen, beispielsweise mechanische Kräfte, elektromagnetische Feldgrößen oder hydrodynamische Strömungsfelder, in ihrem Verlauf in komplizierten geometrischen Strukturen berechnen. Grundlagen sind die Aufteilung von Flächen oder von Raumgebieten durch Gitternetze beziehungsweise durch kleine, regelmäßige Flächen- oder Raumstücke und die Lösung des dadurch entstehenden umfangreichen Gleichungssystems – unter Berücksichtigung von Randbedingungen – auf einem

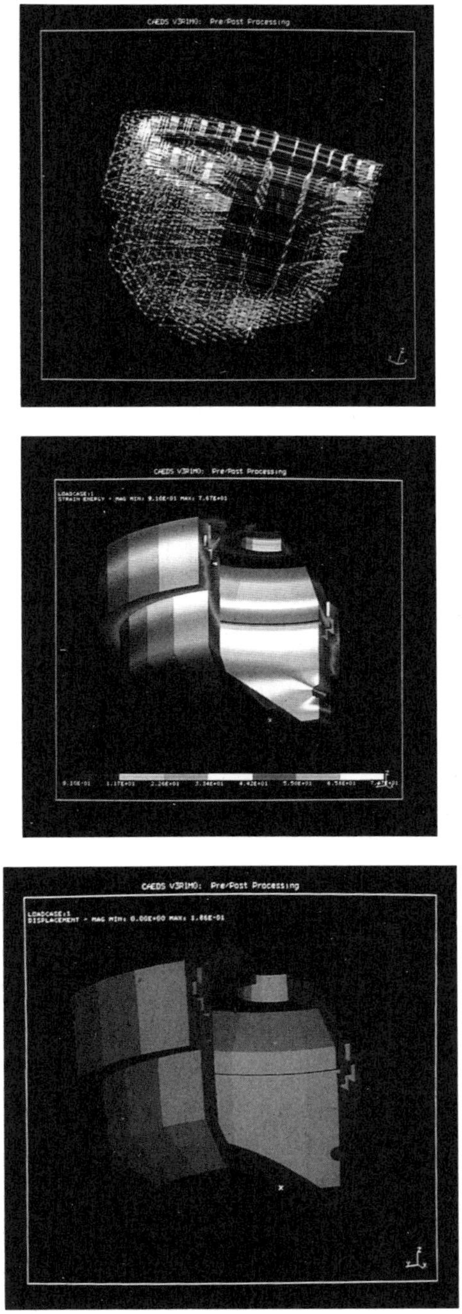

227a bis c. Optimierung einer Zentrifuge: Strukturanalyse nach der Finite-Elemente-Methode, Modellentwurf nach dem Verfahren »Computer Aided Engineering Design« bei IBM. Photographie, 1988

Rechner. Heute lassen sich so bei Fahrzeugen auch die Beanspruchung von Bauteilen und von ganzen Karosserien im Fahrbetrieb mit dem Rechner simulieren, wobei allerdings die Simulation nach dem Vorliegen realer Teile oder nach der Fahrerprobung durch experimentelle Daten unterstützt wird.

Sehr hohen Rechenaufwand erfordert die Lösung komplexerer Probleme der Strömungsmechanik. So hat man es ab Mitte der sechziger Jahre bei der Konstruktion von Schiffen unternommen, Schiffslinien mit Hilfe von Analogrechnern zu erzeugen. Die Schwierigkeit war dabei, daß die Schiffslinien nicht nur die voneinander abhängigen hydrodynamischen Vorgänge, sondern zudem die Forderungen an einen wirtschaftlichen Betrieb des Schiffes spiegeln mußten. Aufgrund von Daten aus Wind- und Seegangsstatistiken sowie aus Modellversuchen kann man mit neuen Rechenprogrammen seit den siebziger Jahren das Verhalten von Schiffen im Seegang simulieren. Dank der Methode der finiten Elemente lassen sich seit den achtziger Jahren, etwa bei Container-Schiffen, die Belastung im Seegang und das Verhalten unter dem Einfluß von Schwingungen, wie sie vom Antrieb erregt werden, numerisch berechnen. Besonders aufwendige Simulationen, die bei zeitabhängigen Problemen auch die Grenzen von Hochleistungsrechnern erreichen, werden seit den siebziger Jahren in der Aerodynamik durchgeführt, zum Beispiel bei der numerischen Simulation der Umströmung von Tragflügeln der Flugzeuge, von Rotorblättern der Hubschrauber und von stumpfen Körpern der Raumfahrzeuge.

In den Ingenieurwissenschaften sind solche Simulationen mit Hilfe von Modellen heute unverzichtbar, weil Experimente – wie bei der Untersuchung elektrischer Netze – aus Sicherheitsgründen praktisch kaum durchführbar sind, die Simulation oft die einzige Chance für die Hochschulen darstellt, mit den an Ausstattung überlegenen Forschungsabteilungen der Industrie mitzuhalten, und technische Systeme oft nur noch auf diese Weise sinnvoll zu realisieren sind. Ein bemerkenswertes Beispiel stellt hier die Entwicklung der Mikroprozessor-Familie 68000 von Motorola dar. Der Entwurf des in einem funktionierenden Muster 1979 vorgestellten Prozessors 68000 mußte vor der Fertigung erst durch ein aus diskreten Bauelementen bestehendes Modell verifiziert werden, da die Simulationsverfahren zu dieser Zeit noch zu langsam waren. Bei dem ab 1984 verfügbaren 32-bit-Prozessor 68020 – wie bei dem später entwickelten 68030 – wurde parallel zur Simulation noch ein diskretes Modell zur Absicherung dieser Simulation aufgebaut. Dabei beanspruchte das diskrete Modell des 68020, also das Modell eines winzigen Chips, einen Raum von nahezu 2 Kubikmetern. Beim Prozessor 68040 wurde wegen der weiter angewachsenen Komplexität und der unterdessen verfügbaren schnellen Simulatoren kein diskretes Modell mehr realisiert. Der Verzicht auf solche Versuchsanordnungen in diskreter Technik konnte freilich nicht kostenlos sein. So erforderte bei IBM 1986 die Simulation einer Sekunde Echtzeit eines ganzen Rechnersystems 1.500 Stunden Laufzeit auf einem Großrechner.

Die Simulation technischer Produkte und technischer Prozesse in kleinsten räumlichen und zeitlichen Schritten suggeriert eine nie gekannte Nähe von Theorie und Praxis. Dies gilt zum Beispiel für fortgeschrittene Methoden des Schaltungsentwurfs. So lassen sich unter Verwendung von »Silicon-Compilern« aus Schaltungsbeschreibungen die Schaltungen und die Masken für die Fertigung von Chips automatisch erzeugen. Außerdem gibt es Algorithmen, also schrittweise rechnerische Lösungsverfahren, mit denen man zum Beispiel die Anordnung von Schaltelementen auf Chips mit Blick auf kürzeste Schaltzeiten optimieren kann. Hier wird also in besonders bildhafter Weise ein theoretischer Ansatz mit Hilfe eines Rechners direkt in den Entwurf eines optimalen Logik-Chips überführt.

Unverkennbar ist in vielen solchen Simulationen, daß die simulierte Welt gelegentlich so etwas wie ein Ersatz der wirklichen Welt wird, daß bewertende Vergleiche oft nur noch innerhalb ganzer Hierarchien von physikalisch unterschiedlich genau modellierenden Simulationen durchgeführt werden, und, leicht ironisch formuliert, daß nicht länger die Ergebnisse der Simulation das Angreifbare sind, sondern die wirkliche Welt. Doch hier geht es nicht um Ironie, sondern um die Feststellung, wie hoch beladen mit Theorie heute die Ingenieurwissenschaften geworden sind. Zwar haben nach wie vor Windkanal, Schlepptank und Prototyp-Versuch nicht ausgedient, bilden die realisierten Bauelemente, Schaltungen, Maschinen und Netze, die realen Automobile, Flugzeuge und Schiffe die unverrückbaren experimentellen Eckpunkte. Aber darüber wölben sich heute, etwa in Gestalt der Simulationsmodelle, beachtliche Schichten von Theorie, bei denen, wie in anderen fortgeschrittenen Wissenschaften, die experimentelle Bestätigung keinesfalls in jedem Punkt gesichert ist.

So werden bei der Simulation von Halbleiterstrukturen eindrucksvolle Landschaften aus errechneten Äquipotentiallinien erzeugt, aus Linien gleicher Ladungsträgerdichten und sogar aus Linien gleicher Teilchentemperatur – was in jedem Fall ein theoretisches Konstrukt darstellt. Bei der Simulation elektrischer Maschinen gibt es ebenfalls einen zwar verdeckten, jedoch kräftigen theoretischen Überbau aus Feldgleichungen, Materialkonstanten, Randbedingungen, der ganzen Methode der finiten Elemente, der dann durch die errechnete räumliche Verteilung des Vektorpotentials komprimiert und anschaulich dargestellt wird, ohne daß eine solche Verteilung in Gestalt des daraus ableitbaren Feldverlaufs grundsätzlich Punkt für Punkt meßbar sein müßte, insbesondere nicht im Betriebsfall. Bei der Simulation überschallschneller Strömungen um stumpfe Körper von Raumfahrzeugen stehen hinter den errechneten und außerordentlich bildhaften Linien konstanter Dichte des strömenden Mediums die ganze komplexe Aerodynamik, mit verschiedenen theoretischen Ansätzen, mit jeweils unterschiedlichen Geltungsbereichen, und eine schrittweise Annäherung an die Geometrie eines realen Flugkörpers im Rahmen der Finite-Differenzen-Methode. Bei der Optimierung großer elektrischer Versorgungs-

228. Spracherkennung als Forschungsgebiet der sogenannten Künstlichen Intelligenz: IBM-System »PC-AT« mit zusätzlichen Signalprozessorkarten und Sprachsignalverstärker. Photographie, 1989

netze ist natürlich das zugrunde gelegte Modell besonders komplex und im Grunde von technischen, ökonomischen und politischen Annahmen abhängig.

Offensichtlich ist jedenfalls, daß die Ingenieurwissenschaften seit den sechziger Jahren endgültig aus dem Schatten der Naturwissenschaften herausgetreten sind. Erkennbar ist dies zum Beispiel an der immer aufwendigeren Theoriebildung in der Elektrotechnik. Und ein charakteristischer Aspekt dieser Theoriebildung ist die Tendenz, daß sowohl punktuell tiefer gelegte Theorien – wie in der nachrichtentechnischen Signaltheorie und in der Informationstechnik – als auch breit angelegte und theoriebeladene Simulationsverfahren immer mehr eine leise Unsicherheit darüber schaffen, wo denn der Bezug zur Wirklichkeit genau gegeben ist. Dies ist ein Problem, das aus den Theorien der modernen Naturwissenschaften nur allzu bekannt ist, insbesondere aus denen der am weitesten fortgeschrittenen Fächer. Nicht zuletzt daran läßt sich ablesen, wie die Ingenieurwissenschaften in den letzten dreißig Jahren – trotz vielfacher interdisziplinärer Bindungen und trotz des engen Bezugs zu einer industriell-technischen, realen Welt – unverkennbar eigenständige wissenschaftliche Disziplinen von hohem Rang geworden sind. In einem tiefer liegenden Sinn haben sich damit weder die Lücken zwischen Wissenschaft und

Technik geschlossen, noch sind die Ingenieurwissenschaften der industriellen Technik und den Märkten so nahe gerückt, wie es die Transferpolitik in der Bundesrepublik meint, fordern zu sollen. Ob aber die Erarbeitung eines umfangreichen Wissensvorrats im Rahmen der Grundlagenforschung in den westlichen Ländern gegenüber der sehr nahe am Markt orientierten japanischen Industrieforschung auf längere Sicht nicht doch Vorteile bietet, wird die Zukunft zeigen müssen.

Bibliographie
Personen- und Sachregister
Quellennachweise der Abbildungen

Hans-Joachim Braun
Konstruktion, Destruktion und der Ausbau technischer Systeme

Abkürzungen

Buddensieg/Rogge =	T. Buddensieg und H. Rogge (Hg.), Die nützlichen Künste, Gestaltende Technik und Bildende Kunst seit der Industriellen Revolution, Berlin '81
Kranzberg/Pursell =	M. Kranzberg und C. W. Pursell, Jr. (Hg.), Technology in Western Civilization, Bd 2, Technology in the twentieth century, New York 1967
K & T =	Kultur & Technik, Zeitschrift des Deutschen Museums München
TaC =	Technology and Culture
TG =	Technikgeschichte
Troitzsch/Weber =	U. Troitzsch und W. Weber (Hg.), Die Technik, Von den Anfängen bis zur Gegenwart, Braunschweig ^{3}1989
HoT =	History of Technology

Allgemeines, Übergreifendes

A. Beltran und P. Griset, Histoire des techniques aux 19 et 20 siècles, Paris 1990; R. Berthold u. a., Produktivkräfte in Deutschland 1917/18–1945, Berlin 1987; W. E. Bijker, T. P. Hughes und T. J. Pinch, The social construction of technological systems, New directions in the sociology and history of technology, Cambridge, MA, und London 1987; B. Brentjes, S. Richter und R. Sonnemann, Geschichte der Technik, Leipzig 1978; C. Chant (Hg.), Science, technology and everyday life 1870–1950, London und New York 1989; M. Daumas (Hg.), Histoire générale des techniques, Bde 4 und 5, Les techniques de la civilisation industrielle, Paris 1978/79; B. Gille (Hg.), Histoire des techniques, Technique et civilisation, Technique et sciences, Paris 1978; G. Gööck, Die großen Erfindungen, Künzelsau 1984 ff.; T. P. Hughes, Die Erfindung Amerikas, Der technologische Aufstieg der USA seit 1870, München 1991; Kranzberg/Pursell; D. S. Landes, Der entfesselte Prometheus, Technologischer Wandel und industrielle Entwicklung in Westeuropa von 1750 bis zur Gegenwart, München 1983; A. I. Marcus und H. P. Segal, Technology in America, A brief history, New York 1989; R. Mayntz und T. P. Hughes (Hg.), The development of large technical systems, Frankfurt am Main und Boulder, Co., 1988; D. C. Mowery und N. Rosenberg, Technology and the pursuit of economic growth, Cambridge 1989; J. Radkau, Technik in Deutschland, Vom 18. Jahrhundert bis zur Gegenwart, Frankfurt am Main 1989; D. Sahal, Patterns of technological innovation, Reading, MA, 1981; A. Schüler, Erfindergeist und Technikkritik, Der Beitrag Amerikas zur Modernisierung und die Technikdebatte seit 1900, Stuttgart 1990; R. Stahlschmidt, Quellen und Fragestellungen einer deutschen Technikgeschichte des frühen 20. Jahrhunderts bis 1945, Göttingen 1977; U. Troitzsch und W. Weber (Hg.), Die Technik, Von den Anfängen bis zur Gegenwart, Braunschweig ^{3}1989; T. I. Williams (Hg.), A history of technology, Bde 6 und 7, The 20th century, Oxford 1982; T. I. Williams, A short history of twentieth-century technology, c. 1900 – c. 1950, Oxford und New York 1982.

Kontinuitäten und Zäsuren

H.-J. Braun, Militärische und zivile Technik, Ihr Verhältnis in historischer Perspektive, in: Uniforschung, Forschungsmagazin der Universität der Bundeswehr Hamburg 1, 1991, S. 58–66; H.-J. Braun, The German economy in the twentieth century, The German Reich and the Federal Republic, London und New York 1990; A. D. Chandler, Scale and scope, The dynamics of industrial capitalism, Cambridge, MA, 1990; W. Fischer, Wirtschaft, Gesellschaft und Staat in Europa 1914–1980, in: W. Fischer (Hg.), Handbuch der europäischen Wirtschafts- und Sozialgeschichte, Bd 6, Stuttgart 1987, S. 1–221; T. P. Hughes, Networks of power, Electrification in Western society 1880–1930, Baltimore und London 1983; B. Joerges, Large technical systems, Concepts and issues, in: R. Mayntz und T. P. Hughes (Hg.), The development of large technical systems, Frankfurt am Main und Boulder, Co., 1988, S. 9–36; D. Petzina, W. Abelshauser und A. Faust, Sozialgeschichtliches Arbeitsbuch III, Materialien zur Statistik des Deutschen Reiches 1914–1945, München 1978; G. Ropohl, Eine Systemtheorie der Technik, Zur Grundlegung der Allgemeinen Technologie, München und Wien 1979; P. Weingart, »Großtechnische Systeme«, Ein Paradigma der Verknüpfung von Technikentwicklung und sozialem Wandel?, in: P. Weingart (Hg.), Technik als sozialer Prozeß, Frankfurt am Main 1989, S. 174–196.

Autarkie und Technik: Landwirtschaft, Grundstoffe und Verfahren

Mechanisierung und Elektrifizierung im Agrarsektor

A. Bauer, Schlepper, Die Entwicklungsgeschichte eines Nutzfahrzeuges, Stuttgart [2]1988; S. Clarke, New Deal regulation and the revolution in American farm productivity, A case study of the diffusion of the tractor in the corn belt, 1920–1940, in: The Journal of Economic History 51, 1991, S. 101–123; P. E. Dewey, British agriculture in the First World War, London und New York 1989; G. Franz (Hg.), Die Geschichte der Landtechnik im 20. Jahrhundert, Frankfurt am Main 1969; K. Herrmann, Die Entwicklung der Elektrotechnik in der Landwirtschaft und in bäuerlichen Haushalten, in: H. A. Wessel (Hg.), Geschichte der Elektrotechnik 7, Fünftes VDE-Kolloquium am 19. 10. 1988 in Mannheim, Offenbach und Berlin 1988, S. 11–29; K. Herrmann, Die Veränderung landwirtschaftlicher Arbeit durch Einführung neuer Technologien im 20. Jahrhundert, in: Archiv für Sozialgeschichte 28, 1988, S. 203–237; K. Herrmann, Pflügen, Säen, Ernten, Landarbeit und Landtechnik in der Geschichte, Reinbek 1985; K. Herrmann, Die Technisierung der Landwirtschaft im 20. Jahrhundert, in: Troitzsch / Weber, S. 366–381; C. C. Spence, Early uses of electricity in American agriculture, in: TaC 3, 1962, S. 142–160; R. M. Wik, Henry Ford and grass-roots America, Ann Arbor 1972; R. C. Williams, Fordson, Farmall, and Poppin' Johnny, A history of the farm tractor and its impact on America, Urbana 1987.

Rationalisierung im Bergbau und Mineralölverarbeitung

J. Beer, Kohle und Öl, in: Troitzsch / Weber, S. 350–365; U. Burghardt, Die Rationalisierung im Ruhrbergbau (1924–1929), Ursachen, Voraussetzungen und Ergebnisse, in: TG 57, 1990, S. 15–42; U. Burghardt, Elektrische Maschinen im Ruhrkohlenbergbau, 1900 bis 1935, in: H. A. Wessel (Hg.), Geschichte der Elektrotechnik 7, Elektrotechnik – Signale, Aufbruch, Perspektiven, Fünftes VDE-Kolloquium am 19. 10. 1988 in Mannheim, Offenbach und Berlin 1988, S. 31–45; K. Dix, What's a coal miner to do? The mechanization of coal mining, Pittsburgh 1988; E. Kroker, Bruchbau kontra Vollversatz, Mechanisierung, Wirtschaftlichkeit und Umweltverträglichkeit im Ruhrbergbau zwischen 1930 und 1950, in:

Der Anschnitt 42, 1990, S. 191–203; E. Kroker, Der Arbeitsplatz des Bergmanns, Bd 2: Der Weg zur Vollmechanisierung, Bochum 1986; H. Kundel, Der technische Fortschritt im Steinkohlenbergbau, Essen 1966; P. H. Spitz, Petrochemicals, The rise of an industry, New York 1988; K. Tenfelde, Das Ende der Mühsal? Technikwandel im Bergbau während der Industrialisierung, in: K & T 1989, H. 3, S. 138–147; H. Trischler, Arbeitsunfälle und Berufskrankheiten im Bergbau 1851 bis 1945, Bergbehördliche Sozialpolitik im Spannungsfeld von Sicherheit und Produktionsinteressen, in: Archiv für Sozialgeschichte 28, 1988, S. 111–151.

Chemische Hochdrucksynthesen

E. Bäumler, Ein Jahrhundert Chemie, Düsseldorf 1963; W. Birkenfeld, Der synthetische Treibstoff 1933–1945, Ein Beitrag zur nationalsozialistischen Wirtschafts- und Rüstungspolitik, Göttingen 1964; L. F. Haber, The chemical industry 1900–1930, International growth and technological change, Oxford 1971; T. P. Hughes, Das »technologische Momentum« in der Geschichte, Zur Entwicklung des Hydrierverfahrens in Deutschland 1898–1933, in: K. Hausen und R. Rürup (Hg.), Moderne Technikgeschichte, Köln 1975, S. 358–383; M. Kaufman, The first century of plastics, Celluloid and its sequel, London 1963; A. Krammer, Fueling the Third Reich, in: TaC 19, 1978, S. 394–422; P. J. T. Morris, The American synthetic rubber research program, Philadelphia 1989; D. Osteroth, Soda, Teer und Schwefelsäure, Der Weg zur Großchemie, Reinbek 1985; G. Plumpe, Die I. G. Farbenindustrie AG, Wirtschaft, Technik und Politik 1904–1945, Berlin 1990; M. Rasch, Technische und chemische Probleme aus dem ersten Dezennium des Berginverfahrens zur Hydrierung von Kohlen, Teeren und Mineralölen, in: TG 53, 1986, S. 81–122; A. N. Stranges, Friedrich Bergius and the rise of the German synthetic fuel industry, in: ISIS 75, 1984, S. 643–667; W. M. Tuttle, The birth of an industry, The synthetic rubber »mess« in World War II, in: TaC 22, 1981, S. 35–67.

Produktionsfluss: Amerikanische Fertigungskonzeptionen in Europa

Neue Legierungen in der Metallurgie

E. Amman und J. Hinüber, Die Entwicklung der Hartmetallegierungen in Deutschland, in: Stahl und Eisen 71, 1951, S. 1081–1090; F. Beneskovsky, Pulvermetallurgie, Sinterwerkstoffe und deren geschichtliche Entwicklung, in: Metallwerke Plansee AG (Hg.), Pulvermetallurgie und Sinterwerkstoffe, Reutte [2]1980, S. 7–19; I. Claas, H. R. Kantz und H. Spähn, Fünfundsiebzig Jahre Anwendung nichtrostender Stähle in der chemischen Technik, in: Stahl und Eisen 110, 1990, S. 71–78; W. H. Dennig, A hundred years of metallurgy, London 1963; D. Dulieu, A history of alloy steels, 1900–1950, in: Journal of the Historical Metallurgy Society 19, 1985, S. 104–115; M. Riedel, Vorgeschichte, Entstehung und Demontage der Reichswerke im Salzgittergebiet, Düsseldorf 1967; R. Stahlschmidt, Der Weg der Drahtzieherei zur modernen Industrie, Technik und Betriebsorganisation eines westdeutschen Industriezweiges 1900 bis 1940, Altena 1975.

Universalmaschinen oder Spezialmaschinen?

K. H. Mommertz, Vom Bohren, Drehen und Fräsen, Zur Kulturgeschichte der Werkzeugmaschinen, München 1979; L. T. C. Rolt, Tools for the job, A short history of machine tools, Cambridge, MA, 1965; G. Spur, Produktionstechnik im Wandel, München 1979; H. D. Wagoner, The US machine tool industry from 1900 to 1950, Cambridge, MA, und London 1966; K. Wittmann, Die Entwicklung der Drehbank bis zum Jahre 1939, Düsseldorf [2]1960.

»Wissenschaftliche Betriebsführung«, Fordismus und Rationalisierung in der Alten Welt

J. BÖNIG, Fließarbeit und Bandarbeit in der deutschen Rationalisierung der 1920er Jahre, in: TG 56, 1989, S. 237–263; J. BÖNIG, Technik und Rationalisierung in Deutschland zur Zeit der Weimarer Republik, in: U. TROITZSCH und G. WOHLAUF (Hg.), Technik-Geschichte, Historische Beiträge und neuere Ansätze, Frankfurt am Main 1980, S. 390–419; R. A. BRADY, The rationalization movement in German industry, Berkeley 1933; H.-J. BRAUN, Fertigungsprozesse im deutschen Flugzeugbau 1926–1945, in: TG 57, 1990, S. 111–135; H.-J. BRAUN, Produktionstechnik und Arbeitsorganisation, in: TROITZSCH/WEBER, S. 399–419; H. BRAVERMAN, Die Arbeit im modernen Produktionsprozeß, Frankfurt am Main 1977; L. BURCHARDT, Technischer Fortschritt und sozialer Wandel, Das Beispiel der Taylorismus-Rezeption, in: W. TREUE (Hg.), Deutsche Technikgeschichte, Göttingen 1977, S. 52–98; A. D. CHANDLER, The visible hand, The managerial revolution in American business, Cambridge, MA, 1977; TH. VON FREYBERG, Industrielle Rationalisierung in der Weimarer Republik, Untersucht an Beispielen aus dem Maschinenbau und der Elektroindustrie, Frankfurt am Main 1989; P. FRIDENSON, The coming of the assembly line to Europe, in: W. KROHN, E. T. LAYTON und P. WEINGART (Hg.), The dynamics of science and technology, Dordrecht und Boston 1978, S. 159–175; U. HEINEMANN, Rationalisierung in der Sackgasse, Technologiediskussion und Rationalisierungsprozeß in der Weimarer Republik, in: WSI Mitteilungen 1985, H. 3, S. 151–160; P. HINRICHS und I. KOLBOOM, Industrielle Rationalisierung in Deutschland und Frankreich bis zum Zweiten Weltkrieg, in: Y. COHEN und K. MANFRASS (Hg.), Frankreich und Deutschland, Forschung, Technologie und industrielle Entwicklung im 19. und 20. Jahrhundert, München 1990, S. 383–410; H. HOMBURG, Rationalisierung und Industriearbeit, Arbeitsmarkt – Management – Arbeiterschaft im Siemens-Konzern Berlin 1900–1939, Berlin 1991; D. A. HOUNSHELL, From the American system to mass production 1800–1932, The development of manufacturing technology in the United States, Baltimore und London 1984; W. A. LEWCHUCK, The role of the British government in the spread of scientific management and Fordism in the interwar years, in: The Journal of Economic History 44, 1984, S. 355–361; C. S. MAIER, Between Taylorism and technocracy, European ideologies and the vision of industrial productivity in the 1920s, in: Journal of Contemporary History 5, 1970, S. 37–61; J. A. MERKLE, Management and ideology, The legacy of the international scientific management movement, Berkeley 1980; T. SIEGEL und TH. VON FREYBERG, Industrielle Rationalisierung unter dem Nationalsozialismus, Frankfurt am Main und New York 1991.

Das Haus als Maschine: Architektur und Bautechnik

C. W. CONDIT, American building art, The twentieth century, Oxford 1961; W. J. R. CURTIS, Architektur im 20. Jahrhundert, Stuttgart 1989; M. DROSTE, Bauhaus 1919–1933, Köln 1991; TH. HÄNSEROTH, Bauingenieurwissenschaften – Rationalisierung und Industrialisierung des Bauens, in: G. BUCHHEIM und R. SONNEMANN (Hg.), Geschichte der Technikwissenschaften, Leipzig 1990, S. 340–351; TH. HÄNSEROTH, Rationalisierung und Montagebauweisen im Wohnungsbau der Weimarer Republik, in: Wissenschaftliche Berichte der Technischen Hochschule Leipzig 22, 1989, S. 41–49; J. JOEDICKE, Geschichte der modernen Architektur, Synthese aus Form, Funktion und Konstruktion, Stuttgart 1958; B. MILLER LANE, Architektur und Politik in Deutschland 1918–1945, Braunschweig 1986; M. MISLIN, Geschichte der Baukonstruktion und Bautechnik, Düsseldorf 1988; W. PEHNT, Das Ende der Zuversicht, Architektur in diesem Jahrhundert, Ideen – Bauten – Dokumente, Berlin 1983; J. PETSCH, Baukunst und Stadtplanung im Dritten

Reich, Herleitung, Bestandsaufnahme, Entwicklung, Nachfolge, München und Wien 1976.

Ausbau der Systeme: Energiewirtschaft

Gigantismus der Motoren

G. Aue, Aus der Anfangszeit des Dieselmotors, in: Industriearchäologie, H. 3, 1987, S. 2–10; A. Bachmair, Ein halbes Jahrhundert deutscher Dampferzeugungstechnik, Geschichtliche Betrachtung ihrer Entwicklung, Düsseldorf 1970; H.-J. Braun, Energietechnik, in: Troitzsch / Weber, S. 383–397; M. Busch, Die Holzwarth-Gasturbine, in: W. Leiner (Hg.), Stuttgarter technikgeschichtliche Vorträge 1980/81, Stuttgart 1981, S. 161–191; H. Häckert, Lebenslauf einer Erfindung, Von der Idee zur Kaplanturbine, in: W. Leiner (Hg.), Stuttgarter technikgeschichtliche Vorträge 1980/81, Stuttgart 1981, S. 27–82; K. Mauel, Kraftmaschinen II, Heißluft, Gas, Benzin, Diesel, München 1989; W. R. Nitske und C. M. Wilson, Rudolf Diesel, Pioneer of the age of power, Norman, Oklahoma, 1965; S. Zima, Entwicklung schnellaufender Hochleistungsmotoren in Friedrichshafen, Düsseldorf 1987.

Auf dem Weg zum Energieverbund

G. Boll, Geschichte des Verbundbetriebes, Entstehung und Entwicklung des Verbundbetriebes in der deutschen Elektrizitätswirtschaft bis zum Europäischen Verbund, Frankfurt am Main 1969; H.-J. Braun, Internationale Zusammenarbeit in Energiefragen, Die Berliner Weltkraftkonferenz 1930, in: K & T 1980, H. 4, S. 40–43; H.-J. Braun, Die Weltenergiekonferenz als Beispiel internationaler Kooperation, in: Energie in der Geschichte, Zur Aktualität der Technikgeschichte, 11. ICOHTEC Symposium, Düsseldorf 1984, S. 10–16; W. Fischer (Hg.), Die Geschichte der Stromversorgung, Frankfurt am Main 1992; L. Hannah, Electricity before nationalization, A study of the development of the electricity supply industry in Britain to 1948, London 1979; H. D. Hellige, Die Größensteigerung von Elektrizitätsversorgungssystemen, Eine kritische Bestandsaufnahme aus technikhistorischer Sicht, in: Lehren und Lernen, Berufsfeld Elektrotechnik 6, 1986, S. 111–133; H. D. Hellige, Entstehungsbedingungen und energietechnische Langzeitwirkungen des Energiewirtschaftsgesetzes von 1935, in: TG 53, 1986, S. 123–155; T. Herzig, Elektroindustrie und Energieverbund zwischen Deutschland und Frankreich von der Jahrhundertwende bis in die 50er Jahre, in: Y. Cohen und K. Manfrass, Frankreich und Deutschland, Forschung, Technik und industrielle Entwicklung im 19. und 20. Jahrhundert, München 1990, S. 289–301; T. P. Hughes, Networks of power, Electrification in Western society, Baltimore und London 1983; T. P. Hughes, Regional technological style, in: Technology and its impact on society, Tekniska Museet Symposia, Symposium 1, 1977, Stockholm 1979, S. 211–234; T. P. Hughes, Technology as a force for change in history, The effort to form a unified electric power system in Weimar Germany, in: H. Mommsen, D. Petzina und B. Weisbrod (Hg.), Industrielles System und politische Entwicklung in der Weimarer Republik, Düsseldorf 1974, S. 153–166; F. Lehmhaus, Von Miesbach-München 1882 zum Stromverbundnetz, München 1983 (Deutsches Museum, Abhandlungen und Berichte 51, H. 3); E. N. Todd, Technology and interest group politics, Electrification of the Ruhr, 1886–1930, Diss. University of Pennsylvania 1984; W. Treue, Die Elektrizitätswirtschaft als Grundlage der Autarkiewirtschaft und die Frage der Geschichte der Elektrizitätsversorgung in Westdeutschland, in: F. Forstmeier und H.-E. Volkmann (Hg.), Wirtschaft und Rüstung am Vorabend des Zweiten Weltkrieges, Düsseldorf 1975, S. 136–157; W. Weber, Elektrizitätserzeugung und -verteilung in der ersten Hälfte des 20. Jahrhunderts, in: Th. Horstmann (Hg.), Elektrifizierung in Westfalen, Fotodokumente aus dem Archiv der VEW, Hagen 1990,

S. 25–30; W. Zängl, Deutschlands Strom, Die Politik der Elektrifizierung von 1866 bis heute, Frankfurt am Main und New York 1989.

Technisierung des Haushalts

Arbeitsgemeinschaft Hauswirtschaft e.V. und Stiftung Verbraucherinstitut (Hg.), Haushaltsträume, Ein Jahrhundert Technisierung und Rationalisierung im Haushalt, bearb. von B. Orland, Königstein im Taunus 1990; J. Busch, Cooking competition, Technology on the domestic market in the 1930s, in: TaC 24, 1983, S. 222–248; S. Gideon, Die Herrschaft der Mechanisierung, Frankfurt am Main 1982; C. Hardyment, From mangle to microwave, The mechanization of household work, Cambridge 1988; S. Meyer und B. Orland, Technik im Alltag des Haushalts und des Wohnens, in: Troitzsch/Weber, S. 564–583; M. Osietzki, Männertechnik und Frauenwelt, Technikgeschichte aus der Perspektive des Geschlechterverhältnisses, in: TG 59, 1992, S. 45–72; C. Pursell, Jr., According to a fixed law and not arbitrary, The house efficiency movement in America 1900–1930, in: Polhem 3, 1985, S. 1–16; J. Rothschild (Hg.), Machina ex dea, Feminist perspectives on technology, New York 1983; R. Schwartz Cowan, More work for mother, The ironies of household technology from the open hearth to the microwave, London 1982.

Überwindung der Distanz: Beschleunigung und Intensivierung des Verkehrs

Konkurrierende Lokomotivantriebe

F. Grube und R. Richter (Hg.), Das große Buch der Eisenbahn, Hamburg 1979; R. Heinersdorff, Die große Welt der Eisenbahnen, München 1986; H. H. Knittel, Zur Entwicklung konkurrierender Antriebssysteme schienengebundener Fahrzeuge in Deutschland, in: Ferrum 62, 1990, S. 78–88; T. Liebl u. a. (Hg.), Offizieller Jubiläumsband der Deutschen Bundesbahn, 150 Jahre Deutsche Eisenbahnen, München [3]1985; J. Ostermeyer, Die Entwicklung der Kohlenstaubfeuerung auf Dampflokomotiven, in: TG 43, 1976, S. 192–205; R. R. Rossberg, Geschichte der Eisenbahn, Künzelsau 1977; L. Schletzbaum, Eisenbahn, München 1990; H. Weigelt, Epochen der Eisenbahngeschichte, Darmstadt 1985; Zug der Zeit – Zeit der Züge, Deutsche Eisenbahn 1835–1985, 2 Bde, Berlin 1985.

Anfänge der Massenmotorisierung

J.-P. Bardou u. a., The automobile revolution, The impact of an industry, Chapel Hill 1982; T. Barker (Hg.), The economic and social effects of the spread of motor vehicles, London 1987; M. Barthel und G. Lingnau, Hundert Jahre Daimler-Benz, Die Technik, Mainz 1986; F. Blaich, Die »Fehlrationalisierung« in der deutschen Automobilindustrie 1924–1929, in: Tradition 18, 1973, S. 18–33; P. M. Bode, S. Hamburger und W. Zängl, Alptraum Auto, Eine hundertjährige Erfindung und ihre Folgen, München 1986; H.-J. Braun, Automobilfertigung in den USA und Deutschland in den 20er Jahren – ein Vergleich, in: H. Pohl (Hg.), Traditionspflege in der Automobilindustrie, Stuttgarter Tage zur Automobil- und Unternehmensgeschichte vom 8. bis 11. April 1991, Stuttgart 1991, S. 183–200; E. Eckermann, Vom Dampfwagen zum Auto, Motorisierung des Verkehrs, Reinbek 1981; E. Eckermann und H. Strassl, Der Landverkehr, in: Troitzsch/Weber, S. 444–469; H. Edelmann, Vom Luxusgut zum Gebrauchsgegenstand, Die Geschichte der Verbreitung von Personenkraftwagen in Deutschland, Frankfurt am Main 1989 (Schriftenreihe des Verbandes der Automobilindustrie e. V. Bd 60); D. von Fersen, Ein Jahrhundert Automobiltechnik, Nutzfahrzeuge, Düsseldorf 1987; D. von Fersen, Ein Jahrhundert Automobiltechnik, Personenwagen, Düsseldorf 1986; J. F. Flink, The automobile age, Cambridge, MA, und London 1988; H. Glaser, Das Automobil, Eine Kulturgeschichte in Bildern, München 1986; M. Kruk und G.

LINGNAU, Hundert Jahre Daimler-Benz, Das Unternehmen, Mainz 1986; A. KUGLER, Von der Werkstatt zum Fließband, Etappen der frühen Automobilproduktion in Deutschland, in: Geschichte und Gesellschaft 13, 1987, S. 304–339; J. PETSCH, Geschichte des Auto-Designs, Köln 1982; H. POHL (Hg.), Die Einflüsse der Motorisierung auf das Verkehrswesen von 1886–1986, Stuttgart 1988; J. B. RAE, The American automobile, A brief history, Chicago 1965, [2]1969; W. SACHS, Die Liebe zum Automobil, Ein Rückblick in die Geschichte unserer Wünsche, Reinbek 1984; H. C. Graf VON SEHERR-THOSS, Die deutsche Automobilindustrie, Eine Dokumentation von 1886 bis heute, Stuttgart 1974; R. ZELLER, Automobil, Das magische Objekt, Frankfurt am Main 1985.

Schiffsgiganten und internationaler Wettlauf

J. BRENNECKE, Geschichte der Schiffahrt, Künzelsau 1981; J. BRENNECKE, Tanker, Vom Petroleumklipper zum Supertanker, Herford 1979; J. BROELMANN, Schiffbau, Handwerk, Baukunst, Wissenschaft, Technik, München 1988; Fünfundsiebzig Jahre Schiffbautechnische Gesellschaft 1899–1974, Hamburg 1974; A. KLUDAS und L. SCHOLL, Die Schiffahrt im 20. Jahrhundert, in: TROITZSCH/WEBER, S. 476–495.

Aufstieg des Flugzeugs

R. BESSER, Technik und Geschichte der Hubschrauber, München 1982; R. E. BILSTEIN, Flight in America 1900–1983, From the Wrights to the astronauts, Baltimore und London 1984; L. BÖLKOW (Hg.), Ein Jahrhundert Flugzeuge, Geschichte und Technik des Fliegens, Düsseldorf 1990; E. CHADEAU, De Blériot à Dassault, L'industrie aéronautique en France (1900–1950), Paris 1987; E. W. CONSTANT II, The origins of the turbojet revolution, Baltimore und London 1980; J. J. CORN, The winged gospel, America's romance with aviation, New York 1983; T. CROUCH, The bishop's boys, A life of Wilbur and Orville Wright, New York 1989; R. E. G. DAVIES, Lufthansa, An airline and its aircraft, New York 1990; D. EDGERTON, England and the aeroplane, An essay on a militant and technological nation, London 1991; K. von GERSDORFF und K. GRASMANN, Flugmotoren und Strahltriebwerke, Entwicklungsgeschichte der deutschen Luftfahrtantriebe von den Anfängen bis zu den europäischen Gemeinschaftsentwicklungen, München 1981; P. A. HANLE, Bringing aerodynamics to America, Washington, DC, 1982; K. HAYWARD, The British aircraft industry, Manchester 1989; W. HEINZERLING und H. TRISCHLER (Hg.), Otto Lilienthal, Flugpionier, Ingenieur, Unternehmer, München 1991; P. KLEINHEINS (Hg.), Die großen Zeppeline, Die Geschichte des Luftschiffbaus, Düsseldorf 1985; W. D. LEWIS und W. F. TRIMBLE, The airway to everywhere, A history of All American Aviation, 1937–1953, Pittsburgh 1988; R. MILLER und D. SAWERS, The technical development of modern aviation, London 1968; D. MONDEY (Hg.), Illustrierte Geschichte der Luftfahrt, München 1980; MUSEUM FÜR VERKEHR UND TECHNIK BERLIN (Hg.), Hundert Jahre deutsche Luftfahrt, Lilienthal und seine Erben, München 1991; W. RATHJEN, Historische Entwicklung des Flugzeugs im Überblick, in: L. BÖLKOW (Hg.), Ein Jahrhundert Flugzeuge, Geschichte und Technik des Fliegens, Düsseldorf 1990, S. 8–51; W. RATHJEN, Luftverkehr und Weltraumfahrt, in: TROITZSCH/WEBER, S. 496–527; W. RATHJEN, »Weniger Geräusch, keine Vibration!«, 50 Jahre Strahltriebwerk, in: K & T 1989, H. 4, S. 206–215; A. ROLAND, Model research, The National Advisory Committee for Aeronautics, 1915–1958, Washington, DC, 1985; W. SCHWIPPS, Schwerer als Luft, Die Frühzeit der Flugtechnik in Deutschland, Koblenz 1984; W. TREIBEL, Geschichte der deutschen Verkehrsflughäfen, Eine Dokumentation von 1909 bis 1989, Bonn 1992; W. G. VINCENTI, What engineers know and how they know it, Analytical studies from aeronautical history, Baltimore und London 1990; G. WISSMANN, Geschichte der Luftfahrt von Ikarus bis zur Gegenwart, Eine Darstellung der Entwicklung des Fluggedankens und der Luftfahrttechnik, Berlin 1960.

Weitere Verdichtung durch Kommunikationssysteme

P. Albert und J. Tudesq, Histoire de la radio-télévision, Paris 1981; J. R. Beniger, The control revolution, Technological and economic origins of the information society, Cambridge und London 1986; O. Blumtritt, Nachrichtentechnik, München 1988; M. Elste, Kleines Tonträger-Lexikon, Von der Walze zur Compact Disc, Kassel und Basel 1989; P. Griset, Les révolutions de la communication, 19–20 siècle, Paris 1991; F. W. Hagemeyer, Information und Kommunikation, in: Troitzsch/Weber, S. 420–432; D. R. Headrick, The invisible weapon, Telecommunications and international politics 1851–1945, New York und Oxford 1991; F. Kittler, Grammophon, Film, Typewriter, Berlin 1986; M. Reuter, Telekommunikation, Aus der Geschichte in die Zukunft, Heidelberg 1990; S. Zielinski, Audiovisionen, Kino und Fernsehen als Zwischenspiele in der Geschichte, Reinbek 1989.

Ausbreitung des Telefons

C. S. Fischer, Touch someone, The telephone industry discovers sociability, in: TaC 29, 1988, S. 32–61; H. Petzold, Die Bedeutung der Bausteintechnik für die Entstehung des elektrischen Telekommunikationssystems, in: TG 55, 1988, S. 193–205; F. Thomas, Korporative Akteure und die Entwicklung des Telefonsystems in Deutschland 1877–1945, in: TG 56, 1989, S. 39–65.

Ursprünge des Rundfunks

H. G. J. Aitken, The continuous wave, Technology and American radio, 1900–1932, Princeton, NJ, 1985; E. Barnouw, A history of broadcasting in the United States, 2 Bde, Oxford 1966–1986; A. Briggs, The history of broadcasting in the United Kingdom, 4 Bde, London 1961 ff.; P. Dahl, Radio, Sozialgeschichte des Rundfunks für Sender und Empfänger, Reinbek 1983; S. J. Douglas, Inventing American broadcasting 1899–1922, Baltimore und London 1987; M. Pegg, Broadcasting and society, 1918–1939, London 1983; H. Petzold, Zur Entstehung der elektronischen Technologie in Deutschland und den USA, Der Beginn der Massenproduktion von Elektronenröhren, 1912–1918, in: Geschichte und Gesellschaft 13, 1987, S. 340–367; H. Riedel, 60 Jahre Radio, Von der Rarität zum Massenmedium, Berlin ^{2}1987; P. Roth, Der sowjetische Rundfunk 1918–1945, Vom Radiotelegraphen zum Massenmedium, in: Rundfunk und Fernsehen 22, 1974, S. 188–210.

Anfänge des Fernsehens

A. Abramson, The history of television, 1880 to 1941, Jefferson, NC, und London 1987; R. W. Burns, The contributions of the Bell Telephone Laboratories to the early development of television, in: HoT 13, 1991, S. 181–213; The history of German television, 1935–1944, in: Historical Journal of Film, Radio and Television 10, 1990, 2, S. 115–240; W. Keller, Hundert Jahre Fernsehen 1883–1983, Berlin 1983; J. Kniestedt, Die historische Entwicklung des Fernsehens, Zur Eröffnung des Deutschen Fernsehrundfunks vor 50 Jahren in Berlin, in: Archiv für das Post- und Fernmeldewesen 37, 1985, S. 185–207; W. B. Lerg, Zur Entstehung des Fernsehens in Deutschland, in: Rundfunk und Fernsehen 15, 1967, S. 349–375; H. Riedel, Fernsehen – Von der Vision zum Programm, 50 Jahre Programmdienst in Deutschland, Berlin 1985.

Schallplatte und Tonband

K. Blaukopf, Geschichte der Schallplatte, in: Bild der Wissenschaft 6, 1969, S. 253–260; W. D. Lewis, Peter L. Jensen and the amplification of sound, in: C. W. Pursell, Jr. (Hg.), Technology in America, A history of individuals and ideas, Cambridge, MA, und London [2]1990, S. 190–210; R. G. McGinn, Stokowski and the Bell Telephone Laboratories, Collaboration in the development of high-fidelity sound reproduction, in: TaC 24, 1983, S. 38–75; P. J. Schoppmann, Geschichte der Tonaufzeichnungen, in: That's Jazz, Der Sound des 20. Jahrhunderts, Darmstadt 1988, S. 557–570; W. Zahn, Von der Zinkplatte zur Compact-Disc, 100 Jahre technische Entwicklung der Schallplatte, in: Hundert Jahre Schallplatte, Katalog zur Ausstellung vom 29. September 1987 bis 19. Januar 1988, Hannover 1987, S. 13–25.

Tonfilm

S. Neale, Cinema and technology, Image, sound, colour, London 1985; J. Richards, The age of the dream palace, Cinema and society in Britain 1930–1939, London 1984; J. Wyver, The moving image, An international history of film, television and video, Oxford 1989; F. von Zglinicki, Der Weg des Films, Die Geschichte der Kinematographie und ihrer Vorläufer, Berlin 1956.

»Krieg der Ingenieure«: Das mechanisierte Schlachtfeld

M. Geyer, Deutsche Rüstungspolitik, Frankfurt am Main 1984; M. Howard, Der Krieg in der europäischen Geschichte, Vom Ritterheer zur Atomstreitmacht, München 1981; K.-H. Ludwig, Technik und Ingenieure im Dritten Reich, Düsseldorf 1974; W. H. McNeill, Krieg und Macht, Militär, Wirtschaft und Gesellschaft vom Altertum bis heute, München 1984; A. S. Milward, Die deutsche Kriegswirtschaft 1939–1945, Stuttgart 1966; M. Pearton, The knowledgeable state, Diplomacy, war and technology since 1830, London 1982; V. Schmidtchen, Militärtechnik, in: Troitzsch/Weber, S. 529–543; M. Schwarte (Hg.), Die Technik im Weltkriege, Berlin 1920.

Militärische und zivile Technik

H.-J. Braun, Flugzeugtechnik 1914 bis 1935, Militärische und zivile Wechselwirkungen, in: TG 59, 1992, H. 4; H.-J. Braun, Militärische und zivile Technik, Ihr Verhältnis in historischer Perspektive, in: Uniforschung, Forschungsmagazin der Universität der Bundeswehr Hamburg 1, 1991, S. 58–66; D. Edgerton, The relationship between the military and civil technology, A historical perspective, in: Ph. Gummet und J. Reppy (Hg.), The relations between defence and civil technologies, Dordrecht 1988, S. 106–114; D. P. Jones, From military to civilian technology, The introduction of tear gas for civil riot control, in: TaC 19, 1978, S. 151–168; H.-G. Knoche, Wechselwirkungen zwischen militärischer und ziviler Forschung und Technologie, in: A. Hermann und H.-P. Sang (Hg.), Technik und Staat (= Technik und Kultur, Bd 9), Düsseldorf 1992, S. 431–446; P. A. C. Koistinen, The military-industrial complex, A historical perspective, New York 1980; R. S. Rosenbloom, The transfer of military technology to civilian use, in: Kranzberg/Pursell, S. 601–612; H. Walle, Das Zeppelin-Luftschiff als Schrittmacher militärischer und ziviler technologischer Entwicklungen, Ende des 19. Jahrhunderts bis zur Gegenwart, in: TG 59, 1992, H. 4.

Typen und Ergebnisse der Rüstungsforschung

D. Baker, The rocket, The history and development of rocket and missile technology, London 1978; W. R. Dornberger, V 2, Der Schuß ins Weltall, Geschichte einer großen Erfindung, Esslingen [2]1953; H. A. Dupree, The great instauration of 1940, The organization of scientific research for war, in: G. Holton (Hg.), The twentieth-century sciences, Studies in the biography of ideas, New York 1972, S. 443–467; M. Eckert und H. Schubert, Kristalle, Elektronen, Transistoren, Von der Gelehrtenstube zur Industrieforschung, Reinbek 1986; S. Groueff, Projekt ohne Gnade, Das Abenteuer der amerikanischen Atomindustrie, Gütersloh 1968; H. E. GUERLAC, Radar in World War II, 2 Bde, New York 1987; B. C. HACKER, Robert H. Goddard and the origins of space flight, in: C. W. PURSELL, Jr. (Hg.), Technology in America, A history of individuals and ideas, Cambridge, MA, und London [2]1990, S. 263–275; W. D. HACKMAN, Sonar research and naval warfare 1914–1954, A case study of a twentieth-century science, in: Historical Studies in the Physical and Biological Sciences 16, 1987, S. 83 bis 110; G. HARTCUP, The challenge of war, Britain's scientific and engineering contributions to World War II, Newton Abbot 1970; H.-D. HÖLSKEN, Die V-Waffen, Entstehung – Propaganda – Kriegseinsatz, Stuttgart 1984; I. V. HOGG und J. BATCHELOR, Die Geheimwaffen der Alliierten, München 1976; I. B. HOLLEY Jr., The evolution of operations research and its impact on the military establishment, The air force experience, in: M. WRIGHT und L. PASZEK (Hg.), Science, technology and warfare, The proceedings of the third military history symposium, Washington, DC, 1971, S. 89–109; T. P. HUGHES, ENIAC, Invention of a computer, in: TG 42, 1975, S. 145–165; J. KEVLES, The physicists, The history of a scientific community in modern America, New York 1977; K.-H. LUDWIG, Die »Hochdruckpumpe«, Ein Beispiel technischer Fehleinschätzung im Zweiten Weltkrieg, in: TG 38, 1971, S. 142–157; K.-H. LUDWIG, Technik und Ingenieure im Dritten Reich, Düsseldorf 1974; K. MACKSEY, Technology in war, The impact of science on weapon development and modern battle, New York 1986; H. MEHRTENS und ST. RICHTER (Hg.), Naturwissenschaft, Technik und NS-Ideologie, Beiträge zur Wissenschaftsgeschichte des Dritten Reiches, Frankfurt am Main 1980; M. J. NEUFELD, Weimar culture and futuristic technology: The rocketry and spaceflight fad in Germany, 1923–1933, in: TaC 31, 1990, S. 725–752; D. NOBLE, Forces of production, A social history of industrial automation, New York 1984; H. OBERTH, Wege zur Raumschiffahrt, München 1929, Repr. Düsseldorf 1986; H. PETZOLD, Konrad Zuse, die Technische Universität Berlin und die Entwicklung der elektronischen Rechenmaschinen, in: R. RÜRUP (Hg.), Wissenschaft und Gesellschaft, Beiträge zur Geschichte der Technischen Universität Berlin 1879–1979, Bd. 1, Berlin 1979, S. 389–402; F. REUTER, Funkmeß – Die Entwicklung und der Einsatz des RADAR-Verfahrens in Deutschland bis zum Ende des Zweiten Weltkrieges, Opladen 1971; J. ROHWER und E. JÄCKEL, Die Funkaufklärung und ihre Rolle im Zweiten Weltkrieg, Stuttgart 1979; G. SCHMUCKER, Radartechnik in Großbritannien und Deutschland von 1918–1945, in: A. HERMANN und H.-P. SANG (Hg.), Technik und Staat (= Technik und Kultur, Bd 9), Düsseldorf 1992, S. 379–398; N. STERN, From ENIAC to UNIVAC, An appraisal of the Eckert-Mauchly computers, Bedford, MA, 1981; D. C. SWAIN, Organization of military research, in: KRANZBERG/PURSELL, S. 535–548; W. WAGNER, Die ersten Strahlflugzeuge der Welt, Koblenz 1989; M. WALKER, Die Uranmaschine, Mythos und Wirklichkeit der deutschen Atombombe, Berlin 1990.

Rüstung und Kriegführung in den beiden Weltkriegen

W. BRÄCKOW, Die Geschichte des deutschen Marine-Ingenieurkorps, Hamburg 1970; H.-J. BRAUN, Fertigungsprozesse im deutschen Flugzeugbau 1926–1945, in: TG 57, 1990, S. 111–135; H.-J. BRAUN, Aero-engine production in the Third Reich, in: HoT 14, 1992, S. 1–15; S. BREYER, Schlachtschiffe und Schlachtkreuzer 1905–1970, Die geschichtliche Entwicklung des Großkampfschiffes, München 1970; E. EGG, Kanonen, Illustrierte Geschichte der Artillerie, Bern, München und Wien 1971; J. ELLIS, A social history of the machine gun, London 1975; N. FRIEDMAN, Battleship, Design and development, 1905–1945, New York 1978; O. GROEHLER, Geschichte des Luftkriegs 1910–1980, Berlin [4]1982; E. GRÖNER, Die Schiffe der deutschen Kriegsmarine und der Luftwaffe 1939–1945 und ihr Verbleib, München [7]1972; L. F. HABER, The poisonous cloud, Chemical warfare in the First

World War, Oxford 1986; B. HACKER, Imaginations in thrall, The social psychology of military mechanization 1919–1939, in: Parameters, Journal of the US Army War College 12, 1, 1982, S. 50–61; B. HERZOG, Sechzig Jahre deutsche U-Boote, 1906–1966, München 1968; F. W. A. HOBART, Das Maschinengewehr, Die Geschichte einer vollautomatischen Waffe, Stuttgart ²1973; I. B. HOLLEY, Jr., Exploitation of the aerial weapon by the United States during World War I, A study in the relationship of technological advance, military doctrine, and the development of weapons, New Haven, CT, 1953; E. L. HOMZE, Arming the Luftwaffe, The Reich Air Ministry and the German aircraft industry, 1919–1939, Lincoln, Nebraska, 1976; E. L. KATZENBACH, Jr., The mechanization of war, 1880–1919, in: KRANZBERG/PURSELL, S. 548–561; B. S. KELSEY, The dragon's teeth? The creation of United States air power for World War II, Washington, DC, 1982; K. KENS und H. J. NOWARRA, Die deutschen Flugzeuge 1933–1945, München ⁵1977; H. H. KNITTEL, Panzerfertigung im Zweiten Weltkrieg, Industrieproduktion für die deutsche Wehrmacht, Bonn 1988; B. H. LIDDELL-HART, The tanks, A history of the Royal Tank Regiment and its predecessors, Heavy Branch, Machine-Gun Corps, Tank Corps, and Royal Tank Corps, 1914–1945, 2 Bde, London 1959; H. LINNENKOHL, Vom Einzelschuß zur Feuerwalze, Der Wettlauf zwischen Technik und Taktik im Ersten Weltkrieg, Koblenz 1990; J. H. MORROW, Jr., German air power in World War I, Lincoln, Nebraska, 1982; MUSEUM FÜR VERKEHR UND TECHNIK BERLIN (Hg.), Hundert Jahre deutsche Luftfahrt, Lilienthal und seine Erben, München 1991; W. K. NEHRING, Die Geschichte der deutschen Panzerwaffe 1916–1945, Berlin 1969; R. J. OVERY, The air war, 1939–1945, London 1980; B. RANFT, Technical change and British naval policy, 1860–1939, London 1977; E. RÖSSLER, Die deutschen U-Boote und ihre Werften, 2 Bde, München 1979–1980; R. SANDERS, Three-dimensional warfare, World War II, in: KRANZBERG / PURSELL, S. 561–578; F. M. VON SENGER und ETTERLIN, Kampfpanzer 1916–1966, München 1971; E. STROHBUSCH, Deutsche Marine, Kriegsschiffbau seit 1848, Bremerhaven 1984; H. WALLE, Die Anwendung der Funktelegraphie beim Einsatz deutscher U-Boote im Ersten Weltkrieg, in: Revue Internationale d'Histoire Militaire 63, 1985, S. 111–139; V. WIELAND, Pigeaud versus Velpry, Zur Diskussion über Motorisierung, Panzertechnik und Panzertaktik in Frankreich nach dem Ersten Weltkrieg, in: Militärgeschichtliche Mitteilungen 17, 1975, S. 49–66.

TECHNIKENTSTEHUNG, TECHNIKFOLGEN, TECHNOLOGIEPOLITIK

Forschung und Entwicklung

G. BUCHHEIM und R. SONNEMANN (Hg.), Geschichte der Technikwissenschaften, Leipzig 1990; W. B. CARLSON, Academic entrepreneurship and engineering education, Dugald C. Jackson and the MIT-GE cooperative engineering course, 1907–1932, in: TaC 29, 1988, S. 536–567; W. ECKART, Geschichte der Medizin, Berlin 1990; M. ECKERT und H. SCHUBERT, Kristalle, Elektronen, Transistoren, Von der Gelehrtenstube zur Industrieforschung, Reinbek 1986; P. ERKER, Die Verwissenschaftlichung der Industrie, Zur Geschichte der Industrieforschung in den europäischen und amerikanischen Elektrokonzernen 1890–1930, in: Zeitschrift für Unternehmensgeschichte 35, 1990, S. 73–94; H. D. HELLIGE, Leitbilder und historisch-gesellschaftlicher Kontext der frühen wissenschaftlichen Konstruktionsmethodik, artec-Paper 8, Universität Bremen, 1991; D. A. HOUNSHELL und J. K. SMITH, Jr., Science and corporate strategy, Du Pont R&D, 1902–1980, Cambridge 1988; W. KÖNIG, Konstruieren und Fertigen im deutschen Maschinenbau unter dem Einfluß der Rationalisierungsbewegung, Ergebnisse und Thesen für eine Neuinterpretation des »Taylorismus«, in: TG 56, 1989, S. 183–204; W. KÖNIG, Technische Hochschule und Industrie, Ein Überblick zur Geschichte des Technologietransfers, in: H.J. SCHUSTER (Hg.), Handbuch des Wissenschaftstransfers, Berlin 1990, S.30–41; D.W. LEWIS, Industrial research and development, in: KRANZBERG/PURSELL, S.615–634; R. LEWIS, Science and industrialisation in the USSR, Industrial research and development, 1917–1940, New York 1979; S. RICHTER, Wirtschaft und Forschung, Ein historischer Überblick über die Förderung der Forschung durch die Wirtschaft in Deutschland, in: TG 46, 1979, S.20–44; R. RÜRUP (Hg.), Wissenschaft und Gesellschaft, Beiträge zur Geschichte der Technischen Universität Berlin 1879–1979, 2 Bde, Berlin 1979; J. K. SMITH, Jr., The scientific tradition in American industrial research, in: TaC 31, 1990, S.121–131; R. SONNEMANN (Hg.), Geschichte der Technischen Universität Dresden, Berlin 1978; W.G. VINCENTI, What engineers know and how they know it, Analytical studies from aeronautical history, Baltimore und London 1990.

Technik und Umwelt

A. ANDERSEN (Hg.), Umweltgeschichte, Das Beispiel Hamburg, Hamburg 1990; E. ASHBY und M. ANDERSON, The politics of clean air, Oxford 1981; F. J. BRÜGGEMEIER, Auf Kosten der Natur, Zu einer Geschichte der Umwelt, 1800–1930, in: A. NITSCHKE, G.A. RITTER, D.J. K. PEUKERT und R. VOM BRUCH (Hg.), Jahrhundertwende 1880–1930, Reinbek 1990, S.75–91; F. J. BRÜGGEMEIER und TH. ROMMELSPACHER (Hg.), Besiegte Natur, Geschichte und Umwelt im 19. und 20. Jahrhundert, München ²1989; S. P. HAYS, Conservation and the gospel of efficiency, The progressive conservation movement, 1890–1920, Cambridge, MA, 1959; N. IIJIMA, Pollution Japan, Historical chronology, Tokyo 1977; C.R. KOPPES, Efficiency, equity, esthetics, Shifting themes in American conservation, in: D. WORSTER (Hg.), The ends of earth, New York 1988, S.230–251; M.V. MELOSI, Pollution and reform in American cities, 1870–1930, Austin 1980; G. SPELSBERG, Rauchplage, Hundert Jahre Saurer Regen, Aachen 1984; F. SPIEGELBERG, Reinhaltung der Luft, Düsseldorf 1984; W. WEBER, Arbeitssicherheit, Historische Beispiele, aktuelle Analysen, Reinbek 1988; D.R. WEINER, Models of nature, ecology, conservation, and cultural revolution in Soviet Russia, Bloomington 1988; D.R. WEINER, The changing face of Soviet conservation, in: D. WORSTER (Hg.), The ends of earth, New York 1988, S.252–273; K. G. WEY, Umweltpolitik in Deutschland, Kurze Geschichte des Umweltschutzes in Deutschland seit 1900, Opladen 1982; D. WORSTER, Dust bowl, Dürre und Winderosion im amerikanischen Südwesten, in: R.P. SIEFERLE (Hg.), Fortschritte der Naturzerstörung, Frankfurt am Main 1988, S.118–157.

Staat, Ingenieure, Technokratie

W.E. AKIN, Technocracy and the American dream, The technocrat movement, 1900–1941, Berkeley 1977; K.E. BAILES, Technology and society under Lenin and Stalin, Origins of the Soviet technical intelligentsia, 1917–1941, Princeton 1978; H.-J. BRAUN, A technological community in the United States, The National Association of German-American Technologists, 1884–1941, in: Amerikastudien/American Studies 30, 1985, S.447–463; H.-J. BRAUN, Ingenieure und soziale Frage, 1870–1920, in: Technische Mitteilungen 73, 1980, S.793–798 und 867–874; G. BRUN, Technocrates et technocratie en France, 1914–1945, Paris 1985; G.D. FELDMAN, Industrie und Wissenschaft in Deutschland 1918–1933, in: R. VIERHAUS und B. VOM BROKKE (Hg.), Forschung im Spannungsfeld von Politik und Gesellschaft, Geschichte und Struktur der Kaiser-Wilhelm-/Max-Planck-Gesellschaft, Stuttgart 1990, S. 657–672; J. HERF, Reactionary modernism, Technology, culture, and politics in Weimar and the Third Reich, Cambridge 1984; A. HERMANN und H.-P. SANG (Hg.), Technik und Staat (= Technik und Kultur, Bd 9), Düsseldorf 1992; G. HORTLEDER, Das Gesellschaftsbild des Ingenieurs, Zum politischen Verhalten der Technischen Intelligenz in

Deutschland, Frankfurt am Main 1970; G. Huss und M. Tangemann, Die Bedeutung der Elektrotechnik in der Gründungsphase der Sowjetunion, in: A. Hermann und H.-P. Sang (Hg.), Technik und Staat (= Technik und Kultur, Bd 9), Düsseldorf 1992, S. 120–136; E. T. Layton, The revolt of the engineers, Cleveland, OH, 1971; K.-H. Ludwig, Technik und Ingenieure im Dritten Reich, Düsseldorf 1974; K.-H. Ludwig und W. König (Hg.), Technik, Ingenieure und Gesellschaft, Geschichte des Vereins Deutscher Ingenieure 1856–1981, Düsseldorf 1981; P. Lundgreen, Wissenschaft als öffentliche Dienstleistung, 100 Jahre staatliche Versuchs-, Prüf- und Forschungsanstalten in Deutschland, in: R. Vierhaus und B. vom Brokke (Hg.), Forschung im Spannungsfeld von Politik und Gesellschaft, Geschichte und Struktur der Kaiser-Wilhelm-/Max-Planck-Gesellschaft, Stuttgart 1990, S. 673–691; P. Meiksins, The ›revolt of the engineers‹ reconsidered, in: TaC 29, 1988, S. 219–246; E. Pauer, Die Rolle des Staats beim Aufstieg Japans in den Kreis der hochindustrialisierten Länder, in: A. Hermann und H.-P. Sang (Hg.), Technik und Staat (= Technik und Kultur, Bd 9), Düsseldorf 1992, S. 161 bis 191; C. W. Pursell, Jr., Government and technology in the great depression, in: TaC 20, 1979, S. 162–174; D. Senghaas, The technocrats, Rückblick auf die Technokratiebewegung in den USA, in: C. Koch und D. Senghaas (Hg.), Texte zur Technokratiediskussion, Frankfurt am Main 1970, S. 282–292; Th. Wölker, Entstehung und Entwicklung des deutschen Normenausschusses, Phil. Diss., Berlin 1991.

Technik der Verlierer: Fehlgeschlagene Innovationen

H.-J. Braun, Introduction, in: H.-J. Braun (Hg.), Symposium on »Failed Innovations«, Social Studies of Science 22, 1992, S. 213–230; H.-J. Braun, Ein gescheiterter Innovationsversuch, Der Kohlenstaubmotor 1916–1940, in: K & T 1982, H. 3, S. 154–161; M. Callon, The state and technical innovation, A case study of the electrical vehicle in France, in: Research Policy 9, 1980, S. 358–376; M. Efmertová, Czech physicist Jaroslav Šafránek and his television, in: H.-J. Braun (Hg.), Symposium on »Failed Innovations«, Social Studies of Science 22, 1992, S. 283–300; A. W. Giebelhaus, Farming for fuel, The alcohol motor fuel movement of the 1930s, in: Agricultural History 54, 1980, S. 173–184; I. B. Holley, A Detroit dream of mass-produced fighter aircraft, The XP-75 fiasco, in: TaC 28, 1987, S. 578–593; D. A. Hounshell, Ford Eagle Boats and mass production during World War I, in: M. R. Smith (Hg.), Military enterprise and technological change, Perspectives on the American experience, Cambridge, MA, und London 1985, S. 175–202; S. W. Leslie, Charles F. Kettering and the copper-cooled engine, in: TaC 20, 1979, S. 752–776; W. D. Lewis und W. F. Trimble, The airmail pickup system of All American Aviation, A failed innovation?, in: H.-J. Braun (Hg.), Symposium on »Failed Innovations«, Social Studies of Science 22, 1992, S. 301–315; D. F. Noble, Forces of production, A social history of industrial automation, New York 1984; S. Päch, Technische Utopien, in: Troitzsch / Weber, S. 602–621; H. Petroski, To engineer is human, The role of failure in successful design, London 1985; R. Schwartz Cohen, More work for mother, The ironies of household technology from open hearth to microwave, New York 1983; A. N. Stranges, Farrington Daniels and the Wisconsin process for nitrogen fixation, in: H.-J. Braun (Hg.), Symposium on »Failed Innovations«, Social Studies of Science 22, 1992, S. 317–337; E. N. Todd, Electric ploughs in Wilhelmine Germany, Failure of an agricultural system, in: H.-J. Braun (Hg.), Symposium on »Failed Innovations«, Social Studies of Science 22, 1992, S. 263–281.

Industrialisierung durch Technologietransfer

K. E. Bailes, The American connection, Ideology and the transfer of American technology to the Soviet Union, 1917–1941, in: Comparative Studies in Society and History 23, 1981, S. 421–448; H.-J. Braun, Technologietransfer im Maschinenbau von Deutschland in die USA 1870–1939, in: TG 50, 1983, S. 238–252; H.-J. Braun, Technologietransfer: Theoretische Ansätze und historische Beispiele, in: E. Pauer (Hg.), Technologietransfer Deutschland–Japan von 1850 bis zur Gegenwart, München 1992, S. 16–47; H.-J. Braun, The adaptation of German and Swiss power technologies in the United States 1880–1939, in: H. Janetschek (Hg.), The development of technology in traffic and transport systems, 19th international congress of ICOHTEC, 1. bis 6. September 1991, Wien 1992; H.-J. Braun, Technologietransfer im Flugzeugbau zwischen Deutschland und Japan 1936–1945, in: J. Kreiner und R. Mathias (Hg.), Deutschland–Japan in der Zwischenkriegszeit, Bonn 1990, S. 325–340; H.-J. Braun, The National Association of German-American Technologists and technology transfer between Germany and the United States, 1884–1930, in: HoT 8, 1983, S. 15–35; J. Coopersmith, Technology transfer in Russian electrification, 1870–1925, in: HoT 13, 1991, S. 214–233; O. Dalrymple, The American tractor comes to Soviet agriculture, The transfer of a technology, in: TaC 5, 1964, S. 191–214; H. Dorn, Hugh Lincoln Cooper and the first détente, in: TaC 20, 1979, S. 322–347; D. R. Headrick, The tentacles of progress, Technology transfer in the age of imperialism, 1850–1940, New York und Oxford 1988; G. D. Holliday, Technology transfer to the USSR, 1928–1937 and 1966–1975, The role of western technology in Soviet economic development, Boulder, Co., 1979; T. P. Hughes, Die Erfindung Amerikas, Der technologische Aufstieg der USA seit 1870, München 1991; D. Jeremy (Hg.), The transfer of international technology, Europe, Japan and the USA in the twentieth century, Aldershot 1992; W. Keller, Ost minus West = 0, Der Aufbau Rußlands durch den Westen, München und Zürich 1960; W. Lewchuk, American technology and the British motor vehicle industry, Cambridge 1987; W. Mock, Technische Intelligenz im Exil, Vertreibung und Emigration deutschsprachiger Ingenieure nach Großbritannien, 1933–45, Düsseldorf 1986; E. Pauer, Deutsche Ingenieure in Japan, japanische Ingenieure in Deutschland in der Zwischenkriegszeit, in: J. Kreiner und R. Mathias (Hg.), Deutschland-Japan in der Zwischenkriegszeit, Bonn 1990, S. 289–324; E. Pauer, Die wirtschaftlichen Beziehungen zwischen Japan und Deutschland 1900–1945, in: J. Kreiner (Hg.), Deutschland-Japan, Historische Kontakte, Bonn 1984, S. 161–210; E. Pauer, Synthetic oil and the fuel policy of Japan in the 1920s and 1930s, in: Bonner Zeitschrift für Japanologie 8, 1986, S. 105–124; E. Pauer, Technologietransfer und industrielle Revolution in Japan, 1850–1920, in: TG 51, 1984, S. 34–54; N. Rosenberg und C. Frischtak (Hg.), International technology transfer, Concepts, measures and comparisons, New York 1985.

Faszination und Schrecken der Maschine: Technik und Kunst

T. Buddensieg und H. Rogge, Die nützlichen Künste, Gestaltende Technik und Bildende Kunst seit der Industriellen Revolution, Berlin 1981; C. Hepp, Avantgarde, Moderne Kunst, Kulturkritik und Reformbewegungen nach der Jahrhundertwende, München 1987; J. Hermand und F. Trommler, Die Kultur der Weimarer Republik, München 1978; B. Schrader und J. Schebera, Die »Goldenen« Zwanziger Jahre, Wien und Köln 1987; G. Silk u. a. (Hg.), Automobile and culture, New York 1984; Absolut modern sein, Zwischen Fahrrad und Fließband, Culture technique in Frankreich, 1889–1937, Katalog zu der Ausstellung des NGBK in der Staatlichen Kunsthalle Berlin, 20. März–15. Mai 1986, hrsg. von der Neuen Gesellschaft für

Bildende Kunst, Berlin 1986; J. WILLET, Die Weimarer Jahre, Eine Kultur mit gewaltsamem Ende, Stuttgart 1986.

Schöne neue Welt: Technik und Literatur

K. DANIELS, Expressionismus und Technik, in: H. SEGEBERG (Hg.), Technik in der Literatur, Frankfurt am Main 1987, S. 351–386; F. P. INGOLD, Literatur und Aviatik, Europäische Flugdichtung, 1909–1927, Frankfurt am Main 1980; J. LINK und S. REINECKE, »Autofahren ist wie das Leben«, Metamorphosen des Autosymbols in der deutschen Literatur, in: H. SEGEBERG (Hg.), Technik in der Literatur, Frankfurt am Main 1987, S. 436–482; K. R. MANDELKOW, Orpheus und Maschine, in: H. SEGEBERG (Hg.), Technik in der Literatur, Frankfurt am Main 1987, S. 387–410; H.-W. NIEMANN, Die Beurteilung und Darstellung der modernen Technik in deutschen Romanen des 19. und 20. Jahrhunderts, in: TG 46, 1979, S. 306–320; H. SACHSSE (Hg.), Technik und Gesellschaft, Bd 1, Literaturführer, Pullach 1974; H. SCHULTE-HERBRÜGGEN, Utopie und Anti-Utopie, Von der Strukturanalyse zur Strukturtypologie, Bochum-Langendreer 1960; M. SCHWONKE, Vom Staatsroman zur Science Fiction, Eine Untersuchung über Geschichte und Funktion der naturwissenschaftlich-technischen Utopie, Stuttgart 1957; H. SEGEBERG, Literarische Technik-Bilder, Studien zum Verhältnis von Technik- und Literaturgeschichte im 19. und frühen 20. Jahrhundert, Tübingen 1987; H. SEGEBERG (Hg.), Technik in der Literatur, Frankfurt am Main 1987.

Moderne Zeiten: bildende Kunst und Film

G. BASALLA, Keaton and Chaplin, The silent film's response to technology, in: C. W. PURSELL, Jr. (Hg.), Technology in America, A history of individuals and ideas, Cambridge, MA, und London [2]1990, S. 227–236; H. BERGIUS, Im Laboratorium der mechanischen Fiktionen, in: BUDDENSIEG/ROGGE, S. 287–299; D. DAVIS, Vom Experiment zur Idee, Die Kunst des 20. Jahrhunderts im Zeichen von Wissenschaft und Technologie, Köln 1975; W. FAULSTICH und H. KORTE (Hg.), Fischer Filmgeschichte, Bd 2: Der Film als gesellschaftliche Kraft, 1925–1944, Frankfurt am Main 1991; R. HUGHES, Schock der Moderne, Kunst im Jahrhundert des Umbruchs, Düsseldorf und Wien 1980; T. P. HUGHES, Die Erfindung Amerikas, Der technologische Aufstieg der USA seit 1870, München 1991; L. J. JORDANOVA, Fritz Lang's Metropolis, Science, Machines and Gender, in: Radical Science 17 (1987), S. 5–21; D. KRUSCHE und J. LABENSKI, Reclams Filmführer, Stuttgart [8]1991; E. MAI, Das Auto in Kunst und Kunstgeschichte, in: BUDDENSIEG/ROGGE, S. 332–346; C. MEWES, Perspektive aus der Luft, Auswirkungen der Flugtechnik auf die Bildende Kunst, in: Absolut modern sein, Zwischen Fahrrad und Fließband, Culture technique in Frankreich, 1889–1937, Berlin 1986, S. 317–328; K. WILHELM, Nützliche und Freie Künste, in: BUDDENSIEG/ROGGE, S. 275–283; R. ZELLER (Hg.), Das Automobil in der Kunst, 1886–1986, München 1986.

Maschinenmusik und Musikmaschinen

G. ANTHEIL, Enfant terrible der Musik, München 1960; J. BRAUERS, Von der Äolsharfe zum Digitalspieler, 2000 Jahre mechanische Musik, 100 Jahre Schallplatte, München 1984; H.-J. BRAUN, Technik im Spiegel der Musik des frühen 20. Jahrhunderts, in: TG 59, 1992, S. 109–131; A. HAAS, Grünes Licht für die Eisenbahn in der Musik?, in: Absolut modern sein, Zwischen Fahrrad und Fließband, Culture technique in Frankreich, 1889–1937, Katalog zu der Ausstellung des NGBK in der Staatlichen Kunsthalle Berlin, 20. März–15. Mai 1986, hrsg. von der Neuen Gesellschaft für Bildende Kunst, Berlin 1986, S. 243–248; G. MAYER-ROSA, Musik und Technik, Vom Futurismus bis zur Elektronik, Wolfenbüttel und Zürich 1974; F. K. PRIEBERG, Musica ex Machina, Über das Verhältnis von Musik und Technik, Berlin

1960; F. K. Prieberg, Musik des technischen Zeitalters, Zürich 1956; J. Stange, Die Bedeutung der elektroakustischen Medien für die Musik im 20. Jahrhundert, Pfaffenweiler 1989; E. Ungeheuer, Ingenieure der Neuen Musik, Die Geschichte der elektronischen Musik, in: K&T 1991, H. 3, S. 34–41; G. Wehmeyer, Satie perpétuel, Über unendliche Wiederholungen in der Musik von Erik Satie, in: Absolut modern sein, S. 227–237; F. Winckel (Hg.), Klangstruktur der Musik, Neue Erkenntnisse musik-elektronischer Forschung, Vortragsreihe »Musik und Technik« des Außeninstituts der TH Berlin-Charlottenburg, Berlin 1955.

Walter Kaiser
Technisierung des Lebens seit 1945

Die Problematik der Kernenergie als neue Primärenergiequelle

I. C. Bupp und J.-C. Derian, Light Water, How the nuclear dream dissolved, New York 1978; S. Chakraborty und G. Yadigaroglu (Hg.), Ganzheitliche Risikobetrachtungen, Technische, ethische und soziale Aspekte, Köln 1991; Deutsches Atomforum (Hg.), Friedliche Nutzung der Kernenergie im Spiegel der Nationen, Bonn 1962 (= Schriftenreihe des Deutschen Atomforums, H. 7); M. Eckert, US-Dokumente enthüllen: »Atoms for peace«, Eine Waffe im Kalten Krieg, in: bild der wissenschaft, H. 5, 1987, S. 64–74; L. Fermi, Atoms for the world, Chicago 1957; Foreign Relations of the United States (FRUS), 1952–1954, II, 2, Department of State Publication 9392, Washington 1984; H. Grengg, Die großen Wasserkraftanlagen des Weltbestandes, I und II, Institut für Wasserwirtschaft und konstruktiven Wasserbau an der TU Graz, Mitteilung 21, Graz 1975; Mitteilung 22, Graz 1977; Haigerloch, Stadtverwaltung (Hg.), Atom-Museum Haigerloch, Haigerloch 1982; H. Happoldt und D. Oeding, Elektrische Kraftwerke und Netze, Berlin und Heidelberg [5]1987; W. Heisenberg, Der Teil und das Ganze, Gespräche im Umkreis der Atomphysik, München 1978; A. Hermann und R. Schumacher (Hg.), Das Ende des Atomzeitalters?, München 1978; R. G. Hewlett und J. M. Holl, Atoms for peace and war, 1953–1961, Berkeley und Los Angeles 1989; R. Hüper, Entwicklung, Bau und Betrieb Schneller Brüter, in: Atom + Strom 26, H. 4, 1980, S. 107–116; Kernforschungszentrum Karlsruhe (Hg.), Fünfzig Jahre Kernspaltung, KfK-Nachrichten, 20, 1988, H. 4; W. Kliefoth, Atomkernreaktoren, Bonn [2]1964, (= Schriftenreihe des Deutschen Atomforums, H. 2); F. Krafft, Im Schatten der Sensation, Leben und Wirken von Fritz Straßmann, Weinheim und Basel 1981; Z. Medwedjew, Das Vermächtnis von Tschernobyl, Münster 1991; G. Memmert, Der Reaktorunfall in Tschernobyl, in: Forschung Aktuell, TU Berlin, Jg 3, Nr 11–13, Sonderheft Tschernobyl, S. 3–6; K. M. Meyer-Abich und B. Schefold, Die Grenzen der Atomwirtschaft, München 1986; W. D. Müller, Geschichte der Kernenergie in der Bundesrepublik Deutschland, Anfänge und Weichenstellungen, Stuttgart 1990; R. G. Palmer und A. Platt, Schnelle Reaktoren, Braunschweig 1963; J. E. Pilat, R. E. Pendley und C. K. Ebinger (Hg.), Atoms-for-peace, An analysis after thirty years, Boulder und London 1985; P. Pringle und J. Spigelman, The nuclear barons, New York 1981; K. Prüß, Kernforschungspolitik in der Bundesrepublik Deutschland, Frankfurt am Main 1974; J. Raabe, Hydro Power, Düsseldorf 1985; J. Radkau, Aufstieg und Krise der deutschen Atomwirtschaft, 1945–1975, Reinbek 1983 (= rororo-TB Nr 7756); Spiegel-Red., Phönix aus der Asche, in: Der Spiegel, 45. Jg, Nr 44, 28. 10. 1991, S. 50–72; Spiegel-Red., Geiseln der Atomindustrie, in: Der Spiegel, 44. Jg, Nr 17, 23. 4. 1990, S. 180–199; Spiegel-Red., Atommüll, Kein Land ist darauf vorbereitet, in: Der Spiegel, 42. Jg, Nr 2, 11. 1. 1988, S. 20–32; H. Strohm, Friedlich in die Katastrophe, Eine Dokumentation über Atomkraftwerke, Frankfurt am Main, [15]1988; W. M. Tschernousenko, Tschernobyl, Die Wahrheit, Reinbek 1992; J. Varchmin und J. Radkau, Kraft, Energie und Arbeit, Energie und Gesellschaft, Reinbek 1981 (= rororo-TB Nr 7701); M. Volkmer, Basiswissen zum Thema Kernenergie, Bonn [13]1984; M. Walker, Die Uranmaschine, Mythos und Wirklichkeit der deutschen Atombombe, Berlin 1990; M. Wiese, Der Nuclear

Non-Proliferation Act of 1978, Entstehungsgeschichte, Gesetzesinhalt und Schlußfolgerungen, in: Atom + Strom 24, H. 4, 1978, S. 81–91; H. Wohlfahrth, Vierzig Jahre Kernspaltung, Eine Einführung in die Originalliteratur, Darmstadt 1979.

Die Mikroelektronik: vom Transistor zur Höchstintegration

J. Bardeen und W. H. Brattain, The transistor, a semi-conductor triode, in: Physical Review 74, 1948, S. 230–232; H. Beneking, Halbleitertechnik III, Theoretische Grundlagen, Vorlesung RWTH Aachen, Aachen [3]1984; E. Braun und S. Macdonald, Revolution in miniature, The history and impact of semiconductor electronics re-explored…, Cambridge und New York [2]1982; M. Eckert und H. Schubert, Kristalle, Elektronen, Transistoren, Reinbek 1986; Electronics (Hg.), An age of innovation, The world of electronics, 1930–2000, by the editors of electronics, New York 1981; G. Färber, Wechselwirkung zwischen Mikroelektronik und Informationstechnik, in: Blickpunkt Magazin, Digital-Kienzle, Nr 15, 1991, S. 17–21; H. Goetzeler, Zur Geschichte der Halbleiter, Bausteine der Elektronik, in: Technikgeschichte 39, Nr 1, 1972, S. 31–50; P. Grivet, Sixty years of electronics, in: L. Marton und C. Marton (Hg.), Advances in electronics and electron physics, Bd 50, New York und London 1980, S. 89–165; L. Hoddeson, The discovery of the point-contact transistor, in: Historical Studies in the Physical Sciences (HSPS), 12, 1, 1981, S. 41–76; E. Hörbst, M. Nett und H. Schwärtzel, VENUS, Entwurf von VLSI-Schaltungen, Berlin und Heidelberg 1986; A. Kirpal, Zur Genese der Halbleiterelektronik als Disziplin der Technikwissenschaften, Phil. Diss. TU Dresden 1985; A. H. Molina, The social basis for the microelectronics revolution, Edinburgh 1989; P. R. Morris, A history of the world semiconductor industry, London 1990; F. M. Smits (Hg.), A history of engineering and science in the Bell system, Electronics technology, 1925–1975, AT & T Bell Laboratories, Indianapolis 1985; J. A. Walston und J. R. Miller (Texas Instruments Incorporated), Transistor circuit design, New York und Toronto 1963.

Der Aufstieg der Rechner

M. Backfisch, Wider die tödliche Überstunde, Japans Arbeitnehmer besinnen sich auf den Wert der Freizeit, in: Die Zeit, Nr 16, 10. 4. 1992, S. 87; W. Bauer, Computer-Grundwissen, Eine Einführung in Funktion und Einsatzmöglichkeiten, Niedernhausen 1989; W. de Beauclair, Rechnen mit Maschinen, Eine Bildgeschichte der Rechentechnik, Braunschweig 1968; O. Blumtritt und H. Petzold (Hg.), Workshop technohistory of electrical information technology, Unveröffentlichtes Typoskript, München 1991; J. G. Brainerd, Genesis of the ENIAC, in: Technology and Culture 17, 1976, S. 482–488; M. Campbell-Kelly, ICL, A business and technical history, Oxford 1989; J. W. Cortada, Historical dictionary of data processing, 3 Bde, Organizations, Biographies, Technology, New York und Westport 1987; M. Croarken, Early scientific computing in Britain, Oxford 1990; A. Diemer, H. U. Schilbach und N. Henrichs, Computer, Medium der Informationsverarbeitung, Darmstadt 1972; K. Flamm, Creating the computer, Government, industry and High Technology, Washington 1988; K. Flamm, Targeting the computer, Government support and international competition, Washington 1987; H. Goldstine, The computer from Pascal to von Neumann, Princeton, NJ, 1980; D. Grell, Alles new macht Big Blue, c't, Magazin für Computertechnik 6, 1987, S. 26–34; H. Heger, Die Geschichte der maschinellen Datenverarbeitung, Bd 1, IBM Deutschland, Stuttgart (um 1990); W. Hoffmann, Angst vor der digitalen Diktatur, in: Die Zeit, Nr 45, 30. 10. 1987, S. 48; S. L. Hurst, Schwellwertlogik, Heidelberg 1974; A. Hyman, Charles Babbage, 1791–1871, Philosoph, Mathematiker, Computerpionier, Stuttgart 1987;

J. JUBLIN und J.-M. QUATREPOINT, French ordinateurs, De l'affaire Bull à l'assassinat du Plan Calcul, Paris 1976; G. KIMMICH, Bit für Bit, Computer ohne Mythen, Frankfurt am Main und Olten 1986; R. KREIBICH, Die Wissenschaftsgesellschaft, Von Galilei zur High-Tech-Revolution, Frankfurt am Main 1986; G. LEDIG, Prozeßrechentechnik, Probleme der Planung und Konstruktion elektronischer Rechenanlagen einschließlich ihrer peripheren Geräte, Heidelberg 1975; R. LINDNER, B. WOHAK und H. ZELTWANGER, Planen, Entscheiden, Herrschen, Vom Rechnen zur elektronischen Datenverarbeitung, Reinbek 1984; K. MIERZOWSKI, Digital-Rechenanlagen, in: VDI-Zeitschrift 107, 16, 1965, S. 711–728; A. H. MOLINA, The social basis of the microelectronics revolution, Edinburgh 1989; R. OBERLIESEN, Information, Daten und Signale, Geschichte technischer Informationsverarbeitung, Reinbek 1982; H. PETZOLD, Moderne Rechenkünstler, Die Industrialisierung der Rechentechnik in Deutschland, München 1992; H. PETZOLD, Rechnende Maschinen, Eine historische Untersuchung ihrer Herstellung und Anwendung vom Kaiserreich bis zur Bundesrepublik, in: Technikgeschichte in Einzeldarstellungen, Nr 41, Düsseldorf 1985; W. E. PROEBSTER (Hg.), Datentechnik im Wandel, Fünfundsiebzig Jahre IBM Deutschland, Berlin und Heidelberg 1986; E. W. PUGH, L. R. JOHNSON und J. H. PALMER, IBM's 360 and early 370 systems, Cambridge, MA, und London 1991; R. RÖßING, Geschichte der Computer, Unveröffentlichtes Typoskript, Kassel 1987; SCIENTIFIC AMERICAN (Hg.), Trends in computing, Special issue, Bd 1, 1988; K. SEITZ, Der Aufmarsch der kommerziellen Riesen, In der Konkurrenz mit Amerika und Japan kämpft die deutsche Hochtechnologie-Industrie ums Überleben, in: Die Zeit, Nr 41, 5. 10. 1990, S. 46–48; S. M. TATSUNO, Created in Japan, From imitators to world-class innovators, New York 1990; E. P. VORNDRAN, Entwicklungsgeschichte des Computers, Berlin und Offenbach ^{2}1986; R. L. WEXELBLAT (Hg.), History of programming languages, New York 1981; K. ZUSE, Der Computer, Mein Lebenswerk, Berlin ^{2}1986.

VON DER NACHRICHTENÜBERMITTLUNG ZUR TELEKOMMUNIKATION

E. ANTÉBI, Die Elektronik Epoche, Basel und Boston 1983; O. BLUMTRITT, Nachrichtentechnik, Sender, Empfänger, Übertragung, Vermittlung, Deutsches Museum, München 1988; O. BLUMTRITT und H. PETZOLD, Workshop technohistory of electrical information technology, Unveröffentlichtes Typoskript, München 1991; W. BRUCH und H. RIEDEL, PAL, Das Farbfernsehen, Deutsches Rundfunk-Museum Berlin 1987; R. J. CHAPUIS und A. E. JOEL, JR., Electronics, computers and telephone switching, A book of technological history as Volume 2: 1960–1985 of 100 years of telephone switching, Amsterdam, New York und Oxford 1990; R. GÖÖCK, Die großen Erfindungen, Nachrichtentechnik, Elektronik, Künzelsau 1988; IEEE SPECTRUM (= Publikationsorgan des Institute of Electrical and Electronics Engineers), 25th Anniversary, Sonderheft, 1988; H. D. LÜKE, Signalübertragung, Grundlagen der digitalen und analogen Nachrichtenübertragung, Berlin und Heidelberg ^{3}1985–1988; R. OBERLIESEN, Information, Daten und Signale, Geschichte technischer Informationsverarbeitung, Reinbek 1982; W. E. PROEBSTER (Hg.), Datentechnik im Wandel, Fünfundsiebzig Jahre IBM Deutschland, Berlin und Heidelberg 1986; SEL (= Standard Elektrik Lorenz AG), Taschenbuch der Nachrichtentechnik, Berlin ^{3}1988; VDE (Hg.), Nachrichtentechnische Zeitschrift (ntz), 43, 1990; ntz-Special: Telekommunikation im Deutschen Museum; S. v. WEIHER und H. GOETZELER, Weg und Wirken der Siemens-Werke im Fortschritt der Elektrotechnik, 1847–1972, München 1972.

PRODUKTIONSWANDEL: AUTOMATISIERUNG UND FLEXIBILISIERUNG

K. ALLWANG, Werkzeugmaschinen, Bohren, Drehen, Fräsen, Deutsches Museum München 1989; W. BEHRENDT, Die Werkzeugmaschinenausstellung der USA, in: VDI-Nachrichten,

Nr 29, 12. 10. 1960, S. 10; H. O. Eglau, Schlank und rank, Deutsche Industrielle übernehmen die Methoden der Japaner, in: Die Zeit, Nr 8, 14. 2. 1992, S. 31; W. Eversheim, W. König, M. Weck und T. Pfeifer (Hg.), Achtzig Jahre WZL (= Laboratorium für Werkzeugmaschinen und Betriebslehre), Innovation aus Tradition, Aachen und Köln 1986; A. Fiedler und U. Regenhard, Mit CIM in die Zukunft?, Probleme und Erfahrungen, Opladen 1991; U. Jürgens, T. Malsch und K. Dohse, Moderne Zeiten in der Automobilfabrik, Strategien der Produktionsmodernisierung im Länder- und Konzernvergleich, Berlin und Heidelberg 1989; K. H. Mommertz, Bohren, Drehen und Fräsen, Geschichte der Werkzeugmaschinen, Reinbek 1981; D. F. Noble, Maschinenstürmer, oder Die komplizierten Beziehungen der Menschen zu ihren Maschinen, Berlin 1986; G. Ropohl, Die Entstehung flexibler Fertigungssysteme in Deutschland, in: Technikgeschichte 58, 1991, S. 331–343; W. P. Schmidt, Qualität muß nicht teuer sein, Die schlanke Produktion und ihre Zukunft bei Volkswagen, Interview in: Innovatio 8, 6, 1992, S. 24–26; G. Spur, Vom Wandel der industriellen Welt durch Werkzeugmaschinen, Eine kulturgeschichtliche Betrachtung der Fertigungstechnik, hg. vom Verein Deutscher Werkzeugmaschinenfabriken e. V. zu seinem hundertjährigen Bestehen, München und Wien 1991; S. Strandh, Die Maschine, Geschichte, Elemente, Funktion, Freiburg im Breisgau 1980; K. Tuchel, Risiko und Chance der Automatisierung, Ein Schritt zu einer besseren Kenntnis des Wesens und der Folgen technischen Fortschritts, in: VDI-Nachrichten, Nr 14, 7. 4. 1965, S. 9–10; VDI, Die Transistoren in der industriellen Technik, in: VDI-Nachrichten, Nr 6, 12. 3. 1960, S. 9–10; S. Willeke, Automobilhersteller kopieren japanische Vorbilder, Teamarbeit schafft bessere Produkte, in: VDI-Nachrichten, Nr 7, 15. 2. 1991, S. 17; J. P. Womach, D. T. Jones und D. Roos, Die zweite Revolution in der Autoindustrie, Frankfurt am Main und New York [6]1992.

Flächendeckender Verkehr auf allen Ebenen

M. Barthel und G. Lingnau, Hundert Jahre Daimler-Benz, Die Technik, Mainz 1986; C. C. Bergius, Die Straße der Piloten, Gütersloh o. J.; J. P. Blank und T. Rahn (Hg.), Die Eisenbahntechnik, Entwicklung und Ausblick, Darmstadt 1983; P. M. Bode, S. Hamberger und W. Zängl, Alptraum Auto, Eine hundertjährige Erfindung und ihre Folgen, München 1986; H.-J. Braun, The Chrysler automotive gas turbine engine, 1950–80, in: Social Studies of Science 22, 1992, S. 339–51; J. Broelmann, Schiffbau, Handwerk, Baukunst, Wissenschaft, Technik, Deutsches Museum München 1988; E. Eckermann, Automobile, Technikgeschichte im Deutschen Museum, München 1989; E. Eckermann, Vom Dampfwagen zum Auto, Motorisierung des Verkehrs, Reinbek 1981; H. O. Eglau, Wettlauf der schnellen Züge, in: Die Zeit, Nr 26, 19. 6. 1992, S. 30; O. v. Fersen (Hg.), Ein Jahrhundert Automobiltechnik, Nutzfahrzeuge, Düsseldorf 1987; O. v. Fersen (Hg.), Ein Jahrhundert Automobiltechnik, Personenwagen, Düsseldorf 1986; K. v. Gersdorff, Strahltriebwerke, Die Besonderheiten des Düsenantriebes in der Luftfahrt, in: VDI-Nachrichten, Nr 6, 24. 3. 1951, S. 3; D. Giacosa, Vierzig Jahre als Konstrukteur bei Fiat, Mailand und Venedig 1979; A. Gottwaldt, Von Stephenson zum ICE und TGV, Vortrag 1990, in: Schriftenreihe der Deutsch-Französischen Gesellschaft für Wissenschaft und Technologie, Bonn 1991; E. P. Heinze, Du und der Motor, Eine moderne Motorenkunde für jedermann, Berlin 1939; H. H. Knittel, Zur Entwicklung konkurrierender Antriebssysteme schienengebundener Fahrzeuge in Deutschland, in: Ferrum, Nr 62, April 1990, S. 78–88; G. Krause (Hg.), Verkehr in Zahlen 1991, Berlin und Bonn 1991; M. Kruk und G. Lingnau, Hundert Jahre Daimler-Benz, Das Unternehmen, Mainz 1986; K. Lärmer, Autobahnbau, 1933 bis 1945, Zu den Hintergründen, Berlin 1975; Landesmuseum für Technik und Arbeit in Mannheim (Hg.), Räder, Autos und Traktoren, Erfindungen aus Mannheim, Wegbereiter der mobilen Gesellschaft, Mannheim 1986; R. LAUBERT, Autobahnen, in: VDI-Nachrichten, Nr 22, 31. 10. 1953, S. 3; B. LOPPOW, Im Zug der Zeit, in: Die Zeit, Nr 23, 31. 5. 1991, S. 57; K.-H. LUDWIG, Technik und Ingenieure im Dritten Reich, Düsseldorf und Königstein [2]1979; A. MÜLLER-HELLMANN, P. K. SATTLER, H.-C. SKUDELNY und F. THOREN, Lokomotive auf dem Prüfstand: leichter, schneller, ruhiger, Experimente mit Stromrichtern und Motoren, in: forschung, Mitteilungen der DFG 3, 1981, S. 15–17; H. NORDHOFF, Reden und Aufsätze, Zeugnisse einer Ära, Düsseldorf und Wien 1992; F. PISCHINGER, Verbrennungsmotoren, Vorlesungsumdruck, 2 Bde, RWTH Aachen [12]1991; H. POHL (Hg.), Die Einflüsse der Motorisierung auf das Verkehrswesen von 1886 bis 1986, Wiesbaden 1988 (= Zeitschrift für Unternehmensgeschichte, Beiheft 52); W. RATHJEN, Luftverkehr, Geräte, Häfen, Gesellschaften, Post, Fracht, Passagiere, Deutsches Museum München 1984; K. H. ROTH und M. SCHMID, Die Daimler-Benz AG, 1916–1948, Schlüsseldokumente zur Konzerngeschichte, hg. von der Hamburger Stiftung für Sozialgeschichte des 20. Jahrhunderts, Nördlingen 1987; U. SCHEFOLD, Hundertfünfzig Jahre Eisenbahn in Deutschland, München [3]1985; K.-P. SCHMID, Piraten vor der Festung, Mit rüden Methoden will Brüssel die Autohersteller schützen, in: Die Zeit, Nr 31, 26. 7. 1991, S. 21; H. C. GRAF V. SEHERR-THOSS, Die Deutsche Automobilindustrie, Eine Dokumentation von 1886 bis 1979, Stuttgart [2]1979; L. SIEGELE, Metro im Großformat, Frankreichs TGV startete vor zehn Jahren – jetzt folgt die Bundesbahn, in: Die Zeit, Nr 23, 31. 5. 1991, S. 30; R. STOMMER und C. G. PHILIPP (Hg.), Reichsautobahn, Pyramiden des Dritten Reichs, Analysen zur Ästhetik eines unbewältigten Mythos, Marburg 1982; CH. TENBROCK, Brüchiger Erfolg, Die Konkurrenz macht Verluste, Boeing schreibt vorerst noch schwarze Zahlen, in: Die Zeit, Nr 42, 12. 10. 1990, S. 43; U. TROITZSCH und W. WEBER (Hg.), Die Technik, Von den Anfängen bis zur Gegenwart, Braunschweig [3]1989; VDI, Die englische Luftfahrtschau Farnborough 1954, in: VDI-Nachrichten, Nr 20, 2. 10. 1954, S. 1–2; VDI, Moderne Flugtriebwerke, Ein Rückblick auf die englischen Leistungen zur Farnborough-Schau 1953, in: VDI-Nachrichten, Nr 21, 17. 10. 1953, S. 1–2; H. WEYER, Neue Luftfahrtantriebe entlasten die Umwelt, in: AGF (= Arbeitsgemeinschaft der Großforschungseinrichtungen), Jahresheft 1991, S. 39–40.

RAUMFAHRT: MONDLANDUNG UND SATELLITEN

D. BAKER, The history of manned space flight, London 1981; W. BUEDELER, Geschichte der Raumfahrt, Künzelsau 1979; R. ENGEL, Rußlands Vorstoß ins All, Geschichte der sowjetischen Raumfahrt, Stuttgart 1988; I. D. ERTEL, M. L. MORSE, J. K. BAYS, C. G. BROOKS und R. W. NEWKIRK, The Apollo spacecraft, A chronology, 4 Bde, Washington 1969–1978; K. W. GATLAND (Hg.), Telecommunication satellites, London und Englewood Cliffs 1964; P. HARTL, Die Wende in der Navigation, Orientierung an Satelliten, in: Wechselwirkungen, Aus Lehre und Forschung der Universität Stuttgart, Jahrbuch 1986, S. 3–15; H. HOOSE und K. BURCZIK, Sowjetische Raumfahrt, Militärische und kommerzielle Weltraumsysteme der UdSSR, Frankfurt am Main 1988; IBM, Umweltschutz via Satellit, Digitale Bildverarbeitung im Dienste der Umweltverträglichkeitsprüfung, in: IBM-Nachrichten 40, H. 303, 1990, S. 29–33; K. R. LATTU (Hg.), History of rocketry and astronautics, Bd 8, San Diego 1989; F. I. ORDWAY (Hg.), History of rocketry and astronautics, Bd 9, San Diego 1989; H. J. PICHLER, Die Mondlandung, Wien und München 1969; O. SCHOLZE, Trägerraketen, Triebwerke, Treibstoffe; Teil 4 a, 4 b: Übersicht über die Flüssigkeits-Raketentriebwerke, in: VDI-Zeitschrift, 107, Nr 5 und 10, 1965, S. 214–220 und 457–468; O. SCHOLZE, Trägerraketen, Triebwerke, Treibstoffe; Teil 5 a, 5 b: Trägerraketen-Übersicht, in: VDI-Zeitschrift 107, Nr 11 und 13, 1965, S. 497–500 und 594–600; K. R. Spillmann (Hg.), Der Weltraum seit 1945, Basel, Boston und Berlin 1988; G. Zeunert, Zur Entwicklung der Flüssigkeitsrakete, in: VDI-Zeitschrift 91, Nr 3, 1949, S. 57–64.

Synthetische Materialien als neue Umweltprobleme

Autorenkollektiv, Organikum, Organisch-Chemisches Grundpraktikum, Berlin [7]1967; U. Bauder, Reaktionspyrolyse von Chlorkohlenwasserstoffen, in: AGF (= Arbeitsgemeinschaft der Großforschungseinrichtungen), H. 5: Abfall und Umwelt, Bonn 1992, S. 18; K. Baumann, H. Fricke und H. Wissing, Mehr Wissen über Chemie, 2 Bde, Köln 1974; E. Bäumler, Farben, Formeln, Forschen. Hoechst und die Geschichte der industriellen Chemie in Deutschland, München und Zürich 1989; H. Blau, Kunststoffe von A–Z, Gütersloh und Berlin 1973; J. Borneff und G. Hartmetz, Trinkwasserbelastung durch leichtflüchtige Halogenwasserstoffe, in: Forschungsmagazin der Johannes-Gutenberg-Universität Mainz, Sonderausgabe Fachbereich Medizin, Nr 1, Mainz 1987; F.-J. Brüggemeier und Th. Rommelspacher, Blauer Himmel über der Ruhr, Geschichte der Umwelt im Ruhrgebiet, 1840–1990, Essen 1992; Deutsche Abbott (Hg.), Ēthrane-Inhalationsanästhetikum, Wissenschaftliches Kompendium, Wiesbaden 1983; J. Gaulke, Gift und Gold, Elektronikschrott aus Computern und Fernsehern ist eine gefährliche Ware, in: Die Zeit, Nr 27, 30. 6. 1989, S. 28; W. Glatz, Der Siegeszug der Chemiefasern, in: VDI-Nachrichten, Nr 9, 5. 5. 1951, S. 6; IBM, Die Überlebensrechner, Computer im Umweltschutz, IBM-Deutschland, Stuttgart 1991; IBM, Katastrophenschutz-Strategie, in: IBM-Nachrichten 40, H. 303, 1990, S. 70f; D. Kehr, Wege zur Reinhaltung unserer Flüsse, in: VDI-Zeitschrift 91, 12, 15. 6. 1945, S. 293–297; H. Krauch und W. Kunz, Reaktionen der organischen Chemie, Heidelberg [4]1969; G. Krause (Hg.), Verkehr in Zahlen 1991, Bonn und Berlin 1991; G. Kuschinsky und H. Lüllmann, Kurzes Lehrbuch der Pharmakologie und Toxikologie, Stuttgart [7]1976; H.-P. Obladen, Waldsterben im 19. Jahrhundert, Zur Geschichte eines aktuellen Problems, in: Ästhetik und Kommunikation, H. 56, 1984, S. 89–97; W. Perkow, Die Insektizide, Chemie, Wirkungsweise und Toxizität, Heidelberg [2]1968; E. Schramm, Der Aufstieg der chemischen Industrie: Umweltschäden greifen an, in: Bild der Wissenschaft 8, 1986, S. 86–90; H. Schuh, Mythenreiches Waldsterben, in: Die Zeit, Nr 48, 25. 11. 1988, S. 92; Siemens, Umweltschutz, Versuch einer Systemdarstellung, Berlin und München 1986; G. Spelsberg, Rauchplage, Hundert Jahre Saurer Regen, Aachen 1984; I. Strube, R. Stolz und H. Remane, Geschichte der Chemie, Berlin 1986; VDI, Die Perlon-Faser, Die synthetische deutsche Faser, in: VDI-Nachrichten, Nr 14, 22. 7. 1950, S. 1–2; E. Verg, G. Plumpe und H. Schultheis, Meilensteine, Hundertfünfundzwanzig Jahre Bayer, 1863–1988, Leverkusen 1988; R. Vieweg, Die heutige Lage auf dem Kunststoffgebiet, in: VDI-Zeitschrift, 90, 11, 1948, S. 331–334; K.-G. Wey, Umweltpolitik in Deutschland, Opladen 1982.

Medizintechnik – mehr als »Apparatemedizin«

St. S. Blume, Insight and industry, On the dynamics of technological change in medicine, Cambridge, MA, und London 1992; Bundesverband der Pharmazeutischen Industrie (Hg.), Rote Liste 1992, Aulendorf 1992; Deutsche Abbott (Hg.), Ēthrane Inhalationsanästhetikum, Wissenschaftliches Kompendium, Wiesbaden 1983; Deutsche Gesellschaft für Anästhesiologie und Intensivmedizin (Hg.), Anästhesiologie und Intensivmedizin, 19. Jg, 9 (Sonderheft), 1978; J. Drews und F. Melchers, Forschung bei Roche, Basel 1989; K. Dümmling, Ten years computed tomography, A retrospective view, in: electromedica 52, 1, 1984, S. 13–28; P. Eyerer, Kunststoffe in der Gelenkendoprothetik, in: Wechselwirkungen, Aus Lehre und Forschung der Universität Stuttgart, Jahrbuch 1986, S. 16–30; H. FRAHM, Empfängnisverhütung, Reinbek 1968; H. GOERKE, Medizin und Technik, Dreitausend Jahre ärztliche Hilfsmittel für Diagnostik und Therapie, München 1988; F. HOFFMANN-LA ROCHE, Der kleine LaRoche, Ein Lexikon für Freunde und Besucher der F. Hoffmann-La Roche AG, Basel [4]1992; W. HÜGIN, Möglichkeiten und Grenzen der modernen Anästhesie, in: Ciba-Zeitschrift 60, Bd 5, 1953, S. 2007–2022; G. H. JACOBI, Operationslose berührungsfreie Nierensteinzertrümmerung, in: Forschungsmagazin der Johannes-Gutenberg-Universität Mainz, Sonderausgabe Fachbereich Medizin, Nr 1, Mainz 1987, S. 95–98; H. KILLIAN, Das Abenteuer der Narkose, Tübingen 1976; G. KUNZE, K. V. RICHTER und S. VOGT, Herztransplantation, in: Deutsches Ärzteblatt, 89, H. 7, A_1, 1992, S. 469–473; G. KUSCHINSKY und H. LÜLLMANN, Kurzes Lehrbuch der Pharmakologie, Stuttgart [3]1967; R. F. LACHMANN, Penicillin-Herstellung, in: VDI-Nachrichten, Nr 19, 7. 10. 1950, S. 1; MEYERS ENZYKLOPÄDISCHES LEXIKON, Jahrbuch 1974, Mannheim 1974; Jahrbuch 1975, Mannheim 1975; W. E. G. MÜLLER und H. C. SCHRÖDER, Avarol, ein Chemotherapeutikum gegen AIDS?, in: Forschungsmagazin der Johannes-Gutenberg-Universität Mainz, Sonderausgabe Fachbereich Medizin, Nr 1, Mainz 1987, S. 29–36; W. SCHOEPPE, Nierentransplantation, in: Deutsches Ärzteblatt, 89, H. 13, A_1, 1992, S. 1111–1120; G. SCHWIERZ, W. HÄRER und E.-P. RÜHRNSCHOPF, Principles of image reconstruction in x-ray computer tomography, in: Siemens Forschungs- und Entwicklungsberichte, Bd 7, Nr 4, 1978, S. 196–203; M. STEINHAUSEN (Hg.), Grenzen der Medizin, Heidelberg 1978; E. VERG, G. PLUMPE und H. SCHULTHEIS, Meilensteine, Hundertfünfundzwanzig Jahre Bayer, 1863–1988, Leverkusen 1988; K.-H. WEIS, Narkosepraxis, Hoechst AG 1980; A. WISKOTT (Hg.), Lehrbuch der Kinderheilkunde, Stuttgart [3]1969.

WISSENSCHAFT, INGENIEURWISSENSCHAFT UND INDUSTRIELLE ANWENDUNG

L. BOEHM und C. SCHÖNBECK (Hg.), Technik und Bildung, Düsseldorf 1989 (= Technik und Kultur, Bd 5); J. BROELMANN, Schiffbau, Handwerk, Baukunst, Wissenschaft, Technik, Deutsches Museum München 1988; G. BUCHHEIM und R. SONNEMANN, Geschichte der Technikwissenschaften, Basel und Boston 1990; E. P. FISCHER, Wissenschaft für den Markt, Die Geschichte des forschenden Unternehmens Boehringer Mannheim, München und Zürich 1991; M. FROMHOLT-EISEBITH, Wissenschaft und Forschung als regionalwirtschaftliches Potential?, Das Beispiel von Rheinisch-Westfälischer Technischer Hochschule und Region Aachen, Aachen 1992; S. HENSEL, K.-N. IHMIG und M. OTTE, Mathematik und Technik im 19. Jahrhundert in Deutschland, Göttingen 1989; A. HERMANN und C. SCHÖNBECK (Hg.), Technik und Wissenschaft, Düsseldorf 1991 (= Technik und Kultur, Bd 3); T. P. HUGHES, Networks of power, Electrification in western society, 1880–1930, Baltimore und London 1983; H. KAISER, Die ethische Integration ökonomischer Rationalität: Grundelemente und Konkretion einer »modernen« Wirtschaftsethik, Bern und Stuttgart 1992 (= St. Galler Beiträge zur Wirtschaftsethik, Bd 7); W. KAISER, Analogien in Physik und Technik im 19. und 20. Jahrhundert, in: Berichte zur Wissenschaftsgeschichte 12, 1989, S. 19–34; W. KAISER, Die schwierige Akademisierung der Elektrotechnik, in: Die Technikgeschichte als Vorbild moderner Technik, Schriften der Georg-Agricola-Gesellschaft 18, 1992, S. 41–61; A. KIRPAL, Zur Genese der Halbleiterelektronik als Disziplin der Technikwissenschaften, Phil. Diss. TU Dresden 1985; E. KRAUSE (Hg.), Abhandlungen aus dem Aerodynamischen Institut der RWTH Aachen, H. 29, 1988; R. KREIBICH, Die Wissenschaftsgesellschaft, Von Galilei zur High-Tech-Revolution, Frankfurt am Main 1986; M. S. LIVINGSTON, Early history of particle accelerators, in: L. MARTON und C. MARTON (Hg.), Advances in electronics and electron physics, Bd 50, 1980,

S. 1–88; E. NAUJOKS, Über die Rentabilität unserer industriellen Forschung, in: VDI-Zeitschrift 91, 9, 1949, S. 195–198; G. WISE, Science and technology, in: Osiris, 2nd Ser., 1, 1985, S. 229–246.

Personenregister

SACHREGISTER

Quellennachweise der Abbildungen

Auf Kassette und Schutzumschlag:
Elektrische Prüfung des seit 3. Juli 1989 im IBM-Halbleiterwerk Sindelfingen/Böblingen in Serie gefertigten 4-Megabit-Speicherchips. Foto: IBM

Die Vorlagen für die Tafelseiten fertigten an oder liehen dem Verlag:
ABB Kraftwerke AG, Mannheim XX · Colorphoto Hans Hinz SWB, Allschwil XVI · Walter Dräyer, Zürich XIII · Firmenarchiv AEG, Nürnberg V · H. Friedrichs, Düsseldorf IV · Manfred Hamm, Berlin XXVI · HPS-Foto GmbH, ABB Henschel Lokomotiven GmbH, Mannheim XXVII · IBM Deutschland GmbH, Stuttgart XXIV, XXXI, XXXII · Walter Kranl, Frankfurt am Main XXIII a und b · KUKA Schweißanlagen und Roboter GmbH, Augsburg XXV · Maina-Miriam Munsky, Berlin XXX · Karl-Heinrich Paulmann, Berlin XVIII · Franz Radzi-

will Gesellschaft e.V., Varel 4/Dangast X · RWE-HV, Fotoarchiv Öul XIX · Gustav Schwarz, Mannheim XVII · Siemens AG, Erlangen XXI · Sigloch Edition Bildarchiv, Künzelsau XI, XII · Studie- en Documentatiecentrum voor Fotografie, Leiden XVI · Rudolf Wakonigg über Westfälisches Landesmuseum für Kunst und Kulturgeschichte, Münster VII · Harro Zimmer (NASA), Berlin XXII. – Die hier nicht aufgeführten Quellen sind mit den in den Legenden genannten Archiven, Bibliotheken, Museen und Sammlungen identisch.

Die Vorlagen für die textintegrierten Bilddokumente stammen von:
ABB-Foto, Baden, Schweiz 24, 26 · ADN-Bildarchiv, Berlin 6 · Archiv der Thyssen AG, Duisburg 12a und b · Archiv des Autors 18, 54, 95, 104a und b, 114, 115 · Bayer AG, Leverkusen 9a bis d · Bergbau-Archiv beim Deutschen Bergbau-Museum, Bochum 5 · Berlinische Galerie, Berlin 111 · Bildarchiv Foto Marburg 19 · Bildarchiv Preußischer Kulturbesitz, Berlin 38, 40, 41, 45, 88 · Bilderdienst Süddeutscher Verlag, München 42 · Deutsches Museum, München 2, 3, 35, 37, 39, 43, 47, 49, 50, 51, 55, 57, 68, 70, 71, 77, 78, 79, 83 · Deutsches Rundfunk-Archiv, Frankfurt am Main 61 · Deutsches Rundfunk-Museum, Berlin 62, 63, 64 · dpa, Frankfurt am Main 119, 121, 210 · Eisenbibliothek, Stiftung der Georg Fischer AG, Langwiesen 14, 15 · Firmenarchiv AEG, Nürnberg 31b, 59, 74 · Firmenarchiv Voith, Heidenheim 23 · Greater London Record Office, London 92 · Hagley Museum and Library, Washington, DC 7, 10, 11, 89 · Henry Ford Museum & Greenfield Village, Dearborn, MI 96, 97, 100, 101 · Historisches Archiv der MAN AG, Augsburg 25 · IBM Deutschland GmbH, Stuttgart 76, 148, 149, 150, 155, 159, 173, 227a bis c, 228 · Imperial War Museum, London 33, 72, 80, 81, 84, 85 · nach: Jahrbuch der Brennkrafttechnischen Gesellschaft e.V. 20, 1939, S. 70, 94 · Erich Kayser 102 · Landesbildstelle Berlin 22 · Lichtbildstelle der Bundesbahndirektion, Nürnberg 34 · Max-Planck-Institut für Plasmaphysik, Garching bei München 142 · MBB-Foto 87 · Museum of Modern Art, New York 20 · Opel AG, Rüsselsheim am Rhein 36 · RWE-HV, Fotoarchiv Essen 28, 29 · Science Museum Library, London 13, 58 · Siemens-Museum, Bildarchiv, München 17 · Telefunken Fernseh und Fundfunk GmbH, Hannover 163, 164 · Tennessee Valley Authority, Knoxville 93 · M. Tomijiō 103 · Ullstein Bilderdienst, Berlin 16, 31a, 46, 48 (Camera Press Ltd.), 52, 53, 56, 60, 65, 66, 67, 69, 82, 86, 90, 91, 108, 116, 117, 118 (Claude Jacoby), 120, 122, 123, 124 (Wolfgang Wiese), 125, 126, 127 (Heinz Rohde), 128, 129 (dpa), 130, 131 (APN), 132 (Nowosti), 133, 134, 135, 136, 138a und b (Wolfgang Steche), 139, 140 (Nowosti), 141, 143, 144 (Wedopress), 145 (AEG-Telefunken), 146 (Siemens), 147 (AEG-Telefunken), 151, 152, 153 (Zeitbild), 154, 156, 157a und b, 158 (Zeitbild), 160 (dpa), 161 (Kontar Pressebilderdienst), 162, 165, 166 (Siemens), 167, 168, 169, 170, 171, 172, 174, 175, 177, 178, 179, 180 (Daimler-Benz), 181, 182 (IVB-Report), 183 (Daimler-Benz), 184, 185, 186, 187, 188, 189, 190 (dpa), 191 (dap), 192, 193, 194, 195, 196, 197, 198, 199, 200 (NASA), 201 (dpa), 203 (amw-Pressedienst), 204, 205 (AP), 206a (AP), 206b und c (dpa), 207, 208, 209 (dpa), 211, 212 (Poly-Press), 213 (AP), 214, 215 (dpa), 216, 217, 218 (Werner-Otto-Stiftung), 219a und b, 220, 221 (Poly-Press), 222, 223, 224 (Pressedienst Strom), 225, 226 (AEG-Telefunken) · Verlagsarchiv 98, 109, 113 · VEW-Archiv, Dortmund 27, 32 · Volkswagenwerk AG, Wolfsburg 176. – Alle übrigen Aufnahmen lieferten die in den Bildunterschriften erwähnten Archive, Bibliotheken, Museen und Sammlungen.

Die Erlaubnis zur Wiedergabe von Originalen erteilten freundlicherweise die in den Bildunterschriften und den Quellennachweisen aufgeführten Institutionen, Eigentümer, Künstler und Erben der Künstler beziehungsweise die mit der Wahrnehmung ihrer Rechte Beauftragten.